“十二五”普通高等教育本科国家级规划教材
普通高等教育智能建筑系列教材

楼宇智能化技术

第4版

主　编　许锦标　张振昭
参　编　谷　刚　万　频　曾珞亚

机械工业出版社

本书全面系统地论述了楼宇智能化的最新技术，包括楼宇通信网络技术、计算机技术、楼宇自动控制技术、消防与安全防范技术、声频与视频应用技术、综合布线和系统集成技术等。

本书共分三篇12章，第1篇　智能楼宇信息传输网络技术，包括导论、智能楼宇信息传输网络基础、智能楼宇内的计算机网络技术、智能楼宇内的电话网技术、智能楼宇的综合布线技术。第2篇　楼宇设备自动控制技术，包括楼宇基本设备及其控制特性、楼宇设备自动化技术、智能楼宇的安全防范技术和消防及联动控制技术。第3篇　楼宇智能化综合应用与系统集成技术，包括智能楼宇的声频应用技术、智能楼宇的视频应用技术、智能楼宇的系统集成技术。

本书可作为高等学校电气工程及其自动化专业“楼宇智能化技术”及相似课程的本科教材，也可供从事楼宇智能化工作的工程技术人员和管理人员参考。

本书配有免费电子课件，欢迎选用本书作教材的教师登录 www.cmpedu.com 注册后下载。

图书在版编目（CIP）数据

楼宇智能化技术/许锦标，张振昭主编. —4版. —北京：机械工业出版社，2016.8（2022.7重印）

“十二五”普通高等教育本科国家级规划教材

ISBN 978-7-111-54558-3

Ⅰ.①楼…　Ⅱ.①许…②张…　Ⅲ.①智能化建筑-楼宇自动化-高等学校-教材　Ⅳ.①TU855

中国版本图书馆CIP数据核字（2016）第192009号

机械工业出版社（北京市百万庄大街22号　邮政编码100037）

策划编辑：贡克勤　　责任编辑：吉　玲

责任校对：佟瑞鑫　闫玥红　封面设计：张　静

责任印制：郜　敏

北京富资园科技发展有限公司印刷

2022年7月第4版第9次印刷

184mm×260mm · 23印张 · 560千字

标准书号：ISBN 978-7-111-54558-3

定价：59.00元

电话服务　　网络服务

客服电话：010-88361066　机　工　官　网：www.cmpbook.com

010-88379833　机　工　官　博：weibo.com/cmp1952

010-68326294　金　书　网：www.golden-book.com

　机工教育服务网：www.cmpedu.com

前　　言

本书在第3版的基础上修订而成。自第2版出版以来已被众多高校选作“楼宇智能化技术/建筑智能化系统”课程教材，并于2014年被教育部评选为“十二五”普通高等教育本科国家级规划教材。

“智能楼宇/智能建筑”是当前的热门产业，因为楼宇智能化/建筑智能化技术已经成为绿色可持续发展的主要支撑技术。楼宇智能化/建筑智能化技术更是日新月异，这几年又有了飞速发展，一大批新技术、新产品、新工艺应用在楼宇智能化工程实践中，对“楼宇/建筑智能化”学科有了新的认识。随着物联网技术和云计算技术的成熟，物联网、云计算等新一代信息技术在智能楼宇领域的应用越来越广泛。智能建筑向“绿色建筑”“智慧建筑”发展，成为构建智慧城市的核心单元。为了尽可能将这些新的进展与成果纳入到教材内容中，使读者能够更好地学以致用，我们及时在第3版的基础上，根据本学科发展的规律、更新的内容，同时吸收众多高校用书意见进行了修订，最终使得第4版与读者见面。

本书的内容涉及多个学科领域，覆盖面非常广，要在一个学期的教学中全面地讲深学透是不太容易的，同时还要配合大量的综合性实验教学环节，对和该课程相配套的“楼宇智能化专业实验室”也有很高的要求。因此，我们对选用本书的教师提出一个建议，可以根据实际的教学条件和教学要求对教学内容进行取舍，配套提供的电子教案供大家参考。

本书由许锦标和张振昭主编，程大章主审。第1、2、4~9、12章由许锦标编写，第3章由曾珞亚编写，第10章由万频编写，第11章由谷刚编写，全书由张振昭统稿和定稿。限于时间和水平，书中难免有不妥之处，敬请读者指正。

广东工业大学校部和自动化学院对本书的出版给予了大力支持，为本书的出版提供了许多的帮助，在此表示感谢！

编者

目　录

第9章 智能楼宇的消防及联动控制技术

第3篇 楼宇智能化综合应用与系统集成技术

第10章 智能楼宇的声频应用技术

第11章 智能楼宇的视频应用技术

第1篇

智能楼宇信息传输网络技术

第1章
导　论

本章导读

什么是楼宇智能化技术？有什么技术内涵？为什么说楼宇智能化技术是一个新学科？它要解决什么问题？智能建筑有些什么功能特征？如何理解智能建筑定义的发展内涵？楼宇智能化技术的发展趋势如何？相信这些问题一定是读者最先想了解的，本章的内容就是探讨和阐述这些基本问题，并由此引发读者的思考。

1.1　楼宇智能化技术的基本概念

随着信息时代的到来，楼宇智能化、城市数字化正在以前所未有的速度迅速发展。智能楼宇是现代建筑技术、信息技术、自动化技术、电子技术等诸多方面相结合的产物。楼宇智能化技术起源于20世纪80年代，90年代初逐渐被人们所认同。在30多年的发展中，智能楼宇概念的内涵和外延，一直在随着这些技术的发展而发生着重大变化。进入到21世纪的信息时代，人们从信息资源的角度，重新审视了智能楼宇的需求，提出了楼宇“绿色、生态、可持续发展”的概念，楼宇才真正进入了智能化发展阶段。智能楼宇对发展现代经济和提高人居环境质量起着巨大的作用。随着我国乡村城镇化和城市数字化建设的推进，我国的楼宇智能化技术也正以前所未有的速度迅速发展。

最新的国家标准《智能建筑设计标准》GB 50314—2015对智能建筑（楼宇）（Intelligent Building，IB）下了如下定义：“以建筑物为平台，兼备信息设施系统、信息化应用系统、建筑设备管理系统、公共安全系统等，集结构、系统、服务、管理及其优化组合为一体，向人们提供安全、高效、便捷、节能、环保、健康的建筑环境”。本书所要探讨的内容就是为了构建智能楼宇而所涉及的各种工程应用技术。

一所建筑物应用楼宇智能化技术加以改造后，它就具备了一些新的功能，并与传统建筑物有所不同，其核心点在于信息化。信息技术的主要特征可以概括为：信号（数据）数字化、传输网络化、处理计算机化、管理信息化。因此，智能化楼宇的新功能也就具备上述特征。这实际上也是改造传统建筑物功能的切入点。例如，对传统建筑物照明系统的智能化改造，就是要让灯具光源的数据数字化、控制网络化、处理计算机化（程控或智能化控制）、管理信息化。随着物联网技术和云计算技术的成熟，物联网、云计算等新一代信息技术在智能楼宇领域的应用越来越广泛，数量和投资额达到空前规模。

1.1.1　智能楼宇和楼宇智能化技术

智能楼宇和楼宇智能化技术是两个相互联系又有区别的概念。智能楼宇是指楼宇的整体，是建设目标。楼宇智能化技术是指为了建设智能楼宇所涉及的各种工程应用技术。

说到智能楼宇，我们应该多从它所具备的新功能来理解，比如智能化住宅小区、智能学校、智能医院等具备若干由楼宇智能化技术所产生的新功能。智能楼宇的概念不仅包括上述意义，还需要融合绿色建筑、生态建筑和可持续发展的含义。如果要我们对什么是智能楼宇，什么不是智能楼宇下一个准确的定义是困难的，而且也没有科学意义。因为，随着技术的飞速发展和生活水平的不断提高，人们对智能楼宇应具有何种功能的看法也在改变。

智能楼宇根据其应用的不同，其功能也有所区别，智能医院对空调系统的功能要求和智能学校对空调系统的功能要求就有很大区别。不仅如此，在相同应用的建筑物中，其智能化的程度也有高低之分。同样的智能学校，甲地的功能要求可能和乙地的有很大的不同。楼宇智能化的程度与当地的经济发展水平是相适应的。因此，我们要综合理解智能楼宇的概念，因地制宜，因用制宜，适度超前来建设智能楼宇。那种不顾当地当时的实际情况，生搬硬套，盲目追求超前领先的做法是不适当的。

智能楼宇的下一步目标是建设绿色智能建筑，绿色建筑是指在建筑的全寿命周期内，最大限度地节约资源（节能、节地、节水、节材）、保护环境和减少污染，为人们提供健康、适用和高效的使用空间，与自然和谐共生的建筑。绿色建筑，也称可持续建筑，是一种以生态学的方式和资源有效利用的方式进行设计、建造、维修、操作或再使用的建筑物。

绿色智能建筑也是智慧城市的有机组成部分，它将关键事件信息发给城市指挥中心，并接收来自城市指挥中心的指示，将智能建筑的运维与城市管理有机融合在一起，利用智能建筑的“智商”拉高整个城市的服务水准。

楼宇智能化技术是不断发展的，其主要的技术支撑是：计算机（软硬件）技术、自动化技术、通信与网络技术、系统集成技术。楼宇智能化技术不是上述技术的简单堆砌，而是在一个目标体系下的有机融合，现在已发展成为一个新型的应用学科。

1.1.2　“楼宇智能化”是一个新的学科

经过30多年的发展，楼宇智能化技术已成为一个新学科，为了能论述这个观点，要找出它所面临的问题是其他学科所没有的，它所面对的行业和市场是清晰的。我们认为楼宇智能化技术发展到今天，已经是一个新的综合应用技术学科，一头面向实际工程需求，一头面向许多基础及应用基础的研究成果（见图1-1），有自己的问题，有明确的行业，有明确的市场，是其他的学科（无任是建筑学科还是信息学科）所不能替代或覆盖的。

1. 楼宇智能化有明确的行业和市场，是其他的学科所不能替代或覆盖的

楼宇智能化技术是指为了建设智能楼宇而所涉及的各种工程应用技术。智能化已扩展到各类楼宇：智能家居、智能住宅小区、智能校园、智能医院、智能体育场馆、智能会议中心、智能办公大厦、智能博物馆、……。楼宇智能化技术发展到今天，已经建立了完善的行业标准、从业法规、资质认证体系，拥有巨大的市场。可以预见，在下一轮的国际性科技经济市场竞争中，楼宇智能化技术是一个重要的战场。

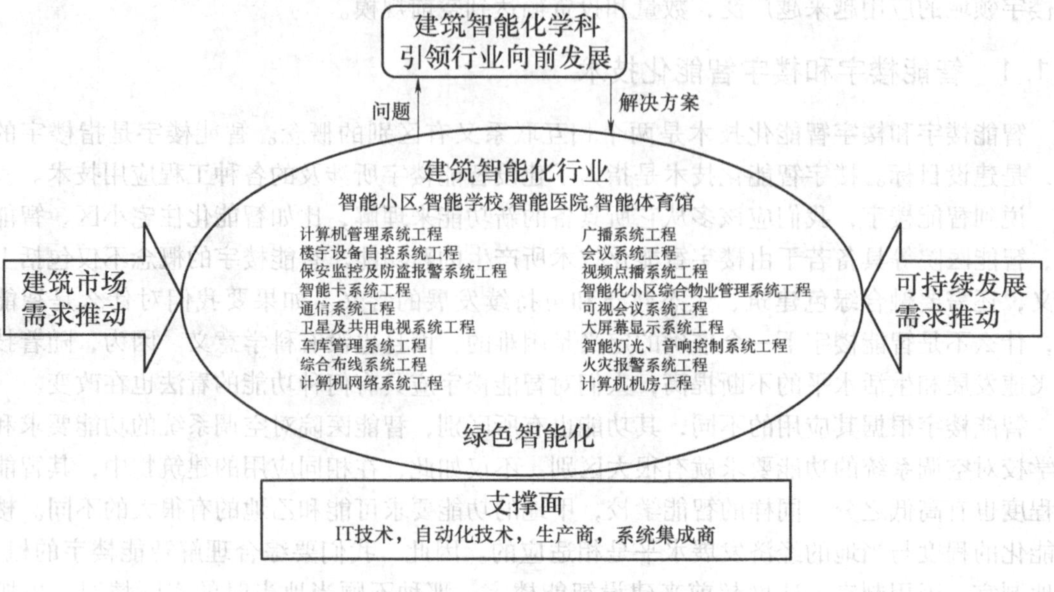

图 1-1 楼宇智能化学科发展的原因和动力

2. 系统集成是楼宇智能化学科的关键问题

系统集成就是解决各应用子系统的信息互通共享和互操作性，说它是楼宇智能化学科的关键技术，是因为只在楼宇智能化工程中才会面对这一复杂问题。不搞集成的系统不是智能化的系统，因为若干功能将无法实现：

1）系统集成技术能实现许多的联动功能。

2）系统集成技术能实现许多的测、控、管一体化的功能。

3）系统集成技术能实现集中管理的功能，提高了效率。

4）系统集成技术能够在软件层面上进行功能开发，不但可新增功能，也可以“硬件软化”，优化系统方案，减少投资成本。

系统集成的关键是解决互连性和互操作性，根本之道是开放性和标准化。

3. 楼宇智能化学科的若干问题

1）系统集成是楼宇智能化的关键问题。

2）智能化楼宇的功能标准是基础问题。

3）业务类型的细分（智能民居、智能学校、智能医院、……）。

4）新型功能的研究推动技术发展（教育、娱乐）。

5）发展以人为本的智能化楼宇（残疾人适居、抗震减灾、……）。

6）智能化楼宇的节能降耗，用信息化改造传统的能源应用技术，精细利用能源，更多使用清洁能源（太阳能、风能、自然空气调节、……），甚至构建零耗能楼宇。

7）根据不同地区的气候和资源条件，发展该地区适用的智能楼宇技术。

8）与建筑学科的结合，发展新型楼宇结构和形态（移动、多功能空间、魔方、……）。

9）智能家具技术动态构建服务空间环境，以功能换空间，降低单位面积将是新的节能降耗作力点。

1.1.3　智能楼宇体系结构

智能楼宇的定义从实现技术和实现目标两个宏观层面来给出描述。智能楼宇的内涵是其功能，内涵会随着时代的发展、实现技术的进步，而不断丰富和发展。楼宇智能化不会是一个终极状态，而是一个不断完善的过程。尽管如此，还是有必要建立智能楼宇的体系结构，着重从逻辑和功能上描述智能楼宇的构成，作为智能楼宇理论研究与实际应用的基本框架。

智能楼宇首先是一个建筑。其次，是含有若干多功能、高性能、可编程等不同种类设备的建筑。再者，这些设备与建筑以及周边环境的融合将呈现出“智能”的特性，即建筑物能“知道”建筑内外所发生的一切；能“确定”并“采取”最有效的方式，为业主提供高质量的生活与工作环境；能迅速“响应”和在最大程度上满足业主的各项需求。为此，智能楼宇应有三大方面的功能特征：建筑基本功能、设备自动化功能和服务智能化功能。图1-2为智能楼宇体系结构参考模式，描述了智能化建筑的逻辑构成。

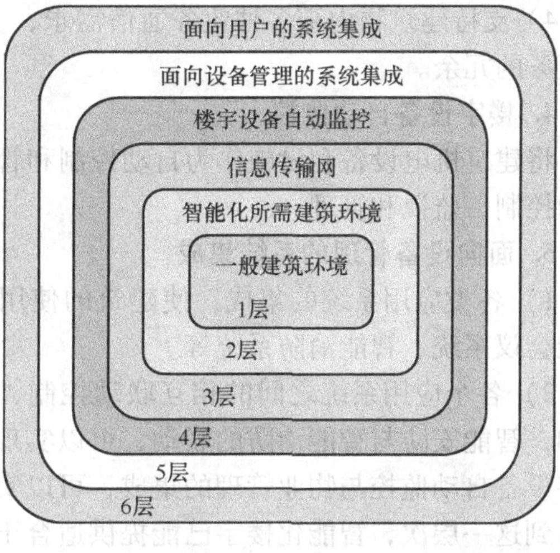

图1-2　智能楼宇体系结构参考模式

1~2层属于建筑技术范畴，实现“建筑基本功能”。3~6层属于信息、控制、人工智能等技术范畴，习惯上统称其为“楼宇智能化”部分，其中2~5层与“设备自动化功能”关联，5~6层与“服务智能化功能”关联。各层的功能分述如下：

1. 一般建筑环境

1）建筑空间体量组合，即建筑体型组合和立面处理，平面及空间布局，内部及外部装修等。

2）建筑结构，包括建筑物支撑承重、内外维护结构（基础、柱、梁、板、墙）及材料。

3）建筑机电设备及设施，它们为建筑物内人们生活和生产提供必需的环境，如照明、动力、采暖空调、给水排水、电话、电梯、煤气、消防、安全防范等设备及设施。

2. 智能化所需建筑环境

提供“楼宇智能化部分”所需的特殊空间和环境，它包括：

1）提供“楼宇智能化部分”的使用空间、建筑平面、空间布局，这与一般建筑有所不同。

2）使“楼宇智能化部分”镶嵌到建筑物中所需的特殊结构及材料。

3）保证“楼宇智能化部分”的运行条件，并为住户提供更方便、更舒适的工作和生活环境。这将使建筑物在声、光、色、热、安全、交通、服务等方面具有某些新特点。

3. 建筑内信息传输网

建筑内信息传输网是“楼宇智能化部分”的基础功能，它包括：

1）支持楼宇设备监控、面向设备管理的系统集成、面向用户的系统集成等业务需求的数据通信。

2）支持建筑物内部有线电话、有线电视、电信会议等语音和图像通信。

3）支持各种广域网连接，包括具有与计算机互联网、公用电话网、公用数据网、移动通信网、视频通信网等的接口。

4）支持建筑物内部多种业务通信需求，支持多媒体通信需求，具备相当的面向未来传输业务的冗余。

4. 楼宇设备自动监控

将建筑机电设备和设施作为自动控制和管理的对象，实现单机级、分系统级或系统级的自动控制、监视和管理。

5. 面向设备管理的系统集成

1）各类应用系统的集成，使建筑的使用功能达到智能化的程度。例如智能安防系统，智能会议系统、智能消防系统等。

2）各个应用系统之间的相互联动控制、信息共享、综合自动化、管理智能化的集成。例如，智能安防与智能消防的联动，可以实现消防报警时通过实时图像监视画面进行确认。楼宇设备自动监控与物业管理的集成，可以实现水、电、气、空调、供热的自动计费管理。

到这一层次，智能化楼宇已能提供适合于各用户建立各自的专用信息处理系统所需的建筑环境和设施。同时也具备了一般智能楼宇所应有的功能特征。

6. 面向用户的系统集成

对不同用户的智能楼宇，它向用户最终提供的功能应该是有差别的，例如一个智能化体育比赛场馆和一个智能化医院各自有不同的业务需求。面向用户的系统集成就是为了满足最终用户的功能细分而进行的。这个层次最复杂，专业性最强。

以上各个功能层并非每一幢智能楼宇都必须全部具有，每个层次的各种功能也并非每一幢智能楼宇都必须齐备，每一项功能的强弱也有很大的范围，这些差异只说明智能楼宇的智能化程度。

1.1.4 楼宇智能化系统工程构架

楼宇智能化系统工程架构是开展智能化系统工程整体技术行为的顶层设计。楼宇智能化系统工程的顶层设计，是以智能楼宇的应用功能为起点，“由顶向下，由外向内”的整体设计，表达了基于工程建设目标的正向逻辑程序，不仅是工程建设的系统化技术路线依据，而且是工程建设意图和项目实施之间的“基础蓝图”。

楼宇智能化系统工程架构图如图1-3所示。楼宇智能化系统工程架构是一个层次化的结构形式，分别以基础设施层、信息服务设施层及信息化应用设施层分项展开。基础设施为公共环境设施和机房设施与基础设施层相对应；信息服务设施为应用信息服务设施的信息应用支撑设施部分，与信息服务层相对应；信息化应用设施为应用信息服务设施的应用设施部分，与信息化应用设施层相对应。

智能化系统工程的建设方案应以设计等级和系统架构为依据，以应用功能为工程设计主

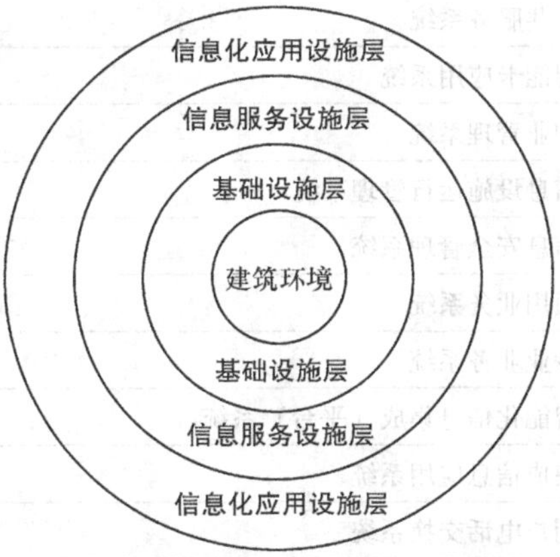

a) 智能化系统工程架构的层次模型

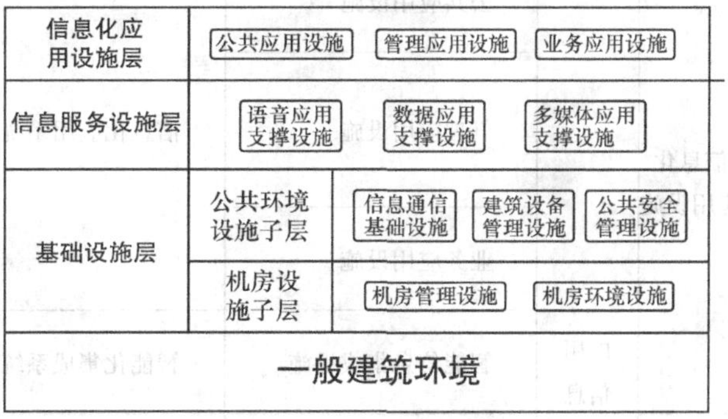

b) 智能化系统工程的层次架构图

图1-3 楼宇智能化系统工程架构图

导目标，进行各智能化系统的分项配置及整体集成构架，从而实现建筑智能化信息一体化集成功能。智能化系统工程从基础系统开始，是一个“由底向上，由内向外”的信息服务及信息化应用功能逐渐达到设计目标的建设过程。

智能化系统工程系统配置分项为

1）信息化应用系统：系统配置分项包括公共服务系统、智能卡系统、物业管理系统、信息设施运行管理系统、信息安全管理系统、通用业务系统、专业业务系统和满足相关应用功能的其他信息化应用系统等。

2）智能化集成系统：系统配置分项包括智能化信息集成（平台）系统和集成信息应用系统。

3）信息设施系统：系统配置分项包括信息接入系统、布线系统、移动通信室内信号覆盖系统、卫星通信系统、用户电话交换系统、无线对讲系统、信息网络系统、有线电视系统、卫星电视接收系统、公共广播系统、会议系统、信息导引及发布系统、时钟系统和满足需要的其他信息设施系统等。

4）建筑设备管理系统：系统配置分项包括建筑设备监控系统和建筑能效监管系统等。

5）公共安全系统：系统配置分项包括火灾自动报警系统、入侵报警系统、视频安防监控系统、出入口控制系统、电子巡查系统、访客对讲系统、停车库（场）管理系统、安全防范综合管理（平台）、应急响应系统和其他特殊要求的技术防范系统等。

6）机房工程：智能化系统机房工程配置分项包括信息接入机房、有线电视前端机房、信息设施系统总配线机房、智能化总控室、信息网络机房、用户电话交换机房、消防控制室、安防监控中心、应急响应中心和智能化设备间（弱电间）、其他所需的智能化设备机房等。

智能化系统工程的系统配置分项展开见表1-1。

表 1-1 智能化系统工程的系统配置的分项展开

<table>
<tr><td rowspan="9">信息化应用设施</td><td rowspan="18">应用信息服务设施</td><td rowspan="2">公共应用设施</td><td rowspan="7">信息化应用系统</td><td colspan="2">公共服务系统</td></tr>
<tr><td colspan="2">智能卡应用系统</td></tr>
<tr><td rowspan="3">管理应用设施</td><td colspan="2">物业管理系统</td></tr>
<tr><td colspan="2">信息设施运行管理系统</td></tr>
<tr><td colspan="2">信息安全管理系统</td></tr>
<tr><td rowspan="2">业务应用设施</td><td colspan="2">通用业务系统</td></tr>
<tr><td colspan="2">专业业务系统</td></tr>
<tr><td rowspan="2">智能信息集成设施</td><td rowspan="2">智能化集成系统</td><td colspan="2">智能化信息集成（平台）系统</td></tr>
<tr><td colspan="2">集成信息应用系统</td></tr>
<tr><td rowspan="9">信息服务设施</td><td rowspan="2">语音应用支撑设施</td><td rowspan="13">信息设施系统</td><td colspan="2">用户电话交换系统</td></tr>
<tr><td colspan="2">无线对讲系统</td></tr>
<tr><td>数据应用支撑设施</td><td colspan="2">信息网络系统</td></tr>
<tr><td rowspan="6">多媒体应用支撑设施</td><td colspan="2">有线电视系统</td></tr>
<tr><td colspan="2">卫星电视接收系统</td></tr>
<tr><td colspan="2">公共广播系统</td></tr>
<tr><td colspan="2">会议系统</td></tr>
<tr><td colspan="2">信息导引及发布系统</td></tr>
<tr><td colspan="2">时钟系统</td></tr>
<tr><td rowspan="18">基础设施</td><td rowspan="15">公共环境设施</td><td rowspan="4">信息通信基础设施</td><td colspan="2">信息接入系统</td></tr>
<tr><td colspan="2">布线系统</td></tr>
<tr><td colspan="2">移动通信室内信号覆盖系统</td></tr>
<tr><td colspan="2">卫星通信系统</td></tr>
<tr><td rowspan="2">建筑设备管理系统</td><td rowspan="2">建设设备管理系统</td><td colspan="2">建筑设备监控系统</td></tr>
<tr><td colspan="2">建筑能效监管系统</td></tr>
<tr><td rowspan="9">公共安全管理设施</td><td rowspan="9">公共安全系统</td><td colspan="2">火灾自动报警系统</td></tr>
<tr><td rowspan="6">安全技术防范系统</td><td>入侵报警系统</td></tr>
<tr><td>视频安防监控系统</td></tr>
<tr><td>出入口控制系统</td></tr>
<tr><td>电子巡查系统</td></tr>
<tr><td>访客对讲系统</td></tr>
<tr><td>停车库（场）管理系统</td></tr>
<tr><td colspan="2">安全防范综合管理（平台）系统</td></tr>
<tr><td colspan="2">应急响应系统</td></tr>
<tr><td rowspan="3">机房设施</td><td rowspan="3">机房环境设施</td><td rowspan="3">机房工程</td><td colspan="2">信息接入机房</td></tr>
<tr><td colspan="2">有线电视前端机房</td></tr>
<tr><td colspan="2">信息设施系统总配线机房</td></tr>
</table>

（续）

基础设施	机房设施	机房环境设施	机房工程	智能化总控室
				信息网络机房
				用户电话交换机房
				消防监控室
				安防监控中心
				智能化设备间（弱电间）
				应急响应中心
		机房管理设施		机房安全系统
				机房综合管理系统

1.1.5 建筑信息模型BIM技术

1. BIM基本概念

BIM（Building Information Modeling）是全寿命期工程项目或其组成部分物理特征、功能特性及管理要素的共享数字化表达，如图1-4所示。BIM技术是楼宇智能化工程设计建造管理的首选工具，通俗的理解，BIM是用3D图型工具对建筑工程进行建模，类似于已经在机械工程中广泛应用的3D建模工具（例如Pro/Engineer，SOLIDWORKS），相比机械工程3D建模，BIM要复杂许多。

图1-4 BIM包含工程项目全寿命期

BIM通过参数模型整合各种项目的相关信息，在项目策划与规划、勘察与设计、施工与监理、运行与维护、改造与拆除的全生命周期过程中建立、共享和应用，并保持协调一致。使工程技术人员对各种建筑信息作出正确理解和高效应对，为设计团队以及包括建筑运营单位在内的各方建设主体提供协同工作的基础，在提高生产效率、节约成本和缩短工期方面发挥重要作用。

BIM包含工程项目全寿命期中一个或多个阶段的多个任务信息模型及相关的共性模型元素和信息，并可在项目全寿命期各个阶段、各个任务和各个相关方之间共享和应用，如图1-5所示。模型通过不同途径获取的信息应具有唯一性，采用不同方式表达的信息应具有一致性。用于共享的模型及其组成元素应在工程项目全寿命期内被唯一识别。模型应具有可扩展性。工程项目各个阶段包含如下信息模型：

1）策划与规划阶段包含项目策划、项目规划设计、项目规划报建等信息模型。

2）勘察与设计阶段包含工程地质勘察、地基基础设计、建筑设计、结构设计、给水排水设计、供暖通风与空调设计、电气设计、智能化设计、幕墙设计、装饰装修设计、消防设计、风景园林设计、绿色建筑设计评价和施工图审查等信息模型。

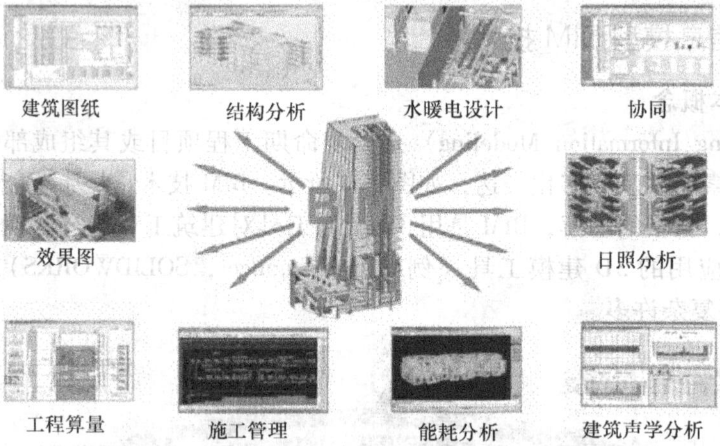

图1-5 BIM的任务内容

涉及工程造价的信息模型包含工程造价概算信息，工程造价概算按工程建设现行全国统一定额及地方相关定额执行。

BIM在规划与设计阶段的价值体现在：可视化，3D图形方便进行更好的沟通、讨论与决策；协调性，土建、管道与结构冲突分析；模型分析，针对建设项目方案进行分析、模拟，从而为整个项目的建设降低成本、缩短工期并提高质量。如图1-6和图1-7所示。

3）施工与监理阶段包含地基基础施工、建筑结构施工、给水排水施工、供暖通风与空调施工、电气施工、智能化施工、幕墙施工、装饰装修施工、消防设施施工、园林绿化施工、屋面施工、电梯安装、绿色施工评价、施工监理和施工验收等信息模型。

4）运行与维护阶段包含建筑空间管理、结构构件与装饰装修材料维护、给水排水设施运行维护、供暖通风与空调设施运行维护、电气设施运行维护、智能化设施运行维护、消防设施运行维护、环境卫生与园林绿化维护等信息模型。

5）改造与拆除阶段包含结构工程改造、机电工程改造、装饰工程改造、结构工程拆除和机电工程拆除等信息模型。

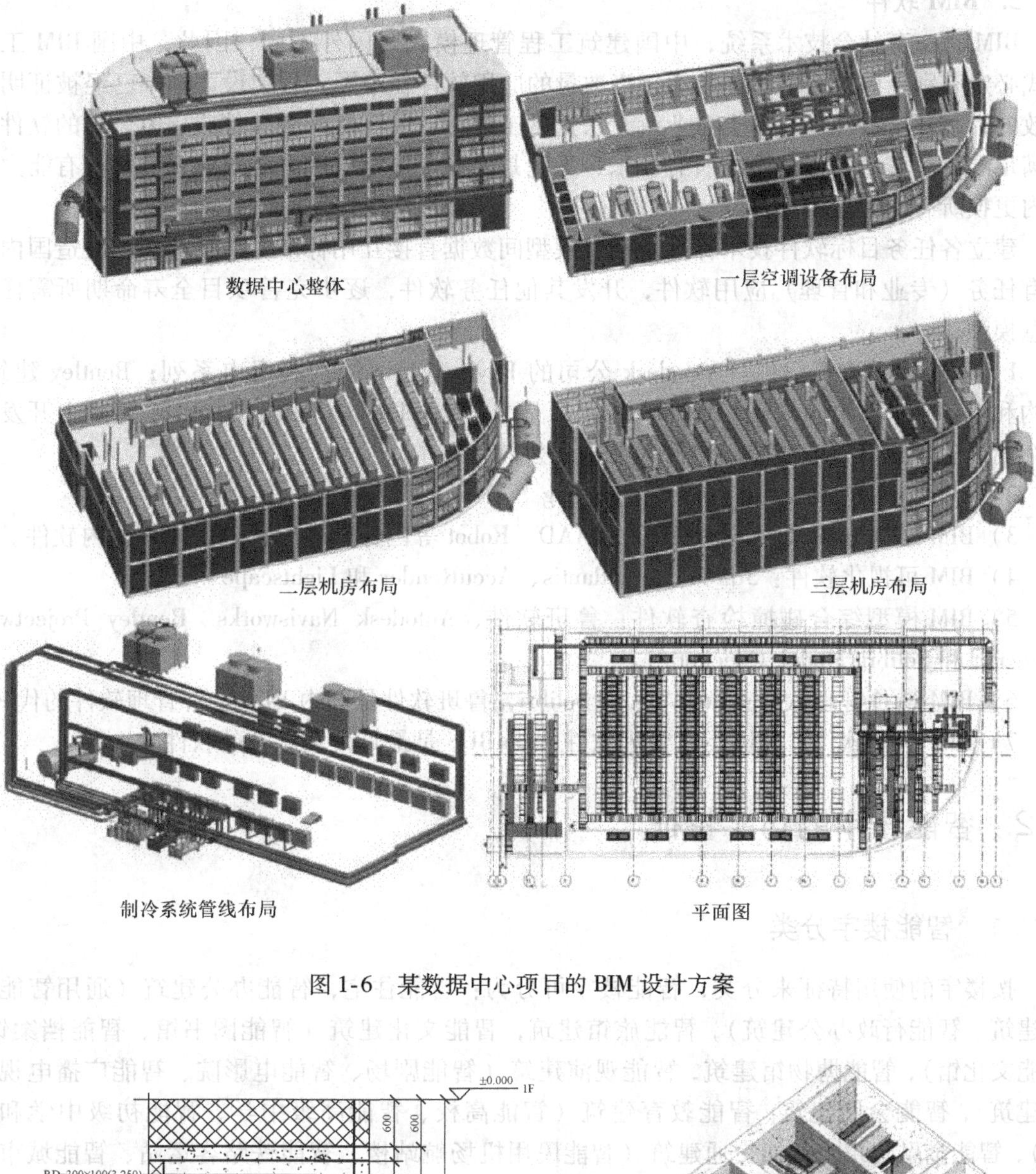

图 1-6　某数据中心项目的 BIM 设计方案

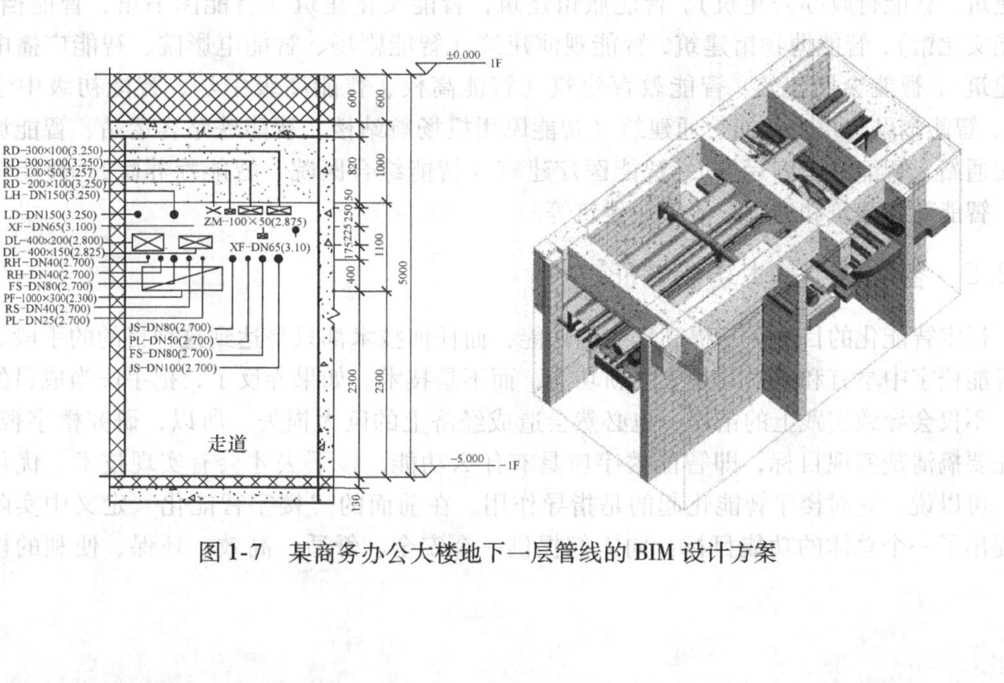

图 1-7　某商务办公大楼地下一层管线的 BIM 设计方案

2. BIM 软件

BIM 是一套社会技术系统，中国建筑工程管理模式与国外不同，因此，中国 BIM 工作方式必定有别于国外 BIM。国内有相当数量的应用软件在中国工程建设大潮中已经被证明是有效的，离开这些软件，各类企业就无法正常工作；目前没有一个软件或一家公司的软件能够满足项目全寿命期过程中的所有需求，无论是经济上还是技术上建筑业企业都没有能力短期内更换所有专业应用软件。

建立各任务目标软件技术标准及信息模型间数据直接互用标准，并按此标准改造国内外现有任务（专业和管理）应用软件，开发其他任务软件，逐步完善项目全寿命期所需任务信息模型。

1）BIM 核心建模软件：Autodesk 公司的 Revit 建筑、结构和机电系列；Bentley 建筑、结构和设备系列；ArchiCAD；Digital Project 是 Gery Technology 公司在 CATIA 基础上开发的一个面向工程建设行业的应用软件（二次开发软件）。

2）BIM 方案设计软件：Onuma Planning System 和 Affinity 等。

3）BIM 结构分析软件：ETABS、STAAD、Robot 等国外软件以及 PKPM 等国内软件。

4）BIM 可视化软件：3ds Max、Artlantis、AccuRender 和 Lightscape 等。

5）BIM 模型综合碰撞检查软件：鲁班软件、Autodesk Navisworks、Bentley Projectwise Navigator 和 Solibri Model Checker 等。

6）BIM 造价管理软件：Innovaya 和 Solibri，鲁班软件是国内 BIM 造价管理软件的代表。

7）BIM 运营软件：美国运营管理软件 ArchiBUS 是最具市场影响的软件之一。

1.2 智能楼宇的功能特征

1.2.1 智能楼宇分类

按楼宇的使用特征来分类，智能楼宇可分为：智能住宅，智能办公建筑（通用智能办公建筑、智能行政办公建筑），智能旅馆建筑，智能文化建筑（智能图书馆、智能档案馆、智能文化馆），智能博物馆建筑，智能观演建筑（智能剧场、智能电影院、智能广播电视业务建筑），智能会展建筑，智能教育建筑（智能高校、智能高级中学、智能初级中学和小学），智能金融建筑，智能交通建筑（智能民用机场航站楼、智能铁路客运站、智能城市轨道交通站、智能汽车客运站），智能医疗建筑（智能综合医院、智能疗养院），智能体育建筑，智能商店建筑和通用智能工业建筑等。

1.2.2 智能楼宇基本功能特征

楼宇智能化的目的在于提高楼宇的功能，而任何技术都只是达到这种目的的手段。人们在智能楼宇中享有和感受的是它的新功能，而不是技术。如果弄反了，把手段当成目的去追求，不仅会导致实践上的错误，也必然会造成经济上的巨大损失。所以，研究楼宇智能化，首先要搞清楚实现目标，即智能楼宇应具有什么功能，接下去才会有实现技术、优化方案等，可以说，它对楼宇智能化起的是指导作用。在前面的“楼宇智能化”定义中实际上已经提出了一个总体的功能目标：向人们提供一个安全、舒适、高效、环保、便利的楼宇环境。要给智能楼宇的功能特征做一个完整的定义或描述，实际上是一项困难的工作，原因有二：

其一，智能楼宇是一个发展中的概念，它随着时代的发展和科学技术的进步，人们对其功能的要求是在不断更新、补充的变化状态中。因此，过于具体的功能定义可能很快过时，不一定能起到指导作用。

其二，必须考虑楼宇本身的使用特性，酒店宾馆、办公写字楼、会展中心、体育场所、医院、学校等不同使用特性的楼宇，其功能类别有很大的不同，这些个性化的功能特征很难描述得周全，而且也没有太多普遍的指导作用。

尽管如此，人们还是希望总结一些比较普遍认同的，相对来说有一定生命周期的智能楼宇的基本功能特征，作为技术背后的指导思想。与传统的楼宇相比，智能楼宇有哪些基本功能特征呢？

1. 智能楼宇具有完善的通信功能

人类迈入信息社会，更多地是在从事信息的制造、获取、表达、加工、存储、传输和消费活动。人们提出信息社会的标准：连接所有村庄、社区、学校、科研机构、图书馆、文化中心、医院以及地方和中央政府，连接是信息生活的基础。智能楼宇是信息社会中的一个环节、一个信息小岛、一个节点，因此必须具有完善的通信功能。

1）能与全球范围内的终端用户进行多种业务的通信功能。支持多种媒体、多种信道、多种速率、多种业务的通信。比如，（可视）电话、互联网、传真、计算机专网、VOD、IPTV、VoIP等。

2）完善的通信业务管理和服务功能。比如，可以应对通信设备增删、搬迁、更换和升级的综合布线系统，保障通信安全可靠的网管系统等。

3）信道冗余，在应对突发事件、自然灾害时通信更加可靠。

4）新一代基于IP的多媒体高速通信网、光通信网是未来新的通信业务支撑平台。

2. 智能楼宇具有自动监控设备运行的功能

1）所有的机电设备均可在计算机控制下自动运行，不需人工操作，既减轻了劳动强度、减少操作人员，又消除了人为的操作失误。比如，供配电自动监测系统、智能照明系统、空调自动监控系统、冷热源自动监控系统、给排水自动监控系统等。

2）将设备运行过程中的数据实时采集下来，存入数据库，形成系统的实时信息资源。对这些信息资源的统计、分析，能够对设备运行状况、设备管理等提供必要数据。同时，实时信息资源的功能是系统集成的基础。

3）具有建筑设备能耗监测的功能，能耗监测的范围包括冷热源、供暖通风和空气调节、给水排水、供配电、照明、电梯等建筑设备，能耗监测数据准确、实时，通过对纳入能效监管系统的分项计量及监测数据统计分析和处理，能控制建筑设备优化协调运行。

3. 智能楼宇具有现代安防、现代消防和城市应急响应的功能

可以这样认为，除了地震、海啸等自然灾害对楼宇内人们的生命和财物的伤害，楼宇内火灾和未经许可的人员侵入对人们的安全威胁最大。智能楼宇更安全是因为具备了现代安防、现代消防和城市应急响应的功能。

1）现代安防系统提供了一个从防范、报警、现场录像保留证据的三级防范体系，最大限度保护楼宇内的人身和财产安全。比如，指纹识别门禁、红外线探测报警等装置。

2）现代消防系统更注重人的生命价值，智能火灾探测器（系统）可以更早期地发现火灾并报警，给楼宇内的人员安全撤离留有更多的时间。

3）与其他系统的联动控制功能，使系统更加有效。比如，在火灾报警时，联动撤离通道的灯光和相关区域的广播，指导人员安全撤离。

4）应急响应系统对自然灾害、重大安全事故、公共卫生事件和社会安全事件实现就地报警和异地报警。能与上一级应急响应系统互联，直至构建智慧城市的综合应急响应系统。

4. 智能楼宇具有现代管理的功能

现代管理的特征是信息化、计算机化、网络化。智能楼宇的现代管理功能通过系统集成产生，是一个人机合一的系统功能。

1）集中操作管理的功能，在一个终端上通过网络可以管理到全局。比如，在控制中心的工作站上可以查看所有安防探头的工作状态、所有灯具的照明工作状态或者调整某一区域的空调温度等。

2）系统向管理者提供各类统计、分析、挖掘数据和手段设计的功能。

3）向社会提供信息的功能。顺应物联网、云计算、大数据、智慧城市等信息交互多元化和新应用的发展。

1.3 楼宇智能化技术的发展

智能楼宇的发展是科学技术和经济水平的综合体现，已成为一个国家、地区和城市现代化水平的重要标志之一。在我国步入信息社会和国内外正加速建设信息高速公路的今天，智能楼宇将成为城市中的“信息岛”或“信息单元”，它是信息社会最重要的基础设施之一。随着社会的进步、科技的腾飞以及人类的需求，会出现越来越多的智能住宅、智能小区、智能医院、智能学校等。楼宇智能化技术是随着智能楼宇的发展而进步的，一方面，它对智能化技术提出了更多更高的要求；另一方面，它也需要智能化技术的全面支持。可以预计，我国的楼宇智能化技术发展必将呈现专业细分和全面加速的势态。

1. 楼宇智能化技术的发展目标是开创新一代的生活方式

新一代的生活方式是和知识经济、信息时代相适应的，是一种和工业时代大物流、大人员流动、高耗能生活方式截然不同的，以信息流动来最大限度减少无谓的人、车辆与物资的流动。新一代的生活方式以“消费信息”为特征，是一种低碳、绿色生态、可持续、更高文明的生活方式。关键点是让信息和载体分离（信息生产和制造技术），这样才能以信息流动替代载体的流动，才能让信息可消费。智能家居（家电）要承担起对家居环境信息及人们的生活信息、知识信息进行生产和制造的任务，这样就可能实现相当一部分的生活（食、住、玩）和工作知识信息通过信息网络流动，从而减少人和物的流动。

2. 绿色城市是绿色智能建筑发展的必然趋势

绿色城市是以新一代的生活方式为重要标志的。一个地区发展的先进与落后的差别就在于此。

对单个智能建筑而言，许多可再生能源的应用技术，如太阳能发电、太阳能热泵、风力发电、江水源热泵、地源热泵、雨污水综合利用、中水回用、生物质发电、垃圾无害化处理与能量回收等技术，由于不能达到“专业化、集约化与规模化”的条件，最终因不能获得经济可行性而放弃使用。

实践证明，可再生能源的集约化利用、废弃物质的综合利用、道路交通的规划管理、能源综合监测管理、综合通信与监控等，都是节能、环保与减排的重要组成部分，这些设施应该是城市的基础设施，要为城市的每一幢建筑物服务。因此，需要从绿色城市的角度来审视和规划未来的建设行为。智能建筑的建设要服从绿色城市的建设规划，绿色城市的建设基础是绿色智能建筑。

3. 智能建筑系统集成与绿色城市管理联成一体

智能建筑是现代城市的基础，是绿色城市的“信息岛”或“信息单元”，智能建筑系统集成与绿色城市管理有机地联系起来，将会给城市管理带来真正的信息化和智能化方式。

4. 智能楼宇的功能朝着多元化方向发展

针对不同用途、不同人群、不同地域、不同宗教文化信仰等的差别，智能楼宇将以人为本，提供个性化服务。例如，为老年人提供医疗健康等个性化服务的智能老年公寓，适用于地震多发区的智能防震建筑等。

智能楼宇新的功能展望：

1）系统集成技术向专家系统，人工智能方向发展，会有全新的“智能功能”。

2）娱乐的功能会大大增强。

3）虚拟实现技术会给智能建筑带来随心所欲的声视空间环境效果。

4）满足人类求知欲的功能会加强。

5）数字家庭、智能家居已经成为市场和技术的热点。其主要技术路线是，以智能家庭网关为中心构建家居泛在网，以 EIB/KNX、DALI、BACNET 等开放协议构建家居自动化系统实现对基础设备的控制管理，以新型智能家电/传统家电设备构建新一代生活方式的服务功能环境，以智能家具动态构造所需的空间环境，以 3C 设备（计算机、通信和消费电子产品）智能互联、资源共享、协同运行为人们提供家居智能服务功能。

6）智能家具技术以动态构造所需的空间环境为首要发展方向（功能换空间），充分运用智能化技术/新材料技术创造新功能，与家电设备融合/建筑结构融合，必将成为数字家庭、智能家居的支撑技术。

7）舒适性进一步提高。使人们在智能楼宇中生活和工作（包括公共区域），无论是心理上还是生理上均感到更加舒适，为此，空调、照明、噪声、绿化、自然光及其他环境条件应达到最佳状态。

8）安全性、可靠性进一步加强。除了要保证生命、财产、建筑物安全外，还要考虑信息的安全性，防止信息网中发生信息泄露和被干扰，特别是防止信息数据被破坏、被篡改，防止黑客入侵。

5. 需要加快发展楼宇智能化学科

楼宇智能化学科的发展和国家的发展策略是高度吻合的，绿色环保智能楼宇更加符合可持续发展的国策。楼宇智能化学科加快发展的目的是要在这个领域尽快缩短与国外的技术差距，进而取得自主创新的技术成果，形成中国的核心竞争力。

复习题与思考题

1. 什么是楼宇智能化技术？有什么技术内涵？
2. 智能建筑有些什么功能特征？如何理解智能建筑定义的发展内涵？
3. 何谓智能建筑？
4. 简述智能建筑的体系结构。
5. 哪些行业属于楼宇智能化行业？哪些工程属于楼宇智能化工程？试举例说明。
6. 楼宇智能化主要的技术基础是什么？
7. 你认为智能学校有什么功能特征？简述对未来的发展构想。
8. 你认为智能家居有什么功能特征？简述对未来的发展构想。
9. 你认为智能化住宅小区有什么功能特征？简述对未来的发展构想。
10. 你认为智能医院有什么功能特征？简述对未来的发展构想。
11. 你认为智能化体育场馆有什么功能特征？简述对未来的发展构想。
12. 简述你对未来绿色城市的发展构想。
13. 你认同楼宇智能化技术是一个新学科吗？请提出赞同或反对的理由。
14. 如何理解绿色智能建筑的内涵？楼宇智能化技术的发展趋势如何？
15. 如何理解楼宇智能化技术是实现低碳经济的主要技术途径之一？
16. 你认为在小城镇化建设中的重点和难点是什么？有什么对策？

第2章 智能楼宇信息传输网络基础

本章导读

智能楼宇的信息传输网络是“楼宇智能化”的基础，它有什么需求？有什么功能？它有哪些传输对象？有什么特征？这些问题是我们首先要搞清楚的。这就是本章的重点内容之一。

其次，任何一个智能楼宇的信息传输网络都不能孤立地运作，它必须与外界进行通信（通常要连到 Internet）。连通外界的桥梁就要靠公用电信网。电信网的用户遍及世界各地，各个国家的公用电信网络互联提供国际通信业务，因此，我们有必要了解公用电信网。这也是本章的重点内容之一。

2.1 智能楼宇网络功能需求及传输对象

智能楼宇的信息传输网络是“楼宇智能化”的基础，其目标是能支持建筑物内部各类用户的多种业务通信需求，同时应具备相当的面向未来传输业务的冗余。各类用户的含义是要能适应各类智能建筑物（智能住宅、智能学校/校园、智能医院、智能体育场馆、智能文博场馆、智能媒体建筑、智能办公楼宇、智能商用楼宇等）的用户需求。多种业务通信需求的含义是要面对用户以任何方式、在任何地域范围、以任何质量要求、任何业务类型的通信需求。

智能楼宇的信息传输网络的功能需求包括：

1）支持楼宇自动化、办公自动化、系统集成等业务需求的数据通信。

2）支持建筑物内部有线电话、有线电视、电信会议等语音和视频图像通信。

3）支持各种广域网连接，包括具有与国际互联网、公用电话网、公用数据网、移动通信网、电视传输网等的接口。也支持各种专用广域网连接，例如政府办公网、金盾网、金税网等。

4）支持建筑物内部多种业务通信需求，支持多媒体通信需求，具备相当的面向未来传输业务的冗余。

智能楼宇信息传输网络的建设应用了多种网络技术成果，是一个通信网络集成系统，目前还是多网并存的格局（电话网、计算机网、电视传输网），相互既有竞争又有融合。

现代建筑的业务运行、运营及管理等与信息化管理核心设施的安全密切相关，如运行信息不能及时流通，或者被篡改、增删、破坏或窃用等造成的信息丢失、通信中断、业务瘫痪等，将会带来无法弥补的重大业务危害和巨大的经济损失等。而对于政府、金融等建筑，当今业务运行与信息化设施的不可分割的依赖性而愈加显现，因此，加强信息传输网络安全建设的意义甚至关系到政府办公职能的信息安全、国家和人民的金融秩序等，对此应高度重视及严格管理。由此，在进行建筑智能化系统与建筑物外部城市信息网互联时，必须设置防御屏障，确保信息设施系统安全、稳定和可靠。

2.1.1 智能楼宇网络的功能和分类

智能楼宇的信息传输网络必须具有完善的通信功能：

1）能与全球范围内的终端用户进行多种业务的通信功能。支持多种媒体，多种信道，多种速率，多种业务的通信。比如，电话（可视）、传真、互联网、网真、视频会议、计算机专网、VOD、IPTV、VoIP等。

2）完善的通信业务管理和服务功能。比如，可以应对通信设备增删、搬迁、更换和升级的综合布线系统，保障通信安全可靠的网管系统等。

3）信道的冗余功能。在应对突发事件、自然灾害时通信更加可靠。

4）新一代基于IP的多媒体高速通信网、光通信网是未来新的通信业务支撑平台。

智能楼宇的信息传输网络是一个通信网络集成系统，目前还是多网并存的格局。从网络技术的角度，可以分为电话（信）网和计算机网两大类。从互联的角度可分为内部专用网、保密网和公用网，从应用功能方面又可以分为现场控制网、集中管理网、消防网、安防网、公用信息网、保密网、音视频网等。从传输信号的角度可分为模拟传输网和数字传输网。任何一个智能楼宇的信息传输网络都是多个网络的集成系统，如图2-1所示。

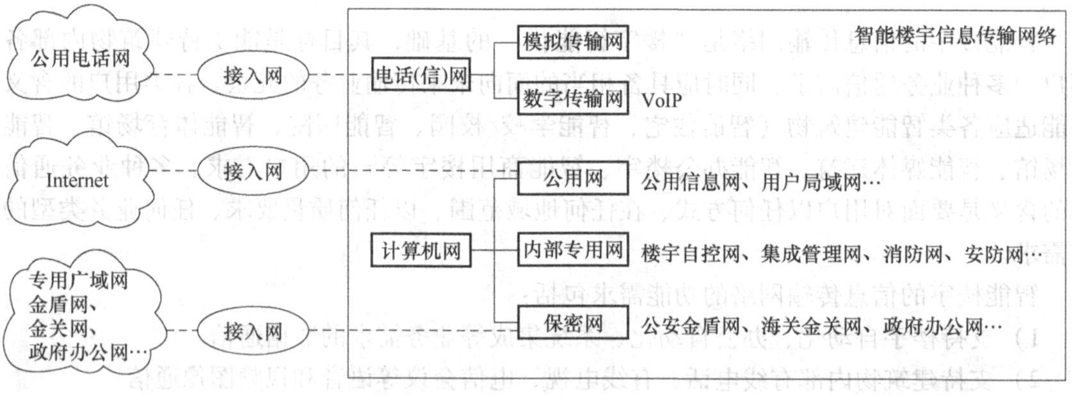

图2-1 智能楼宇的信息传输网络的分类

1. 电话（信）网

智能楼宇内的电话网是公用电信网的延伸，公用电信网是全球最大的网络，在不发达的地区可能没有计算机网络，但是一般会有电话网，因此通过电话网可以与世界各地的人们联系。不仅如此，我们通过调制与解调技术可以在模拟电话网上进行数据传输（计算机通信）。智能楼宇的电话网一般是以程控用户交换机PABX（Private Automatic Branch eXchange）为中心构成的一个星形网，它既可以连接电话机为用户提供语音通信，也可以连接计算机、传真机、传感器等数字设备提供低速率的数据传输服务。

2. 计算机网

智能楼宇内的计算机网是信息传输网络系统的核心，是大量的信息传输、交换的主干通道。智能楼宇内的计算机网络是应用局域网（LAN）技术构建的，传输速率达10Gbit/s，目前的技术主流可保证到端点的传输速率为100Mbit/s，因此，智能楼宇内的计算机网络是一个宽带IP网络。结合无线局域网（WLAN）技术，可以提供300Mbit/s到端点的移动数据通信业务。

计算机网可以实现数字设备之间的高速数据通信，也可以实现语音和视频信号的数字化传输，或者说，可以实现多媒体通信。例如，VoIP可以支持传统的电话通信业务，IPTV可以支持有线电视业务。我们通过多种接入网技术实现与互联网和各种广域网的连接。

在一个智能楼宇内实际上构建了多个LAN，每一个LAN完成一类通信服务，这样做的原因是：隔离带来了安全，降低了网络通信流量，如图2-2所示。LAN和LAN之间可以有目的地将其互联起来，网络的安全性受到了控制。计算机网络系统为管理与维护提供相应的网络管理系统，并提供高密度的网络端口，可满足用户容量分批增加的需求。

智能楼宇内的计算机网根据承载业务的需要一般划分为业务信息网和智能化设施信息网，其中智能化设施信息网用于承载公共广播、信息引导及发布、视频安防监控、出入口控制、建筑设备监控等智能化系统设施信息，该信息网可采用单独组网或统一组网的系统架构，并根据各系统的业务流量状况等，通过VLAN、QoS等保障策略提供可靠、实时和安全的传输承载服务。

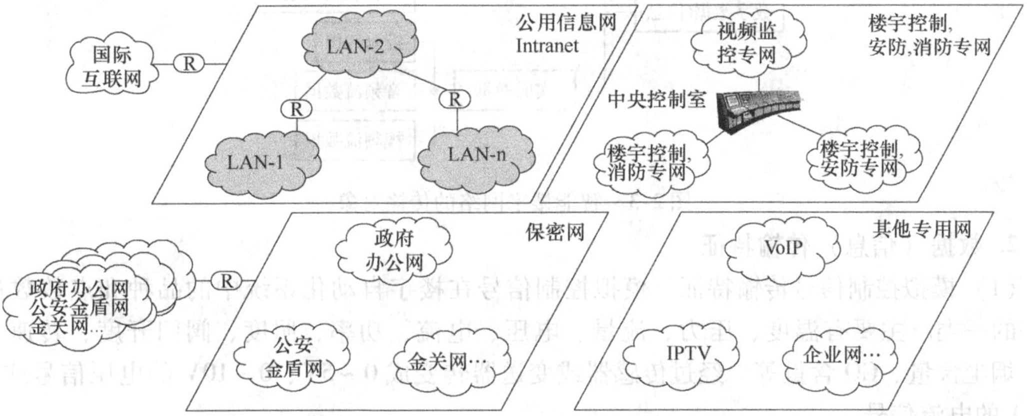

图2-2　一个建筑内多个LAN并存

随着通信技术的飞速发展，从数据和信号的角度来看，目前的各种模拟传输业务均可能经过数字化后在计算机网上传输。也就是说，只需要建一个高速IP网络，就能实现多种业务的传输。当前的IP网络的带宽已经能满足多种业务传输的需求（100Mbit/s到端点的带宽能同时传80路DVD品质的视频，或者同时支持10000路电话），但是，IP网络有一个问题没有得到很好的解决：可靠性和安全性。所以，目前在智能楼宇内的电话网还是必须要构建的。

2.1.2 智能楼宇网络的传输对象与特征

1. 智能楼宇网络的传输对象

在智能楼宇中，需要传输对象当然是各种模拟和数字数据（信息）。模拟数据有音视频数据、控制系统中的各类传感器输出数据、执行器输入数据等。数字数据主要是各类数字设备终端的输入输出数据、控制指令数据等。根据其不同的应用特征，将其分类，如图2-3所示。

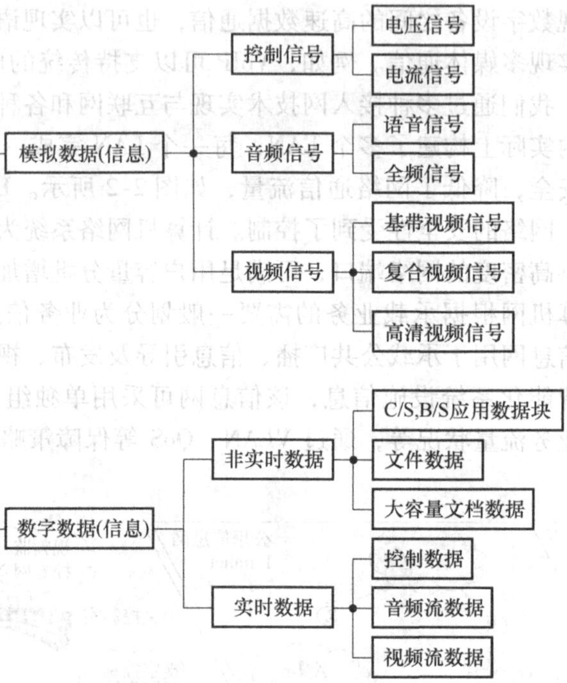

图2-3 智能楼宇网络的传输对象

2. 数据（信息）传输特征

（1）模拟控制信号传输特征 模拟控制信号在楼宇自动化系统中的品种和点数数量是最多的一类。主要有温度、压力、流量、电压、电流、功率、照度、阀门开度、转速、湿度、烟尘含量、CO含量等。经过传感器或变送器转变成0~5V、0~10V的电压信号或4~20mA的电流信号。

模拟控制信号频带不高，在直流到几百赫低频范围，既可以模拟传输，也可以数字传输。用模拟信号传输时，最大的障碍是干扰。一般只能在短距离范围内采用屏蔽抗干扰传输技术，就近送到控制单元。如果在现场经数字化采样后用数字方式传输，则可以有效解决信号干扰，传输距离仅受数字信道的限制。现场总线（例如，LonWorks、FF、PROFIBUS、HART、CAN、RS-485等）就是为模拟控制信号的数字传输而发明的技术，如图2-4和图2-5所示。

（2）模拟语音信号传输特征 智能楼宇中的电话通信系统涉及模拟话音信号传输。语音信号的标准频谱在300~3400Hz之间，所以电话通信信道的带宽只要达到4000Hz就行。

语音信号既可以模拟传输，也可以数字传输，如图2-6所示。通常语音信号采用模拟传

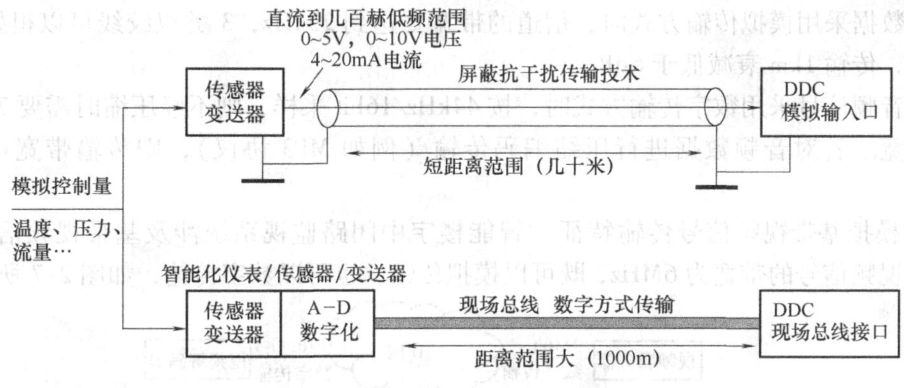

图2-4　模拟控制信号传输特征

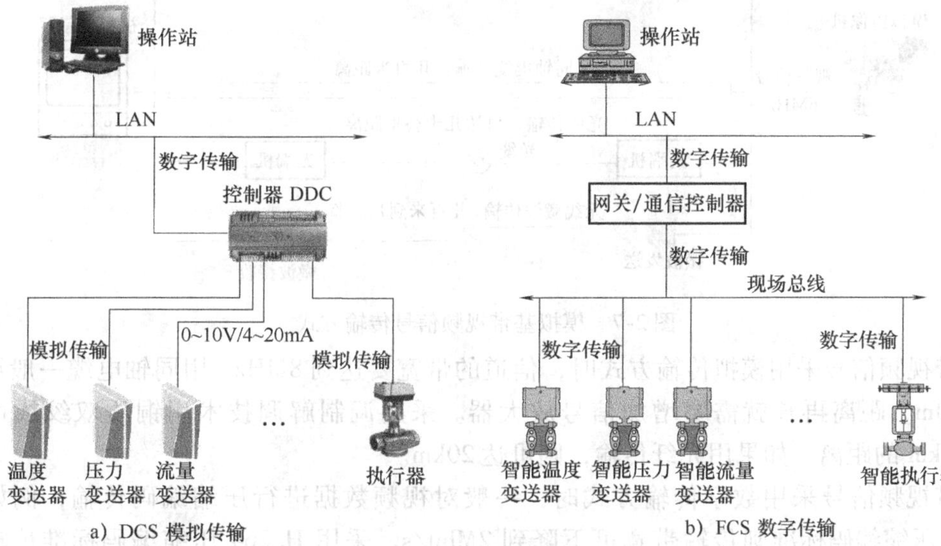

图2-5　DCS和FCS控制信号传输方式

输方式，在一对0.4mm线径的铜质双绞线上，传输4km距离时衰减约7dB（这个衰减数值和我国电话网用户线路允许的最大衰减值相当）。语音信号在采用数字传输方式时，一路电话不经压缩时（PCM编码）需要64Kbit/s的传输带宽。若对PCM数据进行压缩编码传输（如G.729协议），则传输带宽可下降到8Kbit/s。

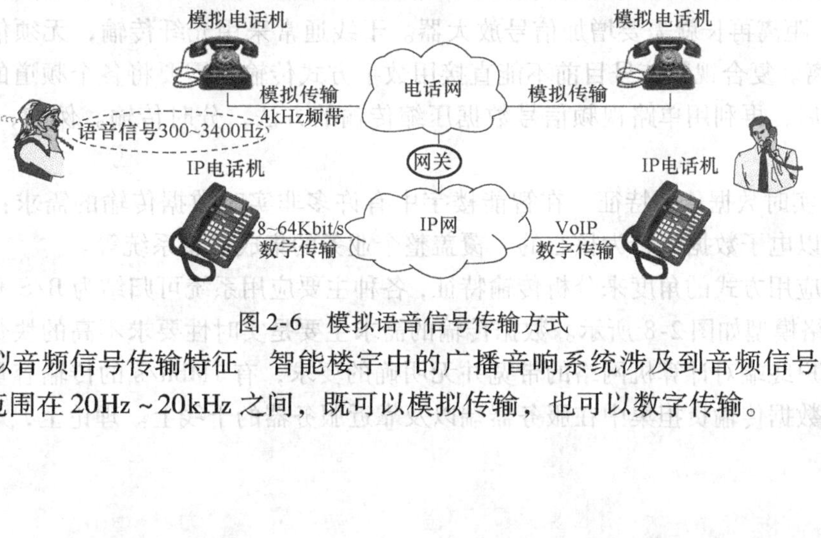

图2-6　模拟语音信号传输方式

（3）模拟音频信号传输特征　智能楼宇中的广播音响系统涉及到音频信号传输。音频数据的频率范围在20Hz~20kHz之间，既可以模拟传输，也可以数字传输。

音频数据采用模拟传输方式时，信道的带宽要达到20kHz，3类双绞线可以很好地传输音频数据，传输1km衰减低于6dB。

模拟音频信号采用数字传输方式时，按44kHz/16bit采样，则不经压缩时需要704Kbit/s的传输带宽。若对音频数据进行压缩编码传输（例如MP3协议），则传输带宽可下降到100Kbit/s。

（4）模拟基带视频信号传输特征 智能楼宇中闭路监视系统涉及基带视频信号传输。一路基带视频信号的带宽为6MHz，既可以模拟传输，也可以数字传输，如图2-7所示。

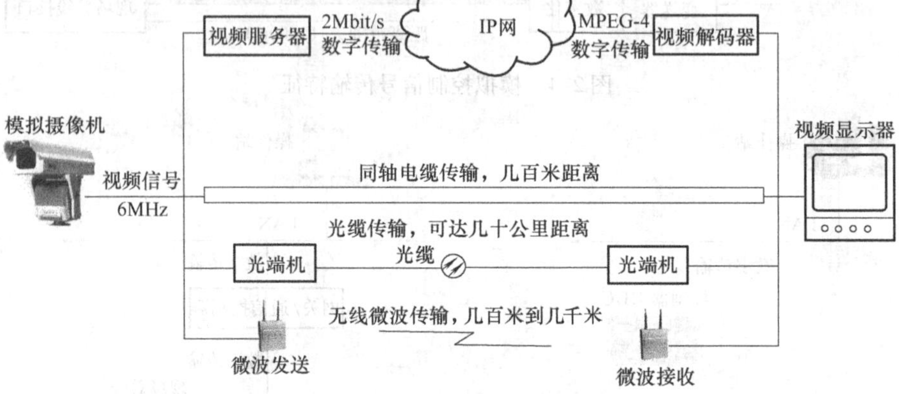

图2-7 模拟基带视频信号传输方式

基带视频信号采用模拟传输方式时，信道的带宽要达到8MHz，用同轴电缆一般可传输100～300m，距离再长就需要增加信号放大器。采用调制解调技术用铜质双绞线可传输100m～1km的距离。如果用光纤传输，则可达20km。

基带视频信号采用数字传输方式时，一般对视频数据进行压缩编码传输，例如采用MPEG-4压缩编码标准则传输带宽可下降到2Mbit/s。采用H.264压缩编码标准传输一路HD1080P（1920×1080）的视频信号，带宽可下降到3.5Mbit/s。

（5）模拟复合视频信号传输特征 智能楼宇中有线电视网涉及复合视频信号传输。采用频分多路复用技术，将多套电视节目的基带视频信号调制到不同的频带，最终复合成一个宽带的信号在一条信道上传输。通常，复合视频信号的带宽在300～860MHz之间。

复合视频信号通常采用模拟传输方式，信道的带宽要达到900MHz，用同轴电缆一般可传输100m，距离再长就需要增加信号放大器。干线通常采用光纤传输，无须信号放大器可达20km距离。复合视频信号目前不能直接用数字方式传输，需要将各个频道的视频信号先分离出来之后，再利用单路视频信号数据压缩传输的方法，分时传输。例如，IPTV就是这种方式。

（6）非实时数据传输特征 在智能楼宇中有许多非实时数据传输的需求：以数据库为平台，形成以电子数据流转为核心的、覆盖整个业务的集成信息系统等。

从信息应用方式的角度来分析传输特征，各种主要应用系统可归结为B/S和C/S两种方式，传输网络模型如图2-8所示。数据传输的需求主要是实时性要求不高的块数据和文档数据，每个用户终端对计算机网络的带宽并无明确的要求，有1Mbit/s的传输容量即可满足需求。系统的数据传输负担集中在服务器端以及靠近服务器的干线上。理论上，干线的传输带宽最大值是所有下属端线需求之和，服务器干线的传输带宽最大值是所有端线需求之和。在实际运行中，由于各用户的应用是异步和突发的，因此干线的传输带宽远小于所有下属端线需求之和，一般有15%～20%的容量即可。对于服务器干线，则希望应有足够的带宽以满足大量的客户并发的需求。

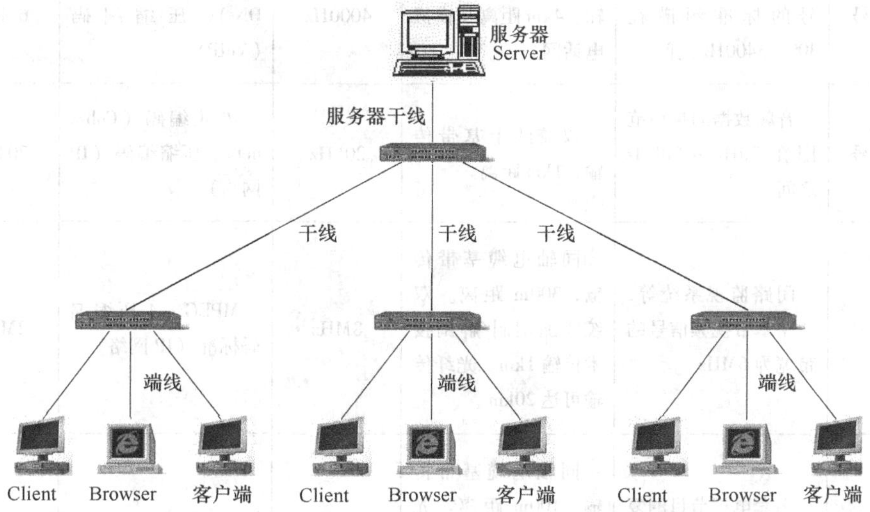

图2-8　B/S和C/S方式非实时数据传输模型

有一些需要大容量的文件传输的应用，例如，1GB字级音视文档，为了提高工作效率，计算机网络的传输速率应尽可能高，网络亦必须十分稳定和安全（因为大容量文件的重发开销是巨大的），端线传输速率应达到1000Mbit/s。

（7）实时性数据传输特征　在智能楼宇的设备监控系统中，有许多有实时性要求的数据传输需求。这类数据传输的特点是：数据传输速率不高，关键是不确定时延要小于一定数值。现场总线和工业以太网技术都能够很好地满足其传输要求。

音频和视频数据的传输需求有两个方面：其一是音频和视频信号的数字传输，其二是音频和视频数据文档的在线播放（即视频点播）。这时对计算机网络系统的传输有实时性要求。每传输一路DVD品质（720×480）的视频数据流，采用MPEG-4编码标准传输速率大致在1～2Mbit/s的带宽。每传输一路高清视频（1920×1080）的视频数据流，采用H.264压缩编码标准传输速率大致在2～4Mbit/s。传输一路电话数据流，大约只需8Kbit/s的带宽。对于音乐数据，达到高品质CD效果的传输速率只需要大约100Kbit/s带宽。智能楼宇网络的传输对象与特征如表2-1所示。

表2-1　智能楼宇网络的传输对象与特征

传输对象	对象特征	模拟传输		数字传输	
		传输方式	带宽	传输方式	带宽
模拟控制信号	0～5V、0～10V电压信号或4～20mA电流信号，直流到几百赫低频范围	采用屏蔽抗干扰传输技术，就近传输，几十米距离	几百赫	现场总线，确定性传输。几百米至1km距离	最高12Mbit/s

（续）

传输对象	对象特征	模拟传输		数字传输	
		传输方式	带宽	传输方式	带宽
模拟语音信号	电话通信中语音信号的标准频谱在300～3400Hz之间	双绞线上基带传输，4km距离（模拟电话网）	4000Hz	PCM编码（ISDN）、压缩编码（VoIP）	64Kbit/s
模拟音频信号	音频数据的频率范围在20Hz～20kHz之间	双绞线上基带传输，1km距离	20kHz	PCM编码（Cobranet）、压缩编码（IP网络）	704Kbit/s
基带视频信号	闭路监视系统等，一路基带视频信号的带宽为6MHz	同轴电缆基带传输，300m距离。双绞线加调制/解调技术传输1km。光纤传输可达20km	8MHz	MPEG－4压缩编码标准（IP网络）	2Mbit/s
复合视频信号	多套电视节目的复合视频信号的带宽在300～860MHz之间	同轴电缆基带传输，100m距离。光纤传输可达20km距离（模拟有线电视网络）	900MHz	不使用	
非实时数据	块数据和文档数据	双绞线加调制/解调技术传输（通过电话网）	4000Hz	IP网络	不明确，越高越好
实时控制数据	测控数字设备间的控制数据传输，对传输时延有确定要求	不使用		现场总线和工业以太网	1Mbit/s，越高越好
实时音频数据	音频信号的数字传输及音频数据文档的在线播放	不使用		IP网络，压缩编码	100Kbit/s
实时视频数据	视频信号的数字传输及视频数据文档的在线播放	不使用		IP网络，压缩编码（IPTV）	标清 2Mbit/s 高清 4Mbit/s

2.2 智能楼宇网络传输介质

2.2.1 双绞线

双绞线（Twisted Pair Wire）是最常用的一种传输介质，既可用来传输模拟信号（电话网，视频信号），又是计算机局域网中常用的一种传输介质。

1. 物理描述

双绞线由两条绝缘铜导线排成匀称的螺旋状组成，一对线作为一条通信线路。通常，一定数量这样的导线对捆成一个电缆，外面包着硬保护性护套。根据是否有屏蔽层，双绞线可分为非屏蔽双绞线（Unshielded Twisted Pair，UTP）和屏蔽双绞线（Shielded Twisted Pair，STP）。最常用的是4对线UTP，如图2-9所示。

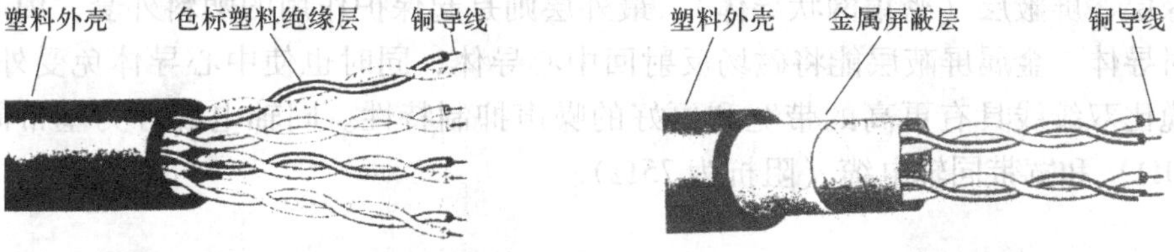

图2-9　双绞线传输介质

2. 传输特性

双绞线既可用来传输模拟信号，也可用于数字信号的传输。在智能楼宇中常用3类标准的UTP为电话网的传输介质，其线径为0.5mm，用作单个电话用户线路最大可传输5km的距离（国家标准：用户电缆线路传输损耗不大于7.0dB@800Hz）。一般情况下，建筑内的电话用户线路长度（从PABX到电话机的布线长度）不会超出5km，所以，智能楼宇中电话网的干线和端线都是用UTP。如果用户线路长度不超出500m，则一对3类标准的UTP采用频分多路复用技术可同时传输24路电话。

双绞线用来传输模拟视频信号时，需要运用调制解调技术，在有源传输时，最大距离可达1km。这种应用为构建模拟视频监控系统提供了一种廉价和方便的布线方案。

双绞线用来传输数字信号时，信号的衰减比较大，并且会产生波形畸变，只能用于较短距离的传输。目前双绞线主要用于局域网的传输，距离被限制在100m的范围内。

3. 应用

（1）3类线　传输频率为1~16MHz，用于语音传输及最高传输速率为10Mbit/s的数据传输。

（2）5类线　传输频率为1~100MHz，用于语音传输和最高传输速率为100Mbit/s的数据传输，主要用于100BASE-T和10BASE-T网络。这是最常用的以太网电缆。也可以用于闭路监视系统中的视频信号传输。

（3）超5类线　超5类具有衰减小，串扰少，并且具有更高的衰减与串扰的比值和信噪比、更小的时延误差，性能得到很大提高。超5类线主要用于100Mbit/s的数据传输和千兆位以太网。

（4）6类线　该类电缆的传输频率为1~250MHz，它提供2倍于超5类的带宽。6类布线的传输性能远远高于超5类标准，适用于1000Mbit/s的数据传输。

2.2.2 同轴电缆

同轴电缆（Coaxial Cable）的基本结构如图2-10所示。最里层是内芯（铜导线），向外依次为绝缘层、屏蔽层（密集网状导体），最外层则是起保护作用的塑料外套，内芯和屏蔽层构成一对导体。金属屏蔽层能将磁场反射回中心导体，同时也使中心导体免受外界干扰，故同轴电缆比双绞线具有更高的带宽和更好的噪声抑制特性。同轴电缆分为基带同轴电缆（阻抗为50Ω）和宽带同轴电缆（阻抗为75Ω）。

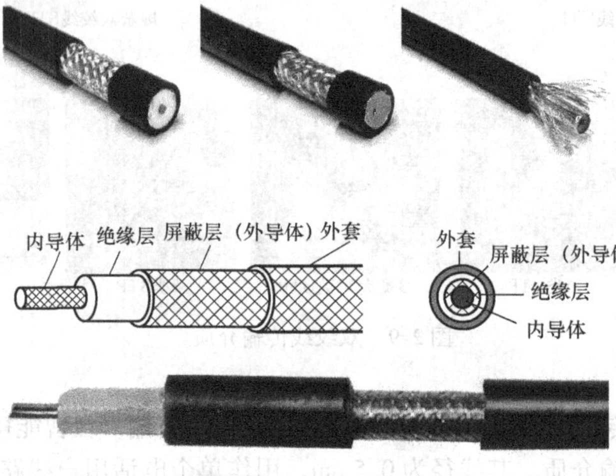

图2-10　同轴电缆（Coaxial Cable）的基本结构

基带同轴电缆又可分为粗缆和细缆两种，都用于直接传输数字信号，传输带宽为1~20MHz，一般特性阻抗50Ω细同轴电缆的最大传输距离为180m，粗同轴电缆可达1000m。计算机网络一般选用RG-8以太网粗缆和RG-58以太网细缆，如图2-11所示。

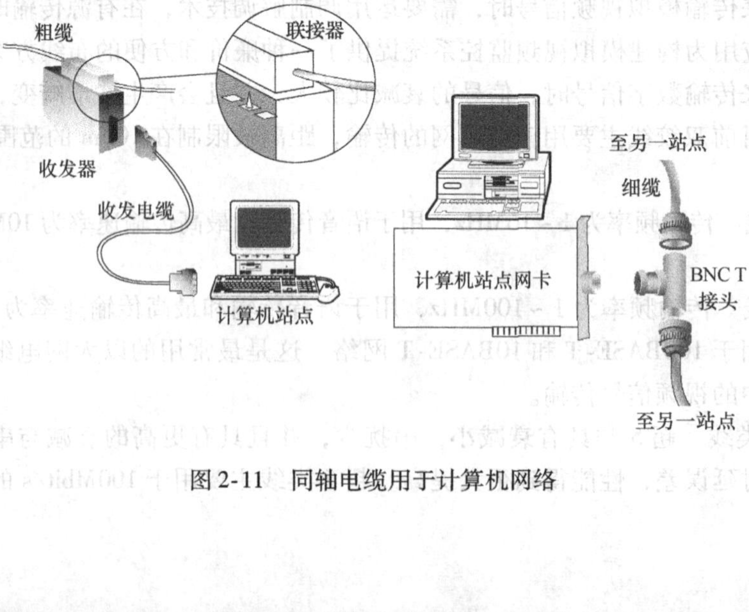

图2-11　同轴电缆用于计算机网络

宽带同轴电缆用于频分多路复用的模拟信号传输，也可用于不使用频分多路复用的高速数字信号和模拟信号传输。传输带宽可达1GHz，例如RG213型同轴电缆，在传输1000MHz信号时的衰减值是0.3dB/m。目前闭路电视常用CATV电缆的传输带宽为750MHz。常用的同轴电缆型号参见表2-2。在智能楼宇中，同轴电缆主要用于有线电视网的传输介质，在它上面可以开通视频图像通信和交互式信息服务。在闭路电视监控系统中，也大量使用同轴电缆传输视频信号。

表2-2　常用的同轴电缆型号

规格名称	类型	阻抗/Ω	说明
RG-58 U	细缆，基带	50	实心铜线
RG-58 A/U	细缆，基带	50	绞合线
RG-58 C/U	细缆，基带	50	军用级
RG-59	CATV，宽带	75	有线电视用
RG-8	粗缆，基带	50	直径约0.4 in（1in=2.54cm）
RG-11	粗缆，基带	50	直径约0.4 in
RG-62	基带	90	应用范围很少
SYV-75	同轴射频，宽带	75	有线电视用
SYWV-75	同轴射频，宽带	75	有线电视用

2.2.3　光纤

光纤即为光导纤维的简称，是能传导光波的一种媒质。光纤利用光的全反射来传输携带电信号的光线，光波覆盖可见光频谱和部分红外频谱。

多种玻璃和塑料可用于制造光纤。超纯石英光纤制造成本高，损耗稍高的多成分玻璃纤维也能达到较好的传输性能，并且成本低。塑料纤维更便宜，可用作短距离的传输媒质。

图2-12是目前已经实用化的一种多模光纤的结构。它由直径为50～75μm的玻璃纤维芯线和适当厚度的玻璃包层构成。芯线的折射率n_1略大于包层的折射率n_2，在芯与包层之间形成良好的光学界面。

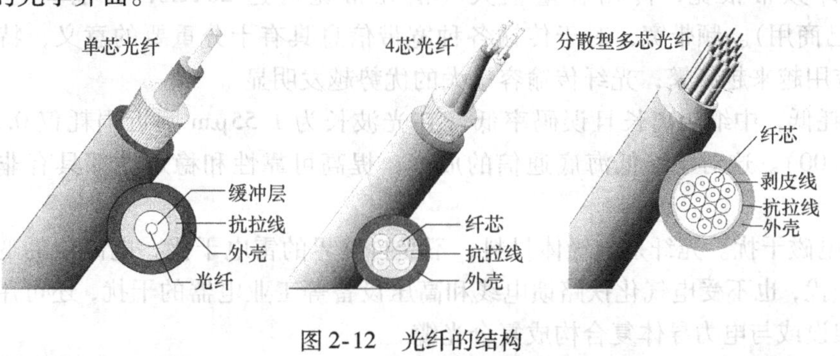

图2-12　光纤的结构

光纤通信系统可以传输数字信号，也可以传输模拟信号。可以传输语音、图像、数据或多媒体信息。光纤通信系统的基本组成（单向传输）如图2-13所示。基本光纤传输系统由光发射机、光纤线路和光接收机三个部分组成。基本光纤传输系统作为独立的"光信道"单元，可以和其他设备相结合，构成结构更复杂、功能更强大的通信系统。石英光纤在0.85μm、1.31μm和1.55μm有三个损耗很小的波长"窗口"。在这三个波长窗口，损耗分别小于2dB/km、0.4 dB/km和0.2dB/km。作为光源的激光器的发射波长和作为光检测器的光敏二极管的波长响应，都要和光纤这三个波长窗口相一致。

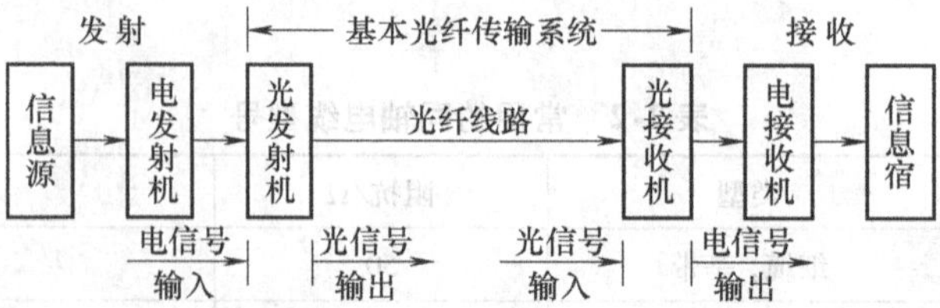

图2-13 光纤通信系统的基本组成（单向传输）

光波分复用（Wavelength - Division Multiplex，WDM）能使光纤通信的容量成几十倍的提高。波长间的间隔为20nm时，这种复用技术称作粗波分复用（CWDM）。当复用的波长数增多，使得每个复用波长间的间隔不到1nm（0.2～1.2nm）时，这种复用技术称作密集波分复用（DWDM）。DWDM已有40～80个信道，每个信道的容量在10Gbit/s以上。WDM的基本原理如图2-14所示。

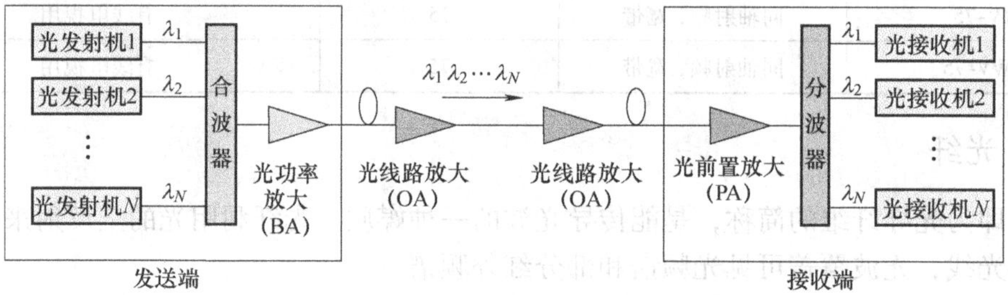

图2-14 光纤传输中的光波分复用技术

光纤通信之所以可以替代铜网成为宽带建设的主流，是因为光纤通信具有以下几大优点：

1）容许频带很宽，传输容量很大（潜在带宽可达20THz，目前可达6400Gbit/s，400Gbit/s已商用）。频带宽，对于传输各种宽带信息具有十分重要的意义，特别是现在图像、视频应用越来越频繁，光纤传输容量大的优势越发明显 。

2）损耗低，中继距离长且误码率低（在光波长为1.55μm附近损耗仅0.2dB/km，是UTP的1/1000）。这对于降低海底通信的成本、提高可靠性和稳定性都具有非常重要的意义。

3）抗电磁干扰。光纤是绝缘体材料，不受自然界的雷电干扰、电离层的变换和太阳黑子活动的干扰，也不受电气化铁路馈电线和高压设备等工业电器的干扰，还可用于与高压输电线平行架设或与电力导体复合构成复合光缆。

4）无串音干扰，保密性好。即使光缆内光纤总数很多，也可实现无串音干扰，而在光缆外，亦无法窃听到光纤中传输的信息。

5）光纤线径细、重量轻、柔软。这解决了地下管道拥挤的问题，节约了地下管道的建设投资。另外，光纤柔软可绕，容易成束，能得到直径小的高密度光缆。

6）光纤的原材料资源丰富，用光纤可节约金属材料。具有合理使用地球资源的重大意义。

当然光纤也有显而易见的缺点：质地脆、机械强度低、连接比较困难、分路耦合不方便、弯曲半径不宜太小等。但是这些缺点在技术上都可以克服，所以近年来，光纤通信发展迅速，它已深刻改变了全球互联网连接的面貌，成为现代信息社会基础设施之一 。

在智能楼宇中，光纤可用来传输模拟信号（如多路视频信号），也可用于数字信号的传输。在计算机网络中，光纤主要用于构建网络的干线（用两根光纤，一来一去）传输系统。由于光纤的传输距离长（10Gbit/s，10km），用它作为干线所组成的一个计算机网络，在逻辑上仍然是一个 LAN，但是其覆盖的区域可以是一个建筑群、一个园区，已经不是传统意义上的一个 LAN 了。例如，用光纤可以将分散在几公里范围的多个分校区互连起来，组成一个校园网。目前，在宽带接入网技术领域，光纤接入（FTTx）已经是主流，PON 无源光网络在智能小区、智能社区、数字城市等方面具有广阔的应用前景。

2.2.4 无线传输介质

随着智能手机、便携式计算机等移动计算终端的普及，无线网络的重要性显而易见。基于蜂窝电话网技术的 3G/4G 移动通信网、无线局域网（WiFi）、Zigbee、蓝牙（Bluetooth）以及红外线是当今主要的无线网络技术，另外，在物联网技术中广泛应用的 RFID 也使用了无线网络技术。所有的无线网络都是采用无线传输介质构建的。

无线通信的介质是无线电磁波，存在于人们周围的空间。无线传输所使用的频段很广，人们现在已经利用了好几个波段进行通信，如图 2-15 所示。无线通信的介质可分为无线电波、微波和红外线。紫外线和更高的波段目前还不能用于通信。无线频率资源是受控的，不得随意使用，我国依照《中华人民共和国无线电管理条例》对无线频率资源进行管理，无线频率资源的分配体系如表 2-3 所示。

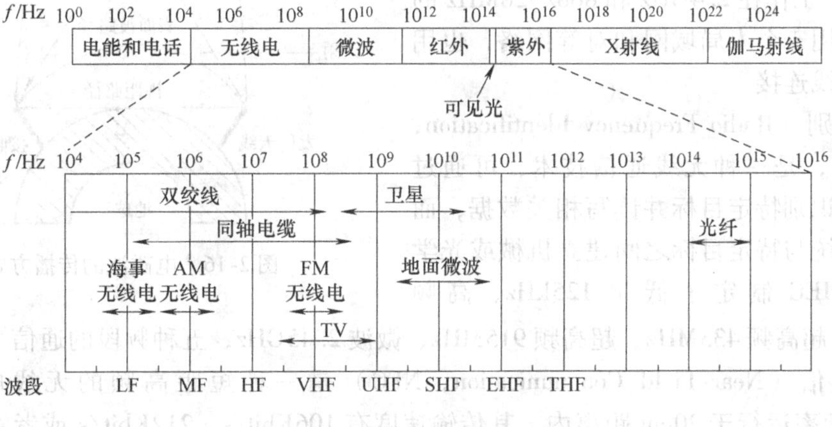

图 2-15 电磁波的频谱和应用

表 2-3 无线频率资源的分配体系

名称	符号	频率	波长	传播特性	主要应用
甚低频	VLF	3～30kHz	100～10km	空间波为主	海岸潜艇通信；远距离通信；超远距离导航
低频	LF	30～300kHz	10～1km	地波为主	越洋、中距离、地下岩层通信；远距离导航
中频	MF	0.3～3MHz	1km～100m	地波与天波	船用通信；业余无线电通信；移动通信
高频	HF	3～30MHz	100～10m	天波与地波	远距离短波通信；国际定点通信
甚高频	VHF	30～300MHz	10～1m	空间波	电离层散射；流星余迹通信；移动通信
超高频	UHF	0.3～3GHz	1～0.1m	空间波	中小容量微波中继
特高频	SHF	3～30GHz	10～1cm	空间波	大容量微波中继；卫星通信；海事卫星通信
极高频	EHF	30～300GHz	10～1mm	空间波	再入大气层时的通信；波导通信

通常用频率（或波长）作为无线电波最有表征意义的参量。因为频率（波长）相差较远的无线电波，往往具有不同的特性。例如，从传播方式来说，中长波（30Hz～3MHz）沿地面传播，绕射能力较强，短波（3～30MHz）以电离层反射方式传播，传输距离很远，而微波（1～30GHz）只能在大气对流层中直线传播，绕射能力很弱，如图 2-16 所示。

现在广泛应用的 IEEE 802.11 无线局域网（WiFi）使用微波信道（2.4～11GHz）来传输数据。蓝牙（Bluetooth）以 TDM 方式工作于 2.4GHz，能够提供高达 4Mbit/s 的数据率。Zigbee 是一种经济、高效、低数据速率（小于 250Kbit/s）、工作在 2.4GHz 和 868/928MHz 的无线技术，用于个人局域网和对等网络，也用于近距离无线连接。

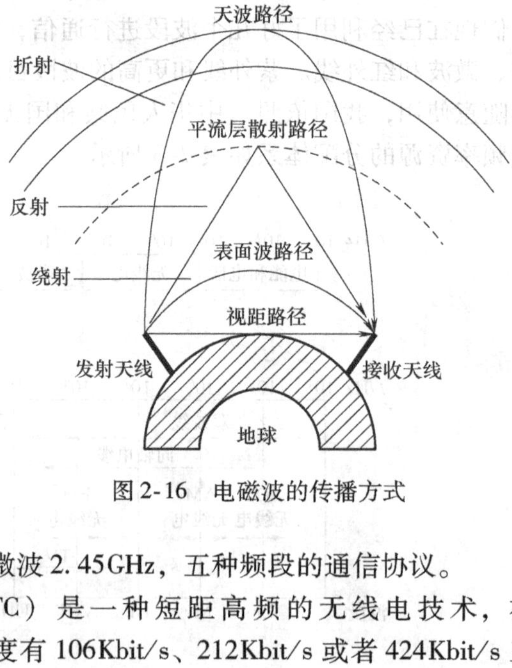

图 2-16 电磁波的传播方式

射频识别（Radio Frequency Identification，RFID）技术，是一种无线通信技术，可通过无线电信号识别特定目标并读写相关数据，而无需识别系统与特定目标之间建立机械或光学接触。ISO/IEC 制定了低频 125kHz、高频 13.56MHz、超高频 433MHz、超高频 915MHz、微波 2.45GHz，五种频段的通信协议。

近场通信（Near Field Communication，NFC）是一种短距高频的无线电技术，在 13.56MHz 频率运行于 20cm 距离内。其传输速度有 106Kbit/s、212Kbit/s 或者 424Kbit/s 三种。NFC 由非接触式射频识别（RFID）及互连互通技术整合演变而来，通过在单一芯片上集成感应式读卡器、感应式卡片和点对点通信的功能，利用移动终端实现移动支付、电子票务、门禁、移动身份识别等应用。

1. 微波信道

微波是指波长在1m~1mm之间（相应的频率为300MHz~300GHz）的电磁波，它具有类似光的传播特性。对于玻璃、塑料和瓷器，微波几乎是穿越而不被吸收。对于水和食物等就会吸收微波而使自身发热。而对金属类东西，则会反射微波。

微波信道具有如下特点：

1）微波信道频段的频带很宽，传输数据率较高，可以容纳同时工作的无线电设备较多。

2）在高频段，受工业、无线电（中、长、短波）和宇宙等外部干扰的影响小，可使其传输能力大大提高。

3）在10GHz以下的波段受风雨雪等恶劣气象条件的影响小，可使其稳定度大大提高。

4）发射波束在视线范围内直线、定向传播，保密性较全向的无线电波高。

5）与电缆通信相比，其通信质量相当，并且具有初期投资少、建设速度快、便于翻山过水和机动灵活等优点，但保密性和日常维护不及电缆通信。

在智能楼宇的无线局域网（WiFi）中，均使用微波信道来传输数据，其技术标准等数据可参见表2-4。

表2-4 无线局域网（WiFi）所使用的微波信道

技术标准	有效距离	频段/GHz	最高速率/$Mbit \cdot s^{-1}$	调制技术
IEEE 802.11	10m	2.4	2	FHSS
IEEE 802.11b	200m	2.4	11	DSSS
IEEE 802.11a	50m	5	54	OFDM
IEEE 802.11g	200m	2.4	54	DSSS
IEEE 802.16a	30~50km	2~11	70	LMDS

2. 卫星中继信道

卫星中继构成的信道可视为无线接力信道的一种特殊形式，它是以距地面35860km的同步卫星为中继站，实现地球上18000km范围内的多点之间的连接。

卫星通信信道中传输的最佳频率范围是1~10GHz，低于1GHz时，相当大的噪声来自于自然界，包括银河系、太阳系及大气层的噪声，还有来自各种电子装置的人为噪声。高于10GHz时，由于大气吸收和降雨，信号衰减严重。

现在提供点到点业务的大多数卫星用5.925~6.425GHz的频带从地面向卫星（上行线路）传输，用3.7~4.2GHz的频带从卫星到地面（下行线路）传输。这是4/6GHz卫星使用频率波段。上下行线路的频率是不同的，以提供全双工通信方式。

4/6GHz波段属于最佳范围1~10GHz之内，但随着用户数的增多，此波段已经饱和。现在发展的12/14GHz频段上的上行线路和下行线路分别使用14~14.5GHz和11.7~12.2GHz频带，在这一频率范围必须解决衰减问题。预计这一频段也会饱和，因此正规划使用19/29GHz的频段，其上行和下行线路分别使用21.5~31GHz和11.7~21.2GHz的频带。这一频段会遭受更大的衰减问题。

通信卫星用于处理长距离的电话、用户电报及电视业务。另外，地面上的计算机通信网络可以由卫星覆盖网加以补充，这种大型网络提供跨越国家、跨越洲际的联网通信服务功能。

应该注意到，由于卫星离地面很远，从一个地面站传输到另一个地面站的接收之间有一个约240～330ms的传播延迟，这种延迟在普通电话对话中可以觉察到。

3. 红外线

红外线是指波长为0.75～1000μm之间的电磁波，是众多不可见光线中的一种。红外线通信链路只需一对发送/接收器组成，这对发送/接收器调制不相干的红外线。红外线通信的特点是：

1）收发器需处于视线范围内，或者经反射可达的视线范围内，且传播受天气的影响。

2）红外线通信有很强的方向性和隐蔽性，不易被人发现和截获、插入数据，保密性强。

3）几乎不会受到电气、无线电波、人为电磁干扰，抗干扰性强。

安装这种系统不需要经过特许，而且只需很短时间就可以安装好。在几百米范围内，数据传输速率可达几Mbit/s。在不能架设有线线路，而使用无线电又怕暴露的情况下，使用红外线通信是比较好的。在智能楼宇的会议系统中，常用红外线进行同声传译信号的传输。

2.2.5 传输介质的选择

传输介质的选择是设计信息传输网络整个任务的一部分。传输介质的选择是由许多因素决定的，它受网络拓扑结构的约束。

双绞线是一种众所周知的价格便宜的介质。在智能楼宇中使用量占主要地位，典型的用法是用5类或超5类双绞线作为语音和数据传输的介质，提供优质的电话网和100Mbit/s到桌面的以太网服务。对于绝大多数局域网来说，可以选择超5类双绞线电缆。

同轴电缆在智能楼宇中主要用于视频信号的传输，如有线电视系统、闭路监控系统等的应用。

目前，通信网络广泛采用数字传输技术，以得到高质量的传输性能。选用光缆作为传输介质，比用同轴电缆和双绞线有一系列优点：更宽的频带、体积小、重量轻、衰减小、电磁兼容性能好、误码率低等。随着光纤通信技术的发展，成本的降低，光缆用于局域网的传输介质（1000Mbit/s高速以太网就是一例）也将得到普遍采用，光纤到户、光纤到桌面也为时不远了。

便携式计算机、智能手机等移动计算终端已开始普及，因此无线网的需求将日益增加。无线局域网类似移动电话网，人们随时随地可将便携式计算机、智能手机接入网内，发送和接收数据，无线局域网/无线城域网的发展前景十分乐观。

2.3 通信网络技术

2.3.1 公用电信网简介

至今为止，最大的交换网络还是公用电信网。电信网的用户遍及世界各地，各个国家的公用电信网络互联提供国际通信业务。尽管当初设计和建造这些网络是为模拟电话用户和数字电报用户服务的。但在其上已连接了许多的 DTE 终端设备开通数据通信业务，并且这种网络正逐渐变为数字网络。因此，有必要了解公用（公众）电信网。

电信网是由传输、交换、终端设备和信令过程、协议以及相应的运行支撑系统组成的综合系统，它使得网内位于不同地点的用户可以通过它来交换信息，如图 2-17 所示。

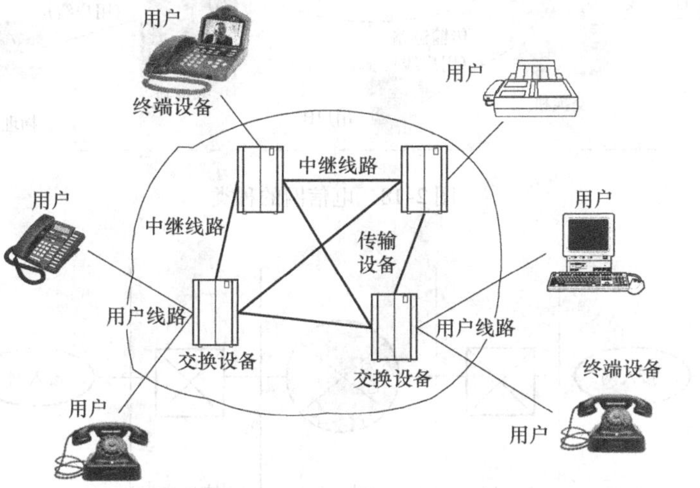

图 2-17 电信网的基本组成

构成电信网的设备主要有三类：终端设备、传输设备和交换设备。终端设备一般装在用户处，例如电话机、传真机、计算机等，它们将语音、文字、图像和数据等原始信息转变成电信号发送出去，或把接收到的电信号还原成可辨认的信息。对终端设备的一个重要要求是必须符合进网的接口规定，否则就不能与网络连接。

传输设备包括通信线路设备在内，是信息传递的通道。它将用户终端与交换系统或交换系统之间连接起来，形成网路。其作用是将电信号以尽可能低的代价，即以最有效的方式来保持尽可能低的失真，从一地传至另一地。交换设备是为了使网络的传输设备能为全网用户所公用而加入的，处于电信网路枢纽位置，是各种信息的集散中心，是实现信息交换的关键环节。它包括各种电话交换机、电报交换机、数据交换机、移动电话交换机、分组交换机、宽带异步转移模式（ATM）交换机等。通过它可根据用户的需要将两地用户间的传输通路接通，或者为用户的传送信息选择一条通路。加入交换设备后，就可以大大提高网络中传输设备和通信线路的利用率。对于交换设备来说，基本要求是处理速度快、可靠，不带来信号的附加失真，同时应使网络内资源得到合理的利用。

除了终端、传输和交换三种主要设备外，在一个大规模的电信网中还需有一些其他设备，如网络监控设备，它担负网络的集中监测与控制任务。

电信网也可按种类分为传输网、业务网、支撑网、用户终端设备，如图 2-18 所示。

传输网是由线路设施、传输设施等组成的为传送信息业务提供所需传送承载能力的通道，如图 2-19 所示，是为各种电信业务网和各类应用信息系统提供高速、可靠的传输平台，是十分重要的基础网。长途传输网、本地传输网、接入网均属于传送网。

业务网是指向用户提供诸如电话、电报、图像、数据等电信业务的网路。电话交换网、移动交换网、智能网、数据通信网均属于业务网。支撑网是指能使电信业务网络正常运行，

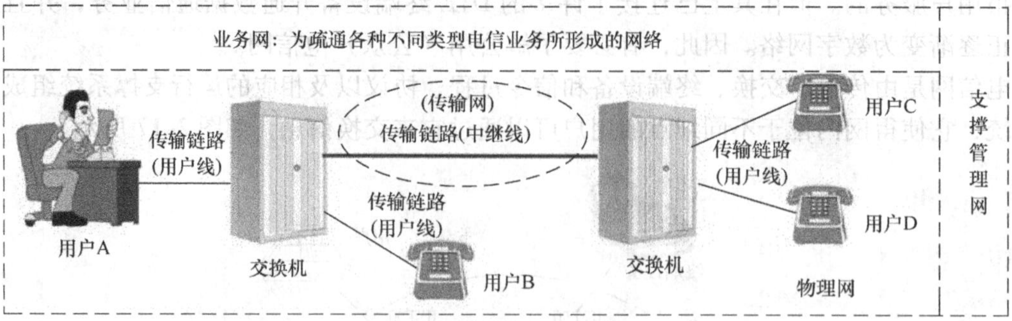

图 2-18 电信网的种类

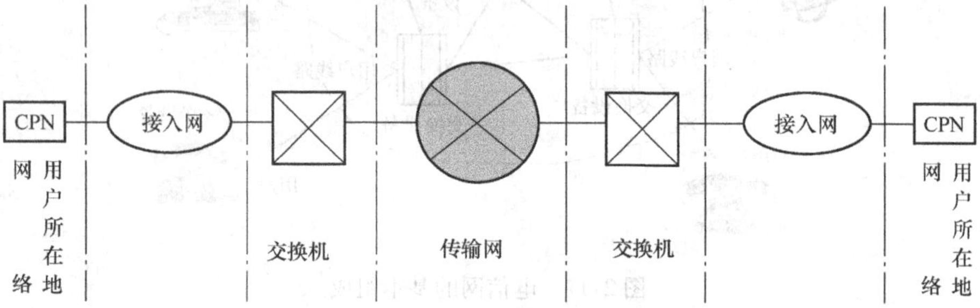

图 2-19 传输网在电信网中的位置

起支撑作用的网络。时钟同步网、七号信令网、网管网均属于支撑网。用户终端设备是指用户侧的设备，如电话机、传真机、ISDN 数字电话机、PC 等。

我国通信网已经实现了数字化和程控化。全国已经建成以光缆为主，以数字微波和卫星通信为辅，多种手段并用的网络。我国建立了 CHINAPAC、CHINADDN、CHIANFRN 等数字通信网络，形成了我国的公用数据通信网。

2.3.2 公用交换电话网

公用交换电话网（Public Switched Telephone Network，PSTN）是规模最大的通信业务网，而且是各种通信业务的基础。电话网按服务区域划分，可分为国际、国内长途电话网和市话网（本地网）。按照网络上传送信息所采用的信号形式，又可分为数字网和模拟网。

1. 国家电话网结构

我国电话网的等级结构为三级，其网络结构如图 2-20 所示。三级网也包括长途网和本地网两部分，其中长途网由一级长途交换中心 DC1、二级长途交换中心 DC2 组成，本地网由端局 DL 和汇接局 Tm 组成。

（1）本地电话网服务范围　一个长途编号区的范围就是一个本地电话网的服务范围。本地电话网路结构由网状网（端局间网状连接）和汇接网（由汇接局和端局组成）组成，如图 2-21 所示。

（2）长途电话网　承担疏通本地电话网以外相互间长途电话业务，其中一个或几个一级交换中心直接与国际出入口局连接，完成国际往来电话业务的接续。

2. 电话网中用户的接入

用户终端到交换局的配线架之间的线路一般称为用户线路。电话网中用户的接入方式有铜线接入、光纤接入、无线接入等几种，根据不同的使用场合，用户可以采用不同的接入方法。

（1）铜线接入　目前我国绝大多数用户是通过双绞铜线接入交换机的，每个交换局的服务半径通常在5km以内，城市密集区则为2～3km。为了提高用户线的利用率，降低用户线的投资，在本地网的用户线上可以采用一些延伸设备，包括远端模块、用户集线器、用户交换机等。

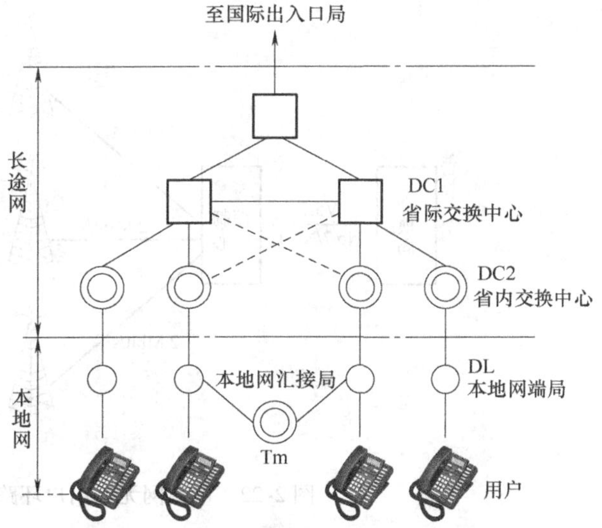

图2-20　国家三级电话网

（2）无线用户环路　无线用户环路是一种提供基本电话业务的数字无线接入系统，从交换端局到用户终端可以部分或全部采用无线手段。其网络侧有标准的有线接入二线模拟接口或2Mbit/s数字接口，可直接与本地交换机相连；在用户侧与普通电话机相连，以无线传输技术向用户提供固定终端业务服务。无线用户环路上的用户基本上是固定终端用户或移动性有限的终端用户。

无线用户环路适用于平原、丘陵、山区的农村通信（农村用户比较分散，用户线距离长，地形复杂，维护不便，因此传统有线接入难以解决或费用较高），因此，近年来无线用户环路在我国得到了广泛应用。

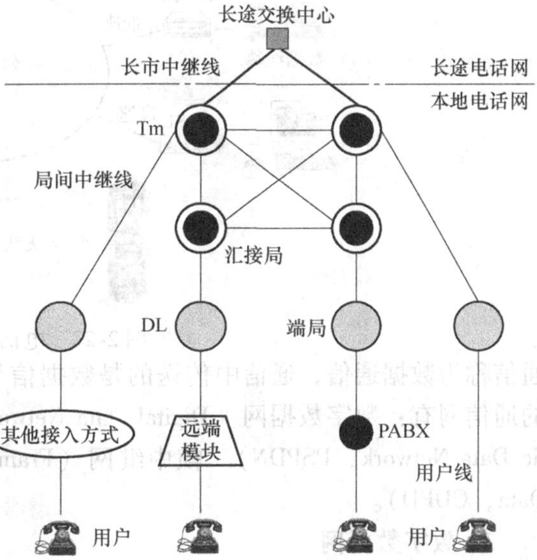

图2-21　本地电话网网路结构图

无线用户环路由三部分组成：控制中心、基站和用户终端设备。无线用户环路一般与电话网相连并作为它的一部分。图2-22所示为电话网无线用户环路的典型结构。

3. 电话网开放的业务

当前电话网中开放的业务主要有电话、数据、传真、电视电话会议、各类移动通信、遥控遥测报警等，如图2-23所示。

2.3.3　数据通信网

数据通信网是为提供公用数据通信业务（计算机与计算机之间或计算机与终端之间的

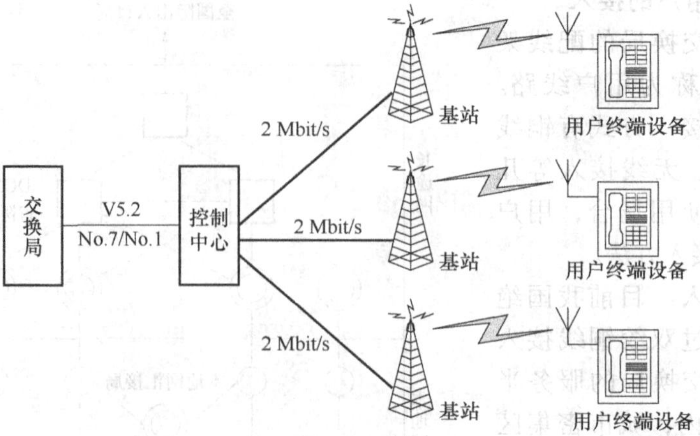

图 2-22 电话网无线用户环路的典型结构

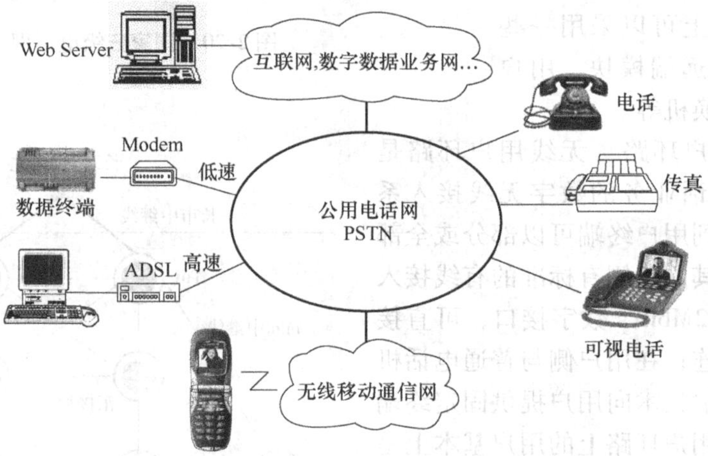

图 2-23 电话网中开放的业务

通信称为数据通信，通信中传送的是数据信号）的通信网。目前向公众提供数据基础业务的通信网有：数字数据网（Digital Data Network，DDN）、分组交换网（Packet Switched Public Data Network，PSPDN）、帧中继网（Frame Relay）、无线数据网（Cellular Digital Packet Data，CDPD）。

1. 数字数据网

数字数据网（DDN）是利用数字信道（以光缆传输为主）传输数据的一种数据接入业务网络。DDN 为用户提供全数字、全透明（不对用户数据做任何改动，直接传送）、高质量的网络连接，传递各种数据业务。用户端设备（主要为网关路由器）一般通过基带 Modem 或 DTU（Data Terminal unit）利用市话双绞线实现网络接入。

DDN 的结构示意图如图 2-24 所示，它由数据用户终端、用户线传输系统、复用及交叉连接系统、局间传输及同步时钟供给系统、网路管理系统组成。

DDN 有许多优点：全数字透明传输、传输质量高、误码率极小、网路可靠性高；通信速率可根据需要在 2.4Kbit/s ~2.048Mbit/s 之间任意选择；通信时延小、网络处理速度快。

DDN 的主要作用是向用户提供永久性和半永久性连接的数字数据传输信道，既可用于

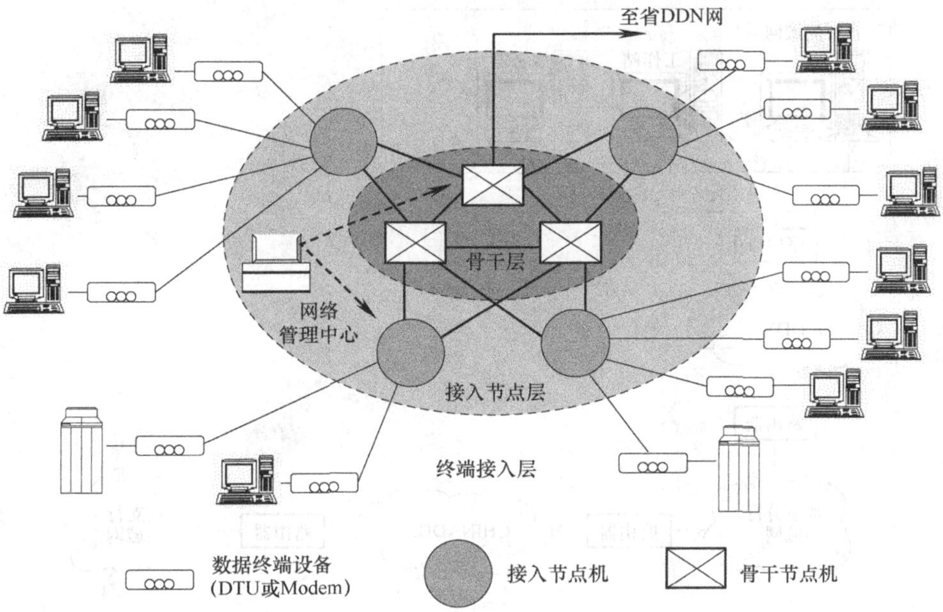

图 2-24　DDN 的结构示意图

计算机之间的通信，也可用于传送数字化传真、数字语音、数字图像信号或其他数字化信号。永久性连接的数字数据传输信道是指用户间建立固定连接，传输速率不变的独占带宽电路。半永久性连接的数字数据传输信道对用户来说是非交换性的。但用户可提出申请，由网络管理人员对其提出的传输速率、传输数据的目的地和传输路由进行修改。

中国公用数字数据骨干网（CHINADDN）于 1994 年正式开通，并已通达全国绝大多数县以上地方以及部分发达地区的乡镇。它是由中国电信经营的、向社会各界提供服务的公共信息平台。可向各界用户提供灵活方便的数字电路出租业务，供各行业构成自己的专用网。

CHINADDN 网络结构可分为国家级 DDN、省级 DDN、地市级 DDN。国家级 DDN（各大区骨干核心）主要功能是建立省际业务之间的逻辑路由，提供长途 DDN 业务以及国际出口。省级 DDN（各省）主要功能是建立本省内各市业务之间的逻辑路由，提供省内长途和出入省的 DDN 业务。地市级 DDN（各级地方）主要是把各种低速率或高速率的用户复用起来进行业务的接入和接出，并建立彼此之间的逻辑路由。这样，把国内、国外用户通过 DDN 专线互相传递信息。各级网管中心负责用户数据的生成，网络的监控、调整，告警处理等维护工作。

DDN 适用于业务量大、实时性强的数据通信用户使用，如金融业、证券业、外资机构等各种固定用户的联网通信；为各种电信增值业务（各种专用网等）用户提供中继或用户数据通道；为局域网间提供中继连接。

在智能楼宇中的专用广域网（例如政府办公网、公安金盾网等）互联方案中，通常采用租用 DDN 专线的方式。图 2-25 所示是某银行的广域网拓扑结构。在公用信息网与 Internet 连接的方案中，DDN 经常也是首选的方式。

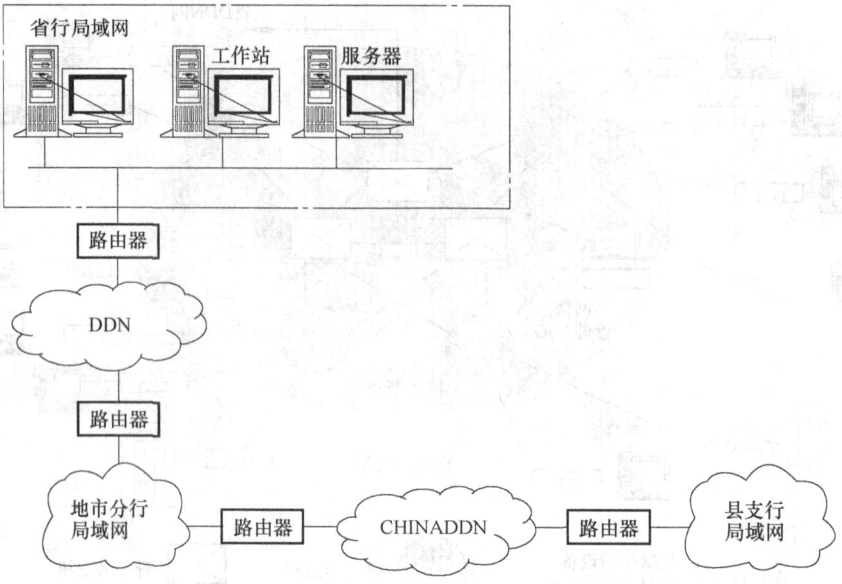

图 2-25 某银行的广域网拓扑结构

2. 分组交换网

分组交换网（PSPDN）是以分组交换方式向用户提供数据传输的业务网。分组交换是一种存储转发的交换方式，它将用户的报文划分成一定长度的分组，以分组为存储转发，因此，它比电路交换的利用率高，比报文交换的时延小，而且具有实时通信的能力。PSPDN的组成如图 2-26 所示，由分组交换机、远程集中器、分组拆装设备、网路管理中心、传输设备组成。

PSPDN 的特点：可实现多方通信，线路利用率高；可满足不同速率、不同类型终端的互通；信息传递安全、可靠；检错、纠错能力强；收费与距离无关，按信息量、使用时间收费，端到端数据传送时延大。适用于速率低于 64Kbit/s 的低速应用场合，如 POS 机联网。

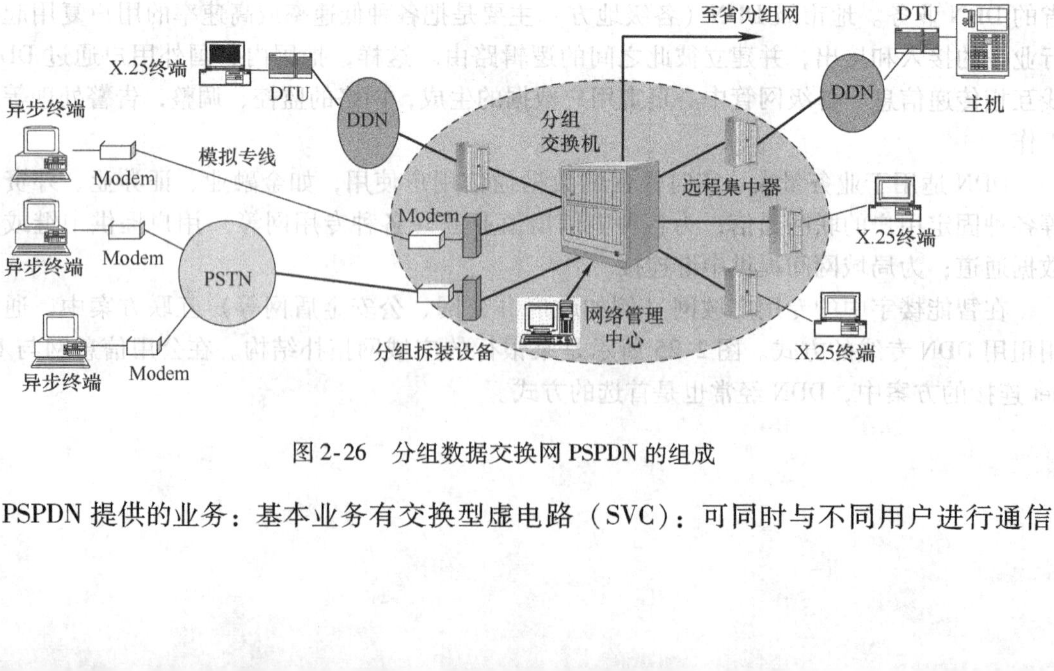

图 2-26 分组数据交换网 PSPDN 的组成

PSPDN 提供的业务：基本业务有交换型虚电路（SVC）；可同时与不同用户进行通信；

永久型虚电路（PVC）：可建立一个或多个用户间的固定连接。可选业务有 VPN（虚拟专网）、闭合用户群等。

CHINAPAC 由国家骨干网和各省（市、自区区）的省内网组成。目前骨干网之间覆盖所有省会城市，省内网覆盖到有业务要求的所有城市和发达乡镇。通过和电话网的互连，CHINAPAC可以覆盖到电话网通达到的所有地区。CHINAPAC 在北京和上海设有国际出入口，广州设有到港、澳地区的出入口，以完成与国际数据的联网。和 DDN、帧中继相比较，分组业务资费比较便宜，它是用户构架其内部广域网最经济的一种选择。

3. 帧中继

帧中继（F. R. ）是在分组交换网的基础上，结合数字专线技术而产生的数据业务网络。以帧为单位（帧中继的帧信息长度远比 X. 25 分组长度要长，最大帧长度可达 1600B/帧，适合于封装局域网的数据单元），在网路上传输，并将流量控制等功能全部交由智能终端设备处理的一种新型高速网路接口技术。

帧中继不采用存储转发技术，时延小、传输速率高、数据吞吐量大；兼容 X. 25、TCP/IP 等多种网络协议，可为各种网络提供快速、稳定的连接。

当用户数据通信的带宽要求为 64Kbit/s ~ 2Mbit/s 及更高或当通信距离较长时，尤其是城际或省际电路时，用户可优选帧中继；当数据业务量为突发性时，由于帧中继具有动态分配带宽的功能，选用帧中继可以有效地处理突发性数据；当用户出于经济性的考虑时，帧中继的灵活计费方式和相对低廉的价格是用户的理想选择。

CHINAFRN 是中国电信经营管理的中国公用帧中继网。目前网络已覆盖到全国所有省会城市，绝大部分地市和部分县市，是我国的中高速信息国道。帧中继网络提供的基本业务有：永久虚电路（PVC）和交换虚电路（SVC）。利用 CHINAFRN 进行局域网互联是帧中继业务最典型的一种应用。图 2-27 所示为某商业银行利用 CHINAFRN 构建其广域网的组成结构。

4. 中国公用计算机互联网

中国公用计算机互联网（Chinanet）是中国电信经营管理的中国公用 Internet 网，其核心层由北京、上海、广州三地的节点组成，并与国际 Internet 网相连，如图 2-28 所示。Chinanet 提供的业务功能有：信息浏览（www）、电子邮件（E-mail）、文件传输（FTP）、网上商业应用、新闻讨论组（Newsgroup）、实时聊天、网上实时广播、在线游戏、企业主页、虚拟专用网等。

用户接入方式：用户可通过电话网、分组网、数字数据网、帧中继网等接入。

2.3.4 公用电信网的作用

任何智能建筑内的用户都有必要同其他智能建筑内的用户进行通信，否则就成了“信息孤岛”。公用电信网是建筑内用户终端与外界连接的“公路桥梁”，是信息高速公路。例如，将广州大学城的用户 A（LAN 用户终端）与上海浦东某大楼内的用户 B 计算机网络和深圳某小区的用户 C 的计算机互联，最佳方案就是应用公用电信网，如图 2-29 所示。

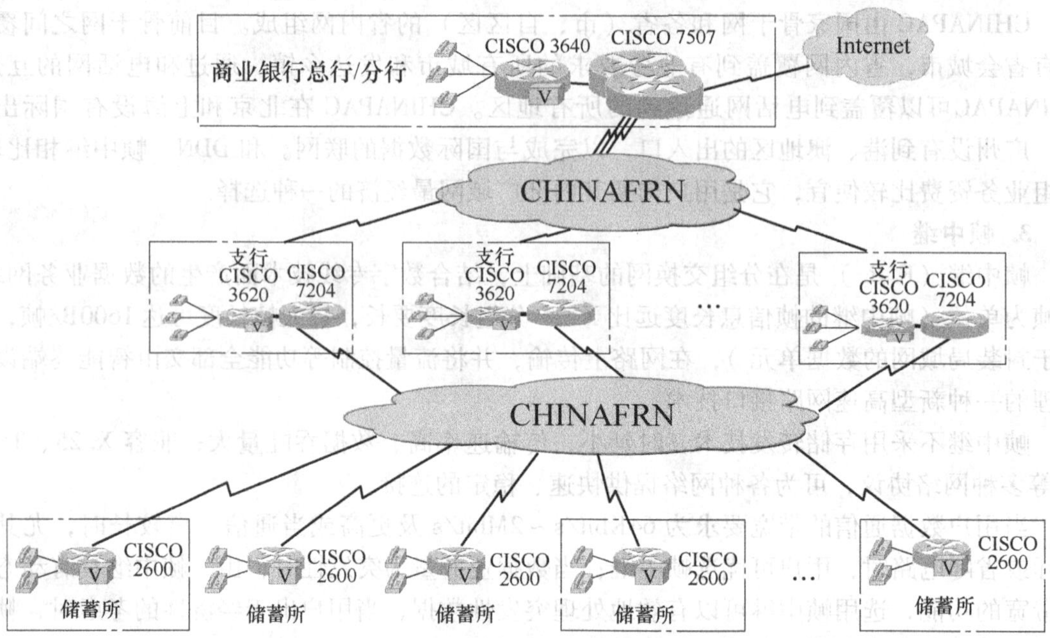

图2-27 某商业银行的广域网组成结构

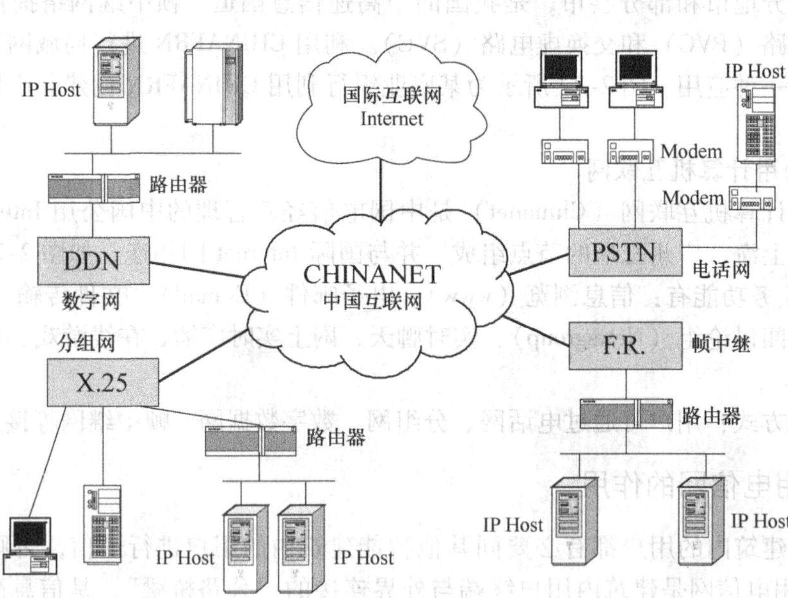

图2-28 中国公用计算机互联网连接示意图

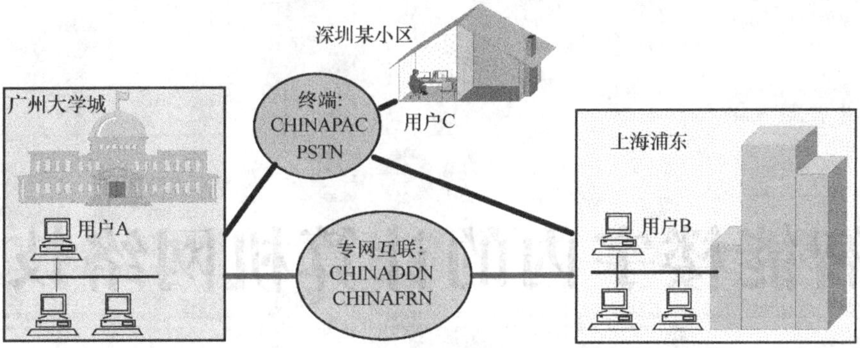

图2-29 公用电信网的作用示例

复习题与思考题

1. 智能楼宇的信息传输网络有哪些需求?
2. 智能楼宇的信息传输网络有哪些分类?
3. 智能楼宇网络的传输对象有哪些? 请举例说明。
4. 什么是模拟传输和数字传输? 有什么特点?
5. 楼宇智能化系统中有哪些模拟控制信号? 传输有什么需求? 有什么传输技术?
6. 楼宇智能化系统中模拟话音信号传输有什么需求? 有什么传输技术?
7. 楼宇智能化系统中对音频信号传输有什么需求? 有什么传输技术?
8. 楼宇智能化系统中对视频信号传输有什么需求? 有什么传输技术?
9. 模拟音频和视频信号可以通过IP网络传输吗? 简述其理由。
10. 简述100Mbit/s到桌面的IP网络,可以实现哪些业务的传输?
11. 在一对5类UTP上能进行模拟视频信号传输吗? 距离能多长?
12. 什么是实时数据传输? 请举例说明。
13. 音频和视频数据的传输有什么需求?
14. 什么是信道? 有哪些分类? 什么是信道容量?
15. 常用的传输介质有哪些? 有什么特点?
16. 双绞线有哪些分类? 有什么特点?
17. 光纤有哪些传输模式? 光纤信道有哪些组成部分? 有什么特点?
18. 无线信道有哪些分类? 有什么特点?
19. 简述公用电信网的组成和分类。
20. 什么是PSTN? 有哪些分类和特点? 开放哪些业务?
21. 简述国家电话网的组成结构。
22. 什么是数据通信网? 有哪些分类和特点?
23. 什么是DDN? 有哪些特点?
24. 什么是帧中继网? 有哪些特点?
25. 什么是Chinanet? 有哪些业务功能?
26. 简述将A地的B大楼内计算机网络和C地的D大楼内计算机网络互联的种种技术方案构思。

第3章 智能楼宇内的计算机网络技术

本章导读

智能楼宇内的计算机网络是局域网，主干传输速率已达10Gbit/s，目前的技术可保证到端点的传输速率为100/1000Mbit/s，因此，智能楼宇内的计算机网络是一个高速的IP网络。它是智能化楼宇系统集成的平台，是多媒体信息传输网络系统的核心，是大量的信息传输、交换的主干通道。通过宽带接入技术可以实现与互联网和各种广域网的连接。

智能楼宇内的计算机网络应用无线局域网技术构建遍及整个建筑物空间的WiFi系统，满足智能手机、便携式计算机等智能移动终端的信息通信需求。

在一个智能楼宇内实际上构建了多个LAN，每一个LAN完成一类通信服务，例如，有控制专网、安防专网、涉密办公网、公用信息网等。LAN和LAN之间可以有目的地将其互联起来，网络的安全性受到了控制。

本章主要介绍了当前主流局域网技术以及无线局域网、局域网互联、宽带接入技术，然后介绍了计算机网络平台及构建方案，对网络管理和安全也做了简介。最后，通过典型案例的分析来阐述智能化楼宇内计算机网络的设计方法和要点。

本章的重点和难点是在所学的网络技术基础上，进行智能楼宇内计算机网络方案的设计和集成。

3.1 智能建筑内计算机网络应用需求

智能楼宇内的计算机网络是信息传输网络系统的核心，是大量的信息传输、交换的主干通道。例如，医院建筑内的计算机网络系统为医院信息管理系统（HIS）、临床信息系统（CIS）、医学影像系统（PACS）、放射信息系统（RIS）、远程医疗系统等提供支持。学校建筑内的计算机网络系统支持教学、科研、办公和学习业务应用管理系统、数字化教学系统、数字化图书馆系统、门户网站、校园资源规划管理系统、建筑物业管理系统、校园智能卡应用系统、校园网安全管理系统以及各类学校建筑根据业务功能需求所设的其他应用系统。

智能楼宇内的计算机网络的技术是局域网（LAN）技术，传输速率达10Gbit/s，目前的主流技术可保证到端点的传输速率为100Mbit/s，因此，智能楼宇内的计算机网络是一个宽带IP网络。结合无线局域网（WLAN）技术，可以提供300Mbit/s到端点的移动数据通信业务。

计算机网可以实现数字设备之间的高速数据通信，也可以实现多媒体通信。例如，VoIP可以支持传统的电话通信业务，IPTV可以支持有线电视业务。人们通过多种接入网技术实现与互联网和各种广域网的连接。

在一个智能楼宇内实际上构建了多个LAN，每一个LAN完成一类通信服务，这样做的原因是：隔离带来了安全，降低了网络通信流量。LAN和LAN之间，人们可以有目的地将其互联起来，网络的安全性得到了控制。计算机网络系统为管理与维护提供相应的网络管理系统，并提供高密度的网络端口，可满足用户容量分批增加的需求。

智能建筑内对计算机网络系统规划设计有下列需求：

1）应根据建筑的运营模式、业务性质、应用功能、环境安全条件及使用需求，进行系统组网的架构规划。优先采用专业化、模块化、结构化的系统架构形式，具备灵活性、可扩展性和可管理性。

2）应建立各类用户完整的公用和专用的信息通信链路，支撑建筑内多种类智能化信息的端到端传输。

3）网络系统应包括物理线缆层、链路交换层、网络交换层、安全及安全管理系统、运行维护管理系统五个部分的设计及其部署实施。系统应支持建筑内语音、数据、图像等多种类信息的端到端传输，并确保安全管理、服务质量（QoS）管理、系统的运行维护管理等，以保证建筑内信息传输与交换的高速、稳定和安全。

4）应根据信息接入方式和网络子网划分等配置路由设备，并应根据用户工作业务特性、运行信息流量、服务质量要求和网络拓扑架构形式等，配置服务器、网络交换设备、信息通信链路、信息端口及信息网络系统等。优先采用以太网等交换技术和相应的网络结构方式，按业务需求规划二层或三层的网络结构。

5）应配置遍及整个建筑物空间的无线局域网（WiFi）系统，满足增长迅速的智能手机、便携式计算机等智能移动终端的信息通信需求。

6）应配置相应的信息安全保障设备和网络管理系统，建筑物内信息网络系统与建筑物外部的相关信息网互联时，应设置有效抵御干扰和入侵的防火墙等安全措施。涉密的网络系统应符合各类信息传输的安全、可靠和保密的规定进行分类配置；重要的网络系统设备应考虑冗余性、稳定性及系统扩容的要求。

3.2　计算机局域网技术

在智能建筑内构建计算机网络主要是应用局域网以及局域网互联技术。局域网通常由网络接口卡、电缆（光缆）系统、交换机、服务器以及网络操作系统等部分组成；而决定局域网特性的技术要素包括网络拓扑结构、传输介质类型、介质的访问控制以及安全管理等。

3.2.1 IEEE802 局域网标准

IEEE802 标准是局域网的技术标准。局域网在通信方面有自己的特点：第一，其数据是以帧为单位传输的。第二，局域网内部一般不需中间转接，所以也不要求路由选择。因此，局域网的参考模型相对应于 OSI 参考模型中的最低两层，如图 3-1 所示，实现了 OSI 模型最低两层的功能。其中，物理层用来建立物理连接，数据链路层把数据构成帧进行传输，并实现帧顺序控制、错误控制及流量控制功能，使不可靠的链路变为可靠的链路。

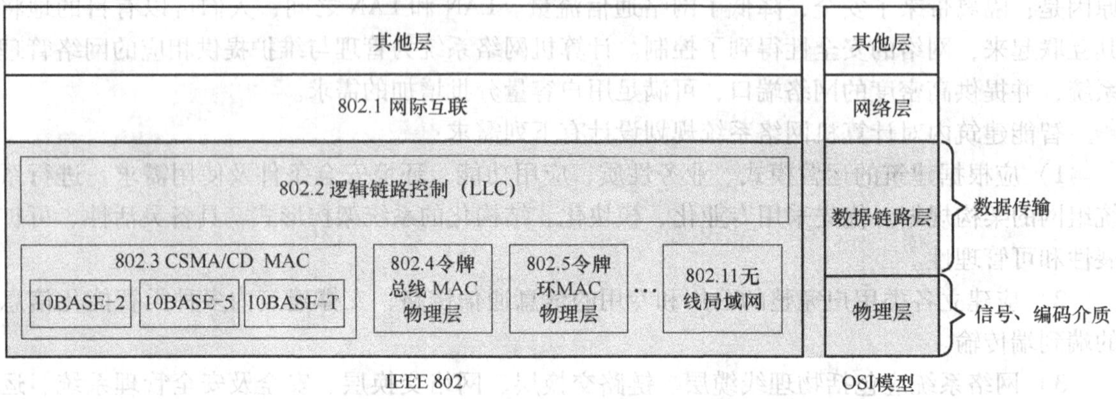

图 3-1 IEEE 802 局域网标准协议栈

（1）物理层 物理层负责在物理层实体间发送和接收位流，提供发送和接收信号的能力，对宽带的频道分配和对基带信号的调制等。

（2）数据链路层 该层又细分为两个功能子层：数据链控制（Logical Link Control，LLC）子层和介质访问控制（Media Access Control，MAC）子层。这种功能分解主要是为了使数据链功能中与硬件有关的部分和与硬件无关的部分分开。

3.2.2 IEEE802.3 以太网技术

以太网是目前全球使用最广泛的局域网技术，成功的关键在于以太网标准一直随着网络需求而不断改进。从 10Mbit/s/100Mbit/s 到 1Gbit/s 以及目前正在走向成熟的 10Gbit/s，以太网的传输速率不断提高；在从共享式、半双工、利用 CSMA/CD 机制到交换式、点对点、全双工以及流量控制、生成树、VLAN、QoS 等机制的采用，以太网的功能和性能逐步改善；从电接口 UTP 传输到光接口光纤传输，以太网的覆盖范围大大增加；从企业和部门的内部网络，到公用电信网的接入网、城域网，以太网的应用领域不断扩展。以太网标准的最新发展是 100Gbit/s 以太网，目前在实验室已经实现了 100Gbit/s 以太网 1000km 的无纠错传输试验。

以太网技术有如下优势：扩充性能好、灵活的部署距离（支持从 100m 短程局域网应用到 40km 城域网的各种网络应用）、低成本、易于使用和管理。智能建筑内构建计算机网络优先采用以太网技术和相应的网络结构方式，常用以太网性能表如表 3-1 所示。

表3-1 常用以太网性能表

名 称	标 准	传输介质类型	最大网段长度/m	传输速率/$bit \cdot s^{-1}$	使用情况
以太网	10Base-T	2对3、4、5类UTP或FTP	100	10M	不常用
快速以太网	100Base-TX	2对5类UTP或FTP	100	100M	十分常用
	100Base-T4	4对3/4/5类UTP或FTP	100	100M	升级用
	100Base-FX	62.5/125μm多模光缆	2000	100M	不常用
千兆以太网	1000Base-CX	150ΩSTP	25	1000M	设备连接
	1000Base-T	4对5类UTP或FTP	100	1000M	常用
	1000Base-TX	4对6类UTP或FTP	100	1000M	常用
	1000Base-LX	62.5/125μm多模光缆或9μm单模光缆，使用长波长激光	多模光缆：550 单模光缆：5000	1000M	长距离骨干网段常用
	1000Base-SX	62.5/125μm多模光缆，使用短波长激光	220	1000M	骨干网段十分常用
万兆以太网	10GBase-S	50/62.5μm多模光缆，使用850nm波长激光	300	10G	可用于汇聚层和骨干层网段
	10GBase-L	9μm单模光缆，使用1310/1550nm波长激光	10k	10G	可用于长距离骨干层网段
	10GBase-E	9μm单模光缆，使用1550nm波长激光	40k	10G	可用于长距离骨干层网段和WAN

1. 100BASE-T快速型以太网

100BASE-T是十分常用的快速型以太网，有三个不同的100BASE-T物理层规范，其相关标准见表3-1。100BASE-TX物理层支持快速以太网运行在5类2对UTP或1类STP上。100BASE-T4物理层支持快速以太网运行在3、4或5类的4对UTP上。100BASE-FX支持多模或单模光缆布线，这样快速以太网就能在2km的距离内传输信息。而100BASE-T4为大量的现正在运行的10Mbit/s以太网向100Mbit/s快速以太网过渡提供了极大方便：大部分情况下只需要更换网卡和集线器，而不需要重铺电缆线。

2. 千兆位以太网标准

千兆位以太网与快速以太网和标准以太网完全兼容，并利用原以太网标准所规定的全部技术规范，其中包括CSMA/CD协议、帧格式、流量控制以及IEEE802.3标准中所定义的管理对象等。为了实现高速传输，千兆位以太网定义了千兆位介质专用接口（GMII），从而将介质子层和物理层分开，使得当物理层的传输介质和编码方式变化时不会影响到介质子层。

千兆位以太网可采用4类介质：1000BASE-SX（短波长光纤）、1000BASE-LX（长波长光纤）、1000BASE-CX（短距离铜缆）、1000BASE-T（100m，4对6类UTP）。

其中，1000Base-SX使用短波长850nm激光的多模光纤，1000Base-LX使用长波长1300nm激光的单模和多模光纤。使用长波长和短波长的主要区别是传输距离和费用。不同波长传输时信号衰减程度不同，短波长传输衰减大、距离短，但节省费用。长波长可传输更长的距离，但费用昂贵。1000Base-CX 为 150Ω、平衡屏蔽的特殊电缆集合，传输速率为 1.25Gbit/s，使用 8B/10B 编码方式。1000BASE-T 是 100Base-T 的自然扩展，与 10Base-T、100Base-T 完全兼容。1000Base-T 规定可以在 5 类 4 对平衡双绞线上传送数据，传输距离最远可达 100m。1000Base-T 的重要性在于：可以直接在 100BASE-TX 快速以太网络中通过升级交换机和网卡实现千兆到桌面，而不需要重铺电缆线。

千兆以太网的光纤连接方式，解决了楼层干线的高速连接，1000Base-T 千兆以太网技术，就是用来解决桌面之间的高速连接。千兆位以太网可用于高速服务器之间的连接、建筑物内的高速主干网、内部交换机的高速链路以及高速工作组网络。

3. 万兆以太网的标准

万兆以太网标准 IEEE802.3ae，定义了三种物理层标准：10GbaseX、10GbaseR、10GbaseW。

10GbaseX，并行的 LAN 物理层，采用 8B/10B 编码技术，只包含一个规范：10GbaseLX4。为了达到 10Gbit/s 的传输速率，使用稀疏波分复用 CWDM 技术，在 1310nm 波长附近以 25nm 为间隔，并列配置了 4 对激光发送器/接收器组成的 4 条通道，每条通道的 10B 码的码元速率为 3.125Gbit/s。10GbaseLX4 使用多模光纤和单模光纤的传输距离分别为 300m 和 10km。

10GbaseR，串行的 LAN 类型的物理层，使用 64B/66B 编码格式，包含三个规范：10GbaseSR、10GbaseLR、10GbaseER，分别使用 850nm 短波长、1310nm 长波长和 1550nm 超长波长。10GbaseSR 使用多模光纤，传输距离一般为几十米，10GbaseLR 和 10GbaseER 使用单模光纤，传输距离分别为 10km 和 40km。

10GbaseW，串行的 WAN 类型的物理层，采用 64B/66B 编码格式，包含三个规范：10GbaseSW、10GbaseLW 和 10GbaseEW，分别使用 850nm 短波长、1310nm 长波长和 1550nm 超长波长。10GbaseSW 使用多模光纤，传输距离一般为几十米，10GbaseLW 和 10GbaseEW 使用单模光纤，传输距离分别为 10km 和 40km。

除上述 3 种物理层标准外，IEEE 还制定了一项使用铜缆的称为 10GbaseCX4 的万兆位以太网标准 IEEE802.3ak，可以在双芯同轴电缆上实现 10Gbit/s 的信息传输速率，提供数据中心的以太网交换机和服务器群的短距离（15m 之内）10Gbit/s 连接的经济方式。10GbaseT 是另一种万兆位以太网物理层，通过 6/7 类双绞线提供 100m 内的 10Gbit/s 的以太网传输链路。万兆以太网的介质接口标准如表 3-2 所示。

表 3-2 万兆以太网的介质接口标准

接口类型	应用范围	传送距离	波长/nm	介质类型
10GBase-LX4	局域网	300m	1310	多模光纤
10GBase-LX4	局域网	10km	1310	单模光纤
10GBase-SR	局域网	300m	850	多模光纤
10GBase-LR	局域网	10km	1310	单模光纤
10GBase-ER	局域网	40km	1550	单模光纤
10GBase-SW	广域网	300m	850	多模光纤

（续）

接口类型	应用范围	传送距离	波长/nm	介质类型
10GBase-LW	广域网	10km	1310	单模光纤
10GBase-EW	广域网	40km	1550	单模光纤
10GBase-CX4	局域网	15m	—	4根Twinax线缆
10GBase-T	局域网	25～100m	—	双绞铜线

万兆位以太网仍采用IEEE802.3数据帧格式，维持其最大、最小帧长度。由于万兆位以太网只定义了全双工方式，所以不再支持半双工的CSMA/CD的介质访问控制方式，也意味着万兆位以太网的传输不受CSMA/CD冲突域的限制，从而突破了局域网的概念，进入广域网范畴。

4. 40Gbit/s/100Gbit/s以太网标准

40Gbit/s/100Gbit/s以太网标准叫IEEE 802.3ba，将包含这两个速度的规范。每种速度将提供一组物理接口：40Gbit/s将有1m交换机背板链路、10m铜缆链路和100m多模光纤链路标准。100Gbit/s将有10m铜缆链路、100m多模光纤链路和10km、40km单模光纤链路标准。

5. 400Gbit/s带宽的下一代以太网传输标准

2013年4月2日，IEEE宣布组建新的802.3 Standard for Ethernet工作组，探讨制定400Gbit/s带宽的下一代以太网传输标准，400Gbit/s以太网标准叫IEEE P802.3bs，尚未获批发布。工作组近期主要围绕制定100m多模光纤、500m单模光纤、2km单模光纤、10km单模光纤的相关标准。

3.2.3　交换式局域网及三层交换技术

交换式局域网的核心是交换式集线器（Switch，交换机），其主要特点是：所有端口平时都不连通；当站点需要通信时，交换机才同时连通许多对的端口，使每一对相互通信的站点都能像独占通信信道那样，进行无冲突地传输数据，即每个站点都能独享信道速率；通信完成后就断开连接，如图3-2所示。因此，交换式网络技术是提高网络效率、减少拥塞的有效方案之一。

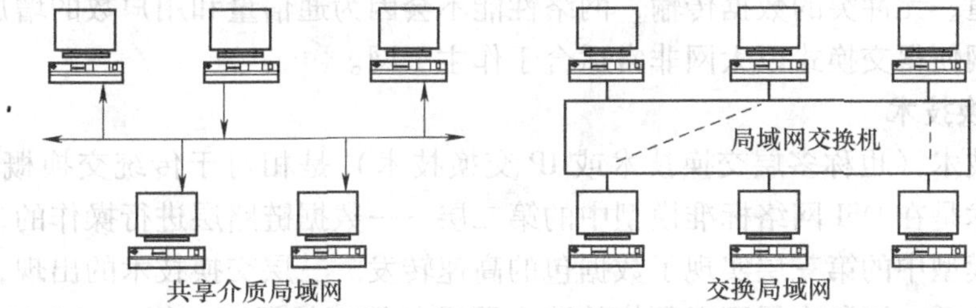

图3-2　交换式局域网参考模型

1. 局域网交换机

交换式以太网的核心是交换机，是工作在OSI网络标准模型第二层（数据链路层）的物理设备。目前，交换技术已经延伸到OSI第三层的部分功能，有一些交换机实现了简单的路由选择功能，即所谓的第三层交换技术。

（1）对称和不对称的交换机

对称交换机：根据交换机每个端口的带宽来描述 LAN 交换方法，它用相同的带宽在端口之间提供交换连接，例如全部为 10Mbit/s 端口或全部为 100Mbit/s 端口。交换机的实际吞吐量为端口数与带宽的乘积。

不对称交换机：大多应用于 C/S 网络中，在不同带宽的端口间提供了交换连接，例如 10Mbit/s 端口与 100Mbit/s 端口通信。它可以为服务器分配更多的带宽满足网络需求，防止在服务器端产生流量瓶颈。

（2）交换方式 目前比较主流的交换方式有存储转发方式（Store-and-Forward）和直通方式（Cut Through）。直通方式的交换机可以理解为在各端口间是纵横交叉的线路矩阵电话交换机。它在输入端口检测到一个数据包时，检查该包的包头，获取包的目的地址，启动内部的动态查找表转换成相应的输出端口，在输入与输出交叉处接通，把数据包直通到相应的端口，实现交换功能。

存储转发方式是计算机网络领域应用最为广泛的交换方式，它把输入端口的数据包先存储起来，然后进行 CRC 检查，在对错误包处理后才取出数据包的目的地址，通过查找表转换成输出端口送出包。正因如此，存储转发方式在数据处理时延时大，这是它的不足，但是它可以对进入交换机的数据包进行错误检测，尤其重要的是它可以支持不同速度的输入输出端口间的转换，保持高速端口与低速端口间的协同工作。

2. 交换式以太网的优点

与共享介质的传统局域网相比，交换式以太网具有以下优点：

1）它保留现有以太网的基础设施，只需将共享式 HUB 改为交换机，使用大多数或全部的现有基础设施。

2）可在高速与低速网络间转换，实现不同网络的协同。目前大多数交换式以太网都具有 100Mbit/s 的端口，通过与之相对应的 100Mbit/s 的网卡接入到服务器上，暂时解决了 10Mbit/s 的瓶颈，成为网络局域网升级时首选的方案。

3）交换式以太网提供多个通道，比传统的共享式集线器提供更多的带宽。比如，一个 24 端口的以太网交换机允许 24 个站点在 12 条链路间通信。

4）在共享以太网中，网络性能会因为通信量和用户数的增加而降低。交换式以太网进行的是独占通道、无冲突的数据传输，网络性能不会因为通信量和用户数的增加而降低。尤其是光纤以太网使得交换式以太网非常适合于作主干网。

3. 三层交换技术

三层交换技术（也称多层交换技术或 IP 交换技术）是相对于传统交换概念而提出的。传统的交换技术是在 OSI 网络标准模型中的第二层——数据链路层进行操作的，而三层交换技术是在网络模型中的第三层实现了数据包的高速转发。三层交换技术的出现，解决了局域网中网段划分之后，网段中子网必须依赖路由器进行管理的局面，解决了传统路由器低速、复杂所造成的网络瓶颈问题。

三层交换机并不等于路由器，同时也不可能取代路由器。三层交换机与路由器之间还是存在着非常大的本质区别的。第三层交换机无法适应网络拓扑各异、传输协议不同的广域网络系统。第三层交换机非常适应局域网环境，而路由器可在广域网中尽显英雄本色。

4. 第三层交换技术在 VLAN 规划中的应用

在第三层交换机面世之前，交换机所提供的 VLAN 划分方式只有两种：基于端口和基于 MAC 地址划分方式。基于端口 VLAN，即提供把某个或某几个端口上的机器划分为一个 VLAN 的方法，缺点在于无法实现位置无关的虚拟网配置；基于 MAC 地址 VLAN，即将子网以 MAC 地址来划分，可实现位置无关的虚拟网，缺点在于子网中节点的增删不方便。第三层交换技术提供了一种全新的 VLAN 划分法：基于 IP 及策略的 VLAN，即不管节点处于哪一个物理网段，都可以以它们的 IP 地址为基础或根据报文协议不同来划分子网，这使得网络管理和应用变得更加方便。

例如在某校园网 VLAN 的划分中，利用第三层交换技术，使得校园网的 VLAN 划分很容易和校内各部门一致起来，尽管校内某一部门站点分布在不同的物理位置，但基于 IP 地址划分子网，能使得同一部门在不同物理网段的节点可被设为同一逻辑子网，实现与物理位置的无关性；对于网络中心，财务部门等要害部门可采用基于传统的 MAC 地址的 VLAN 划分技术，以防止非授权节点在该子网中的出现；对于学生宿舍等比较分散、物理子网比较多，难以有效管理的地方可采用混合策略，如在同一端口细分不同的逻辑虚拟子网或基于 MAC 地址划分子网，以尽量减少 IP 地址盗用和其他安全问题。

3.2.4　无线局域网

无线局域网 WLAN（Wireless LAN）是利用无线通信技术在一定的局部范围内建立的网络，它以无线多址信道作为传输媒介，提供传统有线局域网 LAN 的功能。WLAN 作为有线局域网络的延伸，为局部范围内提供了高速移动计算的条件。随着应用的进一步发展，WLAN 正逐渐从传统意义上的局域网技术发展成为“公共无线局域网”，成为 Internet 宽带接入手段。

1. 无线局域网标准

无线局域网标准是 IEEE802.11X 系列（IEEE802.11、IEEE802.11a、IEEE802.11b、IEEE802.11g、IEEE802.11h、IEEE802.11i）、HIPERLAN、HomeRF、IrDA 和蓝牙等标准。表 3-3 所示是 IEEE802.11 无线局域网标准，也是当前常用的 WLAN 标准。

表 3-3　IEEE802.11 无线局域网标准

标准要求	IEEE802.11b	IEEE802.11a	IEEE802.11g	IEEE802.11n 标准
每子频道最大的数据速率	11Mbit/s	54Mbit/s	54Mbit/s	300Mbit/s
调制方式	CCK	OFDM	OFDM 和 CCK	MIMO-OFDM
每子频道的数据速率	1，2，5.5，11Mbit/s	6，9，12，18，24，36，48，54Mbit/s	CCK：1，2，5.5，11Mbit/s OFDM：6，9，12，18，24，36，48，54Mbit/s	
工作频段	2.4～2.4835GHz	5.15～5.35GHz 5.725～5.875GHz	2.4～2.4835GHz	2.4/5GHz
可用频宽	83.5MHz	300MHz	83.5MHz	
不重叠的子频道	3	12	3	13

(1) IEEE802.11b　IEEE802.11b 工作在2.4~2.4835GHz，采用补码键控（Complementary Code Keying，CCK）技术提供高达11Mbit/s的数据通信带宽，最多可提供三个互不重叠的子频道。Wi-Fi认证保证不同厂家产品之间的兼容。由于IEEE802.11b工作的2.4GHz频带是免费的，因此一经推出便得到了用户的认可。

(2) IEEE802.11a　IEEE802.11a工作在5GHz，采用OFDM（Orthogonal Frequency Division Multiplexing，正交频分复用）技术提供54Mbit/s的数据通信带宽，最多可提供12个互不重叠的子频道。由于IEEE802.11a标准工作在更高的频段、具有更多不重叠的子频道和更高的数据通信带宽，因些也得到了较为广泛的应用。

IEEE802.11a和IEEE802.11b工作在两个完全不同的频带，采用完全不同的调制技术，因此两者是完全不兼容的。但两者可以共存于同一区域当中而互不干扰。

(3) IEEE802.11g　IEEE802.11g有两个最为主要的特征：高传输速率和兼容IEEE802.11b。高传输速率是由于其采用OFDM调制技术可得到54Mbit/s的数据通信带宽。兼容IEEE 802.11b是由于其仍然工作在2.4GHz并且保留了IEEE802.11b所采用的CCK技术，因此可与IEEE 802.11b的产品保持兼容。也就是说，基于IEEE802.11g的无线接入点（AP）可与基于IEEE 802.11b的无线网卡相连接，而基于IEEE802.11g的无线网卡也可与基于IEEE802.11b的无线接入点（AP）相连接。IEEE802.11g标准是主流的无线局域网标准。它提供了高速的数据通信带宽，并以较为经济的成本提供了对原有主流无线局域网标准的兼容。

(4) IEEE802.11n　作为下一代的WLAN标准，IEEE802.11n采用智能天线技术，其传播范围更广，且能够以不低于108Mbit/s的传输速率保持通信。它可以作为蜂窝移动通信的宽带接入部分，与无线广域网更紧密的结合。一方面，IEEE802.11n可以为用户提供高数据率的通信服务（比如视频点播VOD，在线观看HDTV）。另一方面，无线广域网为用户提供了更好的移动性。和以往的IEEE802.11标准不同，IEEE802.11n协议为双频工作模式（包含2.4GHz和5.8GHz两个工作频段）。这样IEEE802.11n保证了与以往的IEEE802.11a/b/g标准兼容。

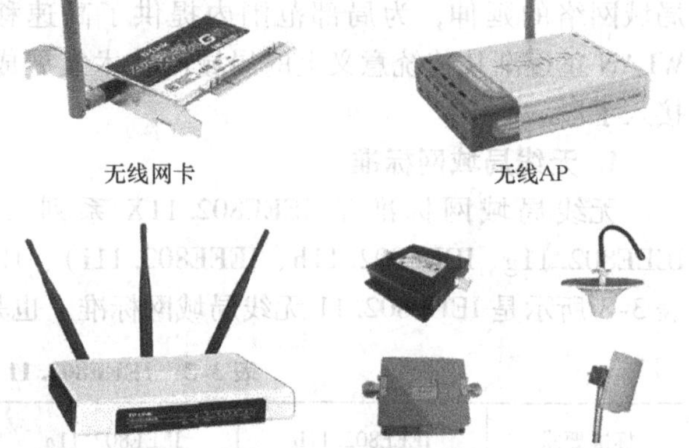

图3-3　无线局域网产品实物图

(5) IEEE 802.11ac　IEEE 802.11ac是IEEE 802.11n的继承者。它采用并扩展了源自IEEE 802.11n的空中接口（Air Interface）概念，包括：更宽的RF带宽（提升至160MHz），更多的MIMO空间流（Spatial Streams）（增加到8），多用户的MIMO，以及更高阶的调制（Modulation）（达到256QAM）。理论上，IEEE 802.11ac可以为多个站点服务提供1Gbit/s的带宽，或是为单一连接提供500Mbit/s的传输带宽。

2. 无线局域网组网方式

根据无线接入点 AP（Access Point）的功用不同，WLAN 可以实现不同的组网方式。目前有基础架构模式、点对点模式、多 AP 模式、无线网桥模式和无线中继器模式 5 种组网方式。无线局域网的主要部件是无线网卡、无线 AP、无线网桥、无线路由器以及天线和功放等，如图 3-3 所示。

（1）点对点模式 Ad hoc（Peer-to-Peer） Ad hoc 网络是一种特殊的无线移动网络。网络中所有节点的地位平等，无需设置任何的中心控制节点。网络中的节点不仅具有普通移动终端所需的功能，而且具有报文转发能力。点对点模式用于一台无线工作站和另一台或多台其他无线工作站的直接通信，该网络无法接入到有线网络中，安全由各个客户端自行维护。点对点模式的组网如图 3-4 所示。

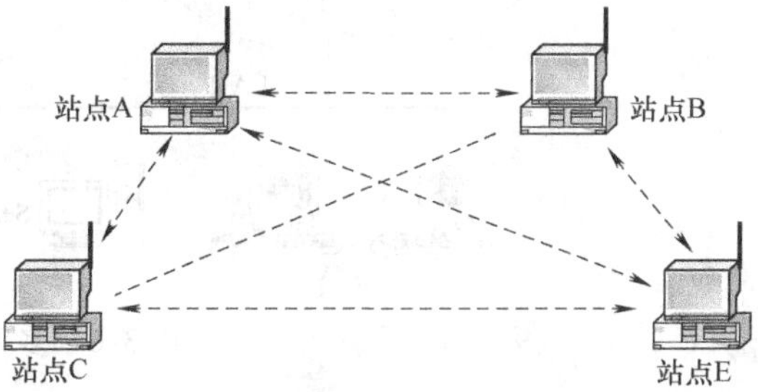

图 3-4 点对点模式的组网

（2）基础架构模式 这种方式以星形拓扑为基础，以访问点 AP 为中心，所有的无线工作站通信要通过 AP 接转。AP 主要完成 MAC 控制及信道的分配等功能。AP 通常能够覆盖几十至几百个用户，覆盖半径达百米。覆盖的区域称基本服务区 BSS（Basic Service Set）。

由于 AP 有以太网接口，这样，既能以 AP 为中心独立建一个无线局域网，当然也能将 AP 作为一个有线网的扩展部分，用于在无线工作站和有线网络之间接收、缓存和转发数据。由于对信道资源分配、MAC 控制采用集中控制的方式，这样使信道利用率大大提高，网络的吞吐性能优于分布式对等方式。基础架构模式的组网如图 3-5 所示。

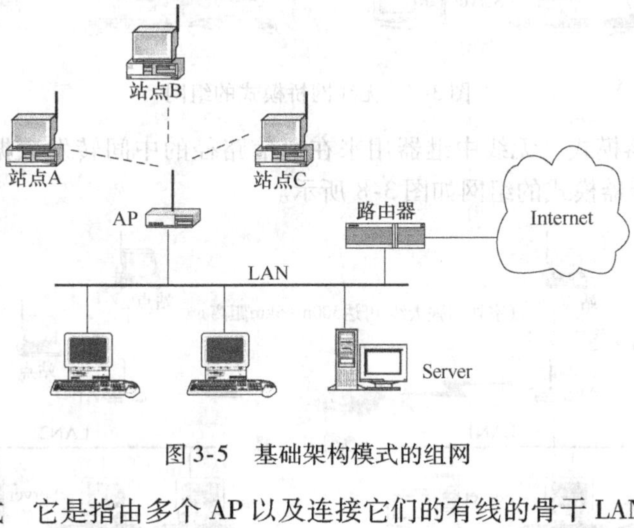

图 3-5 基础架构模式的组网

（3）多 AP 模式 它是指由多个 AP 以及连接它们的有线的骨干 LAN 组成的基础架构模式网络，也称为扩展服务区 ESS（Extend Service Set）。扩展服务区内的每个 AP 都是一个独立的无线网络基本服务区（BSS），所有 AP 共享同一个扩展服务区标示符（ESSID）。相同 ESSID 的无线网络间可以进行漫游，不同 ESSID 的无线网络形成逻辑子网。多 AP 模式的组网如图 3-6 所示。

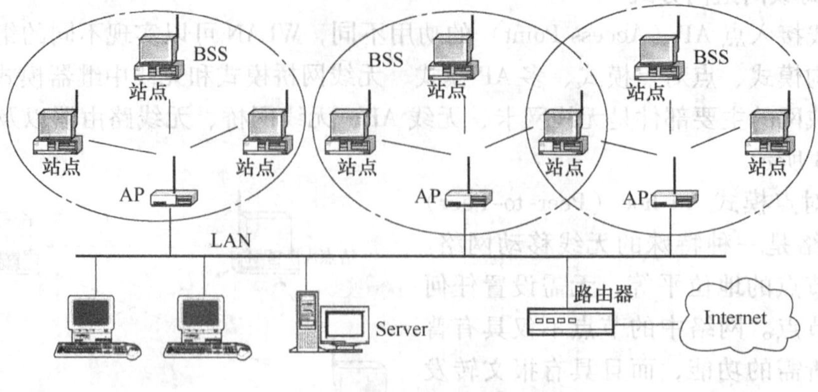

图3-6 多AP模式的组网

（4）无线网桥模式 利用一对AP连接两个有线或者无线局域网网段，无线网桥模式的组网如图3-7所示。

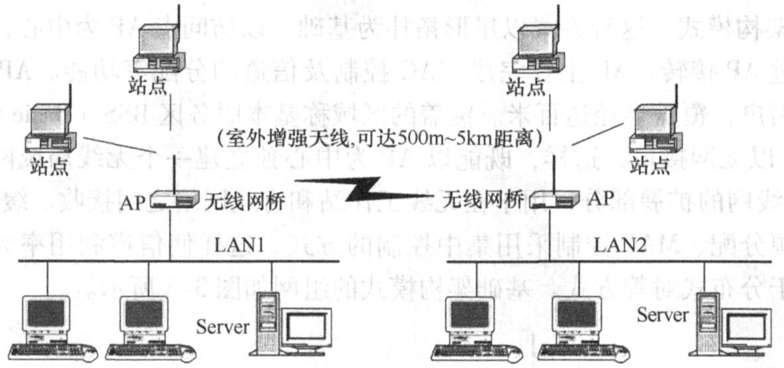

图3-7 无线网桥模式的组网

（5）无线中继器模式 无线中继器用来在通信路径的中间转发数据，从而延伸系统的覆盖范围。无线中继器模式的组网如图3-8所示。

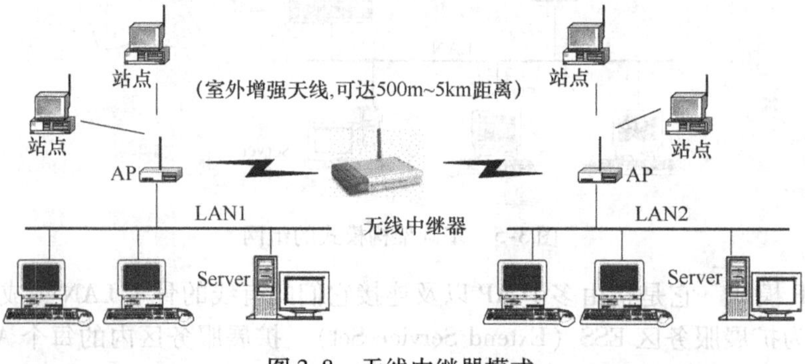

图3-8 无线中继器模式

应用5种不同的工作模式，可以灵活方便地组建各种无线网络结构以满足各种需求。

3. HomeRF

HomeRF 是专门为家庭用户设计的一种无线局域网技术标准，利用跳频扩频方式，既可以通过时分复用支持语音通信，又能通过 CSMA/CA 协议提供数据通信服务。HomeRF 还提供了与 TCP/IP 协议良好的集成，支持广播、组播和 IP 地址。目前，HomeRF 标准工作在 2.4GHz 的频段上，跳频带宽为 1MHz，最大传输速率为 2Mbit/s，传输范围超过 100m。

4. IrDA 技术

IrDA 是红外数据标准协会（Infrared Data Association）的简称。IrDA 是一种利用红外线进行点对点通信的技术，主要优点是体积小、功率低，适合移动设备的需要；传输速率高，可达 16Mbit/s；成本低，应用普遍。但是 IrDA 技术也有局限性。首先它是一种视线传输技术，两个具有 IrDA 端口的设备在传输数据时，中间不能有阻挡物。其次，IrDA 设备使用红外线 LED 器件作为核心部件，不十分耐用。如果经常用 IrDA 端口联网，可能不堪重负。

5. 蓝牙技术

蓝牙（Bluetooth）技术是一种近距离无线通信连接技术，用于各种固定与移动的数字化硬件设备之间通信。蓝牙同样采用了跳频技术，但与其他工作在 2.4GHz 频段上的系统相比，蓝牙跳频更快，数据包更短，这使蓝牙比其他系统都更稳定。蓝牙技术理想的连接范围为 0.1～10m，但是通过增大发射功率可以将距离延长至 100m。

蓝牙可以支持异步数据通道、多达 3 个可同时进行的同步语音信道，还可以用一个信道同时传送异步数据和同步语音。异步信道可以支持一端最大速率为 721Kbit/s 而另一端速率为 57.6Kbit/s 的不对称连接，也可以支持 43.2Kbit/s 的对称连接。

蓝牙技术面向的是移动设备间的小范围连接，本质上说，它是一种代替电缆的技术，可以应用于任何可以用无线方式替代线缆的场合，适合用在手机、掌上型计算机等简易数据传输中。

6. Zigbee 技术

Zigbee 是 IEEE802.15.4 协议的代名词，是一种新兴的近距离、低复杂度、低功耗、低数据传输速率、低成本的无线网络技术。在蓝牙技术的使用过程中，人们发现蓝牙技术尽管有许多优点，但仍存在许多缺陷。对工业自动化、家庭自动化和遥测遥控领域而言，蓝牙技术显得太复杂、功耗大、距离近、组网规模太小等。而工业自动化对无线数据通信的需求越来越强烈，而且，对于工业现场，这种无线数据传输必须是高可靠的，并能抵抗工业现场的各种电磁干扰。因此，经过人们长期努力，Zigbee 协议在 2003 年正式问世。

Zigbee 是一种经济、高效、低数据速率（小于 250Kbit/s）、工作在 2.4GHz 和 868/928MHz 的无线技术，用于个人区域网和对等网络，主要用于近距离无线连接。它依据 IEEE802.15.4 标准，在数千个微小的传感器之间相互协调实现通信。这些传感器只需要很少的能量，以接力的方式通过无线电波将数据从一个传感器传到另一个传感器，所以它们通信效率非常高。

3.2.5 VLAN 技术

虚拟局域网（Virtual LAN，VLAN）是通过路由器和交换设备在局域网的基础上建立的一个或多个逻辑的 LAN。每个 VLAN 可看成是一个虚拟工作组，它也是一组网段和站点的集合。它们可不受物理位置的限制，而好像处于同一局域网那样。以太网交换机上通过引入

VLAN，带来了如下的好处：

1）限制广播域。广播域被限制在一个 VLAN 内，节省了带宽，提高了网络处理能力。

2）增强局域网的安全性。不同 VLAN 内的报文在传输时是相互隔离的，即一个 VLAN 内的用户不能和其他 VLAN 内的用户直接通信，如果不同 VLAN 要进行通信，则需要通过路由器或三层交换机等三层设备。

3）灵活构建虚拟工作组。用 VLAN 可以划分不同的用户到不同的工作组，同一工作组的用户也不必局限于某一固定的物理范围，网络构建和维护更方便灵活。

VLAN 的管理主要涉及 VLAN 的划分和 VLAN 的配置。VLAN 的划分即确定 VLAN 成员（站点和服务器）的方法。

1. 基于端口划分的 VLAN

这是常用的一种 VLAN 划分方法，这种划分方式比较简单，通过交换机配置命令将交换机端口划分到一个指定的 VLAN 中，所有连接到这个端口的工作站和服务器（包括通过这个端口级连的）都属于这个 VLAN。这种方式的特点就是管理比较简单，但是灵活性不高。

如图 3-9 所示，端口 1 和端口 2 被指定属于 VLAN3，端口 6 和端口 8 被指定属于 VLAN6，而主机 A 和 B 连接在端口 1 和 2，因此它们属于 VLAN3，同理，主机 C 和 D 属于 VLAN6。

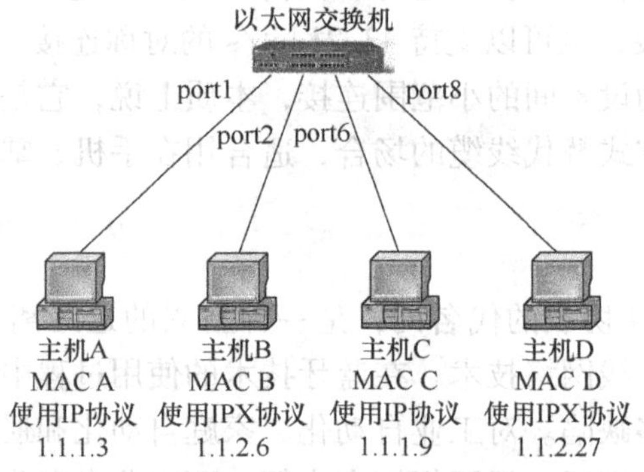

基于端口的VLAN

端口	所属VLAN
Port1	VLAN3
Port2	VLAN3
…	…
Port6	VLAN6
…	…
Port8	VLAN6

基于MAC地址的VLAN

MAC地址	所属VLAN
MAC A	VLAN3
MAC B	VLAN6
MAC C	VLAN3
MAC D	VLAN6

基于协议的VLAN

协议类型	所属VLAN
IP协议	VLAN3
IPX协议	VLAN6
…	…

基于子网的VLAN

IP子网	所属VLAN
1.1.1.1/24	VLAN3
1.1.2.1/24	VLAN6
…	…

图 3-9 VLAN 划分实例图

2. 基于 MAC 地址划分 VLAN

这种划分 VLAN 的方法是根据每个主机的 MAC 地址来划分的，即对每个 MAC 地址的主机都配置它属于哪个组，它实现的机制就是每一块网卡都对应唯一的 MAC 地址，VLAN 交换机跟踪属于 VLAN MAC 的地址。这种方式的 VLAN 允许网络用户从一个物理位置移动到另一个物理位置时，自动保留其所属 VLAN 的成员身份。如图 3-9 所示，MAC 地址 A 和 B 被划分到 VLAN3，因此对应的主机 A 和 B 属于 VLAN3，VLAN6 也是同理划分。

这种方式的特点在于灵活性很高，桌面工作站的移动变化都不需要对交换机重新配置。缺点在于其管理比较复杂，需要做出每个 MAC 地址与 VLAN 的对应表。

3. 基于网络层协议划分 VLAN

VLAN 按网络层协议来划分，可分为 IP、IPX、DECnet、AppleTalk、Banyan 等 VLAN 网络。这种按网络层协议来组成的 VLAN，可使广播域跨越多个 VLAN 交换机。这种划分方式对于希望针对具体应用和服务来组织用户的网络管理员来说是非常具有吸引力的。而且，用户可以在网络内部自由移动，但其 VLAN 成员身份仍然保留不变。

4. 根据 IP 组播划分 VLAN

IP 组播实际上也是一种 VLAN 的定义，即认为一个 IP 组播组就是一个 VLAN。这种划分的方法将 VLAN 扩大到了广域网，因此这种方法具有更大的灵活性，而且也很容易通过路由器进行扩展，主要适合于不在同一地理范围的局域网用户组成一个 VLAN，不适合局域网，主要缺点是效率不高。

3.2.6 常用以太网组网结构

以太网的组网结构是进行楼宇内计算机网络规划设计的基础，其拓扑结构通常是树形拓扑（分层星形拓扑），复杂的拓扑结构是带有网格的树形拓扑，如图 3-10 所示。

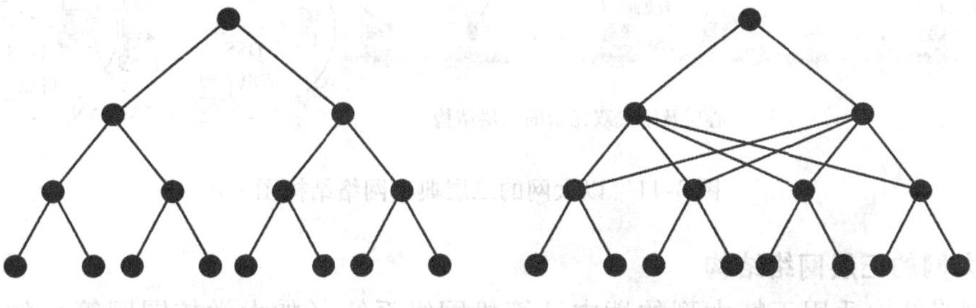

a) 树形拓扑　　b) 网络的树形拓扑

图 3-10　以太网的组网拓扑结构

1. 以太网的二层网络结构

对大部分的楼内计算机网络系统采用二层结构的以太网就能满足应用需求，如图 3-11 所示，由核心层和接入层组成。接入层通过带三层路由功能的核心交换机实现互联。网络系统以 1Gbit/s 或 10Gbit/s 以太网作为主干网络，用户终端速率 100Mbit/s，采用多 AP 模式构建 WiFi 网。核心层的主要目的是进行高速的数据交换、安全策略的实施以及网络服务器的接入。接入层用于用户终端的接入。对于稳定性和安全性要求特别高的场合，核心层交换机宜冗余配置，接入层和核心层交换机之间宜采用冗余链路连接，可以采用如图 3-11b 所示的双冗余二层结构。

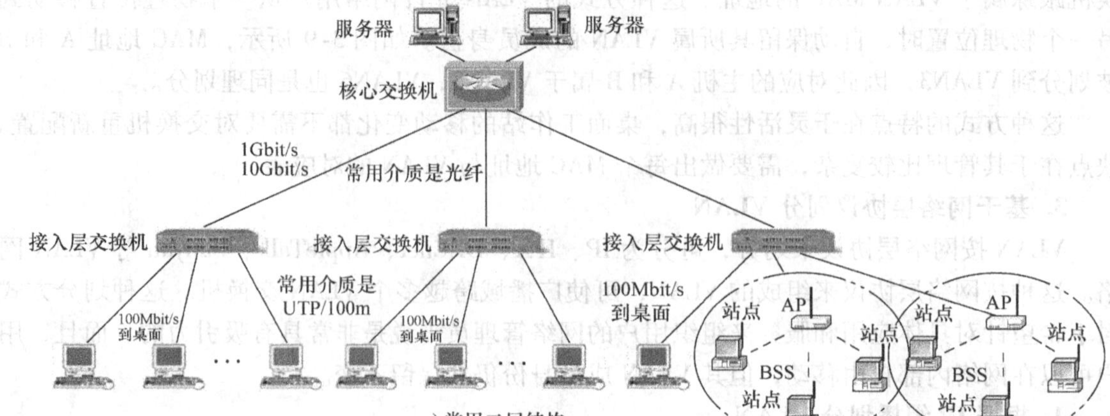

a) 常用二层结构

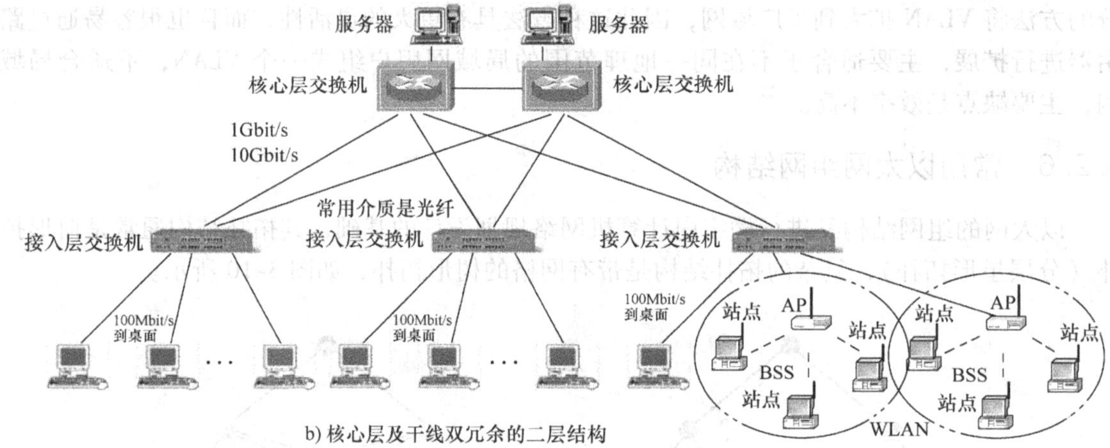

b) 核心层及干线双冗余的二层结构

图 3-11 以太网的二层典型网络结构图

2. 以太网的三层网络结构

三层网络结构适用于特大型的楼内计算机网络系统（如大学校园网等）的应用需求，如图 3-12 所示，由核心层、汇聚层和接入层组成。核心层和汇聚层通过带三层路由功能的交换机实现互联。网络主干以 10Gbit/s 以太网为主，用户终端速率 100Mbit/s，采用多 AP 模式构建 WiFi 网。

对于稳定性和安全性要求特别高的大型楼内计算机网络场合，可以采用如图 3-13 所示的三层冗余结构，汇聚层和核心层交换机冗余配置，接入层、汇聚层和核心层交换机之间采用冗余链路连接。

3. 以太网的全连接拓扑网络结构

数据中心（IDC 或云数据中心）容纳了数千至数十万台服务器主机，支持多种云计算应用，是当今信息社会的基础设施。主机一般采用所谓刀片式结构（包括 CPU、内存和磁盘存储的主机）堆叠在机架上，每个机架一般堆放 20 ~ 40 台刀片。在机架顶部有一台交换机，又称机架顶部交换机 TOR（Top of Rack），它们与机架上的主机互联，并与数据中心的其他交换机互联。

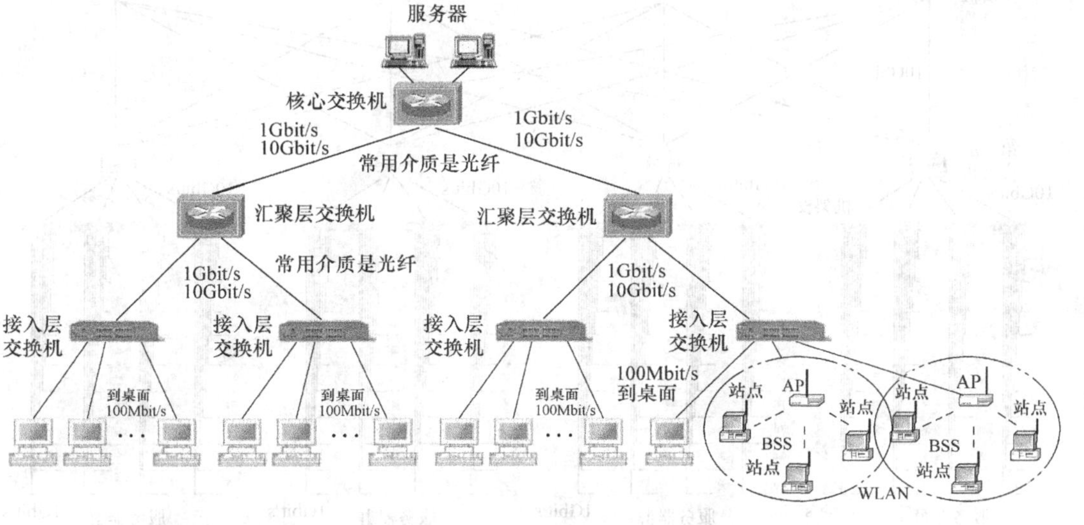

图3-12　以太网的三层典型网络结构图

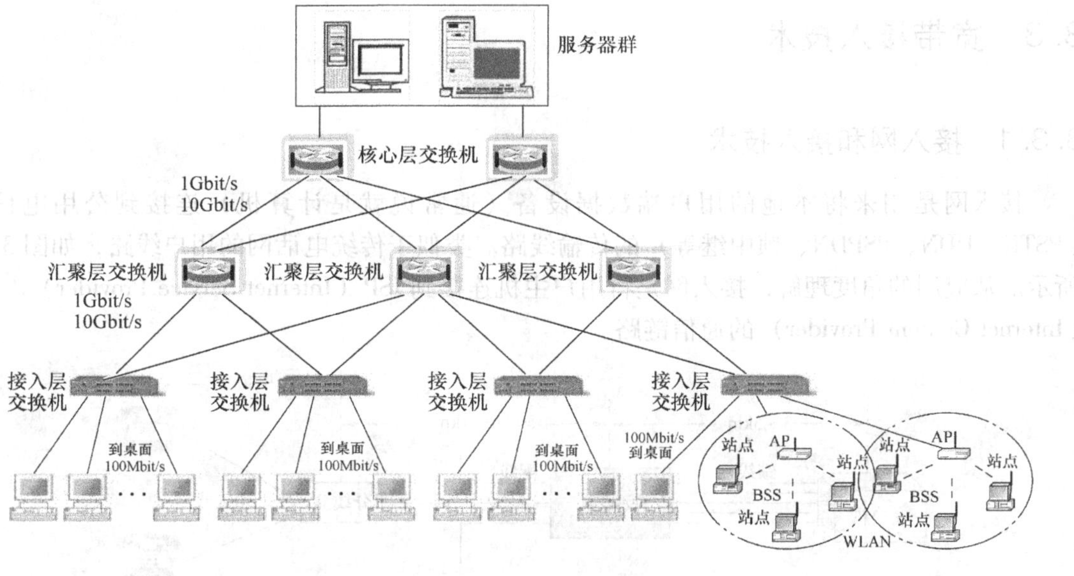

图3-13　以太网的三层冗余网络结构图

数据中心网络需要支持外部客户与内部主机之间的高速数据流量，也要支持内部主机之间互联的高速数据流量，因此，对数据中心网络结构需要进行全新的思考。传统的分层结构体系存在不同机架内主机到主机流量受限的问题，一种解决方案是采用全连接拓扑网络结构，如图3-14所示。在这种方案中，每台第一层交换机都与所有第二层交换机相连，因此主机到主机的流量不会超过第一层交换机层次。

图3-14所示的网络结构可以支持内部任意主机之间互联的1Gbit/s数据流量，网络主干10Gbit/s以太网，机架交换机到主机终端速率1Gbit/s。

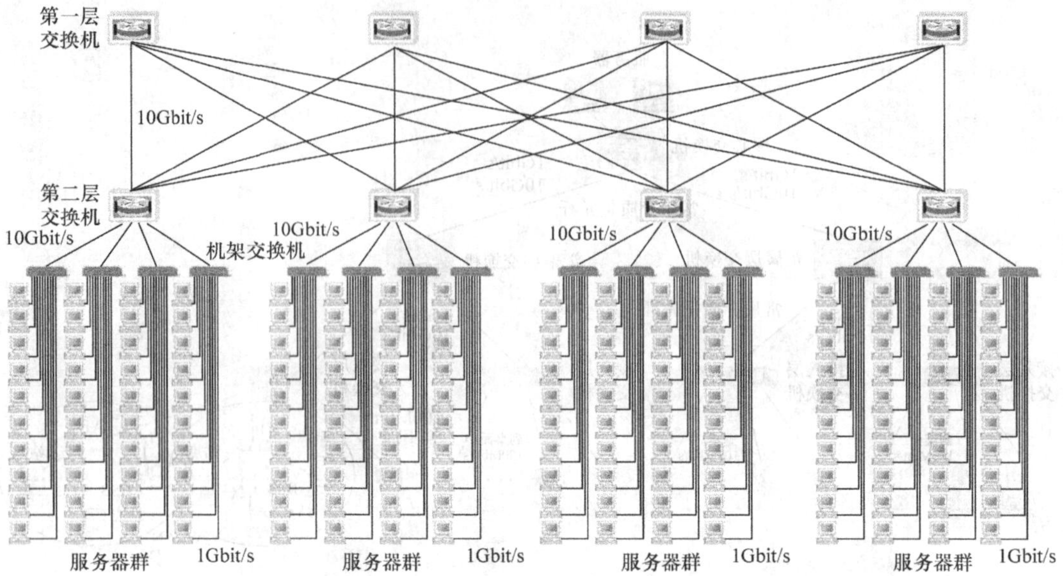

图 3-14 以太网的全连接拓扑网络结构图

3.3 宽带接入技术

3.3.1 接入网和接入技术

接入网是用来将本地的用户端数据设备（通常说就是计算机）连接到公用电信网（PSTN、DDN、PSPDN、帧中继等）的传输线路。类似于传统电话网的用户线路，如图 3-15 所示。从应用的角度理解，接入网是将用户主机连接到 ISP（Internet Service Provider）/ ICP（Internet Content Provider）的通信链路。

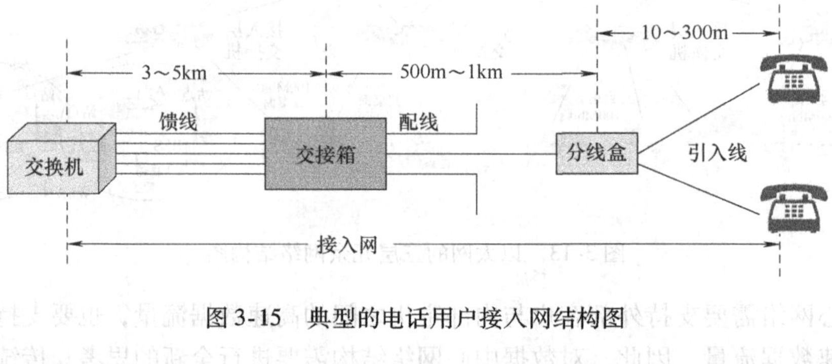

图 3-15 典型的电话用户接入网结构图

用户端数据设备只有接入公用电信网才能够与全球的用户进行信息传输交换，就好似一部电话机只有连接入 PSTN 才可能与全球的电话用户通信，否则只能是局部范围的内部通话。

从计算机网络技术的角度，接入网要解决的是网络间互联的一段传输介质（信道）问题，在这里的互联是指全球范围的互联，必须要借用公用数据传输网，而不是自行构建的专线，如图3-16所示。

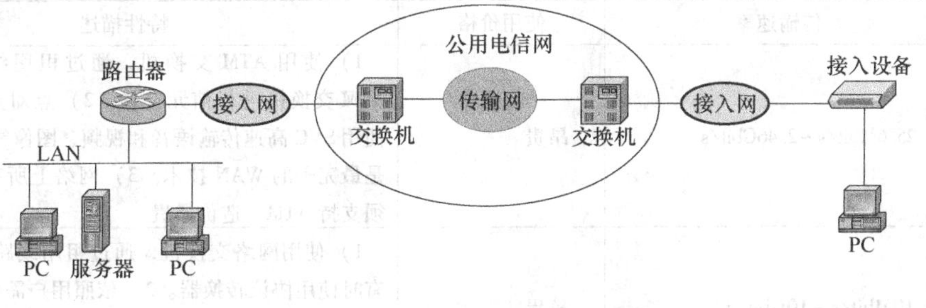

图3-16　接入网是网络间互联的一段传输介质

从应用的角度，接入网广义是指将LAN或单台计算机连接到各种广域网的传输线路，狭义是指将LAN或单台计算机连接到Internet的传输线路。

国际电联（ITU-T）定义接入网为（公用数据传输网的）本地交换机与用户端设备之间的实施系统。接入网可使用各种传输媒体（如金属双绞线、光纤、同轴电缆、无线系统等），可支持不同的接入类型和业务。

所谓的接入技术就是指各种接入网的构建技术。其中又有宽带接入技术之说。楼宇智能化工程中常用的接入技术应用特性表如表3-4所示。

表3-4　常用的接入技术应用特性表

连接类型	传输速率	使用价格	特性描述
PSTN	最高为56Kbit/s	最便宜	使用电话线通过Modem拨号连接
ISDN	基本速率（BRI）：128 Kbit/s，群速率（PRI）：2Mbit/s	BRI比ADSL贵，比帧中继便宜	使用电话线通过ISDN终端适配器拨号连接，拨号后始终处于链接状态。合语音和数据的可靠数字连接。是一种临时性连接，按需使用带宽，按时、按实际使用带宽付费
ADSL	下行：1.544～8.448Mbit/s，上行：640 Kbit/s～1.544Mbit/s	便宜	使用电话线通过ADSL Modem拨号连接。供始终处于链接状态。语音和数据可以通过同一根线路同时传输，只能在有限的地方（离ISP约5km距离内）获得接入服务。上行速率慢，不适合上传密集型任务，传输速率不能得到保证
CE1	64Kbit/s	较便宜	是CE1的单个信道。CE1，就是把E1（2M）的传输分成了30个64Kbit/s的时隙，一般写成N×64
DDN	2.048Mbit/s	是ADSL的10～20倍，比ISDN贵，比帧中继便宜	在用户端使用信道服务设备（CSU）/数据服务设备（DSU）通过铜缆或光缆与ISP线路连接，是专用的数字电路，通过点对点连接提供高速数据、语音、音频、视频通信。可获得保证的带宽（比ADSL贵的理由）
帧中继	56Kbit/s～44.736Mbit/s	较贵	1）使用帧中继访问设备（FRAD），通过T1线路动态连接。2）是比较新的快速分组技术，是X.25技术的变体和改良，是最流行的WAN技术之一。3）实现使用永久虚拟线路（PVC）或交换型虚拟线路（SVC）提供始终在线的连接。4）可获得保证的带宽，并在信息突发（burst）超过租用带宽时，不需承担额外的费用

（续）

连接类型	传输速率	使用价格	特性描述
光纤	25.6Mbit/s～2.46Gbit/s	昂贵	1）使用ATM交换机，通过租用线路与ISP的ATM交换机进行信元交换。2）点对点通信，支持使用SVC高速传输语音和视频、图像等多媒体信息，是最完美的WAN技术。3）网络上所有的硬件都必须支持ATM，造价昂贵
以太网接入	10Mbit/s～10Gbit/s	较贵	1）使用网络交换机，通过租用线路与ISP相连，有时使用协议转换器。2）依照用户需要可提供广泛的带宽，以满足多种需要。3）网络设备的额外投资不太大，线路费用稍高

3.3.2 宽带接入技术

当前的网络技术飞速发展，电信公用数据传输网已经是光纤的高速网，核心网通道带宽达到百Gbit/s，节点交换机（或路由器）吞吐量达几十Gbit/s。LAN的带宽主干达到几十Gbit/s，到端点100Mbit/s/1000Mbit/s。但是，接入网的带宽相比之下就过低了，比如，计算机用MODEM上网速率只有56Kbit/s。从业务需求来看，单一业务越来越少，语音、数据、图像等综合的多媒体业务需求在增长，因此，接入网已成为网络的瓶颈。宽带接入的目标就是为了克服这个瓶颈，实现用户接入网的数字化、宽带化，提高用户上网速度。宽带接入网按传输介质不同可分：铜线接入技术（xDSL）、光纤接入网技术（FTTx）、无线接入技术、光纤/同轴混合接入网技术。

3.3.3 铜线接入技术

铜线接入，即数字用户线（Digital Subscriber Line，DSL）技术。它以普通电话线和3类/5类线等铜质双绞线作为传输介质。由于它采用了全新的数字调制解调技术，所以传输速率比采用音频调制技术电话拨号的方式快得多。DSL技术有一个庞大的家族，统称xDSL，主要有HDSL、SDSL、ADSL等，其技术特性如表3-5所示。这些方案都是通过一对调制解调器来实现，其中一个调制解调器放置在电信局，另一个调制解调器放置在用户侧。它们主要的区别就是体现在信号传输速度和距离的不同以及上行速率和下行速率对称性的不同这两个方面。

表3-5 xDSL技术比较表

DSL类别	下行速率	上行速率	可用距离	应用范围	双绞线数量	语音数据分离器
HDSL	2Mbit/s	2Mbit/s	最大5km；增加中继设备可达12km	蜂窝通信，T1/E1连接	2	不用
HDSL2	2Mbit/s	2Mbit/s	最大5km	类似HDSL，互联网接入，远程视频会议，网间连接	1	不用
ADSL	最大8Mbit/s	最大768Kbit/s	最高速度下最大距离3.6 km	互联网接入，远程视频会议，交互多媒体，视频点播，网间连接	1	用

（续）

DSL 类别	下行速率	上行速率	可用距离	应用范围	双绞线数量	语音数据分离器
RADSL	最大 8Mbit/s	最大 768Kbit/s	最大 6km	互联网接入，远程视频会议，交互多媒体，视频点播，网间连接	1	用
IDSL	最大 2Mbit/s	最大 2Mbit/s	最大 5km	互联网接入，远程视频会议，交互多媒体，视频点播，网间连接	1	用
SDSL	768Kbit/s	768Kbit/s	最大 4km	互联网接入，远程视频会议，交互多媒体，视频点播，网间连接	1	用
VDSL	13，26 或 52Mbit/s	6 或 13Mbit/s	最大 1.5km	互联网接入，远程视频会议，交互多媒体，视频点播，网间连接，HDTV 高清晰电视传送	1	用

3.3.4 光纤接入网技术

光纤接入网（FTTx）是指在接入网中用光纤作为主要传输介质来实现信息传输的接入网。具有可用带宽宽、传输质量高、传输距离长、抗干扰能力强、网络可靠性高、节约管道资源等优点。光纤接入网从技术上可分为两大类：有源光网络（Active Optical Network，AON）和无源光网络（Passive Optical Network，PON）。FTTx 技术是光纤到 x 的简称，可以是光纤到大楼（Fiber To The Building，FTTB）、光纤到户（Fiber To The Home，FTTH）、光纤到配线盒/路边（Fiber To The Curb，FTTC）等。除了 FTTH 外，其他方式都需通过铜芯线作接入转换，组成混合接入网络。

1. 有源光网络

有源光网络（AON）比无源光网络（PON）容易实现，AON 传输距离和容量均大于 PON，传输带宽易于扩展。图 3-17 所示就是用 AON 实现智能建筑计算机网高速接入的原理图。AON 的缺点是需要进行光电、电光转换，要使用专门的场地和机房，远端供电问题不易解决，日常维护工作量较大。AON 包括基于 ATM、SDH、PDH 和 LAN 的有源光网络，目前 AON 主要采用 SDH 环形网络结构和 ATM 技术，因而具有环形网络结构的自愈功能。ATM 信元在 SDH 环形网络中传输，其带宽由环形网络上所有节点所共享。针对接入网中用户数量多、带宽需求不确定等情况，AON 能够根据环形网络上各节点所需的业务质量级别（QoS）和需要传输的实际业务量，动态地按需分配带宽到各节点和各用户，所以 AON 既能够适应高 QoS 业务的传输，也能够适应突发性业务的传输。

2. 无源光网络

无源光网络（PON）不需要在外部站点安装有源电子设备，如图 3-18 所示。PON 是由局端的光线路终端（Optical Line Terminal，OLT）、用户端的光网络终端/光网络单元（Optical Network Terminal /Optical Network Unit，ONT/ONU）、连接前两种设备的光纤和无源分光

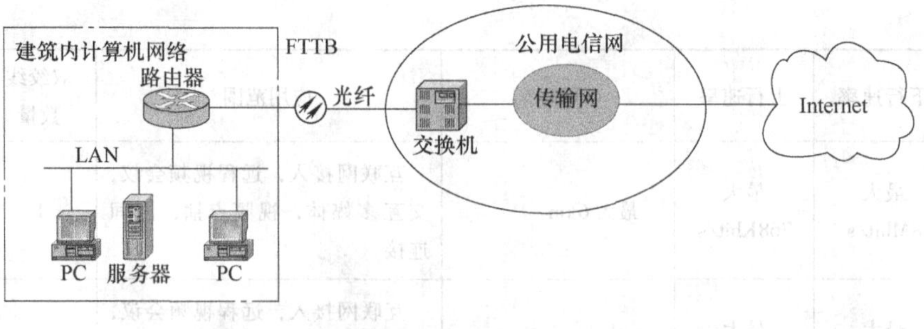

图 3-17 FTTB 智能建筑计算机网高速接入

器（Splitter）组成的光分配网络（Optical Distribution Network，ODN）以及网管系统组成。PON“无源”是指 ODN 全部由光分路器（Splitter）等无源器件组成，不含有任何电子器件及电源。PON 包括 ATM-PON（APON，即基于 ATM 的无源光网络）和 Ethernet-PON（EPON，即基于以太网的无源光网络）两种。

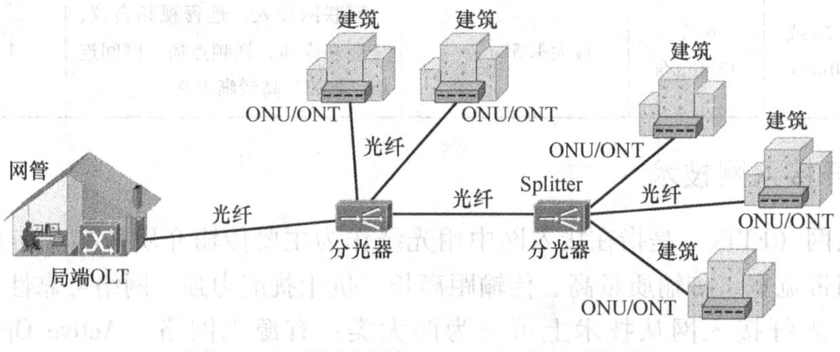

图 3-18 无源光网络（PON）的组成结构

3. EPON 以太网无源光网络

EPON 的结构如图 3-19 所示。局端 OLT 与用户 ONU/ONT 之间仅有光纤、光分路器等光无源器件，无须租用机房、无须配备电源、无须有源设备维护人员，因此，可有效节省建设和运营维护成本。

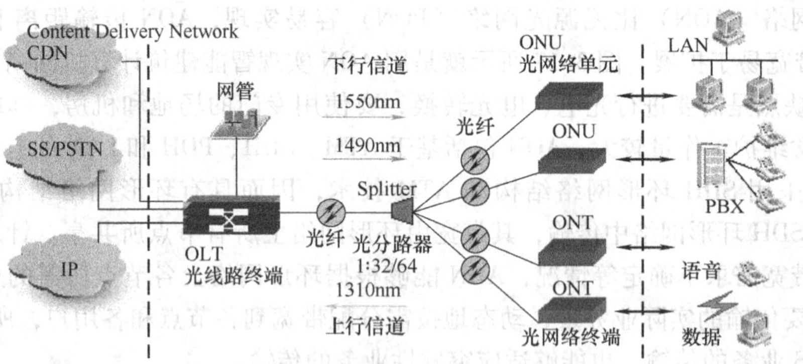

图 3-19 EPON 以太网无源光网络结构

EPON 采用单纤波分复用技术（下行 1490nm，上行 1310nm），仅需一根主干光纤和一个 OLT，传输距离可达 20km。在 ONU 侧通过光分路器分送给最多 32 个用户，因此可大大降低成本压力。每个节点可提供从 1 ~1000Mbit/s 的接入带宽，真正实现“千兆到桌面”的带宽接入。

TDM 数据（语音业务）和 IP 数据采用 IEEE802. 3 以太网的格式进行传输，辅以电信级的网管系统，足以保证传输质量。通过扩展第三个波长（通常为 1550nm）即可实现视频业务广播传输。

4. GPON 千兆位无源光网络

GPON（Gigabit PON）是最新一代宽带无源光综合接入标准，对于其他的 PON 标准而言，GPON 标准提供了前所未有的高带宽，下行速率高达 2. 5Gbit/s，其非对称特性更能适应宽带数据业务市场（如数字广播业务、VOD、IPTV、文件下载等）。GPON 的传输机制和 EPON 完全相同，都是采用单纤双向传输机制，在同一根光纤上，使用 WDM 技术，用不同波长传输上下行数据，实现信号的双向传输。一根光纤可以被中心站 20km 范围内的所有用户共享，典型的支持速率是上行 1. 24416Gbit/s 、下行 2. 48832Gbit/s。

在 GPON 标准中，明确规定需要支持的业务类型包括数据业务（Ethernet 业务，包括 IP 业务和 MPEG 视频流）PSTN 业务（POTS，ISDN 业务）、专用线（T1、E1、DS3、E3 和 ATM 业务）和视频业务（数字视频）。GPON 中的多业务映射到 ATM 信元或 GEM 帧中进行传送，对各种业务类型都能提供相应的 QoS 保证。

GPON 承载有 QoS 保障的多业务和强大的 OAM 能力等优势很大程度上是以技术和设备的复杂性为代价换来的，从而使得相关设备成本较高。GPON 比 EPON 带宽更大，它的业务承载更高效、分光能力更强，可以传输更大带宽业务，实现更多用户接入，更注重多业务和 QoS 保证，但实现更复杂，这样就是导致其成本相对 EPON 也较高，但随着 GPON 技术的大规模部署，GPON 和 EPON 成本差异在逐步缩小。

光纤接入是接入网的发展方向，当前应用中，FTTB 已经成为智能建筑计算机网高速接入的主流。FTTH 是家庭用户网今后发展的必然方向。

3. 3. 5 以太网接入

以太网接入是指将以太网技术与综合布线相结合，作为公用电信网的接入网，直接向用户提供基于 IP 的多种业务的传送通道。以太网技术的实质是一种两层的媒质访问控制技术，可以在五类线上传送，也可以与其他接入媒质相结合，形成多种宽带接入技术。以太网与电话铜缆上的 VDSL 相结合，形成 EoVDSL 技术；与无源光网络相结合，产生 EPON 技术；在无线环境中，发展为 WLAN 技术。

3. 3. 6 无线接入

只要在交换节点到用户终端部分地或全部地采用了无线传输方式，就称为无线接入。有两种应用方式：固定无线接入方式和移动无线接入方式。固定无线接入方式：固定用户以无线的方式接入到固定电信网的交换机，又称为无线本地环路 WLL。移动无线接入方式：移动的用户以无线的方式接入到固定电信网的交换机。

无线接入可以理解为公用数据网应用 WLAN 技术，将服务区覆盖到本地固定用户，如图 3-20 所示。无线接入不是在现有的移动通信网平台上，而是应用 WLAN 技术，构建的是一个高速无线数据传输网，传输速率达到54Mbit/s，将来会达到300Mbit/s。无线接入技术是继FTTH之后又一个值得期待的接入技术，由于它无须布线，又支持移动计算，因此有巨大的应用前景。

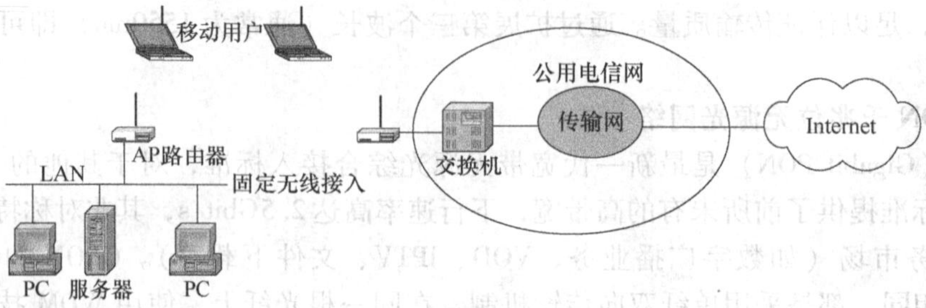

图3-20 无线网高速接入

3.4 建筑内的Intranet

3.4.1 Internet网络技术

1. Internet的概念

从网络的角度，Internet就是一个分布式的全球性的计算机网络。这个网络的互联基础就是TCP/IP，各个子网有一个唯一的地址（IP地址），相互之间通过路由器连接，数据的传输和交换都是在IP数据包中遵守TCP协议来进行，如图3-21所示。

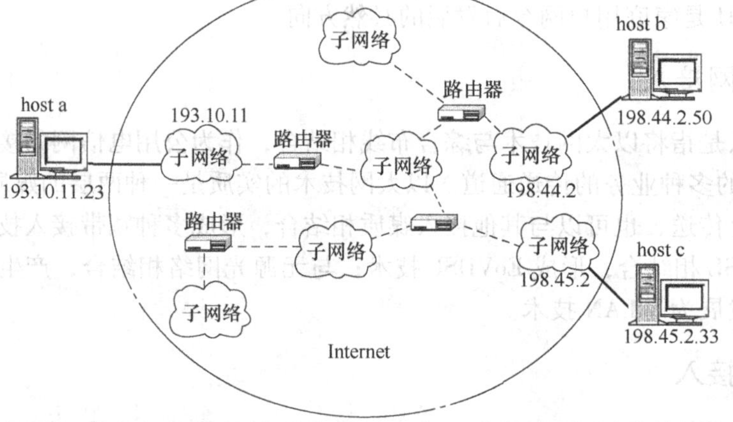

图3-21 Internet是一个分布式的全球性的计算机网络

图3-21中所示的host a可能是在中国某大学的一台计算机，host b可能是在英国某大学的一台计算机，它们都接入Internet，相互之间就可以进行数据通信。如果仅此而已，则Internet好似国际电话网，host a和host b好似两部电话机一般，Internet可以为两台计算机提供通信信道。实际上，Internet的作用远不止这些，它的价值不仅为两台计算机提供通信信

道，而且开创了所谓“信息服务”的时代。

所以，在理解 Internet 的时候，必须要换一个角度。从 Internet 的信息服务功能角度看，它是这样的一个信息系统及平台：Internet 是由许许多多提供各类服务的主机（服务器）所组成的集合，用户向它们提出请求（访问），它们就会响应请求而提供服务，这一切对用户而言是透明的，如图 3-22 所示。

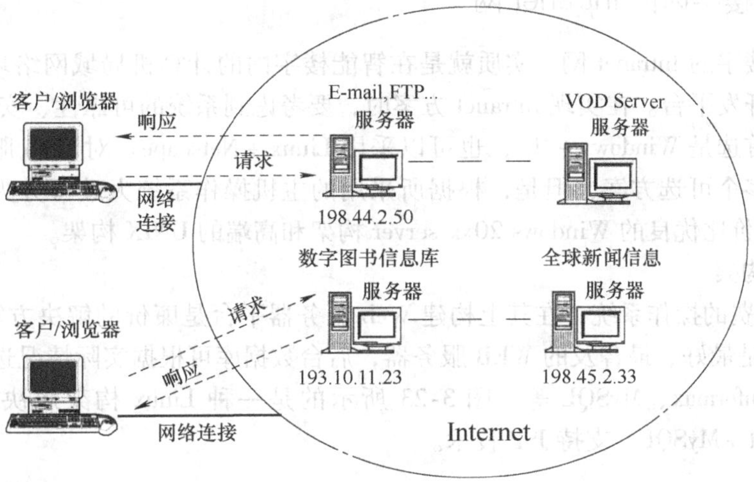

图 3-22 Internet 是信息系统及平台

所谓的透明，是指用户在向某个主机提出服务请求时，并不关心该主机在何地、它是如何连接到 Internet 的、它的硬件是什么、它运行何种操作系统等，只需要知道该主机的 IP 地址（或域名）即可。

Internet 采用 C/S 和 B/S 方式来提供信息服务，向所有用户提供标准的请求响应。只要你的主机愿意提供某种服务，在遵守这一规则的前提下，就可以融入 Internet 的信息系统中，所以，Internet 也是为所有用户提供了一个信息服务的平台。Internet 所提供的信息服务绝大多数是免费的，只要支付一定数量的通信费用，用户就可以获得海量的信息。这是 Internet 成功的根本保证。

Internet 是由分散在世界各国的大量网络互联而成的网络集合，这些网络的规模各异，有各国的国家级网络，有各部门的专业网络、校园网、企业网等，它们归属于不同的组织和部门，由各单位和部门负责使用和管理。因此，严格意义上，Internet 是一个松散的大集体，没有统一的管理机构。这也是 Internet 取得成功的重要原因。

Internet 获得了巨大的成功。Internet 是目前世界上规模最大、用户最多、资源最丰富的网络互联系统，是全球信息高速公路的雏形和未来信息社会的蓝图。

2. Internet 提供的主要服务

Internet 的资源涉及人们从事的各个领域、行业以及社会公共服务等方面，包括自然科学、社会科学、技术科学、农业、气象、医学、军事等。Internet 的信息资源是分布在整个网络中的，没有统一的组织和管理，也没有统一的目录。但对于用户来说，Internet 提供了以下一些基本信息服务：文件传输服务（FTP）、电子邮件服务（E－mail）、远程登录服务

(Telnet，Telnet 最广泛的应用就是 BBS，通过 BBS 用户可以进行各种信息交流、讨论)、网上浏览服务（万维网服务 www)、搜索引擎服务等。

实际上 Internet 提供的服务远远不止这些，还有诸如 Archie、WAIS、Gopher、网上聊天、网上寻呼、网络会议、网上购物、网上教学和娱乐等功能。而且随着 Internet 的飞速发展，每天都在诞生新的服务。

3.4.2 建立楼宇内的 Intranet 网

建立智能楼宇的 Intranet 网，实质就是在智能楼宇内的计算机局域网络环境下构建 B/S 方式的运行和开发平台。在实现 Intranet 方案时，要考虑到系统的可靠性、安全性和扩展性。客户端的方案首选是 Windows + IE ，也可以采用 Linux + Netscape。对 Web 服务器端，目前的技术提供了多个可选方案，但是，根据所采用的主机操作系统大致可分为三类：低端的 Linux 构架、性价比优良的 Windows 20xx server 构架和高端的 UNIX 构架。

1. Linux 构架

Linux 是免费的操作系统，在其上构建 Web 服务器平台是廉价的解决方案。在 Linux 系统下，Apache 是最好、最普及的 WEB 服务器，后台数据库可根据实际情况选择 Oracle、Sybase、DB2 或 Informax、MySQL 等。图 3-23 所示的是一种 Linux 构架解决方案：Linux + Apache + Tomcat + MySQL，支持 JSP 技术。

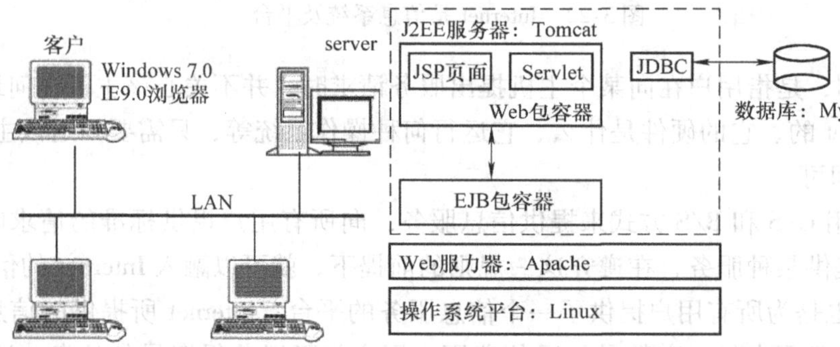

图 3-23 一种 Linux 构架解决方案：Linux + Apache + Tomcat + MySQL

Apache 和 Tomcat 都可以作为独立的 Web 服务器来用，Apache 功能强大、高效，但并不能支持 JSP 及 Servlet。Tomcat 能支持 JSP，但是当处理静态页面时 Tomcat 不如 Apache 迅速，又不如 Apache 一样强壮。基于以上原因，使用一个 Apache 作为 Web 服务器，为网站的静态页面请求提供服务。使用 Tomcat 服务器作为一个 Servlet/JSP 插件，显示网站的动态页面。Apache + Tomcat 结构具有更好的可扩展性和安全性。

2. Windows 20xx server 构架

这是当前应用最广泛的 Intranet 方案构架：Windows 20xx server + IIS + SQL Server + ASP. NET，如图 3-24 所示。实际上，Windows 20xx server 已经将一整套的 Web 服务器应用集成到操作系统中，其中就包括了服务功能强大的 Web 服务器 IIS（Internet Information Server)。

ASP. NET 的前身是 ASP 技术，ASP（Active Server Pages）是早先在 Windows 系统上开发 Web 应用的技术。ASP. NET 不能只被看作是 ASP 的下一个版本，它是一种建立在通用语言上的优秀程序构架，而且可以运行于多种平台的 WebServer 之上。ASP . NET 在 2.0 版时功能已大致确定，成为 Web 应用程序的基础架构，微软开始在 ASP. NET 2.0 上开发扩充的功能，包括 AJAX 的支持、MVC 架构的支持以及更容易开发出数据库应用的架构。目前的 ASP . NET 4.0 版与 Visual Studio 2010 一起发布，配合 . NET Framework 4.0 让 Web 应用程序具有如并行运算库（Parallel Library）等新功能。jQuery 完全集成与 ASP . NET AJAX Client Library 强化，以及 AJAX CDN 的支持。

因为 ASP . NET 是基于通用语言的编译运行的程序，其实现完全依赖于虚拟机，所以它拥有跨平台性，ASP. NET 构建的应用程序可以运行在几乎全部的平台上。ASP. NET 开发的首选语言是 C # 及 VB . NET，同时也支持多种语言的开发，例如 Java/J #，Python，JavaScript 等。

IIS 是 Microsoft 公司的 Web 服务器，包含了对 ASP . NET、JSP 和 PHP 的支持。ADO. NET 是一种能够让用户采用 SQL 语言与数据库进行交互的编程模型，是一组用于和数据源进行交互的面向对象类库。通常情况下，数据源是数据库，但它同样也能够是文本文件、Excel 表格或者 XML 文件。

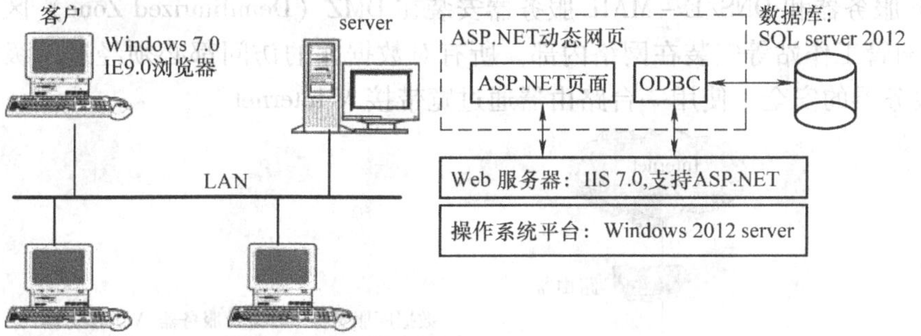

图 3-24 Intranet 的 Windows 20xx server 构架方案

3. UNIX 构架

对于大型企业而言，选用 UNIX 系统构建 Intranet 更为合适。UNIX 本身具备丰富的网络功能，易于配置称为企业内部的 Web 服务器，利用客户端的浏览器软件就可实现 www 的各项功能；同时 UNIX 良好的稳定性和安全性对企业网也是至关重要的。

Apache 仍然是 UNIX 系统下最好的 Web 服务器之一，对于支持 J2EE 的 Web 服务器，大型的企业级网站可采用 IBM WebSphere Application Server、BEA Weblogic Application Server 和 SUN iPlanet Enterise Web Server 等作为 Web 服务器。图 3-25 所示是 UNIX 构架的一种方案：Unix + Apache + WebSphere + J2SDK + Oracle。

J2EE（Java 2 Platform Enterprise Edition）是建立在 Java 2 平台上的企业级应用的解决方案。Java 本身的跨平台性，使得 J2EE 有许多优点，例如“编写一次、随处运行”的特性、方便存取数据库的 JDBC API、CORBA 技术以及能够在 Internet 应用中保护数据的安全模式等，同时还提供了对 EJB（Enterprise JavaBeans）、Java Servlets API、JSP（Java Server Pages）以及 XML 技术的全面支持。其最终目标是成为一个支持企业级应用开发的体系结构，简化企业解决方案的开发、部署和管理等复杂问题。

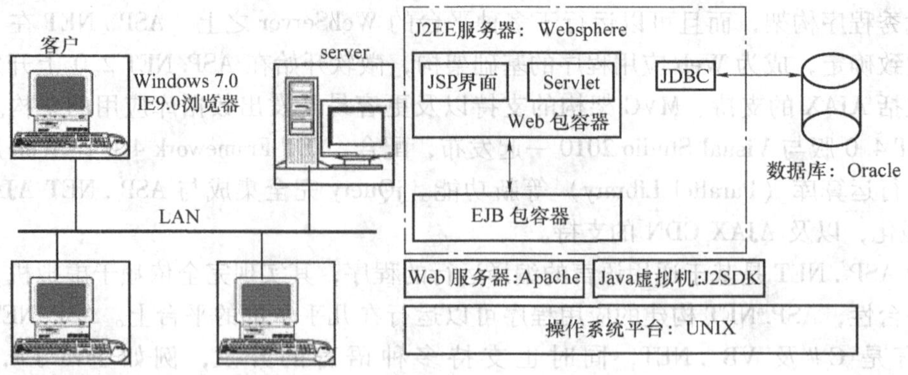

图 3-25 UNIX 构架的一种方案

4. Internet/Intranet 的互联

图 3-26 所示是一个 Internet/Intranet 互联方案。Intranet 到 Internet 的连接之间应设置防火墙进行安全控制。同时根据不同服务器的安全级别不同，把它们安装在不同的位置。对外开放的 Web 服务器和 DNS/E－MAIL 服务器安装在 DMZ（Demilitarized Zone）区（防火墙的中立区），网管工作站等安装在网络内部。所有对数据库的访问都必须经过二级防火墙，确保数据库服务器的安全。使用一台路由器通过宽带接入 Internet。

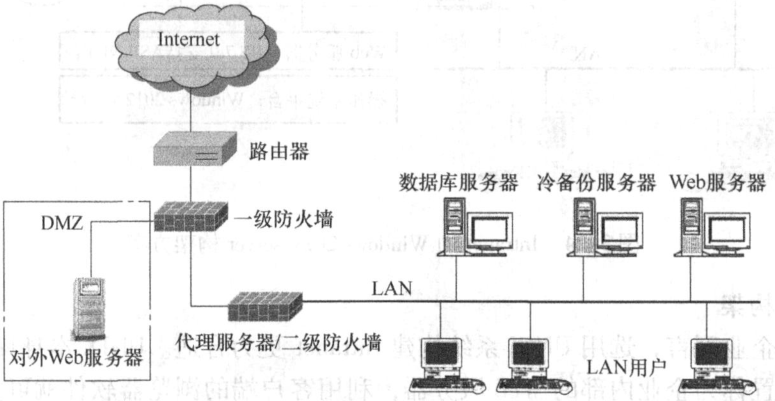

图 3-26 Internet/Intranet 互联方案

一级防火墙是隔离 Internet 与 Intranet 的第一道屏障。

DMZ 称为"隔离区"，也称"非军事化区"。它是为了解决安装防火墙后外部网络不能访问内部网络服务器的问题，而设立的一个非安全系统与安全系统之间的缓冲区，这个缓冲区位于企业内部网络和外部网络之间的小网络区域内，在这个小网络区域内可以放置一些必须公开的服务器设施，如企业 Web 服务器、FTP 服务器和论坛等。另一方面，通过这样一个 DMZ 区域，更加有效地保护了内部网络，因为这种网络部署，比起一般的防火墙方案，对攻击者来说又多了一道关卡。

二级防火墙是网络的第二道安全防线，在一级防火墙被攻破时，它还可以保护中心数据库的安全不受影响。而 Intranet 内部对于 Internet 的访问由代理服务器控制。

冷备份服务器：对于系统可靠性要求很高的场合，建议在系统中再配置一台冷备份服务器。这台服务器中同时存有数据库系统和 Web 系统的备份。此服务器定期从数据库服务器和 Web 服务器上备份新的资料与数据。平时这台服务器处于关机状态，使它完全没有被攻击的可能。当第二道防火墙被攻破，数据库系统也被破坏时，可以用这台服务器及时恢复数据库服务器和 Web 服务器中的内容。冷备份服务器是本系统最后的保障。

3.4.3 网络的安全技术

一个安全的计算机网络应该具有可靠性、可用性、完整性、保密性和真实性等特点。计算机网络不仅要保护计算机网络设备安全和计算机网络系统安全，还要保护数据安全等。因此针对计算机网络本身可能存在的安全问题，必须实施网络安全保护方案以确保计算机网络自身的安全性。

1. 网络安全隐患

计算机网络面临的安全威胁大体可分为两种：一是对网络本身的威胁，包括对网络设备和网络软件系统平台的威胁；二是对网络中信息的威胁，除了包括对网络中数据的威胁外，还包括对处理这些数据的信息系统及应用软件的威胁。对网络安全的威胁主要来自：人为的管理失误、恶意攻击、网络软件系统的漏洞和“后门”。

（1）技术性缺陷导致的安全隐患　计算机网络中总会存在一些安全缺陷，如路由器配置错误、保留匿名 FTP 服务、开放 Telnet 访问及口令文件缺乏安全保护等。技术性的网络安全隐患主要表现在三个方面：第一是以传统宏病毒、蠕虫等为代表的入侵性病毒传播；第二是以间谍软件（Spyware）、广告软件（Adware）、网络钓鱼软件（Phishing）、木马程序（Trojan）为代表的恶意代码威胁；第三是以黑客为首的有目标的专门攻击或无目标的随意攻击为代表的网络侵害。

（2）安全管理漏洞导致的安全隐患　除技术性缺陷外，发生最频繁的网络安全威胁实际上来自安全管理漏洞，只有把安全管理制度与安全管理技术手段相结合，整个网络系统的安全才有保证。

网络攻击经常能够得逞主要有以下几个方面的原因：一是由于现有的网络系统具有内在的安全脆弱性；二是由于管理者思想麻痹，对网络入侵造成的严重后果重视不够，舍不得投入必要的人力、财力、物力来加强网络的安全；三是没有采取正确的安全策略和安全机制。

2. 网络安全应对方法

网络的安全策略，应是能全方位地针对各种不同的威胁和脆弱性提出的解决方案，这样才能确保网络和信息的机密性、完整性、可用性、可控性和不可否认性。计算机网络的安全策略可以分为物理安全策略、访问控制策略、攻击防范策略、加密认证策略和安全管理策略等。

（1）物理安全策略　物理安全策略的目的，是保护计算机网络通信系统和网络服务器等硬件基础设施免受自然灾害、人为破坏和搭线攻击，确保网络系统有一个良好的工作环境。抑制和防止电磁泄漏是物理安全策略要解决的一个主要问题。

（2）访问控制策略　访问控制策略是网络安全防范和保护的核心策略之一，其任务是保证网络资源不被非法使用和非法访问。访问控制策略包括入网访问控制策略、操作权限控制策略、目录安全控制策略、属性安全控制策略、网络服务器安全控制策略、网络监测和锁定控制策略以及防火墙控制策略。

（3）攻击防范策略　攻击防范策略是为了对来自外部网络的攻击进行积极的防御。积极防御有两种情况：及时发现外部对网络的攻击并且进行抵御；努力寻找网络自身的安全漏洞进行弥补。

（4）加密认证策略　信息加密是网络安全的有效策略之一。一个加密的网络，不但可以防止非授权用户的搭线窃听和入网，而且也是对付恶意软件的有效方法之一。网络加密常用的方法有链路加密、节点加密和端到端加密3种。链路加密的目的是保护链路两端网络设备间的通信安全，节点加密的目的是对源节点计算机到目的节点计算机之间的信息传输提供保护，端到端加密的目的是对源端用户到目的端用户的应用系统通信提供保护。用户可以根据需求酌情选择上述加密方式。

（5）安全管理策略　在网络安全中，除了诸如访问控制、攻击防范、加密认证等技术措施之外，加强网络的安全管理，制定有关规章制度，对于确保网络安全、可靠地运行，将起到十分有效的作用。

从安全技术保障手段上来讲，应当采用先进的网络安全技术、工具、手段和产品，同时采取先进的备份手段。这样，一旦防护手段失效时，可以迅速进行系统和数据的恢复。

3. 防火墙技术

防火墙技术是建立在现代通信网络技术和信息安全技术基础之上的一种安全技术，用于抵御黑客对计算机网络的侵扰，常用于专用网络与公用网络的互联环境之中（见图3-26）。防火墙技术已被证明是一种较有效的防止外部入侵的措施。

防火墙就是一个或一组网络设备（计算机或路由器等），用来在两个或多个网络间加强相互间的访问控制，以达到保护内部网络防备外部网络的目的。防火墙的职责就是根据本单元的安全策略，对外部网络与内部网络交流的数据进行检查，符合的通过，不符合的拒绝；拒绝未授权的用户访问，同时允许合法用户不受妨碍地访问网络资源。

从防火墙工作原理划分，目前的防火墙主要有以下三种类型：包过滤防火墙、代理防火墙和双穴主机防火墙。根据防火墙的物理特性，防火墙分为硬件防火墙和软件防火墙两大类。软件防火墙是一种安装在负责内外网络转换的网关服务器或者独立的个人计算机上的特殊程序；而硬件防火墙是一种以物理形式存在的专用设备，通常架设于两个网络的驳接处，直接从网络设备上检查过滤有害的数据报文。

3.4.4　网络管理

网络管理就是对网络进行规划、配置、监视及控制，以便更好地利用网络资源，确保网络高效、可靠和安全的运行。实现的管理功能为故障管理、性能管理、配置管理、安全管理和计费管理。网络管理的通俗理解，就是对网络的设备运行进行监控。但是，网络设备能否被网管还要看它是否提供管理接口、是否内嵌有符合国际标准的代理（AGENT）程序。目前，主要有两个网络管理协议：SNMP和CMIP。SNMP是基于TCP/IP的，几乎所有路由器和交换机厂商都提供基于SNMP的网络管理功能。

（1）远程网络监控（Remote Monitor，RMON）　RMON的目标是为了扩展SNMP的MIB－II（管理信息库），使SNMP更为有效、更为积极主动地监控远程设备。RMON MIB由一组统计数据、分析数据和诊断数据构成，是对SNMP框架的重要补充，利用许多供应商生产的标准工具都可以显示出这些数据，因而它具有独立于供应商的远程网络分析功能。RMON探测器和RMON客户机软件结合在一起在网络环境中实施RMON。RMON的监控功能是否有效，关键在于其探测器要具有存储统计数据历史的能力，这样就不需要不停地轮询才能生成一个有关网络运行状况趋势的视图。当一个探测器发现一个网段处于一种不正常状态时，它会主动与网络管理控制台的 RMON 客户应用程序联系，并将描述不正常状况的捕获信息转发。RMON 的强大之处在于它完全与 SNMP 框架兼容。

（2）基于 Web 的网络管理技术　基于 Web 的网络管理模式（Web - Based Management，WBM）就是通过 Web 浏览器进行网络管理，有两种实现方式：第一种是代理方式，即在一个内部工作站上运行 Web 服务器（代理）。这个工作站轮流与端点设备通信，浏览器用户与代理通信，同时代理与端点设备之间通信。在这种方式下，网络管理软件成为操作系统上的一个应用。它介于浏览器和网络设备之间。在管理过程中，网络管理软件负责将收集到的网络信息传送到浏览器（Web 服务器代理），并将传统管理协议（如 SNMP）转换成 Web 协议（如 HTTP）；第二种是嵌入式。它将 Web 功能嵌入到网络设备中，每个设备有自己的 Web 地址，管理员可通过浏览器直接访问并管理该设备。在这种方式下，网络管理软件与网络设备集成在一起。网络管理软件无须完成协议转换。所有的管理信息都是通过 HTTP 协议传送的。

（3）面向业务的网络管理　新一代的网络管理系统，已开始从面向网络设备的管理向面向网络业务的管理过渡。这种网管思想把网络服务、业务作为网管对象，通过实时监测与网络业务相关的设备、应用，通过模拟客户实时测量网络业务的服务质量，通过收集网络业务的业务数据，实现全方位、多视角监测网络业务运行情况的目的，从而实现网络业务的故障管理、性能管理和配置管理。

3.5　计算机网络设计案例分析

1. 大学校园局域网设计目标

校园网是为学校师生提供教学、科研和综合信息服务的宽带多媒体网络，是一个宽带、具有交互功能和专业性很强的局域网络。从学校的特征和功能上分析，校园网必须是一个集计算机网络技术、智能信息管理、办公自动化和信息发布等功能于一体的综合信息平台，并能够有效促进现有的管理体制和管理方法，提高学校办公质量和效率，以促进学校整体教学水平的提高。校园网应具有教学（科研）、管理和通信三大功能，具体功能如表 3-6 所示。

校园网的设计目标是将各种不同应用的信息资源通过高性能的网络设备相互联接起来，形成校园区内部的 Intranet 系统，对外通过路由器接入广域网。具体而言这样的设计目标应该是：建设一个以办公自动化、计算机辅助教学、现代计算机校园文化为核心，以现代网络技术为依托、技术先进、扩展性强、覆盖全校主要楼宇的校园主干网络，将学校的各种 PC 工作站、终端设备和局域网连接起来，并与有关广域网相连；在网上宣传和获取教育资源；在此基础上建立能满足教学、科研和管理工作需要的软、硬件环境；开发各类信息库和应用系统，为学校各类人员提供充分的网络信息服务；系统总体设计本着总体规划、分布实施的原则，充分体现系统的技术先进性、高度的安全可靠性、良好的开放性、可扩展性，以及建设经济性。

表 3-6 校园网功能需求

教学科研功能	行政管理功能	通信功能
1. 教务管理子系统	1. 党务、行政管理（会议、文件、资料等）子系统	1. 校内外的通信管理子系统
2. 实验室管理子系统	2. 档案管理（人事、科研成果、固定资产、财务账等）子系统	2. 因特网服务子系统
3. 学生成绩与学籍管理子系统	3. 各处室管理子系统	3. 远程教育服务（CERNET 和教育卫星）子系统
4. 图书资料管理子系统	4. 各院系（教研室）管理子系统	4. 电子公告和视频会议子系统
5. 远程教学系统子系统	5. 财务管理子系统	5. 视频点播服务子系统
6. 精品课程管理子系统	6. 设备管理子系统	6. IC 卡服务及校外服务子系统
7. 成人教育管理子系统	7. 房产、食堂、招待所及校办工厂管理子系统	
8. 研究生管理子系统		
9. 科研管理子系统		

2. 校园网需求分析

明确了校园网设计目标后，校园网建设的关键步骤是进行网络需求分析，具体体现在对对象进行研究和需求调查，明确学校的性质、任务和改革发展的特点及系统建设的需求和条件，然后在应用需求分析的基础上，确定学校 Intranet 服务类型，进而确定系统建设的具体目标，包括网络设施、站点设置、开发应用和管理等方面的目标。建设成具有教学（科研）、管理和通信三大功能的网络，是校园网建设的大方向。然而不同高校有不同特点和需求，在技术选型、设备选择、软件配置等方面存在较大差异，因此这里不做细节分析，只分析高校网络建设中普遍存在的需求，具体需求分析如下：

①骨干网络高性能、高稳定可靠的需求；②随时随地接入的需求；③网络出口性能和功能需求；④网络安全建设的需求；⑤网络管理和计费的需求；⑥数据中心建设的需求。

3. 校园网整体解决方案

（1）校园网结构　骨干网络高性能、高稳定可靠是校园网建设的重要条件，基于万兆网已经是很成熟的技术，所以万兆核心、千兆汇聚、百兆接入是目前高校校园网普遍采用的网络模型。核心交换机采用模块化的高质量设备，以保证网络的高性能和功能扩展，核心层采用双机备份，以保证设备冗余和系统稳定可靠。核心交换机和汇聚层交换机之间采用万兆光纤链路，汇聚层交换机与接入层交换机之间采用千兆光纤，而接入层交换机采用百兆双绞线到桌面。校园网络拓扑结构如图 3-27 所示，校园内用户有线接入方案如图 3-28 所示，校园内用户无线接入方案如图 3-29 所示。

（2）校园内用户接入网　高校师生对于网络接入有着强烈的需求。在教师或学生宿舍，主要是有线接入（见图 3-28），在诸如广场/操场、体育馆、阅览室、会议室、阶梯教室等，需要采用无线作为补充或者备份（见图 3-29）。校园网作为一个底层的平台，需要师生能够随时随地的方便接入。这就强调有线网络和无线网络的结合——适合无线网络的地方用无线网络，适合有线网络的地方用有线网络。当然，两者可以有一定的冗余，甚至部分区域会采用无线网络进行备份。

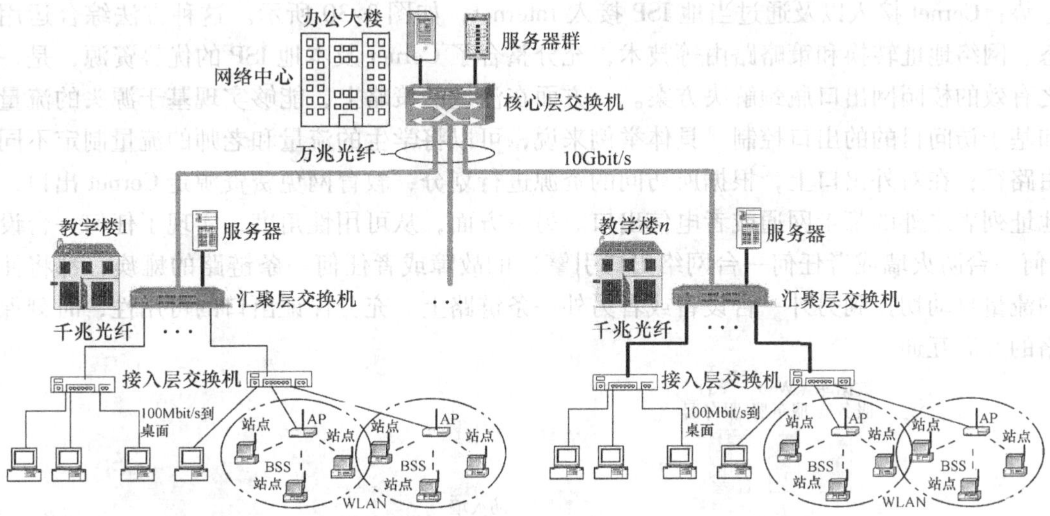

图3-27　校园网络拓扑结构

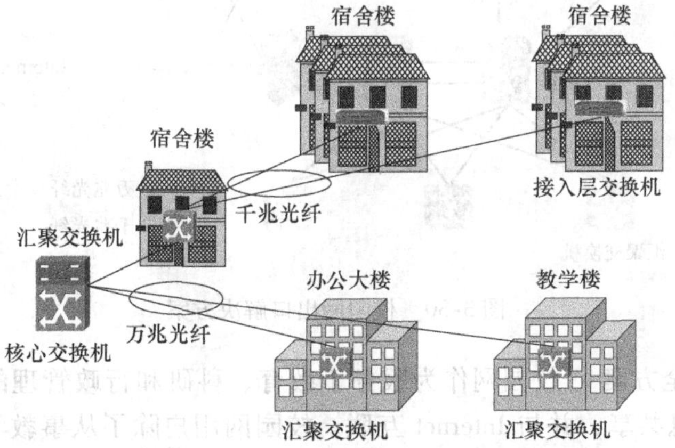

图3-28　校园内用户有线接入方案

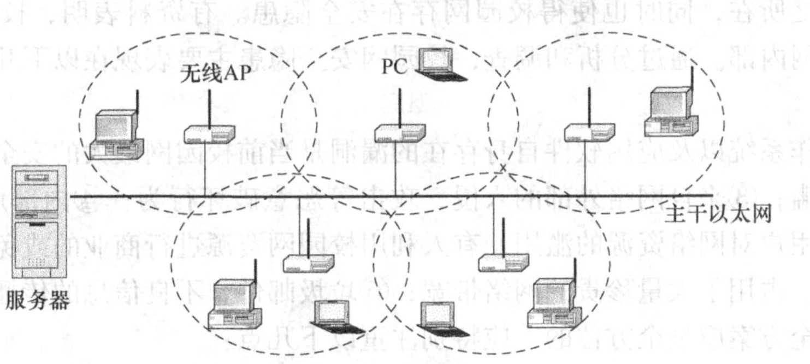

图3-29　校园内用户无线接入方案

（3）校园网的出口解决方案　目前，高校校园网IP资源及注册域名基本来源于中国教育科研计算机网Cernet，随着用户数量的不断增加，多数高校原有Cernet接入带宽已不能满足需求。基于扩大校园网出口和链路冗余的需要，采用双出口方案是高校校园网发展的一个新趋势：Cernet 接入以及通过当地 ISP 接入 Internet，如图 3-30 所示。这种方法综合运用了静态、网络地址转换和策略路由等技术，充分整合了 Cernet 及本地 ISP 的优势资源，是一种行之有效的校园网出口瓶颈解决方案。一方面在流量的策略上，能够实现基于源头的流量区分和基于访问目的的出口控制。具体举例来说，可以将学生的流量和老师的流量制定不同的路由路径；在对外出口上，根据所访问的资源进行划分，教育网免费资源走 Cernet 出口，免费地址列表之外的都走网通或者电信出口。另一方面，从可用性角度，实现了任何一台设备（任何一台防火墙或者任何一台网络出口引擎）的故障或者任何一条链路的瘫痪，都将使相应的流量自动切换到另外一台设备或者另外一条链路上。充分保证出口的可用性，时刻保持网络的互联互通。

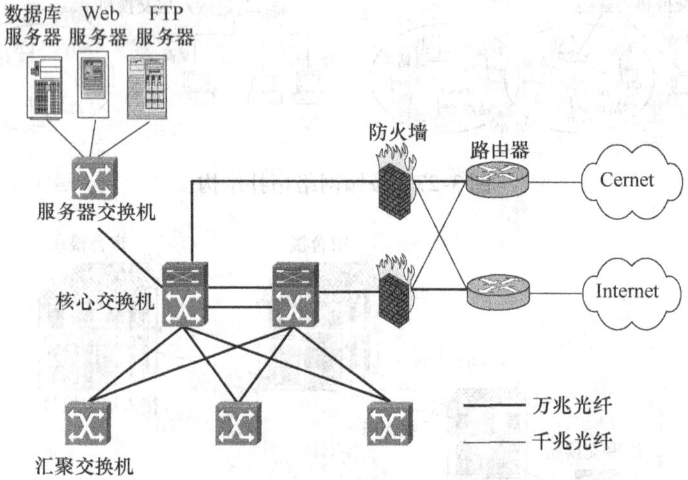

图 3-30 校园网出口解决方案

（4）校园网安全方案 校园网作为服务于教育、科研和行政管理的计算机网络，实现了校园内联网、信息共享，并与 Internet 互联。校园网用户除了从事教学科研的教师外，主要就是学生，而学生不仅有着强烈的好奇心，也有着巨大的创造力和计算机应用能力，他们是校园网精彩之所在，同时也使得校园网存在安全隐患。有资料表明，校园网的安全隐患70%来自校园网内部。通过分析和调查，校园网安全隐患主要表现在以下几个方面，具体如图 3-31 所示。

①各种操作系统以及应用软件自身存在的漏洞是当前校园网最大的安全隐患；②计算机蠕虫、病毒泛滥；③来自网络外部的入侵、攻击等恶意破坏行为；④内部用户的攻击行为；⑤校园网内部用户对网络资源的滥用，有人利用校园网资源进行商业的或免费的视频、软件资源下载服务，占用了大量珍贵的网络带宽；⑥垃圾邮件、不良信息的传播等。

校园网安全方案应是全方位的，应特别注重以下几点：

1）网络设备安全：将安全限制推到接入层，并且分层次设置限制，将核心/汇聚从繁重的安全处理解脱出来，防止病毒爆发造成的全网瘫痪。

2）服务器安全：将服务器按功能分开不同的安全区域，使用防火墙、交换机结合，加强服务器安全。

3）应用程序安全：IIS 等 Web 服务器、Ser-u 等 FTP 服务器等应用程序亦存在不同程度

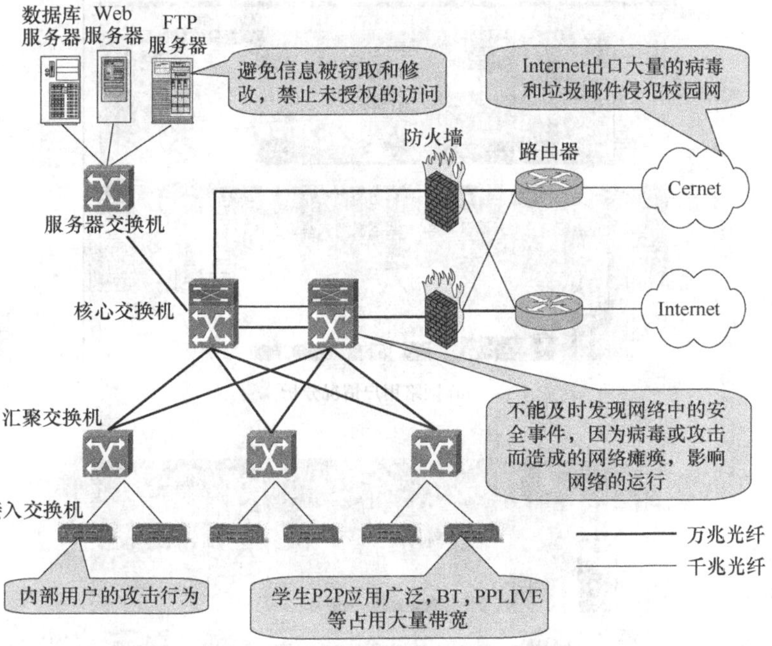

图 3-31　校园网安全隐患图例

的安全，如数据库注入、数据库密码、利用 IIS 入侵系统文件等。通过入侵检测系统，采用深层包检测，对已经发现的漏洞进行处理。

4）管理安全措施：实现行政办公网和学生网之间的物理隔离；运用 VLAN（虚拟局域网）技术；建立主动性的安全模式；身份认证管理和准入控制的结合；校园网出口流量控制等措施。

（5）校园网流量控制与计费解决方案　为了保证校园网的安全运行和规范管理，网络管理员必须根据校园网的应用分析进行流量控制，并对用户进行计费管理。作为校园网，用户主要分为两类，教师和学生。学生是校园网的主要用户，大量的接入点数都来自学生，教师用户主要是教学和科研管理以及图书馆资源利用。因此在进行流量控制时，应区别对待。

对学生应分析了解学生网络应用情况：有多少应用？流量从哪里来？流量到哪里去？学生做什么？多长时间？多少带宽？

对教师应了解多少用户在使用哪些应用？各种应用占用了多少带宽？哪些用户是关键用户？哪些应用是关键应用？用户对应用的使用分析？

这些问题可通过流量管理软件得到统计，如图 3-32 所示。通过对网络流量的监控和各种应用数据的分析，可以使管理员很快建立网络流量的模型。

通过对流量的分析可以监控网络的性能，通过限定基于每个用户、每种应用的带宽，解决了以前网络流量分配不均匀的问题，避免极少部分学生占用了大部分资源的情况，如 20% 的学生通过迅雷下载、使用 PPLIVE 占用大量的资源，而 80% 的学生因为带宽的饱和无法正常浏览网页。同时这样的设置也隔绝了用户因为机器中病毒引起的 UDP 洪水大流量冲击网关、防火墙等情况，保证网关和防火墙的安全。而且其预警机制可以让用户为无法预料的网络事件做出提前反应。

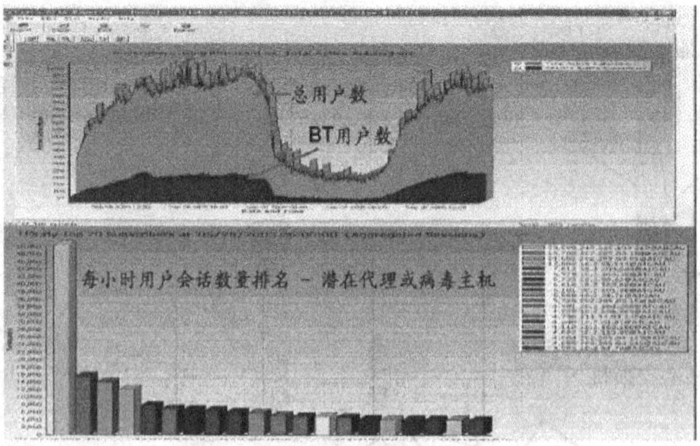

a) 网络用户情况分析

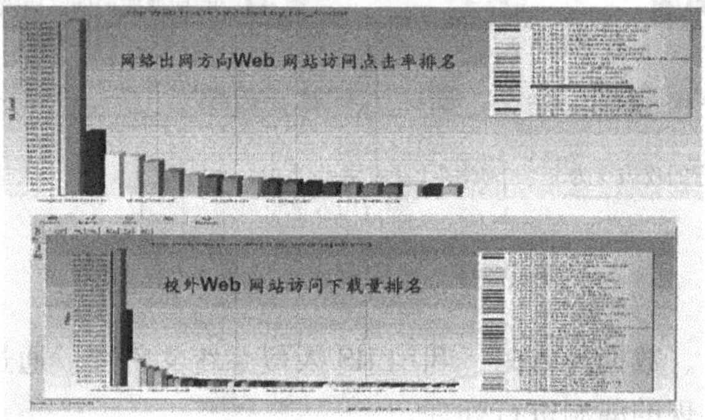

b) 网络出口Web情况分析

图 3-32 应用流量管理软件得到统计分析结果

校园网需要进行合理的运营。第一，校园网的投资较大，加上每年的维护成本，对于学校是一笔不可忽视的开支；第二，根据各校的情况，进行合理的运营收费，依靠市场化的手段能够推动校园网的运作规范化和提高建设水平。针对高校校园网运营需求，各个网络生产商相继推出了各种计费管理平台，如计时长、包月、一次交费分段开通等计费方式，也为用户提供了诸如在线充值、余额查询、个人信息密码修改等功能。

（6）校园网数据中心　随着计算机信息系统的不断发展，高校校园网的核心业务越来越依赖于信息系统的可靠运行，如教学管理系统、科研管理系统、财务管理系统等；信息系统中的关键业务数据已经成为校园网最为重要的资产。因此，建立一个安全可靠的数据中心是十分必要的。

以数据和存储为中心必然对整个存储系统性能有很高的要求，设计方案选用集中式、高性能、大容量、智能化的存储区域网（Storage Area Network，SAN）来构建数据中心存储环境。SAN 数据存储网络，可以使数据的存储、备份等活动独立在原先的局域网之外，从而将减轻 LAN 的负载，保证原有网络应用的顺畅进行；同时 SAN 网采用光纤传输通道，可以得到高速率的数据传输；还有，在 SAN 中，数据以集中的方式进行存储，加强了数据的可管理性，如图 3-33 所示。

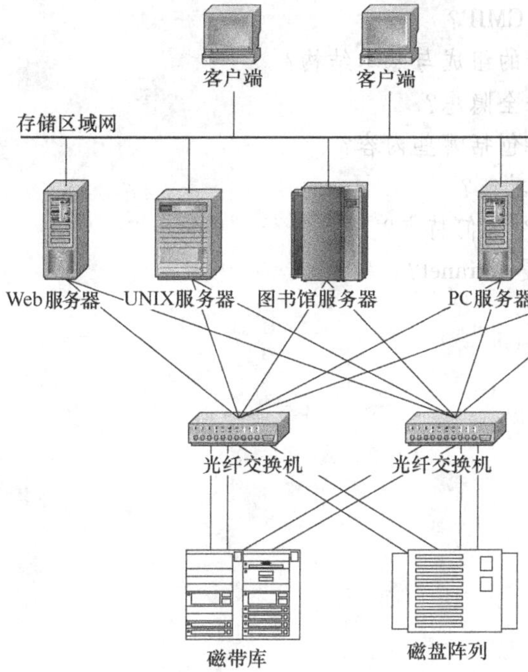

图 3-33　SAN 存储架构图

复习题与思考题

1. 名词解释：LAN、CSMA/CD、ADSL、FTTB。
2. 简述局域网体系结构。
3. 什么是快速以太网？有哪几种介质标准？
4. 什么是千兆以太网？有哪几种介质标准？
5. 什么是万兆以太网？有哪几种介质标准？
6. 什么是 100BASE-T？什么是 1000BASE-T？
7. 与千兆以太网相比，万兆以太网有哪些优势？
8. 简述交换式局域网的特点和工作原理。
9. 什么是三层交换技术？有何特点？
10. 什么是无线局域网？有哪些介质标准？
11. 什么是 IEEE802.11g？什么是 IEEE802.11b？
12. 什么是 HomeRF，什么是 IrDA？
13. 扩展局域网有哪些常用方法？
14. 局域网互联的设备有哪些？
15. 什么是 xDSL？有哪些 DSL 技术？
16. 什么是 FTTx？有何特点？
17. 有哪些网络操作系统？特点如何？
18. 什么是网络管理？有哪些功能？

19. 什么是 SNMP，什么是 CMIP？
20. 什么是防火墙？防火墙的组成与基本结构？
21. 计算机网络存在哪些安全隐患？
22. 计算机网络的安全策略包括哪些内容？
23. 什么是 VLAN？有哪些功能？
24. VLAN 有哪些划分方式？有何特点？
25. 什么是 Internet？什么是 Intranet？

第4章 智能楼宇内的电话网技术

本章导读

电话是人与人通信的首选工具，目前的主流技术仍然是通过电话网来实现的。本章主要介绍智能化楼宇内的电话网以及与其相关的新技术，内容包括 PABX 技术、VoIP 技术和 CTI 技术。

PABX 是当前构建智能楼宇内电话网的主流技术。VoIP 是利用计算机网络进行语音（电话）通信的技术，是一种有广阔前景的数字化语音传输技术。

CTI 技术有十分广泛的应用：呼叫中心、报警中心、求助中心、自动语音应答系统、自动语音信箱、自动语音识别系统、故障服务、声讯台等。

4.1 电话通信网络

智能楼宇内电话网是信息设施系统之一，是公用电信网的延伸。公用电信网是全球最大的网络，在不发达的地区可能没有计算机网络，但是一般会有电话网，因此通过电话网可以与世界各地的人们联系。不仅如此，我们通过调制与解调技术可以在模拟电话网上进行数据传输（计算机通信）。如图 4-1 所示，电话网可以支持多种通信业务，用户终端能通过电话网与公用通信网互通，实现语音、数据、图像、多媒体业务的通信。电话网极高的可靠性是目前的计算机网络尚不能达到的，由此可见智能化楼宇内电话网的重要性。

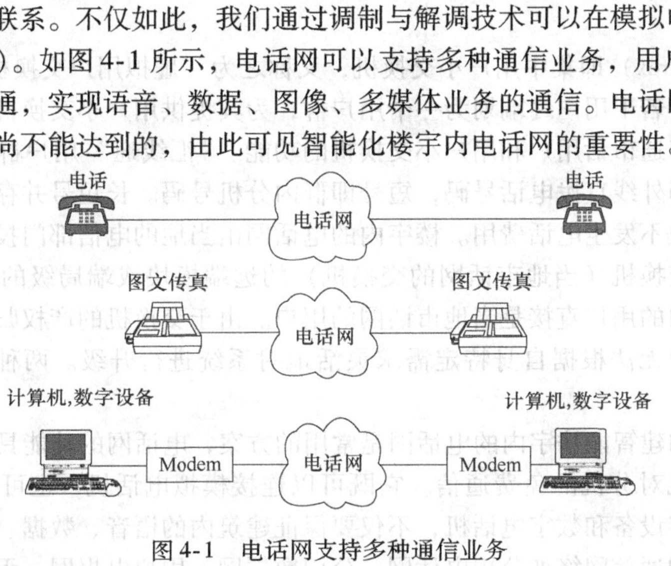

图 4-1 电话网支持多种通信业务

4.1.1 智能楼宇内电话网应用需求

智能楼宇对电话网系统规划设计有下列需求：

1）应适应建筑物的业务性质、使用功能、安全条件，并应满足建筑内语音、传真、数据等通信需求。

2）系统的容量、出入中继线数量及中继方式等应按使用需求和话务量确定，并应留有富裕量。

3）应具有拓展电话交换系统与建筑内业务相关的其他增值应用的功能。

4）系统设计应符合现行国家标准《用户电话交换系统工程设计规范》GB/T 50622 的有关规定。

5）智能建筑内消防专用电话网络应为独立的消防通信系统，消防控制室应设置消防专用电话总机，宜选择共电式电话总机或对讲通信电话设备。消防电话分机或电话塞孔的设置：①消防水泵房、备用发电机房、配变电室、主要通风和空调机房、排烟机房、消防电梯机房及其他与消防联动控制有关的且经常有人值班的机房；②灭火控制系统操作装置处或控制室；③企业消防站、消防值班室、总调度室；④设有手动火灾报警按钮、消火栓按钮等处宜设置电话塞孔；⑤特级保护对象的各避难层应每隔 20m 设置一个消防专用电话分机或电话塞孔；⑥消防控制室，消防值班室或企业消防站等处，应设置可直接报警的外线电话。

4.1.2 楼宇内电话网的功能和构建方式

目前楼宇内电话网有两种构建方式：程控用户交换机（PABX）方式和汇线通方式。

PABX（Private Automatic Branch eXchange）俗称程控交换机、程控用户交换机、电话交换机、集团电话等。用户自行购置 PABX 构成一个星形网，并负责运行、管理和维护。PABX 的基本功能包括呼出外线、外线呼入、转接外线来话和内部通话等，内部通话不经过市话网，故不发生电话费用。由于交换机的产权归用户，因此，用户可根据需要对系统进行配置和升级，例如通过增加 IP 语音网关建立楼宇内部 IP 电话网，实现楼内电话/传真零费用。

汇线通（Centrex）即集中用户小交换机，又称之为“虚拟用户交换机”。实质上就是在电信局交换机上将若干用户终端划为一个用户群，为其提供用户小交换机的功能，该用户群的用户同时拥有普通市话用户和用户小交换机的功能。“汇线通”用户群拥有一长一短两个电话号码：长号即外线直拨电话号码，短号即群内分机号码。长短号并存分别使用。内部通话经过市话网，但不发生电话费用。楼宇内的电话网由当地的电信部门投资建造，这时的系统结构是以电信交换机（当地市话网的交换机）的远端模块或端局级的交换机为核心构成一个星形网，楼内的用户直接是当地市话网的用户。由于交换机的产权归电信局，除了基本电话功能外，用户无法根据自身特定需求灵活地对系统进行升级。两种构建方式如图 4-2 所示。

采用 PABX 构建智能楼宇内的电话网是常用的方案，电话网的功能具有代表性。建筑内的用户之间是分机对分机的免费通信。它既可以连接模拟电话机，也可以连接计算机、终端、传感器等数字设备和数字电话机，不仅要保证建筑内的语音、数据、图像的传输，而且要方便地与外部的通信网络如公用电话网、公用数据网、用户电报网、无线移动电话网等网

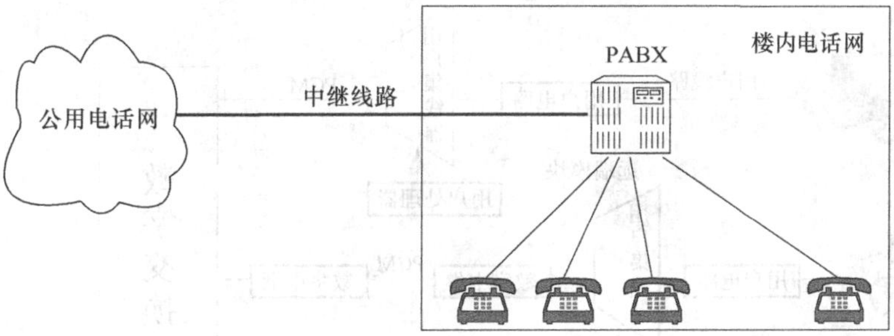

a) 采用PABX组网的方式

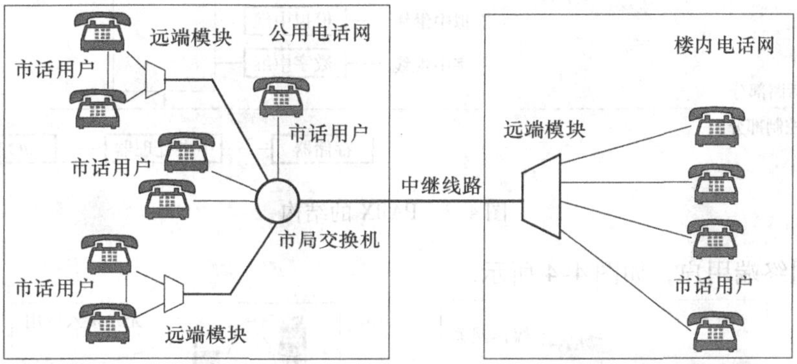

b) 当地市话网延伸组网的方式

图4-2　智能楼宇内的电话网两种构建方式

络连接，达到与国内外各类用户实现语音、数据、图像的综合传输、交换、处理和利用。

面向智能楼宇的PABX，目前已有不少产品，容量从几百至上万门，以适应不同规模的智能楼宇。一些PABX产品采用分布式结构，包括一个本体部分和若干远端模块，后者可安装在靠近用户的地方，这样可提高电缆布设的灵活性，也可能减少电缆费用。随着Internet的流行和VoIP的成功，基于IP协议的IP PBX应运而生，有望解决传统PABX的不足。IP PBX电话交换机系统实现计算机网与电话交换机的功能合一，将会在将来的通信业中起着重要的作用。IP PBX网络系统内各电话终端采用IP方式进行数据通信，不仅能进行通话，还能实现文本、数据、图像的传输，将电话网和计算机网统一成一个整体。

4.1.3　PABX的基本原理和功能

1. PABX的基本原理

PABX的硬件一般由外围接口电路、信令设备、数字交换网络、控制设备、话务台及维护终端（计算机）组成，如图4-3所示。

2. PABX的功能

（1）组网功能　提供多种接口（E1、E/M、载波、磁石、环路、ISDN、VoIP等），支持多种信令（中国No.1、中国No.7、R2、ISDN等）。具有强大的组网能力：自动IP出局、热线出局、汇接出局、二次拨号出局等。用户线路能连接普通话机、专用多功能话机、通用来电显示话机、短信话机等各种终端，更换接入终端时无须更换交换机软硬件配置，交换机

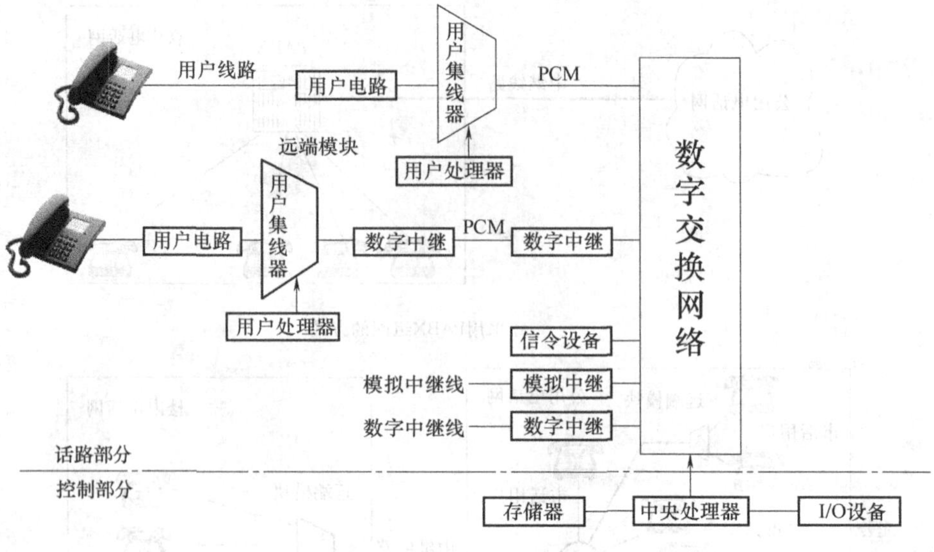

图 4-3 PABX 的结构

自动识别不同终端用户，如图 4-4 所示。

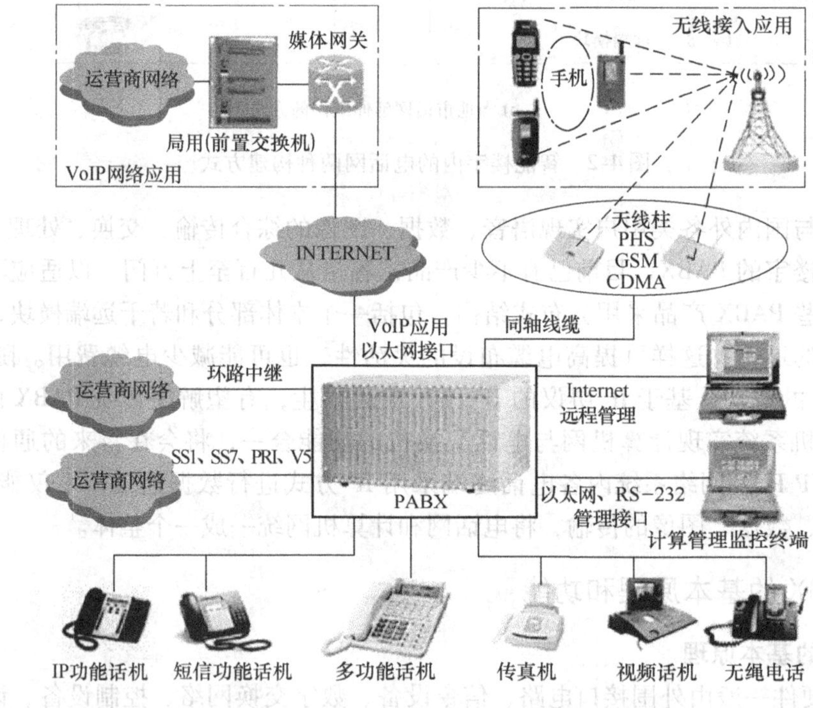

图 4-4 PABX 具有强大的组网能力

（2）业务控制管理功能 分机级别管理、分时段等级控制、账号密码管理、通话限时、来电转移、无接听转移、遇忙转移、热线呼叫、来电显示、循环振铃、总机互答、转接催挂、转接强插、监听、催挂、强插等业务管理以及多种方式的计费管理。

（3）话务功能 内外转接、代拨外线、强插、强拆、催挂、呼叫退出、插话、监听、内外线保留、三方通话、内外线保持、转外线留言等。

（4）分机业务　自设等级、来话转移、遇忙转移、无应答转移、来话代接、遇忙回叫、被叫号码替换、呼叫铃流区分、分机定时/非定时叫醒、分机免打扰、分机恶意追查、分机话费查询、分机序号、号码、级别查询、分机录音电话、分机来话提示音、分机高分贝催挂音、分机来电主叫显示、群呼等。

由于现在的PABX功能非常多，参数设置/校验/通话计费等操作一般通过配置一台专用的系统维护管理计算机来完成，所有的参数设置/功能配置均可在Windows图形化操作界面下进行。许多产品具有多PC终端维护与控制功能。用户可以通过本地LAN进行终端维护、话费查询等各种操作，也可以通过Internet联网，进行远程维护与话费查询等操作。

另外，PABX的所有内外线均需有可靠安全保护的防雷击措施。机内设有自诊断系统及外界强电干扰自动复原等保护装置，具有较强的环境适应能力。具有自检功能，检查电话网络故障。可以由厂家异地通过电话网为用户编程或排除软件故障。所有参数断电保护。配有专用电源和48V蓄电池接口，市电正常情况下，机器给蓄电池充电，市电断电后由蓄电池供电，相互之间自动切换。

3. PABX的主要技术参数

（1）容量　内线容量表明可装设的内线用户数量，一般从几十线（门）到几千线（门）不等，这是作为选型的重要指标，同时要考虑是否能进行扩充。外线（中继）容量表明连接其他交换机的中继线路数量，这是作为选型的重要指标，同时要考虑是否能进行扩充。其中又分环路中继数量、载波中继数量、E&M中继数量、E1中继数量（E1中继信令应符合中国No.1、No.7、R2或Q931协议）等。

（2）中继接口类型

环路中继：环路中继是模拟中继线路，它是用市话的用户线路作为PABX连接市话网的中继线路，每路中继端口含有铃流检测、音频通道及反极信号检测、脉冲发码回路等。入中继时，接收对方端局的振铃信号，完成入中继功能，出中继时提供用户环路、转发号盘脉冲、并对a、b线环路极性进行监视，以提供计费起始时间。环路中继接收主叫号码有两种制式，即双音频DTMF制式和频率键控调制FSK制式。

E1中继：E1中继是数字中继线路，它有中国No.1、中国No.7、R2、ISDN多种信令之分，在选用时要与当地的电信网交换机相配合。一个E1中继包含30路中继线路，可以指定其中每一条中继线路的方向（是作为入中继或是出中继，或者双向中继）。一个E1的传输速率是2.048Mbit/s，其传输介质有三种：同轴电缆、电话线路、光纤。

E&M中继：E&M（Ear and Mouth）中继也是模拟中继线路，一般用于与专网的连接，例如将高频无线对讲机连接到电话网以实现互通（在公安部门的电话系统中经常采用此种方式）。

4.1.4　PABX的入网方式

数字程控用户交换机进入公用电话网可采用以下几种中继方式：

1. 全自动直拨中继方式

（1）DOD1+DID中继方式　如图4-5所示。这种是直拨呼出/呼入中继方式。DOD1（Direct Outward Dialling-one）即直拨呼出中继方式，1为含有只听一次拨号音之意。DID（Direct Inward Dialling）即直拨呼入中继方式。

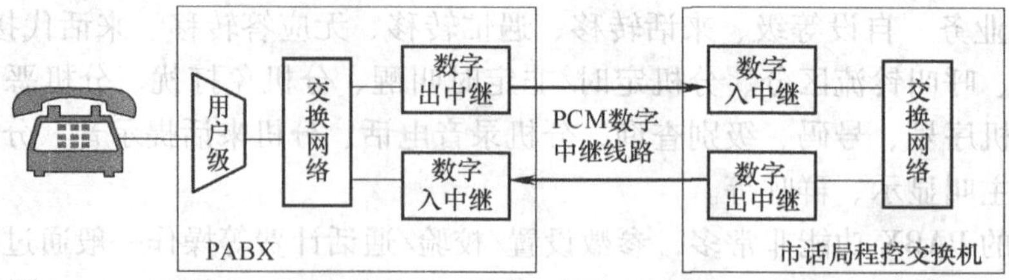

图 4-5 DOD1 + DID 中继方式

DOD1 + DID 中继方式接入方式的用户单位相当于当地电话局中的一个电话支局（这时的 PABX 相当于当地电话交换局的一个远端模块），其各个分机用户的电话号码要纳入当地电话网的编号中。这种中继方式无论是呼出或呼入都是接到电话局的选组级上，并根据规定，在 PABX 和电话局相连的数字中继线路（E1）上要求使用中国 1 号信令方式。全自动接入方式的最大优点是为实现综合业务数字网打下了基础，为非话业务通信创造了条件。

（2）DOD2 + DID 中继方式 如图 4-6 所示。这是直拨呼出听二次拨号音、直拨呼入中继方式。DOD2（Direct Outward Dialling-two）即直拨呼出听二次拨号音方式，2 为含有听二次拨号音之意。呼出的中继方式是接到电话局的用户电路而不是选组级上，所以出局呼叫要听二次拨号音（PABX 通过设定在机内可以消除从电话局送来的二次拨号音）。呼入时仍采用 DID 方式。这种中继方式在出局呼叫公用电话网时要加拨一个字冠，一般都用“9”或“0”。

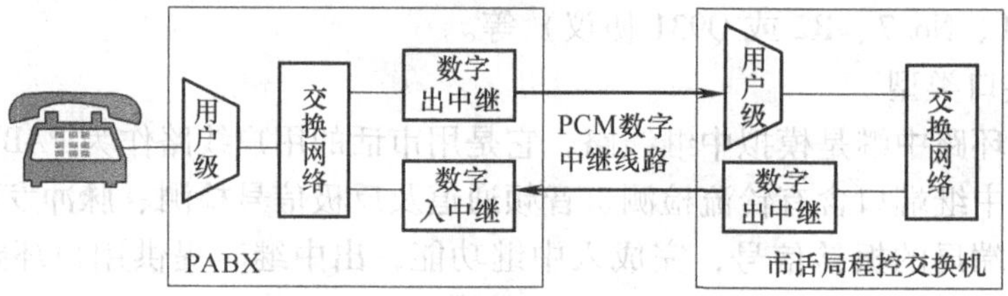

图 4-6 DOD2 + DID 中继方式

2. 半自动中继方式

（1）DOD1 + BID 中继方式 如图 4-7 所示。呼出采用 DOD1 方式，呼入采用半自动中继方式，即 BID（Board Inward Dialling）方式。DOD1 + BID 中继方式的特点是，呼出时直拨进入公用电话网。呼入时经电话局的用户级接入到 PABX 的话务台上，由话务员转接至各分机（PABX 在机内可送出附加拨音号或语音提示以及附加计算机话务员来实现外线直接拨打被叫分机号码）。

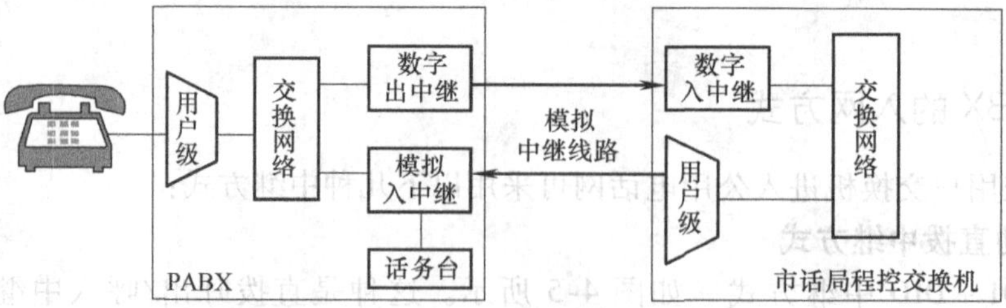

图 4-7 半自动中继方式（一）

（2）DOD2 + BID 中继方式　如图 4-8 所示。呼出采用 DOD2 方式，呼入采用 BID 方式。DOD2 + BID 中继方式的特点是，呼出时接入电话局的用户级，听二次拨音（现 PABX 在机内可消除从电话局送来的二次拨号音，直接加拨字冠号进入公用电话网）。呼入时经电话局的用户级接入到 PABX 的话务台上，由话务员转接至各分机（现 PABX 在机内可送出附加拨音号或语音提示以及附加计算机话务员来实现外线直接拨打被叫分机号码）。

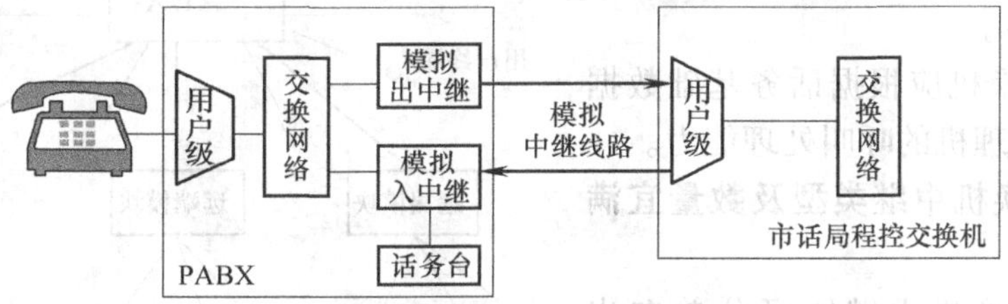

图 4-8　半自动中继方式（二）

（3）混合中继方式　DOD1 + DID + BID 中继方式，如图 4-9 所示。

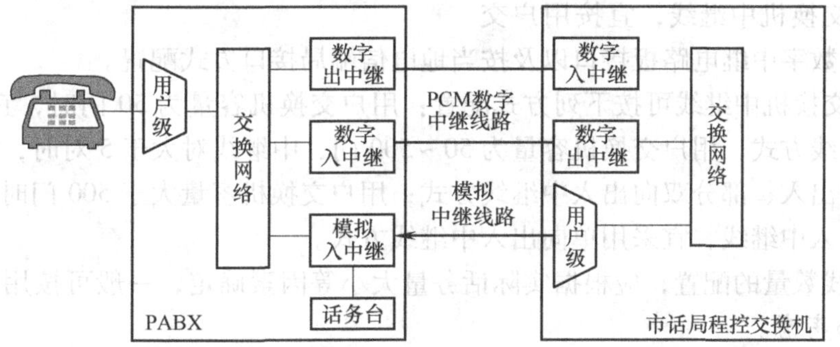

图 4-9　混合中继方式

PABX 采用数字中继电路以全自动直拨方式（DOD1 + DID）为主，同时辅以半自动接入方式（BID），增加呼入的灵活性和可靠性。

PABX 接入公用电话网的中继方式可有多种选择，其依据是：设备容量的大小、与公用网话务密切程度、智能楼宇的业务类型（通用型、办公自动化型、旅馆型等）以及接口端局的设备制式等因素。选择入网方式的原则是：有利于长远发展；节约投资；提高接口端局和设备的利用率；保证信号传输指标等达到技术要求，从而保证全程全网通话质量。

4.1.5　PABX 网络设计要点和实例

智能楼宇的 PABX 网络是一个星形拓扑结构通信网，如图 4-10 所示。网络的中心即是 PABX，端点是各类用户终端设备：模拟/数字电话机、传真机、DTE 设备等。为了保证信道的传输性能以及数字化发展的要求，PABX 网络的用户线路介质应至少采用 3 类 UTP，有条件的可用 5 类或超 5 类 UTP。

1. 交换机容量的确定

1）除应满足近期容量的需要外，还应考虑远期发展扩容以及新业务功能的应用。

2）用户交换机的初装容量按下式计算：

初装容量 = 1.3 × ［目前所需门数 +（3～5）年内近增容数］

3）用户交换机的终装容量按下式计算：

终装容量 = 1.2 ×［目前所需门数 +（10~20）年内中远期发展预测增容数］

4）用户交换机的实装内线分机的容量不宜超过80%。

5）用户交换机应根据话务基础数据核算交换机内处理机的呼叫处理能力。

2. 用户交换机中继类型及数量宜满足下列要求

1）用户交换机中继线可分单向出入、双向出入和单、双向出入混合配置三种中继类型。

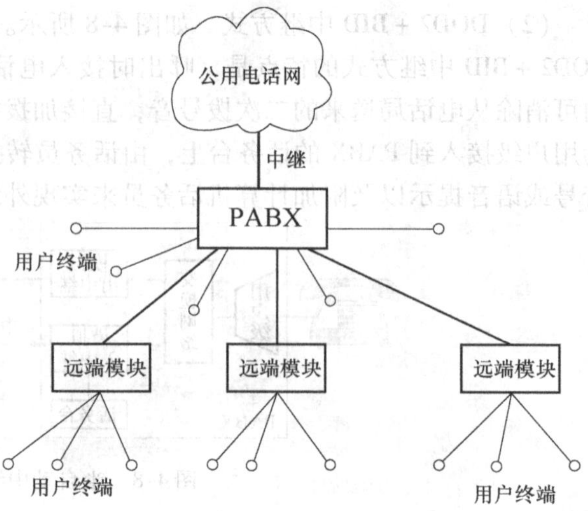

图4-10 PABX网络结构

2）用户交换机中继线，宜按用户交换机的机型、数字中继电路板接口以及按当地电信端局接口方式配置。

3）用户交换机中继线可按下列方式配置：用户交换机容量为50门时，宜采用1~5条双向出入中继线方式；用户交换机容量为50~500门，中继线对大于5对时，宜采用单向出入或部分单向出入、部分双向出入中继线方式；用户交换机容量大于500门时，可按实际话务量计算出、入中继线，宜采用单向出入中继线方式。

4）中继线数量的配置，应根据实际话务量大小等因素确定，一般可按用户交换机容量的10%~20%考虑。

4.2 VoIP系统

VoIP（Voice over Internet Protocol）是将模拟声音信号数字化、以IP数据包的形式在计算机网络上进行传输的技术，它不同于一般的数据通信，对传输有实时性的要求，是一种建立在IP技术上的分组化、数字化语音传输技术。

4.2.1 VoIP基本原理及其应用形式

1. VoIP基本原理

VoIP的基本原理如图4-11所示。第一步是将发话端的模拟语音信号进行数字编码，目前主要是采用ITU-T G.711语音编码标准来进行。第二步是将语音数据包加以压缩，同时添加地址及控制信息。下一步是将数据包在IP网络中传输到目的端。到了目的端，IP数据包会进行译码还原的作业，最后转换成扬声器、听筒或耳机能播放的模拟语音信号。

2. VoIP应用形式

VoIP的应用形式如图4-12所示。

（1）PC TO PHONE　主叫方是PC终端上网，利用VoIP语音软件进行通话，被叫方是普通电话用户。代表软件有Skype等。其特点是发话端是互联网用户，受话端是PSTN（Public Switched Telephone Network，公共交换电话网）电话用户，即“INTERNET + PSTN”

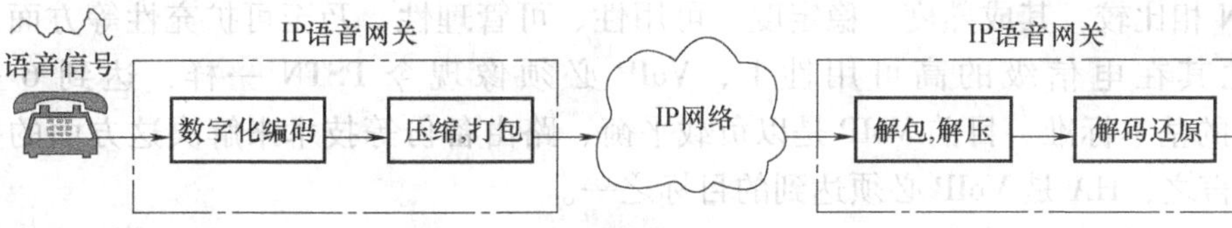

图4-11　VoIP的基本原理

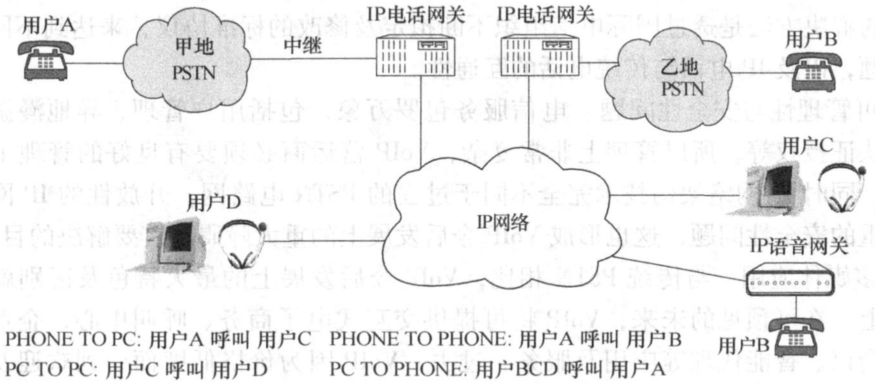

图4-12　VoIP的4种应用形式

形式。

目前已出现了很多功能很好的网络电话机，电话机本身即提供PPPOE拨号功能、配置静态IP地址功能和动态获得IP地址功能。只要接入INTERNET就可以打电话，这种情况也还算此类应用范畴。

（2）PHONE TO PHONE　就是主、被叫方均为PSTN电话用户，主叫用户需拨打短号码并进行卡号和密码认证。这种应用形式出现较早，当前各大电信运营商都提供此类服务，如IP电话卡等。

特点是发、受话端均是PSTN电话用户，在主、被叫端之间经有IP网络（既可是专用IP网也可是互联网），即“PSTN + IP网络 + PSTN”形式。

（3）PC TO PC　就是主、被叫方均为PC终端上网，利用即时通信软件的语音功能进行语音通话。代表软件有QQ、MSN、ICQ、Skype等。

（4）PHONE TO PC　主叫方是普通电话用户，被叫方是PC终端上网（或者是IP电话端）。即“PSTN + INTERNET”形式。不同于PC TO PHONE，目前的困难是PC端没有统一的号码资源，在一个小的专网中可以实现。

3. VoIP的发展

虽然VoIP拥有许多优点，但绝不可能在短期内完全取代已有悠久历史并发展成熟的PSTN电话交换网，所以现阶段两者势必会共存一段时间。网络电话若要走向符合企业级营运标准，必须达到以下几个基本要求：

（1）服务品质（QoS）　这是由PSTN过渡到VoIP、IP PBX取代PBX的最基本要求。所谓QoS就是要保证达到语音传输的最低延迟率（400ms）及封包遗失率（5% ~8%），如此通话品质才能达到现今PSTN的基本要求及水准，否则VoIP的推行将成问题。

（2）99.9999%的高可用性（High Available，HA）　虽然网络电话已成今后的必然趋势，但与PSTN相比较，其成熟度、稳定度、可用性、可管理性，乃至可扩充性等方面，仍有待加强。尤其在电信级的高可用性上，VoIP必须像现今PSTN一样，达到6个9（99.9999%）的基本标准。目前VoIP是以负载平衡、路由备份等技术来解决这方面的要求及问题，总而言之，HA是VoIP必须达到的目标之一。

（3）开放性及兼容性 传统PSTN是属封闭式架构，但IP网络则属开放式架构，如今VoIP的最大课题之一就是如何在开放架构下，达到各家厂商VoIP产品或建设的互通与兼容。目前的解决方法是透过国际电信组织不断拟定及修改的标准协议，来达到不同产品间的兼容性问题，以及IP电话与传统电话的互通性。

（4）可管理性与安全性问题 电信服务包罗万象，包括用户管理、异地漫游、可靠计费系统、认证授权等，所以管理上非常复杂，VoIP营运商必须要有良好的管理工具及设备才能回应。同时IP网络架构技术完全不同于过去的PSTN电路网，开放性的IP网络一直有着极其严重的安全性问题，这也形成VoIP今后发展上的重大障碍与首要解决的目标。

（5）多媒体应用 与传统PSTN相比，VoIP今后发展上的最大特色及区别就在于多媒体的应用上。在可预见的未来，VoIP将可提供交互式电子商务、呼叫中心、企业传真、多媒体视讯会议、智能代理等应用及服务。过去，VoIP因为价格低廉而受到欢迎及注目，但多媒体应用才是VoIP今后蓬勃发展的最大促因和动力。

4.2.2 VoIP控制协议

目前，可用来实现VoIP的协议有H.323、SIP、H.248、MGCP、P2P类语音协议。国内产品支持的主要是H.323、SIP协议。

目前大多数商用VoIP网络都是基于H.323协议构建的。H.323协议是ITU-T为包交换网络的多媒体通信系统设计的（目前主要用于VoIP），主要由网关、网守以及后台认证和计费等支撑系统组成，如图4-13所示。网关是完成协议转换和媒体编解码的主要设备，而网守则是完成网关之间的路由交换、用户认证和计费的控制层设备。

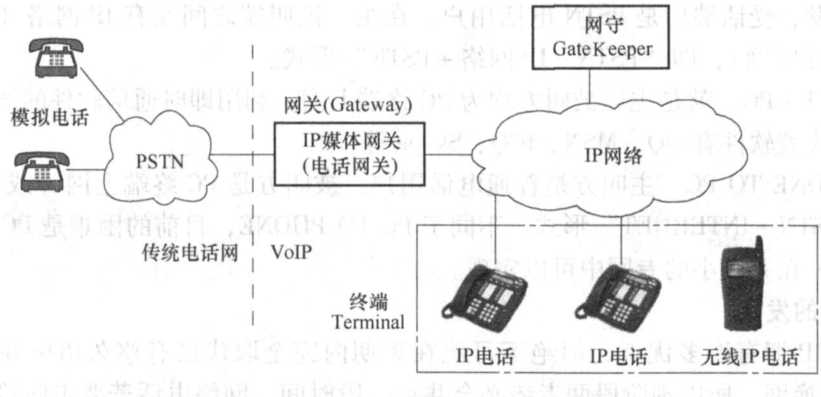

图4-13 VoIP的典型组成结构

基于H.323协议的VoIP系统本身就是从电信级网络的角度出发设计的，有着传统电信网的多种优点，如易于构建大规模网络、网络的可运营可管理性较好、不同厂商设备之间的互通性较好等。然而也存在协议设计过于复杂、设备投资成本高和协议扩展较差等问题。

SIP（The Session Initiation Protocol，会话启动协议）是基于文本编码的IP电话/多媒体

会议应用层控制协议。用于建立、修改并终止多媒体会话。SIP 协议还可用于发起会话或邀请成员加入已用其他方式建立的会话。由于 SIP 简单，以及事先考虑到的一些互联网语音应用，所以有着许多优点，在兼容、可扩展、支持“个人移动”等方面有显著特点，目前美国、日本及欧洲等国家，SIP 已成为主流。SIP 目前在国内同样发展较快。

H. 323 定义了网络传输系统中的 4 种基本的构成单元：终端（Terminal）、网关（Gateway）、网守（GateKeeper）和多点控制单元（Multipoint Control Unit，MCU）。

终端：终端指 IP 网络上的客户终端，它提供了实时的双向传输用以传送声音等。终端必须支持声音传送，可选择支持视频和数据传送。同时，H. 323 定义了能传送的声音标准（G. 711、G. 723 和 G. 729 等），它们的互操作也在终端实现。所有的 H. 323 终端都必须支持通信控制协议 H. 245，同时支持呼叫控制协议 Q. 931；另外，和 GateKeeper 进行通信的 RAS（Registration/Admission/Status）协议模块也包含在内；最后，终端支持 RTP/RTCP 用以进行声音和视频的打包传送。

网关：网关主要提供了 H. 323 会议终端与其余的 ITU-T 系列终端（如 ISDN H. 320 终端）间的互联接口。主要包括传输格式的转换（如 H. 225. 0 到 H. 221），通信控制过程的转换（如 H. 245 到 H. 242）。另外还完成音视频格式的转换和呼叫建立。因此，如果要建立异种网络间的通话（如 PSTN 到 IP），网关是必须的，否则网关可以省略。

网守：Gatekeeper 相当于 PSTN 中的电话交换机，完成集中用户管理、计费管理、认证管理、通话管理、号码管理等任务。当两台 PC 需要通话前，需连接至 Gatekeeper，经过认证确认后，再进行通话，使用者需预先在 Gatekeeper 上登记，使用时就可按照 PSTN 的一些规则（诸如，按人名、电话号码而不是 IP 地址等）进行呼叫通话等。

多点控制单元（MCU）：H. 323 提供了多点会议的能力，MCU 即提供了支持三点或多点的功能。MCU 包含一个多点控制器，有时也包含一个多点处理器。如果一个网络不需要进行多点会议，那么可以不含 MCU。

在语音压缩编码技术方面，主要有 ITU-T 定义的 G. 729、G. 723 等技术，其中 G. 729 提供了将原有 64Kbit/s PSTN 模拟语音，压缩到只有 8Kbit/s，而同时符合不失真需求的能力。

在实时传输技术方面，目前网络电话主要支持 RTP 传输协议。RTP 协议是一种能提供端点间语音数据实时传送的一种标准。该协议的主要工作在于提供时间标签和不同数据流同步化控制作业，收话端可以借用 RTP 重组发话端的语音数据。除此之外，在网络传输方面，尚包括了 TCP、UDP、网关互联、路由选择、网络管理、安全认证及计费等相关技术。

4. 2. 3　VoIP 主要产品设备

VoIP 最早是以软件的形态问世的，也就是纯粹 PC to PC 功能的产品。为了能贴近过去传统模拟电话的使用习惯及经验，之后才渐渐有电话形态的产品出现。对于企业而言，为了追求成本、语音及网络的整合、多媒体增值功能、更方便的集中式管理，而陆续出现了 VoIP 网关、IP PBX 或其他整合型的 VoIP 设备等解决方案。以下就这几种类型的 VoIP 产品设备做一简单介绍。

1. VoIP 网络电话

VoIP 网络电话分为有线、无线 VoIP 网络电话，以及提供影像输出的 VoIP 视讯会议设备等不同类型的产品。由于 VoIP 网络电话机上具备 RJ45 网络端口，所以不需借用计算机主机，即可透过 IP 网络进行通话，同时使用习惯上与传统电话相似，一般人很难分辨出其中的差异。VoIP 网络电话较少用于个人家庭，常作为企业 VoIP 网络建设中的终端设备。

2. IP 电话网关（媒体网关）

IP 电话网关是 PSTN 网络与 IP 网络之间的接口，透过它即可用传统的电话设备（乃至 PABX 系统）来打网络电话。IP 电话网关功能：与 PSTN 之间的接口及信令接续功能；与 IP 网的接口及信令接续功能；信令翻译功能；语音的压缩编码/解压缩以及 IP 包封装解包功能；采集计费信息；双音多频（DTMF）信号检测和生成功能；回音消除功能；录音通知功能等。

如图 4-14 所示，用户 A 通过 PSTN 本地环路连接到 IP 电话网关，网关负责把模拟信号转换为数字信号并压缩打包，成为可以在计算机网络上传输的 IP 分组语音信号，然后通过计算机网络传送到被叫用户的网关端，由被叫端的网关对 IP 数据包进行解包、解压和解码，还原为可被识别的模拟语音信号，再通过 PSTN 传到被叫方 B 的终端。这样，就完成了一个完整的电话到电话的 IP 电话的通信过程。

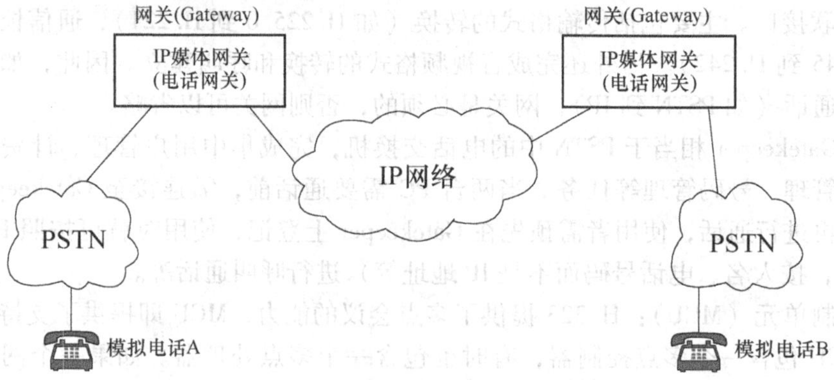

图 4-14 PSTN 到 PSTN 的 IP 电话通信过程

IP 电话网关基本组网如图 4-15 所示。IP 电话网关支持的业务如下：

（1）传统的 Internet 电话业务 即通话双方均是普通电话用户。用户 A 拨打 Internet 电话接入码后，在进行用户验证后，再拨打用户 B 的电话号码，A 端的电话网关将根据 B 的电话号码查找出 B 端用户所在的电话网关的 IP 地址；然后，A 端电话网关将与 B 端电话网关建立 Internet 电话连接，之后 B 端电话网关将呼叫用户 B，这样整个呼叫就接通了。

（2）Click to Dial 当 PC A 用户上网时（如上 Internet 浏览），如果 A 想和电话用户 B 通话，A 只需单击 B 的热点，PC 将通过 Internet 拨打 B 的电话，实行通话。另外，该功能还包括 PC 用户可在上网期间通过 PC 接收电话 A 的呼叫及 PC 用户和 PC 用户间的通话。该功能目前需要完成一个 PC 端的软件。

（3）来电指示及呼叫等待 假设 PC A 用户正在上网或通话，如果用户 B 呼叫 A，那么屏幕上将显示一个信息表示 A 收到来话，这时 A 可通过单击鼠标选择接收还是拒绝接收来话。如果接收，那么来话将被转移到用户 B 的电话或 PC 上。

3. IP 语音网关

IP 语音网关是将模拟电话机接入 VoIP 的设备，将模拟语音转化为 IP 网络上传输的信息，从而利用 IP 网络传输话音。一般具备多部话机接入的功能。同时为了提高通话的可靠

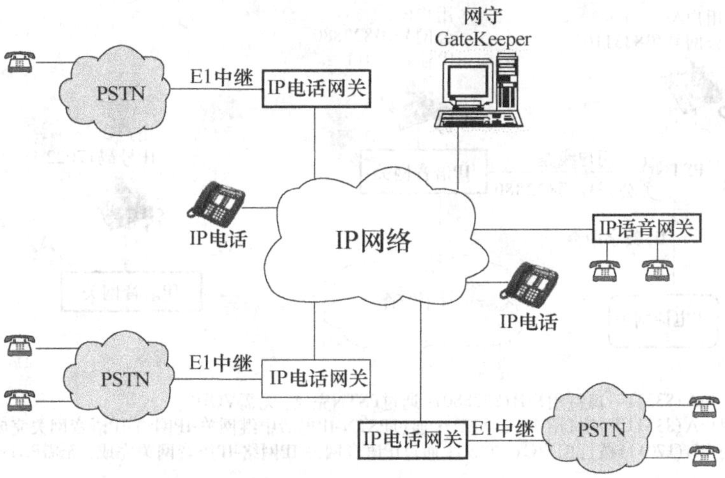

图4-15　IP电话网关基本组网

性，IP语音网关也提供PSTN的接口路由，这样做的目的是当IP网络故障时，仍可经PSTN网络保障通信。FXS（Foreign Exchange Station）端口用于连接普通电话到VoIP网络，FXO（Foreign Exchange Office）端口用于连接PSTN线路到VoIP网络，如图4-16所示。

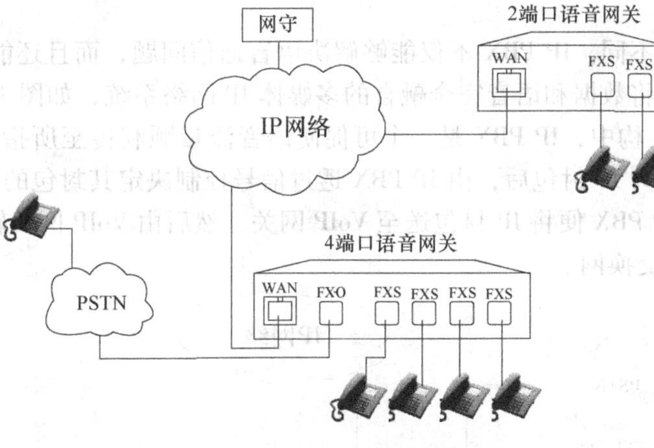

图4-16　IP语音网关将模拟电话机接入VoIP

IP语音网关不同于IP电话机，也不同于IP电话网关。IP语音网关支持语音在IP上及PSTN上的双重保护，可自由切换。即语音网关FXS接电话机，FXO接PSTN用户线，正常情况下拨打市话可以仍然走PSTN，当拨打长途时可以根据号码智能地选择IP网。如果断电或是IP网络中断时网关可以自动切换至PSTN或通过配置选择拨打PSTN。另一方面，每一个电话机都被赋予两个电话号码，PSTN电话号码及IP语音电话号码，你可以从容接听来自IP网及原PSTN电话来电，形成一机双号。一机双号本质上是在完全不改变用户习惯的基础上完成IP网上电话同PSTN传统电话的自由使用，同时让用户真正安全使用IP电话，如图4-17所示。

4. IP电话网守

IP电话网守是一个能够为局域网或广域网的H.323终端、电话网关或一些多点控制单元提供地址解析、访问控制、身份验证、安全检查、域管理、呼叫控制信令以及呼叫管理等

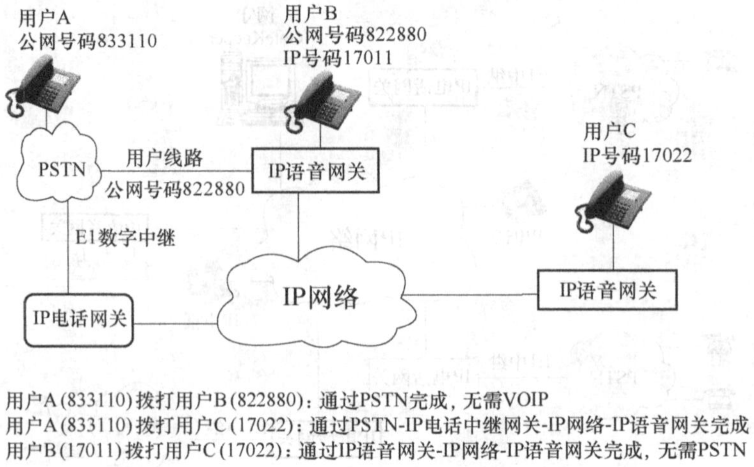

图4-17 IP语音网关一机双号原理

的H.323实体，有时它也具有带宽控制和管理、路由控制和计费等功能。在一个由网守管理的域内，对所有的呼叫来说，网守不仅提供呼叫控制业务并且起到了中心控制点的作用，在许多场合下可称之为一个虚拟交换机。

5. IP PBX

和传统的PABX不同，IP PBX不仅能够解决语音通信问题，而且还能实现文本、数据、图像的传输，是一个将数据和语音完全融合的多媒体IP网络系统，如图4-18所示。

在IP电话网络架构中，IP PBX是一个可促使语音流量顺利传至所指定终端的设备。IP电话将语音信号转换为IP封包后，由IP PBX透过信号控制决定其封包的传输方向，当终点为一般电话时，其IP PBX便将IP封包送至VoIP网关，然后由VoIP网关转换IP封包，再回传到一般PSTN电路交换网。

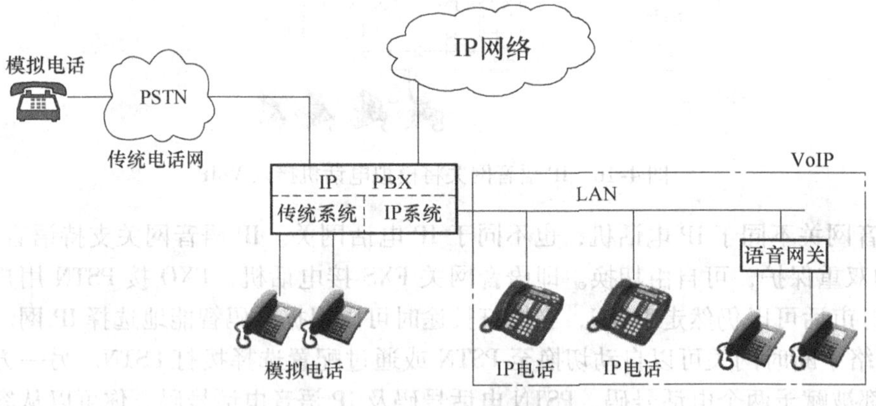

图4-18 IP PBX的组网功能

6. IP语音网络管理系统

IP语音网络管理系统实现对VoIP网络体系中各种组件的管理工作，使网管人员可以方便地控制所有的系统组件，包括网关、网守等。功能包括设备的控制及配置、数据配给、拨号方案管理及负载均衡、远程监控等。语音网管系统通过SNMP协议对全网设备进行端口级管理和控制。通过应用网络拓扑自动生成、通话质量动态监测、批量配置与自动下发、故障监测与告警等特性，网络管理人员能够高效地处理复杂的网络配置与维护工作。

4.2.4 VoIP 网络设计

智能楼宇内的 VoIP 电话网根据功能的区别有两类系统方案：其一是建筑内不设 PABX，完全通过 VoIP 网络实现语音通信功能，方案如图 4-19 所示；其二是在建筑内已设有 PABX 网络的前提下，再构建一个 VoIP 网络作为 PABX 网的补充和改进，达到大幅降低通信费用的目的，方案如图 4-20 所示。当然，选用 IP PBX 组网也是一个很好的方案。

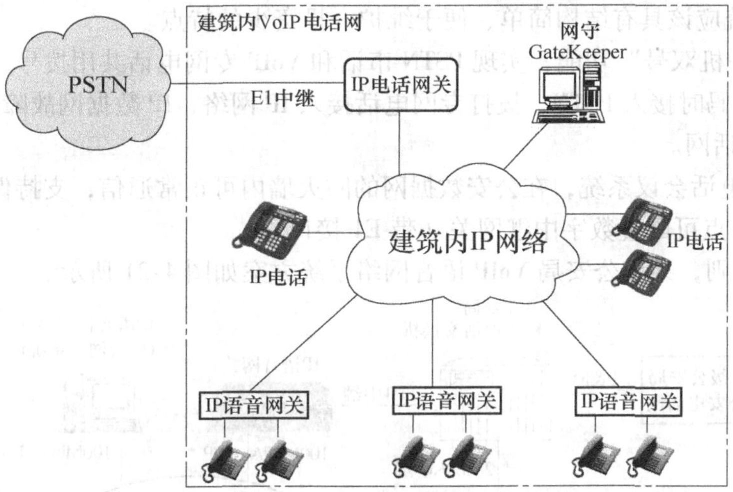

图 4-19 建筑内 VoIP 网络实现语音通信功能

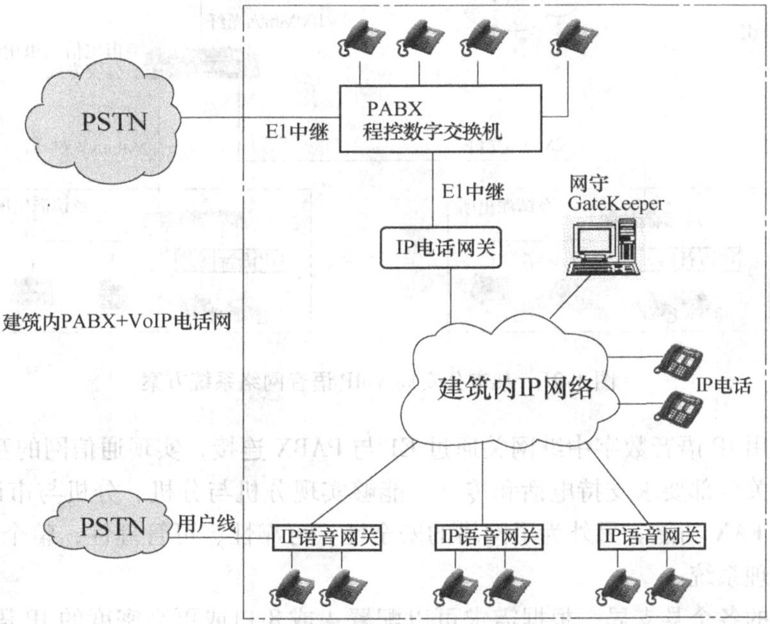

图 4-20 建筑内 PABX + VoIP 网络实现话音通信功能

实例：某市公安局VoIP语音网络系统设计

建设的主要任务和目标是通过采用VoIP技术和产品在数据网上实现各乡镇派出所与市局公安电话通信系统的互联。其设计原则如下：

- VoIP系统应该具有高度的可管理和可控制特性。
- VoIP系统应该具有高度的安全性、可靠性、稳定性和实用性。
- VoIP系统应该支持公安系统现有的内部电话拨号规则和电话号码分配方案。
- VoIP系统应该支持“等位拨号”功能。
- VoIP系统应该具有较好的可扩展性。
- VoIP系统应该具有结构简单、便于维护、投资少的特点。
- 实现“一机双号”功能，实现PSTN市话和VoIP专网电话共用拨号，自动呼叫路由，用户拨打市话号码时接入PSTN，拨打专网电话接入IP网络，IP数据网故障时，呼叫可自动跳转到PSTN市话网。
- 支持IP电话会议系统，在公安数据网的防火墙内可正常通信，支持保密传真。
- 在中心节点可配置数字中继网关（带E1接口）。

根据上述原则，某市公安局VoIP语音网络系统方案如图4-21所示。

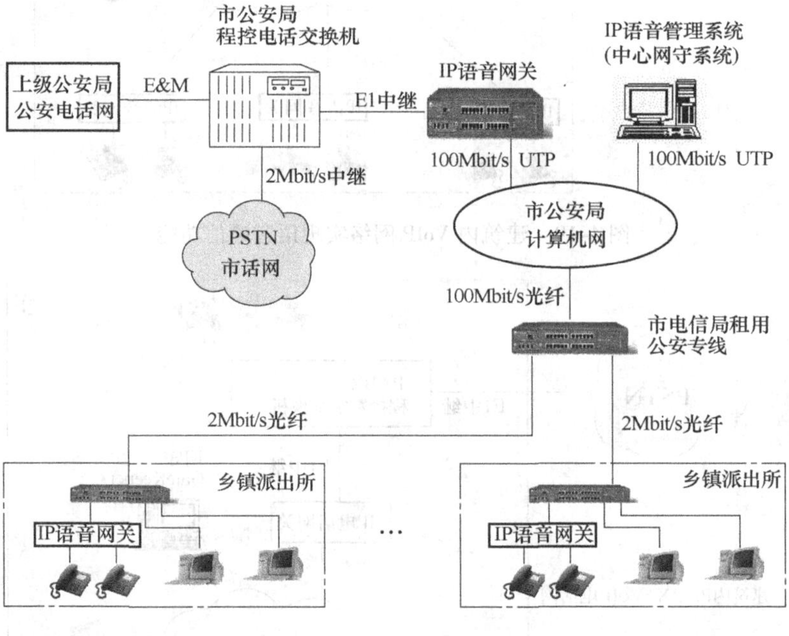

图4-21 某市公安局VoIP语音网络系统方案

在市局使用IP语音数字中继网关通过E1与PABX连接，实现通信网的互通和延伸。派出所的语音网关全部要求支持电话和传真，能够实现分机与分机、分机与市话（包括移动）的语音通话和FAX功能。另外为了网络的安全性、可靠性、可管理性，整个VoIP系统配置关守和网络管理系统。

市局下面的各个县支局，根据需求可以配置4或8口或更高密度的IP语音网关，通过已有的IP网络与市局中心节点的IP语音数字中继网关实现互联。

在派出所安装模拟接口的语音网关，派出所使用2~8口的IP语音网关，端口号码编号方案遵照原有内部通信系统的编号方案。除了在VoIP系统内部可以呼叫其他网关的端口外，还可以拨打原有通信网的各分机的电话，并且实现等位拨号功能。

4.3 CTI系统

CTI（Computer Telephony Integration，计算机电话集成，现已发展为Computer Telecommunication Integration，计算机通信集成）是一种能提供人与计算机之间通过电话系统进行通信的技术，如图4-22所示。电话网是提供人—人通信的网络，IP网络是提供机—机通信的网络，有了CTI技术，就为我们提供了一个人—机通信的桥梁。CTI使用计算机来处理许多以往需要人工处理的电话通信业务，从而开辟了一类广泛而且是新型的应用领域。例如采用CTI技术的114查号台；电话银行；电话委托股票交易系统；高考查分系统；110公安报警接警系统；电视台的有奖竞答比赛电话系统等。

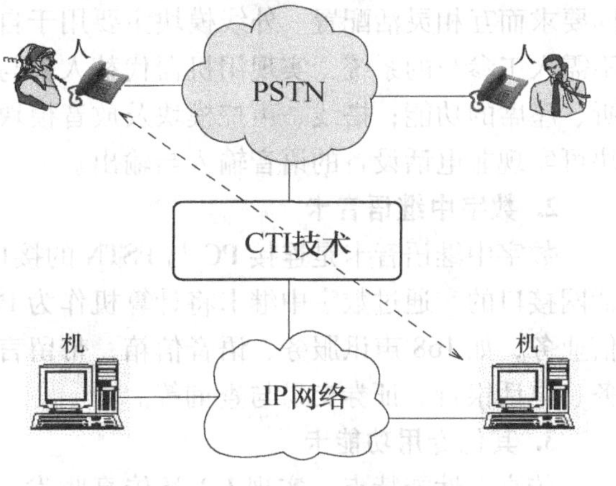

图4-22 CTI是人—机通信的桥梁

CTI技术内容十分广泛，但概括起来，至少有如下的一些应用技术和内容：电子商务；呼叫中心（客户服务中心）；客户关系管理（CRM）与服务系统；自动语音应答系统；自动语音信箱，自动录音服务；基于IP的语音、数据、视频的CTTI系统；综合语音、数据服务系统；自然语音识别CTI系统；有线、无线计费系统；专家咨询信息服务系统；传呼服务、故障服务、秘书服务；多媒体综合信息服务等。

4.3.1 CTI基本技术原理

CTI是电信与计算机相结合的技术，它们的结合点就是电话语音卡。各类电话语音卡是CTI应用系统的硬件基础，其作用就相当于计算机针对PSTN的专用接口，如图4-23所示。

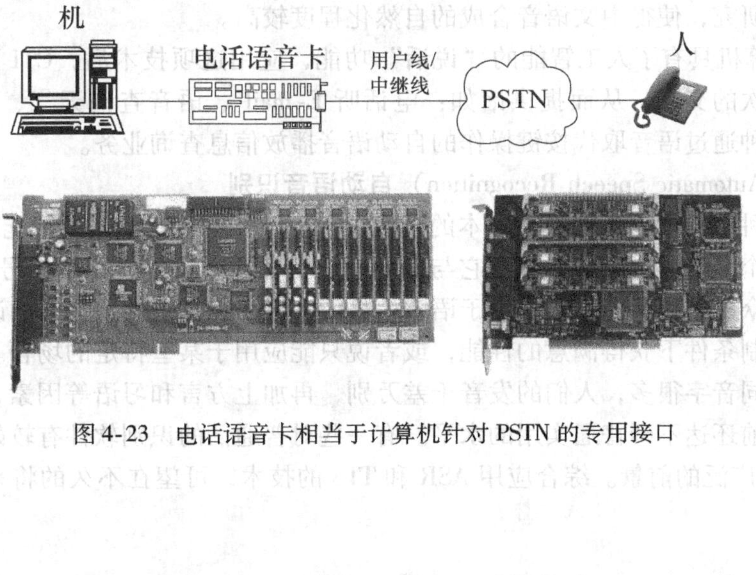

图4-23 电话语音卡相当于计算机针对PSTN的专用接口

电话语音卡大致分为三类：模拟接口语音卡、数字中继语音卡和其他专用功能卡。

1. 模拟接口语音卡

模拟接口语音卡是连接PC与PSTN的接口部件，通过电话网用户线路与PSTN接口，用户线路接口容量有2线、4线、8线、16线不等，一台计算机可插装多块模拟语音卡。每一块卡都具有互相独立的多个通道，各通道根据不同的需求，可选用不同的功能模块：外线、内线、录音、放音、搭线模块、声控录音模块等。以上几种功能的模块可以按应用系统的不同要求而互相灵活配置。外线模块主要用于自动查询、催缴、通知、自动寻呼、自动语音等不需人工参与的系统，实现用机器代替人来与人通信的功能；内线模块主要用于实现人工接听、座席的功能；搭线、声控模块及放音模块主要用于录音监听等领域；录音模块、放音模块可实现非电话设备的语音输入与输出。

2. 数字中继语音卡

数字中继语音卡是连接PC与PSTN的接口部件，通过E1数字中继线路与PSTN公用电话网接口的。通过数字中继卡将计算机作为PSTN上的一个节点，从而拓展出一系列新的电信业务，如168声讯服务、语音信箱、带留言功能的无线寻呼业务、200号密码记帐长途业务、电话银行、证券交易与查询等。

3. 其他专用功能卡

传真卡性能特点：实现G3类传真收发，支持CCITT传真协议；卡上自动识别传真信号；多路传真可以同时收发；与模拟电话语音卡、数字中继语音卡配合使用，实现多路语音与传真共享。

4. TTS（Text To Speech）**文本到语音合成**

TTS是语音合成应用的一种，它将计算机中的文本数据转换成自然流畅的语音输出（可以合成到声卡/文件），实现计算机能朗读文本的功能。支持包括PCM Wave，uLaw/aLaw Wave，ADPCM，Dialogic Vox等语音格式，支持主流语音板卡。支持GBK、BIG5字符集的文本阅读。

优秀的TTS不是对文字到语音的简单映射，还包括了对文字的理解，以及对语音的韵律处理，其目的是为合成语音规划出音段特征，如音高、音长和音强等，使合成语音能正确表达语意，听起来更加自然悦耳。关键的问题是中文韵律处理、符号数字、多音字、构词方面，需要不断研究，使得中文语音合成的自然化程度较高。

TTS使计算机具有了人工智能的“说话”功能，应用这项技术后，CTI可以实现“机”和人在语音层次的交互，从而提供诸如：电话听E-mail、语音查询天气、股票行情查询、航班查询等多种通过语音取代按键操作的自动语音播放信息查询业务。

5. ASR（Automatic Speech Recognition）**自动语音识别**

ASR是一种将人的语音转换为文本的技术，它使计算机具有了人工智能的“听”功能。语音识别是一个多学科交叉的领域，它与声学、语音学、语言学、数字信号处理、信息论、计算机科学等众多学科紧密相连。由于语音信号的多样性和复杂性，目前的语音识别系统只能在一定的限制条件下获得满意的性能，或者说只能应用于某些特定的场合。

由于中文同音字很多，人们的发音千差万别，再加上方言和习语等因素，ASR要比TTS困难许多，目前还达不到普通实用的水平。有一些对普通话的识别软件有较好的识别率，应用ASR技术有广泛的前景。综合应用ASR和TTS的技术，可望在不久的将来CTI能实现机器语音在线翻译，如图 4-24 所示。

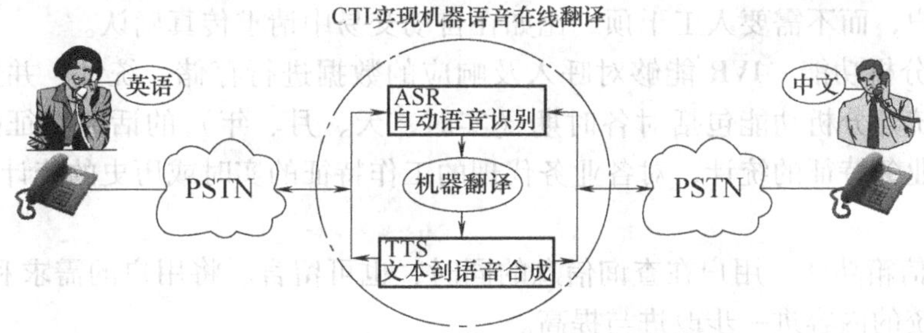

图 4-24　CTI 实现在线翻译

4.3.2　IVR 系统

IVR（Interactive Voice Response，交互式语音应答）系统是一种通过电话实现人—机交互的系统，机器的一端是具有人工智能的能“说”和能“听”按键数字的 CTI 应用系统。IVR 提示用户按键输入选择并根据选择完成对数据库的操作，主要用于查询数据、读或写数据库完成交易或者完成自动电话“交谈”。典型的 IVR 应用系统有 168 声讯台、股市行情和证券电话委托交易系统、电话银行、电话预约系统、考试成绩电话查询系统等。最新的 IVR 还加入了语音识别功能，能支持语音和双音频按键两种输入方法。

自动语音系统是由电话语音卡、TTS、ASR、数据库、自动语音应答软件组成的，如图 4-25 所示。系统通过电话网络，接收电话用户的按键指令，并通过 CTI 服务器将接收到的指令传递给信息处理服务器，信息处理服务器返回客户所需的文字信息给语音处理服务器，语音处理服务器将这些文字信息转换成语音信息，然后回送给 CTI 服务器，CTI 服务器将语音信息播报给用户。IVR 的主要功能如下：

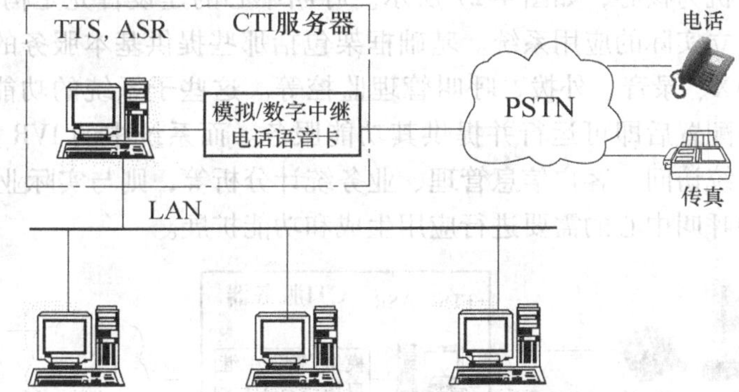

图 4-25　IVR 系统的组成

（1）自动语音应答　用户访问 IVR 系统，可以通过电话从该系统中获得预先录制的语音信息或系统通过 TTS 技术动态合成的语音信息。自动语音应答功能可以实现全天候自助式服务。通过系统的交互式应答服务，用户可以很容易的通过电话机键盘输入他们的选择，从而得到 24 小时的服务。

（2）自动传真系统　用户可以通过电话按键选择某一特定的传真服务，传真服务器会自动根据客户的输入动态的生成传真文件（包括根据数据库资料动态生成的报表），并自动发送传真给用户，而不需要人工干预。比如在自动交易中请求传真确认。

（3）统计分析功能 IVR 能够对呼入及响应的数据进行存储、统计，并且生成各种统计报表输出。统计分析功能包括对各时期（实时、天、月、年）的话务特征的统计，对各时期、各专项业务特征的统计，对各业务代理的工作特征的实时或历史的统计以及对统计数据的分析等。

（4）语音信箱功能 用户在查询信息的同时，也可留言。将用户的需求和建议录下来，以便对查询系统的内容进一步改进与提高。

如今，IVR 已经成为 CTI 技术的重要应用系统，并且可以作为一个完整的模块集成到呼叫中心系统里面。

4.3.3 呼叫中心系统

呼叫中心（Call Center），是指以电话接入为主的呼叫响应中心，又称客户服务中心（Customer Service Center），为客户提供各种电话响应服务。呼叫中心是 CTI 技术的一项重要应用。目前，呼叫中心已经广泛地应用在市政、公安、交管、邮政、电信、银行、保险、证券、电力、IT 和电视购物等行业，以及所有需要利用电话进行产品营销、服务与支持的大型企业，使企业的客户服务与支持和增值业务得以实现，并极大地提高了相应行业的服务水平和运营效率。典型的呼叫中心应用有："110/119/120" 三台合一指挥调度系统或城市应急联动系统或城市公共安全指挥中心系统；"12345" 政府热线系统；"12315" 消费者投诉热线系统等。

1. 呼叫中心系统组成

中小型呼叫中心一般以电话语音卡为基础构建，系统组成如图 4-26 所示。大型呼叫中心一般以数字调度机为核心，如图 4-27 所示。呼叫中心的建设首先是构建基础框架，然后在基础框架之上建立实际的应用系统。基础框架包括那些提供基本服务的子系统，如 ACD、IVR 辅助处理、FAX、录音、外拨、呼叫管理监控等。这些子系统的功能独立于业务系统，在实际应用中按需配置后即可运行并提供其功能服务。而系统中的 IVR 业务受理、座席子系统、后台业务系统访问、客户信息管理、业务统计分析等，则与实际业务密切相关，这些子系统应根据不同呼叫中心的需要进行应用生成和功能扩展。

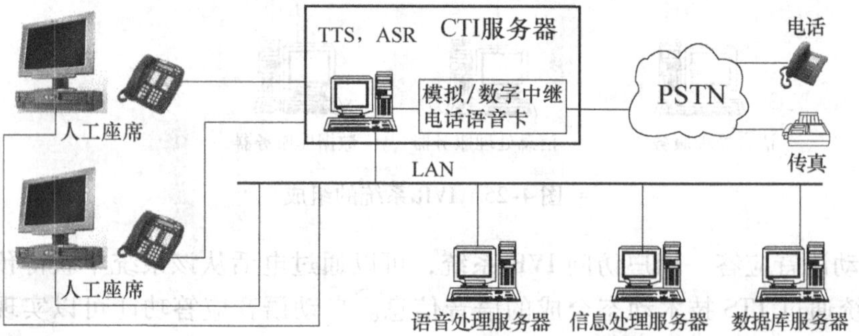

图 4-26 语音卡为基础的呼叫中心组成

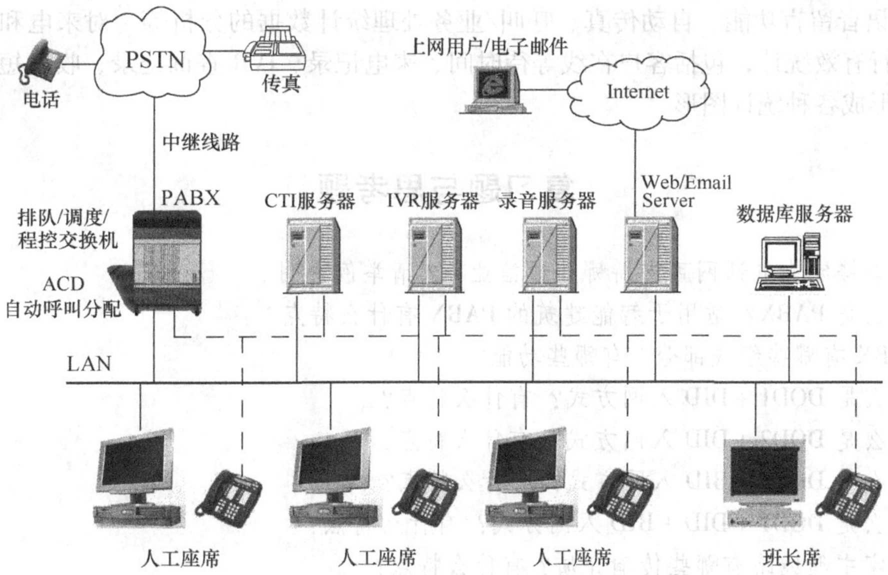

图4-27 大型呼叫中心的组成

2. 呼叫中心系统功能

（1）IVR 自动语音应答 IVR 为客户提供灵活的交互式语音应答服务，其中包括：语音导航、资讯查询、信息定制、语音留言和转接人工座席等。这里以客户自助式服务为主，完全可以根据语音提示进行相应的操作，从而得到自己需要的相关信息，使原来需要座席员解答的一些信息，直接在 IVR 中完成，在一定程度上减轻了转人工操作的工作量。

（2）ACD 自动呼叫分配 ACD（Automatic Call Distribution）：实现自动话务分配功能（线性排队、循环排队、按 ACD 优先级排队、按最少接答次数排队 、按最大空闲时间排队、按呼叫记忆功能分配等），它将需要人工接听服务的电话，分配到人工座席。

（3）呼叫控制 实现来电弹屏：来电客户资料弹屏、弹跳网页、弹跳页面编辑功能，使客户的信息显示在话务员的屏幕上；呼叫跟踪管理；呼叫与信息的同步转移；基于计算机的电话智能路由选择；个性化问候语；来话和去话管理；座席终端的“软电话”功能；呼叫录音的精确控制等。

（4）电话数字录音功能 呼叫中心系统对于客户与座席的通话进行全程录音，并保存录音文件，以方便日后对其进行查询，达到回顾通话信息和考核座席的目的。座席计算机、局域网计算机查询/播放电话录音。可在通电话过程中播放以前的相关电话录音给用户听。

（5）座席班长监管 座席班长则可以对普通座席员进行耳语、监听、抢接、强制示闲、强制挂断等操作，这样，便于对服务质量和服务监督进行审查，也完全可以满足客户提出请求时可能发生的各种情况的应对操作。系统提供监控画面，可实时监控系统的运行状态、座席状态、外线状态等。

（6）智能外拨功能 智能外拨功能（Intelligent Dialer）主要应用于客户关怀或信息告知，系统自动拨打客户电话并播放回访语音或直接向客户手机发送短信。有多种自动外拨方式：座席外拨、语音文件外拨（电话语音通知）、语音架构（IVR 流程）外拨、外拨短信、外拨传真等。

（7）语音留言功能、自动传真、呼叫/业务处理统计数据的分析等　对来电和去电的详细情况进行有效统计，包括客户在线等待时间、来电记录、IVR查询记录、收发短信息记录等，并且形成各种统计图形。

复习题与思考题

1. 智能楼宇内电话网可支持哪些通信业务？请举例说明。
2. 什么是PABX？适用于智能建筑的PABX有什么特点？
3. PABX有哪些组成部分？有哪些功能？
4. 什么是DOD1+DID入网方式？有什么特点？
5. 什么是DOD2+DID入网方式？有什么特点？
6. 什么是DOD1+BID入网方式？有什么特点？
7. 什么是DOD1+DID+BID入网方式？有什么特点？
8. 数字中继线路有哪些传输介质？有什么特点？
9. PABX有哪些主要技术性能参数？
10. 什么是VoIP？有哪些通话形式？有什么特点？
11. 简述VoIP的工作原理和基本特点。
12. 什么是IP电话网关？什么是IP语音网关？
13. 智能楼宇内的VoIP电话网有哪些系统方案？
14. 什么是CTI技术？有哪些应用？请举例说明。
15. 什么是电话语音卡？有哪些种类？有什么功能？
16. 什么是TTS？什么是ASR？
17. 简述多通道电话数字录音系统的构成和特点。
18. 简述110报警系统的方案构思。

第5章 智能楼宇内的综合布线技术

本章导读

综合布线系统已经是楼宇智能化系统中的基础工程，是建筑群或建筑物内语音、数据、图文、视频等信号传输网络的介质。综合布线系统的目标是用一类标准化的传输介质（线缆）和拓扑结构来满足当前及将来的多种传输业务。综合布线系统应是开放式星形拓扑结构，应能支持语音、数据、图文、图像等多媒体业务的需要。

本章对综合布线系统的目的、综合布线系统的组成、系统结构、综合布线中的光纤、综合布线系统设计等内容进行了介绍，倡导读者从系统的角度来建立综合布线系统的全局观，以发展的眼光指导综合布线系统的工程设计。

5.1 概述

综合布线系统（Generic Cabling System，GCS）是建筑物或建筑群内部之间的传输网络线缆。它既使语音和数据通信设备、交换设备和其他信息管理系统彼此相连，又使这些设备与外部通信网络相连接。它包括建筑物到外部网络或电话局线路上的连线点与工作区的语音或数据终端之间的所有电缆及相关联的布线部件。综合布线系统应为开放式网络拓扑结构，应能支持语音、数据、图像、多媒体业务等信息的传递。

综合布线系统设施及管线的建设，应纳入建筑物与建筑群相应的规划设计之中。工程设计时，应根据工程项目的性质、功能、环境条件和近、远期用户需求进行设计，并应考虑施工和维护方便，确保综合布线系统工程的质量和安全，做到技术先进、经济合理。

5.1.1 综合布线系统的目的

在建筑物或一组建筑物群内部有多种的信息传输业务需求：语音、数据、图像等传输业务。以往在进行信息传输网布线设计时，通常要根据所使用的通信设备和业务需求，而采用不同生产厂家的各个型号系列的线缆、各个线缆的配线接口以及各个系列的出线盒插座，如图5-1所示。

例如：用户电话交换机通常使用对绞电话线，而局域网络（LAN）则可能使用对绞线或同轴电缆，这些不同的设备使用不同的传输线来构成各自的网络；同时，连接这些不同布

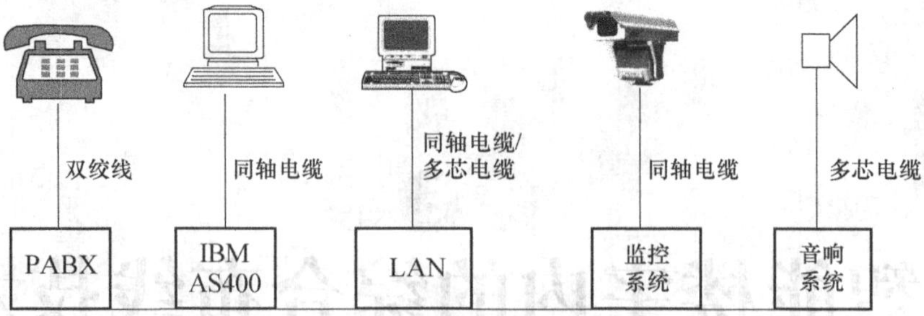

图5-1 非综合布线系统示意图

线的插头、插座及配线架均无法互相兼容，相互之间达不到共用的目的。由于它们彼此之间互不兼容，当建筑物内用户需要重新搬迁或布置设备时，还需重新布置线缆，装配各种设备所需要的不同型号的插座、接头等。在这样一种传统布线网络的方式下，为了完成重新布置或增加各种终端设备，必将耗费大量的资金和时间，尤其是对传输网络设备的管理和维护工作带来极大的困难。

上述问题归结为：

1）能否用一种传输介质（线缆）和拓扑结构来满足多种传输业务，这样就可以将传输介质"标准化"和基础化，可以纳入到基础建设的范围。

2）能否在用户重新搬迁或新增设备时，不需重新布置线缆及插座，这样就不会破坏被精心设计和装修的环境。

3）甚至还有一定的冗余，能满足未来的新业务需求，从而在未来新业务到来时也不需要重新布置线缆。

综合布线系统采用星形结构的模块化设计，以一套单一的高品质配件，综合了智能建筑及建筑物群中多种布线系统，解决了目前在建筑物中所面临的有关语音、数据、视频、监控等设备的布线不兼容问题。通过冗余布线，满足建筑物中用户重新搬迁或新增设备的需求。通过提高布线介质品质或冗余，满足建筑物未来的新传输业务需求。

5.1.2 智能楼宇对综合布线系统的设计需求

综合布线系统已经是楼宇智能化系统中的基础工程，是建筑群或建筑物内语音、数据、图文、视频等信号传输网络的介质。布线系统是整个信息系统的基础。如果说信息系统是智能楼宇的灵魂，那么布线系统就相当于信息系统的神经。因此，可以说布线技术的选择和布线系统的设计就决定了整个大楼的信息系统的生命力，它将关系到智能楼宇未来十年甚至二十年的使用效果。综合布线系统应符合下列要求：

1）应满足建筑物内语音、数据、图像和多媒体等信息传输的需求。

2）应根据建筑物的业务性质、使用功能、管理维护、环境安全条件和使用需求等，进行系统布局、设备配置和缆线设计。

3）应遵循集约化建设的原则，并应统一规划、兼顾差异、路由便捷、维护方便。

4）应适应智能化系统的数字化技术发展和网络化融合趋势，并应成为建筑内整合各智能化系统信息传输的通道。

5）应根据缆线敷设方式和安全保密的要求，选择满足相应安全等级的信息缆线。

6）应根据缆线敷设方式和防火的要求，选择相应阻燃及耐火等级的缆线。

7）应配置相应的信息安全管理保障技术措施。

8）应具有灵活性、适应性、可扩展性和可管理性。

9）系统设计应符合现行国家标准《综合布线系统工程设计规范》GB 50311 的有关规定。

综合布线系统的标准和规范主要有：《综合布线系统工程设计规范》GB 50311—2007；《综合布线系统工程验收规范》GB 50312—2007；《国际建筑布线标准》ISO/IEC 11081；《商用建筑群布线标准》EIA/TIA—568A。

综合布线系统的标准和规范对以下几个方面制定了相应的规范：①定义了认可的介质；②定义了布线系统的拓扑结构；③规定了各子系统的布线距离；④定义了布线系统与用户设备的接口；⑤定义了线缆和连接硬件性能；⑥规定了安装实践所需注意事项；⑦定义了链路性能及测试标准。

《综合布线系统工程设计规范》GB 50311—2007 根据中国具体的实际情况，结合国际上相关标准、与之相关的其他国家标准以及技术发展的动态提出了一份既有继承性，又有现实指导价值，还有着一定的超前意识的标准。对工业级布线系统提出了等级要求，对屏蔽双绞线进行了分类等。

5.2　综合布线系统的构成与应用

5.2.1　综合布线系统产品的组成

综合布线系统产品由各个不同系列的器件所构成，如图 5-2 所示。产品包括：传输介质、交叉/直通连接设备、介质连接设备、信息插座、适配器、布线工具及测试设备等。这些器件可组合成系统结构各自相关的子系统，分别完成各自功能。

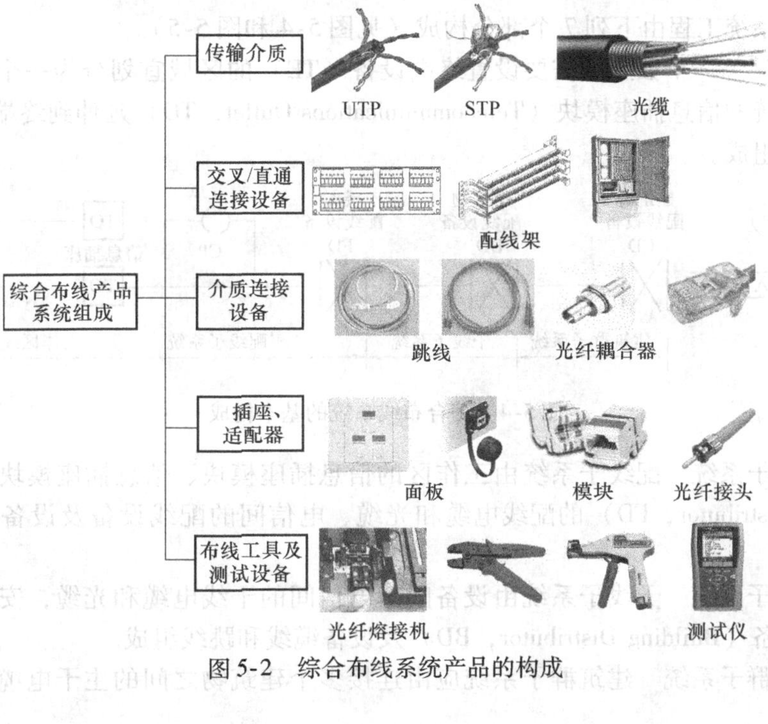

图 5-2　综合布线系统产品的构成

系统产品还包括建筑物内到电话局线缆进楼的交接点（汇接点）上这一段的布线线缆和相关的器件。但不包括交接点外的电话局网络上的线缆和相关器件，以及不包括连接到布线系统上的各个交换设备，如程控数字用户交换机、数据交换设备、工作站中的终端设备和建筑物内自动控制设备等。图5-3所示为典型综合布线系统工程实例图。

图5-3 典型综合布线工程实例图

5.2.2 综合布线系统的构成

综合布线系统工程由下列7个部分构成（见图5-4和图5-5）。

（1）工作区 一个独立的需要设置终端设备（TE）的区域宜划分为一个工作区。工作区由配线子系统的信息插座模块（Telecommunications Outlet，TO）延伸到终端设备处的连接缆线及适配器组成。

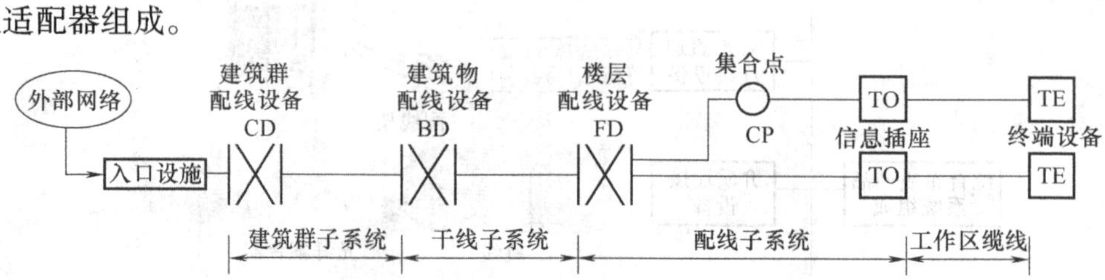

图5-4 综合布线系统的基本构成

（2）配线子系统 配线子系统由工作区的信息插座模块、信息插座模块至电信间配线设备（Floor Distributor，FD）的配线电缆和光缆、电信间的配线设备及设备缆线和跳线等组成。

（3）干线子系统 干线子系统由设备间至电信间的干线电缆和光缆，安装在设备间的建筑物配线设备（Building Distributor，BD）及设备缆线和跳线组成。

（4）建筑群子系统 建筑群子系统应由连接多个建筑物之间的主干电缆和光缆、建筑

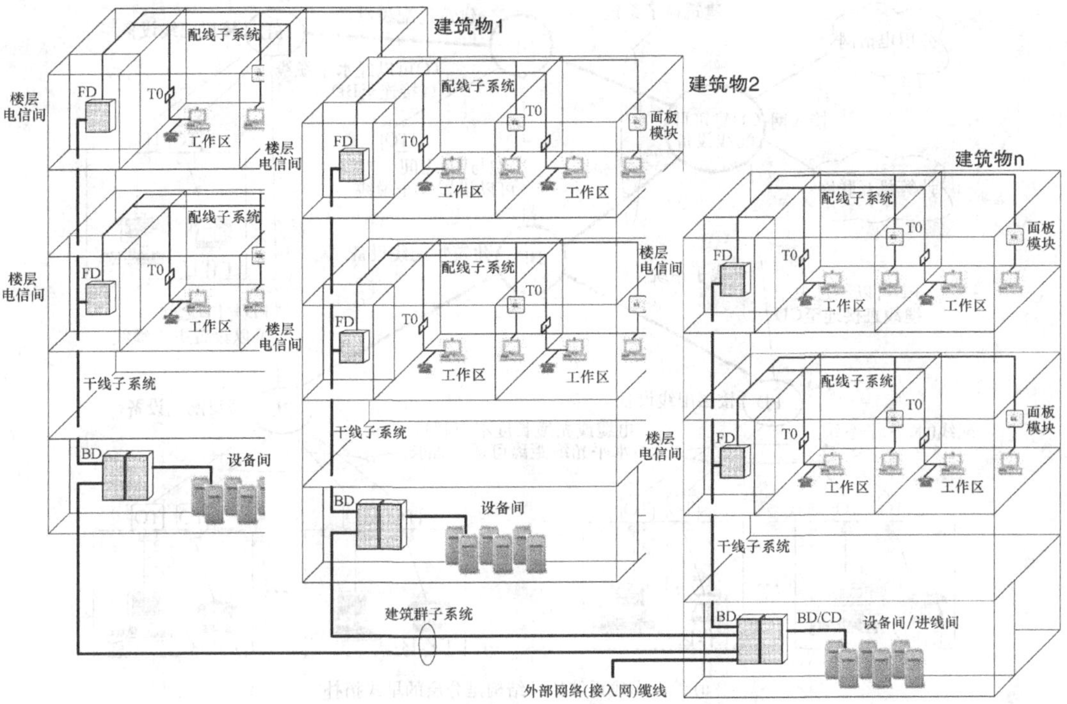

图5-5　综合布线系统的结构示意图

群配线设备（Campus Distributor，CD）及设备缆线和跳线组成。

（5）设备间　设备间是在每幢建筑物的适当地点进行网络管理和信息交换的场地。对于综合布线系统工程设计，设备间主要安装建筑物配线设备。电话交换机、计算机主机设备及入口设施也可与配线设备安装在一起。

（6）进线间　进线间是建筑物外部通信和信息管线的入口部位，并可作为入口设施和建筑群配线设备的安装场地。

（7）管理　管理应对工作区、电信间、设备间、进线间的配线设备、缆线、信息插座模块等设施按一定的模式进行标识和记录。

5.2.3　综合布线系统的拓扑结构

综合布线系统的拓扑结构如图5-6所示，是一个分层的星形拓扑。这种拓扑结构正是电话通信网和计算机网络的拓扑结构。如果在图示中的FD、BD、CD节点用交换（通信）设备替换，它就是一个智能建筑的电话网和计算机网络。

可以这样理解综合布线系统的拓扑结构的重要性：如果某通信业务网络不是星形拓扑，则不能有效地纳入到综合布线系统中。例如采用总线拓扑的有线电视网络。

5.2.4　综合布线系统的应用

综合布线系统主要解决两类网络应用：模拟电话网和数字数据网（计算机网）。

1. 模拟电话网（语音）应用

针对模拟电话网的需求，综合布线系统采用铜缆布线，建筑群子系统及干线子系统采用

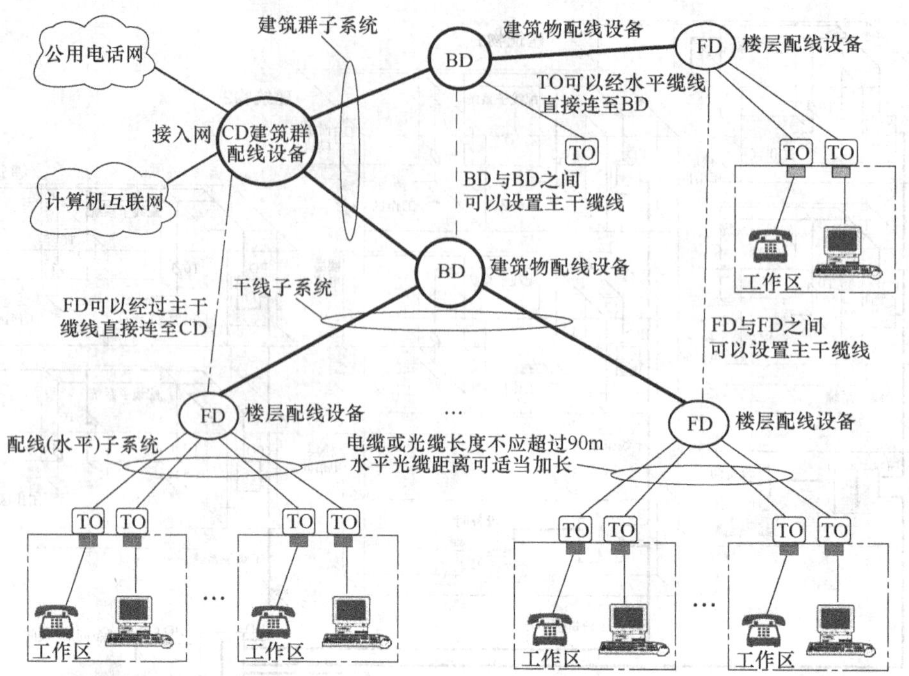

a) 综合布线系统拓扑结构是分层的星式拓扑

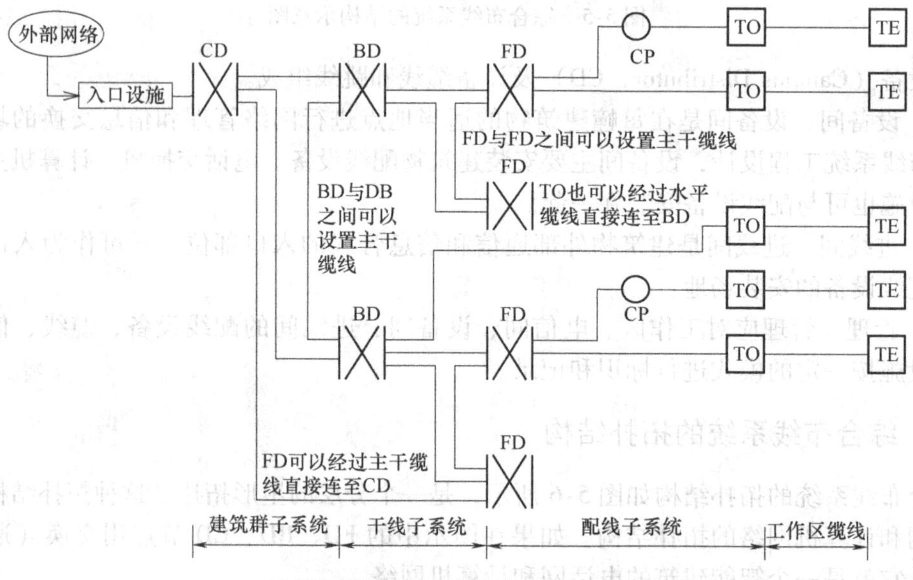

b) 综合布线系统的拓扑结构与系统组成之间的关系

图 5-6 综合布线系统的拓扑结构

3 类大对数电缆布线，配线子系统采用 5/5e/6 类铜缆布线。FD、BD、CD 节点采用直联设备。从交换机到电话机的链路是一条透明的铜缆电路，信道的总长度不大于 2000m，最终组成的是一个星形模拟电话网，如图 5-7 所示。

2. 计算机网（数据）应用

针对计算机网的需求，综合布线系统采用光缆/铜缆混合布线的方案。到桌面的配线子

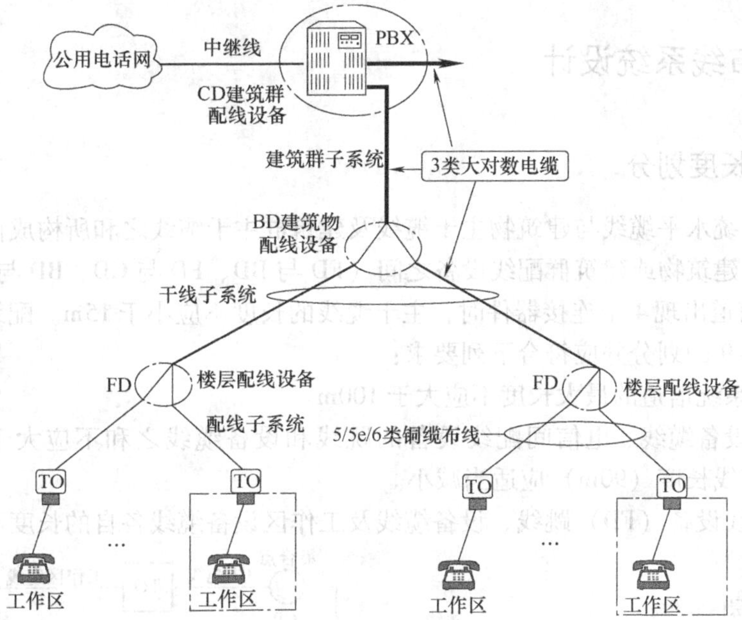

图 5-7 综合布线系统的模拟电话网应用

系统通常采用5e/6类铜缆布线，支持100Mbit/s、1000Mbit/s以太网。建筑群子系统及干线子系统通常采用光缆布线，支持1GMbit/s、10Gbit/s以太网。FD、BD、CD节点放置网络交换机及服务器等设备。最终组成的是一个宽带IP网，如图5-8所示。

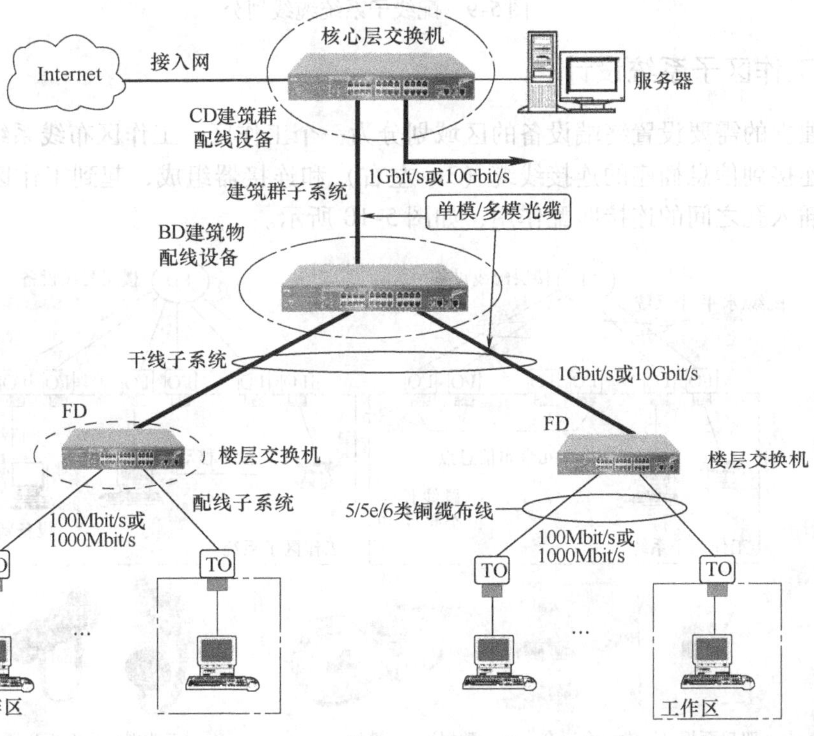

图 5-8 综合布线系统的计算机网应用

5.3 综合布线系统设计

5.3.1 缆线长度划分

综合布线系统水平缆线与建筑物主干缆线及建筑群主干缆线之和所构成信道的总长度不应大于2000m，建筑物或建筑群配线设备之间（FD与BD、FD与CD、BD与BD、BD与CD之间）组成的信道出现4个连接器件时，主干缆线的长度不应小于15m。配线子系统各缆线长度应符合图5-9的划分并应符合下列要求：

1）配线子系统信道的最大长度不应大于100m。

2）工作区设备缆线、电信间配线设备的跳线和设备缆线之和不应大于10m，当大于10m时，水平缆线长度（90m）应适当减小。

3）楼层配线设备（FD）跳线、设备缆线及工作区设备缆线各自的长度不应大于5m。

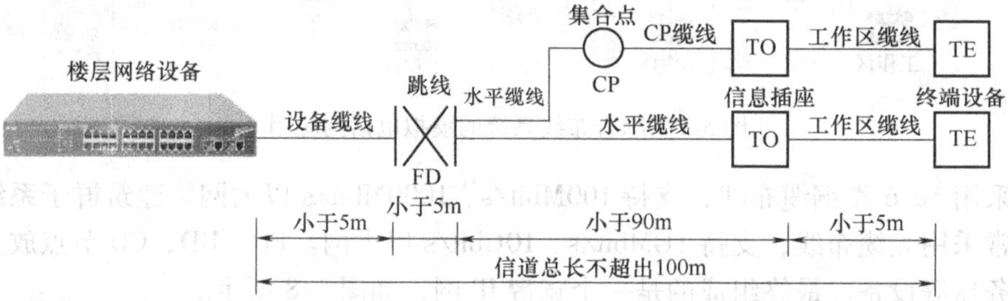

图5-9 配线子系统缆线划分

5.3.2 工作区子系统设计

一个独立的需要设置终端设备的区域划分为一个工作区。工作区布线系统由工作区内的终端设备连接到信息插座的连接线缆（3m左右）和连接器组成，起到工作区的终端设备与信息插座插入孔之间的连接匹配作用，如图5-10所示。

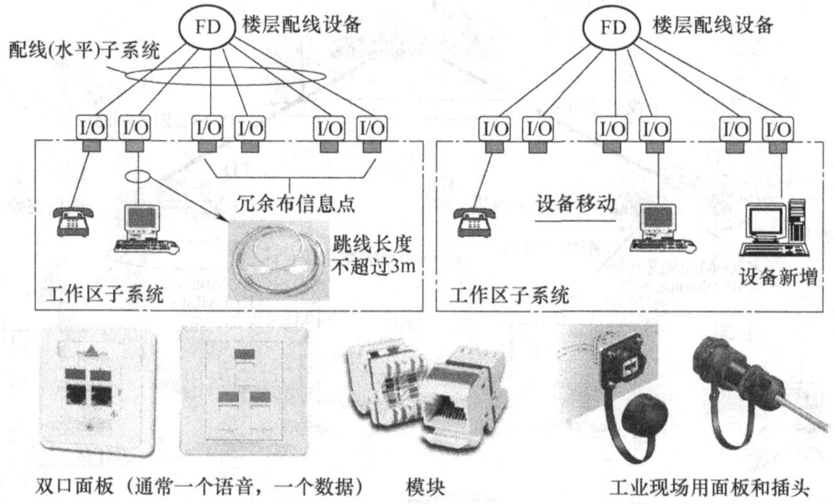

图5-10 工作区子系统

工作区子系统设计的主要任务就是确定每个工作区信息点的数量。每个工作区信息点数量可按用户的性质、网络构成和需求来确定。当网络使用要求尚未明确时，可参照表5-1所示配置。

表5-1 信息点数量配置

建筑物功能区	信息点数量（每一工作区）			备注
	电话	数据	光纤（双工端口）	
办公区（一般）	1个	1个		
办公区（重要）	1个	2个	1个	对数据信息有较大的需求
出租或大客户区域	2个或2个以上	2个或2个以上	1或1个以上	指整个区域的配置量
办公区（政务工程）	2~5个	2~5个	1或1个以上	涉及内、外网络时

注：大客户区域也可以为公共实施的场地，如商场、会议中心、会展中心等。

工作区信息插座的数量并不只是根据当前的网络使用需求来确定，综合布线系统是通过冗余布信息插座（点），来达到设备重新搬迁或新增设备时不需重新布置线缆及插座、不会破坏装修环境的目标。这样做也是最经济的：根据测算，在建筑物综合布线时期每增加一个信息插座（点）的成本假设为1，则当建筑物装修布置完毕正常使用后若再增加一个信息插座（点）时的成本就变为10~20。

5.3.3 配线子系统设计

配线子系统（又称水平子系统）由每一个工作区的信息插座、信息插座至楼层配线设备（FD）的配线电缆或光缆、楼层配线设备和跳线等组成，如图5-11所示。配线子系统缆线应采用非屏蔽或屏蔽4对对绞电缆，在需要时也可采用室内多模或单模光缆。

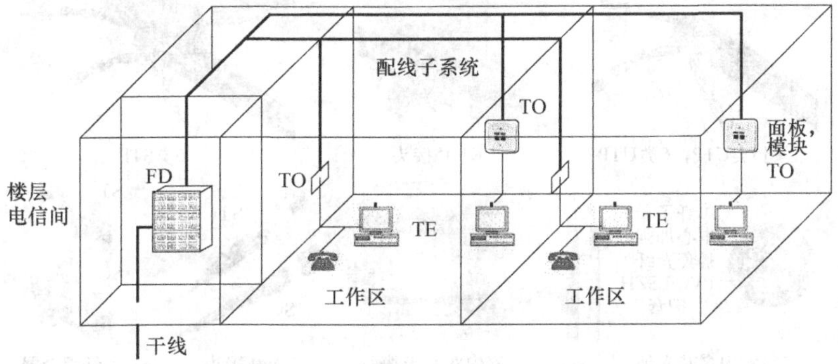

图5-11 配线子系统

配线子系统布线线缆一般沿大楼的地面或吊顶中水平走线，如图5-12所示。

1. 采用5e/6类UTP布线设计

配线子系统优先采用5e/6类UTP（Unshielded Twisted Pair，非屏蔽双绞线）布线设计，如图5-13所示。为确保兼容性，UTP传输的最大距离为100m，布线的最大距离（从FD配线架至工作区的信息插座）应小于90m。

为何UTP成为配线子系统首选线缆？其主要原因是UTP可以同时很经济地支持数据和语音传输。在数据传输方面，以太网的向下兼容策略极大地保护了用户资源，例如6类UTP

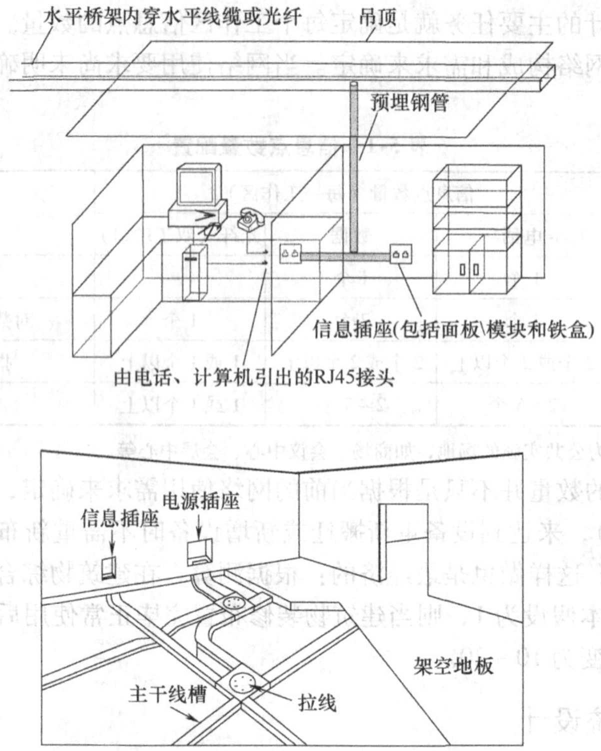

图 5-12 配线子系统布线示意图

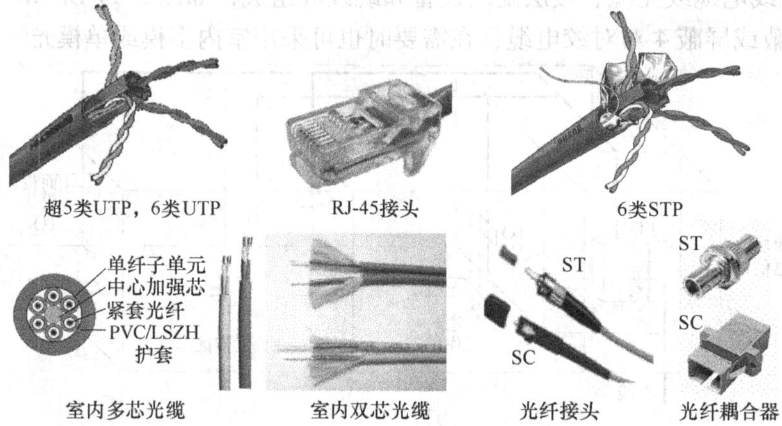

图 5-13 配线子系统所用线缆

可支持 1000Mbit/s 以太网、100Mbit/s 以太网、10Mbit/s 以太网、155Mbit/s ATM、16Mbit/s 令牌环网、电话网。

UTP 与光缆相比，在传输带宽和距离上有差距，但是省去了电-光和光-电转换的麻烦，尤其是在低端的应用方面（如电话网）光缆要比 UTP 昂贵许多。

2. 采用多模光纤布线设计

62.5/125μm 或 50/125μm 多模光纤线缆及信息插孔为 ST 型光缆的标准接口。多模光纤线缆最高带宽可达 2Gbit/s。水平光缆长度可适当加长，最长不能超出 550m。

水平布线系统还可采用双介质混合型线缆（内有4对100Ω非屏蔽线缆和62.5/125μm多模光缆）和双介质混合型信息插座（内有RJ45的标准插座和ST型光缆接口）。

3. 配线子系统布线冗余设计

大量的冗余设计的水平布线被认为是一种基础设施，一个布线系统的期望寿命至少为10年，所以也是一项长期投资。在这段时间内，IT技术必将得到巨大的发展。就目前而言，桌面应用系统虽然还没有用到1Gbit/s的需求，但是，新一代基于IP的多媒体通信的时代必将到来。布线基础设施是智能建筑的中枢神经系统，必须保证其长期高效运行。所以，水平布线至少要选择超5类线以保证网络的正常工作。对于新安装的系统推荐使用6类线，这将保证千兆位以太网技术可以经济地满足目前和将来的需要。在经济条件允许的项目中可以采用光纤+UTP双介质混合型线缆。

4. 楼层配线和跳接

楼层配线和跳接相当于一个信道接通或拆线的作用，其原理示意图如图5-14所示。综合布线工程一般不包括通信交换设备，当然更不包括终端设备。所以，楼层配线间的跳接工作并不是在综合布线工程中完成的，而是最终用户根据实际的通信业务、终端设备的位置、通信交换设备来进行跳接的，这个步骤也就是网络的管理工作。

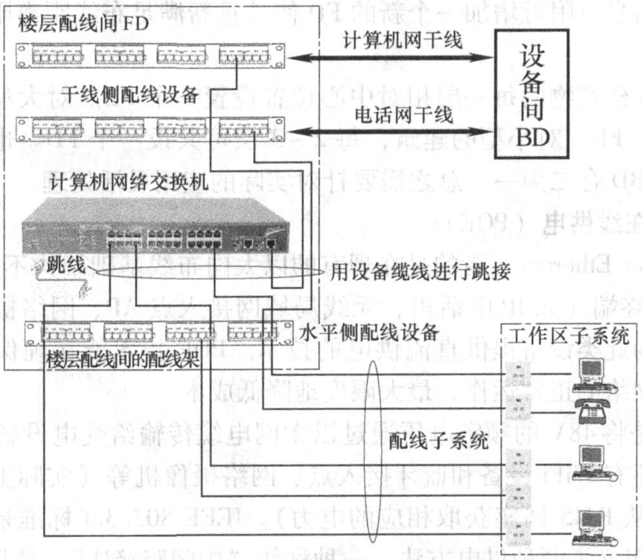

图5-14　楼层配线和跳接原理示意图

楼层配线间的配线架可分为面向水平子系统的配线架和面向干线子系统的配线架。面向水平子系统的配线架主要有超5类UTP配线架、6类UTP配线架和光纤配线架。面向干线子系统的配线架除上述之外，还有针对电话网应用的110系列配线架。楼层配线间的配线架通常称为IDF（Intermediate Distribution Frame，又称中间配线架）。电信间FD的连接方式如图5-15所示。

5. FD的规划

在进行综合布线系统设计时，如何合理规划FD是一个关键。一个FD所能容纳的水平布线数量并没有限制，主要是满足任一工作区的信息点至FD的布线距离不能超出90m的限制条件。如果出现某些信息点至FD的布线距离超出90m的情况该如何解决？解决方法有两

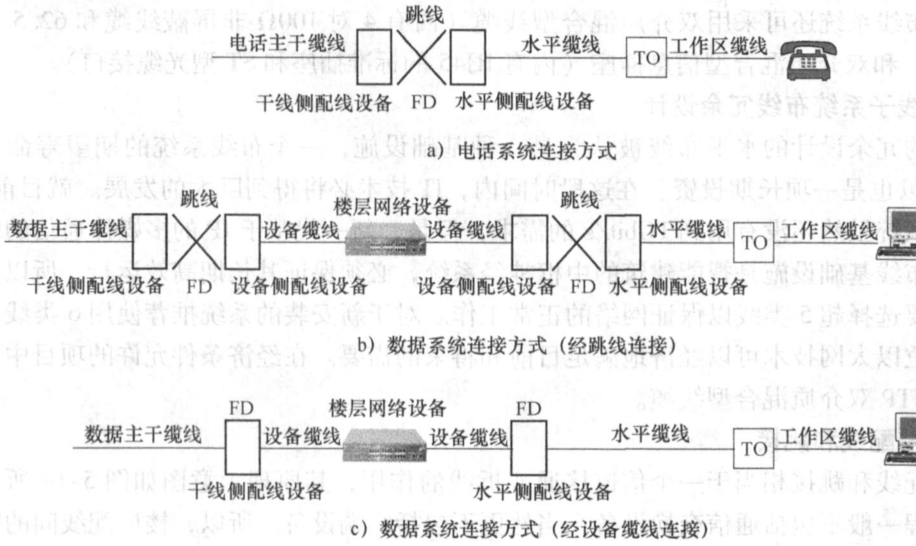

图5-15 电信间FD的连接方式

种：其一是在那些信息点附近增加一个新的FD使其重新满足布线距离限制条件；其二是使用光缆。

一般情况下，在建筑物的每一层相对中心位置设置一个FD。对大型的建筑，每一层可在4个方位设置多个FD。对小型的建筑，每2~3层可共设一个FD。也有一些小型建筑不设FD，而将FD和BD合二为一。总之需要针对实际的应用灵活处理。

6. 支持以太网在线供电（POE）

POE（Power Over Ethernet）指的是在现有的以太网布线基础架构不做何改动的情况下，在为一些基于IP的终端（如IP电话机、无线局域网接入点AP、网络摄像机等）传输数据信号的同时，还能为此类设备提供直流供电的技术。POE技术能在确保现有结构化布线安全的同时保证现有网络的正常运作，最大限度地降低成本。

POE的核心就是将48V的额定电压通过以太网电缆传输给受电设备。IP电话就是受电设备的一种，其他还有WiFi设备和蓝牙接入点、网络摄像机等（实际上，任何功率不超过13W的设备都可以从RJ45插座获取相应的电力）。IEEE 802.3af标准是基于以太网供电系统POE的新标准，定义了两种供电方法：一种称作“中间跨接法”，使用以太网电缆中没有被使用的空闲线对来传输直流电（4、5脚连接为正极，7、8脚连接为负极）；另一种方法是“末端跨接法”，是在传输数据所用的芯线上同时传输直流电（线对1、2和线对3、6可以为任意极性），其输电采用与以太网数据信号不同的频率。标准不允许电源提供设备同时应用以上两种方法，但是电源应用设备必须能够同时适应两种情况。

配线子系统选择5类/超5类/6类UTP线缆均能支持以太网在线供电（POE）。

5.3.4 干线子系统设计

干线子系统由设备间的建筑物配线设备（BD）和跳线以及设备间至各楼层配线设备（FD）的干线电缆组成，以提供设备间总（主）配线架与楼层配线间的楼层配线架（箱）之间的干线路由，如图5-16所示。干线子系统所需要的电缆总对数和光纤总芯数，应满足工程的实际需求，并留有适当的备份容量。主干缆线宜设置电缆与光缆，并互相作为备份路由。综合布线主干线线缆组成，如图 5-17 所示。

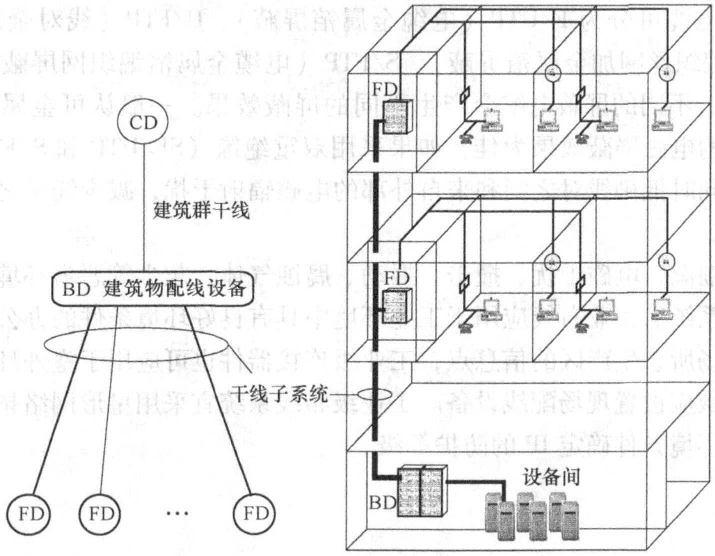

图 5-16　干线子系统

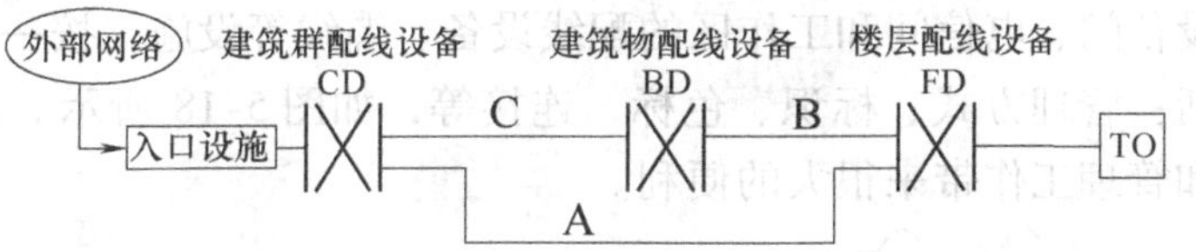

各线段长度限值(单位：m)

	A	B	C
100Ω对绞电缆 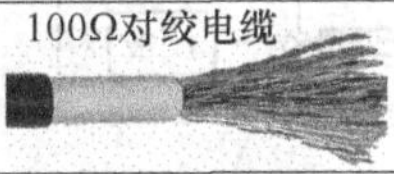	800	500	300
多模光缆 	2000	300	1700
单模光缆 	3000	300	2700

图 5-17　综合布线主干线线缆组成

干线子系统中数据主干线缆（计算机网络主干线缆）推荐采用多芯多模光缆到各个 FD 的设计。对于中低挡的建筑，也可采用超 5 类多对数 UTP 电缆，此时 UTP 电缆的长度不应超过 90m。语音主干线缆（电话网主干线缆）可采用 3 类多对数 UTP 电缆。语音主干电缆按照每 1 对双绞线对应一个语音点考虑，并按 1∶1 配置语音主干。

5.3.5　屏蔽布线和工业级布线系统

符合下列条件的综合布线区域宜采用屏蔽布线系统进行防护：

1）综合布线区域内存在的电磁干扰场强高于 3V/m 时。

2）用户对电磁兼容性有较高的要求（电磁干扰和防信息泄漏）时或网络安全保密的需要，宜采用屏蔽布线系统。

3）采用非屏蔽布线系统无法满足安装现场条件对缆线的间距要求时，宜采用屏蔽布线系统。

屏蔽布线系统采用的电缆、连接器件、跳线、设备电缆都应是屏蔽的，并应保持屏蔽层的连续性。屏蔽电缆可分为 F/UTP（电缆金属箔屏蔽）、U/FTP（线对金属箔屏蔽）、SF/UTP（电缆金属编织丝网加金属箔屏蔽）、S/FTP（电缆金属箔编织网屏蔽加上线对金属箔屏蔽）几种结构。不同的屏蔽电缆会产生不同的屏蔽效果。一般认可金属箔对高频、金属编织丝网对低频的电磁屏蔽效果为佳。如果采用双重绝缘（SF/UTP 和 S/FTP）则屏蔽效果更为理想，可以同时抵御线对之间和来自外部的电磁辐射干扰，减少线对之间及线对对外部的电磁辐射干扰。

对于高温、潮湿、电磁干扰、撞击、振动、腐蚀气体、灰尘等恶劣环境中的综合布线应采用工业级布线系统。工业布线应用于工业环境中具有良好环境条件的办公区、控制室和生产区之间的交界场所、生产区的信息点，工业级连接器件也可应用于室外环境中。在工业设备较为集中的区域应设置现场配线设备。工业级布线系统宜采用星形网络拓扑结构。工业级配线设备应根据环境条件确定 IP 的防护等级。

5.3.6 管理

1. 综合布线管理内容

管理是针对设备间、电信间和工作区的配线设备、缆线等设施，按一定的模式进行标识和记录。内容包括：管理方式、标识、色标、连接等，如图 5-18 所示。这些内容记录资料将给今后的维护和管理工作带来很大的便利。

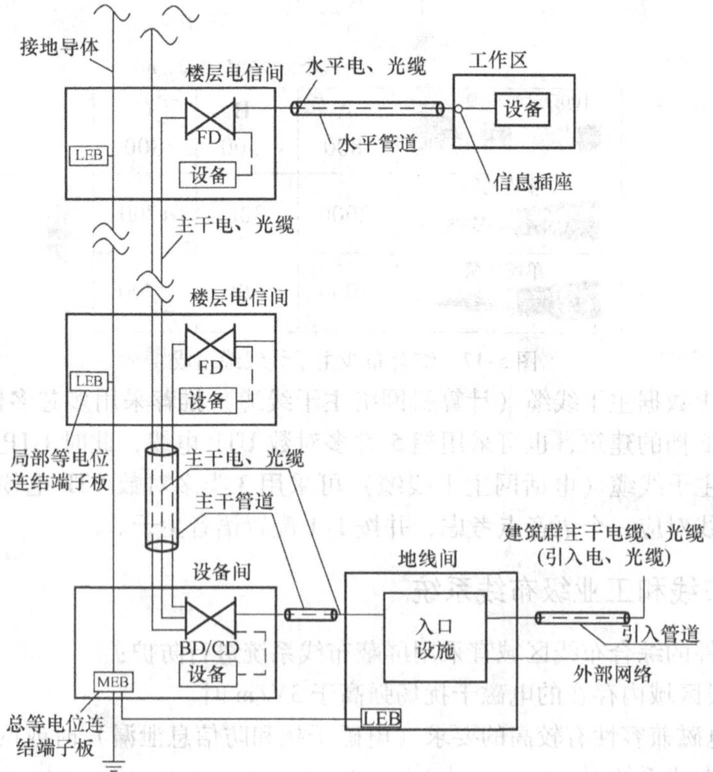

图 5-18　综合布线管理内容示意图

综合布线系统相关设施的工作状态信息应包括：设备和缆线的用途、使用部门、组成局域网的拓扑结构、传输信息速率、终端设备配置状况、占用器件编号、色标、链路与信道的功能和各项主要指标参数及完好状况、故障记录等，还应包括设备位置和缆线走向等内容。

综合布线的各种配线设备，应用色标区分干线电缆、配线电缆或设备端点，同时，还应采用标签表明端接区域、物理位置、编号、容量、规格等，以便维护人员在现场一目了然地加以识别。

1）综合布线系统工程宜采用计算机进行文档记录与保存，简单且规模较小的综合布线系统工程可按图纸资料等纸质文档进行管理，并做到记录准确、及时更新、便于查阅；文档资料要用中文说明。

2）综合布线的每一电缆、光缆、配线设备、端接点、接地装置、敷设管线等组成部分均应给定唯一的标识符，并设置标签。标志符应采用相同数量的字母和数字等标明。

3）电缆和光缆的两端均应标明相同的标志符。

4）设备间、电信间、进线间的配线设备宜采用统一的色标区别各类业务与用途的配线区。

2. 用于管理的标志符组成

用于管理的标志符由字符串和数字两部分组成，一般格式如下：CCxxx 建筑群主干电缆；BGxxx 主干管道（槽）；COxxx 建筑群主干光缆；FGxxx 水平管道（槽）；JXxxx 进线间；DJxxx 电信间；SJxxx 设备间；GQxxx 工作区；RDxxx 入口设施；RCxxx 引入电缆；ROxxx 引入光缆；BDxxx 主干配线设备；BCxxx 主干电缆；BOxxx 主干光缆；FDxxx 水平配线设备；FCxxx 水平电缆；FOxxx 水平光缆；CTxxx 电缆跳线；OTxxx 光缆跳线；TOxxx 信息插座；RGxxx 引入管道；SHxxx 接线盒（室外）；SGxxx 室外配线管道；SCxxx 室外电缆；SOxxx 室外光缆；LEB 局部等电位连结端子板；MEB 总等电位连结端子板；MBC 接地连接导体。

上述标识符可作为参考，在具体的系统设计和管理中，可自行设计或增加所需的标志符，但对同样类型的布线设施及记录应保持标志符的唯一性。图 5-19 所示为某综合布线工程中管理标志符应用示例。

5.3.7 综合布线中的光纤

在综合布线系统中，建筑群子系统及干线子系统线缆宜采用光纤介质。光纤传输信道可以提供更高的传输速率（10Gbit/s）、更长传输距离（5～40km），且不受电磁干扰。光纤传输系统能满足建筑物与建筑群环境对语音、数据、视频等综合传输的要求。

1. 综合布线系统中的光信道

综合布线系统中光纤信道构成方式如图 5-20 所示。

2. 光纤选择

建筑物综合布线一般用多模光纤（相应的产品价格便宜），单模光纤一般用于远距离传输。不同类型的光缆在相应的网络中所能支持的传输距离是不相同的。表 5-2 列出了多模和单模光纤在 100Mbit/s、1Gbit/s、10Gbit/s 以太网中支持的传输距离，供设计时参考。

3. 室内及室外光缆

室内及室外光缆如图 5-21 所示。干线子系统应选用室外多芯光缆。通常光纤只用于单向传输，为了实现双向通信，光纤就必须成对出现，一个用于输入，一个用于输出。所以多

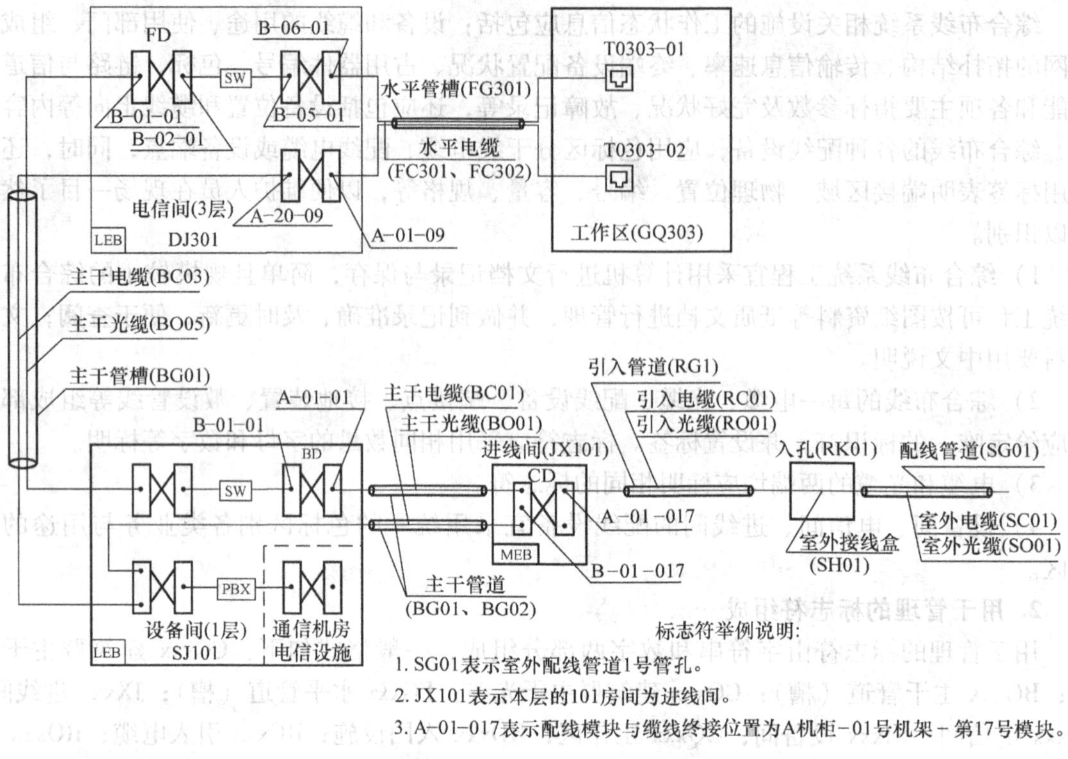

图 5-19 综合布线管理标志符应用示例

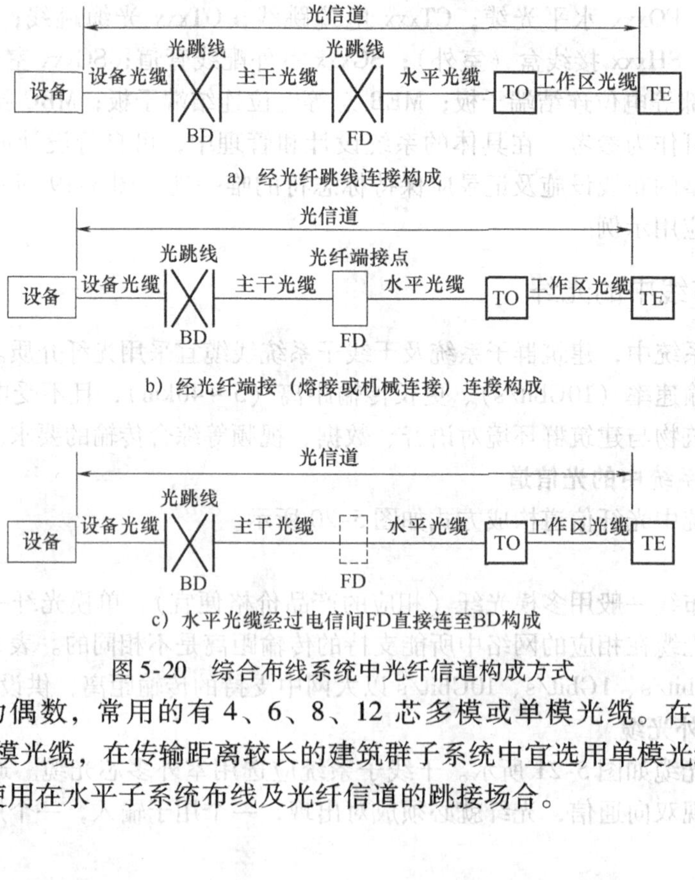

a) 经光纤跳线连接构成

b) 经光纤端接（熔接或机械连接）连接构成

c) 水平光缆经过电信间FD直接连至BD构成

图 5-20 综合布线系统中光纤信道构成方式

芯光缆的纤芯均为偶数，常用的有 4、6、8、12 芯多模或单模光缆。在传输距离不超出 500m 时宜选用多模光缆，在传输距离较长的建筑群子系统中宜选用单模光缆。

室内光缆仅使用在水平子系统布线及光纤信道的跳接场合。

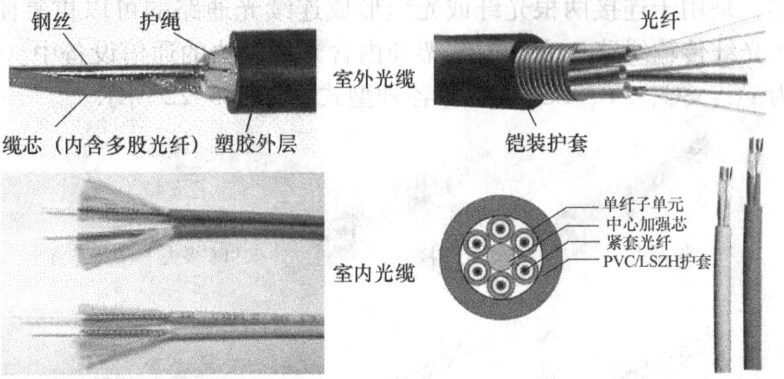

图5-21 室内及室外光缆

4. 光纤连接器

在安装任何光纤系统时，都必须考虑以低损耗的方法把光纤或光缆相互连接起来，以实现光链路的接续。永久性的接续，大多采用熔接法来实现，活动性的接续一般采用光纤连接器来实现。

表5-2 以太网中光纤的应用传输距离

光纤类型	应用网络	传输速率 /bit·s^{-1}	光纤直径 /μm	波长 /nm	带宽 /MHz	应用距离 /m
	100BASE-FX	100M				2000
	1000BASB-SX	1000M			160	220
	1000BASE-LX	1000M	62.5	850	200	275
					500	550
	1000BASE-SX	1000M		850	400	500
					500	550
	1000BASE-LX	1000M	50	1300	400	550
					500	550
多模	10GBASE-S				160/150	26
			62.5		200/500	33
		10G		850	400/400	66
			50		500/500	82
					2000	300
	10GBASB-LX4		62.5		500/500	300
		10G		1300	400/400	240
			50		500/500	300
	10GBASE-L	10G		1310		1000
单模	10GBASE-E	10G	<10	1550		30000 40000
	10GBASE-LX4	10G		1300		1000
	1000BASE-LX	1000M	<10	1310		5000

光纤连接器，是用于连接两根光纤或光缆形成连续光通路的可以重复使用的无源器件，已经广泛应用在光纤传输线路、光纤配线架和内含光纤模块的通信设备中。光纤连接器按结构的不同可分为FC、SC、ST、LC、MT等各种型式，如图5-22所示。

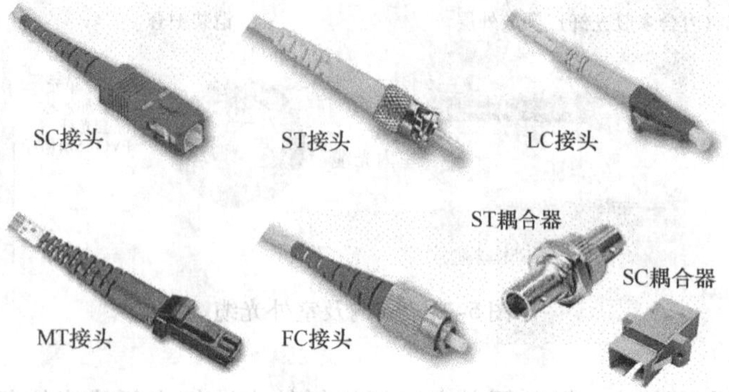

图5-22 光纤连接器

MT型连接器带有与RJ-45型LAN电连接器相同的闩锁机构，通过安装于小型套管两侧的导向销对准光纤，为便于与光收发信机相连，连接器端面光纤为双芯（间隔0.75mm）排列设计，是主要用于数据传输的下一代高密度光连接器。

5. 光纤熔接

两根光纤可以被熔接在一起形成坚实的连接。熔接方法形成的光纤和单根光纤差不多是相同的，仅有一点衰减。光纤熔接需要十分精密的设备和技师操作才能完成，图5-23所示为光纤熔接实例图。光纤本身很脆弱，易折断，所以需要十分小心地保护，图中所示接头处有一根钢针来固定，同时纤芯被盘绕固定在熔接盒内。

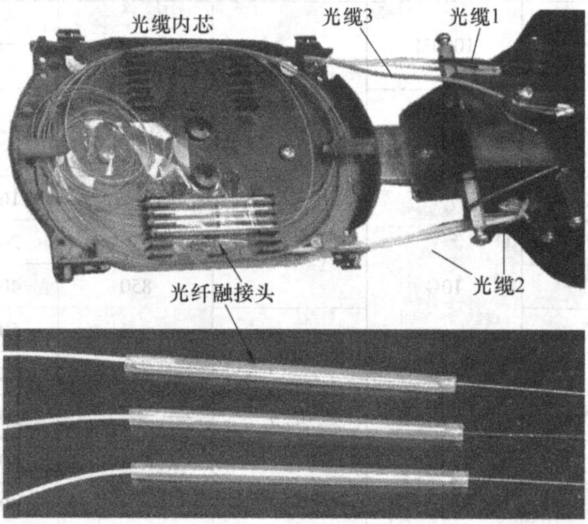

图5-23 光纤熔接实例图

除了永久性的连接两根光缆外，光纤熔接被广泛用于光缆与光纤连接器（又称之尾纤）的连接，如图5-24所示。

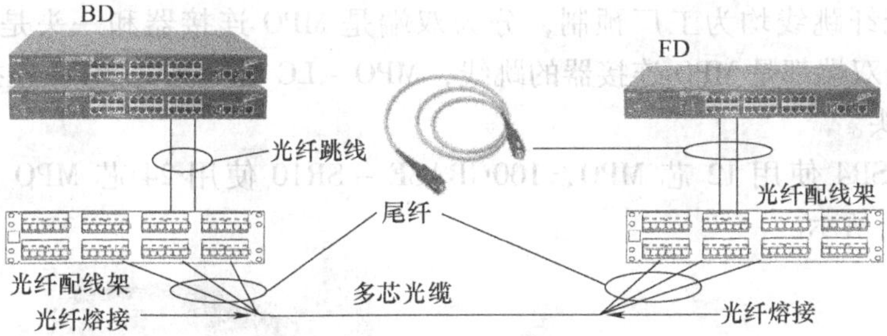

图5-24　光纤熔接广泛用于光缆与尾纤的连接

6. 光纤配线架及跳线

光纤配线架（光纤配线箱）是用于光缆与光通信设备之间的配线连接的设备，它具有光缆熔接、光纤配线、尾纤余长收容、调度等多项功能，可方便地实现光纤线路的连接、分配与调度。如图5-25所示。

光纤跳线是指光线两端都装上连接器插头，用以实现光路的活动连接，一端装有插头则称为尾纤。光纤连接器连接头类型有FC、SC、ST等。两端连接器类型不同的跳线称为转接跳线，一般用两端连接器类型来说明光纤跳线。例如FC-SC跳线、ST-ST跳线、SC-ST跳线等，如图5-25所示。

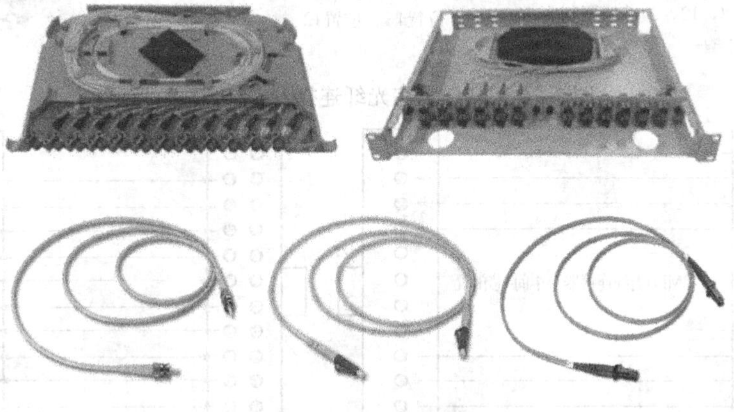

图5-25　光纤配线架及跳线

7. 100Gbit/s以太网光纤布线

100Gbit/s以太网标准IEEE 802.3ba同时定义了两种传输速率（40Gbit/s和100Gbit/s）的基于光纤传输网络应用。共有两种短距离（100m或150m）的光纤应用标准：40GBASE－SR4和100GBASE－SR10，使用多芯的多模光纤介质来传输。40GBASE－SR4使用8芯多模光纤进行传输，100GBASE－SR10使用20芯多模光纤进行传输。在使用OM3等级的多模光纤时传输距离为100m，在使用OM4等级的多模光纤时传输距离为150m，OM3和OM4的系统价差不超过15%，根据IEEE 802.3ba标准，OM4是支持40Gbit和100Gbit带宽的光传输的唯一推荐介质。

另外还有三种长距离的标准：40GBASE－LR4（10km）、100GBASE－LR4（10km）、100GBASE－RE4（40km），使用OS1/OS2，9/125μm单模光纤。

40GBASE－SR4和100GBASE－SR10均使用MPO（Multi－fiber Pull Off）多芯光纤连接器进行布线，如图5-26所示。MPO是弹片卡紧式的多芯光纤连接器，通过机械方式卡入到位。MPO 多芯光纤跳线均为工厂预制，分为双端是 MPO 连接器和一头是扇出式的两类，MPO - MPO 就是双端都是 MPO 连接器的跳线，MPO - LC 是一头为 MPO 连接器另外一头是扇出式的 LC 接头。

40GBASE - SR4 使用 12 芯 MPO，100GBASE - SR10 使用 24 芯 MPO 或者两条 12 芯 MPO，如图 5-27 所示。

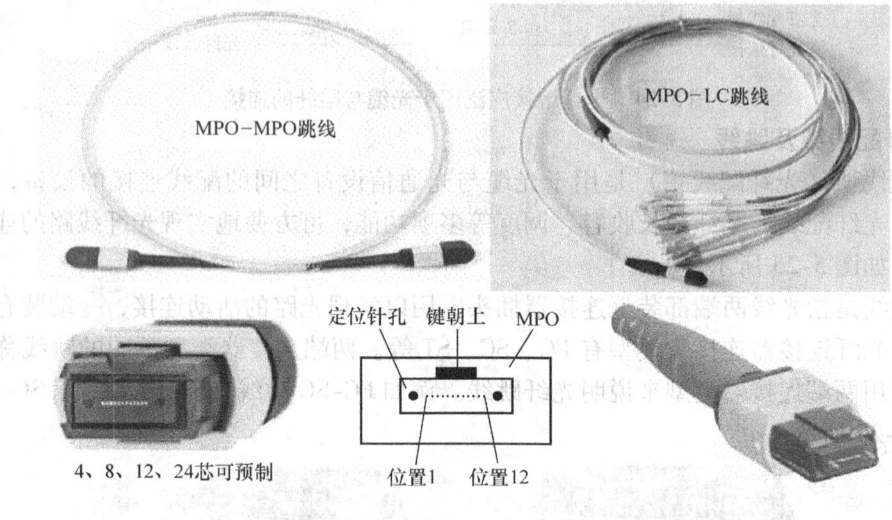

图 5-26 MPO 多芯光纤连接器及 MPO 跳线

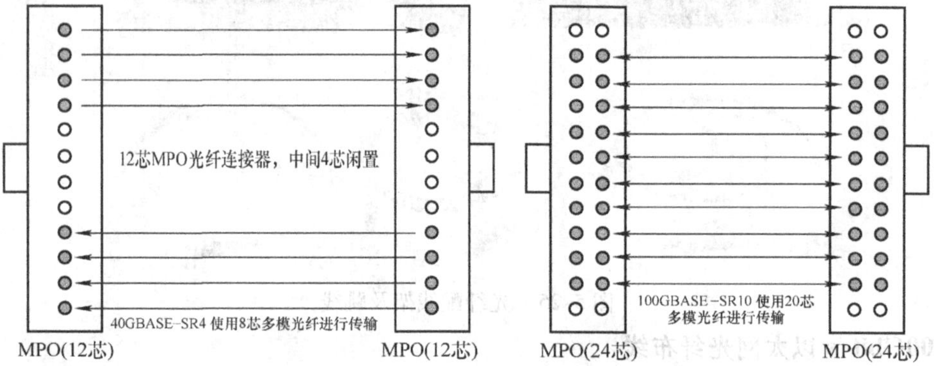

图 5-27 IEEE 802.3ba 短距离标准

MPO 高密度光纤配线箱特别适用于数据中心机房万兆光纤布线系统，如图 5-28 所示。可安装在中高密度服务器机柜/列头机柜，构建全光网络。针对刀片式等高密度服务器区域，使用 ToR 结构，部署万兆接入交换机，采用 10GBase - T 作为万兆接入，并使用 OM4 光纤并行上联的方式，保证足够的带宽（40/100Gbit/s）。

5.3.8 典型应用综合布线设计案例

图 5-29 所示为典型综合布线系统图，水平布线采用 6 类 UTP 和室内多模光纤，语音主干采用 3 类大对数 UTP 电缆，数据主干全部采用光纤，根据实际情况可选用多模或单模光缆。

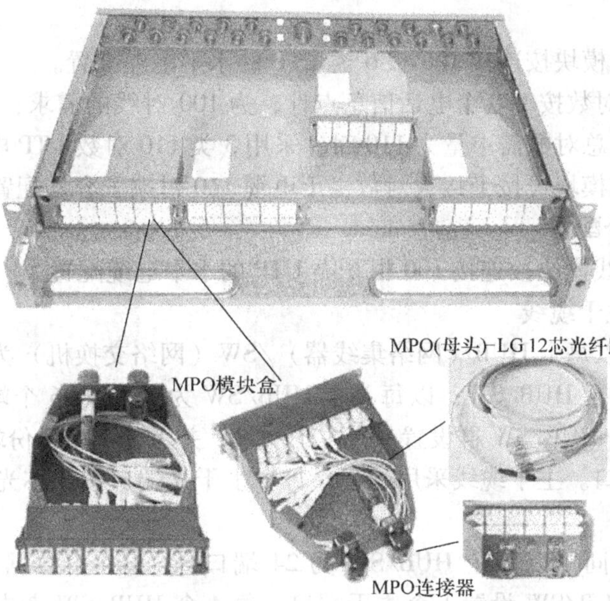

图 5-28　MPO 高密度光纤配线箱

为了说明问题，我们以此案例来进行设备与缆线的配置。例如，第四层共设置了 200 个信息点，计算机网络与电话各占 50%，即各为 100 个信息点。如图 5-29 所示。

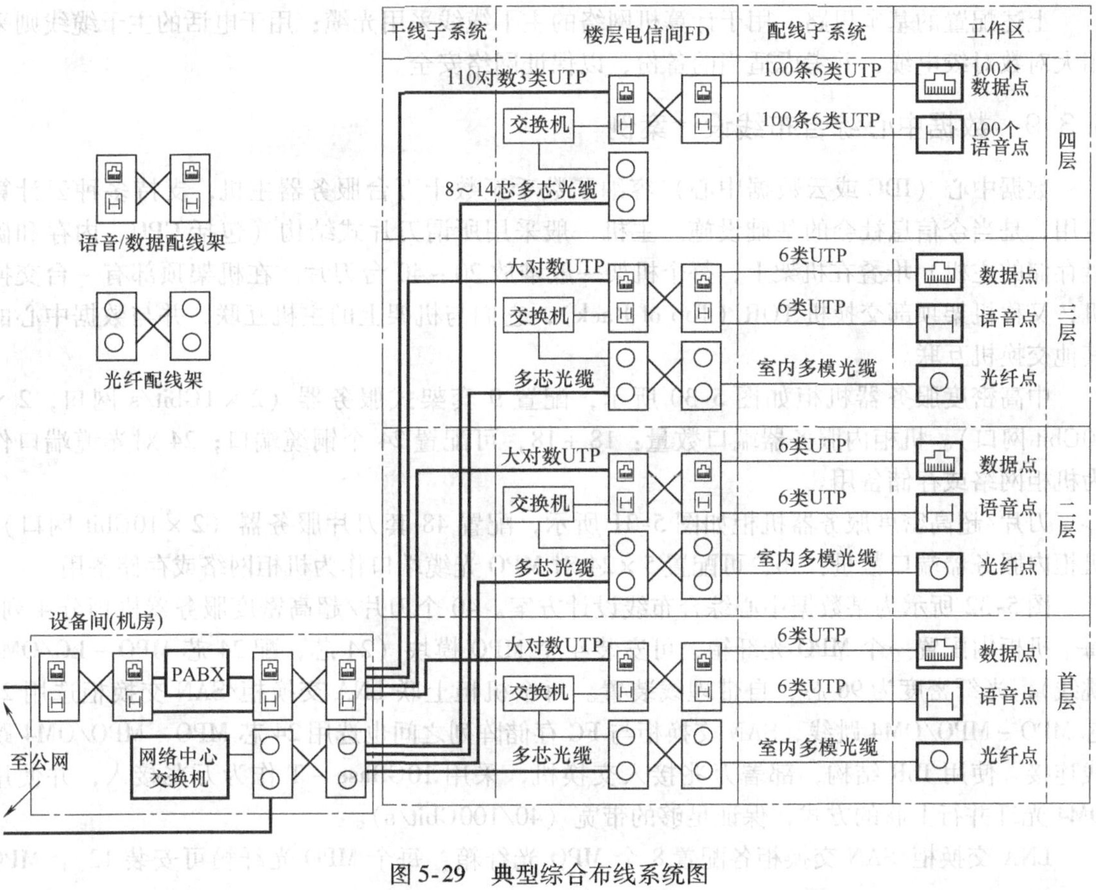

图 5-29　典型综合布线系统图

1. 电话部分配置

1）FD水平侧配线模块按连接100根6类UTP的水平电缆配置。

2）语音主干的总对数按100个电话信息点计，为100对线的需求；如考虑10%的备份线对，则语音主干电缆总对数需求量为110对，采用3类110对数UTP电缆。

3）FD干线侧配线模块可按卡接大对数主干电缆110对端子容量配置。

2. 计算机网络部分配置

（1）FD水平侧配线模块按连接100根6类UTP的水平电缆配置。

（2）计算机网络主干缆线

1）最少量配置：以每个HUB（网络集线器）/SW（网络交换机）为24个端口计，100个数据信息点需设置5个HUB/SW；以每4个HUB/SW为一群（96个端口），组成了两个HUB/SW群；现以每个HUB/SW群设置1个主干端口，并考虑1个备份端口，则两个HUB/SW群需设4个主干端口。主干缆线采用光缆，每个主干光端口按2芯光纤考虑，则光纤的需求量为8芯。

2）最大量配置：同样以每个HUB/SW为24端口计，100个数据信息点需设置5个HUB/SW；以每1个HUB/SW设置1个主干端口，每4个HUB/SW考虑1个备份端口，共需设置7个主干端口。主干缆线采用光缆，每个主干光端口按2芯光纤考虑，则光纤的需求量为14芯。

3）FD干线侧配线模块可根据主干光缆的总容量加以配置。

上述配置的基本思路，用于计算机网络的主干缆线采用光缆；用于电话的主干缆线则采用大对数对绞电缆，并考虑适当的备份，以保证网络安全。

5.3.9 数据中心综合布线设计案例

数据中心（IDC或云数据中心）容纳了数千至数十万台服务器主机，支持多种云计算应用，是当今信息社会的基础设施。主机一般采用所谓刀片式结构（包括CPU、内存和磁盘存储的主机）堆叠在机架上，每个机架一般堆放20～40台刀片。在机架顶部有一台交换机，又称机架顶部交换机TOR（Top of Rack），它们与机架上的主机互联，并与数据中心的其他交换机互联。

中高密度服务器机柜如图5-30所示，配置9套架式服务器（2×1Gbit/s网口，2×10Gbit网口）。机柜内服务器端口数量：18+18，可配置24个铜缆端口；24对光缆端口作为机柜网络或存储备用。

刀片/超高密度服务器机柜如图5-31所示，配置48套刀片服务器（2×10Gbit网口），机柜内服务器端口数量：96，可配置5×24对MPO光缆端口作为机柜网络或存储备用。

图5-32所示为某数据中心综合布线设计方案。40个刀片/超高密度服务器机柜分4列，每个机柜内配置一个MPO光纤箱，可安装4个MPO模块（24芯，配24芯MPO－LC/OM4跳线），光纤密度为96芯，自带理线装置。每个机柜上联LNA交换柜/SAN交换柜选用24芯MPO－MPO/OM4跳线，SAN交换柜与FC存储阵列之间也选用24芯MPO－MPO/OM4跳线连接。使用ToR结构，部署万兆接入交换机，采用10GBase－T作为万兆接入，并使用OM4光纤并行上联的方式，保证足够的带宽（40/100Gbit/s）。

LNA交换柜/SAN交换柜各配置8个MPO光纤箱，每个MPO光纤箱可安装12个MPO

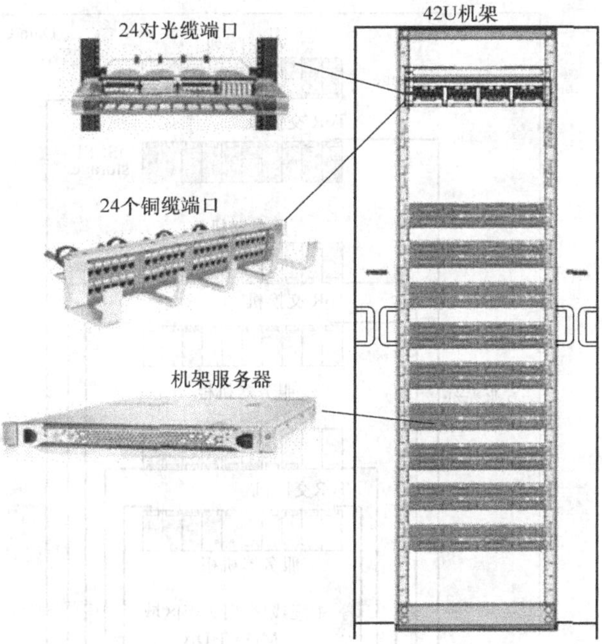

图5-30　中高密度机架式服务器布线需求

模块（24芯，配24芯MPO-LC/OM4跳线），光纤密度为288芯。

服务器机柜到LNA交换柜的上联24芯MPO-MPO/OM4光纤跳线共40×2=80条，服务器机柜到SAN交换柜的上联24芯MPO-MPO/OM4光纤跳线共40×2=80条，保证每台服务器有一条光纤网络通路+1条光纤存储器通路。

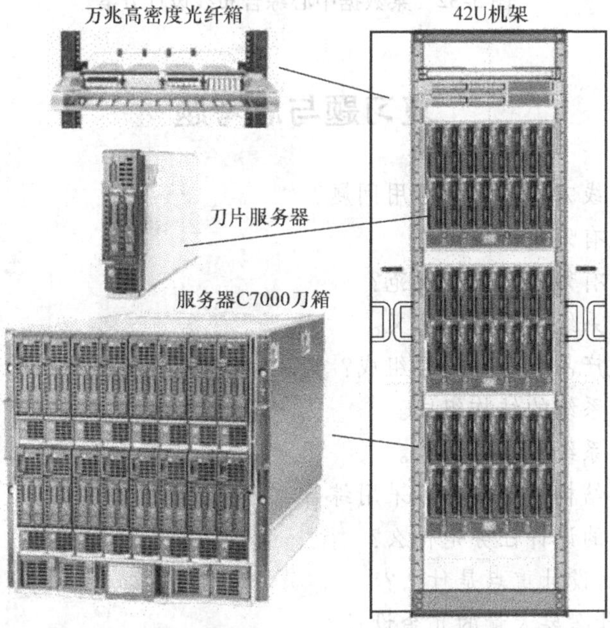

图5-31　刀片/超高密度服务器机柜布线需求

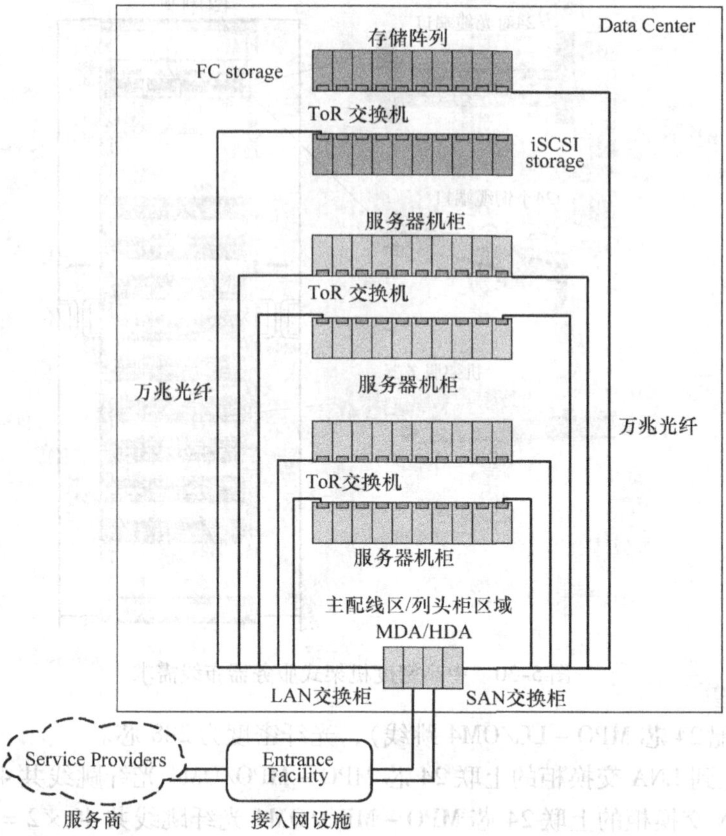

图 5-32 某数据中心综合布线设计方案

复习题与思考题

1. 传统的网络布线方式有哪些应用问题?
2. 综合布线系统有哪些特点?
3. 综合布线系统有哪些标准和规范?
4. 简述综合布线系统的目的和意义。
5. 综合布线系统产品有哪些分类组成?请举例说明。
6. 简述综合布线系统的结构组成。
7. 简述综合布线系统的拓扑结构。
8. 是否任意拓扑结构的网络都可采用综合布线系统?
9. 工作区子系统的设计任务是什么?
10. 水平子系统的设计重点是什么?
11. 水平布线为什么要大量的冗余设计?
12. 水平布线有哪些常用的介质?特点如何?
13. 楼层配线和跳接的作用是什么?如何进行 FD 的规划?

14. 干线子系统的设计重点是什么？有哪些常用的介质？特点如何？
15. 简述综合布线系统中常用的光纤介质及其特点。
16. 什么是光纤连接器？有哪些种类？
17. 简述计算机与综合布线系统之间的连接方式。
18. 综合布线系统设计等级有哪些？特点如何？
19. 综合布线系统设计的一般步骤有哪些？
20. 布线线缆敷设安装有哪些工艺规范要求？
21. 简述双绞线的标准接法。
22. 综合布线系统有哪些典型布线故障？
23. 综合布线工程的测试有什么类型？特点如何？
24. 试分析视频信号传输网络采用综合布线系统的优缺点。

第2篇

楼宇设备自动控制技术

第6章
楼宇基本设备及其控制特性

本章导读

楼宇设备自动化是楼宇智能化的基础。智能化建筑中的机电设备和设施就是楼宇自动化系统的对象和环境，因此，我们有必要认识和掌握这些机电设备和设施的运行规律和控制特性。只有这样，才能设计出方案优秀的楼宇自动化系统，实现其全局的优化控制和管理。

本章重点对供配电系统、照明系统、空调及冷热源系统、给排水系统的设备运行规律和控制特性进行了阐述。

6.1　供配电系统

供配电系统是智能楼宇最主要的能源来源，一旦供电中断，建筑内的大部分电气化和信息化系统将立即瘫痪。因此，可靠和连续地供电是智能楼宇得以正常运转的前提。智能化的供配电系统应用计算机网络测控技术，对所有变配电设备的运行状态和参数集中进行监控，达到对变配电系统的遥测、遥调、遥控和遥信，实现变配电所无人值守。同时还具有故障的自动应急处理能力，能更加可靠地保障供电。

供配电计算机监控系统不但能提高供电的安全可靠性、改善供电质量，同时还能极大地提高管理效率和服务水准、提高用电效率、节约能源、减少日常管理人员数量及费用支出，是楼宇智能化的基本技术之一。

6.1.1　典型供配电系统方案

智能楼宇对供电的可靠性要求较高，一般都要求两路电源供电。对于负荷等级高的建筑物，虽然目前我国城市电网的供电状态较稳定，但是为了确保智能化楼宇供电的可靠、安全，设置自备发电机是十分必要的。

1. 供电系统的主结线

电力的输送与分配，必须由母线、开关、配电线路、变压器等组成一定的供电电路，这个电路就是供电系统的一次结线，即主结线。智能楼宇由于功能上的需要，一般都采用双电源进线，即要求有两个独立电源，常用的高压供电方案如图6-1所示。

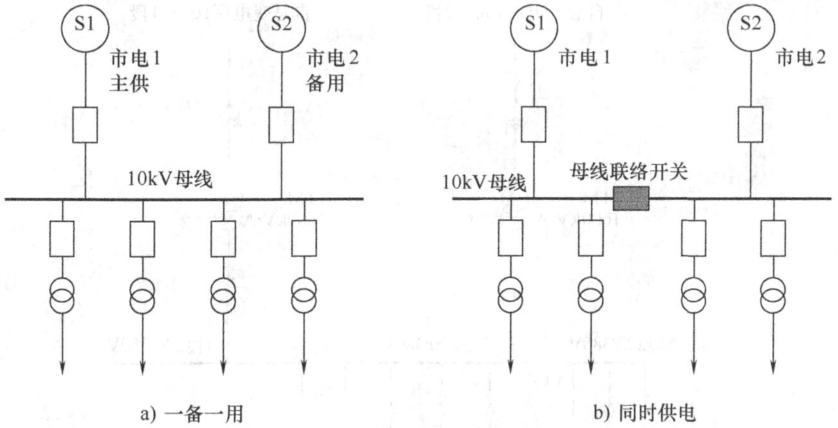

图6-1 常用的高压供电方案

图6-1a方案为两路高压电源，正常时一用一备，即当正常工作电源事故停电时，另一路备用电源自动投入。此方案可以减少中间母线联络柜和一个电压互感器柜，对节省投资和减小高压配电室建筑面积均有利。这种结线要求两路都能保证100%的负荷用电。当清扫母线或母线故障时，将会造成全部停电。因此，这种接线方式常用在大楼负荷较小、供电可靠性要求相对较低的建筑中。

图6-1b方案为两路电源同时工作，当其中一路故障时，由母线联络开关对故障回路供电。该方案由于增加了母线联络柜和电压互感器柜，变电所的面积也就要增大。这种接线方式是商用性楼宇、高级宾馆、大型办公楼宇常用的供电方案。当大楼的安装容量大，变压器台数较多时，尤其适宜采用这种方案，因为它能保证较高的供电可靠性。

我国目前最常用的双电源主结线方案如图6-2所示。采用两路10kV独立电源，再加自备发电机供电，变压器低压侧采取单母线分段的方案。图6-3所示是某医院外科综合楼供电系统方案。变电所内两台变压器各给一段220/380V母线供电，两段母线间设有联络断路器，其中一段母线失电后母联开关投入。在220/380V 2段末端设一应急母线段，给一级负荷供电，此应急段平时由2段供电，当2段失电时，母联开关自动投入，由1段供电；当两路市电电源均失电时，由应急发电机供电，市电与发电机之间的切换设自动联锁控制，由自动转换开关ATS完成。

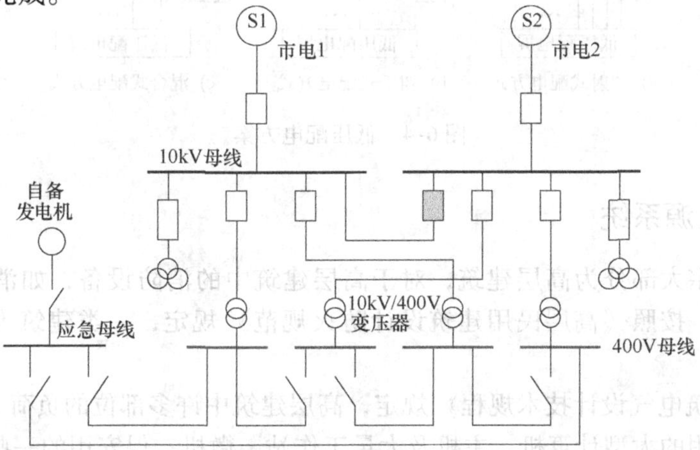

图6-2 双电源主结线方案

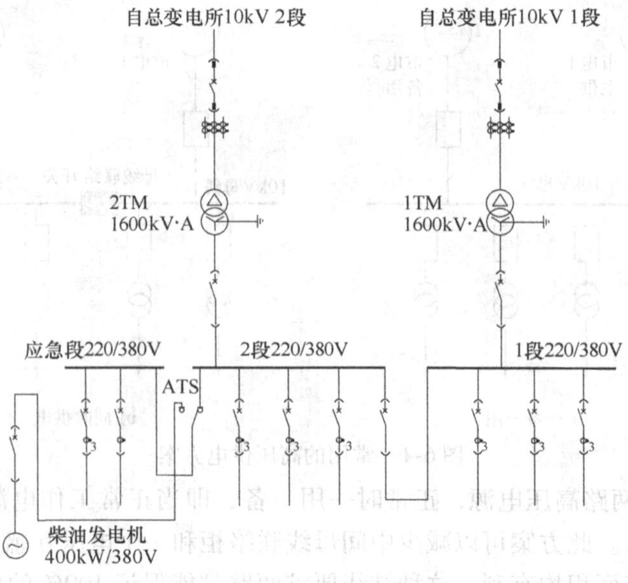

图 6-3 某医院外科综合楼供电系统方案

2. 低压配电方式

低压配电方式是指低压干线的配线方式。低压配电的结线方式可分为放射式和树干式两大类，如图 6-4 所示。放射式配电是一独立负荷或一集中负荷均由一单独的配电线路供电。树干式配电是一独立负荷或一集中负荷按它所处的位置依次连接到某一条配电干线上。混合式即放射式与树干式的组合方式，如图 6-4c 所示。有时也称混合式为分区树干式。

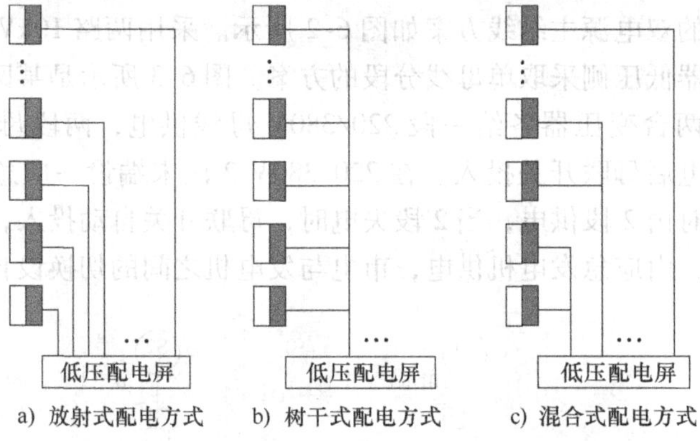

图 6-4 低压配电方案

6.1.2 应急电源系统

目前智能楼宇大部分为高层建筑，对于高层建筑中的消防设备，如消防水泵、消防电梯、应急照明等，按照《高层民用建筑设计防火规范》规定，一类建筑为一级负荷，二类建筑为二级负荷。

按《民用建筑电气设计技术规程》规定，高层建筑中许多部位的负荷为一级负荷，如银行证券大楼业务用的大型计算机、主机及大量工作站、微机；保安用的一些监控设备、大楼设备管理用的一些智能型设备及一些重要部分的照明等，这些设备的供电负荷均为一级负荷。

根据电气设计的规范，一级负荷要求有两路电源供电，二级负荷当条件许可时也宜由两路电源供电，特别是属于消防用的二级负荷，按规定也要两路电源供电。因此，为了确保智能化大楼供电的可靠、安全，设置自备发电机作为应急电源系统是十分必要的。

1. 自备发电机组容量的选择

自备发电机组容量的选择，目前尚无统一的计算公式，因此在实际工作中所采用的方法也各不相同。有的简单地按照变压器容量的百分比确定，例如用变压器容量的10%～20%确定，有的根据消防设备容量相加，也有的根据业主的意愿确定。自备发电机的容量选得太大，会造成一次投资的浪费，选得太小，事故时一则满足不了使用的要求，二则大功率电动机起动困难。如何确定自备发电机的容量呢？应按自备发电机的计算负荷选择，同时用大功率电动机的起动来检验。

在计算自备发电机容量时，可将智能建筑用电负荷分为三类：

第一类为保安型负荷，即保证大楼人身安全及大楼内智能化设备安全、可靠运行的负荷，有消防水泵、消防电梯、防排烟设备、应急照明及大楼设备的管理计算机监控系统设备、通信系统设备、从事业务用的计算机及相关设备等。

第二类为保障型负荷，即保障大楼运行的基本设备负荷，也是大楼运行的基本条件，主要有工作区域的照明、部分电梯、通道照明等。

第三类为一般负荷，除上述负荷外的负荷，例如舒适用的空调、水泵及其他一般照明、电力设备等。

计算自备发电机容量时，第一类负荷必须考虑在内，第二类负荷是否考虑，应视城市电网情况及大楼的功能而定，若城市电网很稳定，能保证两路独立的电源供电，且大楼的功能要求不太高，则第二类负荷可以不计算在内。虽然城市电网稳定，能保证两路独立的电源供电，但大楼的功能要求很高或级别相当高，那么应将第二类负荷计算在内，或部分计算在内。例如：银行、证券大楼的营业大厅的照明、主要职能部门房间的照明等。

若将保安型负荷和部分保障型负荷相叠加来选择发电机容量，其数据往往偏大。因为在城市电网停电、大楼并未发生火灾时，消防负荷设备不起动，故自备发电机起动只需提供给保障型负荷供电即可。而发生火灾时，保障型负荷中除计算机及相关设备仍供电外，工作区域照明不需供电，只需保证消防设备的用电。因此要考虑两者不同时使用，择其大者作为发电机组的设备容量。在初步设计时，自备发电机容量可以取变压器总装机容量的10%～20%。

2. 自备发电机组的机组选择

(1) 起动装置　由于这里讨论的自备发电机组均为应急所用，因此首先要选有自起动装置的机组，一旦城市电网中断，应在15s内起动且供电。机组在市电停后延时3s后开始起动发电机，起动时间约10s（总计不大于15s，若第一次起动失败，第二次再起动，共有三次自起动功能，总计不大于30s），发电机输出主开关合闸供电。

当市电恢复后，机组延时2～15min（可调）不卸载运行，5min后，主开关自动跳闸，机组再空载冷却运行约10min后自动停车。图6-5为发电机组运行流程图。

(2) 外形尺寸　机组的外形尺寸要小，结构要紧凑，重量要轻，辅助设备也要尽量减少，以缩小机房的面积和层高。

（3）自起动方式 自起动方式尽量用电起动，起动电压为直流24V，若用压缩空气起动时，要一套压缩空气装置，比较烦琐，尽量避免采用。

（4）冷却方式 在有足够的进风、排风通道情况下，尽量采用闭式水循环及风冷的整体机组。这样耗水量很少，只要每年更换几次水并加少量防锈剂就可以了。在没有足够进、排风通道的情况下，可将排风机、散热管与柴油机主体分开，单独放在室外，用水管将室外的散热管与室内地下层的柴油主机相连接。

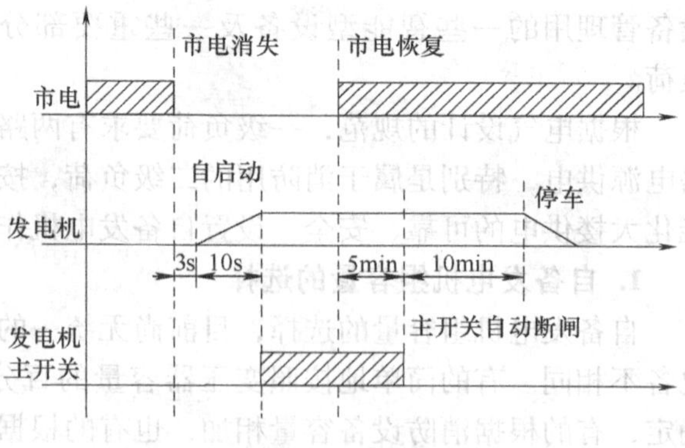

图 6-5 发电机组运行流程图

（5）发电机宜选用无刷型自动励磁的方式。

6.1.3 供配电设备监控

供配电监控系统采用现场总线技术实现数据采集和处理，对供配电设备的运行状况进行监控，达到对变配电系统的遥测、遥调、遥控和遥信，实现变配电所无人值守。对测量所得的数据进行统计、分析，以查找供电异常情况，并进行用电负荷控制及电能计费管理。对供电网的供电状况实时监测，一旦发生电网断电的情况，控制系统做出相应的停电控制措施，应急发电机将自动投入，确保重要负荷的供电。根据智能建筑设计标准规定，供配电监控系统应具有以下功能：

1）供配电系统的中压开关与主要低压开关的状态监视及故障报警。

2）中压与低压主母排的电压监测。

3）电流及功率因数测量。

4）电能计量。

5）变压器温度监测及超温报警。

6）备用及应急电源的手动/自动状态、电压、电流及频率监测。

7）主回路及重要回路的谐波监测与记录。

8）电力系统计算机辅助监控系统应留有通信接口。

1. 供配电监控系统的构成

供配电监控系统一般采用集散系统结构，可分为三层：现场I/O、控制层和管理层，如图6-6所示。

控制层监测和控制供电系统的运行；管理层用于人—机对话的界面、数据处理和存储管理，以及与楼宇计算机管理系统通信；现场I/O则用于现场设备状态信号和运行参数的采集，对现场设备进行操作控制。对中小规模的系统，可省略控制层，将其功能分散到管理层和现场I/O层，此时的控制层设备就是通信控制器或者是网关一类的设备，如图6-7所示。

现场I/O与控制层之间应用现场总线技术（常用的是MODBUS-RTU现场总线协议）构建通信网。控制层与管理层之间可采用BACnet楼宇自控网络协议中的以太网技术实现高速数据传输。

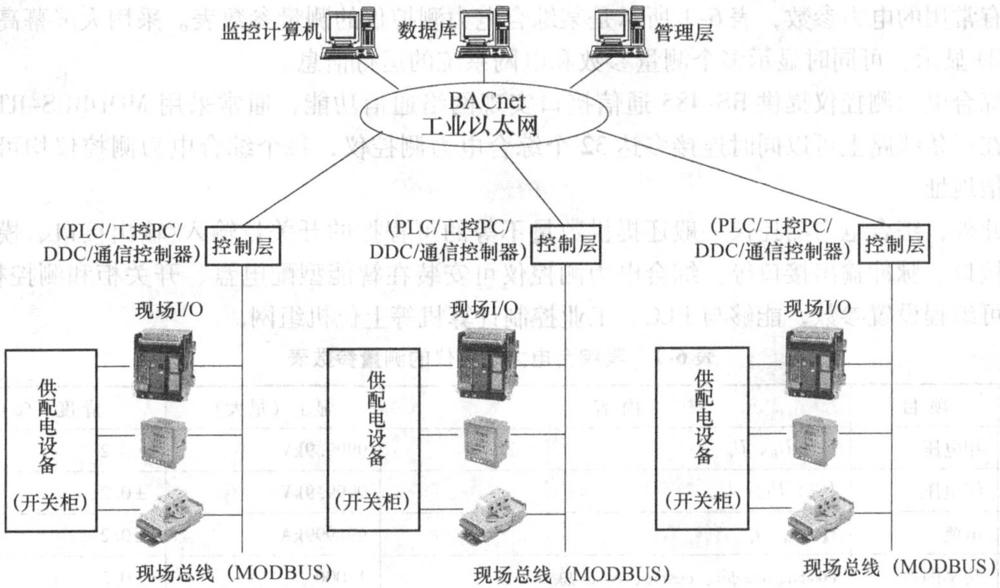

图 6-6　供配电设备监控系统的结构

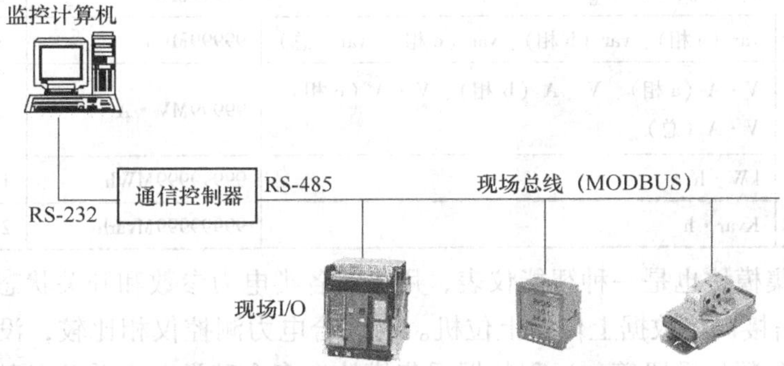

图 6-7　小型供配电监控系统的结构

2. 供配电监控系统设备

(1) 现场 I/O 设备　现场 I/O 设备可以是远程数据采集模块、综合电力测控仪、智能型断路器等，如图 6-8 所示。

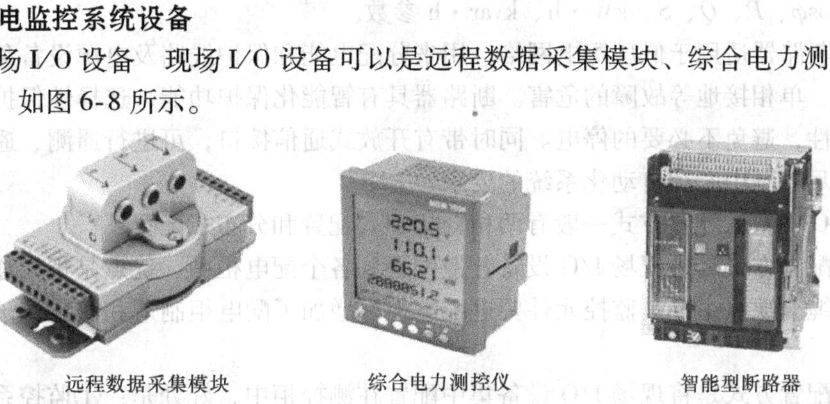

图 6-8　现场 I/O 设备

综合电力测控仪（又称网络电力仪表）用于电力系统的监测和控制。它能高精度地测量所有常用的电力参数，表6-1所示是某综合电力测控仪的测量参数表。采用大屏幕高亮背光LCD显示，可同时显示多个测量参数和电网系统的运行信息。

综合电力测控仪提供RS-485通信接口实现网络通信功能，通常采用MODBUS-RTU协议。在一条线路上可以同时连接多达32个综合电力测控仪，每个综合电力测控仪均可设定其通信地址。

此外，综合电力测控仪一般还提供数量不等的可程控的开关量输入/输出接口、模拟量输出接口、脉冲输出接口等。综合电力测控仪可安装在智能型配电盘、开关柜和测控柜中，现场可编程设置参数，能够与PLC、工业控制计算机等上位机组网。

表6-1 某综合电力测控仪的测量参数表

序号	项 目	内 容	显示（最大）	精 度（%）
1	相电压	U_a、U_b、U_c	9999.9kV	±0.2
2	线电压	U_{ab}、U_{bc}、U_{ac}	9999.9kV	±0.2
3	电流	I_a、I_b、I_c	99.999kA	±0.2
4	功率因数	cosϕa、cosϕb、cosϕc、cosϕ总	1.000	±0.5
5	频率	Hz	65.00Hz或55.00Hz	1级
6	有功功率	P_a、P_b、P_c、$P_{总}$	99999MW	±0.5
7	无功功率	var（a相）、var（b相）、var（c相）、var（总）	99999Mvar	±0.5
8	视在功率	V·A（a相）、V·A（b相）、V·A（c相）、V·A（总）	99999MV·A	±0.5
9	有功电能	kW·h	99999999MWh	1级IEC1036
10	无功电能	Kvar·h	99999999Mvarh	2级IEC1268

远程数据采集模块也是一种智能仪表，用于对各类电力参数和开关状态的实时检测，并通过RS-485通信接口将数据上传给上位机。与综合电力测控仪相比较，没有显示功能，也不能在现场进行参数的设置等。远程数据采集模块有多个种类，有单独对某一参数进行测量的采集模块（如电压测量模块，电流测量模块等），也有交流电量综合采集模块，可测量U、I、F、cosφ、P、Q、S、kW·h、kvar·h参数。

智能型断路器适用于低压配电网络，用来分配电能和保护线路及电源设备免受过载、欠电压、短路、单相接地等故障的危害。断路器具有智能化保护功能，选择性保护精确，能提高供电可靠性，避免不必要的停电。同时带有开放式通信接口，可进行遥测、遥调、遥控和遥信，以满足控制中心和自动化系统的要求。

现场I/O设备的配置方式一般有两种：集中式配置和分布式配置。

分布式配置方式是将现场I/O设备分散配置到各个配电柜中，优点是柜间连线少，通常只有通信电缆。缺点主要是监控元件要进配电柜，增加了配电柜制造和安装调试时的协调工作量。

集中式配置方式是将现场I/O设备集中配置在测控柜中，好处是：①监控系统和配电柜分别制造和安装。相互间通过二次信号线相连。协调配合比较简单；②监控系统的硬件和软件都可以实现标准化、产品化，从而进一步提高了系统的可靠性；缺点主要是将分散配置时的柜内接线变成为柜间连线，加大了安装布线的工作量和系统维修维护的难度。

（2）控制层和管理层　控制层是现场总线系统中的主机，监测和控制下位机（现场 I/O）的运行，是整个系统的控制核心。控制层一般用可编程序控制器 PLC、工控 PC 来担当。

大型供配电设备监控系统的规模大、功能多、可靠性要求高，通常由多个变电站组成，要求联网监控。如大型的工厂企业、机场、体育场、展览馆和楼群等的供电系统多属此类系统。大型供配电设备监控系统中的每一个变电站距离较远、信息量较大时，宜采用光纤作为网络的通信介质。为了进一步提高通信网络的可靠性，网络应采用冗余设计。按照需要，变电站可以设监控计算机进行本地的监控，也可以由中央控制室进行远程监控。

（3）监控系统应用软件　供配电设备监控系统的应用软件一般用组态软件工具来开发，其功能强大，结构复杂，后台需要强大的实时数据库支撑。

6.2 照明系统

照明系统由照明装置及其电气控制部分组成。照明装置主要是电光源和灯具，照明装置的电气部分包括照明电源、开关及调光控制、照明配电、智能照明控制系统。

目前我国照明用电量约占全社会总用电量的 12%，照明的节能对实现我国节能减排的目标具有重要意义。除了大力推广使用新型节能光源及高性能照明灯具措施之外，应用信息化技术改造传统照明系统的粗放式能源使用方式，精细利用能源，是另一照明的节能技术，即所谓的智能照明技术。

6.2.1 楼宇照明设计

照明设计的原则是在满足照明质量要求的基础上，正确选择光源和灯具，节约电能；安装和使用安全可靠；配合建筑的装饰；经济合理及预留照明条件等。

1. 照明设计步骤

照明设计的一般步骤：确定照明方式、照明种类、照度设计标准；确定光源及灯具类型，并进行布置；进行照度计算，并确定光源的安装功率；确定照明的配电系统；线路计算（包括负荷、电压损失计算，机械强度校验，功率因数补偿计算等），确定导线型号、规格及敷设方式；确定智能照明控制系统方案，选择控制设备及其安装位置等；绘制照明平面布置图，同时汇总安装容量，列出主要设备及材料清单等。

2. 常用的光度量

常用的光度量有光通量、发光强度、照度、发光效率、色温、显色性指数等。

（1）光通量　光源在单位时间内向周围空间辐射出去的并能使人眼产生光感的能量，称为光通量，用符号 Φ 表示，单位为流明（lm）。光通量是说明光源发光能力的基本量。例如，220V/40W 普通白炽灯的光通量为 350lm，而 220V/40W 荧光灯的光通量大于 2000lm，是白炽灯的几倍，简单说光源光通量越大，人们对周围环境的感觉越亮。

（2）发光强度（光强）　光源在空间某一方向上单位立方体角内发射的光通量称为光源在这一方向上的发光强度，简称为光强，以符号 I 表示，单位为坎德拉，符号为 cd。

（3）照度　照度用来表示被照面上被光源照射的强弱程度，以被照面上单位面积所接收的光通量来表示。照度以 E 表示，单位是勒克斯，符号为 lx。1lm 光通量均匀分布在 $1m^2$ 面积上所产生的照度为 1lx。

为了对照度有一个实际概念，下面举一些常见的照度数字实例。在40W白炽灯下1m处的照度约为30lx；加一搪瓷伞形罩后照度就增加到73lx；阴天中午室外照度约为8000～20000lx；晴天中午在阳光下的室外照度可高达80000～120000lx。一般地说，照度为1lx时，人眼仅能辨别物体的轮廓；照度为5～10lx时，看一般书籍比较困难；阅览室和办公室的照度不应低于50lx。

（4）发光效率 发光效率反映了光源在消耗单位功率的同时辐射出光通量的多少，单位是流明每瓦（lm/W）。例如，一般白炽灯的发光效率为7～17lm/W，荧光灯的发光效率为25～67lm/W，荧光灯的发光效率比白炽灯高。而LED白光灯的发光效率可以达到200lm/W，研发水平的发光效率达到276lm/W。所以，同功率的LED灯亮度是白炽灯的近10倍。

（5）色温 不同的光源，由于发光物质不同，其光谱能量分布也不相同。一定的光谱能量分布表现为一定的光色。人们用色温来描述光源的光色变化。所以色温可以定义为：某一种光源的色度与某一温度下的绝对黑体的色度相同时绝对黑体的温度。因此，色温以温度的数值来表示光源颜色的特征。例如温度为2000K的光源发出的光呈橙色，3000K左右呈橙白色，4500～7000K近似白色。天然光源和常见人工光源的色温如表6-2所示。

表6-2 光源色温表

天然光源色温		常见人工光源色温	
光源	色温/K	光源	色温/K
晴天室外光	13000	蜡烛	1900～1950
全阴天室外光	6500	高压钠灯	2000
白天直射日光	5550	白炽灯（40W）	2700
45°斜射日光	4800	荧光灯	3000～7500
昼光色	6500	碳弧灯	3700～3800
月光	4100	氙灯	5600
		炭精灯	5500～6500

（6）显色性指数 人们发现同一个颜色样品在不同的光源下可能使人眼产生不同的色彩感觉，或在某些光源下观察到的颜色与日光下看到的颜色是不同的，这就涉及光源的显色性问题。为了检验物体在待测光源下所显现的颜色与在日光下所显现的颜色相符的程度，采用一般显色性指数作为定量评价指标，用符号 *Ra* 表示。显色性指数最高为100。表6-3是部分电光源的色温及显色指数，从中可以看出灯光颜色与日光很相似的光源（如荧光灯、汞灯等），由于其光谱能量分布与日光有很大的差别，相应的显色性略差。在这种灯光下辨别颜色会出现失真现象，原因是这些光源的光谱中缺少某些波长的单色光成分。

表6-3 部分电光源的色温及显色指数表

光源	色温/K	显色指数
高压钠灯	2000	20～25
白炽灯	2900	95～100
荧光灯	6600	70～80
荧光高压汞灯	5500	30～40
镝灯	4300	85～95

3. 照明方式和种类

照明方式可分成下列三种：

（1）一般照明　在整个场所或场所的某部分照度基本上均匀的照明。对于工作位置密度很大而对光照方向又无特殊要求，或工艺上不适宜装设局部照明装置的场所，宜单独使用一般照明。

（2）局部照明　局限于工作部位的固定的或移动的照明。对于局部地点需要高照度并对照射方向有要求时，宜采用局部照明。但在整个场所不应只设局部照明而无一般照明。

（3）混合照明　一般照明与局部照明共同组成的照明。对于工作面需要较高照度并对照射方向有特殊要求的场所，宜采用混合照明。此时，一般照明照度宜按不低于混合照明总照度的5%～10%选取，且最低不低于20lx。

按照明的功能，照明可分成下面6类：

（1）工作照明　正常工作时使用的室内、外照明。它一般可单独使用，也可与事故照明、值班照明同时使用，但控制线路必须分开。

（2）事故应急照明　正常照明因故障熄灭后，供事故情况下人员疏散、继续工作或保障安全通行的照明。在由于工作中断或误操作容易引起爆炸、火灾以及人身事故会造成严重政治后果和经济损失的场所，应设置应急照明。应急照明宜布置在可能引起事故的设备、材料周围以及主要通道和出入口。并在灯的明显部位涂以红色，以示区别。应急照明必须采用能快速点亮的可靠光源，一般采用白炽灯或卤钨灯。事故照明若兼作为工作照明的一部分则需经常点亮。

（3）值班照明　在非生产时间内供值班人员使用的照明。例如对于三班制生产的重要车间、有重要设备的车间及重要仓库，通常宜设置值班照明。可利用常用照明中能单独控制的一部分，或利用事故照明的一部分或全部作为值班照明。

（4）警卫照明　用于警卫地区周边的照明。

（5）障碍照明　装设在建筑物上作为障碍标志用的照明。在飞机场周围较高的建筑上，或有船舶通行的航道两侧的建筑上，应按民航和交通部门的有关规定装设障碍照明。

（6）广告艺术照明　广告照明以商品品牌或商标为主，内照式广告牌、霓虹灯广告牌、电视墙等灯光形式渲染广告的主题思想，同时又为夜幕下的街景增添了情趣。艺术照明是通过运用不同的光源、灯具、投光角度、灯光颜色等从而营造出一种特定空间气氛的照明。

4. 照度标准

目前我国的照明设计标准是《建筑照明设计标准》（GB 50034—2004），标准规定了各种工业和民用建筑中各类场所的照度设计标准。

降低照度设计标准意味着减少照明系统的负荷、降低照明系统的能耗，这是以降低视觉舒适性为代价的。在一些工作场所，长时间低照度的照明系统会对人的视觉造成疲劳或伤害。因此在条件允许的情况下，照度设计指标应尽量提高一些，对重要的场所还应留有充足的设计余量，照明系统的节能可以通过智能化的控制方法来解决。

6.2.2　建筑照明设备

照明设备主要是电光源和灯具及辅助电气（电路）设备。

1. 照明光源

根据发光原理，照明光源可分为热辐射发光光源、气体放电发光光源和其他发光光源三大类，如图6-9所示。LED光源是国家倡导的绿色光源，具有广阔的发展前景，它将大面积取代现有的白炽灯与节能灯而占领整个市场。

2. LED白光技术

对于一般照明光源需要的是有良好显色指数的白光，人眼睛所能见的白光，至少需两种光的混合，即二波长发光（蓝色光+黄色光）或三波长发光（蓝色光+绿色光+红色光）的模式。LED白光通常采用两种方法形成：第一种是利用“蓝光技术”与荧光粉配合形成白光（蓝色光+黄色光）；第二种是多种单色光混合方法（蓝色光+绿色光+红色光）。这两种方法都已能成功产生白光器件。

第一种方法将发蓝光LED GaM芯片和YAG（钇铝石榴石）荧光粉封装在一起，当荧光粉受蓝光激发后发出黄色光，结果，蓝光和黄光混合形成白光。第二种方法将发出红色光、黄色光、蓝色光的芯片封装在一起，通过各色光混合而产生白光。

（1）发光效率高　LED发光效率达到80~200 lm/W，研发水平的发光效率达到276lm/W，同功率的LED灯亮度是白炽灯的近10倍，是节能灯的两倍以上。

（2）节能　在同样照明效果的情况下，LED耗电量是白炽灯泡的十分之一，荧光灯管的二分之一，如采用LED替代白炽灯和荧光灯，可节省70%的电费。就桥梁护栏灯为例，同样效果的一支荧光灯40W，而采用LED每支的功率只有16W，而且可以七彩变化。

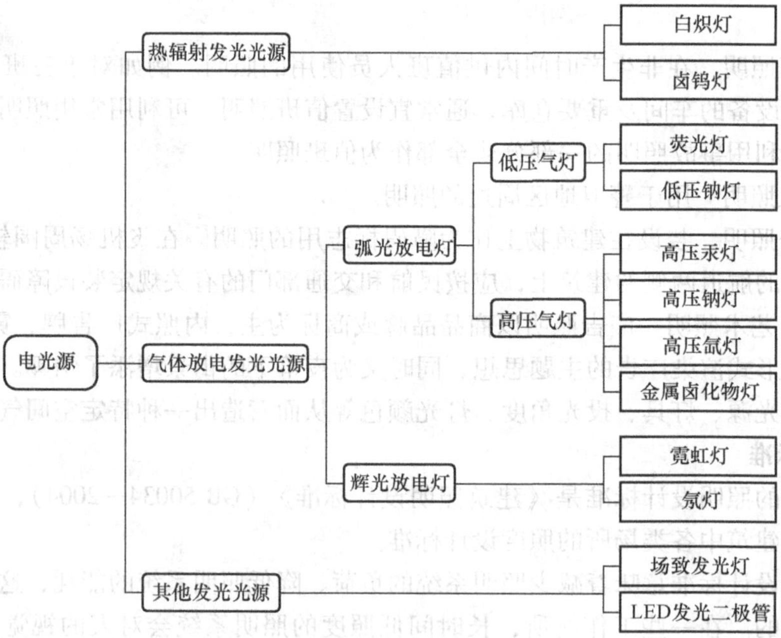

图6-9　电光源分类

（3）使用寿命长　LED是被完全封装在环氧树脂里面，它比灯泡和荧光灯管都坚固。灯体内也没有松动的部分，这些特点使得LED不易损坏。LED器件平均寿命达10万小时，LED灯具使用寿命可达5~10年，可以大大降低灯具的维护费用。

（4）安全环保　LED是由无毒环保的材料制成，不含汞、钠元素等可能危害健康的物质，LED光色柔和，无眩光。LED为全固体发光体，耐震、耐冲击不易破碎，废弃物可回收再利用。LED光源体积小，可以随意组合，易开发成轻便薄短小型照明产品，也便于安装和维护。

3. 照明光源的光电参数特性

照明电光源主要性能指标是：光效、寿命、色温、显色指数、起动、再起动等。在实际选用时，一般应先考虑光效高、寿命长；其次才考虑显色指数、起动性能等。

4. 照明灯具

照明灯具是透光、分配和改变光源光分布的器具，包括除光源外所有用于固定和保护光源的全部零、部件以及与电源连接所必须的线路附件。照明灯具对节约能源，保护环境和提高照明质量具有重要的作用。

（1）控光作用　利用灯具如反射罩、透光棱镜、格栅或散光罩等将光源所发出的光重新分配，照射到被照面上，满足各种照明场所的光分布，达到照明的控光作用。

（2）保护光源的作用　保护光源免受机械损伤和外界污染；将灯具中光源产生的热量尽快散发出去，避免因灯具内部温度过高，使光源和导线过早老化和损坏。

（3）安全作用　灯具具有电气和机械安全性。在电气方面，采用符合使用环境条件（如能够防尘、防水，确保适当的绝缘和耐压性）的电气零件和材料，避免造成触电与短路；在灯具的构造上，要有足够的机械强度，有抗风、雨、雪的性能。

（4）美化环境作用　灯具分功能性照明器具和装饰性照明器具。功能性主要考虑保护光源，提高光效，降低眩光，而装饰性应达到美化环境和装饰的效果，所以要考虑灯具的造型和光线的色泽。

6.2.3　照明控制

1. 电光源控制特性

（1）热辐射光源控制特性　热辐射光源的*V-I*特性类似一个热电阻，交/直流电源均可工作，瞬间点亮。在交流电路中，由于没有电抗，所以可以硬关断/开启。在改变电流大小时即可实现调光，常用脉宽调制法无级调光。热辐射光源的控制简单，可手动/程控进行开/关控制或调光控制。手动开/关控制常用跷板开关，程控开/关可以是电子开关（晶闸管、固态继电器），也可以是断路器（空气开关、交流接触器等）控制一组灯具的控制方式。

（2）气体放电发光光源控制特性　气体放电发光光源的工作电路较复杂，*V-I*特性具有负电阻特性，必须和有限流作用的镇流器串联使用。同时，气体放电发光光源一般需要一个“点火”起动过程，因此工作电路还应具有产生瞬间高电压“触发”电弧点亮的功能。工作在220V/50Hz交流市电下的电感式镇流器荧光灯有许多缺陷。主要是功率因数低、有频闪效应、镇流器损耗大且有低频噪声、不宜调光。高频交流电子型镇流器效率高、性能好、调光范围宽、智能化程度高，正在全面代替电感式镇流器。

高频交流电子型镇流器实际上是一种交-交逆变电源，将荧光灯的交流工作电源从50Hz变换到20～50kHz，频率提高后，电感元件容量大大减小（从H降低到mH的水平），体积和重量都可以做得很小。

目前对荧光灯的调光控制是在高频交流电子型镇流器的基础上实现的，调光方法有：占空比调光法、调频调光法、调节高频逆变器供电电压调光法和脉冲调相调光法4种方式。常用的是调节高频逆变器供电电压调光法和脉冲调相调光法，其调光范围大（3%~100%），可以在任意设定调光值下起动，近似线性的调节特性等。

（3）LED光源控制特性　单个发光二极管的驱动原理是LED光源的基础。LED灯内部等同于有多个发光二极管的组合，如图6-10所示。V_f表示LED正向工作电压，V_f在2~4V之间。I_f表示LED工作电流，其范围在20~2000mA。LED是单向导通的，反向的电压会损坏LED。V_{rm}表示LED所允许的最大反向电压，超过此值，LED可能被击穿损坏，V_{rm}在3~5V之间。例如，LED5730贴片灯珠的I_f：150mA，V_f：3~3.2V，V_{rm}：5V，亮度：50~60lm，功率：0.5W。

多个LED灯珠的组合方式有串联、并联和混联三种。电源驱动方式有定压、恒流、恒功率和调光等多种。LED的调光控制可通过调节工作电流值来实现，需要注意的是亮度值与工作电流值并非呈线性关系。

通常LED可以被认为"冷"光源，因为它的光谱中不像白炽灯那样有大量的红外辐射，因此它的发光不会产生很多热量。但LED在其PN结上还是会产生相当的热量，这些热量必须通过对流和传导的形式进行散射。将LED安装在密封和狭小的灯具中工作时，会导致PN结温度的快速上升，使系统的工作性能下降，对LED采用散热基片进行散热和工作在低的环境温度下，可以提高光输出和延长寿命。

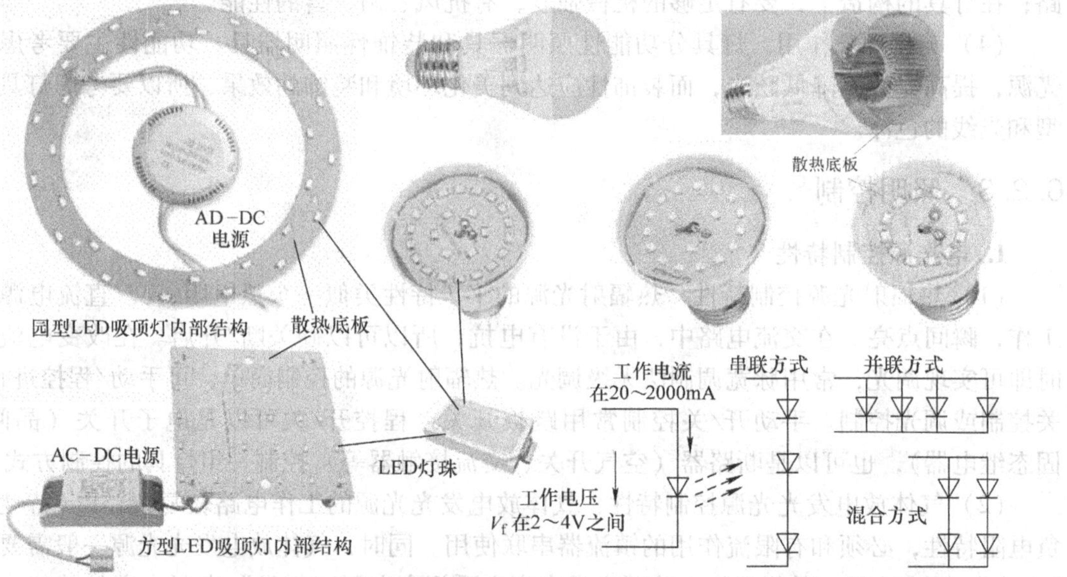

图6-10　LED灯内部结构

2. 照明控制方式

正确的控制方式是实现舒适照明的有效手段，也是节能的有效措施。目前设计中常用的控制方式有手动跷板开关控制方式、断路器控制方式、定时控制方式、光电感应开关控制方式、智能控制器控制方式等。

（1）断路器控制方式　该方式是以断路器（空气开关、交流接触器等）控制一组灯具的控制方式。此方式控制简单，投资小，线路简单，但由于控制的灯具较多，造成大量灯具同时开关，在节能方面效果很差，又很难满足特定环境下的照明要求，因此在智能化楼宇中应谨慎采用该方式，尽可能避免使用。

（2）定时控制方式　该方式就是以定时控制灯具的控制方式。该方式可利用BAS的接口，通过控制中心来实现，但该方式太机械，遇到天气变化或临时更改作息时间，就比较难以适应，一定要通过改变设定值才能实现，显得非常麻烦。

还有一类延时开关，特别适合用在一些短暂使用照明或人们容易忘记关灯的场所，使照明点燃后经过预定的延时时间后自动熄灭。

（3）光电感应开关控制　光电感应开关通过测定工作面的照度与设定值比较，来控制照明开关，这样可以最大限度地利用自然光，达到更节能的目的。也可提供一个不受季节与外部气候影响的相对稳定的视觉环境。特别适合一些采光条件好的场所，当检测的照度低于设定值的极限值时开灯，高于极限值时关灯。

（4）智能控制方式　智能控制方式是将计算机网络控制技术应用到照明工程的控制方式，能实现场景预设、亮度调节，软起动软关断等复杂的照明控制功能。智能控制方式不仅能营造室内舒适的视觉环境，更能节约大量能源。LED光源和智能照明控制方式的结合是照明技术的发展方向。

1）使照明系统运行在全自动状态：可预先设置若干基本工作状态，例如“白天”、“晚上”、“安全”、“休假”、“周末”、“午饭”等场景，根据预设定的时间自动地在各种工作状态之间转换。例如，上班时间来临时，系统自动将灯打开，而且光照度会自动调节到工作人员最合适的水平。在靠窗的房间，系统能智能地利用室外自然光。当天气晴朗，室内灯光会自动调暗；天气阴暗，室内灯会自动调亮。以始终保持室内恒定的亮度（按预设定要求的亮度）。当每一个工作日结束，系统将自动进入晚上工作状态，自动调暗各区域的灯光，同时系统的移动探测功能也将自动生效，将无人区域的灯自动关闭，并将有人区域的灯光调至最合适的亮度。系统还能使公共走道及楼梯间等公共区域的灯协调工作，当办公区有员工加班时，楼梯间、走道等公共区域的灯就保持基本的亮度，只有当所有办公区的人走完后，才将灯调到“安全”状态或关掉。

2）照明设备的联动功能：当建筑内有紧急事件发生时，需要照明系统做出相应的联动配合。例如当有火警时，联动正常照明系统关闭，事故照明打开；当发生安防报警时，联动相应区域的照明灯开启。

3）可观的节能效果：智能照明控制系统使用了先进的电力电子技术，能对大多数灯具（包括白炽灯、荧光灯，配以特殊镇流器的钠灯、水银灯、霓虹灯等）进行智能调光。当室外光较强时，室内照度自动调暗，室外光较弱时，室内照度则自动调亮，使室内的照度始终保持在恒定值附近，从而能够充分利用自然光实现节能的目的。除此之外，智能照明的管理系统采用设置照明工作状态等方式，通过智能化管理实现节能。

4）延长灯具寿命：灯具损坏的致命原因是电网过电压。灯具的工作电压越高，其寿命则成倍降低。反之，灯具工作电压降低则寿命成倍增长。因此，适当降低灯具工作电压是延长灯具寿命的有效途径。智能照明控制系统能成功地抑制电网的冲击电压和浪涌电压，使灯具不会因上述原因而过早损坏。控制系统采用软起动和软关断技术，避免了灯丝的热冲击，使灯具寿命进一步得到延长。在延长灯具寿命的同时，也大大减少更换灯具的工作量，有效地降低了照明系统的运行费用，对于难安装区域的灯具及昂贵灯具更具有特殊意义。

5）提高管理水平，减少维护费用。

6.3 空调与冷热源系统

6.3.1 湿空气的物理性质

1. 湿空气的状态参数

湿空气可以看作干空气和水蒸气的混合物。在大气层中，距地面高度10km以内的范围内，都含有一定量的水蒸气。因此，湿空气是我们生活中的真实空气环境，而空调主要是调节空气的温度和湿度，所以空调是以湿空气为对象的。另外，空气中还含有不同程度的灰尘、微生物以及其他气体等杂质。湿空气的状态可以用一些称为状态参数的物理量来表示。空气调节工程中常用的湿空气状态参数有温度、湿度、压力、焓、露点等。

（1）压力 p、水蒸气分压 p_c、饱和水蒸气分压 p_s 湿空气的总压力 p 等于干空气分压（p_g）和水蒸气分压（p_c）之和，即 $p=p_g+p_c$。

式中，p 为湿空气的总压力，一般即大气压力（kPa）；p_g 为干空气的分压力（kPa）；p_c 为水蒸气的分压力（kPa）。

水蒸气分压力的大小反映了水蒸气的多少，是空气湿度的一个指标。在饱和状态时，湿空气中水蒸气分压 p_c 等于该空气温度下纯水的饱和蒸气压 p_s，它是温度和压力的函数，在压力不变时，是温度 t 的单值函数，有如下近似公式：

$$p_s = 6.11e^{\frac{17.27t}{237.7+t}}$$

（2）温度 t 或 T 温度（干球温度）是表示空气冷热程度的指标，一般用 t 表示摄氏温度（单位为℃），用 T 表示热力学温度（单位为K），二者的数值关系是：$T=273+t$。

空气温度的高低，将直接影响着人体的舒适感，甚至是健康状况。环境温度对科研和生产环节的影响也是很大的。因此，在空气调节中，温度是衡量空气环境对人体和生产是否合适的一个重要参数。

（3）含湿量 d、相对湿度 ϕ 人体感觉的冷热程度，不仅与空气温度的高低有关，而且还与空气中水蒸气的多少有关，即与湿度有关。空气中的湿度有以下几种表示方法：

1）含湿量 d：在空调中一般都用1kg干空气中含有的水蒸气量（由于数量不大，一般用g来衡量）来代表空气湿度，这样就可以排除空气温度和水蒸气量变化时对湿度这个概念造成的影响。这种湿度习惯上称之为含湿量 d。常温下，湿空气可视为理想气体，则可推导出：

$$d=\frac{\text{湿空气中水气的质量}}{\text{湿空气中绝干空气的质量}}=0.622\frac{p_c}{p-p_c}$$

在饱和状态时，湿空气中水蒸气分压 p_c 等于该空气温度下纯水的饱和蒸气压 p_s，饱和含湿量 d_s 则有

$$d_s = 0.622\frac{p_s}{p-p_s}$$

2）相对湿度 ϕ：在一定温度及总压下，湿空气的水蒸气分压 p_c 与同温度下水的饱和蒸

气压 p_s 之比的百分数，称为相对湿度，用符号 ϕ 表示，即

$$\phi = \frac{p_c}{p_s} \times 100\%$$

相对湿度表示空气湿度接近饱和绝对湿度的程度，用百分数表示。当 $p_c = 0$ 时，$\phi = 0$，表示湿空气不含水分，即为绝干空气。当 $p_c = p_s$ 时，$\phi = 100\%$，表示湿空气为饱和空气。所谓饱和是指空气中的水蒸气超过了最大限度，多余的水蒸气开始发生凝结的水蒸气量。

在一定的温度下，相对湿度越大，这时空气就越潮湿，反之，空气就越干燥。在空调中，相对湿度是衡量空气环境的潮湿程度对人体和生产是否合适的一项重要指标。空气的相对湿度大，人体不能充分发挥出汗的散热作用，便会感到闷热；相对湿度小，水分便会蒸发得过多过快，人体会觉得口干舌燥。在生产过程中，为了保证产品质量，也应对相对湿度提出一定的要求。

3）ϕ 与 d 的关系：ϕ 可以说明湿空气偏离饱和空气的程度，能用于判定该湿空气能否作为干燥介质，ϕ 值越小，则吸湿能力越大。d 是湿空气含水量的绝对值，不能用于分辨湿空气的吸湿能力。在一定总压和温度下，两者之间的关系为

$$d = 0.622 \frac{\phi p_s}{p - \phi p_s}$$

（4）露点温度 t_d　空气在某一温度下，其相对湿度小于100%，但如使其温度降至另一适当温度时，其相对湿度便达到了100%，此时，空气中的水蒸气便凝结成水——结露，这个降低后的温度称为露点温度。湿度越大，露点与实际温度之差就越小。

如果已知空气的含湿量 d，根据空气性质表查出饱和含湿量等于这个 d 时对应的温度，它就是这时空气的露点温度 t_d，这说明，根据空气的含湿量，便可确定露点温度。

在 t、ϕ 已知时，求 t_d 的近似公式如下：

$$t_d = \frac{b\left[\ln(\phi/100) + \frac{at}{b+t}\right]}{a - \left[\ln(\phi/100) + \frac{at}{b+t}\right]};a = 17.27,\ b = 237.7$$

在一些冷表面上会发生结露现象，能否产生结露，视冷表面的温度 t 与露点温度（t_d）相比较而决定，当 $t \geqslant t_d$ 时不会结露，反之会结露。

在空调系统中，常利用结露现象来减湿。让热湿空气流经低于露点温度的表冷器，使其在表面结露而析出水分。

（5）焓 h　空气中的焓值是指空气中含有的总热量。湿空气中1kg绝干空气的焓与相应水蒸气的焓之和，称为湿空气的焓，用符号 h 表示，单位是kJ/kg干空气。空气的焓是根据干空气及液态水在0℃时焓为零作基准而计算的，因此，对于温度为 t 及湿度为 d 的湿空气，其焓包括由0℃的水变为0℃的水蒸气所需的潜热及湿空气由0℃升温至 t（℃）所需的显热之和，即

$$h = 1.01t + d(2500 + 1.84t) = (1.01 + 1.84d)t + 2500d$$

空气的焓值变化反映了外界与之有能量的交换。空气的比焓增加表示空气中得到热量；空气的比焓减小表示空气中失去了热量。

2. 空气状态参数相互间的关系

空气的状态参数相互之间有关联，其中独立的状态参数是温度 t、含湿量 d、压力 p 三

个，其余的参数都可以从这三个参数计算出来。

在工程应用中，常用焓湿图来表示湿空气各种参数之间的关系，如图 6-11 所示。在一定的大气压力下，在选定的坐标比例尺和坐标网格的基础上，绘制出等温线、等相对湿度线、等焓线、等含湿量线、水蒸气分压力标尺及热湿比等即形成焓湿图，图上任一点都代表一定温度 t 和含湿量 d 的湿空气状态。

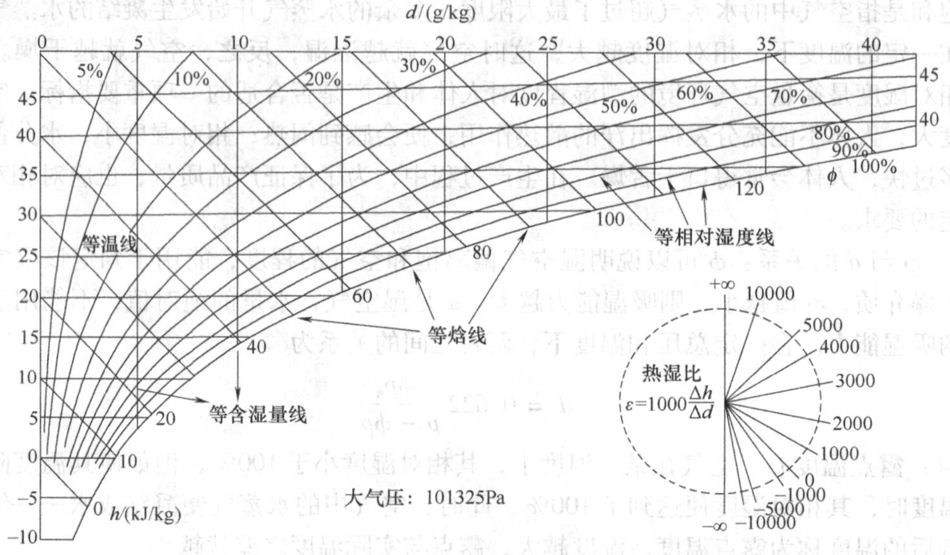

图 6-11 湿空气的焓湿图

图 6-12 是表示 t、ϕ、p_c 三者之间关系的湿度图。从图 6-12 中不难看出以下关系：当空气的水蒸气分压力 p_c 不变时，空气温度 t 越低，相对湿度 ϕ 就越大；t 越高，ϕ 越小。当空气的相对湿度 ϕ 不变时，空气温度 t 越低，水蒸气分压力 p_c 就越小；t 越高，p_c 越大。当空气温度 t 不变，则水蒸气分压力 p_c 越大，相对湿度 ϕ 越大；p_c 越小，则 ϕ 也小。

上述的两种湿度图都表示了湿空气各种参数之间的关系及其变化的规律，是理解空气调节的理论基础。

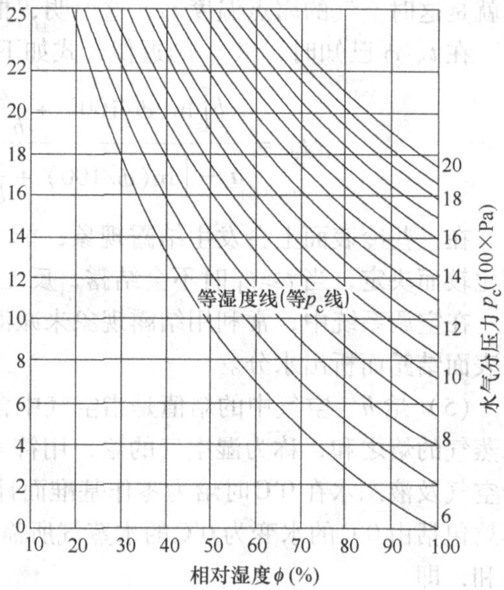

图 6-12 t、ϕ、p_c 湿度图

6.3.2 空气调节原理

空气调节的过程实际上是空气从一个状态变化到另一个状态的过程，当被调节的空气状态（t、ϕ）偏离了设定值时，就需要进行空气调节。

空气调节的难点在于相对湿度的调节，因为相对湿度不光与空气含水量有关，还与温度变化相关。同时，减湿过程复杂，无有效的“直接”手段。

空气调节的原理就是应用空气状态参数相互间的关系，通过合理的加热、加湿、冷却、去湿步骤，使空气的状态发生人为的改变，达到设定状态。我们通过 t、ϕ、p_c 三者之间关系的湿度图来说明。

对空气加热时，最易实现的是等 p_c 加热升温过程，其含义是在加热过程中没有水蒸气交换。常用的表面热交换加热法均符合等 p_c 加热升温过程，其状态运行轨迹如图 6-13 所示，随着空气加热升温，其相对湿度 ϕ 下降，空气会愈加干燥。

对空气降温时，最易实现的是等 p_c 冷却降温和结露降温过程，常用的表面冷交换降温法在表冷器温度高于露点温度时符合等 p_c 冷却降温过程，而在表冷器温度低于露点温度时即进入结露降温过程，其状态运行轨迹如图 6-14 所示，随着空气冷却降温，其相对湿度 ϕ 上升，空气会愈加潮湿。

图6-15 所示为空气从状态 A 调节到状态 B 的状态变化过程。图6-16 说明了整个处理流程。

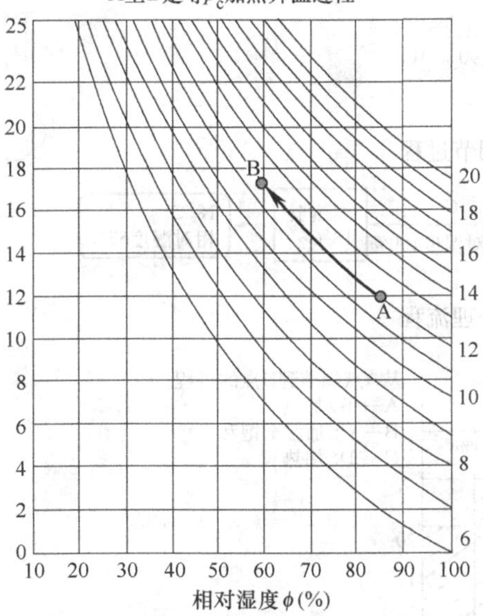

图 6-13　等 p_c 加热升温过程

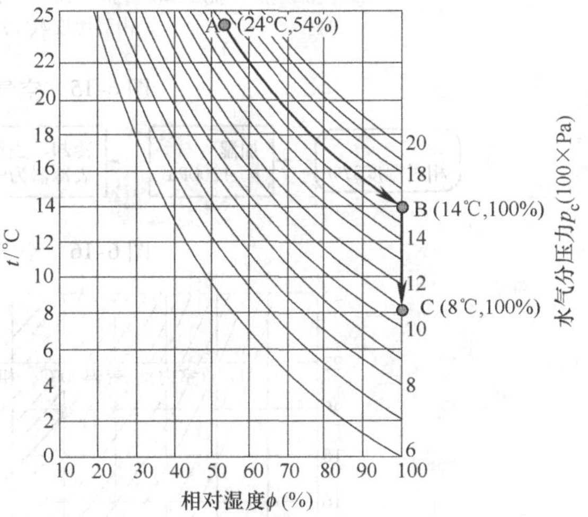

图 6-14　两种降温状态运行轨迹

1. 冬季新空气加热加湿处理

冬季新空气的气温低，如果对新空气加热至室内气温的标准，这时新空气中的水蒸气总量未发生变化，即 p_c 水蒸气分压未变，因此加热后的空气相对湿度会大大降低。为了使加热后的空气的相对湿度也能达到室内空气湿度的标准，在调节的过程中必须进行加湿处理。图 6-17 所示是对冬季新空气加热加湿处理的一种调节方法。其中的加湿是采用定温饱和加湿方式。这种调节方式可以不用测量 p_c 或相对湿度，只需要测量温度即可，在工程中容易实现。新风首先加热至 12℃（不管新风是 3℃还是 5℃），然后加湿（喷水）至饱和，再加热至 20℃，这时的相对湿度即为 60%。

2. 夏季新空气减温去湿处理

夏季新空气的调节与冬季相反，新空气的气温高于室内空气，需要对夏季新空气进行减温去湿处理。如果对新空气只进行降温至室内气温的标准，这时新空气中的水蒸气总量未发

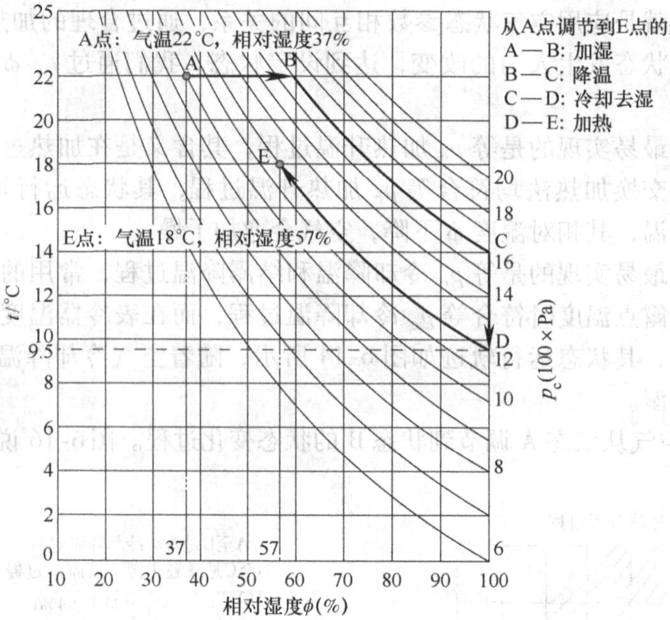

图 6-15 空气状态调节过程

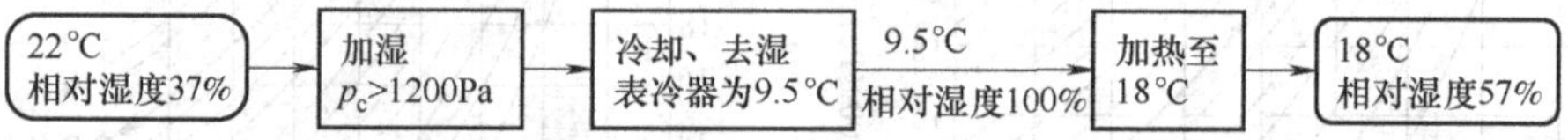

图 6-16 空气调节处理流程

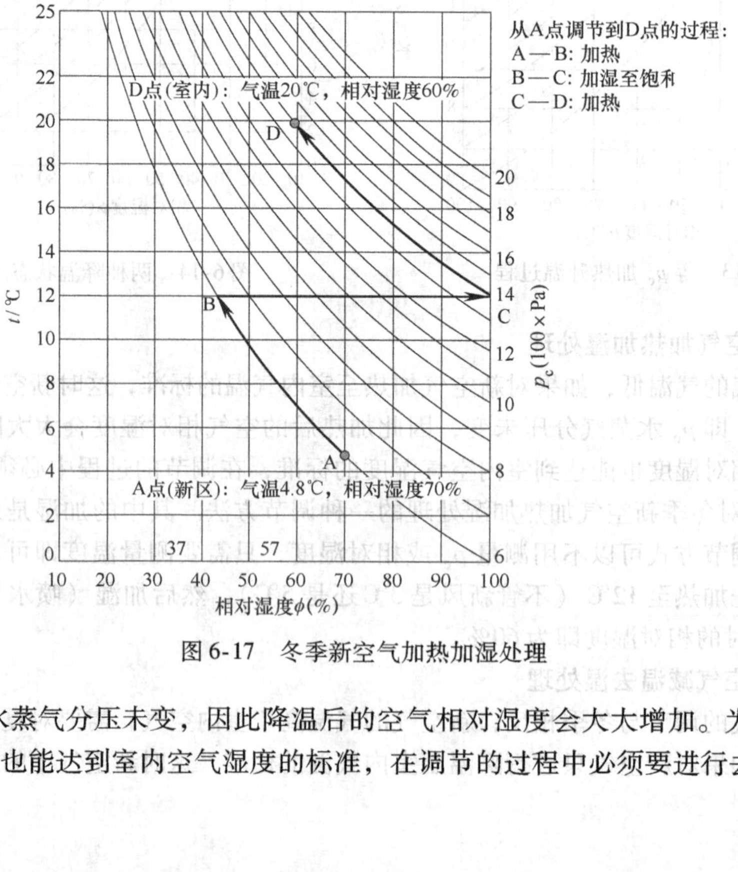

图 6-17 冬季新空气加热加湿处理

生变化，即 p_c 水蒸气分压未变，因此降温后的空气相对湿度会大大增加。为了使降温后的空气的相对湿度也能达到室内空气湿度的标准，在调节的过程中必须要进行去湿处理。

图6-18所示是对夏季新空气减温去湿处理的一种调节方法。其中的去湿是采用定露点去湿方式。这种调节方式可以不用测量p_c或相对湿度，只需要测量温度即可，在工程中容易实现。新风首先降温至12℃的露点（不管新风是23℃还是25℃），然后使表冷器的表面温度稳定在露点温度，让空气中的一部分水蒸气充分凝结出来，至空气饱和，再加热至20℃，这时的相对湿度即为60%。

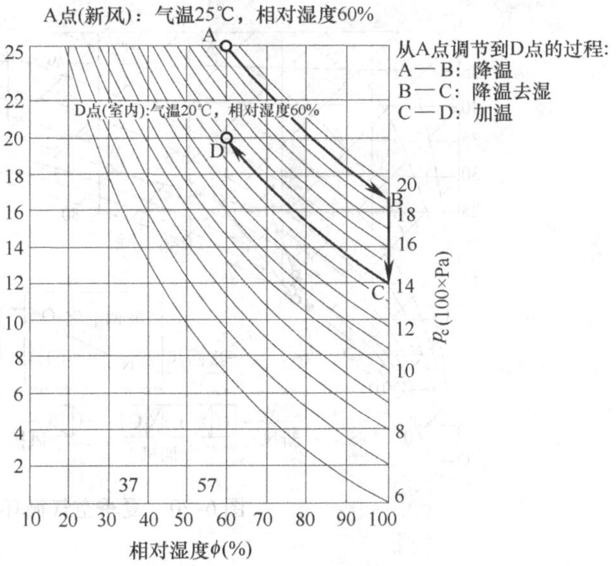

图6-18　夏季新空气减温去湿处理

3. 去湿处理

在南方地区，有时空气非常潮湿，相对湿度超过85%，这时需要对室内空气进行去湿处理，图6-19即为抽湿机的运行工况。A状态的潮湿空气经过A-B等p_c冷却降温过程、B-C降温结露析出水蒸气过程、C-D等p_c加热升温过程最终被调节到D状态的干燥空气。

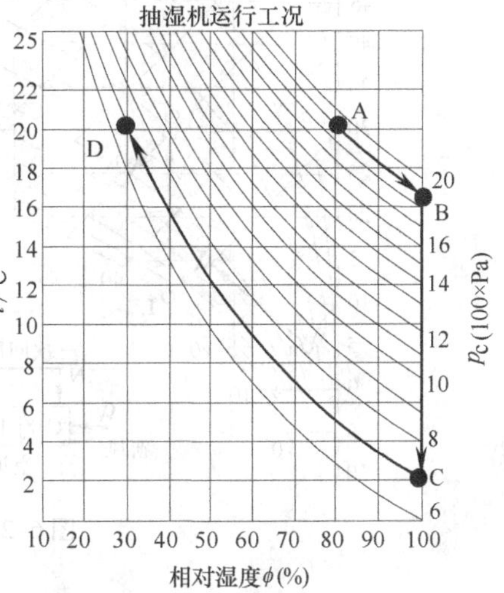

图6-19　抽湿机的运行工况

4. 空气的循环处理原理

夏季空气循环处理过程可通过图6-20焓湿图来表示。某一空间的空气状态由于其内部的热湿负荷而发生变化，这时需要空调过程来维持。N是设定的状态点，新风经混合（C点）-冷却（L点）-加热（O点）被送入空间内，回风再经管道与新风混合，如此循环往复。

冬季空气循环处理过程可通过图6-21焓湿图来表示。N是设定的状态点，新风经混合（C点）-冷却（L点）-加热到送风点（O点）被送入空间内，回风再经管道与新风混合，如此循环往复。

6.3.3　空气处理的方法和设备

在工程上应用不同的方法和设备对湿空气进行处理，使其状态发生改变，在焓湿图上将几种典型的处理状态变化过程表示出来，如图6-22所示。

1. 空气加热方法

空调系统中所用的加热器一般是以热水或蒸气为热媒的表面式空气加热器和电热丝发热加热器。其温度增高而含湿量不变。变化过程如图6-22中的A→B所示，$\varepsilon=+\infty$。

表面式空气加热器以热水或蒸气为热媒，分为光管式和肋管式两大类。图6-23所示为

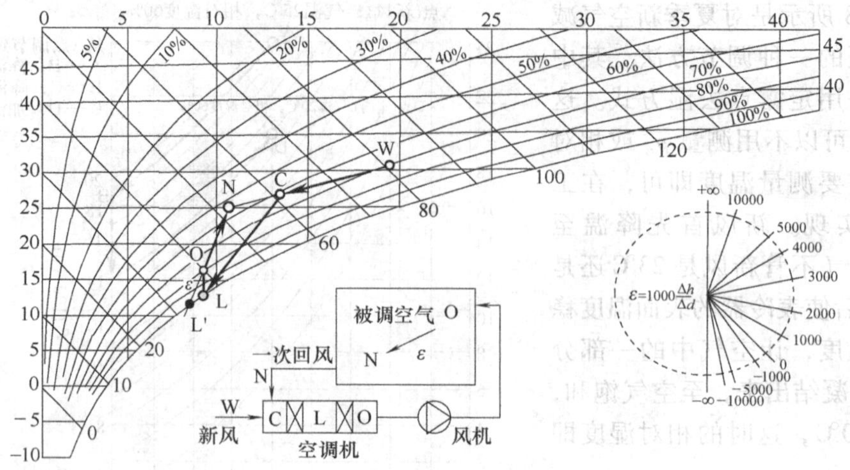

图 6-20 夏季空气循环处理过程

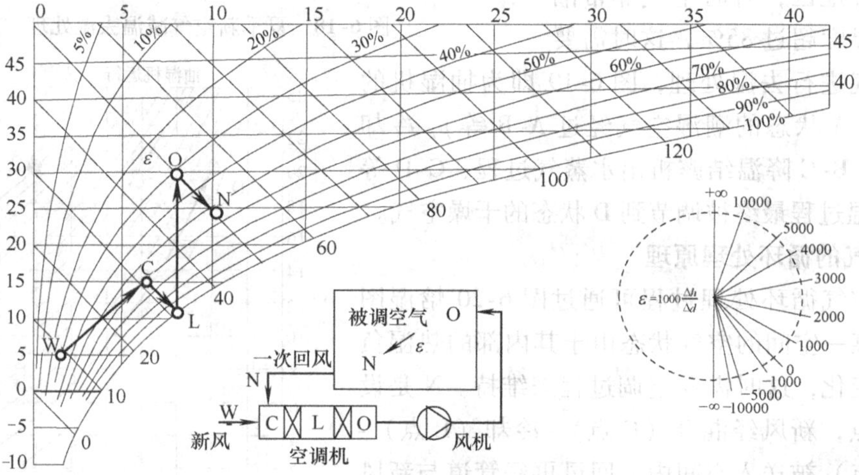

图 6-21 冬季空气循环处理过程

肋管式空气加热器原理，这是空调工程中最常见的一种加热器。热媒在肋管内流过，空气则在肋管外侧流过，同时与热媒进行热量交换。如果肋管内流过冷媒，则称为表面式空气冷却器。表面式空气冷却器与表面式空气加热器没有本质区别，只是管内流过的媒体不同，二者统称为表面式换热器。

电加热器是通过电阻丝将电能转化为热能来加热空气的设备。它具有加热均匀、加热量稳定、效率高、结构紧凑和易于控制等优点，常用于各类小型空调机组内。在恒温恒湿精度较高的大型集中式系统中，常采用电加热器作为末端加热设备（或称为微调加热器，放在被调房间风道入口处）来控制局部加热。

2. 空气的降温方法

空气的降温可以通过表冷器来实现。在表冷器表面温度等于或大于湿空气的露点温度时，空气中的水蒸气不会凝结，因此其含湿量不变而温度降低，变化过程如图 6-22 中的 A→C所示，$\varepsilon = -\infty$。

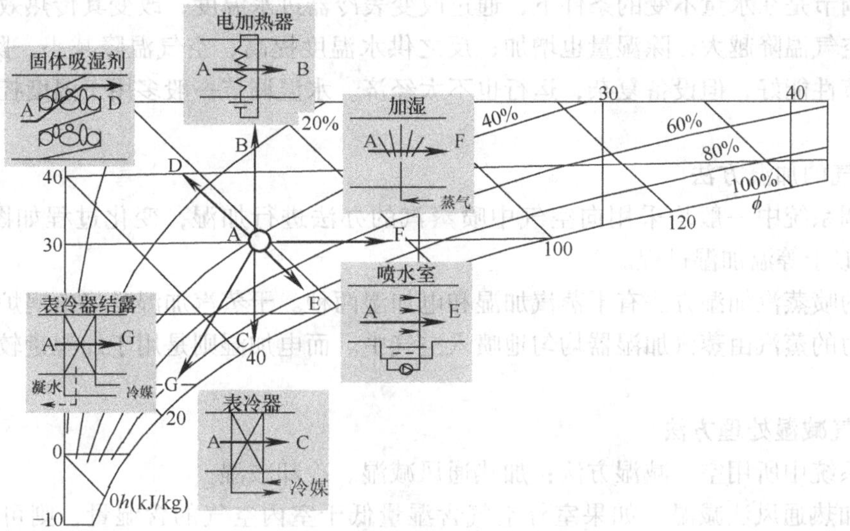

图6-22 典型的湿空气处理状态变化过程

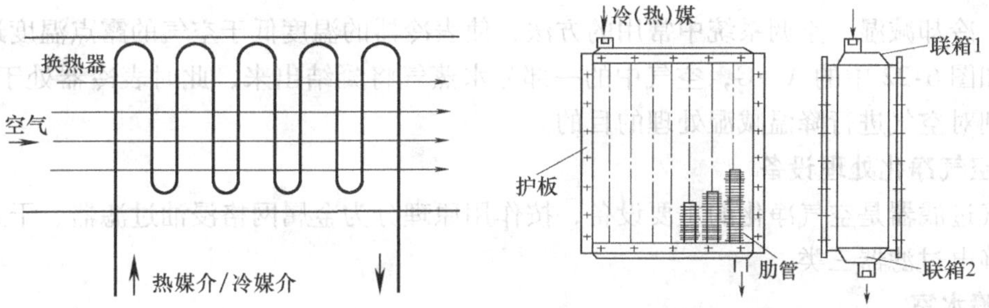

图6-23 肋管式空气加热器原理

与空气加热器结构类似，表冷器也都是肋片管式换热器，它的肋片一般多采用套片和绕片，基管的管径也较小。表冷器内流动的冷媒有制冷剂和冷水（深井水、冷冻水、盐水等）两种。以制冷剂为冷媒的表冷器称为直接蒸发式表冷器（又称蒸发器），多用于局部的分体空调中。以冷水作为冷媒的表冷器称为水冷表冷器，多用于集中式空调系统和半集中式空调系统的末端设备中。

表冷器与加热器的工作原理类似，当空气沿表冷器的肋片间流过时与冷媒进行热量交换，空气放出热量温度降低，冷媒得到热量温度升高。当表冷器的表面温度低于空气的露点温度时，空气中的一部分水蒸气将凝结出来（此时称表冷器处于湿工况），从而达到对空气进行降温减湿处理的目的。

表冷器的安装与以热水为媒的空气加热器安装方式基本相同，但表冷器下部应设积水盘，用来收集空气被表冷器冷却后产生的冷凝水。

表冷器的调节方法有两种：一种是水量调节，另一种是水温调节。水量调节是改变进入表冷器的冷水流量，水温不变，使表冷器的传热效果发生变化。水量减少，表冷器传热量降低，空气温降小，除湿量也少；反之，增大冷水量，空气经过表冷器后的温降大，降湿量也多。水温调节是在水量不变的条件下，通过改变表冷器进水温度，改变其传热效果。进水温度越低，空气温降越大，除湿量也增加；反之供水温度提高，空气温降减小，除湿量降低。该方式调节性能好，但设备复杂，运行也不太经济。水温调节一般多用于温度控制精度较高的场合。

3. 空气的加湿方法

在空调系统中一般均采用向空气中喷蒸汽的办法进行加湿，变化过程如图 6-25 中的 A→F，近似于等温加湿过程。

常用的喷蒸汽加湿方法有干蒸汽加湿和电加湿两种。干蒸汽加湿是将由锅炉房送来的具有一定压力的蒸汽由蒸汽加湿器均匀地喷入空气中。而电加湿则是用于加湿量较小的机组或系统中。

4. 空气减湿处理方法

空调系统中所用空气减湿方法：加热通风减湿、冷却减湿。

（1）加热通风法减湿　如果室外空气含湿量低于室内空气的含湿量，则可以将空气加热，使其相对含湿量降低后再送入室内，同时从室内排除同样数量的潮湿空气，以达到减湿的目的。

（2）冷却减湿　空调系统中常用的方法，使表冷器的温度低于空气的露点温度运行，变化过程如图 6-22 中的 A→G，空气中的一部分水蒸气将凝结出来，此时表冷器处于湿工况，从而达到对空气进行降温减湿处理的目的。

5. 空气净化处理设备

空气过滤器是空气净化的主要设备，按作用原理分为金属网格浸油过滤器、干式纤维过滤器和静电过滤器三类。

6. 喷水室

图 6-24 所示为喷水室结构图。喷水室是一种多功能的空气调节设备，变化过程如图 6-22 中的 A→E，可对空气进行加热、冷却、加湿、减湿等多种处理。当空气与不

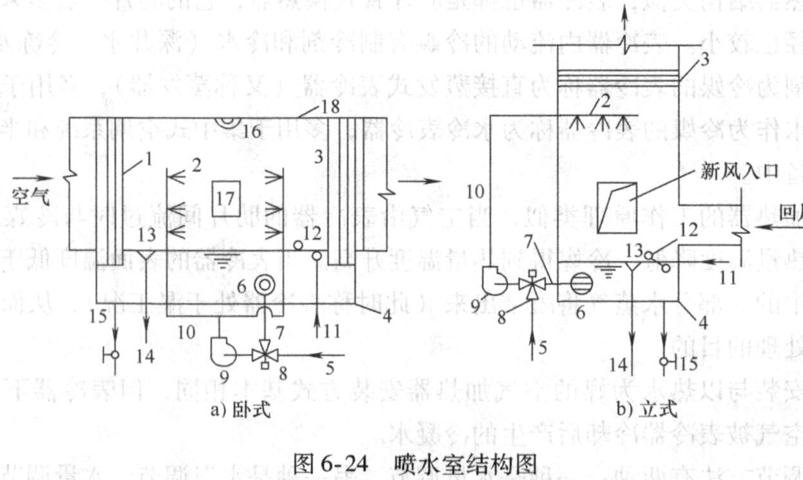

图 6-24　喷水室结构图

1—前挡水板　2—喷嘴与排管　3—后挡水板　4—底池　5—冷水管　6—滤水器　7—循环水管　8—三通阀　9—水泵　10—供水管　11—补水管　12—浮球阀　13—溢水器　14—溢水管　15—泄水管　16—防水灯　17—检查门　18—外壳

同温度的水饱和接触时，空气与水表面间发生热湿交换，调节喷水的温度将会得到不同的处理效果。

6.3.4 冷热源系统

空气调节的过程是一个热湿交换过程，对空气升温或降温调节均离不开冷热源。在智能楼宇的空调系统中，最常用的冷热源是冷冻水和热水。空调系统冷热源的能耗是建筑能耗的大户，绿色智能化建筑应首先关注建筑节能问题，应用热泵技术制备智能楼宇的冷冻水和热水是一项节能技术。目前，应用气源热泵技术制备冷冻水已经是市场主流，有条件的地方可采用效率更高的地源热泵技术、水源热泵技术。

冷冻水是夏季中央空调制冷的常用冷源，通常采用冷水机组来集中制备冷冻水，通过循环管网供冷给空调机组。冷冻水一般的温度是供水7℃，回水12℃。通过表冷器与被调空气进行热量交换。智能楼宇的冷水机组有水冷螺杆冷水机、风冷螺杆冷水机、水冷离心冷水机、溴化锂水冷机组等，如图6-25所示。

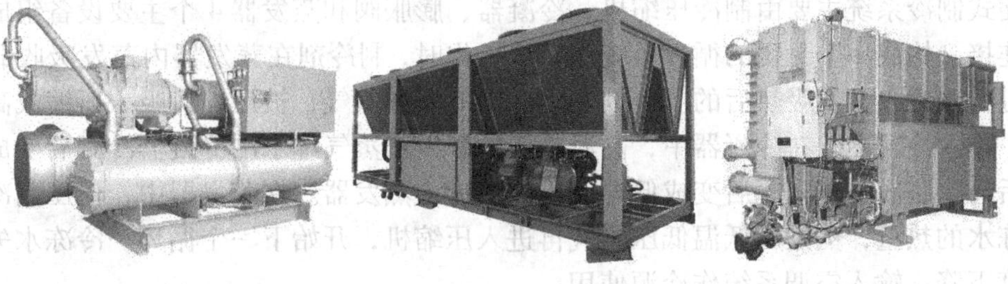

水冷螺杆冷水机　　风冷螺杆冷水机　　溴化锂空调冷水机

图6-25 智能楼宇的冷水机组

热水是冬季中央空调制热的常用热源，也是采用集中制备/循环管网供热水的方式。热水的制备有多种方式，传统的热水锅炉存在环境污染、燃料运输及存放困难等缺点。电热水锅炉无污染，使用方便可靠，但综合效率比不上燃气锅炉。最节能的当然是热泵技术，效率达到4，气源热泵热水机组在我国南方地区值得大力推广，北方冬季空气温度偏低，应优先采用地源热泵热水机组。

1. 冷源热泵技术

常用的冷源制冷方式主要有两类：压缩式制冷方式和溴化锂吸收式制冷方式。它们都是“热泵”的工作方式。所谓“热泵”是一种通过消耗一定量的高品位能量（电能），能从自然界的空气、水或土壤中获取低品位热能，并提高其品位，提供可被人们所用的高品位热能的热力学装置。作为自然界的现象，正如水由高处流向低处那样，热量也总是从高温区流向低温区。但人们可以创造机器，如同把水从低处提升到高处而采用水泵那样，采用热泵可以把热量从低温抽吸到高温。所以热泵实质上是一种热量提升装置，热泵的作用是从周围环境中吸取热量，并把它传递给被加热的对象（温度较高的物体）。

热泵的工作原理是通过流动媒介（以前一般为氟利昂，现用氟利昂替代物）在蒸发器、压缩机、冷凝器和膨胀阀等部件中的气相变化（沸腾和凝结）的循环来将低温物体的热量传递到高温物体中去。

制冷机可以理解为热泵的反向运行：从被冷却的对象（温度较低的冷冻水）中吸取热

量，并把它传递给周围环境（温度较高的空气、水或土壤）。

（1）压缩式制冷方式 在压缩式制冷方式中，载冷剂一般是水，制冷剂一般是采用R12或R22含氟利昂或氟的制剂，其工作原理如图6-26所示。

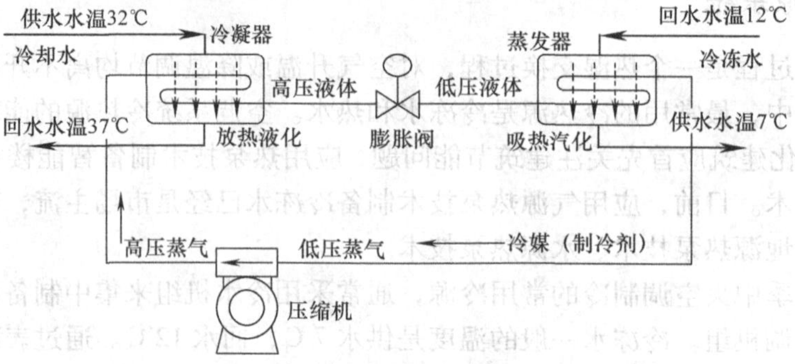

图6-26 水冷压缩式制冷机原理图

压缩式制冷系统主要由制冷压缩机、冷凝器、膨胀阀和蒸发器4个主要设备组成，并用管道相连接，构成一个封闭的循环系统。系统工作时，制冷剂在蒸发器内蒸发吸收载冷剂水的热量进行制冷，蒸发吸热后的制冷剂变成低温低压湿蒸气，被压缩机吸入压缩成高温高压气体后，排入冷凝器。在冷凝器中，高温高压的制冷剂蒸气经水冷冷凝器冷凝后变成高压液体，然后经膨胀阀节流降压后变成低温低压液体进入蒸发器。在蒸发器中，低压制冷剂液体吸取冷冻水的热量，蒸发成低温低压蒸气再进入压缩机，开始下一个循环。冷冻水失去热量后，温度下降，输入空调系统作冷源使用。

实际上，压缩式制冷系统是整个热量传递过程中的一个环节。在空调系统中，被调节的室内空气由于种种原因而温度升高，为了降低室内空气温度就需要排出热量。热量是如何传递的呢？图6-27显示了这个过程，实际上就是热泵。

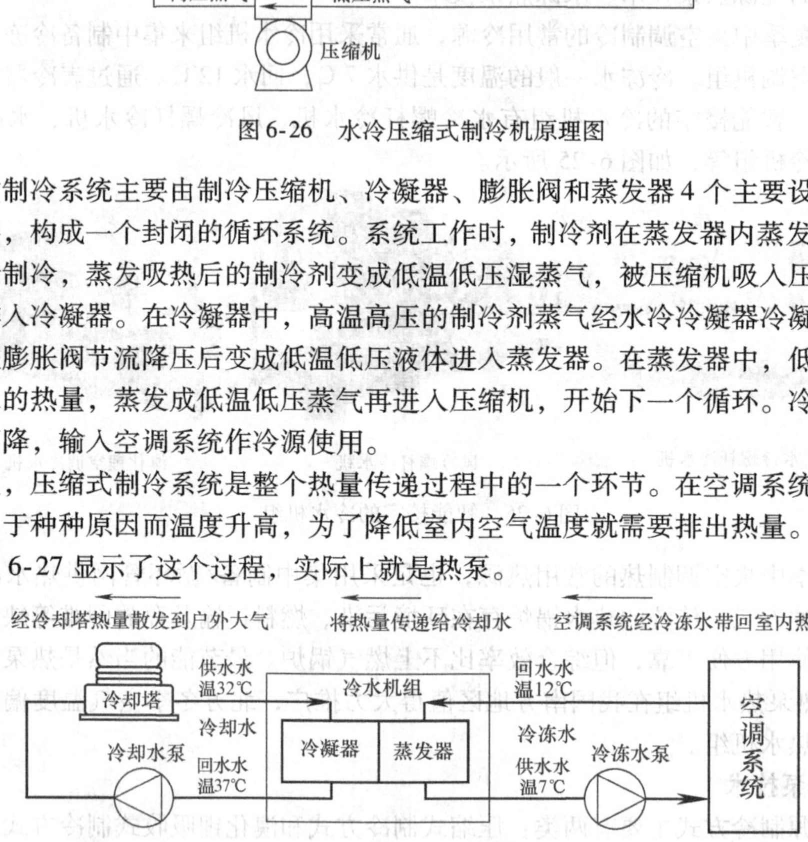

图6-27 空调系统热量传递原理

压缩式制冷机根据压缩机的不同，分为离心式冷水机、螺杆式冷水机、活塞式冷水机，根据冷凝器的冷却介质不同，分为水冷式和风冷式两类。如果最终的热量是散发到大气中（见图6-27），它就是气源热泵，目前所广泛使用的家用分体空调机就是气源热泵。如果最终的热量是传递到大地中，它就是地源热泵（见图6-28）。

（2）溴化锂吸收式制冷方式 溴化锂吸收式制冷机是以溴化锂溶液为吸收剂，以水为制冷剂，溴化锂制冷机利用水在高真空状态下沸点变低（只有4℃）的特点来制冷（利用水沸腾的潜热）。溴化锂的沸点为1265℃，故在一般的高温下对溴化锂水溶液加热时，可以认为仅产生水蒸气。溴化锂浓溶液具有强的吸水性，故用作吸收式制冷机的吸收剂。

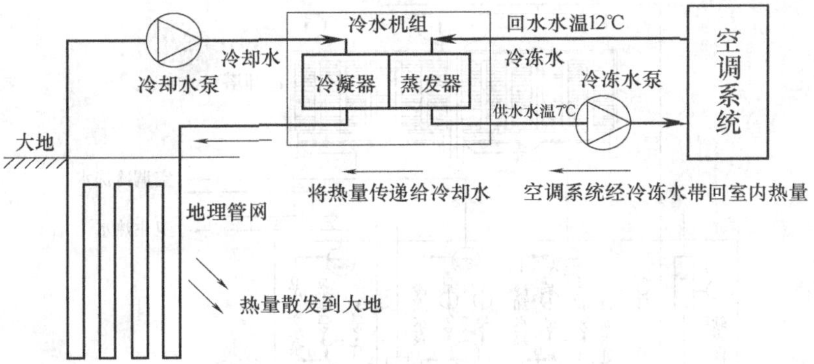

图 6-28　地源热泵热量传递原理

溴化锂吸收式制冷机主要由吸收器、发生器、冷凝器和蒸发器 4 部分组成，其原理如图 6-29 所示。溴化锂吸收式制冷是利用水在低压下（高真空）相态的变化（由液态变为气态），吸收汽化潜热来达到制冷的目的。这一步骤是在蒸发器中进行的，水被送到高真空下的蒸发器内喷淋至冷水管壁，吸收管内冷水的热量低温沸腾，产生大量水蒸气，同时制取低温冷冻水。蒸发后的冷剂水蒸气在吸收器中被溴化锂溶液所吸收，溶液变稀。然后以热能将稀溶液加热至 160℃左右，其中的水分蒸发分离出来，而溴化锂沸点远高于水的沸点不会蒸发，溴化锂溶液变浓，这一过程是在发生器中进行的。发生器中得到的水蒸气在冷凝器中凝结成水，经节流后再送至低压下的蒸发器中蒸发。如此循环达到连续制冷的目的。

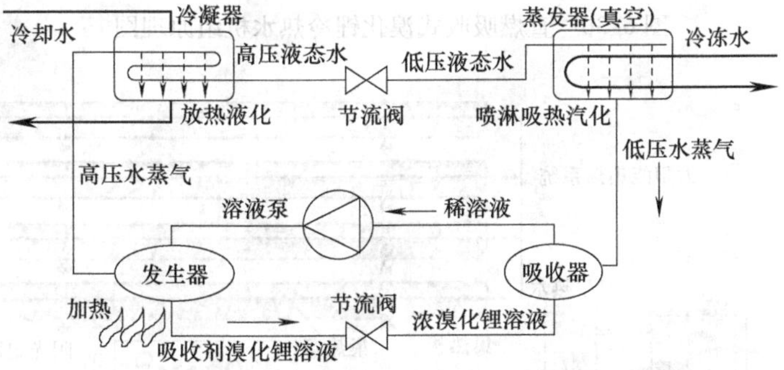

图 6-29　溴化锂吸收式制冷机的原理

吸收式溴化锂制冷机需要热源来驱动，又称之为“非电空调”，主要消耗天然气、煤气、柴油等各种燃料以及地热及废热资源等，因此在电力供应不足的地区有较大的应用优势。直燃吸收式溴化锂冷热水机组原理图如图 6-30 所示。由于直燃机不以电为能源（只需极少的电作辅助循环动力），可以大幅度削减电力投资。在电空调广泛采用的国家和地区，直燃机更具有削减夏季峰值电力、填补夏季燃气低谷的综合经济效益。

直燃吸收式溴化锂冷热水机组可以利用太阳能，其原理如图 6-31 所示。阳光追踪系统驱动集热板跟踪太阳，将阳光聚焦到集热管上，将管内热源水温度加热到 180℃，输送到发生器作为加热能源，驱动溴化锂冷热水机组实现制冷/制热。机组使用两种能源，白天使用太阳能，夜间或阴雨天使用天然气或其他热源作为补充。白天多余的太阳能热水也可利用蓄能罐贮存。

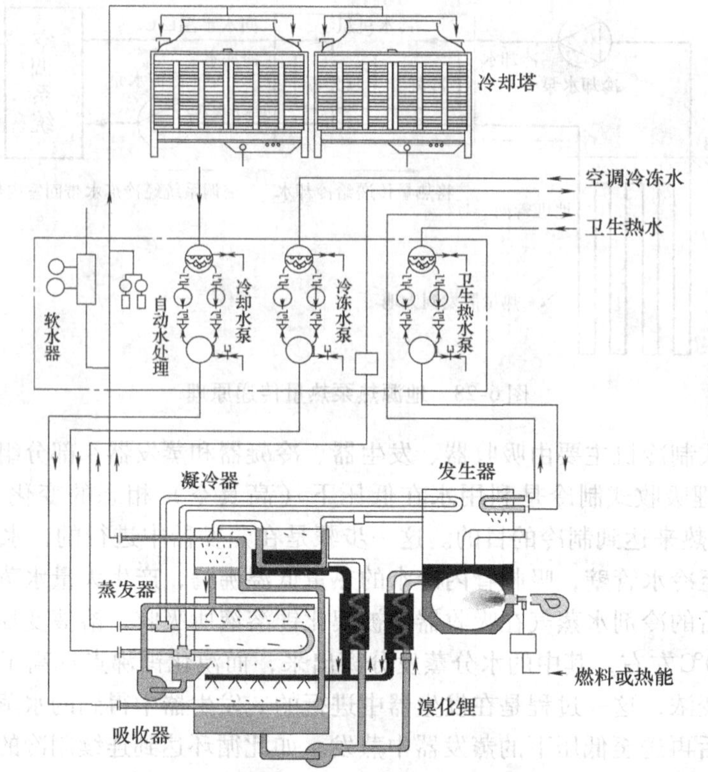

图6-30 直燃吸收式溴化锂冷热水机组原理图

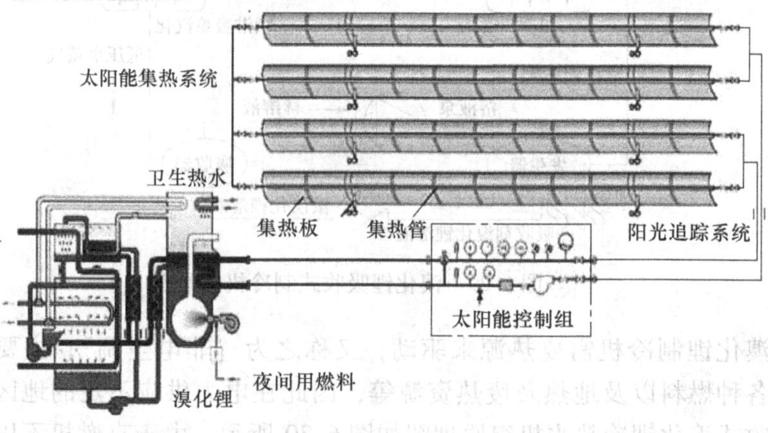

图6-31 太阳能非电空调机组原理图

2. 热源

凡是采暖的地区，均离不开热源，供热大体有两种方式：一种是市政管网集中供热，其热源来自热电厂、集中供热锅炉厂等；另一种是由分散设在一个单位或一座建筑物的锅炉房或热水机组供热，这里的供热指的是热水和热蒸气，一般用于生活热水和空调。

（1）锅炉供热 智能楼宇一般采用全自动燃气/燃油锅炉，作为空调、采暖、生活热水供应，以及厨房、卫生等供热的热力站，如图6-32所示。能自动起动、程序控制、自动点火、燃烧检查联锁保护。

全自动燃油/气卧式锅炉　　全自动燃油/气立式锅炉　　电锅炉

图6-32　热源常用的锅炉实物图

全自动燃气锅炉具有燃气检漏、风压低、燃气压力过低、失电压、极低水位、气压过高、熄火保护等多种自动检测及保护功能，确保锅炉的安全运行。

电锅炉以电力为能源，通过电加热管加热供暖、空调或卫生用热水，电锅炉加热快、体积小、无噪声、安装使用方便。就算电锅炉的效率100%，不计热损失，从一次能源看，从燃料→电能→热能，也只有40%的效率，远远低于一般油锅炉85%和煤锅炉75%的效率。

（2）燃气发动机驱动热泵系统　燃气热泵的工作原理是：把燃气（包括天然气、液化石油气、煤制气或沼气等）送入内燃机，由内燃机把燃气燃烧后释放的热能转化成动力来驱动热泵系统的压缩机，从而实现热泵系统的逆向热力学循环，达到制热/供冷的目的。

如图6-33所示，燃气发动机直接驱动热泵的压缩机，热泵冷凝器的冷凝热作为热源供采暖或供热水，蒸发器则作为冷源为建筑物供冷或制冰。高温的发动机废热回收（80℃的发动机冷却水排热和500~600℃的排气排热），与热泵冷凝热一起用于供热，或者作为吸收式冷水机组的驱动热源，从而进一步提高系统的制热性能。

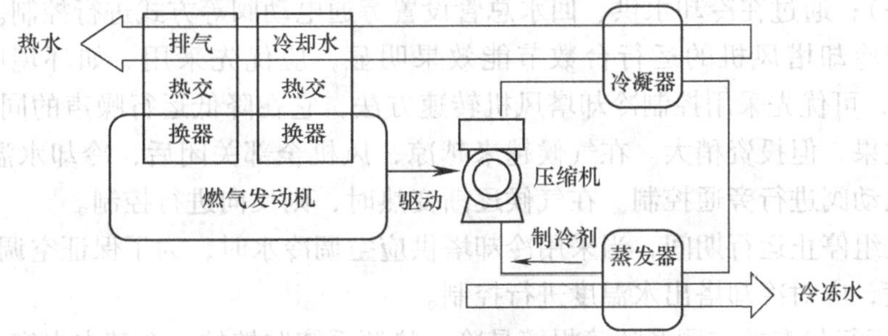

图6-33　燃气发动机驱动热泵系统

燃气发动机驱动热泵系统由于有蒸发热、冷凝热、发动机排热三种热量可以利用，因此用它可以实现冷暖空调、冷冻、供热水和除湿等多种功能。

3. 冷热源系统的监控

（1）冷源系统的监控　冷源系统如图6-34所示，由冷却水系统、制冷机和冷冻水系统三大部分组成。冷冻水系统为闭路循环水，在系统最高点设有膨胀水箱，使冷冻水始终充满管路。

1）冷水机组的控制：冷水机组起/停台数控制的基本原则是让设备尽可能处于高效运

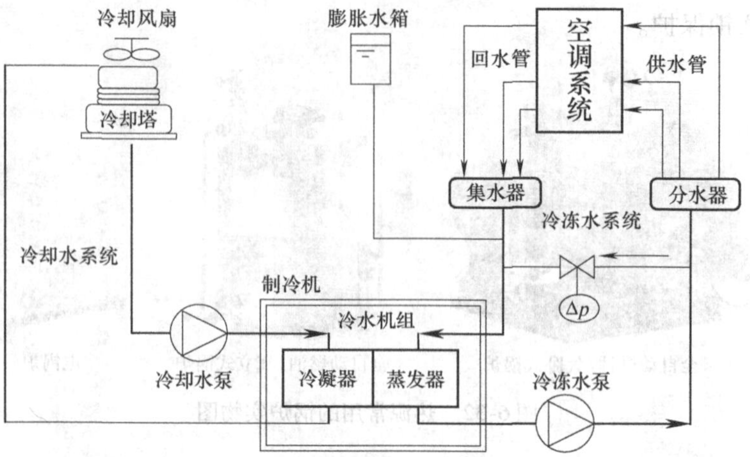

图6-34 冷源系统图

行；让相同型号的设备的运行时间尽量接近以保持其同样的运行寿命（通常优先起动累计运行小时数最少的设备）；满足用户侧低负荷运行的需求。

2）冷冻水系统监控：目前绝大多数空调水系统控制是建立在变流量系统的基础上的，冷热源的供、回水温度及压差控制在一个合理的范围内是确保空调系统正常运行的前提，当供、回水温度过小或压差过大时，将会造成能源浪费，甚至系统不能正常工作。回水温度的高低与空调系统的热负荷有关，要对其进行监测。冷冻水供水温度通常是由冷水机组自身所带的控制系统进行控制。

3）冷却水系统监控：在冷却水系统中，冷却水的供水温度对制冷机组的运行效率影响很大，同时也会影响机组的正常运行，故必须加以控制。机组冷却水总供水温度可以采用：控制冷却塔风机的运行台数（对于单塔多风机设备）；控制冷却塔风机转速（特别适用于单塔单风机设备）；通过在冷却水供、回水总管设置旁通电动阀等方式进行控制。

其中控制冷却塔风机的运行台数节能效果明显，应优先采用。如环境噪声要求较高（如夜间）时，可优先采用控制冷却塔风机转速方法，它在降低运行噪声的同时，同样具有很好的节能效果，但投资稍大。在气候越来越凉，风机全部关闭后，冷却水温仍然下降时，可采用旁通电动阀进行旁通控制。在气候逐渐变热时，则反向进行控制。

在冷水机组停止运行期间，当采用冷却塔供应空调冷水时，为了保证空调末端所必须的冷水供水温度，应对冷却塔出水温度进行控制。

4）设备运行状态的监测及故障报警是冷、热源系统监控的一个基本内容。

5）当楼宇自控系统与冷冻机控制系统可实施集成的条件时，可以根据室外空气的状态，在一定范围内对冷水机组的出水温度进行再设定优化控制。

（2）热源系统的监控　采用市政热力网供热的热源系统如图6-35所示，由一次侧热源、热交换器、热水系统组成。

1）热交换器的控制：热交换器起/停台数控制的基本原则是让设备尽可能处于高效运行；让相同型号的设备的运行时间尽量接近以保持其同样的运行寿命（通常优先起动累计运行小时数最少的设备）；满足用户侧低负荷运行的需求。

2）热水系统监控：对于热水系统来说，当采用换热器供热时，应自动调节一次侧供热流量，从而保证供水温度稳定在设定值；如果采用其他热源装置供热，则要求该装置应自带供水温度控制系统。

(3) 冷量和热量计量 集中空调系统的冷量和热量计量和我国北方地区的采暖热计量一样，是一项重要的建筑节能措施。目前在许多建筑中，中央空调的收费按照用户承租建筑面积的大小收取，这种收费方法使用户产生“不用白不用”的心理，使室内气温冬季过热、夏季过冷，造成能源浪费严重。合理的方法应是按用户实际用冷量和用热量来收费，它不仅能够降低空调运行能耗，也能够有效地提高公共建筑的能源管理水平。

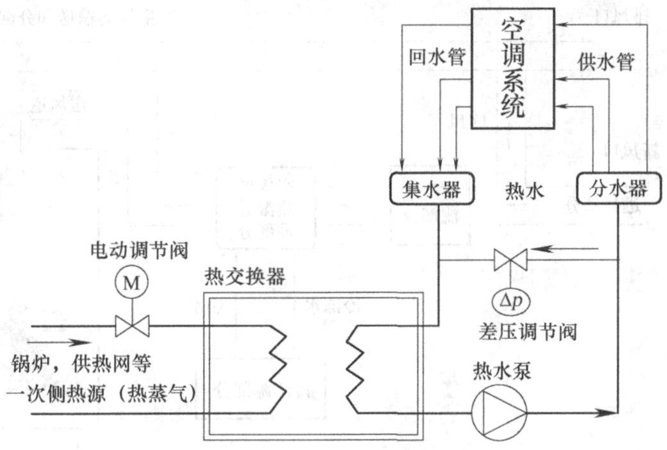

图6-35 热源系统图

同水电、燃气计量相比，空调的精确计量较为困难，需要考虑众多因素。目前中央空调的分户计费还没有国家和行业标准。国内有许多单位和企业，对中央空调系统的冷热量计量原理和装置进行了广泛的研究和开发，并与建筑自动化（BA）系统和合理的收费制度结合，开发了一些可用于实际工程的产品。空调分户计量有多种方法：水计量、电计量、时间计量和能量计量等。时间型、能量型等计量方法是目前采用较多、并被用户广泛接受的方法。时间型计量法是依据风机盘管运行时间作为收费依据。能量型计量法采用与采暖系统热计量相同的思路，对热负荷介质的流量和温差进行检测统计。也有学者从风机盘管换热平衡的角度提出采用风侧焓差法对风机盘管冷/热量进行计量的方法。

6.3.5 空气调节系统

某一房间或空间内空气参数的变化，主要是由以下两个方面原因造成的：一是外部原因，如太阳辐射和外界气候条件的变化；另一方面是内部原因，如室内人和设备产生的热、湿和其他有害物质。当空气参数偏离了规定值时，就需要采取相应的空气调节措施和方法，使其恢复到规定的要求值。实现对某一房间或空间内的温度、湿度、洁净度和空气流速等进行调节和控制，并提供足够量的新鲜空气的方法叫做空气调节，简称空调。空调可以实现对建筑热湿环境、空气品质全面进行控制，它包含了采暖和通风的部分功能。

空调系统由空调空间（被调空气）、空气输送和分配部分、空气的热湿处理部分、冷热源部分等几部分组成，如图6-36所示。

1. 空调系统的分类

按空气处理设备的设置分类，有集中系统、半集中系统、全分散系统；按负担室内热湿负荷的所用介质不同分类，有全空气系统、全水系统、空气—水系统、制冷剂系统（见图6-37）；集中式空调系统按处理的空气来源不同又分为封闭式系统、直流式系统、混合式系统三类（见图6-38）。

(1) 集中空调系统 集中空调系统的所有空气处理设备（包括风机、冷却器、加热器、加湿器、过滤器等）都设在一个集中的空调机房内（见图6-39）。其特点是经集中设备处理

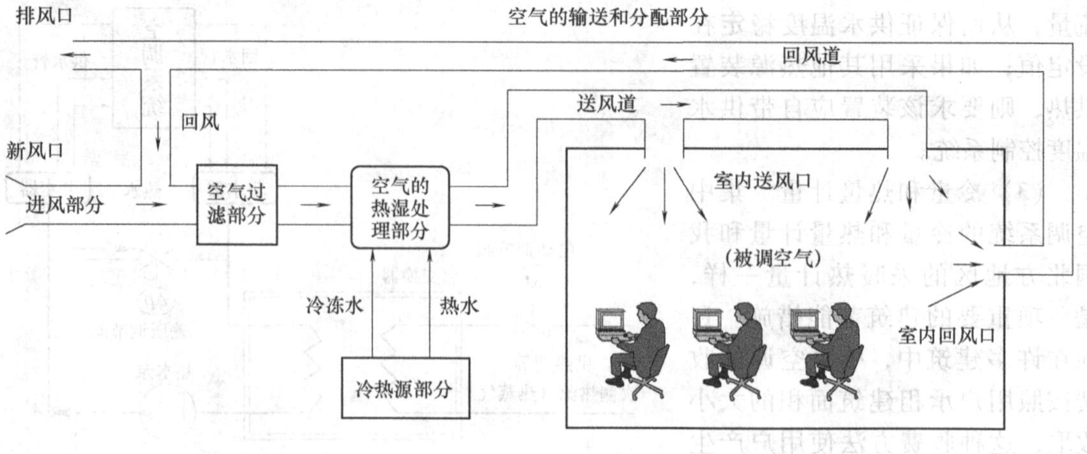

图6-36 空调系统的组成

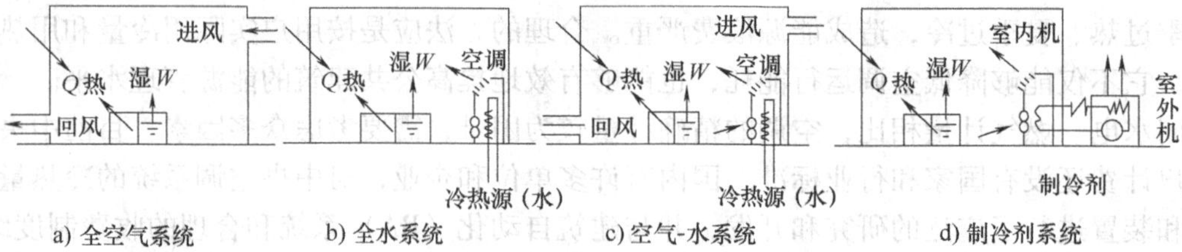

图6-37 按负担热湿负荷的介质不同分类

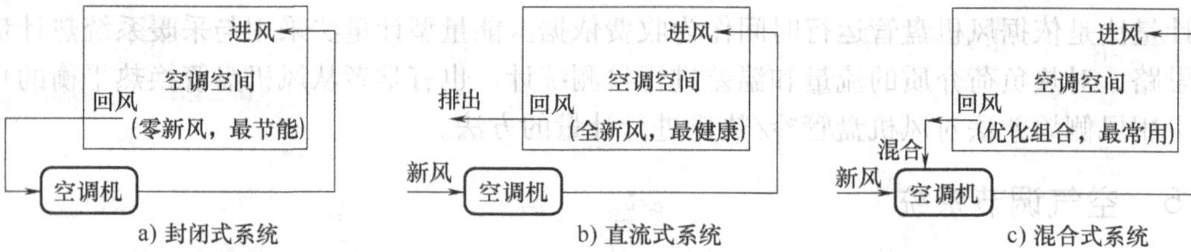

图6-38 集中式空调三种不同的空气来源

后的空气，用风道分送到各空调房间。空气处理的质量，如温度、湿度准确度、洁净度等可以达到较高的水平。

(2) 半集中空调系统 在半集中空调系统中，除了集中空调机房外，还设有分散在被调节房间的二次设备（又称末端装置）。空调机房处理风（空气），然后送到各房间，由分散在各房间的二次设备（如风机盘管）再进行二次处理。如图6-40和图6-41所示。变风量系统、诱导器系统以及风机盘管（Favn Coil Unit，FCU）系统均属于半集中空调系统，它也是智能建筑应用最广泛的空调系统方式。

半集中空调系统末端装置所需的冷热源也是集中供给的，因此，集中式和半集式空调系统又统称为中央空调系统。

(3) 全分散空调系统 全分散系统也称局部空调机组。这种机组通常把冷、热源和空气处理、输送设备（风机）集中设置在一个箱体内，形成一个紧凑的空调系统。通常的窗式空调器及柜式、壁挂式分体空调器均属于此类机组。它不需要集中的机房，使用灵活，直接将机组设置在要求空调的房间内。

还有一类全分散空调系统，如图6-42所示，它是集中供冷/热、分散控制式空调系统，在大型建筑群的空调系统中多有应用。我国北方地区冬季集中供热系统多是这种方式。某大学城夏季制冷空调系统就采用了由冷冻站集中供冷/分散控制式空调系统，如图6-43所示。

（4）空调系统的选择　在智能化楼宇空调系统的设计中，以上几种方式应综合应用。集中式空调系统是相对的，在某一个区域它是集中的，在整个建筑中可能要分成好多个区域进行分散调控。

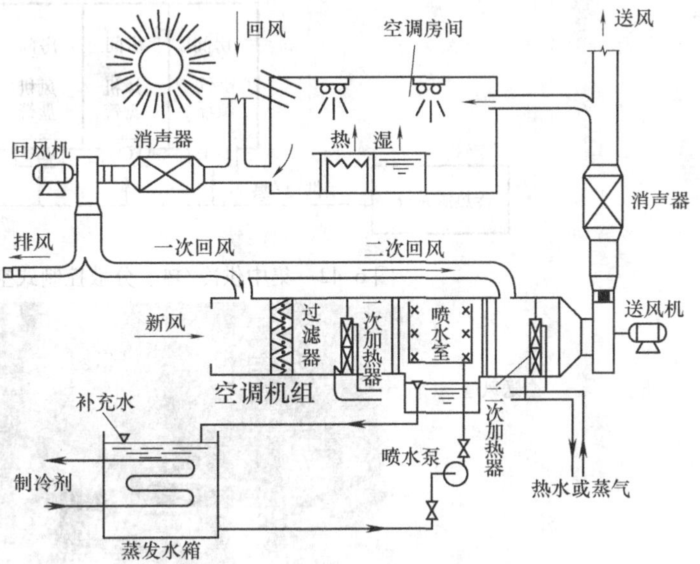

图6-39　二次回风集中式空调系统

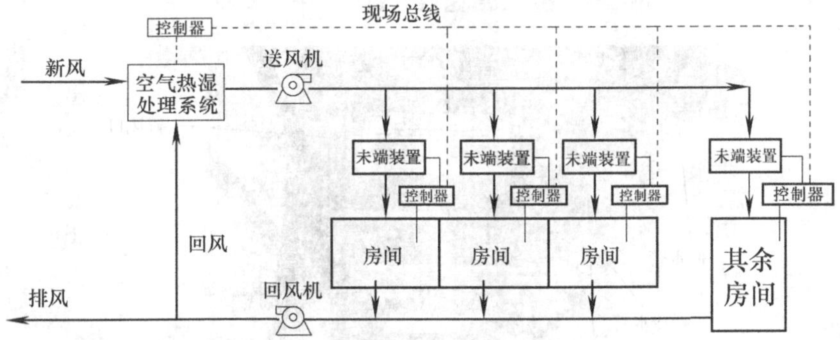

图6-40　变风量、末端加热半集中式空调系统

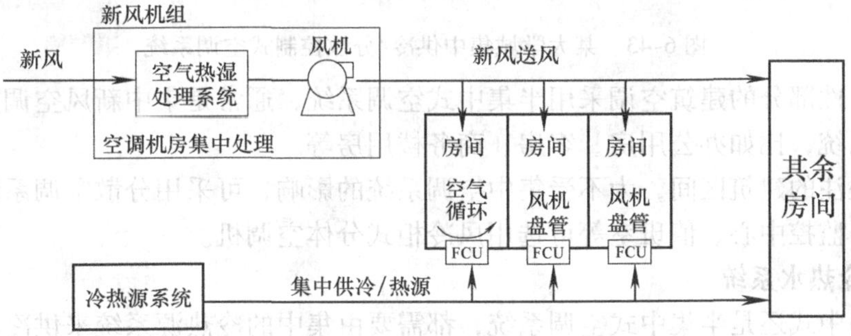

图6-41　新风＋FCU半集中式空调系统

一般的设计思路是：对公共部分的建筑空调采用集中式空调系统，比如大堂、会议厅、餐厅、展览厅、商场、歌舞厅等。在建筑物比较大时，可按楼群或楼层划分区域，每个区域设置一套集中式空调机组，通过完善的输送风道送入各个功能区。

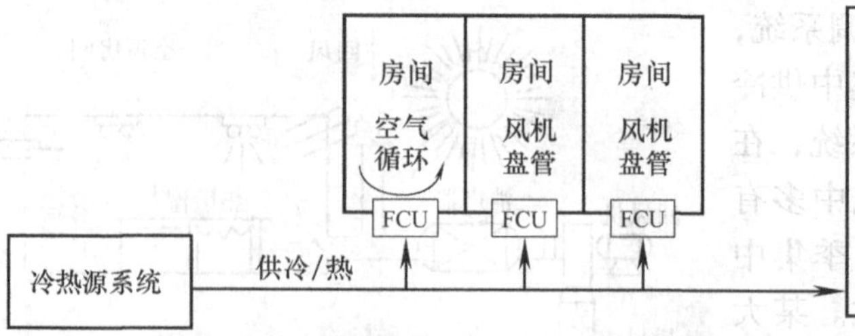

图6-42 集中供冷/热、分散控制式空调系统

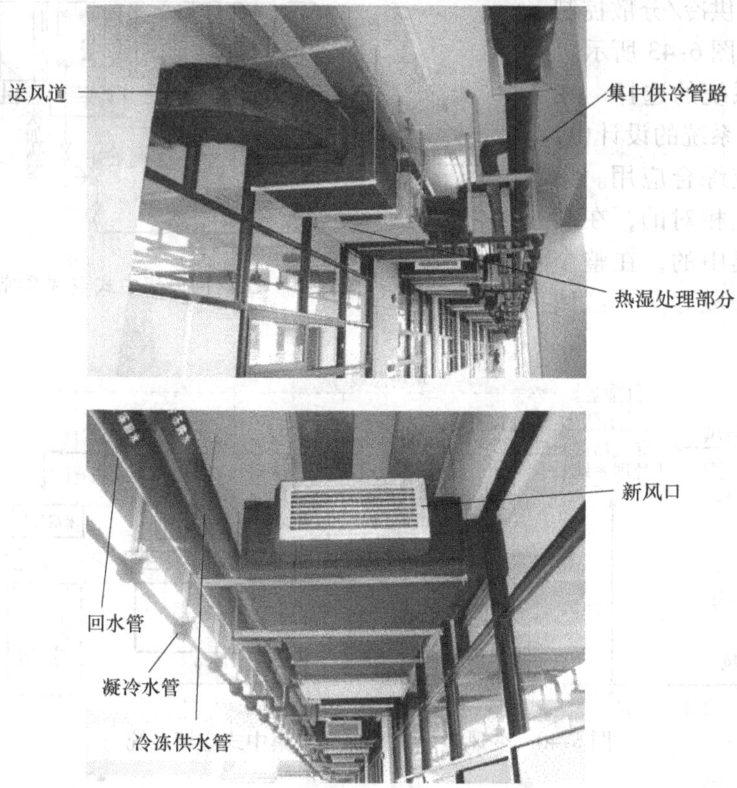

图6-43 某大学城集中供冷/分散控制式空调系统

对相对个性部分的建筑空调采用半集中式空调系统，通常是集中新风空调加分散风机盘管（FCU）系统，比如办公用房、客房、商务楼用房等。

对特别关注的建筑区间，为不受集中空调系统的影响，可采用分散空调系统。如通信和计算机机房、监控中心、值班室等可选用风冷柜式分体空调机。

2. 空调冷热水系统

无论是集中式还是半集中式空调系统，都需要由集中的冷热源系统来供冷和供热。根据供给的不同管道组织方式，冷热水系统可分为两管制和4管制式。

（1）两管制冷热水系统 两管制冷热水系统如图6-44所示，系统给末端空调机组/FCU输送冷、热水的管路只有供水和回水管路，系统不能同时给末端空调机组/FCU既输送冷水又输送热水，在某个时段只能单独供冷或供热，通过总管的阀门手动或自动切换。一般情况下，在夏季供冷，冬季供热。末端空调机组/FCU的盘管为冷、热两用，其调节阀也要选用冷、热两用型的产品。两管制系统投资省，在工程中大量使用。由于不能同时向末端空调机组/FCU 提供冷、热源，因此在对空调要求很高的场合，两管制冷热水系统就不能采用。

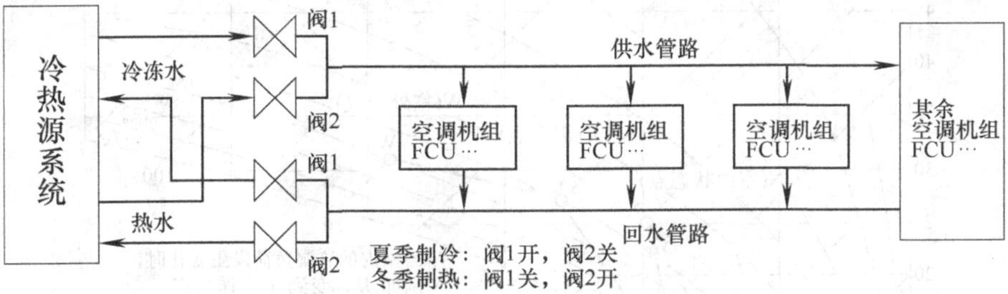

图6-44　两管制冷热水系统

(2) 4 管制冷热水系统　4 管制冷热水系统如图 6-45 所示，系统给末端空调机组/FCU 输送冷、热水的管路由 4 条总管，分别是供冷水管、回冷水管、供热水管、回热水管，系统能同时给末端空调机组/FCU 既输送冷水又输送热水。末端空调机组/FCU 的冷、热盘管分别设置，因此可以实现高精度的空气状态调节。4 管制系统投资大，在工程中使用较少。

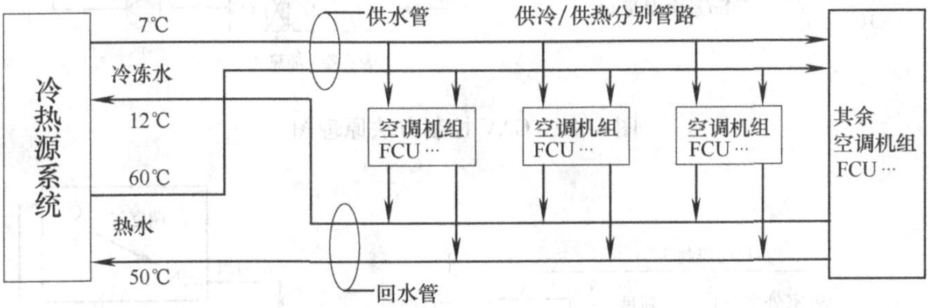

图6-45　4 管制冷热水系统

3. 空调运行控制方式

(1) 定风量（Constant Air Volume，CAV）控制方法　定风量控制方法的系统送风量不变，通过调节送风的温湿度来满足室内负荷的变化，以维持室内空气状态在人们需求的范围，其控制方法原理图如图 6-46 所示。一次回风 CAV 控制系统是根据新风和回风的温湿度来调节表冷器以及加热器的温度、新风和回风阀门比例的，其控制系统框图如图 6-47 所示。

集中式空调系统的定风量控制通常采用定露点送风加末端加热的方法，可以很好适应不同空间的空调需求，如图 6-48 所示。

(2) 变风量（Variable Air Volume，VAV）控制方法　变风量控制方法是通过调节送风量的多寡来满足室内负荷的变化，以维持室内空气状态在人们需求的范围。但是，仅靠调节风量不能对温度和湿度同时进行精确控制，所以 VAV 系统一般是用于舒适性空调系统。如果要同时满足温湿度指标，则可以采用变风量控温/变露点控湿或者变风量控湿/再热器控温的方法（见图 6-49）。应用现代测控技术，对空间的热湿负荷进行在线检测，在此基础上实现空调的自适应控制，其控制模型如图 6-50 所示。

变风量可以用变频调速风机和电动风门来实现，根据新风和回风的温度来调节风机转速或风门的开度、新风和回风阀门的比例。

VAV 系统在智能化楼宇空调尤其是内区空调中占了主导地位。采用“末端调节变风量

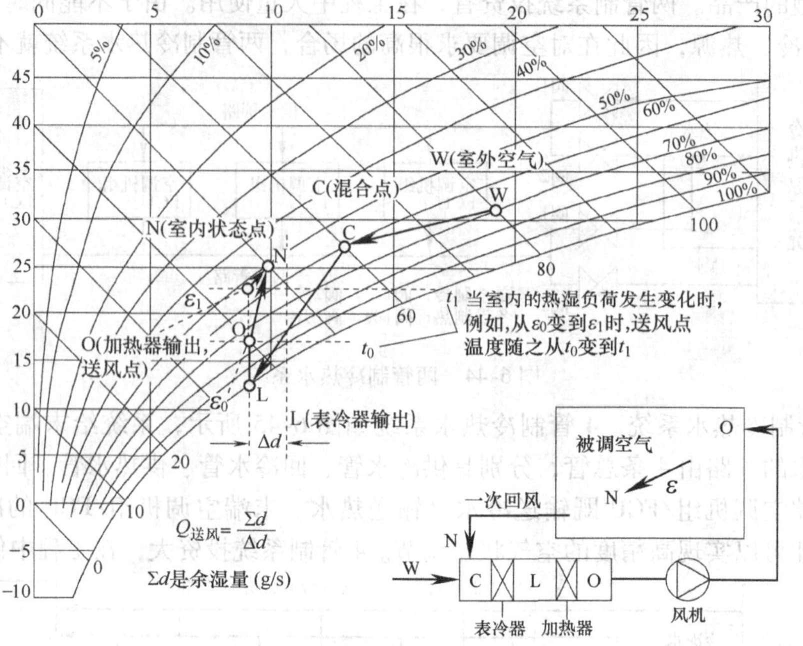

图6-46 CAV控制方法原理图

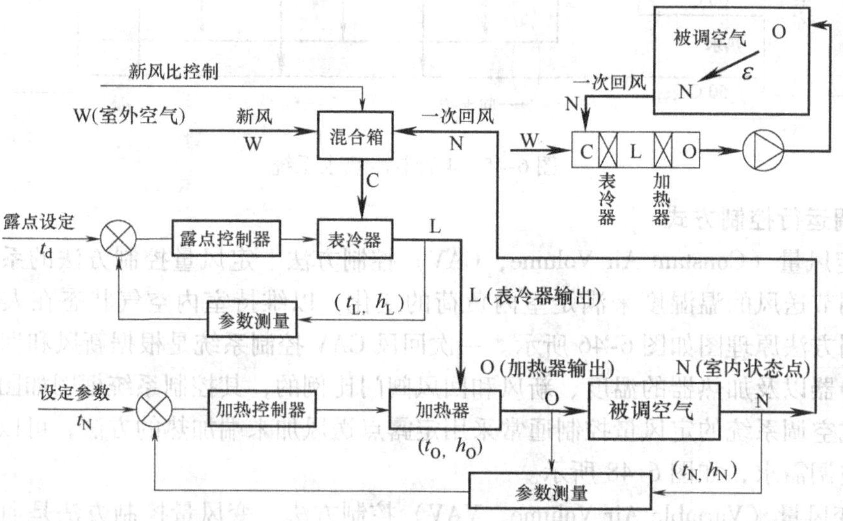

图6-47 一次回风CAV控制系统框图

系统”（Terminal Regulation Air Volume，TRAV），根据末端风量的变化实时控制送风机，末端装置（VAV Box）随室内负荷的变化自动调节风量维持室温，如图6-51所示。

VAV系统比CAV系统节能效果好。由于空调系统在全年大部分时间里是在部分负荷下运行，而变风量空调系统是通过改变送风量来调节室温的，因此可以大幅度减少送风机的动力耗能。同时，变风量空调系统在过渡季节可大量使用新风作为天然冷源，相对于风机盘管系统，能大幅度减少制冷机的能耗，而且可改善室内空气质量。

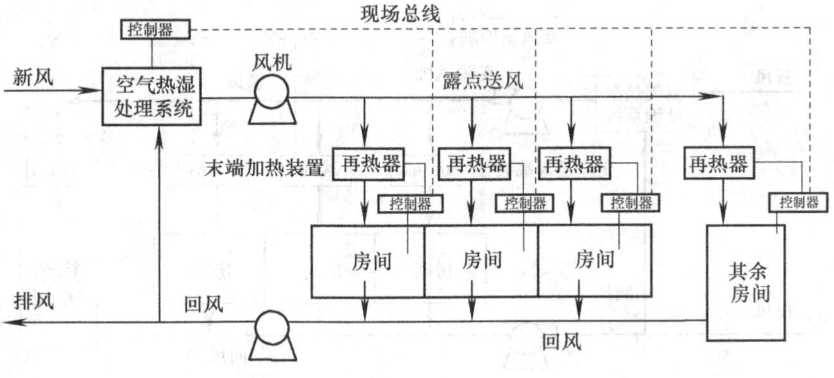

图6-48　集中式空调系统的末端加热定风量控制

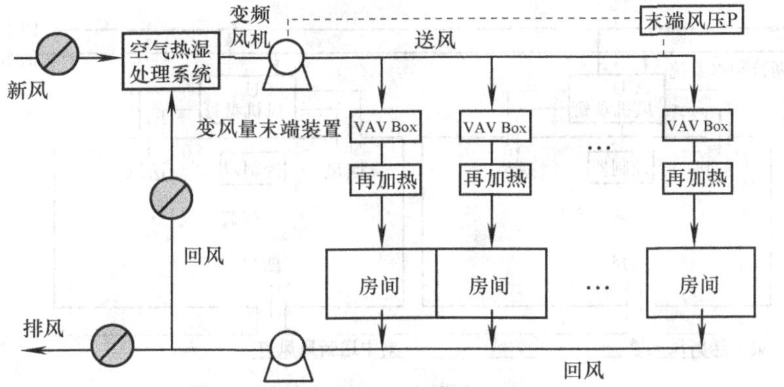

图6-49　VAV末端加热控制

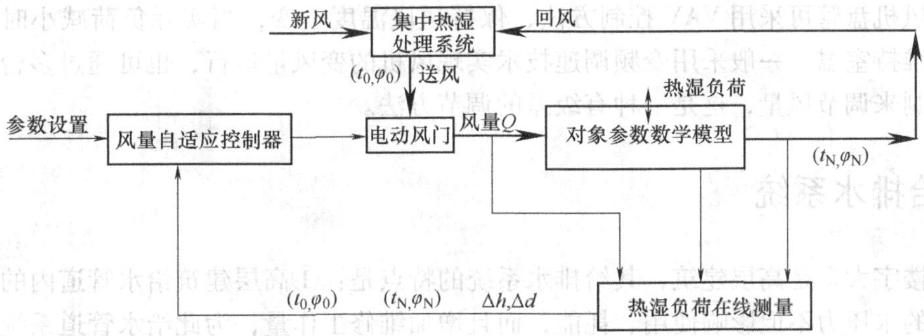

图6-50　VAV自适应控制模型

4. 半集中式空调运行控制

半集中式空调中的新风机组一般采用定风量控制方法，末端风机盘管可采用CAV、VAV控制方法，其运行控制方式如图6-52所示。

FCU定风量控制系统由温度传感器、双位控制器、温度设定机构、手动三速开关和冷热切换装置组成。其控制原理是控制器根据温度传感器测得的室温与设定值的比较结果发出双位控制信号，控制冷/热水循环管路电动水阀（两通阀或三通阀）的开关，即用切断和打开盘管内水流循环的方式，调节送风温度（供冷量），把室内温度控制在设定值上下某个波

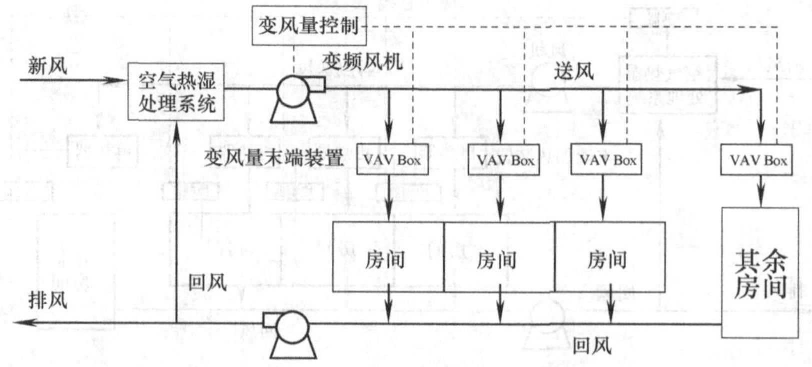

图 6-51 末端调节变风量系统图

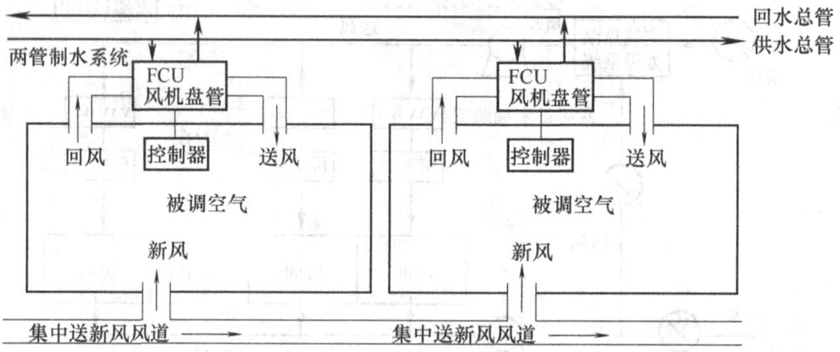

图 6-52 半集中式空调运行控制方式

动范围（空调精度）之内。

末端风机盘管可采用 VAV 控制方法，保持送风温度不变，当实际负荷减小时，通过改变送风量维持室温。一般采用变频调速技术实现风机的变风量运行，也可通过多台风机的并联运行控制来调节风量，这是一种有级差的调节方法。

6.4 给排水系统

智能楼宇大多是高层建筑，其给排水系统的特点是：①高层建筑给水管道内的静压力较大。过高的水压力不但影响使用、耗能，而且增加维修工作量，为此给水管道系统、热水管道系统及消防给水系统必须进行竖向分区；②高层建筑发生火灾的因素很多，一旦着火，火势猛、蔓延快，扑救不易，人员疏散也极困难，因此高层建筑火灾常造成生命财产的巨大损失。一般城市消防车仅能扑灭 10 层以下建筑物的火灾，当高度超过 10 层以上时，要求建筑内消防系统有自救能力，因此高层建筑要设置独立的消防供水系统；③高层建筑内设备复杂，各种管道交错，必须搞好综合布置，要求不渗不漏。另外，高层建筑对防震、防沉降、防噪声等要求也较高，因此在给排水工程设备中还需要考虑抗震、防噪声等措施。

6.4.1 供水系统

城市管网中的水压力一般不能满足整幢建筑的供水压力要求，除了低的楼层可由城市管网供水外，建筑的其余上部各层均须提升水压供水。由于供水的高度增大，如果采用统一供水系统，显然下部低层的水压将过大，过高的水压对使用设备、维修管理均不利。因此必须进行合理竖向分区供水。在进行竖向分区时，应考虑低处卫生器具及给水配件处的静水压力，在住宅、旅馆、医院等居住性建筑中，供水压力一般为300～350kPa；在办公楼等公共建筑可以稍高些，可用350～450kPa的压力为宜，最大静水压力不得大于600kPa，在这种情况下，对于管道材料的选用、施工、使用、维护均较适宜。

为了节省能量，应充分利用室外管网的水压，在最低区可直接采用城市管网供水，并将大用水户如洗衣房、餐厅、理发室、浴室等布置在低区，以便由城市管网直接供水，充分利用室外管道压力，可以节省电能。

根据建筑给水要求、高度、分区压力等情况，进行合理分区，然后布置给水系统。给水系统的形式有多种，各有优缺点，但基本上可划分为两大类，即重力给水系统和压力给水系统。

1. 重力给水系统

这种系统的特点是以水泵将水提升到楼层最高处水箱中，以重力向给水管网配水，如图6-53所示。根据水池（箱）的高/低水位控制水泵的起/停，对水池水位进行监测，当高/低水位超限时报警。监测水泵的工作状态和故障，当主水泵出现故障时，备用水泵会自动投入工作，循环使用和启用备用泵。重力给水系统供水压力比较稳定，且有水箱储水，供水较为安全。但水箱重量很大，增加了建筑的负荷，占用楼层的建筑面积，且有产生噪声振动之弊，对于地震区的供水尤为不利。同时由于水箱的滞水作用可能会使水质下降。有些水箱封闭不严从而导致水污染的事件时有发生，因此，用水箱重力供水的系统需要定时清洗储水箱。

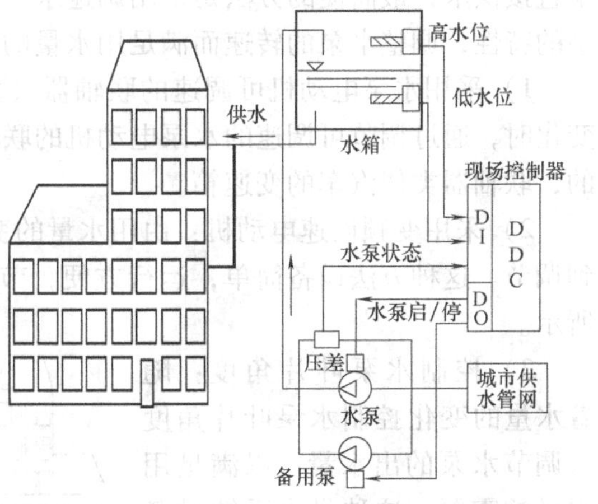

图6-53　重力给水系统框图

2. 恒压力给水系统

恒压力供水系统不需设置水箱，仅在地下室或某些空余之处设置水泵机组、气压水箱等设备，采用压力给水来满足建筑物的供水需要。压力给水可用并联气压水箱给水系统，也可采用无水箱的几台水泵并联给水系统。

（1）并联气压给水系统　并联气压给水系统是以气压水箱代替高位水箱，而气压水箱可以集中于地下室水泵房内，这样可以避免楼顶设置水箱的缺点，如图6-54所示。气压水箱需用金属制造，投资较大，还需设置空气压缩机为水箱补气，因此耗费动力较多。近年出现采用密封式弹性隔膜气压水箱，可以不用空气压缩机充气，既可节省电能又防止空气污染水质，有利于环境卫生。

（2）水泵直接给水系统　以上所讨论的给水系统，无论是用高位水箱的，还是气压水箱的，均为设有水箱装置的系统。设水箱的优点是预储一定水量，供水直接可靠，尤其对消防系统是必要的。但存在着上述很多缺点，因此有必要研究无水箱的水泵直接供水系统。水

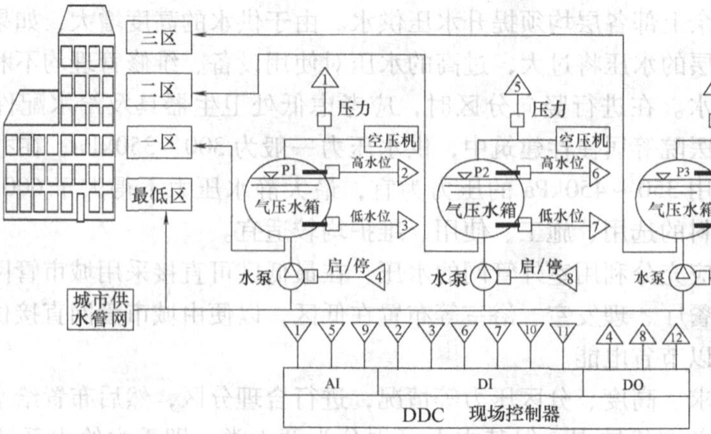

图 6-54 并联气压给水系统

泵直接供水，最简便的方法是采用调速水泵供水系统，即根据水泵的出水量与转速成正比关系的特性，调整水泵的转速而满足用水量的变化。水泵调速有下列几种方法：

1）采用水泵电动机可调速的联轴器（力矩耦合器）：电动机的转速不可调，在用水量变化时，通过调节可调速的水泵电动机的联轴器，以此改变水泵的转速以达到调节水量的目的，联轴器类似汽车的变速箱。

2）采用变频调速电动机：由用水量的变化而控制电动机的转速，从而使水泵的水量得到调节。这种方法设备简单，运行方便，节省动力，国内已有使用，效果很好，如图 6-55 所示。

3）控制水泵叶片角度：随着水量的变化控制水泵叶片角度来调节水泵的出水量，以满足用水量的需要。这种供水系统设备简单，使用方便，是一种有前途的新型水泵给水系统。

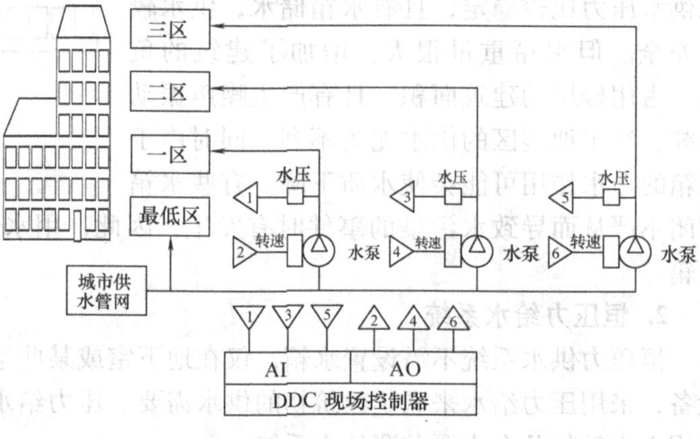

图 6-55 调速水泵给水系统

无水箱的水泵直接给水系统，最好是用于水量变化不太大的建筑物中，因为水泵必须长时间不停地运行。即便在夜间，用水量很小时，也将消耗动力。而且水泵机组投资较高，需要进行技术经济比较后确定之。

以上介绍的是几个比较有代表性的给水系统，如何选用，应根据使用要求、用水量的大小、建筑物结构情况以及材料设备供应等具体条件全面考虑。在供水安全可靠的前提下，综合考虑技术上先进、经济上合理的给水系统。

6.4.2 排水系统

智能楼宇的卫生条件要求较高，其排水系统必须通畅，保证水封不受破坏。有的建筑采用粪便污水与生活废水分流，避免水流干扰，改善卫生条件。

智能楼宇一般都建有地下室，有的深入地面下2~3层或更深些，地下室的污水常不能以重力排除，在此情况下，污水集中于污水集水井，然后以排水泵将污水提升至室外排水管中。污水泵应为自动控制，保证排水安全。

智能楼宇排水监控系统的监控对象为集水井和排水泵。排水监控系统的监控功能有：

1）污水集水井和废水集水井水位监测及超限报警。

2）根据污水集水井与废水集水井的水位，控制排水泵的起/停。当集水井的水位达到高限时，联锁起动相应的水泵；当水位达到高限时，联锁起动相应的备用泵，直到水位降至低限时联锁停泵。

3）排水泵运行状态的检测以及发生故障时报警。

4）非正常情况快速报警。非正常情况是指流入污水井中流量过大或超过正常排放标准，应及早报警采取措施。出现这种情况的原因主要有进水阀、消防水阀损坏；水管爆裂；大量雨水渗漏等。这种情况如不及时采取措施后果是十分严重的，而及早发现并处理可减少损失。智能化楼宇排水监控系统通常由水位开关，直接数字控制器组成，如图6-56所示。

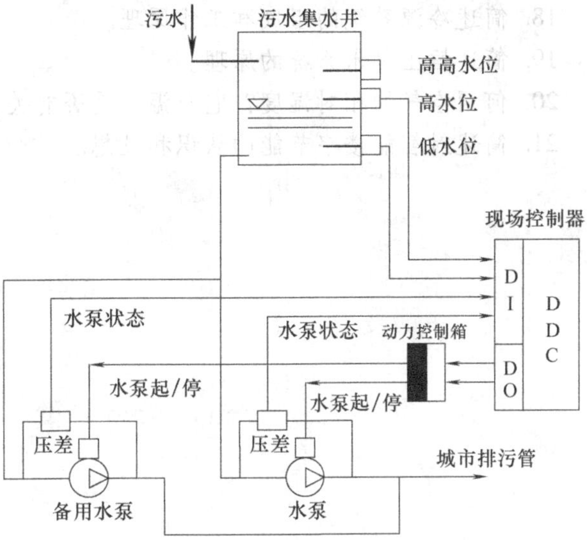

图6-56　排水监控系统

复习题与思考题

1. 楼宇自动化系统的对象和环境具有哪些控制特征？
2. 简述高压供电和低压配电的结线方式。
3. 智能供配电设备监控系统有哪些功能？有哪些技术性能参数？
4. 简述供配电设备监控系统的结构和组成。
5. 综合电力测控仪有哪些功能？智能型断路器有哪些功能？
6. 什么是光通量？发光强度？照度？发光效率？
7. 什么是智能照明控制方式？有哪些功能？
8. 照明灯具的作用是什么？有哪些照明灯具？
9. 对荧光灯能进行调光控制吗？简述原理。
10. 简述压缩式制冷方式的原理。
11. 简述溴化锂吸收式制冷方式的原理。
12. 空调系统有哪些组成部分？
13. 空调系统有哪些分类？特点如何？

14. 什么是定风量控制方式？有哪些特点？
15. 什么是变风量控制方式？有哪些特点？
16. 空调冷热水系统有哪些组成方式？特点如何？
17. 中央空调系统有哪些控制方式？特点如何？
18. 简述冷源系统的组成和工作原理。
19. 简述恒压供水系统的原理。
20. 何谓空气的相对湿度？它与温度是否有关系？如何对空气加湿、除湿？
21. 简述对智能楼宇节能的认识和设想。

第7章 楼宇设备自动化技术

本章导读

楼宇设备自动化是实现楼宇智能化的基础，其难点在于设备多（种类多，测控点数多）而散（布置分散在整栋建筑的各个角落）。楼宇设备自动化的有效解决方案是采用集散控制系统（DCS）和系统集成技术。

本章主要介绍了BAS对象环境、功能要求和技术基础，然后介绍了当前主流BAS系统结构（现场总线控制系统FCS），在此基础上讨论了BAS设计原则、步骤和方法。针对FCS已经是BAS的主流技术这一事实，本章着重介绍了几种在BAS中广泛应用的现场总线。针对BAS的产品没有一个统一的标准，在不同厂商的系统之间信息不能共享，不能互联互通联动这个问题，其解决的方法就是系统集成技术，它是BAS的另一个核心技术。为此，我们有必要了解BACnet协议，因为，它是能有效解决这个问题的根本方法。

本章的重点和难点是在理解BAS系统构成的基础上，结合以前所学的各门专业知识（检测技术、控制原理和电气控制技术），完成BAS设计。

7.1 楼宇设备自动化系统（BAS）的功能

楼宇自动化系统（Building Automation System，BAS）是楼宇智能化的基础。在现代建筑内有大量的建筑机电设备（如空调与通风设备、变配电设备、照明设备、给排水设备、热源和热交换设备、冷冻和冷却水设备、电梯和自动扶梯设备等），它们为建筑内人群的生活和生产提供必需的环境条件。简单地说，BAS就是对建筑机电设备进行监测和控制及管理的系统。

BAS是针对建筑机电设备，检测、显示其运行参数，监视、控制其运行状态，根据外界条件、环境因素、负载变化等情况自动调节相关设备，使其始终运行于最佳状态；自动监测并处理诸如停电、火灾、地震等意外事件；自动实现对电力、供热、供水等能源的使用、调节与管理，从而保障工作或居住环境既安全可靠，又节约能源，而且舒适宜人。

7.1.1 BAS的对象环境

智能化建筑中的建筑机电设备和设施就是楼宇自动化系统的对象和环境，通常可将建筑机电设备和设施按功能划分为7个子系统（并不是所有的楼宇都要具备下述所有的7个子系统，每个子系统也不一定都具有全部的功能）：

1）电力供应系统（高压配电、变电、低压配电、应急发电）。

2）照明系统（工作照明、事故照明、艺术照明、障碍灯等特殊照明）。

3）环境控制系统（空调及冷热源、通风环境监测与控制、给水、排水、卫生设备、污水处理）。

4）消防系统（火灾自动检测与报警、自动灭火、排烟、联动控制、紧急广播）。

5）安防系统（防盗报警、视频监控、出入口控制、电子巡更）。

6）交通运输系统（电梯、电动扶梯、停车场、车队）。

7）广播系统（背景音乐、事故广播、紧急广播）。

这些设备多而散。多，即数量多，被控制、监视、测量的对象多，多达上千点到上万点；散，即这些设备分散在各楼层和角落。在楼宇中设置BAS的目的就是为了优化生活和工作的环境，确保这些设备安全、正常、高效运行。安全、正常是指设备能按照设计性能指标运转，高效是指节省能源、节省人力和长寿命运行。

在我国的实际工程建设及管理中，安防工程和消防工程通常都是单独招标建设的，其后期的运行管理分别隶属不同的政府职能部门（安防系统归公安治安管理，消防系统归武警消防管理），因此，BAS有广义BAS和狭义BAS之分，广义BAS包括了安防与消防系统，狭义BAS是除了安防与消防系统之外的建筑设备监控系统，如图7-1所示。对建筑物的热力系统、制冷系统、空调系统、给排水系统、电力系统、照明控制系统、电梯管理系统等可采用分别自成体系的专业监控系统，这是趋于广泛的应用发展趋势，在工程设计中宜根据具体情况进行选择。

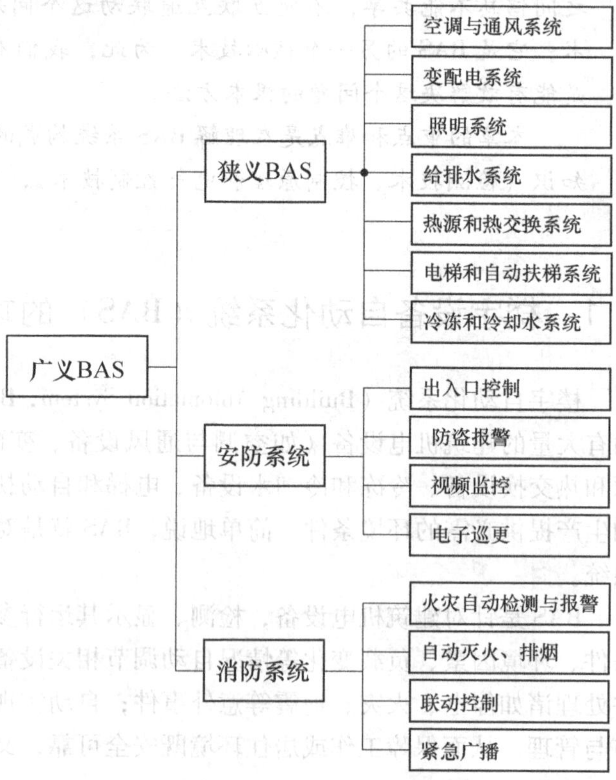

图7-1 广义BAS和狭义BAS

7.1.2 BAS的功能要求

BAS的功能应符合下列要求：

1）具有对建筑机电设备测量、监视和控制功能，确保各类设备系统运行稳定、安全和可靠并达到节能和环保的管理要求。

2）采用集散式控制系统。随着现场总线（Field bus）技术的不断发展，逐渐成熟的现场总线控制系统（Fieldbus Control System，FCS）正在楼宇自动化领域中得到越来越多的应用。

3）具有对建筑物环境参数的监测功能。环境参数主要包括温度、湿度、光照度、风速、空气质量（悬浮颗粒浓度、硫氧化物浓度、氮氧化物浓度、一氧化碳浓度、光化学氧化剂浓度、碳氢化合物含量等）、噪声、振动、辐射和放射性污染等参数。例如，监测地下停车场一氧化碳和二氧化碳浓度，过高时启动停车场送、排风机。

大气监测的目的是对空气中的有害气体、灰尘、烟雾、微生物等进行监测，再进行处理，从而达到有关标准。环境监测是对环境质量的各种标志的数据测定过程。这些数据既包括化学物质的污染，也包括各种物理因素，如热、噪声、振动、辐射和放射性污染；既包括直接污染，也包括间接污染；同时这些数据必须在一定范围内进行长时间监测，才具有代表性。

4）满足对建筑物的物业管理需要，实现数据共享，以生成节能及优化管理所需的各种相关信息分析和统计报表。

5）具有良好的人机交互界面及采用中文操作界面。

6）共享公共安全所需的相关系统的数据信息等资源。

BAS的功能也可从4个方面来理解：设备控制自动化、设备管理自动化、防灾自动化、能源管理自动化。

7.1.3 BAS的技术基础

在楼宇自动化系统中，需要实时监测与控制的设备品种多、数量大，而且分布在楼宇的各个部分。大型的楼宇，有几十层楼面，多达十多万平方米的建筑面积，需数千台套设备遍布楼宇内外。对于楼宇自动化这一个规模庞大、功能综合、因素众多的大系统，要解决的不仅是各子系统的局部优化问题，而且是一个整体综合优化问题。其解决办法唯有集散控制系统（Distributed Control System，DCS），它是利用计算机技术对生产过程进行集中监视、操作、管理和分散控制的一种自动化工程技术。集散控制系统的核心思想是分散控制，集中管理。分散控制：多台计算机分散应用于生产过程，每台独立完成输入输出和运算控制。集中管理：多台计算机构成网络系统，进行集中监视、操作和管理，实现控制与管理的信息集成。

集散控制系统的结构是一个分布式系统，从整体逻辑结构上讲，是一个分支树结构，如图7-2所示。按系统结构进行垂直分解，它分为现场层、控制层和管理层，各层既相互独立又相互联系，每一层又可按水平分解成若干子集。从功能分散看，纵向分散意味着不同层的设备有不同的功能，如实时控制、实时监视和生产过程管理等。横向分散则意味着在同层上的设备有类似的功能。按照这种思想来设计集散型控制系统的硬件和软件，就是要贯彻既集中又分散的原则。

集散控制系统概括起来是由分散过程控制装置、集中操作管理装置、数据通信系统三大部分组成的，如图7-3所示。集中操作管理部分又可分为工程师站、操作员站和管理计算机。工程师站主要用于组态和维护，操作员站用于监视和操作，管理计算机用于全系统的信息管理和优化控制。分散过程控制部分按功能可分为控制站、监测站或现场控制站，用于控制和监测。通信部分连接集散型控制系统的各个分布部分，完成数据、指令及其他信息的传

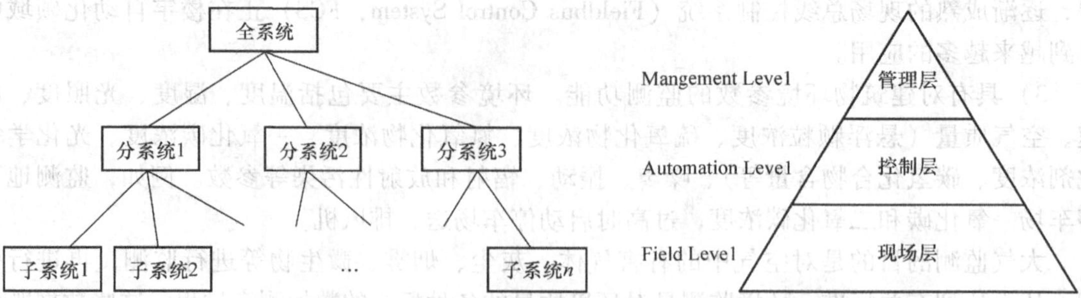

图 7-2 集散控制系统的多层金字塔结构

递。集散控制系统软件由实时多任务操作系统、数据库管理系统、数据通信软件、组态软件和各种应用软件所组成。使用组态软件这一工具，可生成用户所要求的实用系统。

集散控制系统具有通用性强、系统组态灵活、控制功能完善、数据处理方便、显示操作集中、人机界面友好、安装简单规范化、调试方便、运行安全可靠的特点。

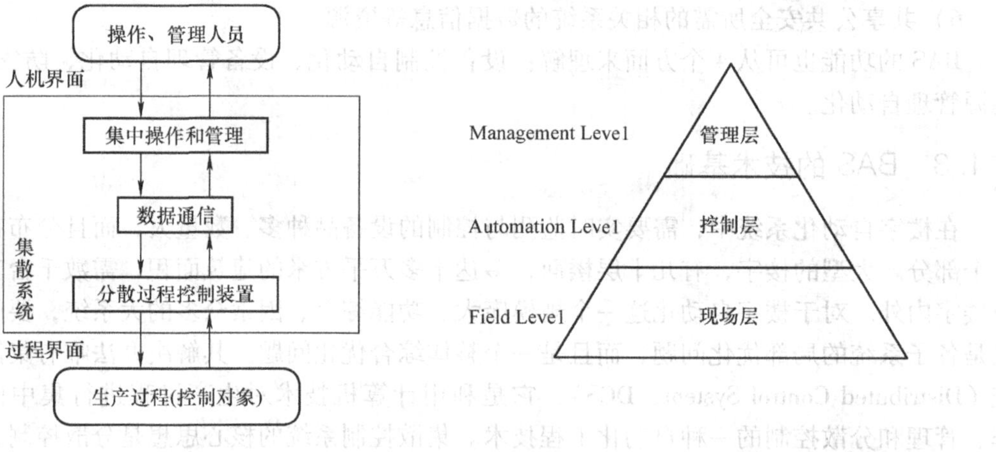

图 7-3 集散控制系统的组成

图 7-4 所示是新一代集散控制系统的体系结构，随着现场总线技术的不断发展，DCS 逐渐发展成 FCS。FCS 的基础是现场总线，FCS 现场控制层的主要设备是现场总线仪表。FCS 变革传统的单一功能的模拟仪表，将其改为综合功能的数字仪表；变革传统的计算机控制系统（DDC、DCS），将输入、输出、运算和控制功能分散分布到现场总线仪表中，形成全数字的彻底的分散控

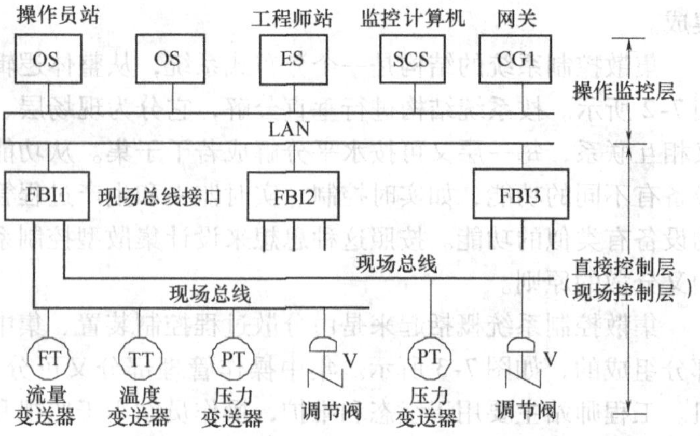

图 7-4 新一代 DCS（FCS）体系结构原型

制系统。FCS 既是现场通信网络系统，也是现场自动化系统。从信号处理及传输的角度来分析，DCS 属于模拟和数字的混合系统，FCS 属于全数字系统，如图 7-5 所示。

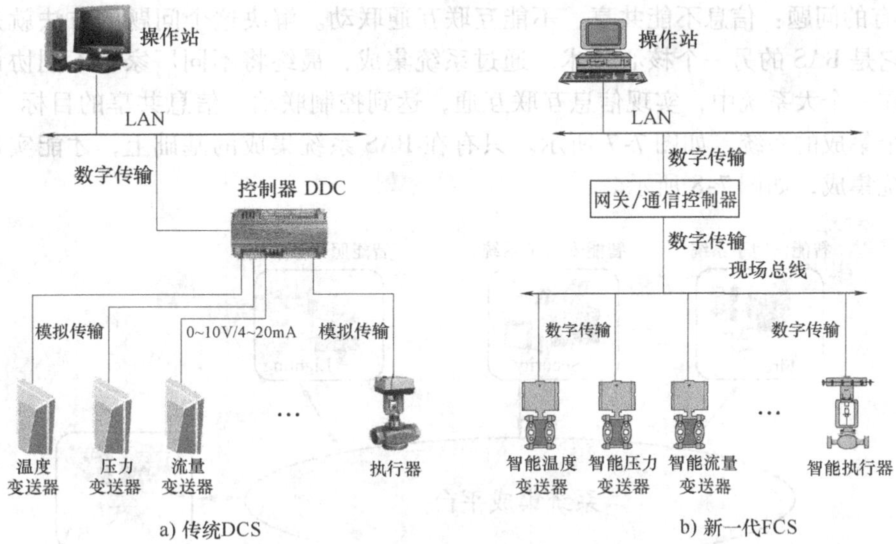

图 7-5　DCS 和 FCS 的结构对比

利用集散控制技术将 BAS 构造成一个庞大的集散控制系统（见图 7-6），在这个系统中其核心是中央监控与管理计算机，中央管理计算机通过信息通信网络与各个子系统的控制器相连，组成分散控制、集中监控和管理的功能模式，各个子系统之间通过通信网络也能进行信息交换和联动，实现优化控制管理，最终形成统一的由 BAS 运作的整体。

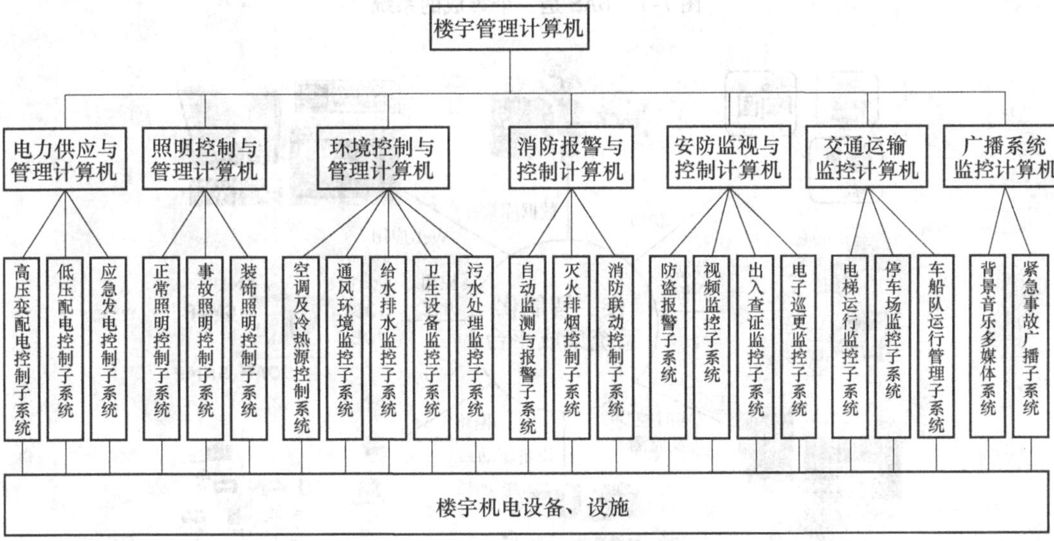

图 7-6　广义的 BAS 系统组成概念图

由于 BAS 所面临的监控对象的复杂性，目前全球范围内没有一个厂商能够提供所有的软硬件产品（强势的品牌如：BA 方面 Honeywell，通信网络方面 Cisco，智能安防方面“安定宝”或 BOSCH，智能消防方面 ESSER 等）。这就事实上形成各自为阵、占山为王、相互争夺地盘的竞争状态，最终导致 BAS 的产品没有一个统一的标准，在子系统之间就存在一个 BAS 特有的问题：信息不能共享，不能互联互通联动。解决这个问题的方法就是系统集成技术，它是 BAS 的另一个核心技术。通过系统集成，最终将不同厂家、不同协议标准的产品组织在一个大系统中，实现信息互联互通，达到控制联动、信息共享的目标。所以说，BAS 是一个集成的系统，如图 7-7 所示。只有在 BAS 系统集成的基础上，才能实现楼宇智能化的系统集成，如图 7-8 所示。

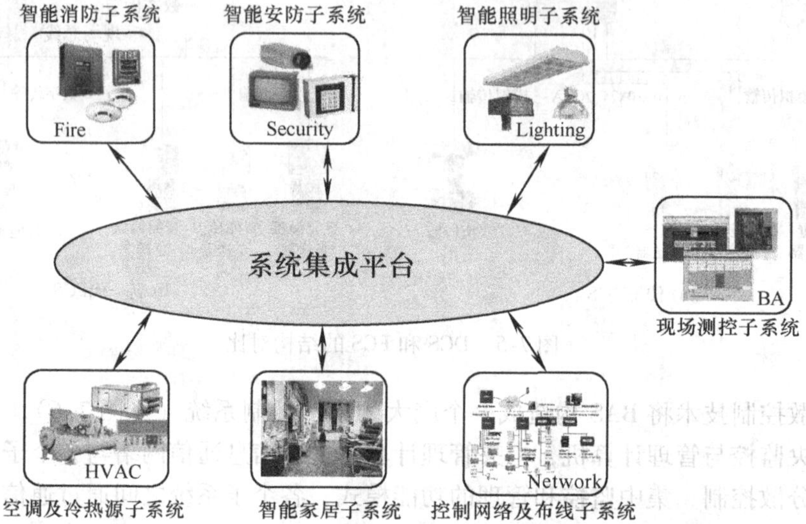

图 7-7 BAS 是一个集成的系统

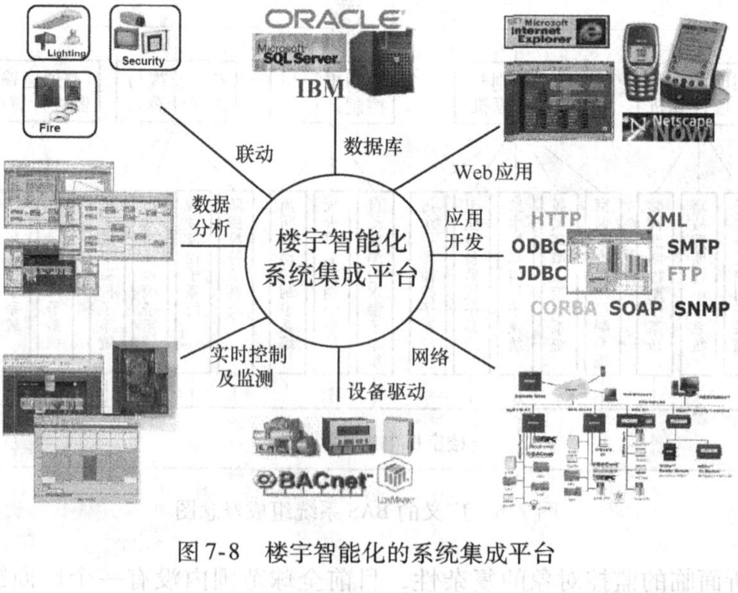

图 7-8 楼宇智能化的系统集成平台

7.2 BAS的系统结构

7.2.1 BAS体系结构的发展

到目前为止，楼宇自动化系统产品已经经历了三代发展：第一代是DCS集散控制系统，主要特点是只有中央站和分站两类接点，中央站完成监视，分站完成控制，分站完全自治，与中央站无关，保证了系统的可靠性；第二代是开放式FCS集散控制系统，DDC分站应用现场总线连接传感器、执行器，形成分布式输入输出现场网络层，从而使系统的配置更加灵活，由于现场总线技术的开放性，也使分站具有了一定程度的开放规模；第三代是21世纪发展起来的网络集成控制系统，随着企业网Intranet建立，楼宇自动化系统必然采用Web技术，BAS控制器嵌入Web服务器，融合Web功能，以网页形式为工作模式，使BAS与Intranet成为一体系统，如图7-9所示。网络集成控制系统是采用Web技术的楼宇自动化系统，它从不同层次的需求出发提供各种完善的开放技术，实现各个层次的集成，从现场层、自动化层到管理层，完成了管理系统和控制系统的一体化。

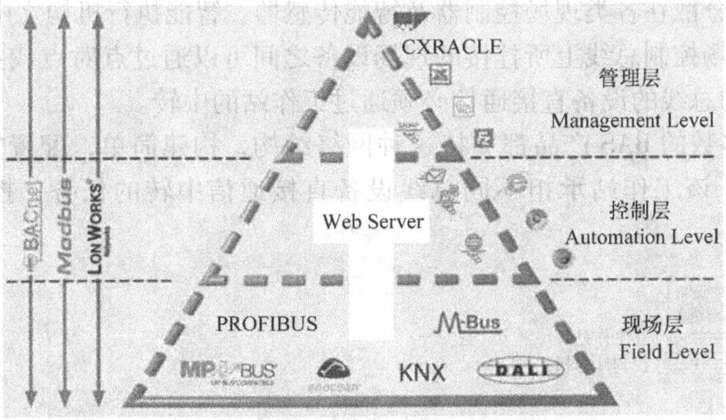

各类用户可以随时直接访问控制系统数据

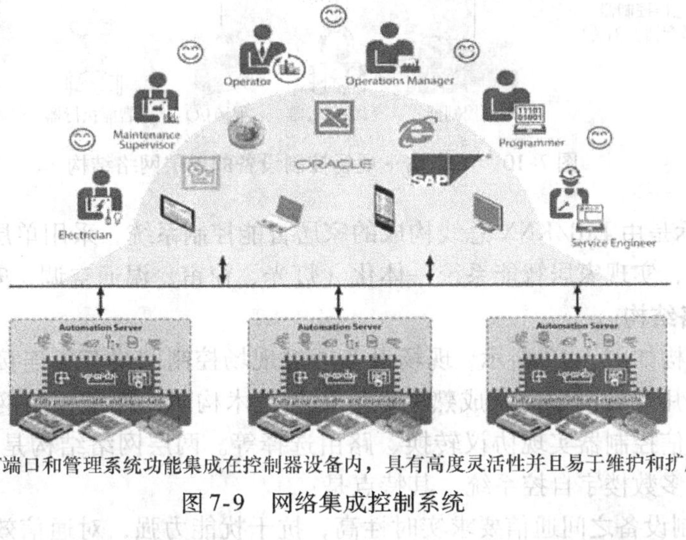

Web/IT端口和管理系统功能集成在控制器设备内，具有高度灵活性并且易于维护和扩展

图7-9 网络集成控制系统

7.2.2 集散型BAS的结构

目前国内的楼宇自控系统市场基本为国外品牌一统天下，市场份额最大的是Honeywell、SIEMENS、Johnson这三家，其次有INVENSYS、DELTA、TREND、TAC、ALC、日本山武等，国内有清华同方（RH6000）、海湾公司（HW－BA5000）、浙大中控（OptiSYS）和北京利达（BABEL）等。

集散型BAS主要有以下三种结构：单层网络结构，工作站直接与现场控制设备相连；两层网络结构，上层网络与现场控制总线两层，两层网络之间通过通信控制器连接；三层网络结构，在上层网络与现场控制总线之间增加了一层中间层控制网络，解决由于末端分布范围较广形成的复杂联动控制问题。

1. 单层网络结构

单层网络结构如图7-10所示，现场设备通过现场控制网络互相连接；工作站通过通信适配器直接接入现场控制网络。适用于监控点少、分布比较集中的小型楼宇自控系统或子系统的监控。其特点是：

1）整个系统的网络配置、集中操作、管理及决策等全部由工作站承担。

2）控制功能分散在各类现场控制器及智能传感器、智能执行机构之中。

3）同一条现场控制总线上所挂接的现场设备之间可以通过点对点或主从的方式直接进行通信，而不同的总线的设备直接通信必须通过工作站的中转。

目前，绝大多数的BAS产品都支持这种网络结构，构建简单，配置方便。缺点是，只支持一个工作站，该工作站承担不同总线设备直接通信中转的任务，控制功能分散不够彻底。

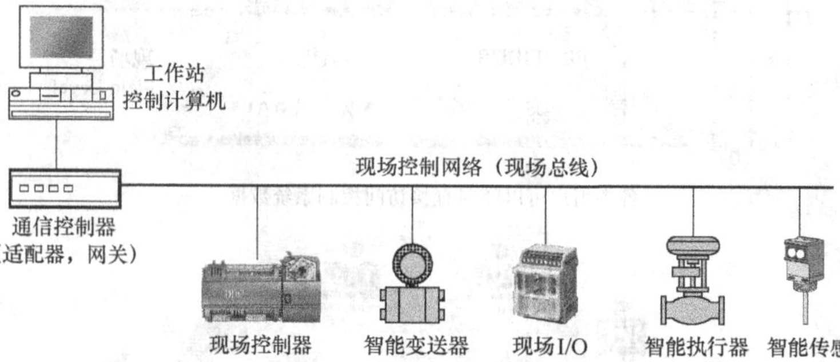

图7-10 工作站＋现场控制设备的单层网络结构

图7-11所示是由EIB/KNX总线构成的家居智能控制系统，采用单层网络结构，完成多功能监控及应用，实现家居智能系统一体化（灯光、窗帘、温通空调、安防等）。

2. 两层网络结构

两层网络结构如图7-12所示，现场设备通过现场控制网络互相连接；操作员站（工作站、服务器）采用局域网中比较成熟的以太网等技术构建；现场控制网络和以太网等上层网络之间通过通信控制器实现协议转换、路由选择等。两层网络结构是目前BAS产品的主流。适用于绝大多数楼宇自控系统，其特点是：

1）现场控制设备之间通信要求实时性高，抗干扰能力强，对通信效率要求不高，一般采用控制总线（现场总线）完成。

2）操作员站（工作站、服务器）之间由于需要进行大量数据、图形的交互，通信带宽要求高，而对实时性、抗干扰能力要求不高，所以多采用以太网技术。

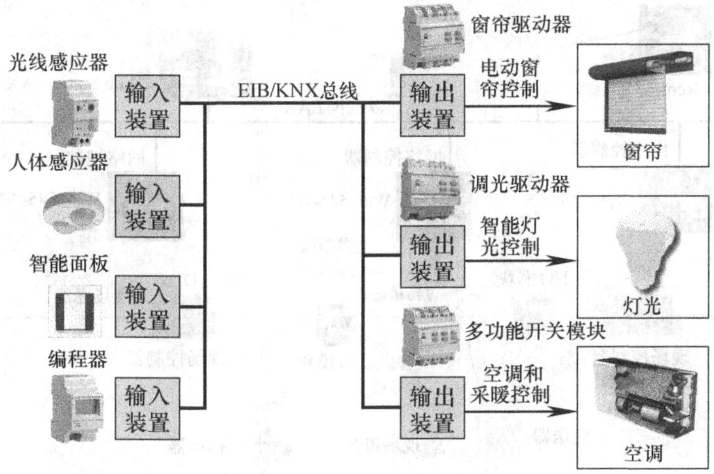

图 7-11 EIB/KNX 总线构成的家居智能控制系统

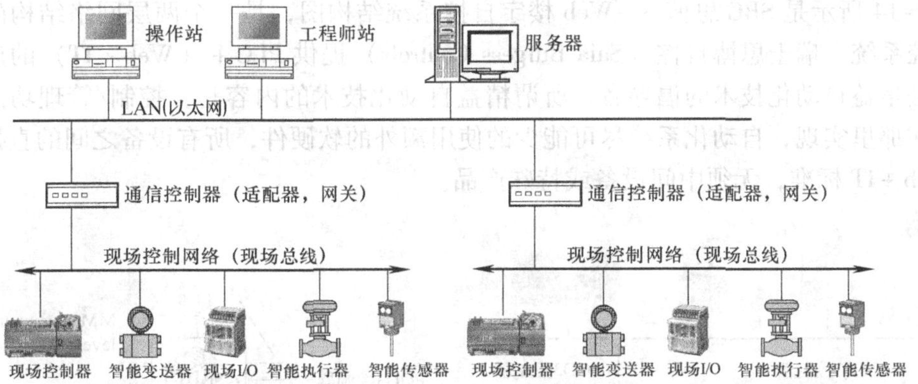

图 7-12 两层网络结构

3）通信控制器可以由专用的网桥、网关设备或工控机实现。不同的 BAS 产品中，通信控制器的功能强弱不同。功能简单的只是起到协议转换的作用，在采用这种产品的网络中不同现场总线之间设备的通信仍要通过工作站进行中转；复杂的可以实现路由选择，数据存储、程序处理等功能，甚至可以直接控制输入输出模块起到 DDC 的作用，这种设备已不再是简单的通信控制器，而是一个区域控制器。

4）绝大多数 BAS 设备制造商在底层控制总线上都有一些支持某种开放式现场总线的产品。两层网络都可以构成开放式的网络结构，不同制造商的产品之间能够方便地实现互联。

图 7-13 所示是 Honeywell WEBs 楼宇自控系统结构图，是一个两层网络结构的新一代楼宇自控系统，可以通过一个 Web 页面实时的、安全的、有效的管理整个楼宇。Honeywell WEBs 是一个开放式平台，兼容现行的常用现场标准总线协议（例如 BACnet，LonWorks，ModBus 等）。基于 Web 的 B/S 控制管理方式能大量节省监控系统的“前端”投入和运行费

用。用户使用浏览器（Firefox，Internet Exploer），在获得授权和密码时，可以访问系统的资源。网络控制器可作为控制器、网关、路由器。现场控制网络主要以 LonWorks 为主，现场控制器为自由编程控制器，可用于通用设备及 VAV 末端控制。

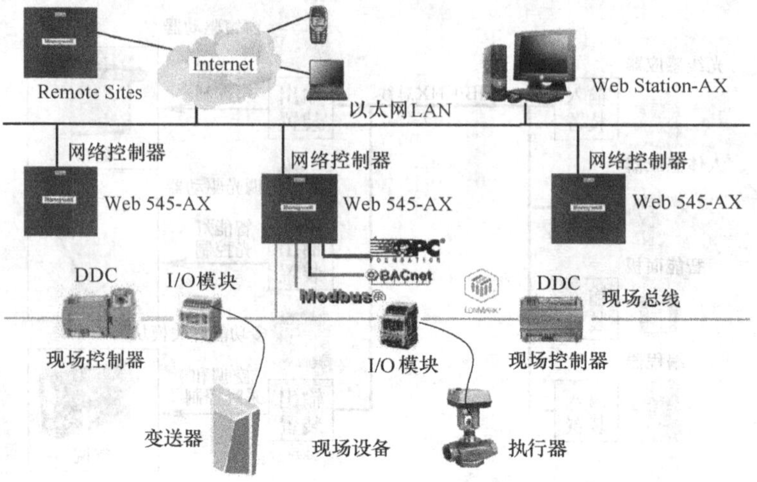

图 7-13 Honeywell WEBs 楼宇自控系统结构图

图 7-14 所示是 SBC 思博 S－Web 楼宇自控系统结构图，是一个两层网络结构的新一代楼宇自控系统。瑞士思博自控（Saia Burgess Controls）提供 PLC＋（Web＋IT）的产品系统模式，是精益自动化技术的倡导者，所谓精益自动化技术的内容是：控制/管理功能在那里需要就在那里实现，自动化系统尽可能少的使用额外的软硬件，所有设备之间的直接连接都通过 Web＋IT 标准，无须中间设备或特殊产品。

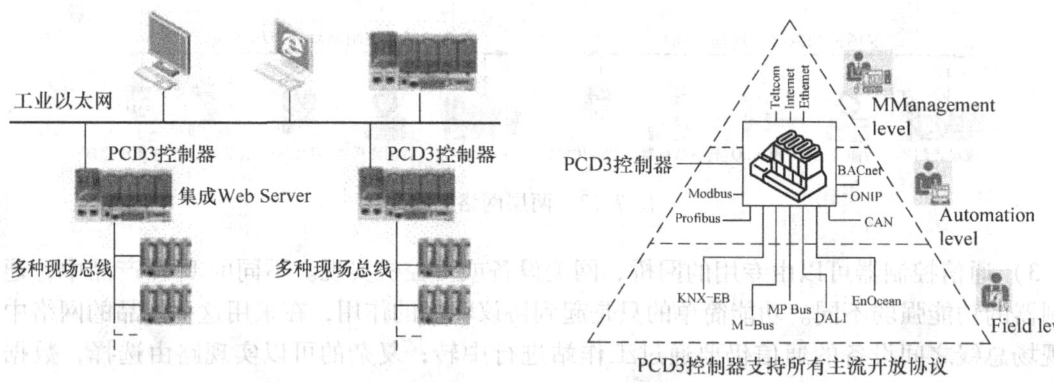

图 7-14 SBC 思博 S－Web 楼宇自控系统结构图

图 7-15 所示是西门子 PXC 系列楼宇自控系统结构图，采用两层通信架构，同时支持以太网（TCP/IP、BACnet/IP）和 RS－485 网络，楼层级网络是通过 PXC 模块化可编程控制器进行扩展的，西门子的模块化可编程序控制器采用了美国博软 CyboSoft 公司的无模型自适应（Model－Free Adaptive，MFA）控制专利技术，它采用了 3 层神经元网络以及时间滞后函数、活化函数、加权因子等部件，MFA 在分析了前 N 次采样的测量偏差，使之能够观察

和学习到过程的动态特性，并根据偏差的历史直接计算出下一步的控制作用。

图 7-16 所示是浙大中控 OptiSYS 楼控系统架构图，采用两层通信架构，所有的 DDC 控制器和中央监控计算机都通过以太网连接。每个 DDC 控制器都能够独立工作，不受中央或其他控制器故障的影响，并且系统可对所有的 DDC 进行巡检，如有 DDC 软件丢失，中央管理站可自动下载程序，保证了系统的运行可靠。DDC 控制器的 CPU 主控模块和 I/O 扩展模块之间采用 CAN 总线或 LonWorks 总线，所有的 I/O 扩展模块都有自己的处理芯片，可以实现远程放置。

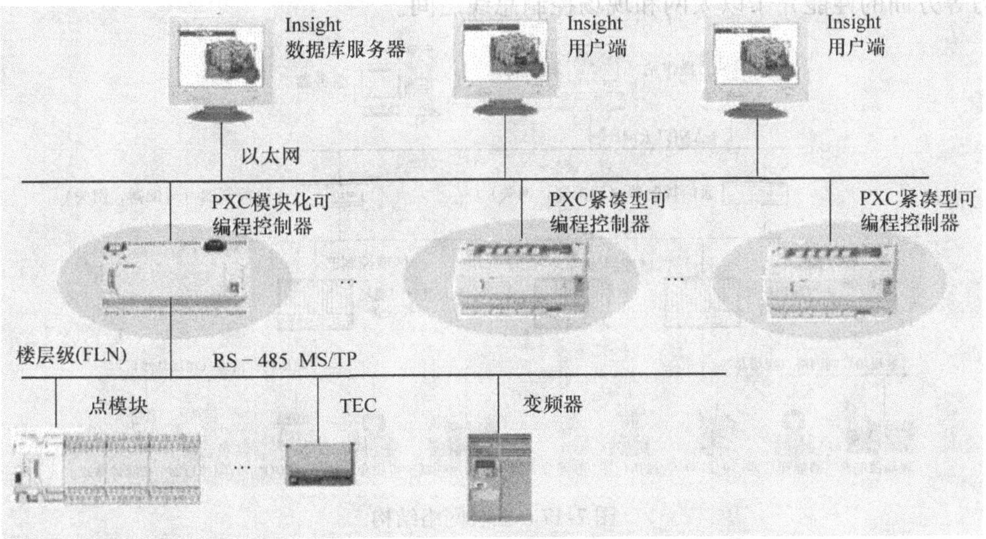

图 7-15 西门子 PXC 系列楼宇自控系统结构图

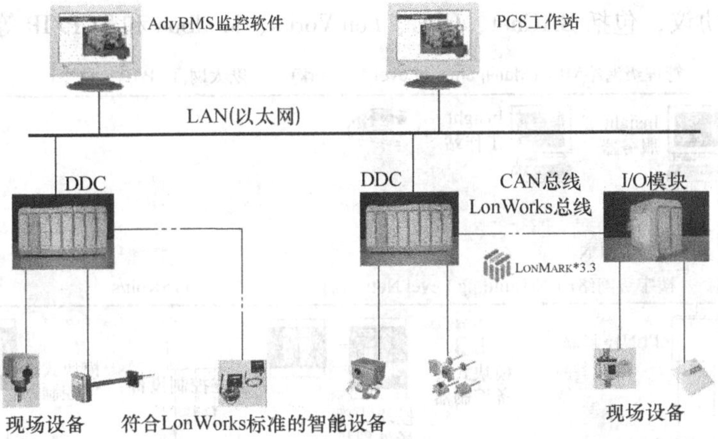

图 7-16 浙大中控 OptiSYS 楼控系统架构图

3. 三层网络结构

三层网络结构如图 7-17 所示。现场设备通过现场控制网络互相连接；操作员站（工作站、服务器）采用局域网中比较成熟的以太网等技术构建；现场大型通用控制设备采用中间层控制网络实现互联。中间层控制网络和以太网等上层网络之间通过通信控制器实现协议转换、路由选择等。三层网络结构适用于监控点相对分散、联动功能复杂的 BAS 系统。

三层网络结构 BAS 系统特点：

1）在各末端现场安装一些小点数、功能简单的现场控制设备，完成末端设备基本监控功能，这些小点数现场控制设备通过现场控制总线相连。

2）小点数现场控制设备通过现场控制总线接入一个大型通用现场控制器，大量联动运算在此控制设备内完成。这些大型通用现场控制器也可以带一些输入、输出模块直接监控现场设备。

3）大型通用现场控制器之间通过中间控制网络实现互联，这层网络在通信效率、抗干扰能力等方面的性能介于以太网和现场控制总线之间。

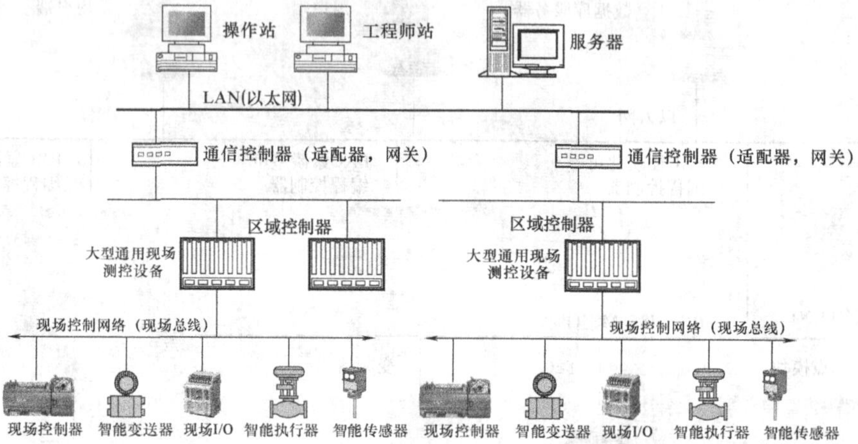

图 7-17 三层网络结构

图 7-18 所示是西门子 APOGEE 楼宇自动化系统结构，采用三层网络架构。楼宇系统可支持不同的通信协议，包括 BACnet、OPC、LonWorks、Modbus 和 TCP/IP 等。

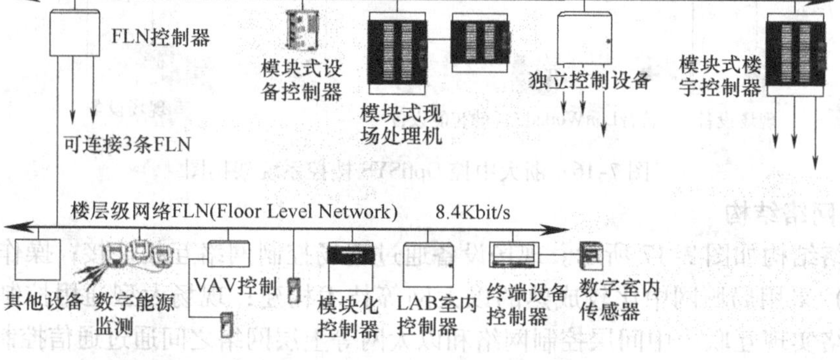

图 7-18 西门子 APOGEE 楼宇自动化系统结构

管理级网络（Management Level Network，MLN）：采用高速以太网连接，运行TCP/IP协议。操作员可以在任何拥有足够权限的Insight工作站实施监测设备状态、控制设备启停、修正设定值、改变末端设备开度等得到充分授权的操作。APOGEE系统在得到授权的前提下，最多可以通过以太网连接25台工作站。

楼宇级网络（Building Level Network，BLN）：系统最多可以同时支持4条楼宇级网络，每条楼宇级网络最多可连接99个DDC控制器，如最常用的模块式楼宇控制器（MBC）和模块式设备控制器（MEC）。楼宇级网络使用24AWG双绞屏蔽线，最快支持115Kbit/s的通信速率。

楼层级网络（Floor Level Network，FLN）：重要的DDC控制器都支持最多3条楼层级网络，每条楼层级网络最多可连接32个扩展点模块（PXB）或终端设备控制器（TEC）。楼层级网络最快支持8.4Kbit/s的通信速率。

4. BAS结构发展趋势

BAS系统结构不断支持向开放性、标准化、远程化、集成化方向发展。

1）现场总线技术（FCS）将专用微处理器置入传统的测量控制仪表装置，使之具有数字计算和数字通信能力。采用可进行简单连接的双绞线等传输介质，把多个测量控制仪表连接成网络系统，并按公开、规范的通信协议，使位于现场的多个智能控制设备之间以及现场仪表与远程监控计算机之间实现数据传输与信息交换。目前已被广泛应用于BAS现场控制网络。

2）以往的集散控制系统中，以太网技术之所以无法直接运用于控制现场是由于普通的以太网无法满足现场通信的实时性、抗干扰能力的要求，随着工业以太网技术的发展，工业以太网在各方面的性能都达到甚至超过一些现场总线技术。DDC直接接入工业以太网可以简化集散控制系统的网络结构，提高网络监控性能，是集散控制系统的一个重要发展方向。

3）BACnet是由多个BAS产品供应商共同达成的在BAS领域内的一种数据通信协议标准，它从整体上对系统通信网络的标准结构及各层协议进行了定义，为整个BAS网络完全标准化提供了可能。

4）多家自控公司和微软共同制定了OPC（OLE for Process Control）技术，该技术支持多种开放式的通信协议以满足客户对信息集成的需求。因此，OPC技术为实现BAS与智能楼宇中其他子系统之间的联动和信息集成提供了一种开放、灵活、标准的技术，可大大降低系统集成所需的开发和维护费用。

5）基于Web的B/S控制管理方式能大量节省监控系统的“前端”投入和运行费用。控制/管理功能集成在控制器，所有设备之间的直接连接都通过Web+IT标准，无须中间设备或特殊产品。

7.2.3　集散型BAS的设计方法

1. 按楼宇建筑层面组织的集散型BAS系统

这种设计方法是先按楼宇建筑层面划分大系统，再按功能划分子系统。对于大型的商务楼宇、办公楼宇，往往是各个楼层有不同的用户和用途（如首层为商场，二层为某机构的总部……），因此，各个楼层对BAS系统的要求会有所区别，按楼宇建筑层面组织的集散型BAS系统能很好地满足要求。按楼宇建筑层面组织的集散型BAS系统如图7-19所示。

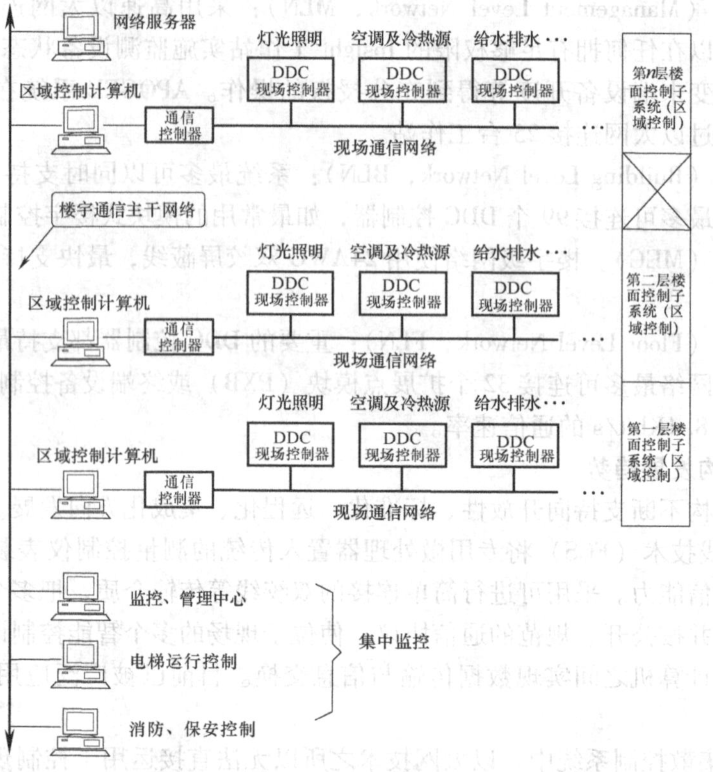

图7-19 按楼宇建筑层面组织的集散型BAS系统

这种方案的特点有：

1）由于是按楼宇建筑层面组织的，因此布线设计及施工比较简单，子系统（区域）的控制功能设置比较灵活，调试工作相对独立。

2）整个系统的可靠性较好，子系统失灵不会波及整个楼宇系统。

3）设备投资增大，尤其是高层楼宇。

4）较适合商用的多功能楼宇。

2. 按楼宇设备功能组织的集散型BAS系统

这种设计方法是先按功能划分大系统，再按楼宇建筑层面划分子系统。这是常用的系统结构，按照整座楼宇的各个功能系统来组织（见图7-20）。这种方案的特点有：

1）由于是按整座楼宇设备功能组织的，因此布线设计及施工比较复杂，调试工作量大。

2）整个系统的可靠性较弱，子系统失灵会波及整个楼宇系统。

3）设备投资省。

4）较适合功能相对单一的楼宇（如企业、政府的办公楼宇、高级住宅等）。

3. 混合型的集散型BAS系统

这是兼有上述两种结构特点的混合型，即某些子系统（如供电、给排水、消防、电梯）采用按整座楼宇设备功能组织的集中控制方式，另外一些子系统（如灯光照明、空调等）则按楼宇建筑层面组织的分区控制方式。

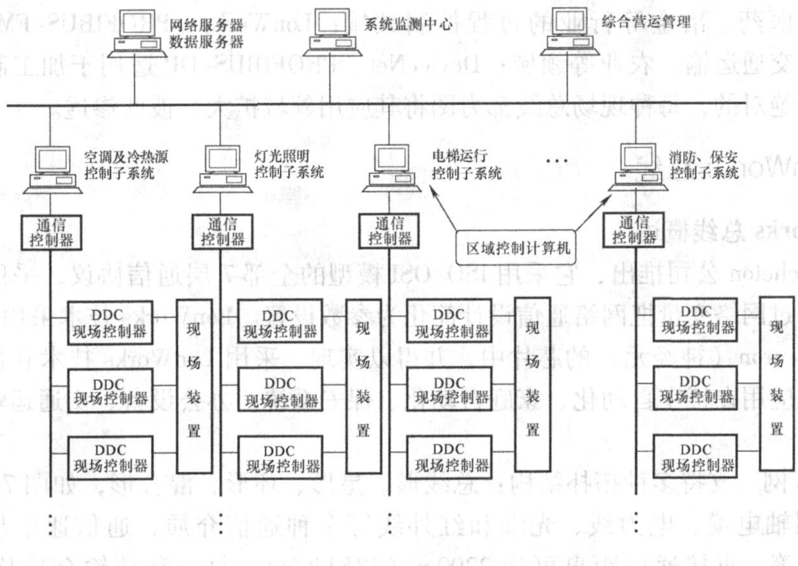

图7-20　按设备功能组织的集散型BAS系统

7.3　现场总线技术

7.3.1　现场总线的基本概念

现场总线（Fieldbus）是一种应用于生产现场，在现场设备之间、现场设备与控制装置之间实行双向、串行、多节点数字通信的技术。现场总线控制系统（Fieldbus Control System，FCS）如图7-21所示，既是现场通信网络系统，也是现场自动化系统。现场通信网络系统：具有开放式数字通信功能，可与各种通信网络互联；现场自动化系统：把安装于生产现场的具有信号输入、输出、运算、控制、通信功能的各种现场仪表或现场设备作为现场总线的节点，直接在现场总线上构成分散的控制回路。

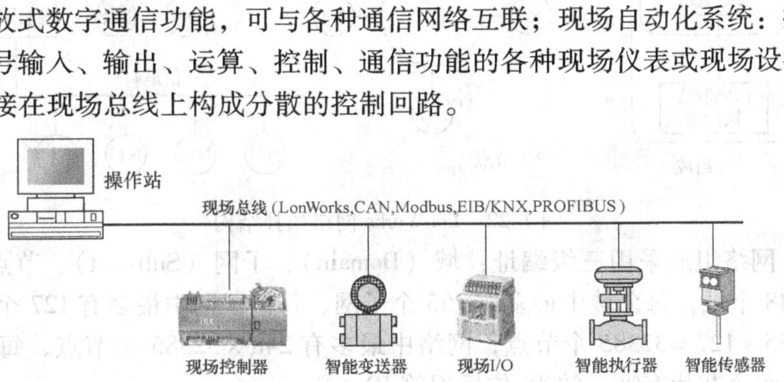

图7-21　现场总线控制系统

由于各个公司的利益之争，虽然早在1984年国际电工技术委员会/国际标准协会（IEC/ISA）就着手开始制定现场总线的标准，但至今仍未统一。许多公司推出其各自的现场总线技术，彼此的开放性和互操作性还难以统一。目前世界上存在着大约40余种现场总线，如PROFIBUS、LonWorks、InterBus、CAN、HART、Modbus、FF、WorldFIP、BitBus、DeviceNet、ControlNet等。每种总线大都有其应用的领域，例如FF、PROFIBUS-PA适用于石油、化工、医药、冶金等行业的过程控制领域；LonWorks、PROFIBUS-FMS、DeviceNet适用于楼宇、交通运输、农业等领域；DeviceNet、PROFIBUS-DP适用于加工制造业，而这些划分也不是绝对的，每种现场总线都力图将其应用领域扩大，彼此渗透。

7.3.2 LonWorks总线

1. LonWorks总线概述

由美国Echelon公司推出，它采用ISO/OSI模型的全部7层通信协议，采用面向对象的设计方法，通过网络变量把网络通信设计简化为参数设置。LonWorks技术采用的LonTalk协议被封装到Neuron（神经元）的芯片中，并得以实现。采用LonWorks技术和神经元芯片的产品，被广泛应用在楼宇自动化、家庭自动化、保安系统、办公设备、交通运输、工业过程控制等行业。

LonWorks网络支持多种拓扑结构：总线形、星形、环形、混合形，如图7-22所示。支持双绞线、同轴电缆、电力线、光缆和红外线等多种通信介质，通信速率从300bit/s至1.25Mbit/s不等，直接通信距离可达2200m（78Kbit/s）。每一种传输介质称为一种信道（Channel），信道上有多个节点，信道可以用中继器（Repeater）延长，信道之间通过桥接器（Bridge）或路由器（Router）互联。每种传输介质都有专用的收发器，收发器是节点与传输介质之间的通信接口。

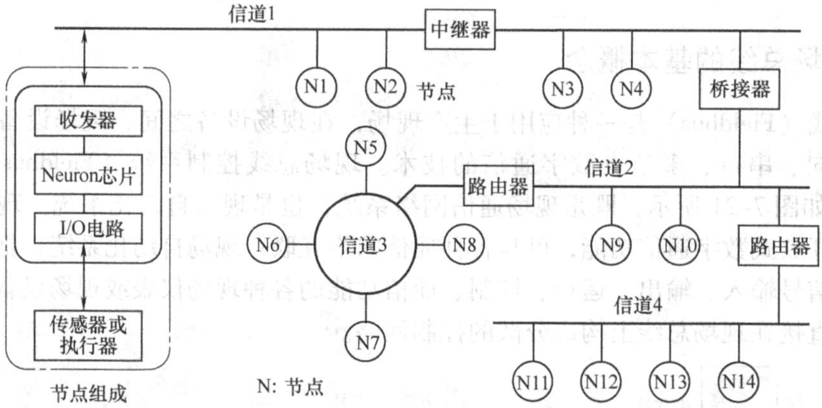

图7-22 LonWorks网络拓扑结构

LonWorks网络组成采用三级编址：域（Domain）、子网（Sub-net）、节点（Node）。网络中最多有248个域，每个域中最多有255个子网，每个子网中最多有127个节点，则每个域中最多有255×127=32385个节点，网络中最多有248×32385个节点，每个节点有一个Neuron芯片，每个芯片有唯一的48位标识符ID。

2. LonWorks神经元芯片

LonWorks的每个控制节点包括一片神经元芯片（NeuronChip）、传感器和控制设备、收发器和电源。神经元芯片是节点的核心部分，它包括一套完整的LonTalk协议，确保智能系统中各智能设备之间使用可靠的标准进行通信。如图7-23所示，神经元芯片内部含有3个8位的CPU：CPU1为介质访问控制MAC处理器，执行协议中的第1、2层；CPU2为网络处理器，执行协议中的第3~6层；CPU3为应用处理器，执行协议中的第7层（应用层）。用Neuron C语言编写第7层（应用层）的应用程序。用户只需编写应用层程序，无需考虑网络底层细节，如网络介质占用控制、通信同步、纠错编码、优先控制等。

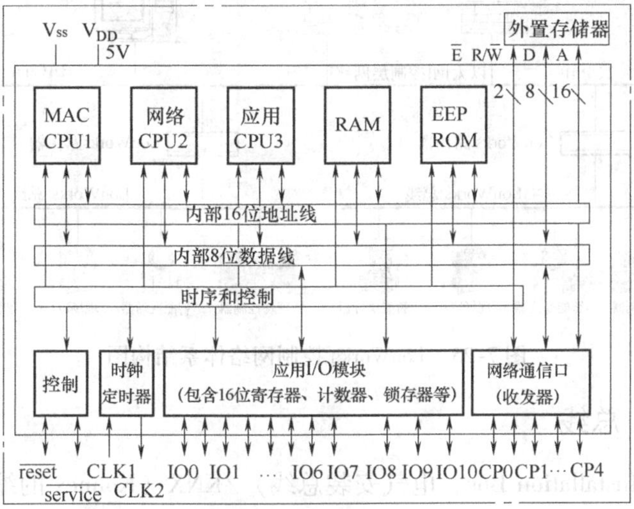

图 7-23　LonWorks 神经元芯片结构框图

神经元芯片可以作为执行 LonTalk 网络协议中网络通信的一部分，形成传感器和执行器与 LonWorks 网络之间的网关。同时，任何微控制器、微处理器、PC、工作站或计算机都可以成为 LonWorks 网络上的节点，并且可以与其他 LonWorks 节点进行通信。LonWorks 基本控制节点原理图如图 7-24 所示。

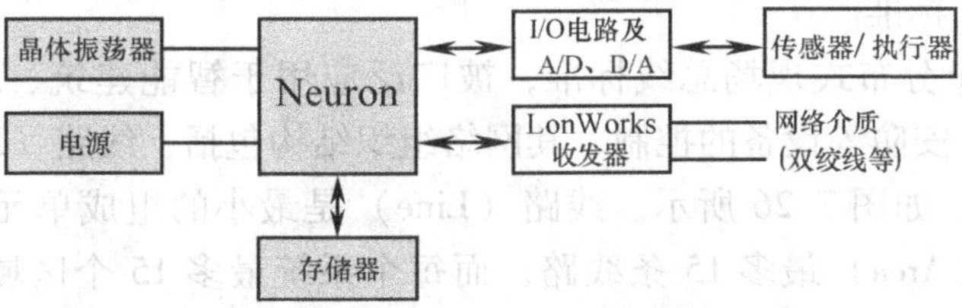

图 7-24　LonWorks 基本控制节点原理图

3. LonWorks 通信协议 LonTalk

LonTalk 协议遵循 ISO 定义的开放系统互联（OSI）模型，并提供了 OSI 参考模型所定义的全部 7 层服务。它具有以下的特点：

1）LonTalk 协议支持包括双绞线、电力线、无线、红外线、同轴电缆和光纤在内的多种传输介质。

2）LonTalk 协议支持总线型、星形、自由拓扑等多种拓扑结构，极大地方便了控制网络的构建。LonTalk 通信协议采用以太网载波侦听多址访问（CSMA）技术作为避免碰撞的解决方案，在网络负担很重时不致网络瘫痪。LonTalk 通信协议支持双绞线、同轴电缆、光纤等多种通信介质。最大通信速率 1.25Mbit/s（双绞线，有效距离 130m），支持非屏蔽双绞线（UTP）的通信距离达 2200m（通信速率 78Kbit/s）。基于 Lonworks 总线的控制网络体系结构如图 7-25 所示。

LonWorks 技术是我国较早引入和消化的总线技术。它有诸多的优点，例如 LonTalk 协议开放，应用开发简单，网络拓扑灵活，编程易于掌握，媒介选择多样，无主结构能够实现真正分布控制系统等。目前我国的 LonWorks 网络产品品种已经发展到百种以上。

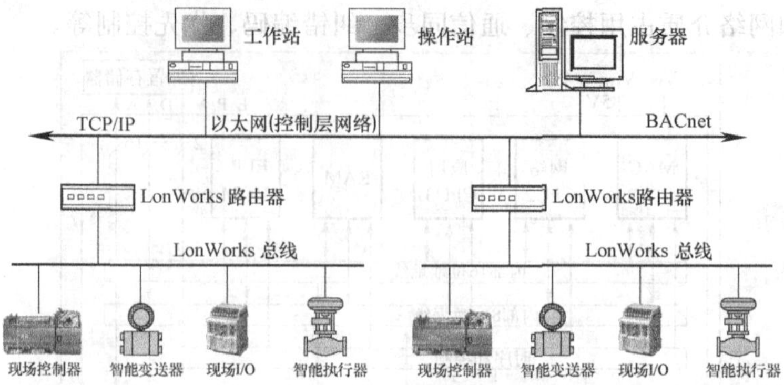

图 7-25 LonWorks 控制网络体系结构图

7.3.3 EIB/KNX 总线

EIB（Electrical Installation Bus，电气安装总线）/KNX（Konnex 的缩写）是具有开放性、互操性和灵活性的现场总线标准。1999 年欧洲三大总线协议 EIB、BatiBus 和 EHSA 合并成立了 Konnex 协会，提出了 KNX 协议。该协议以 EIB 为基础，兼顾了 BatiBus 和 EHSA 的物理层规范，并吸收了 BatiBus 和 EHSA 中配置模式等优点，提供了智能楼宇家居控制系统的完整解决方案，并成为 ISO/IEC 14543-3 标准，这也是在住宅与楼宇领域中唯一的国际标准。2007 年正式被国家标准委员会认证为 GB/Z 20965—2013“控制网络 HBES 技术规范-住宅和楼宇控制系统”国家标准。

EIB/KNX 是一个分布式现场总线标准，被广泛应用于智能建筑、现代住宅中的灯光、窗帘、空调、电器、安防等设备的控制。其网络组织结构包括：线路（Line）、区域（Area）以及系统（System），如图 7-26 所示。线路（Line）是最小的组成单元，每条线路最多 64 个设备；每个区域（Area）最多 15 条线路；而每个系统最多 15 个区域。EIB/KNX 网络支持多种拓扑结构，如图 7-27 所示。介质访问方式为 CSMA/CA 方式，物理介质是 4 芯屏蔽双绞线，其中 2 芯为总线使用，另外 2 芯备用。所有元件均采用 DC24V 工作电源，DC24V 供电与电信号复用总线，如图 7-28 所示。

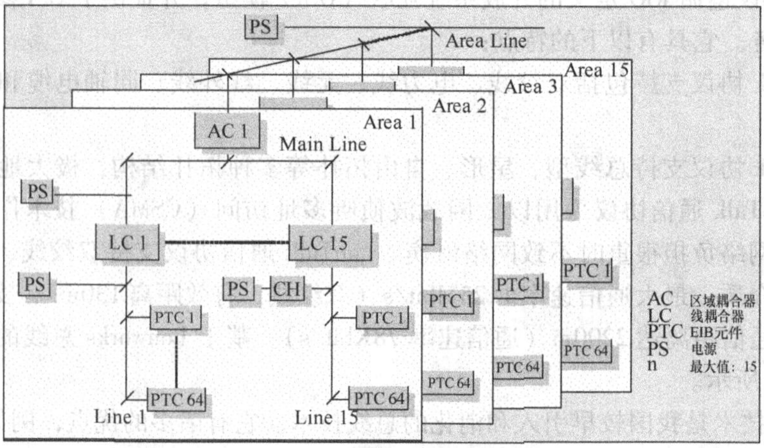

图 7-26 EIB/KNX 总线网络组织结构图

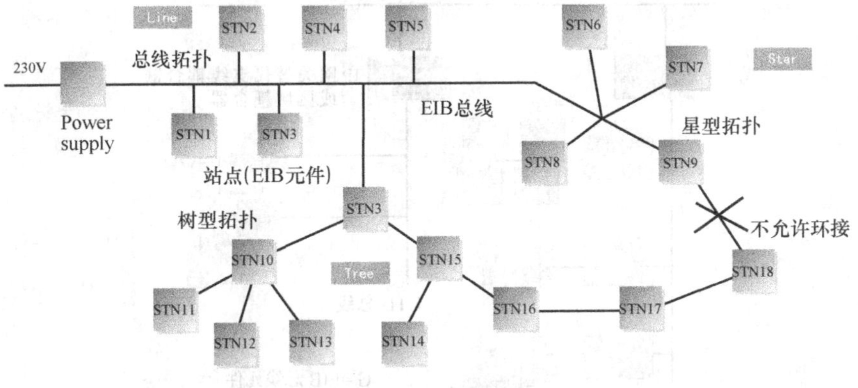

图 7-27 EIB/KNX 总线网络拓扑结构图

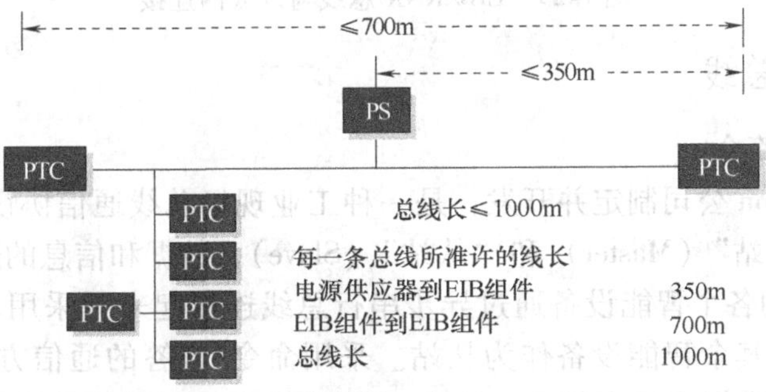

图 7-28 EIB/KNX 总线电气规范

EIB/KNX 在家居智能化方面的主要应用：

(1) 智能照明控制　开关、调光控制；灯光场景组合控制；移动感应控制；恒照度控制；光感控制；局部与总开关控制；周期、季节、假日定时控制；主从控制等。

(2) 窗帘控制　窗帘、投影幕布上下控制；百叶窗、调角；夏日挡斜阳、冬季取日光；根据天气自动控制。

(3) 空调和采暖控制　风机盘管、分体式空调的控制；风速、流速、模式的控制；无人自动关闭功能的控制等。

(4) 远程监控　座机电话、手机远程监控；自动远程报险、报警；中央计算机控制等。

(5) 与门禁、安保系统、BA 系统、消防系统等其他系统的集成。

EIB/KNX 是一个在欧洲占据主导地位的楼宇自动化标准，它的统一管理机构为 EIBA，共有 100 多个会员，它们相继推出了符合 EIB 协议的产品。如 ABB 的 i-Bus EIB、西门子的 Instabus EIB、Hager 的 Tebis EIB/KNX 等。随着网络技术和局域网（LAN）的普及，KNX 标准中提出了 EIBnet/IP 的概念，通过 EIBnet/IP 协议，KNX 总线可以直接与 TCP/IP 系统连接（见图 7-29），总线信号可以在高速以太网上传输。EIBnet/IP 协议的出现，使得系统的扩展不再受传输距离的影响，而数据的传输量和传输速度也不再成为 KNX 系统的问题。

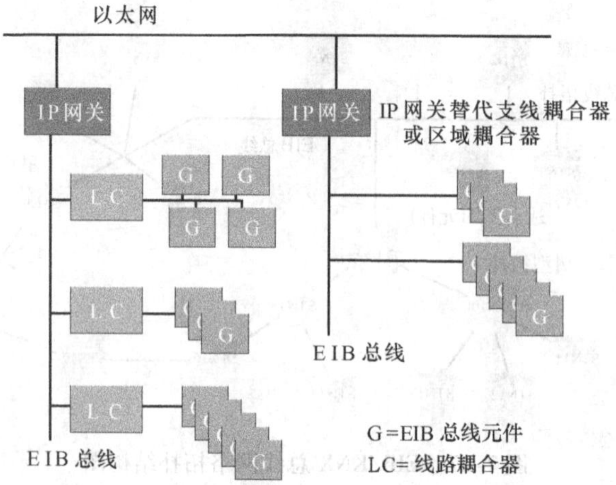

图7-29 EIB/KNX总线与以太网连接

7.3.4 Modbus总线

1. Modbus协议简介

Modbus由Modicon公司制定并开发，是一种工业现场总线通信协议。Modbus协议把通信参与者规定为“主站”（Master）和“从站”（Slave），数据和信息的通信遵从主/从模式。Modbus总线网络中的各个智能设备通过异步串行总线连接起来（采用RS-485），只允许一个控制器作为主站，其余智能设备作为从站。采用命令/应答的通信方式，主站发出请求，从站应答请求并送回数据或状态信息。Modbus协议定义的各种信息帧格式，描述了主站控制器访问从站设备的过程，规定从站怎样做出应答响应，以及检查和报告传输错误等。网络中的每个从设备都必须分配给一个唯一的地址，只有符合地址要求的从设备才会响应主设备发出的命令。

由于Modbus总线系统开发成本低，简单易用，并且现在已有很多控制器、PLC、显示屏等都具有Modbus通信接口，所以它已经成为一种公认的通信标准。通过Modbus总线，可以很方便地将不同厂商生产的控制设备连成工业网络，进行集中监控。

Modbus最初为PLC通信而设计，它通过24种总线命令实现PLC与外界的信息交换。这些总线命令对应的通信功能主要包括AI/AO、DI/DO的数据传送。

2. Modbus网络

Modbus网络物理接口符合EIA-485规范，能组成主从访问的单主控制网络。网络可支持247个之多的远程从属控制器，但实际所支持的从机数要由所用通信设备决定。通过简单的通信报文完成对从节点的读写操作。当主节点轮询即逐一访问从节点时，要求从节点返回一个应答信息。主节点也可以对网段上所有从节点进行广播通信。典型的主设备：主机和可编程仪表。典型的从设备：可编程序控制器。如图7-30所示。

主设备可单独和从设备通信，也能以广播方式和所有从设备通信。如果单独通信，从设备返回一消息作为回应，如果是以广播方式查询的，则不做任何回应。Modbus协议建立了主设备查询的格式：设备（或广播）地址、功能代码、所有要发送的数据、错误检测域。

从设备回应消息也由Modbus协议构成，包括确认要行动的域、任何要返回的数据和错误检测域。如果在消息接收过程中发生错误，或从设备不能执行其命令，从设备将建立错误消息并把它作为回应发送出去。

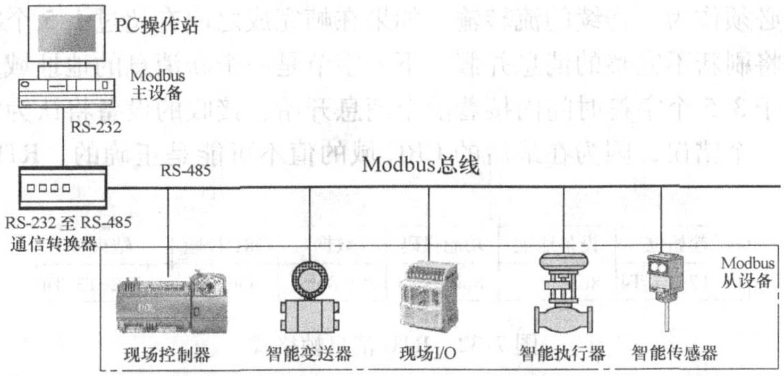

图 7-30　Modbus 现场总线控制系统

3. 在其他类型网络上转输

在其他网络上，控制器使用对等技术通信。Modbus/TCP 协议是 Modbus/RTU 协议的扩展，它定义了 Modbus/RTU 协议如何在基于 TCP/IP 的网络中传输和应用。Modbus/TCP 跟 Modbus/RTU 协议一样简单灵活。

4. 两种传输模式

Modbus 协议定义了两种传输模式，即 RTU（Remote Terminal Unit）和 ASCII。在 RTU 模式中，1 字节的信息作为一个 8 位字符被发送，而在 ASCII 模式中则作为两个 ASCII 字符被发送，如发送字符“20”时，采用 RTU 模式时为“00100000”，然而采用 ASCII 模式则成为“00110010” + “00110000”（ASCII 字符的“2”和“0”）。可见，发送同样的数据时，RTU 模式的效率大约为 ASCII 模式的两倍。一般来说，数据量少而且主要是文本时采用 ASCII；通信数据量大而且是二进制数值时，多采用 RTU 模式。控制器能设置为两种传输模式（ASCII 或 RTU）中的任何一种在标准的 Modbus 网络通信。

（1）ASCII 帧　使用 ASCII 模式，消息以冒号（:）字符（ASCII 码 3AH）开始，以回车换行符结束（ASCII 码 0DH，0AH）。

其他域可以使用的传输字符是十六进制的 0…9，A…F。网络上的设备不断侦测“:”字符，当有一个冒号接收到时，每个设备都解码下个域（地址域）来判断是否发给自己的。

消息中字符间发送的时间间隔最长不能超过 1s，否则接收的设备将认为传输错误。一个典型消息帧如图 7-31 所示。

起始位	设备地址	功能代码	数据	LRC校验	结束符
1 个字符	2 个字符	2个字符	*n*个字符	2个字符	2个字符

图 7-31　ASCII 消息帧格式

（2）RTU 帧　使用 RTU 模式，消息发送至少要以 3.5 个字符时间的停顿间隔开始。在网络波特率下多样的字符时间，这是最容易实现的（如图 7-32 的 T1-T2-T3-T4 所示）。传输的第一个域是设备地址。可以使用的传输字符是十六进制的 0…9，A…F。网络设备不断侦测网络总线，包括停顿间隔时间内。当第一个域（地址域）接收到，每个设备都进行解码以判断是否发往自己的。在最后一个传输字符之后，一个至少 3.5 个字符时间的停顿标定了消息的结束。一个新的消息可在此停顿后开始。

整个消息帧必须作为一连续的流转输。如果在帧完成之前有超过1.5个字符时间的停顿时间，接收设备将刷新不完整的消息并假定下一字节是一个新消息的地址域。同样地，如果一个新消息在小于3.5个字符时间内接着前个消息开始，接收的设备将认为它是前一消息的延续。这将导致一个错误，因为在最后的CRC域的值不可能是正确的。RTU消息帧格式如图7-32所示。

起始位	设备地址	功能代码	数据	CRC校验	结束符
T1-T2-T3-T4	8bit	8bit	n个8bit	16bit	T1-T2-T3-T4

图7-32 RTU消息帧格式

5. 错误检测方法

标准的Modbus串行网络采用两种错误检测方法。奇偶校验对每个字符都可用，帧检测（LRC或CRC）应用于整个消息。它们都是在消息发送前由主设备产生的，从设备在接收过程中检测每个字符和整个消息帧。

用户要给主设备配置一预先定义的超时时间间隔，这个时间间隔要足够长，以使任何从设备都能作为正常反应。如果从设备测到一传输错误，消息将不会接收，也不会向主设备做出回应。这样超时事件将触发主设备来处理错误。发往不存在的从设备的地址也会产生超时。

7.4 BACnet协议

由于楼宇智能化技术发展的历史原因和商业竞争的现实，目前楼宇自控的产品呈现多种协议标准，各自为阵的格局。强势的协议有Ethernet、LonWorks、Modbus、CAN、EIB/KNX、PROFIBUS、DeviceNet、DALI等。除此之外，还存在许多非标准的内部协议（RS-232/RS-485通信接口）。这些协议在各自的领域均有自己的优势，占据一定的市场，所以要在短时期内将楼宇自控系统统一到一种协议标准上是不现实的。在可以预料的相当时期内，多种协议并存、相互融合借鉴将仍是不争的事实。各厂商的技术和产品没有依据统一的标准进行开发和应用，造成了各系统互相封闭运行，无法实现互联、互换和互操作。BACnet协议的出现能很好地解决以上这些问题。BACnet提供了开放性的规范和标准，使智能建筑的自动控制设备和系统能够实现信息的交换和共享，从而达到互联和互操作的目的。

7.4.1 BACnet协议简介

BACnet（A Data Communication Protocol for Buiding Automation and Control Network）是一种专门为楼宇自动控制网络制定的数据通信协议。2003年被接纳为正式的国际标准（ISO 16484-5）。BACnet标准的诞生满足了用户对楼宇自动控制设备互操作性的广泛要求，即将不同厂家的设备组成一个兼容的自控系统，从而实现互联互通。BACnet建立了一个楼宇自控设备数据通信的统一标准，从而使得按这种标准生产的设备都可以进行信息交换，实现互操作。BACnet标准只规定了楼宇自控设备之间要进行“对话”所必须遵守的规则，并不涉及如何实现这些规则。各厂商可以用不断进步的技术来开发各自的产品，从而使得整个领域的技术不断进步。BACnet 有如下优点：

（1）节约初投资　由于建筑设备的多样性，一方面可以在多厂商中实现竞标，择优选用价格合理，技术先进可靠的设备和系统，避免专用协议设备和系统的垄断。另一方面，厂商可以在生产车间按照 BACnet 的标准生产自己的专用控制设备，现场安装时，只是简单地进行连接，减少现场安装费用。

（2）改造、升级和扩展费用低　由于 BACnet 采用开放性策略，使众多厂商可以遵循 BACnet 标准进行技术开发并参与竞争，从而使原有设备系统的改造、升级和扩展费用降低。

（3）节省运行费用　楼宇控制系统不仅要降低初投资，而且应降低维护费用。采用 BACnet 时，有众多厂商可以提供维护服务，使运行费用降低。

（4）技术先进可靠　任何楼宇设备生产厂商的设备均有其优缺点，利用 BACnet 控制系统就有很大的灵活性，可以选用最优的控制设备和系统，从而使整个控制系统技术先进、可靠。

7.4.2　BACnet 体系结构

BACnet 作为一种开放性协议，遵照 OSI 的 7 层标准协议模型，并根据控制系统本身的特点，对其进行了简化和改进，建立在包含 4 个层次的简化分层体系结构上，如图 7-33 所示。这 4 个层次的分层体系结构相对于 OSI 模型中的物理层、数据链层、网络层和应用层。BACnet 标准定义了自己的应用层和简单的网络层，对于其数据链路层和物理层，提供了 5 种选择方案。

这 5 种类型的网络分别是：ISO 8802-3（"以太网"）局域网、ARCNET 局域网、主从/令牌传递（MS/TP）局域网、点到点（PTP）连接和 LonTalk 局域网。BACnet 选择这些局域网技术的原因是从实现协议的硬件的可用性、数据传输速率、与传统楼宇自控系统的兼容性和设计的复杂性等几个方面考虑的。这些选择都支持主/从 MAC、确定性令牌传递 MAC、高速争用 MAC 以及拨号访问。拓扑结构上，支持星形和总线型拓扑。物理介质上，支持双绞线、同轴电缆、光缆。

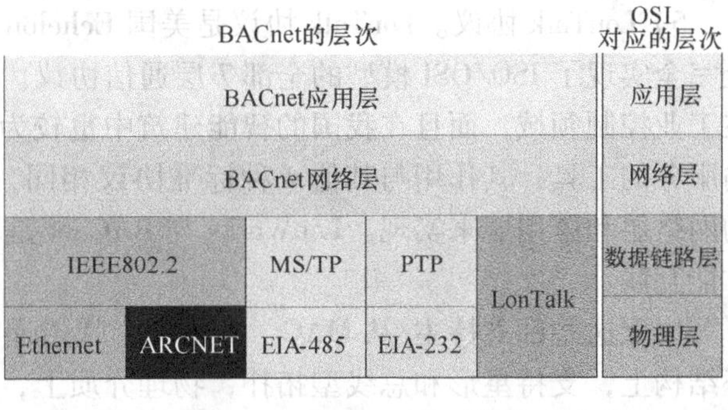

图 7-33　BACnet 体系结构

BACnet 协议的基本特点：

1）BACnet 协议继承了 OSI 参考模型所具有的高度抽象性、概括性和一般性的特征，同时比 OSI 参考模型具有更高的效率和更低的开销。

2）BACnet 协议标准并未限定于某一种特定的网络拓扑结构，它提供了 5 种可选方案，这样可以灵活地适应各种已有的应用。

3）BACnet 协议标准制定时，出于安全考虑，不仅定义了用来提供对实体、数据来源以及对操作员身份鉴别的服务，而且还为厂家在设置人机界面密码、跟踪记录以及保护密钥属性等方面保留了软件开发的自由度。

4）BACnet 协议只是规定了自控设备之间进行通信所应遵循的规则，而并未规定如何实现这些规则，实现方法留给各厂商自主开发，以利于技术的多元化发展。

因此，BACnet 协议的制定在网络通信的层面上，解决了不同楼宇自控系统厂家的产品的标准各异、互不兼容的问题，同时它也留给各个厂家自由创造和发展的空间。

7.4.3 BACnet 的物理层和数据链路层协议

BACnet 标准目前将 5 种类型的数据链路/物理层技术作为自己所支持的数据链路/物理层技术进行规范，形成其协议。这五种类型的网络分别是：

1）ISO 8802-3 类型 1 定义的逻辑链路控制（LLC）协议，加上 ISO 8802-3 介质访问控制（MAC）协议和物理层协议 ISO 8802-2 类型 1 提供了无连接不确认的服务，ISO 8802-3 则是著名的以太网协议的国际标准。

2）ISO 8802-2 类型 1 定义的逻辑链路控制（LLC）协议，加上 ARCNET（ATA/ANSI 878.1）。

3）主从/令牌传递（MS/TP）协议加上 EIA-485 协议。其中“MS”的含义：MASTER/SLAVE（主/从），“TP”的含义：TOKEN PASSING（令牌传递）。MS/TP 协议是专门针对楼宇自控设备设计的，它通过控制 EIA-485 的物理层，向网络层提供接口。BACnet MS/TP 是建立在主从通信基础上的无主从通信，令牌传递为关键，令牌传到谁的手里，谁就做主，没有令牌的做从。MS/TP 协议有一个 8 位地址空间，分为 3 个部分：地址 FF 预留给广播，地址 128～254 预留给从节点，地址 0～127 主从节点都可用。这样的地址配置可满足具体工程应用。

4）点对点（PTP）协议加上 EIA-232 协议，为拨号串行异步通信提供了通信机制。

5）LonTalk 协议。LonTalk 协议是美国 Echelon 公司开发的专用协议，在一块神经元芯片上完全实现了 ISO/OSI 模型的全部 7 层通信协议。该公司的产品在我国应用较为广泛，不仅在工业控制领域，而且在我国的智能建筑中也较为常见。但在 BACnet 中，LonTalk 仅作为传输服务的工具，其作用与其他 4 种标准协议相同，楼宇设备间的相互通信仍是利用 BACnet 的网络层和应用层来实现。LonWorks 与 BACnet 是不兼容的，在网络互联时，必须通过网关才能互联。

以上这些都支持主/从 MAC、确定性令牌传递 MAC、高速争用 MAC 以及拨号访问。拓扑结构上，支持星形和总线型拓扑，物理介质上，支持双绞线、同轴电缆、光缆。

7.4.4 BACnet 的网络层协议

BACnet 网络层的目的是向应用层提供统一的网络服务平台，屏蔽异类网络的差异，实现异类网的互联和报文路由功能。人们将那些使用不同数据链路层技术的局域网称为异类网络。例如，以太网、ARCNET 网络和 LonWorks 网络等就是异类网络。实现异类网络连接的设备称为 BACnet 路由器。图 7-34 所示是 BACnet 互联网络结构。为了适应各种应用，BACnet 并没有规定严格的网络拓扑结构。BACnet 设备可以直接连接到 4 种局域网中的一种网络上，也可以通过专线或拨号异步串行线连接起来。这几种局域网由可以通过 BACnet 路由器进一步互联。

按照局域网拓扑的观点，每个 BACnet 设备与物理介质相连，物理介质称之为物理网段。一个或多个物理网段通过中继器在物理层连接，便形成了一个 BACnet 网段。而一个 BACnet 网络则是由一个或多个 BACnet 网段通过网桥互联而成。每个 BACnet 网络都形成一个单一的介质访问控制MAC地址域，这些在物理层和数据链路层上连接各个网段的设备，可以利用MAC地址实现报文的过滤。将使用不同LAN技术的多个网络，用BACnet路由器互联起来，便形成了一个BACnet互联网（见图7-34）。在一个BACnet互联网中，任意两个节点之间恰好存在着一条报文通路。

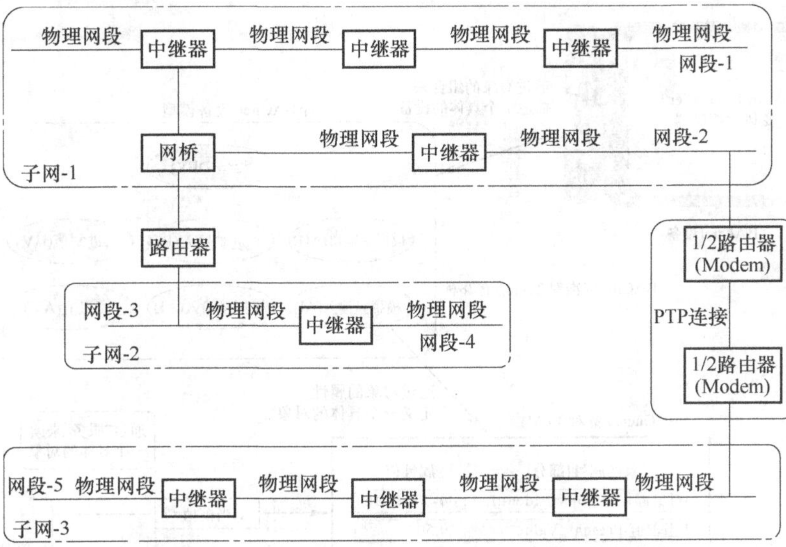

图7-34 BACnet互联网络结构

BACnet网络层提供将报文直接传递到一个远程的BACnet设备，广播到一个远程的BACnet网络，或者广播到所有的BACnet网络中的所有BACnet设备的功能。一个BACnet设备被一个网络号码和一个MAC地址唯一确定。BACnet网络层向应用层提供的服务是不确认的无连接形式的数据单元传送服务。

7.4.5 BACnet的应用层协议

BACnet应用层的主要功能有两个：一是定义了描述楼宇自控设备的信息模型，即BACnet对象模型；二是定义面向应用（设备间的互操作）的通信服务。BACnet采用面向对象分析和设计的方法，在BACnet协议中定义了一组标准的对象类型，给出一种抽象的数据结构，作为建立BACnet协议中应用层服务的一种框架。大部分应用层服务设计成对这些标准对象类型的属性进行访问与操作。网络中的每个设备用对象进行描述。因此，对象（Object）、属性（Property）和服务（Service）构成了BACnet要素（见图7-35）。

1. BACnet对象模型

在BACnet网络的节点是各种各样的楼宇自控设备，如何用统一的模型来描述这些设备，并使之成为在BACnet网络中相互可以“识别和访问的实体”，就成为实现楼宇自控设备互操作的关键。

BACnet的最成功之处就在于采用了面向对象的技术，定义了一组具有属性的对象来表示任意的楼宇自控设备的功能，从而提供了一种标准的表示楼宇自控设备的方式，如图7-35所示。在BACnet中，所谓对象就是在网络设备之间传输的一组数据结构，对象的属性就是数据结构中的信息，设备可以从数据结构中读取信息，可以向数据结构写入信息，读写信息就是对对象属性的操作。BACnet 网络中的设备之间的通信，实际上就是设备的应用程序将相应的对象数据结构装入设备的应用层协议数据单元（APDU）中，按照特定的规范传输给相应的设备。对象数据结构中携带的信息就是对象的属性值，接收设备中的应用程序对这些属性进行操作，从而完成信息通信。

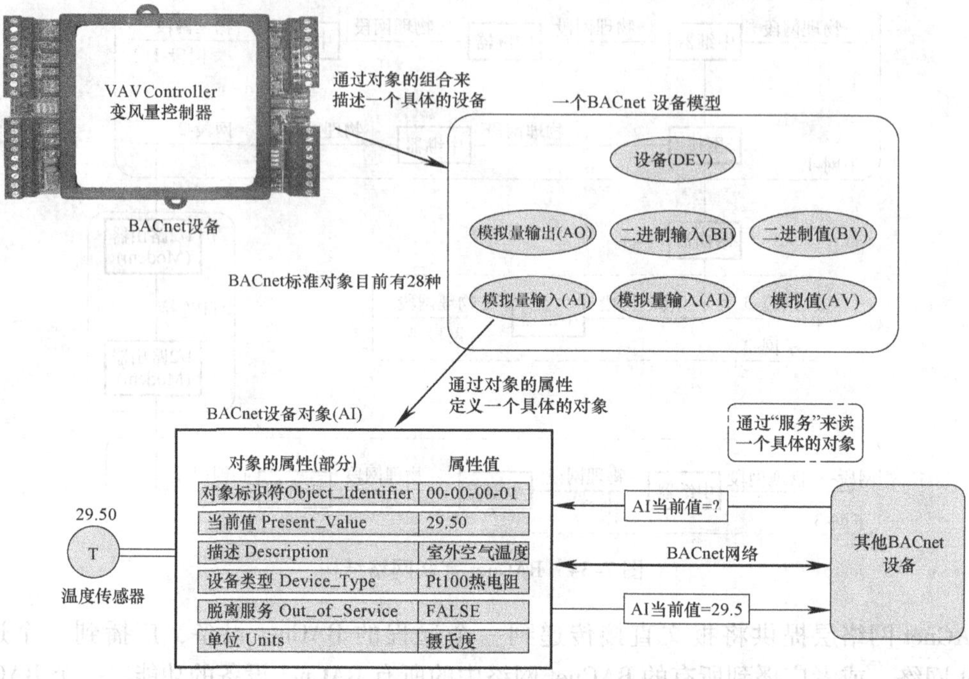

图 7-35 BACnet 的应用层协议原理图

通过对楼宇自控设备的功能进行分解，形成众多具有代表性和可重复应用的“标准功能单元”，并分别用一定的数据结构进行表示。BACnet 将描述“标准功能单元”的数据结构定义为“标准 BACnet 对象”。当定义了具有复用功能的标准 BACnet 对象后，就可以用标准对象进行不同的组合来表示实际的楼宇自控设备（BACnet 设备）。这种用标准对象元素组合描述楼宇自控设备的方法具有一般性，可以适用于各种各样楼宇自控设备的表示。BACnet 目前定义了 28 个对象，表 7-1 给出了 BACnet 定义的对象及应用实例。

表 7-1 BACnet 定义的对象及应用实例

序号	BACnet 对象名称	应用示例
1	Accumulator，累加器（ACC）	对脉冲信号进行累加和计数（处理）
2	Analog Input，模拟量输入（AI）	传感器输入（如温度测量仪表）
3	Analog Output，模拟量输出（AO）	控制器输出（如温度控制器）
4	Analog Value，模拟值（AV）	设定点或其他模拟控制系统参数
5	Averaging. 平均值（AVG）	某个模拟量的统计值（包括均值、最小值、最大值和方差等）
6	Binary Input，二进制输入（BI）	开关输入

（续）

序号	BACnet 对象名称	应用示例
7	Binary Output，二进制输出（BO）	继电器输出
8	Binary Value，二进制值（BV）	开关的设定值等
9	Calendar，日历（CAL）	如一年中的节假日等
10	Command，命令（CMD）	与日期和时间有关的一系列控制过程
11	Device，设备（DEV）	标识某个楼宇自控设备节点以及该节点所包含的其他标准 BACnet 对象和支持的服务等。一个 BACnet 设备节点必须包含、且只能包含一个 Device 对象
12	Event Enrollment，事件注册（EE）	定义事件的各种属性（如类型、发生时间、接收者、事件状态等）
13	Event Log，事件日志（ELOG）	记录事件的状态变化及变化时间等
14	File，文件（FIL）	描述文档数据的大小、类型、创建时间、读写属性、访问方法等
15	Global Group，全局组（GGRP）	楼宇自控系统中所有对象的输入分组
16	Group，组（GRP）	楼宇自控系统中某个节点的输入分组
17	Life Safety Point，生命安全点（LSP）	定义检测生命安全信息的单个检测设备（如探测火灾的烟感器）
18	Life Safety Zone，生命安全区（LSZ）	定义生命安全区域信息的检测（如由多个烟感器形成的生命安全区域信息处理过程）
19	Loop，环（LP）	定义闭环控制过程的各个环节属性及其参数值
20	Multi - State Input，多态输入	检测多稳定状态的仪表
21	Multi - State Output，多态输出	操作多个稳定状态的控制器
22	Multi - State Value，多态值	存在于软件中的多态制值
23	Notification Class，通告类（NC）	只定义事件的接收者和事件的状态
24	Program，程序（PR）	描述程序运行的各种状态（如运行、中止、等待、挂起、暂停等）
25	Pulse Converter，脉冲转换器（PC）	脉冲测量和计量仪表（如脉冲计量电表）
26	Schedule，日程计划（SCHED）	对楼宇自控系统的操作运行进行计划和安排，以便在计划的时间内自动运行
27	Trend Log，趋势记录（TLOG）	记录和存储某个运行数据，或作为运行数据库，以供查询和审计
28	Trend Log Multiple，多趋势记录（TLOGM）	记录和存储多个运行数据，或作为运行数据库，以供查询和审计

随着 BACnet 标准应用的深入和应用范围的扩大，BACnet 标准不断增加新的标准 BACnet 对象类型。例如，为了更好地应用于门禁安防系统，新增了消防与生命安全有关的对象（Life Safety Point 对象和 Life Safety Zone 对象）。BACnet 标准具有不断增加新对象类型的扩展特性是该标准面向对象信息模型所支持的特性。

一个 BACnet 设备应包括哪些对象取决于该设备的功能和特性。BACnet 标准并不要求所有 BACnet 设备都包含全部的对象类型，例如控制 VAV 箱的 BACnet 设备可能具有几个模拟输入和模拟输出对象。而 Windows 工作站既没有传感器输入也没有控制输出因而不会有模拟输入和模拟输出对象。每个 BACnet 设备都必须有一个 DEV 设备对象，该对象的属性用于描述该设备在网络中的特征。例如，设备对象的对象列表属性提供该设备中包含的所有对象的列表。销售商名销售商标识符和型号名称等属性提供该设备制造商以及设备型号的数据。另外，BACnet 允许生产商提供专用对象，专用对象不要求可被其他厂商的设备访问和理解。但是，专用对象不得干扰标准 BACnet 对象。

在 BACnet 标准中，按上述规则用 BACnet 对象表示的设备就称为"BACnet 设备（BACnet Device）"，BACnet 网络自控系统就是由"BACnet 设备"为网络节点所组成的自控系统。全部由符合 BACnet 标准的"BACnet 设备"组成的系统称为纯 BACnet 系统，如图 7-36 所示。

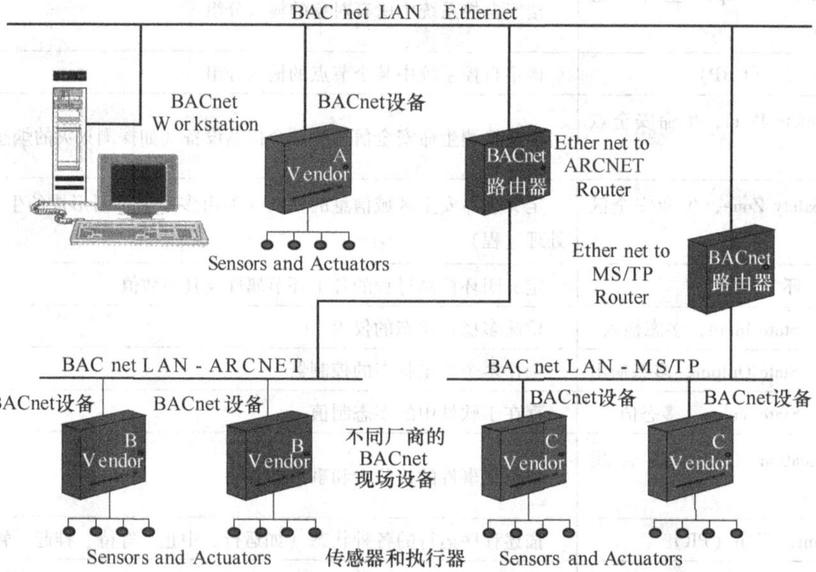

图 7-36 纯 BACnet 系统提供设备到设备的互操作

2. BACnet 对象的属性

BACnet 对象的属性是描述 BACnet 对象的方法，每一个 BACnet 对象用一组属性来定义，实际上，BACnet 对象的属性就是它的数据结构。大部分应用层服务设计成对这些标准对象的属性进行访问与操作。

BACnet 标准确立了所有对象可能具有的总共 123 种属性。每种对象都规定了不同的属性子集。

BACnet 规范要求每个对象必须包含某些属性，还有一些属性则是可选的。两种情况下，实现的属性都具有明确的作用，该作用由 BACnet 规范定义。尤其针对报警或事件通知属性以及对控制值或状态有影响的属性。BACnet 规范要求几个标准属性是可写的，而其他一些属性由厂商决定是否可写。所有属性在网络中都是可读的。BACnet 允许生产商增加专用属性，但这些专用属性可能不被其他厂商的设备理解和访问。

下面以 Analog Input 对象的属性为例，来说明对 BACnet 标准对象的定义方法。

Analog Input 对象可代表一种模拟传感器输入，如 Pt100 热电阻。图 7-37 是一个 Analog Input 对象的示意图，该对象在网络上用 6 个属性表征。对象标识符、描述、设备类型、单位 4 个属性在系统安装时设定。当前值、脱离服务这两个属性则提供传感器输入的在线状态。还有一些属性（一个模拟输入对象最多可具有 25 个属性）可以由设备生产商设定。在这个例子中，对 Analog Input 对象当前值属性的查询将会得到一个回答：“29. 50”。

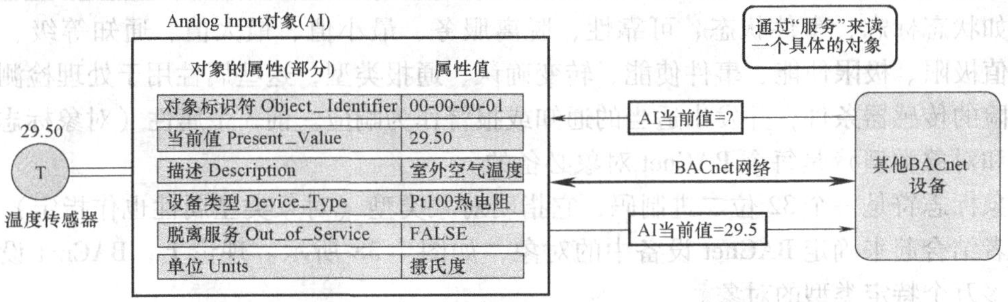

图 7-37　一个 Analog Input 对象的示意图

Analog Input 对象代表直接与控制元件相关的对象，它的许多属性都反应出这一特性。表 7-2 列出了 Analog Input 对象的属性以及应用举例。

表 7-2　Analog Input 对象的属性

属性	BACnet 规范	举例
对象标识符 Object_Identifier	必需	模拟输入#1（Analog Input #1）
对象名称 Object_Name	必需	AI 01
对象类型 Object_Type	必需	模拟输入
当前值 Present_Value	必需	68. 0
描述 Description	可选	室外空气温度
设备类型 Device_Type	可选	10k 热敏电阻
状态标志 Status_Flags	必需	报警出错强制脱离服务标志
事件状态 Event_State	必需	正常（加上各种情况报告状态）
可靠性 Reliability	可选	未检测到出错（加上各种出错条件）
脱离服务 Out_of_Service	必需	否
更新间隔 Update_Interval	可选	1. 00（s）
单位 Units	必需	华氏度
最小值 Min_Pres_Value	可选	−100. 0（最小可靠读数）
最大值 Max_Pres_Value	可选	+300. 0（最大可靠读数）
分辨率 Resolution	可选	0. 1
COV 增量 COV_Increment	可选	0. 5（如当前值变化量达到增量值则发出通知）

（续）

属性	BACnet 规范	举例
通知类 Notification_Class	可选	发送 COV 通知给通知类对象：2
高值极限 High_Limit	可选	+215.0 正常范围上限
低值极限 Low_Limit	可选	-45.0 正常范围下限
死区 Deadband	可选	0.1
极限使能 Limit_Enable	可选	高值极限报告和低值极限报告使能
事件使能 Event_Enable	可选	“反常”、“出错”、“正常”状态改变报告使能
转变确认 Acked_Transtions	可选	接收到上述变化的确认标志
通知类型 Notify_Type	可选	事件或报警

例如状态标志、事件状态、可靠性、脱离服务、最小值、最大值、通知等级、高值极限、低值极限、极限使能、事件使能、转变确认、通报类型，这些属性用于处理检测异常和可能危险的传感器条件，并发出适当的通知或报警作为响应。前3个属性（对象标志符、对象名称和对象类型）是每个BACnet对象必备的。

对象标志符是一个32位二进制码，它指明对象类型（对象类型属性也作指定）和器件号，两者结合起来确定BACnet设备中的对象，如图7-38所示。理论上，BACnet设备可具有400多万个特定类型的对象。

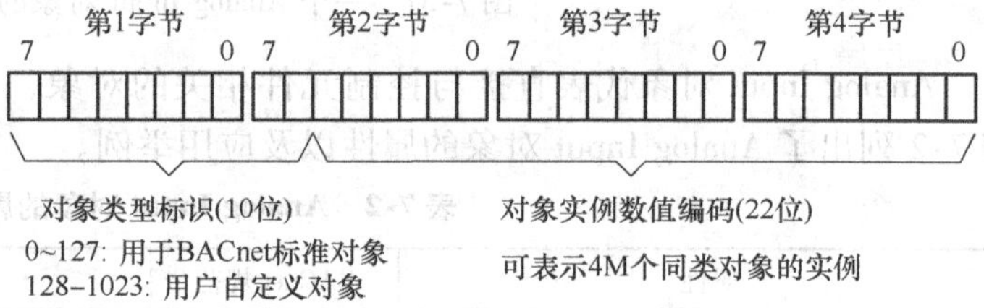

图7-38 BACnet对象的Object_Identifier对象标志符

对象名称是一个文本字符串，它具有单一功能。BACnet设备可以广播查询包含特定对象名称的BACnet设备。这一功能可大大简化工程项目设置。

从表7-2可以看出，Analog Input对象的属性基本上全面表示了一个“标准功能单元 - 模拟量测量设备”各个方面的状态和功能。尽管这个标准功能单元在硬件和软件设计上有不同的内部结构和设计参数，但是Analog Input对象只是从互操作性和系统集成的角度对该对象所代表的标准功能单元进行外部“可见和可访问”属性的描述和定义。或者说，任意模拟量测量设备用Analog Input对象进行描述是可以完全满足互操作和系统集成的功能要求的。同理可以推出，其他BACnet对象（及其属性）所描述的内容也分别是对应标准功能单元所具有与互操作功能和系统集成有关的外部状态和功能。

由于BACnet对象只是描述对应楼宇自控系统“功能单元”属性的集合，因此，用户可以从如下两个方面进行对象扩展：一是根据对象的定义规则定义自己的对象类型，以产生非标准BACnet对象；二是在标准BACnet对象中加入与用户有关的属性项。如果用户定义的非标准对象或在标准BACnet对象中加入的属性项具有普遍性和非常好的适用性，一旦经SSPC 135委员会讨论和接纳后，就可以成为正式的标准BACnet对象或BACnet标准的正式内容。

通过对Analog Input对象的具体分析，不难理解BACnet对象是BACnet协议中最为核心的内容，并具有如下的特点和作用：

1）BACnet 对象是描述楼宇自控设备的外部互操作特性，不涉及设备的内部结构和实现过程。也就是说，BACnet 对象描述的是从外部的互操作角度所看到的楼宇自控设备的“功能模型”，这个模型包含了设备的状态参数和功能的控制参数，这些参数构成了对象的属性，并且这个属性集合是可以在网络上进行访问的。

2）由于 BACnet 对象只是有关状态和控制参数的集合，因而访问对象的操作只需“读”和“写”两种方式。因此 BACnet 对象模型极大地简化了 BACnet 标准对互操作功能的定义，使复杂的互操作行为最终简化为“读”和“写”两种最基本的操作。

3）BACnet 网络中的设备之间的通信，就是设备的应用程序将相应的对象数据结构装入设备的应用层协议数据单元 APDU 中，按照一定的规范传输给相应的设备。对象数据结构中携带的信息就是对象的属性值，接收设备中的应用程序对这些属性进行操作，从而完成信息通信的目的。从理论上讲，只要能进行数据通信的网络均可以作为 BACnet 协议的通信工具或系统。事实上，正是这种先进的设计方法使 BACnet 协议不仅可以建立在现有通信技术的基础之上，如以太网等，而且还可以建立在其他通信技术之上，如 IP 网络等。这种扩展技术还可以很容易将 BACnet 通信系统扩展到 ATM、ISDN 等通信网络，甚至可以扩展到未来的通信技术之上。

4）BACnet 对象使 BACnet 标准具有良好的扩展机制。BACnet 对象提供的扩展机制不仅是通信网络的扩展，而且本身也具有良好的扩展特性。

3. BACnet 应用层服务

在 BACnet 中，如果说对象和属性提供了通信的共同语言，那么服务则提供了信息传递的手段或方法。通过这些方法，一个 BACnet 设备可从另一个设备中获取信息，可命令另一设备执行某动作或向一个或多个设备发布某种事件已发生的通知。每个发出的服务请求和返回的服务应答都是一个报文分组。该报文分组通过网络从发送端传输到接收端。实现服务的方法就是在网络中的设备之间传递服务请求和服务应答报文。BACnet 设备接收服务请求和进行服务应答的示意图如图 7-39 所示。

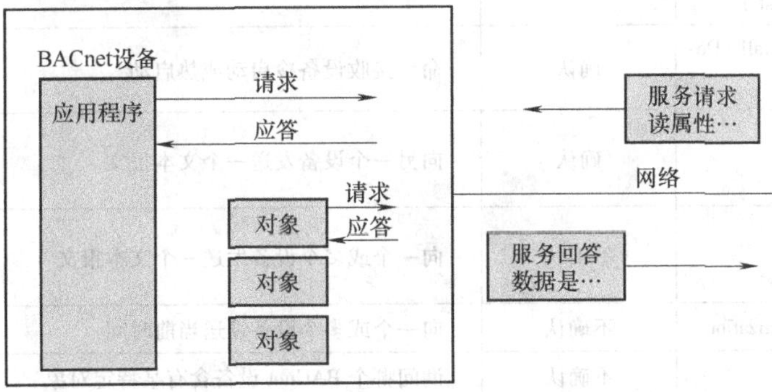

图 7-39　BACnet 设备接收服务请求和进行服务应答的示意图

BACnet 定义了 35 种服务，划分为 6 类：报警和事件、文件访问、对象访问、远程设备管理、虚拟终端服务和网络安全。

这些服务又分为两种类型：一种是确认服务；另一种是不确认服务。发送确认服务请求的设备，将等待一个带有数据的服务应答。而发送不确认服务请求的设备并不要求有应答返回。BACnet 设备不必实现所有服务功能，只有一个“读属性”服务是所有 BACnet 设备必备的。根据设备的功能和复杂性，可以增加其他服务功能。

1）报警和事件服务（Alarm and Event Service）用于处理BACnet设备监测的条件变化。BACnet定义了三种报警或事件监测机制：值改变报告、内省（Intrinsic）报告和算法改变报告。

2）文件访问服务（File Access Service）提供对文件“读/写”操作的功能，可用于监控程序的远程下载、运行历史数据库的保存等管理功能。BACnet标准没有规定文件的物理形式，不论是流式文件，还是记录文件，均可以用此类服务来访问。

3）对象访问服务（Object Access Service）提供了读出、修改和写入属性的值以及增删对象的功能。这类服务是BACnet标准实现楼宇自控系统互操作的基础，并且是BACnet楼宇自控系统运行时最常用的服务。因此，为了满足应用的灵活和提高读/写操作的效率，除了基本的“读/写”服务（ReadProperty和WriteProperty）外，还定义了另外三个功能强大的读/写服务。为了将对一个BACnet设备中的多个属性的读出和写入操作结合到一个单一的报文中，提供了读多个属性和写多个属性服务（ReadPropertyMultiple和WritePropertyMultiple）。条件读属性（ReadPropertyConditional）提供了更复杂的服务，设备根据包含在请求中的准则来测试每个相关的属性，并且返回每个符合准则的属性的值。

4）远程设备管理服务（Remote Device Management Service）提供对BACnet设备进行维护和故障检测的工具，如表7-3所示。

表7-3 远程设备管理服务

服务	BACnet	描述
设备通信控制 DeviceCommunicationControl	确认	通知一个设备停止或开始接收网络报文
确认的专用信息传递 ConfirmedPrivateTransfer	确认	向一个设备发送一个厂商专用报文
不确认的专用信息传递 UnconfirmedPrivateTransfer	不确认	向一个或多个设备发送一个厂商专用报文
重新初置设备 ReinitializeDevice	确认	命令接收设备冷启动或热启动
确认的文本报文 ConfirmedTextMessage	确认	向另一个设备发送一个文本报文
不确认的文本报文 UnConfirmedTextMessage	不确认	向一个或多个设备发送一个文本报文
时间同步 TimeSynchronization	不确认	向一个或多个设备发送当前时间
Who-Has	不确认	询问哪个BACnet设备含有某特定对象
I-Have	不确认	肯定应答Who-Has询问，广播
Who-is	不确认	询问某些特定BACnet设备的存在
I-Am	不确认	肯定应答Who-is询问，广播

5）安全服务（Security Service）。BACnet标准的安全体系只提供一些有限的安全措施，如数据完整性、操作员认证等。

6）虚拟终端服务（Virtual Terminal Service）提供了一种实现面向字符的数据双向交换

的机制。操作者可以用虚拟终端服务建立 BACnet 设备与一个在远程设备上运行的应用程序之间的基于文本的双向连接，使得这个设备看起来就像是连接在远程应用程序上的一个终端。

7.4.6 BIBB 和标准 BACnet 设备

引入 BIBB 和“标准 BACnet 设备”概念的目的是让众多工程技术人员（如工程项目系统方案设计人员、工程项目系统集成人员），从 BAS 工程项目应用的角度，理解 BACnet 协议标准的原理，从而根据实际工程项目的需求，说明和设计 BACnet 网络自控系统的方案，并选用合适的产品构建实际的 BACnet 网络自控系统。

1. BIBB（BACnet Interoperability Building Blocks）**BACnet 互操作基本模块**

BIBB 可以理解为“BACnet 互操作功能基本构造块”，其作用与“对象”类似，是描述 BACnet 网络自控系统互操作功能的。当描述复杂的互操作功能时，就可以由多个 BIBB 进行组合来表示。每一个 BIBB 代表一个特定的互操作功能单元，并与一个 BACnet 应用层服务相对应。为了反映 BACnet 标准互操作过程所具有的“请求/响应”对应关系，BIBB 分别用“A 设备”和“B 设备”代表互操作过程的双方。当 A 设备和 B 设备需要实现某个 BIBB 所表示的互操作功能时，A 设备通常表示互操作功能的请求方或发起方，是互操作过程的客户或用户；相应地，B 设备则表示互操作功能的响应方或执行方，是互操作过程的服务器或提供者。

由于 BIBB 是描述互操作功能的最小单元，并且与 BACnet 应用层服务相对应，因而 BACnet 标准定义了数量较多的 BIBB。为了易于使用，BACnet 对 BIBB 进行了分组，划分为 5 个 IA（Interoperability Area，互操作域）。如表 7-4 所示的“DS-RP-B”等。

1）数据共享（DS-Data Sharing）：定义共享数据的类型、表示方式以及操作等内容。

2）报警与事件管理（AE-Alarm and Event Management）：定义报警与事件的产生条件、显示与确认方式、内容摘要以及相关参数调整等内容。

3）日程控制（SCHED-Scheduling）：定义设备的时间安排表、“启/停”次数显示和修改时间安排表等内容。

4）趋势（T-Trending）：定义趋势与日志列表、数据存储与检索以及参数设置等内容。

5）设备与网络管理（DM-Device and Network Management）：定义设备与网络的运行状态显示、远程控制、路由表查询与修改等内容。

例如，当A设备（请求方或客户）需要读取 B 设备（响应方或服务器）的数据时，A 设备就向 B 设备发出 ReadProperty 服务请求。随后如果 B 设备收到 A 设备的 ReadProperty 服务请求报文，并正确进行响应时，就向 A 设备返回包含读取数据值的响应报文。上述互操作功能属于数据共享（DS）互操作域，并且与 ReadProperty 应用层服务相对应，因而就可以用一对名为“DS-RP-A，DS-RP-B”的 BIBB 进行描述，分别表示这两个设备在实现该互操作功能时各自必须具备的互操作功能。

“DS”表示两个设备进行的互操作功能属于“数据共享（DS）”互操作域，“RP”是 ReadProperty 服务的简称，“A”和“B”分别表示 A 设备和 B 设备。因此，“DS-RP-A”表示是 A 设备具有发出 ReadProperty 服务请求的互操作能力，“DS-RP-B”表示 B 设备具有响应 ReadProperty 服务请求的互操作能力。由此可见，BIBB 概念在描述互操作功能时具有非常直观和清晰的特点，如表 7-4 所示。

表 7-4 BACnet 标准设备与 BIBBs

互操作域	标准 BACnet 设备类型					
	B-OWS BACnet 操作员工作站	B-BC BACnet 建筑设备控制器	B-AAC BACnet 高级应用控制器	B-ASC BACnet 专用控制器	B-SA BACnet 智能执行器	B-SS BACnet 智能传感器
DS 数据共享	DS-RP-A，B	DS-RP-A，B	DS-RP-B	DS-RP-B	DS-RP-B	DS-RP-B
	DS-RPM-A	DS-RPM-A，B	DS-RPM-B	DS-WP-B	DS-WP-B	
	DS-WP-A	DS-WP-A，B	DS-WP-B			
	DS-WPM-A	DS-WPM-B	DS-WPM-B			
		DS-COVU-A，B				
ES 事件与报警管理	AE-N-A	AE-N-I-B	AE-N-LB			
	AE-ACK-A	AE-ACK-B	AE-ACK-B			
	AE-INFO-A	AE-INFO-B	AE-INFO-B			
	AE-ESUM-A	AE-ESUM-B				
SCHED 时间安排	SCHED-A	SCHED-E-B	SCHED-I-B			
T 趋势	T-VMT-A	T-VMT-I-B				
	T-ATR-A	T-ATR-B				
DM 设备与网络管理	DM-DDB-A，B	DM-DDD-A，B	DM-DDB-B	DM-DDB-B		
	DM-DOB-A，B	DM-DOB-A，B	DM-DOB-B	DM-DOB-B		
	DM-DCC-A	DM-DCC-B	DM-DCC-B	DM-DCC-B		
	DM-TS-A	DM-TS-B 或 DM-UTC-B	DM-TS-B 或 DM-UTC-B			
	DM-UTC-A					
	DM-RD-A	DM-RD-B	DM-RD-B			
	DM-BR-A	DM-BR-B				
	DM-CE-A	DM-CE-A				

2. 标准 BACnet 设备

由于 BIBB 的定义直接与应用层服务有关，并且数量较多，因此，如果直接利用 BIBB 来进行工程项目的互操作功能设计，则过于复杂，更不便于选型。BACnet 提供了另外的方法，采用"设备行规（Profile of Devices）"的方式给一般工程项目应用人员提供应用 BACnet 标准的方法。

任何 BAS 系统实际上是由传感器、变送器、执行器、控制器和工作站等几类设备组成的。如果根据 BACnet 标准定义的互操作功能将上述各类设备的最小功能标准化，那么一般工程项目应用人员就可以直接选用标准化的设备进行 BAS 系统的设计。基于这种应用方式，BACnet 标准用 BIBB 定义了如下 6 类标准 BACnet 设备，并对每类标准 BACnet 设备的最小互操作功能进行了限定，如表 7-4 所示。

1）BACnet 智能传感器（BACnet Smart Sensor，B-SS）。B-SS 是资源极为有限的传感器设备，只属于 B 类设备，必须支持一个 BIBB：DS-RP-B，即允许其他 A 设备访问该设备包含的对象属性值。

2）BACnet 智能执行器（BACnet Smart Actuator，B-SA）。B-SA 是功能极为有限的简单执行器，只属于 B 类设备，必须支持 DS-RP-B 和 DS-WP-B 两个 BIBB。DS-RP-B 表示其他 A 设备可以读取该执行器的状态等参数，而 DS-WP-B 则表示其他 A 设备可以对该执行器的参数进行控制。

3）BACnet 专用控制器（BACnet Application Specific Controller，B-ASC）。B-ASC 是专用类型控制器，属于 B 类设备。该标准设备可以是编程资源和控制功能非常有限的 DDC。

4）BACnet 高级应用控制器（BACnet Advanced Application Controller，B-AAC）。B-AAC 是比 B-ASC 强大而比 B-BC 弱小的控制器，同样属于 B 类设备。该类标准设备具有较多的控制功能和较为丰富的编程资源等。

5）BACnet 建筑设备控制器（BACnet Building Controller，B-BC）。B-BC 是控制功能最强大和编程资源最丰富的控制器，这类设备不单纯是 B 类设备，而具有部分 A 类设备的主动发起服务的互操作功能，从而使该类控制器具有一定的管理功能，可以独立满足小型系统控制和管理需求。

6）BACnet 操作员工作站（BACnet Operator Workstation，B-OWS）。B-OWS 则是一个功能极为强大的控制和管理设备，它完全支持 5 个 IA 规定的所有 A 类设备的互操作功能。

从上述标准 BACnet 设备的互操作功能可以看出，各类标准 BACnet 设备由于资源配置和控制功能不同，支持的 BIBB 也不同。B-OWS 功能最为丰富，几乎支持所有互操作域的功能，其余次之，直到 B-SS 功能最为简单。其中，三个类别的控制器只是为了合理地区分不同资源和控制功能的 DDC，以满足工程项目最优性能/价格比的要求。

需要说明的是，表 7-4 所示的 BIBB 集合是标准 BACnet 设备的最小互操作功能，实际产品一般多于相应类别的最小互操作功能。

3. 产品认证与 PICS 文档

为了实现不同厂家设备互联和互操作的目标，必须要保证不同厂家开发和生产的 BACnet 设备符合应用行规的要求。因此，就必须进行互操作测试，并实施产品认证制度。目前 BACnet 产品测试和认证的标准为“ANSI/ASHRAE 135. 1-2003，Method of Test for Conformance to BACnet”，该标准也是 ISO 标准（ISO 16484-6）。当产品经过测试和认证后，就必须提供一个技术文档，以便工程项目应用人员在选用实际设备时参考，这个技术文档就是 PICS（Protocol Implementation Conformance Statement），即“协议实现一致性说明”文档。BACnet 对其内容和格式有严格的规范。PICS 文档只是描述 BACnet 设备所具有的 BACnet 互操作功能的说明性文件，是进行产品选型时的重要参考资料。

4. BACnet 标准与生产商

全世界各大楼宇自控生产商都已经加入了 BMA（BACnet Manufacturers Association）联盟，其产品须经 BTL（BACnet Testing Laboratories）测试和认证，并将符合标准的产品和厂商在全球范围内发布列表（http：//www. bacnetinternational. net/btl/），既便于用户选用 BACnet 标准产品，又维护了生产商的利益。

BACnet 是国际标准，对实现该标准的技术手段无任何限制，生产商可以自由选择实现技术方案，把精力集中在发展自己领先的技术领域。生产商对 BACnet 组织无任何依赖，唯一的关联就是其产品需经 BTL 测试认证，只有通过 BTL 认证的产品才能够以 BACnet 标准产品在市场上销售，否则就是“非标产品”，得不到市场的认可。而生产商只有在能够生产

“BACnet 标准产品”的条件下才有资格加入 BMA。

BACnet 不是一种全新的技术，它是建立在其他标准基础上的。生产商如果已经有自己的成型产品，多数情况下不需要重新设计硬件，只要更新嵌入软件就可以成为 BACnet 产品。例如，有 RS-485 接口的控制器可以支持 BACnet MS/TP，有以太网接口的设备可以支持 BACnet Ethernet 等。

7.5 智能化楼宇的 BAS 系统设计

7.5.1 BAS 中的基本监测点、接口位置及常用传感器

为了明确 BAS 设计对象，根据 BAS 中一般的对象环境和功能要求，总结出 BAS 中基本监测点、接口位置及常用传感器（见表 7-5）。而实际的监控点应根据具体工程进行设计。表中的控制点类型分为：AI（Analog Input）、DI（Digital Input）、AO（Analog Output）、DO（Digital Output）。

表 7-5 BAS 中基本监测点、接口位置及常用传感器

系统		监控点	接口位置或常用传感器
供配电系统	变配电部分	高压进、出线柜断路器状态/故障；高、低压联络柜母线联络开关状态/故障；直流操作柜断路器/故障；低压进、出线柜断路器；低压配电柜断路器/故障；市电/发电转换柜断路器状态/故障；动力柜断路器状态/故障（DI）	信号取出点：相应断路器辅助触点
		高、低压进线电压、电流，直流操作柜电压、电流；动力电源柜进线电流、电压；低压进线、动力进线有功功率擦，无功功率，功率因素；低压进线、动力进线电量（AI）	电压、电流变送器；有功功率、无功功率、功率因素变送器；电量变送器
		变压器温度（AI）	温度传感器
	应急发电机与蓄电池组	发电机输出电压、电流、有功功率、无功功率、功率因数（AI）	电压、电流变送器；有功功率、无功功率、功率因素变送器
		发电机配电屏蔽断路器状态（DI）	配电屏蔽断路器辅助开关
		发电机油箱油位（AI）	液位传感器
		发电机冷却水泵、冷却风扇的开/关控制（DO）	DDC 数字输出接口
		发电机冷却水泵运行状态（DI）	信号取出点：水流开关
		发电机冷却风扇的故障（DI）	风扇主电路接触器的辅助接口
		发电机冷却水泵、冷却风扇的故障（DI）	相应主电路热继电器的辅助接口
		蓄电池电压（AI）	直流电压传感器
照明系统		室外自然光度测量（AI）	自然光（照度）传感器
		分区（楼层）照明、事故照明、航标灯、景观灯等电源开/关控制（DO）	DDC 数字输出接口
		分区（楼层）照明、事故照明、航标灯、景观灯等电源运行状态/故障（DI）	相应电源接触器的辅助触点
		分区（楼层）照明、事故照明、航标灯、景观灯等电源手/自动状态（DI）	信号取出点：相应电源控制回路

（续）

系统			监控点	接口位置或常用传感器
空调与冷热源系统	空调系统		送风机、回风机运行状态（DI）	动力柜主电路接触器的辅助触点
			送风机、回风机故障状态（DI）	相应主电路热继电器的辅助触点
			送风机、回风机手/自动状态（DI）	相应主动力柜控制回路
			送风机、回风机开/关控制（DO）	相应电源接触器的辅助触点
			空调冷冻水/热水阀门、加湿阀门调节；新风口、回风口、排风口风门开度控制（AO）	DDC模拟输出口
			防冻报警（DI）	低温报警开关
			过滤网压差报警（DI）	过滤网压差传感器
			新风、回风、送风温度（AI）	风管式温度传感器
			室外温度（AI）	室外温度传感器
			新风、回风、送风湿度（AI）	风管式湿度传感器
			送风风速（AI）	风管式风速传感器
			空气质量（AI）	空气质量传感器（CO_2、CO浓度）
	制冷系统		冷水机组、冷冻水泵、冷却水泵、冷却塔风机、冷却塔进水电动蝶阀开/关控制（DO）	DDC数字输出接口
			冷水机组、冷却塔风机运行状态（DI）	相应动力柜主电路接触器的辅助触点
			冷冻水泵、冷却水泵运行状态（DI）	相应水泵出水口的水流开关
			冷水机组、冷冻水泵、冷却水泵、冷却塔风机故障（DI）	相应主电路热继电器的辅助触点
			冷水机组、冷冻水泵、冷却水泵、冷却塔风机手/自动控制（DI）	相应动力柜控制回路
			冷冻水压差旁通阀（AO）	DDC模拟输出接口
			冷冻水供水、回水温度；冷却塔进水、出水温度（AI）	分水器进水口、集水器出水口水管温度传感器；冷却塔进水、回水温度传感器
			冷冻水供水/回水压差（AI）	分水器进水口和集水器之间压差传感器
			冷冻水总回水流量（AI）	集水器出水口电磁流量计
			冷却水泵出口压力（AI）	冷却水泵出水口压力传感器
			电动蝶阀开关位置监测（DI）	开关输出点
	热源系统	电锅炉部分	锅炉出口热水温度、压力测量（AI）	分水器进口温度、压力传感器
			锅炉热水流量测量（AI）	集水器出口流量传感器
			锅炉回水干管压力测量（AI）	集水器出口压力传感器
			锅炉、热水泵运行状态（DI）	动力柜主电路接触器的辅助触点
			锅炉、热水泵故障状态（DI）	相应动力柜主电路热继电器的辅助触点
			锅炉、热水泵、电动蝶阀开关控制（DO）	DDC数字输出接口
			热水泵手/自动状态（DI）	动力柜控制电路
			电动蝶阀开关位置监测（DI）	开关输出点

（续）

系统			监控点	接口位置或常用传感器
空调与冷热源系统	热源系统	热交换部分	二次水循环泵、补水泵运行状态（DI）	相应动力柜主电路接触器的辅助触点
			二次水循环泵、补水泵故障状态（DI）	相应动力柜主电路热继电器的辅助触点
			二次水循环泵、补水泵手/自动状态（DI）	相应动力柜控制回路
			二次水出口、分水器供水、二次热水回水温度测量	温度传感器
			二次热水回水流量、供回水压力测量（AI）	流量传感器，压力/压差传感器
			二次水循环泵、补水泵启停控制（DO）	DDC数字输出口
			一次热水/蒸汽、换热器二次电动阀控制（AO）	DDC模拟输出口
			差压旁通阀门开度控制（AO）	DDC模拟输出口
			膨胀水箱水位监测（DI）	膨胀水箱内液位开关
给排水系统			给、排水泵运行状态（DI）	给、排水泵动力柜主接触辅助触点
			给、排水泵运行状态故障（DI）	给、排水泵动力柜主电路热继电器辅助触点
			给、排水泵手/自动转换状态（DI）	给、排水泵动力柜控制电路
			给、排水泵开/关控制（DO）	DDC数字输出接口
			给、排水水流开关状态（DI）	给、排水水流开关状态输出
			给水系统：地下水、高位水箱（高位水箱给水系统）水位监测；排水系统：集水坑水位监测（DI）	水位开关，一般有溢流、启泵、停泵、低限位报警4个液位开关
			给水系统：管网给水压力监测（水泵直接给水或者气压式给水系统）（DI）	管式液压传感器
电梯系统			电梯运行状态、方向、所处楼层、故障报警、紧急状况报警（DI）	电梯控制箱运行状态、方向、所处楼层、故障报警、紧急状况报警输出口
			电梯运行的开/关控制（DO）	DDC数字输出接口
			消防控制（DO）	消防联动控制器的输出模块

7.5.2 BAS的设计原则和相关标准

1. BAS设计原则

系统设计与设备选型应采用技术先进、成熟稳定的主流技术，并采用开放的、标准的协议。同时，从系统结构、技术措施、设备性能、系统管理等方面着手，确保系统运行的可靠、稳定，并具有良好的性价比。

2. BAS设计依据和相关标准

1）《智能建筑设计标准》（GB/T 50314—2006）。

2）《民用建筑电气设计规范》（JGJ16—2008）。

3）《智能建筑弱电工程设计施工图集》（GJBT—471）等。

其他设计依据：甲方提供的技术资料和设计要求，采用的控制系统的技术手册。

7.5.3 BAS的设计步骤

1）技术需求分析。根据建筑物的实际情况及业主的要求（一般通过招标文件体现），依据相关规范与规定，确定建筑物内实施自动控制及管理的各个功能子系统。根据业主提供的技术数据与设计资料（一般为设计图样），确认各功能子系统所包括的需要监控、管理的设备数量。

2）确定各功能子系统的控制方案。对于需要进行楼宇设备自动化子系统的控制功能给出详细说明，明确系统的控制方案及要达到的控制目标，以指导工程设备的安装、调试及施工，选定实现 BAS 的系统和产品。

3）确定系统监控点及监控设备。在控制方案的基础上，确定被控设备进行监控的点位、监控点的性质以及选用的传感器、阀门及执行机构、并选配相应的控制器、控制模块。根据中央监控中心的功能和要求，确定中央监控系统的硬件设备数量及系统软件、工具软件需求的种类与数量。采用监控点表进行统计。

4）统计汇总控制设备（传感器、控制器）清单。对选配的控制设备、软件进行列表统计与汇总。

5）绘制各种被控设备的控制原理图，绘制出整个设备 BAS 施工平面图及系统图。

6）采用组态软件完成系统、画面及控制组态和软件设计，如图 7-40 所示。

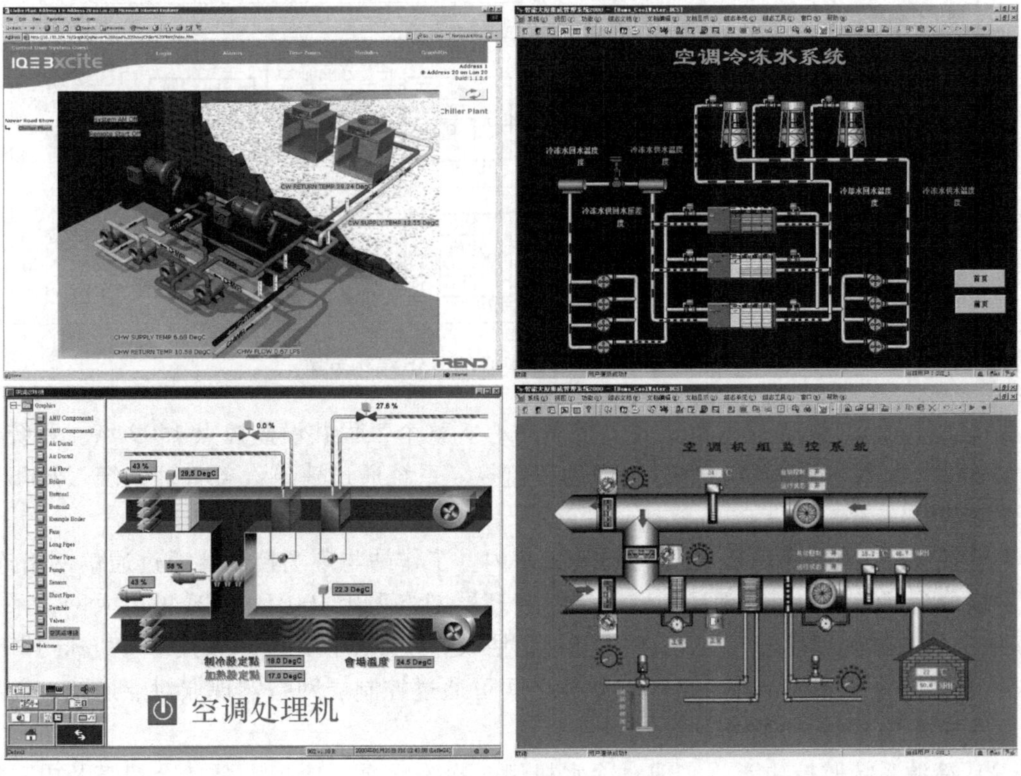

图 7-40　BAS 系统组态画面示例

7.5.4　某市博览中心的 BAS 方案设计案例

某市博览中心是根据国际标准创建的集常年交易、展览和会议为一体的综合建筑群。本工程 BAS 用于对中央空调、通风、给排水及污水等设备或系统进行自动监控和集中管理。

（1）BAS 系统构成及结构方案　博览中心 BAS 系统由工作站、网络控制器（或路由器）、现场控制器（DDC）、各类传感器及执行机构、控制层/管理层网络以及操作系统软件和应用软件等构成。系统采用分布式智能控制系统，对冷源系统、空调通风系统、给排水及污水系统、电梯及扶梯等进行自动监测或控制。其结构方案如图 7-41 所示。

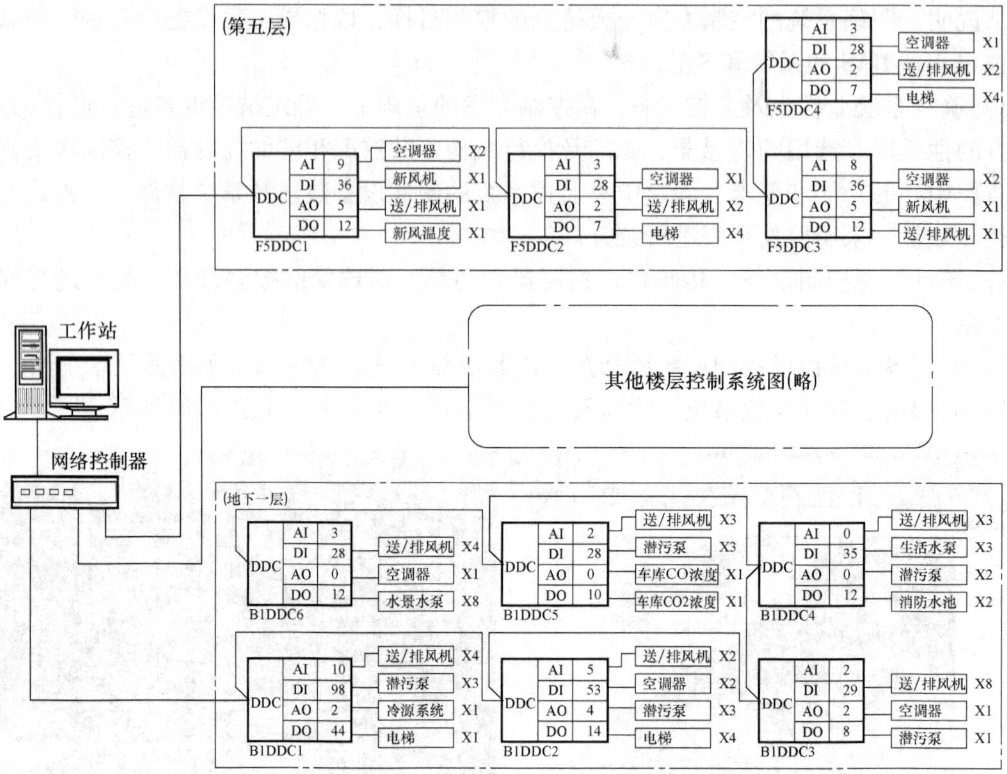

图 7-41　某市博览中心的 BAS 结构方案

系统工作站设于综合展厅首层弱电控制中心。整个工程共设监控点 1409 点。系统运行全中文软件，配置电话拨号软件，实现远程监控。系统通过建筑设备管理系统（BMS）进行系统集成。

系统现场控制器（DDC）设于各设备机房内。工作站与现场控制器通过通信网络连接，通信网络分为两级结构：管理层和控制层。管理层网络采用 100M BASE-T 以太网，采用客户机/服务器数据处理模式，支持 TCP/IP 通信协议；控制层网络要求采用 LonWorks 或 BACnet 总线连接各个现场控制器，现场控制器之间可通过控制层网络实现点对点通信，总线最大传输距离要求不小于 1200m。

（2）冷源系统监控功能　实现对冷水机组、冷冻水泵、冷却水泵、冷却塔及电动阀的群组自动控制。包括监测设备的运行与故障状态，运行时间的累计、平衡和维修警告，机组的顺序启动控制，备用设备的自动投入，冷冻水及冷却水供回水温度、流量以及冷负荷的监测，根据实际冷负荷量大小，实现机组的台数控制。

（3）空调通风系统监控功能

1）组合式空调器：根据季节、昼夜及节假日拟定多种时间及节能运行程序，控制机组的启停并监测其运行与故障状态，自动统计机组工作时间，提示定时维修；通过控制风机变频器调节送风量，当风量降到一定程度时调节电动冷水阀开度，使回风温度保持在所要求的范围，并根据新风温度调整回风温度设定值，达到节能的目的；监测空调器过滤器阻塞状态，提示维修。组合式空调器监控原理图如图7-42所示。

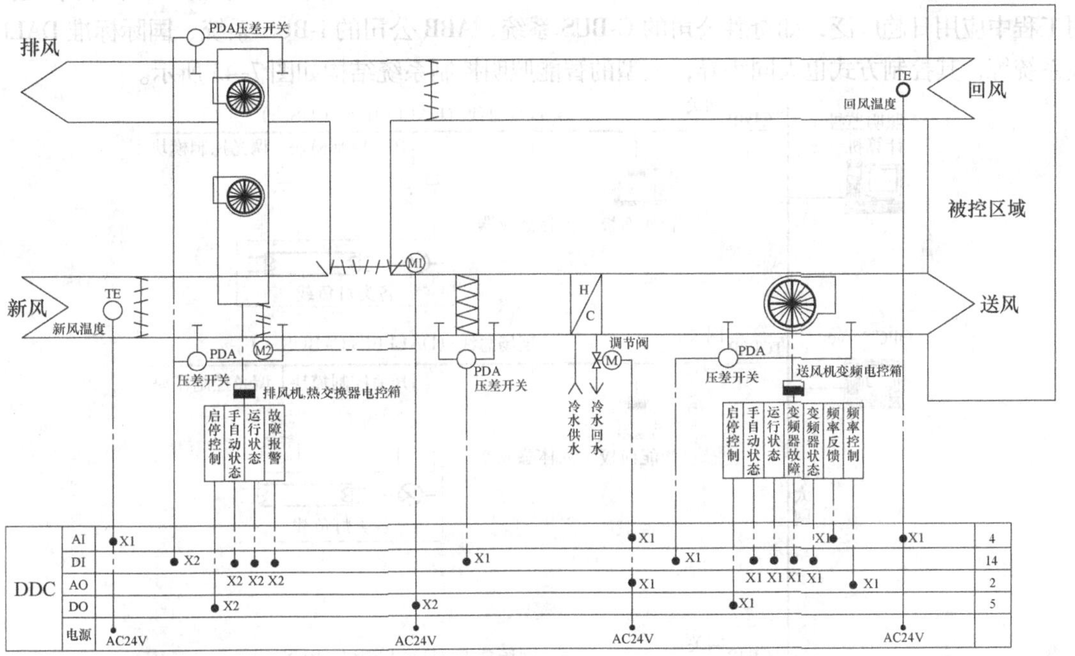

图7-42 组合式空调器监控原理图

2）新风空调器：根据季节、昼夜及节假日拟定多种时间运行及节能运行程序，控制风机的启停，并监测其运行与故障状态，自动统计机组工作时间，提示定时维修；调节电动水阀开度，保持送风温度在所要求的范围；监测新风机过滤器阻塞状态，提示维修。

3）送/排风机：按设定时间自动控制启停，监测其运行与故障状态。

4）平时/消防共用送排风机：平时按送排风机自动控制，火灾时由消防联动控制，自控系统不起作用。

5）环境监控：监测地下停车场一氧化碳和二氧化碳浓度，过高时启动停车场送、排风机。监测综合展厅首层控制中心机房和二层信息网络中心机房内的温湿度，超限报警，提示值班人员采取措施。

（4）给排水及污水系统监控功能

1）生活供水系统：自动监测水泵运行、故障状态，提示定时维修。

2）污水泵、集水井：监测其运行与故障状态，提示定时维修；集水井溢流水位报警。

（5）电梯及扶梯监控功能

1）监测各台电梯的运行、故障、上行、下行状态。

2）监测各台扶梯的运行、故障状态。

3）自动累计各台电梯及扶梯的运行时间，提示定时维修。

7.5.5 智能照明控制系统

1. 智能照明控制系统的结构

智能照明控制系统的核心技术是集散控制技术，基于现场控制总线的智能照明控制系统在照明工程中应用日趋广泛，如奇胜公司的C-BUS系统、ABB公司的i-BUS系统、国际标准DALI总线系统等，其控制方式也大同小异，大型的智能照明控制系统结构如图7-43所示。

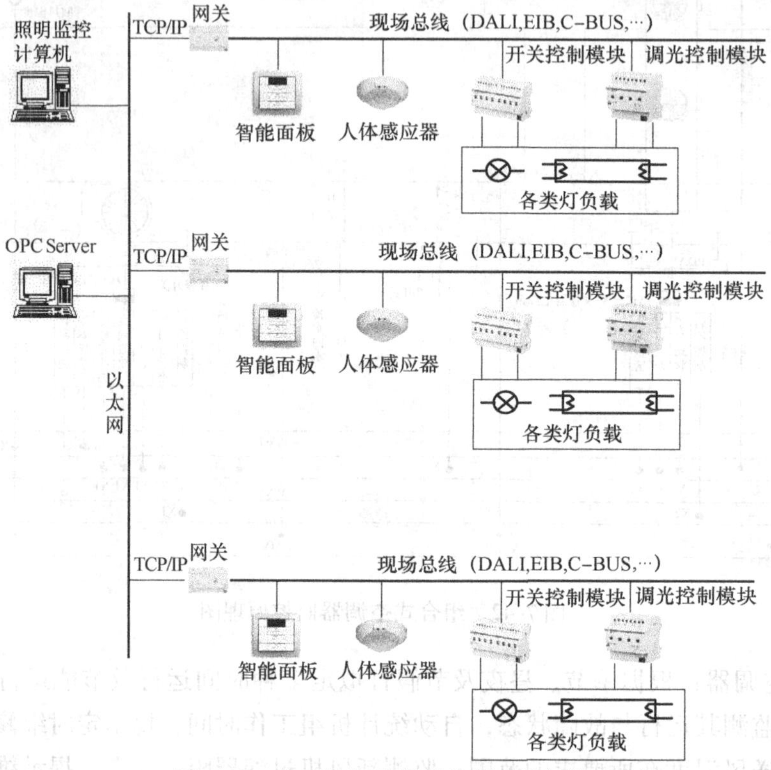

图7-43 大型的智能照明控制系统结构

2. DALI智能照明控制系统

DALI是1999年由ORSAM、Helvar、Philips、Tridonic等公司共同倡导，以确保不同的制造厂商生产的DALI设备能完全兼容。DALI系统采用主从式结构，系统最多可以连接64个从机单元，每个DALI从机使用唯一的个体标识地址，该地址在系统初始化时设定，使用过程中根据需求可修改从机的地址。主机与从机之间使用两条信号线通信，数据采用曼彻斯特编码方式编码。通信过程中主机使用两种不同的数据帧格式：发送帧（主机发送到从机）和接收帧（从机发送到主机）。DALI协议定义了用于实现系统功能的双字节指令集，指令分为标准指令和专用指令两大类。标准指令的第1字节为地址字节，用于对DALI从机的寻址；第2字节为命令字节，用来控制寻址得到的DALI从机。使用标准指令，主控制器可以实现对DALI从机的分组控制、调光控制、场景设定等功能。专用指令不包含地址字节，两字节内容都是命令码，使用广播方式发送，主要用来对DALI系统进行地址初始化。图7-44所示是DALI多区域智能照明控制系统结构图。

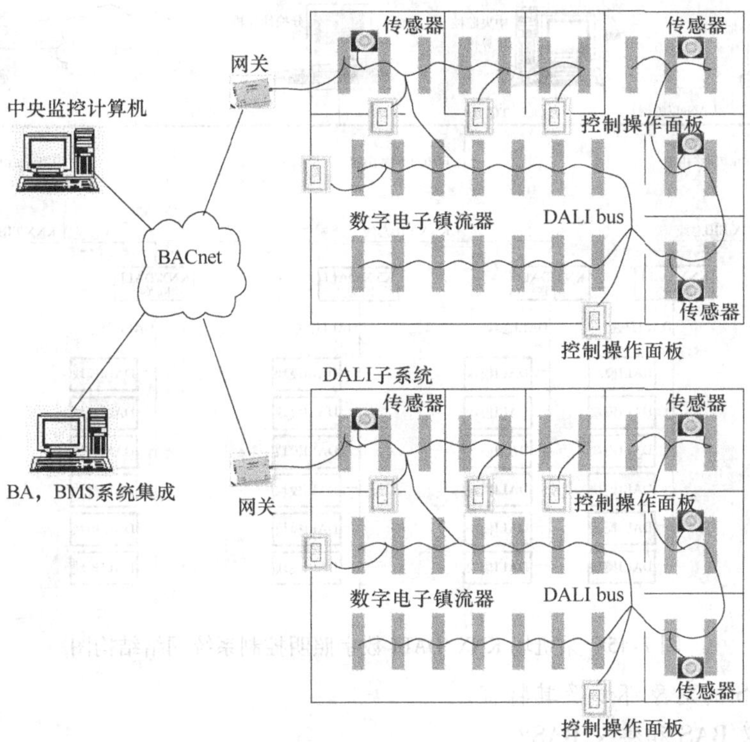

图7-44　DALI多区域智能照明控制系统结构图

3. 智能照明控制系统案例

图7-45所示是某机场KNX/DALI数字照明控制系统网络结构图，在该项目中，KNX/EIB总线通过IP路由器（EIBnet/IP）接入TCP/IP网络，各区域内设备通过总线通信，区域间则通过局域网（LAN）传递数据。整个系统包括：910条线路，236个区域，系统设备共约7000个。

1）通过KNX/DALI网关，实现64000个灯的控制；每个KNX/DALI网关接50个DALI镇流器。

2）亮度感应和存在感应与KNX/DALI数字照明配合，实现室内恒照度控制；中央控制室和分控制中心可以实现对感应控制的管理。

3）照明系统的910条线路通过236个IP路由器联网，并接入局域网（LAN）。

4）采用Web Visual方式，控制终端PC通过IP接口直接访问系统。

5）应急照明并入同一KNX/DALI网络。

6）灯的故障信息传送至各监控中心。

在机场设施中，照明控制是非常重要的一部分，采用高效、灵活而且节能的智能照明控制系统，不但为机场管理节省了人力，而且通过能源管理也为机场节省了可观的电力费用。无论从经济效应、技术实现和应用效果上看，数字化照明技术在机场照明中的应用都有其广阔的前景。

复习题与思考题

1. 简述BAS的功能要求。

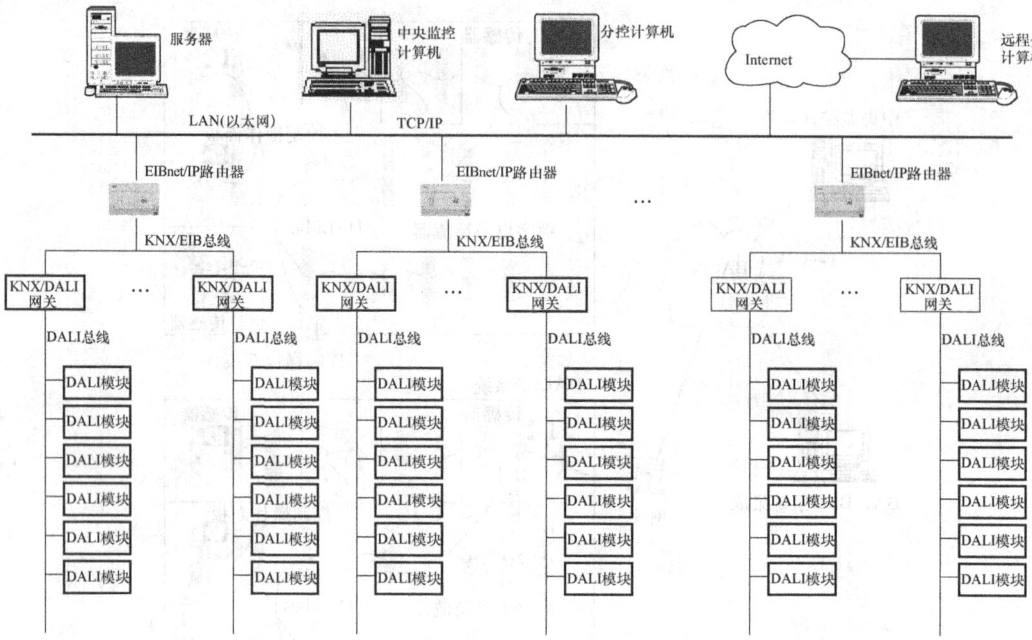

图 7-45 某机场 KNX/DALI 数字照明控制系统网络结构图

2. 简述 BAS 的对象环境及其特征。
3. 何为广义 BAS 和狭义 BAS?
4. 结合节能减排的举措，简述你对能源管理自动化的理解，并提出新的构想。
5. 为什么说控制系统集成技术是 BAS 的核心技术?
6. 简述 BAS 系统集成的内涵。
7. 什么是集散控制系统? 它通常由哪几部分组成? 有哪些特点?
8. 简述集散控制系统的体系结构及功能。
9. BAS 有哪些体系结构? 试举例说明。
10. 试举例说明两层网络结构的 BAS 系统。
11. 何为 FCS? 试举例说明 FCS 在 BAS 中的应用。
12. 什么是组态? 集散型 BAS 系统的组态主要包括哪几个部分?
13. 为什么说集散控制系统是 BAS 的优选方案?
14. 简述在 BAS 中常用的现场总线技术。
15. 简述 LonWorks 总线技术的应用特点。
16. 何为 EIB/KNX? 主要应用在哪些领域?
17. BACnet 的主要应用目标是什么? 有什么特色?
18. BACnet 的数据链路层和物理层有哪些标准?
19. 简述 BACnet 应用层协议的主要功能。
20. 简述 BACnet 对象模型的作用和内涵。
21. 何为“纯 BACnet 系统”?
22. 什么是 BACnet 对象属性? 试举例说明。
23. BAS 设计原则及步骤是什么? 试举例说明。

第8章 智能楼宇的安全防范技术

本章导读

安全防范系统已经成为楼宇智能化工程的一个必配系统，因为有智能化的安防系统作技术保障，故可以为智能楼宇内的人员提供安全的工作和生活场所。如何更有效地保障财物、人身、重要数据和资料等的安全呢？首要的是设法将不法分子拒之门外，使其无从下手。万一有机可乘进入防范区域时，必须能及时报警和快速响应处置，将案发消灭在萌芽状态。如若案发，则系统还应有清晰的图像资料为破案提供证据。如此构建的安防系统环环相扣才能收到理想的效果。

本章着重叙述如何构建智能安全防范系统、入侵报警探测技术、出入口控制技术、视频监控技术及与其他系统的联动控制技术。

8.1 概述

安全防范技术（简称安防技术）是一门涉及多学科、多门类的综合性应用科学技术。安全防范系统、安全防范工程也是近20年来开始面向社会、进入民用的一个新的技术领域。安全防范技术包括人力防范（保安）、技术防范和实体（物理）防范三个范畴。而通常人们所说的安防技术主要是指安全技术防范系统（如入侵报警系统、视频安防监控系统、出入口控制系统等），主要是电子系统工程。安全防范技术包括：防爆安检技术、实体防护技术、入侵报警技术、出入口控制技术、视频监控技术及其相应的工程设计、施工技术等。在智能楼宇中，安全防范系统占有重要的地位，其目的是保障建筑内的人员和财物的安全。

智能楼宇的安全防范系统是一个有功能分层的体系：防范为先（出入口控制系统的功能）、报警准确（入侵报警系统的功能）、证据完整（视频安防监控系统的功能）。这三个层次的各个环节必须环环相扣，只有先设计好周密的系统方案，最终才能收到理想的效果。安全防范工程的设计应根据被防护对象的使用功能、智能化建设投资及安全防范管理工作的要求，综合运用安全防范技术、电子信息技术、计算机网络技术等，构成先进、可靠、经济、适用、配套的安全防范应用系统。

随着物联网技术和云计算技术的发展，物联网、云计算等新一代信息技术在智能楼宇领域的应用越来越广泛。物联网技术最早、最成熟的应用系统就是智能楼宇的门禁系统。物联网以其高精度定位、智能分析判断与控制、智能化交互的特点，弥补了安防系统的短板，促进了安防系统智能化水平的不断提高。在智能住宅安防系统中，利用现有的电信网等固定网络及移动互联网，采用 RFID、传感器、智能图像分析、网络传输等信息技术，建设具有人口动态实时管理功能的社区智能对讲门禁、社区单元视频记录、家庭安防综合应用系统，并可实现门禁管理与公安人口信息平台的对接。

8.1.1 智能楼宇对安全防范系统的要求

1. 防范功能

不论是对财物、人身或重要数据和资料等的安全保护，都应把防范放在首位。也就是说，安防系统使作案人员不可能进入或在企图进入作案时就能被察觉，从而采取措施。把非法人员拒之门外的设施主要是机械式的，例如安全栅、防盗门、门障、保险柜等。也有机械电气式的，例如报警门锁、报警防暴门等。还有电气式的各类探测触发器等。

为了实现防范的目的，报警系统具有布防和撤防功能，即当合法人员离开时应能布防，例如一个门，合法人员离开时布防，当合法人员以后正常进入，则通过开“锁”，使系统撤防，这样就不至于产生误报。

2. 报警功能

当发现安全受到破坏时，系统应能在监控中心和有关地方发出各种特定的声光报警，并把报警信号通过网络送到有关保安部门（如当地的110接处警中心）。

3. 监视与记录功能

在发生报警的同时，系统应同步地把出事的现场图像和声音传送到监控中心进行显示并录像，留下证据以便侦查破案。

4. 其他功能

安全管理系统应能通过统一的通信平台和管理软件将监控中心设备与各子系统设备联网，实现由监控中心对各子系统的自动化管理与监控。安全管理系统的故障应不影响各子系统的运行；某一子系统的故障应不影响其他子系统的运行。

智能楼宇的安全防范系统应能提供向上层系统集成的手段，以便将其最终集成到智能楼宇综合管理系统中。

此外，系统应有自检和防破坏功能，一旦线路遭到破坏，系统应能触发报警信号；系统在某些情况下布防应有适当的延时功能，以免工作人员还在布防区域就发出报警信号，造成误报。

8.1.2 智能楼宇安防系统的组成

根据安全防范系统应具备的功能，智能楼宇的安全防范系统一般应由以下几部分组成。

1. 出入口控制系统（门禁系统）

出入口控制系统应能根据建筑物的使用功能和安全防范管理的要求，对需要控制的各类出入口，按各种不同的通行对象及其准入级别，对其进、出实施实时控制与管理，并应具有报警功能。出入口控制系统对人员进、出相关信息自动记录、存储，并有防篡改和防销毁等措施。系统应能独立运行，并应能与电子、入侵报警、视频安防监控等系统联动，与安全防范系统的监控中心联网。系统必须与火灾报警系统及其他紧急疏散系统联动，当发生火警或需紧急疏散时，人员不使用钥匙就能迅速安全通过出入口。

2. 入侵报警系统（防盗报警系统）

入侵报警系统就是利用各种探测装置对设防区域的非法侵入、盗窃、破坏和抢劫等，进行实时有效地探测和报警。高风险防护对象的入侵报警系统应有报警复核（声音）功能。入侵报警系统根据各类建筑安全防范部位的具体要求和环境条件，可分别或综合设置周界防护、建筑物内区域或空间防护、重点实物目标防护系统。入侵报警系统能按时间、区域、部位任意编程设防或撤防。

入侵报警系统除能本地报警外，还自动通过有线或无线通信系统向外报警（联到监控中心，或当地公安110报警中心）。入侵报警系统具有防破坏功能，当探测器被拆或线路被切断时，系统能发出报警。

3. 视频安防监控系统（闭路监控系统）

视频安防监控系统对必须监控的场所、部位、通道等进行视频探测、视频监视、视频传输、显示和记录，以便取得证据和分析案情。对重要部门和设施的特殊部位，应能进行长时间录像。

4. 电子巡查系统（巡更系统）

电子巡查系统应能根据建筑物的使用功能和安全防范管理的要求，按照预先编制的保安人员巡查程序，通过信息识读器或其他方式对保安人员巡逻的工作状态（是否准时、是否遵守顺序等）进行监督、记录，并能对意外情况及时报警。

5. 停车库（场）管理系统

停车库（场）管理系统应能根据建筑物的使用功能和安全防范管理的需要，对停车库（场）的车辆通行道口实施出入控制、监视、行车信号指示、停车管理及车辆防盗报警等综合管理。

6. 其他子系统

应根据安全防范管理工作对各类建筑物、构筑物的防护要求或对建筑物、构筑物内特殊部位的防护要求，设置其他特殊的安全防范子系统，如防爆安全检查系统、专用的高安全实体防护系统、各类周界防护系统等。

8.2 出入口控制系统

出入口控制系统（Access Control System，ACS），又称门禁系统，是利用自定义符识别或/和模式识别技术对出入口目标进行识别并控制出入口执行机构启闭的电子系统或网络。出入口控制系统是以安全防范为目的，在被设防区域的内（外）通行门、出入口、通道、重要办公室门等处设置出入口控制装置，对人员和物品流动实施放行、拒绝、记录、报警管理与控制。它的主要作用就是使有出入授权的目标快速通行，阻止未授权目标通过。

系统必须满足紧急逃生时人员疏散的相关要求。疏散出口的门均应设为向疏散方向开启。人员集中场所应采用平推外开门，配有门锁的出入口，在紧急逃生时，应不需要钥匙或其他工具，亦不需要专门的知识或费力便可从建筑物内开启。

出入口控制系统是智能楼宇安全体系的第一道防线，其目的是将作案者拒之门外，与其他的安防技术相比较是最经济又实用的安防技术。因为，其他的技术都是针对案发现场和破案阶段的，这就意味着损害已经发生，人们为什么不提前预防呢？一个铁门的作用远远好过一个探头或一个摄像枪的作用。

8.2.1 出入口控制系统的结构

某一个（或同等作用的多个）出入口所限制出入的对应区域，就是它（它们）的受控区（Controlled Area）。具有比某受控区的出入限制更为严格的其他受控区，是相对于该受控区的高级别受控区（High Level Controlled Area）。通常一个建筑物的安防工程有多个同级别受控区和一些高级别受控区。因此需要对多个出入口实行全局控制。一般的出入口控制系统的结构如图8-1所示，是一个两层的集散系统。前端是出入口控制装置（见图8-2），它主要由识读部分、管理/控制部分、执行部分和通信网络以及相应的系统软件组成。

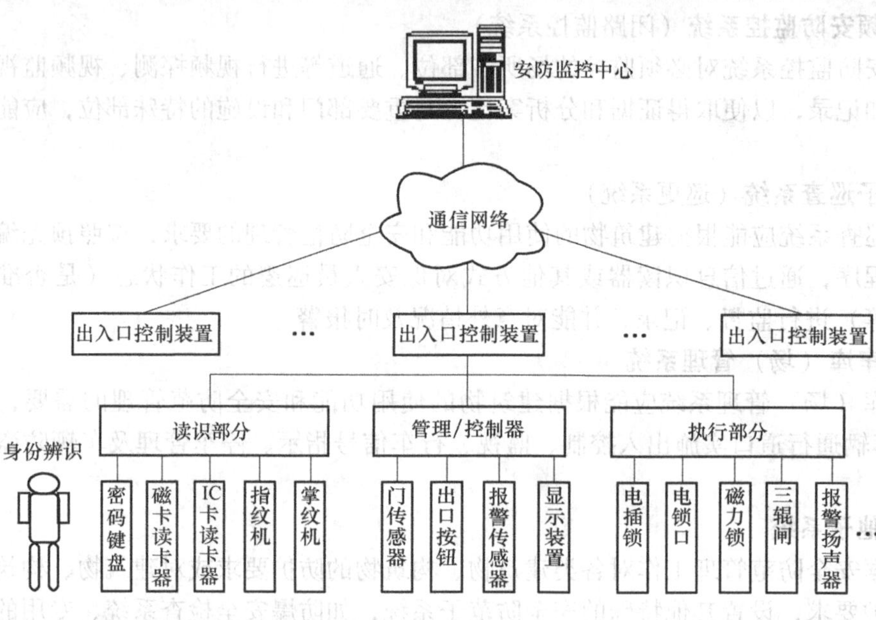

图8-1 一般的出入口控制系统的结构

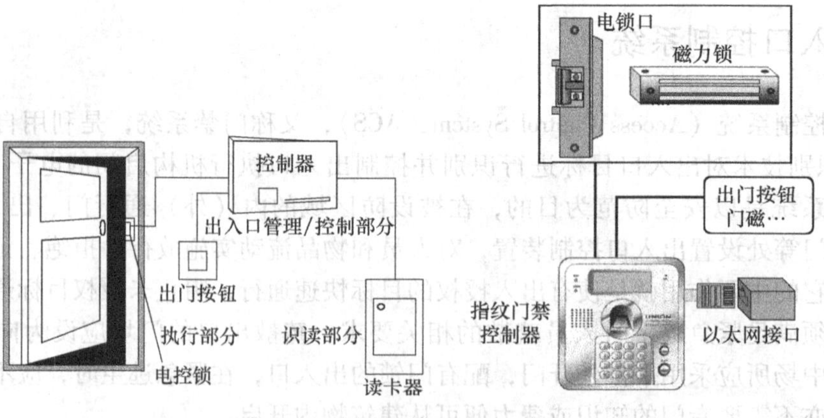

图8-2 出入口控制装置的组成结构

1）识读部分的功能是对进出人员的合法身份进行验证。只有是经识读装置验证合法的人员才允许在规定的地点和时间进入受控区域。因此识读装置是出入口控制系统的核心技术。

2）执行部分根据出入口控制器的指令完成出入口开启或关闭操作。出入口的开或闭控制装置有电动门、电动锁具、电磁吸合器等多种类型。

3）出入口的开合状态检测有门磁开关、接近开关、红外开关等，完成对出入口的开合状态检测。

4）出入口管理/控制器是一个能支持多种通信协议联网（以太网、现场总线等）的控制及报警主机，可连接多个识读设备和执行设备，控制一至多个出入口（门）的人员进出，既可与监控中心联机工作，也可脱机工作。出入口控制器本身可储存若干“可通行人员名单”、“密码”等数据资料，用于对进出人员的身份识辨。一般可辨识几万张卡号、储存上万笔人员进出资料数据。

每个出入口控制装置可管理着若干个门，自成一个独立的出入口控制系统，多个出入口控制装置通过网络与监控中心互联起来，构成全楼宇的出入口控制系统。监控中心通过管理软件对系统中的所有信息加以处理。

8.2.2 出入口控制系统的辨识装置

在正常情况下，出入口控制装置对进入人员的身份特征与预存的特征相比较，只有与允许进入人员（即授权人）的特征相同者，系统才会让其进入。人员的身份特征很多，可以用编码（如采用密码、IC卡），也可以利用人体生物特征（如声音、指纹与掌纹、视网膜等）加以识别。使用编码识读辨识装置性价比高，是目前使用最普遍的辨识系统，如表8-1常用编码识读设备及应用特点。如对系统安全性有更高要求，则可考虑设置人体生物特征辨识系统，如表8-2常用人体生物特征识读设备及应用特点。以下简要介绍常用的出入口控制系统辨识装置，如图8-3所示。

1. IC智能卡及读卡机

非接触式IC卡是目前最常用的卡片系统，卡片内分有几十个数据区，对每一个数据区均可单独设置读写密码，因此可实现一卡多用（每个应用占用一到几个数据分区）。非接触式IC卡具有无源、免接触、使用寿命长、防水、防尘、防静电干扰、安全可靠、成百上千亿的密码无法破译不易被复制、信息存储量大和使用方便等突出优点，因而是相当理想的卡片系统。除了传统的标准矩形卡之外，现在已发展了形状各异的异形非接触式IC卡，如钥匙扣卡等。

表8-1 常用编码识读设备及应用特点

序号	名　　称	适应场所	主要特点	适宜工作环境和条件	不适宜工作环境和条件
1	普通密码键盘	人员出入口；授权目标较少的场所	密码易泄漏、易被窥视，保密性差，密码需经常更换	室内安装；如需室外安装，需选用密封性良好的产品	不易经常更换密码且授权目标较多的场所
2	乱序密码键盘	人员出入口；授权目标较少的场所	密码易泄漏，密码不易被窥视，保密性较普通密码键盘高，需经常更换		
3	磁卡识读设备	人员出入口；较少用于车辆出入口	磁卡携带方便，便宜，易被复制、磁化，卡片及读卡设备易被磨损，需经常维护		室外可被雨淋处；尘土较多的地方；环境磁场较强的场所

（续）

<table>
<tr><th>序号</th><th>名　称</th><th>适应场所</th><th>主要特点</th><th>适宜工作环境和条件</th><th>不适宜工作环境和条件</th></tr>
<tr><td>4</td><td>接触式 IC 卡读卡器</td><td>人员出入口</td><td>安全性高，卡片携带方便，卡片及读卡设备易被磨损，需经常维护</td><td rowspan="2">室内安装；适合人员通道可安装在室内、外；适合人员通道</td><td>室外可被雨淋处；静电较多的场所</td></tr>
<tr><td>5</td><td>接触式 TM 卡（钮扣式）读卡器</td><td>人员出入口</td><td>安全性高，卡片携带方便，不易被磨损</td><td>尘土较多的地方</td></tr>
<tr><td>6</td><td>条码识读设备</td><td>用于临时车辆出入口</td><td>介质一次性使用，易被复制、易损坏</td><td>停车场收费岗亭内</td><td>非临时目标出入口</td></tr>
<tr><td>7</td><td>非接触只读式读卡器</td><td>人员出入口；停车场出入口</td><td>安全性较高，卡片携带方便，不易被磨损，全密封的产品具有较高的防水、防尘能力</td><td rowspan="3">可安装在室内、外；近距离读卡器（读卡距离 < 500mm）适合人员通道；远距离读卡器（读卡距离 > 500mm）适合车辆出入口</td><td rowspan="3">电磁干扰较强的场所；较厚的金属材料表面；工作在900MHz 频段下的人员出入口；无防冲撞机制（防冲撞：可依次读取同时进入感应区域的多张卡），读卡距离 > 1m 的人员出入口</td></tr>
<tr><td>8</td><td>非接触可写、不加密式读卡器</td><td>人员出入口；消费系统一卡通应用的场所；停车场出入口</td><td>安全性不高，卡片携带方便，易被复制，不易被磨损，全密封的产品具有较高的防水、防尘能力</td></tr>
<tr><td>9</td><td>非接触可写、加密式读卡器</td><td>人员出入口；与消费系统一卡通应用的场所；停车场出入口</td><td>安全性高，无源卡片，携带方便不易被磨损，不易被复制，全密封的产品具有较高的防水、防尘能力</td></tr>
</table>

表 8-2　常用人体生物特征识读设备及应用特点

<table>
<tr><th>序号</th><th>名　称</th><th colspan="2">主要特点</th><th>适宜工作环境和条件</th><th>不适宜工作环境和条件</th></tr>
<tr><td>1</td><td>指纹识读设备</td><td>指纹头设备易于小型化；识别速度很快，使用方便；需人体配合的程度较高</td><td rowspan="2">操作时需人体接触识读设备</td><td rowspan="2">室内安装；使用环境应满足产品选用的不同传感器所要求的使用环境要求</td><td rowspan="2">操作时需人体接触识读设备，不适宜安装在医院等容易引起交叉感染的场所</td></tr>
<tr><td>2</td><td>掌形识读设备</td><td>识别速度较快；需人体配合的程度较高</td></tr>
<tr><td>3</td><td>虹膜识读设备</td><td>虹膜被损伤、修饰的可能性很小，也不易留下被可能复制的痕迹；需人体配合的程度很高；需要培训才能使用</td><td rowspan="2">操作时不需人体接触识读设备</td><td rowspan="2">环境亮度适宜、变化不大的场所</td><td rowspan="2">环境亮度变化大的场所，背光较强的地方</td></tr>
<tr><td>4</td><td>面部识读设备</td><td>需人体配合的程度较低，易用性好，适于隐蔽地进行面像采集、对比</td></tr>
</table>

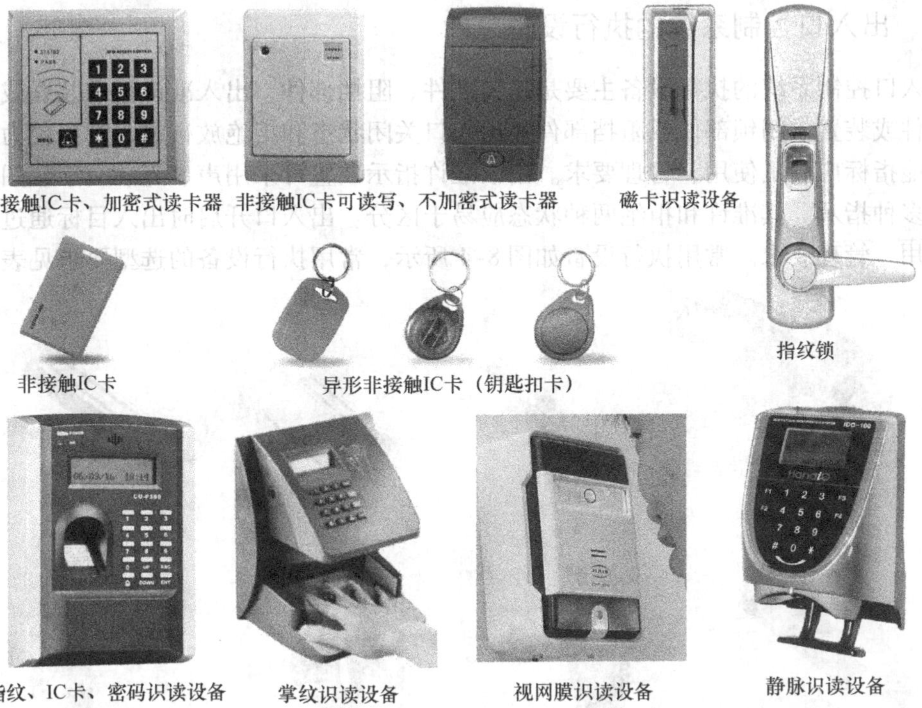

图 8-3　出入口控制系统的辨识装置

2. 指纹机

指纹辨识是发展早、成熟度高的生物特征辨识系统，辨识时间为 1 ~ 6s，拒绝率约 1%，但指纹容易被复制，一旦不小心留下指纹，就会被制模复制；同时，如果使用者有严重皮肤病及手汗症，指纹辨识的拒绝率就会增高。指纹机的造价要比磁卡机或 IC 卡系统高。

指纹辨识虽然被复制的可能性较高，但结合视频监控功能的“照相指纹机”，内建数码相机，任何人使用指纹机时都会自动照相，管理者可经由网络连线立即看到使用者的照片，做即时的人员进出管控。也可选用 IC 卡加指纹识别认证用户身份，做到高保密、高安全。

3. 视网膜辨识机

视网膜的血管路径同指纹一样均为各人特有，如果视网膜不受损的话，从 3 岁起就终生不变。利用光学摄像对比原理，比较每个人的视网膜血管分布的差异。这种系统几乎是不可能复制的，安全性高，但技术复杂。同时也还存在着辨识时对人眼不同程度的伤害，人有病时，视网膜血管的分布也有一定变化从而影响准确率。

4. 人像脸面识别技术

人脸是比对人体特征时最有效的分辨部位。你只要看上某人一眼，就可以有对此人基本特征的认识。识别的特征有眼、鼻、口、眉、脸的轮廓（头、下巴、颊）的形状和位置关系，脸的轮廓阴影等都可利用。它有“非侵犯性系统”的优点，可用在公共场合特定人士的主动搜寻。公共场合的安全已成为国际性课题，反恐怖活动的需求，刺激和推动了此项技术的发展。

此外，还有声音辨识机、掌纹辨识机等，在此就不一一细述了。

8.2.3 出入口控制系统的执行设备

出入口控制系统的执行设备主要是闭锁部件、阻挡部件、出入准许指示装置或这三种的组合部件或装置。闭锁部件或阻挡部件在出入口关闭状态和拒绝放行时，其闭锁力、阻挡范围等性能指标应满足使用、管理要求。出入准许指示装置可采用声、光、文字、图形、物体位移等多种指示。其准许和拒绝两种状态应易于区分。出入口开启时出入目标通过的时限应满足使用、管理要求。常用执行设备如图8-4所示，常用执行设备的选型要求见表8-3。

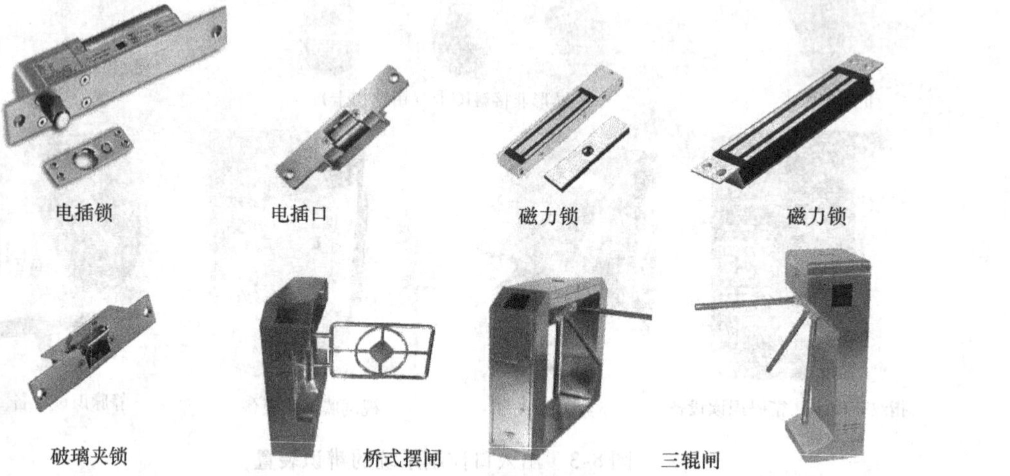

图8-4 出入口控制系统的执行设备

表8-3 常用执行设备选型要求

序号	应用场所	常用的执行设备
1	单向开启、平开木门（含带木框的复合材料门）	阴极电控锁
		电控撞锁
		一体化电子锁
		磁力锁
		阳极电控锁
		自动平开门
2	单向开启、平开镶玻璃门（不含带木框门）	阳极电控锁；磁力锁；自动平开门机
3	单向开启、平开玻璃门	带专用玻璃门夹的阳极电控锁；带专用玻璃门夹的磁力锁；玻璃门夹电控锁
4	双向开启、平开玻璃门	带专用玻璃门夹的阳极电控锁；玻璃门夹电控锁
5	单扇、推拉门	阳极电控锁
		磁力锁
		推拉门专用电控挂钩锁
		自动推拉门机
6	双扇、推拉门	阳极电控锁
		推拉门专用电控挂钩锁
		自动推拉门机

（续）

序号	应用场所	常用的执行设备
7	金属防盗门	电控撞锁；磁力锁自动门机
		电机驱动锁舌电控锁
8	防尾随人员快速通道	电控三棍闸；自动启闭速通门
9	小区大门、院门等（人员、车辆混行通道）	电动伸缩栅栏门
		电动栅栏式栏杆机
10	一般车辆出入口	电动栏杆机
11	防闯车辆出入口	电动升降式地挡

8.2.4 出入口控制系统的管理功能

在出入口控制系统中有关“可通行人员名单”、“密码”等数据和人员进出实施放行、拒绝、报警的记录数据是需要管理的信息。这些数据都是存放在相应的数据库系统中，管理系统需要实现如下功能：

1. 发卡或发放人员通行许可的功能

在出入口控制系统运行时，管理中心需要对合法的人员进行授权，规定其权限（在规定的时间、规定的控制区通行），该项授权需要对双方赋值。在采用IC卡对人员进行验证的系统中，管理中心要将一张已授权的IC卡交给被授权人员（钥匙），同时将该IC卡的数据以及被授权人员留下的密码要增加到系统的“可通行人员名单”、“密码”数据库中。在采用人体生物特征对人员进行验证的系统中，管理中心需要采集被授权人员的生物特征数据（指纹、掌纹、视网膜等），将该生物特征数据以及被授权人员留下的密码增加到系统的“可通行人员名单”、“密码”数据库中。

2. 出入口的放行、拒绝、报警的记录数据管理功能

管理中心需要对所有的出入口通行记录数据进行管理，对人员进、出相关信息自动记录、存储，并有防篡改和防销毁等措施。在此基础上提供增值服务，如考勤管理系统、保安巡更管理系统、可疑人员分析系统等。

3. 门的控制方式管理功能

1）授权人开门后，关门即锁。这种方式适用于大多数门，如办公室门、客房门、保险柜门等。

2）授权人一旦开门，就一直保持其自由出入状态，直到授权人把门关闭。这种方式主要适用于主要的出入口，如主大门、通道门和电梯门等。

3）授权人在开门后，在设定时间内必须关门，否则报警。这种方式用于严格控制的场所，如银行门、库房门等。

4）双门联锁方式，打开任一道门之前，前后两道门必须都处于关闭状态。在前一道门处于开启状态时，无法打开后一道门。这种方式用于最高级别的出入口控制系统，能有效防止尾随作案。

4. 授权等级管理功能

这里的授权等级主要是指除了指纹、声音、视网膜等生物识别系统外的磁卡和感应卡

(IC卡、智能卡)的授权。包括:①插卡进入;②插卡加密码进入;③插卡加密码再加授权人被保安人员确认后进入;④插卡加密码再加授权人被自动识别系统确认后进入。

显然,第③和④种方式的安全性最高。其中第③种授权是:当某人插卡申请通过某门时,智能卡中授权人的照片通过读卡机送入管理系统,同时,摄像系统也将持卡人的现场照片送入管理系统,保安在同一屏幕上对比确认,被认可者,以令放行,有怀疑者则报警。第④种授权则采用图像自动识别技术,水平最高。

5. 与其他子系统间的联动

应能与视频安防监控系统、入侵报警系统及火灾自动报警系统联动。例如当某个门被非法闯入时,出入口控制系统应立即通知视频安防监控系统,使该区域的摄像机能监视该门的情况,并进行录像等。

8.3 入侵报警系统

入侵报警系统(Intruder Alarm System, IAS)又称防盗报警系统,是利用传感器技术和电子信息技术探测并指示非法进入或试图非法进入设防区域(包括主观判断面临被劫持或遭抢劫或其他紧急情况时,故意触发紧急报警装置)的行为、处理报警信息、发出报警信息的电子系统或网络。入侵报警系统的主要功能指标如下:

1) 根据各类建筑安全防范部位的具体要求和环境条件,可分别或综合设置周界防护、建筑物内区域或空间防护、重点实物目标防护系统。

2) 入侵报警系统应自成网络,可独立运行,有输出接口,可用手动/自动方式以有线或无线系统向外报警。系统除能本地报警外,还能异地报警。系统能与视频监控系统、出入口控制系统联动,与安全防范技术系统的中央监控室联网,满足中央监控室对入侵报警系统的集中管理和集中监控。

3) 系统的前端按需要选择、安装各类入侵探测器设备,构成点、面、立体或组合的综合防护系统。

4) 按时间、区域、部位任意编程设防或撤防。

5) 对设备运行状态和信号传输线路进行检测,能及时发出故障报警并指示故障位置。

6) 系统具有防破坏功能,当探测器被拆或线路被切断时,系统能发出报警。

7) 显示和记录报警部位和有关警情数据,并能提供与其他子系统联动的控制接口信号。

8) 在重点区域和重要部位发出报警的同时,应能对报警现场的声音进行核实。

入侵报警系统是技术防范系统的重要组成部分,是打击和预防犯罪(特别是盗窃犯罪)的有力武器:入侵报警系统具有快速反应能力,可及时发现案情,提高破案率;入侵报警系统具有威慑作用,犯罪分子不敢轻易作案,减少了发案率;入侵报警系统协助人防担任警戒和报警任务,可节省人力、物力和财力。

8.3.1 入侵报警系统的结构

通常一个建筑物的安防工程设有多个防护区(Protection Area)。一个防护区可能包含有多个防区(Defence Area)。入侵报警系统所面对的通常是一个分层的多防区的地域分散入侵报警问题，其解决方案通常采用二层的集散系统结构，如图8-5所示。前端是针对单个防护区的入侵报警控制装置（见图8-6），它主要由报警控制主机、入侵探测器、紧急报警装置、控制键盘以及相应的系统软件组成。

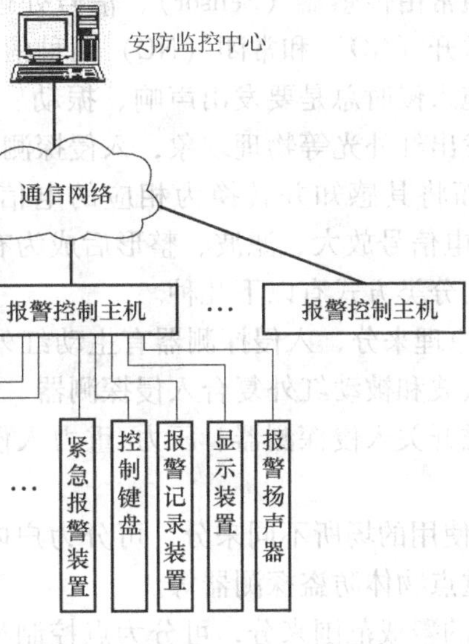

图8-5 入侵报警系统的结构

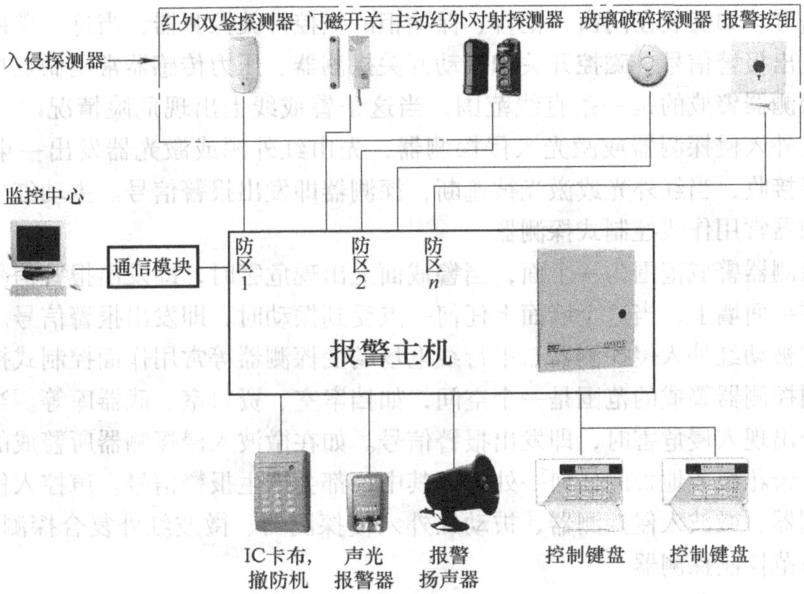

图8-6 单个防护区的入侵报警控制装置

入侵报警控制装置实施设防、撤防、测试、判断、传送报警信息，并对入侵探测器的信号进行处理以断定是否应该产生报警状态以及完成某些显示、控制、记录和通信功能。监控中心的计算机负责管理整幢建筑的入侵报警系统，并实现与其他系统的联动或集成功能。

8.3.2 入侵探测器的分类和应用特点

入侵探测器（Intrusion Detector）是对入侵或企图入侵行为进行探测做出响应并产生报警状态的装置。通常由传感器（Sensor）、信号处理器和输出接口组成。报警信号是不带电的触点输出，有常开（NO）和常闭（NC）两种信号。

入侵者在实施入侵时总是要发出声响、振动、阻断光路、对地面或某些物体产生压力、破坏原有温度场发出红外光等物理现象，入侵探测器中的传感器则是利用某些材料对这些物理现象的敏感性而将其感知并转换为相应的电信号和电参量（电压、电流、电阻、电容等）。处理器则对电信号放大、滤波、整形后成为有效的报警信号。

入侵探测器的分类方式有以下几种。

1）根据探测原理来分，入侵探测器有主动红外入侵探测器、被动红外入侵探测器、微波入侵探测器、微波和被动红外复合入侵探测器、超声波入侵探测器、振动入侵探测器、声波入侵探测器、磁开关入侵探测器、压力/重力入侵探测器、超声和被动红外复合入侵探测器等。

2）按用途或使用的场所不同来分，可分为户内型入侵探测器、户外型入侵探测器、周界入侵探测器和重点物体防盗探测器等。

3）按探测器的警戒范围来分，可分为点控制型探测器、线控制型探测器、面控制型探测器及空间控制型探测器。

点控制探测器是指警戒范围仅是一个点的探测器。当这个警戒点的警戒状态被破坏时，即发出报警信号。如安装在门窗、柜台、保险柜的磁控开关探测器，当这一警戒点出现危险情况时，即发出报警信号。磁控开关和微动开关探测器、压力传感器常用做点控制探测器。

线控制探测器警戒的是一条直线范围，当这条警戒线上出现危险情况时，发出报警信号。如主动红外入侵探测器或激光入侵探测器，先由红外源或激光器发出一束红外光或激光，被接收器接收，当红外光或激光被遮断，探测器即发出报警信号。主动红外、激光和感应式入侵探测器常用作线控制式探测器。

面控制探测器警戒范围为一个面，当警戒面上出现危害时，即发出报警信号。如振动入侵探测器装在一面墙上，当这个墙面上任何一点受到振动时，即发出报警信号。振动入侵探测器、栅栏式被动红外入侵探测器、平行线电场畸变探测器等常用作面控制式探测器。

空间控制探测器警戒的范围是一个空间，如档案室、资料室、武器库等。当这个警戒空间内的任意处出现入侵危害时，即发出报警信号。如在微波入侵探测器所警戒的空间内，入侵者从门窗、天花板或地板的任何一处入侵其中，都会产生报警信号。声控入侵探测器、超声波入侵探测器、微波入侵探测器、被动红外入侵探测器、微波红外复合探测器等探测器，常用作空间防范控制探测器。

4）按探测器的工作方式来分，可分为主动式探测器与被动式探测器。

被动入侵探测器在工作时不需向探测现场发出信号，而依靠对被测物体自身存在的能量进行检测。平时，在传感器上输出一个稳定的信号，当出现入侵情况时，稳定信号被破坏，输出带有报警信息的信号，经处理后发出报警信号。

主动式探测器是在工作时，探测器要向探测现场发出某种形式的能量，经反射或直射在接收传感器上形成一个稳定信号，当出现入侵情况时，稳定信号被破坏，输出带有报警信息，经处理后发出报警信号。

被动式入侵探测器有：被动红外入侵探测器、振动入侵探测器、声控入侵探测器、视频移动探测器等。主动式入侵探测器有：微波入侵探测器、主动红外入侵探测器、超声波入侵探测器等。

5）按探测信号传输方式来划分，探测器可分为有线探测器和无线探测器两类。

8.3.3 入侵报警控制主机功能及其与探测器的连接方式

1. 入侵报警控制主机的功能要求

入侵报警控制主机接收入侵探测器发出的报警信号，发出声光报警并能指示入侵报警发生的部位，同时通过通信网将警情发送到报警中心。声光报警信号应能保持到手动复位，如果再有入侵报警信号输入时，应能重新发出声光报警信号。入侵报警控制主机有防破坏功能，当连接入侵探测器和控制主机的传输线发生断路、短路或并接其他负载时应能发出声光报警故障信号。

入侵报警控制主机能向与该机接口的全部探测器提供直流工作电压，当入侵探测器过多、过远时、也可单独向探测器供电。入侵报警控制主机必须配后备电源（蓄电池），备用电池的容量应能满足系统（包括所有的探测器）连续工作24h以上的要求。

入侵报警控制主机应有较高的稳定性，平均无故障工作时间至少要达到5000h（分为三个等级，A级：5000h；B级：20000h；C级：60000h）。入侵报警控制主机在额定条件下进行警戒、报警、复位，循环6000次，而不允许出现电的或机械的故障，也不应有器件的损坏和触点粘连。

入侵报警控制主机应能将警讯发送到监控中心或当地的110报警中心，传输通道可以通过电话网以及专设的入侵报警通信网络，如图8-7所示。主要的报警通信协议有ADEMCO 4+1、ADEMCO 4+2、ADEMCO Contact ID、CFSK等。ADEMCO（安定宝）Contact ID格式，采用双音频拨号方式，从报警控制主机和接警中心的接警设备双方握手到通信终止，只需不到3s的时间。Contact ID格式报告的内容包括：4位用户码、1位事件修饰码（新事件或恢复）、3位事件码、2位子系统码、3位防区号、用户号码。报告形式如下：CCCC QEEE GG ZZZ。其中：C表示用户码；Q代表事件修饰，当Q=E时代表新事件，当Q=R时代表恢复事件；E表示事件码；G是子系统号码；Z表示防区/使用者号码。表8-4是ADEMCO Contact ID格式部分事件码定义。ADEMCO Contact ID通信格式信息量大，是目前一个比较通用的快速的报警通信协议。

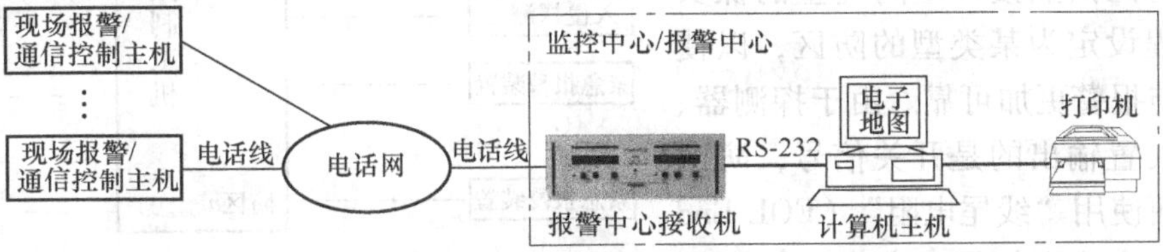

图8-7 专业报警中心接收机为基础的联网报警系统方案

2. 入侵报警探测器与控制主机的连接方式

入侵报警探测器与控制主机的连接方式有分线制、总线制、无线制及混合式几种方式。

分线制是指探测器、紧急报警装置通过多芯电缆与报警控制主机之间采用一对一专线相连（见图8-8）。这是目前中小型系统常用的连接方式。

表8-4 ADEMCO Contact ID 格式部分事件码定义

事件码	事件	事件码	事件
110	火警	401	用户撤防/布防
121	挟制	403	启动电源时布防
122	无声劫盗	406	用户取消
123	有声劫盗	407	遥控编程布防/撤防
131	周界窃盗	408	快速布防
132	内部窃盗	409	关锁撤防/布防
133	24h 窃盗	411	要求回电
134	出入窃盗	441	留守布防
135	日夜窃盗	451	过早撤防/布防
150	24h 辅助	452	过迟撤防/布防
301	无交流	453	撤防失败
302	系统电池电压过低	454	布防失败
305	系统重新设定	455	自动布防失败
306	编程被破坏	570	旁路
309	电池测试失败	602	定时测试
332	总线短路故障	607	步行测试模式
333	无线接收机故障	621	重新设定事件记录
373	火警回路故障	622	事件记录载满50%
380	故障（通用）	623	事件记录载满90%
381	无线发射器失去监控	624	事件记录已载满
382	总线探头失去监控	625	时间/日期重新设定
383	总线探头被拆	626	时间/日期不准确
384	无线发射器电池电压过低		

主机包含多个不同的防区即表示系统可以接入多个可一一区分出来的探头，同时每个防区按照接入不同类型的探头并通过编程设定为某类型的防区，以使操作方便与报警更加可靠。由于探测器、紧急报警装置输出的是开关信号，防区检测电路便使用“线尾电阻”（EOL End of Line）作为鉴别依据，当防区检测到回路上有线尾电阻时系统正常，若系统检测到回路电阻为0（短路）或无穷大（断路）时，都将发出报警（剪断线或者短路也会报警）。探头输出方式不同（常开或常闭）时与EOL的连接方法也不同，但有个宗旨就是要

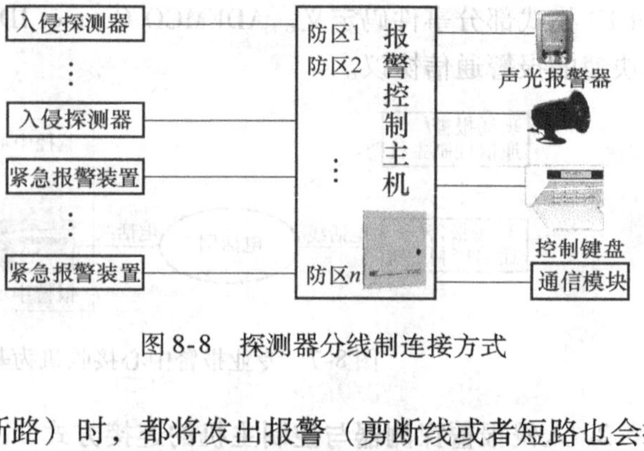

图8-8 探测器分线制连接方式

保证回路电阻为线尾电阻，并且电阻必须连接在探头末端（建议放在探测器内，特别是当采用常开接法时，否则线路的防剪功能和探测器的防拆功能就可能不起作用了），如图8-9所示。防区线末电阻误差允许在 ±R 内，也就是说，当连接探头的线路阻抗不超过 R 时，防区都能正常工作。

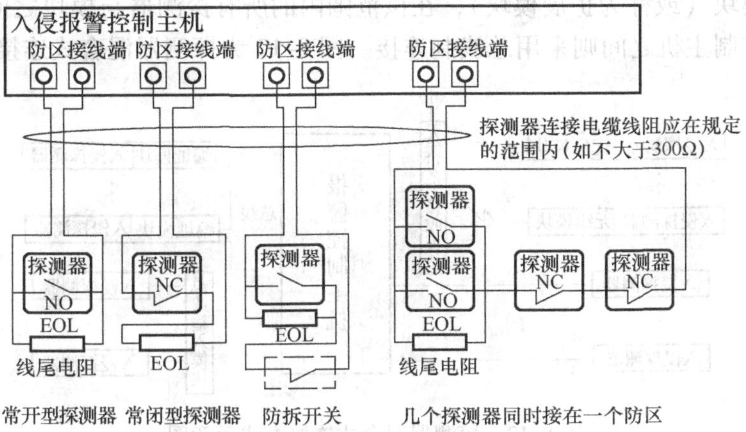

图 8-9　有线防区探测器的接线方法

总线制是指探测器、紧急报警装置通过其相应的编址模块与报警控制主机之间采用报警总线（专线）相连（见图8-10），这是目前大型系统常用的连接方式。

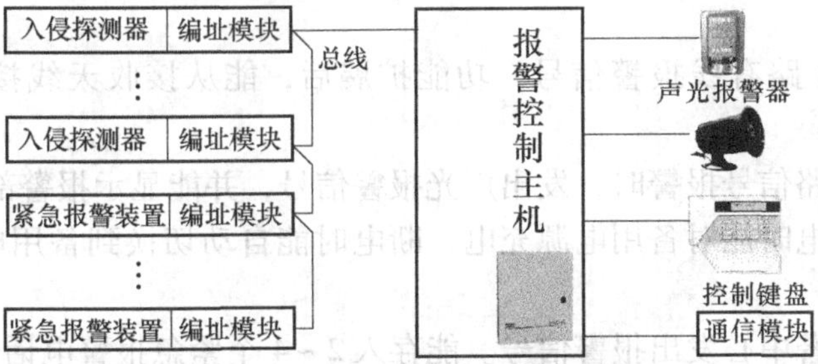

图 8-10　探测器总线制连接方式

无线制是指探测器、紧急报警装置通过其相应的无线设备与报警控制主机通信，其中一个防区内的紧急报警装置不得大于4个，如图8-11所示。无线传输是探测器输出的探测信

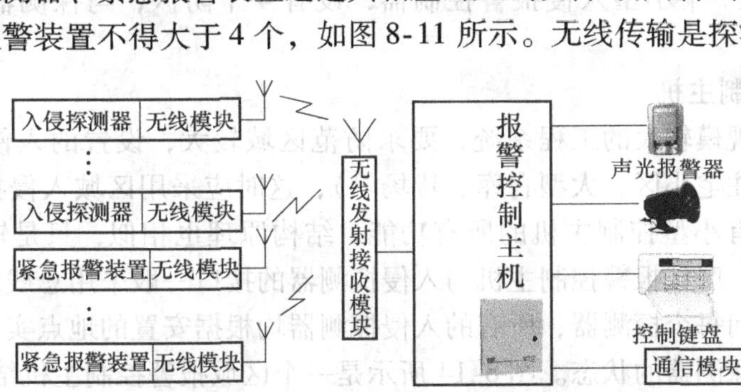

图 8-11　探测器无线制连接方式

号经过调制，用一定频率的无线电波向空间发送，由报警中心的控制器所接收。而控制中心将接收信号处理后发出报警信号和判断出报警部位。全国无线电管理委员会分配给入侵报警系统的无线电频率为36.050~36.725MHz。

混合式则是将上述线制方式相结合的一种方法。一般在某一防范范围内（如某个房间）设一总线输入模块（或称为扩展模块），在该范围内的所有探测器与模块之间采用分线制连接，而模块与控制主机之间则采用总线制连接。图8-12为探测器混合式连接方式示意图。

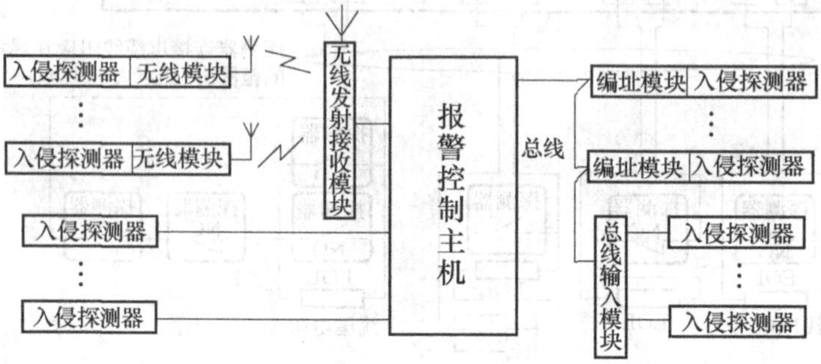

图8-12 探测器混合式连接方式示意图

3. 小型入侵报警控制主机

对一个有较少防区（处在一个或一组探测器监测范围内的区域）的防护区用户，可采用小型入侵报警控制主机。如居民住宅、银行的储蓄所、财务室、档案室等。其一般功能有：

1）能提供4~8路有线报警信号，功能扩展后，能从接收天线接收无线传输的报警信号。

2）能在任何一路信号报警时，发出声光报警信号，并能显示报警部位和时间。

3）市电正常供电时能对备用电源充电，断电时能自动切换到备用电源上，以保证系统正常工作。

4）能向区域报警中心发出报警信号。能存入2~4个紧急报警电话号码，发生报警情况时，能自动依次向紧急报警电话发出报警信号。

5）支持主流的报警通信协议，如ADEMCO 4+1，ADEMCO Contact ID。

图8-13所示是一个小型入侵报警控制器，设有4个防区，与探测器采用分线制连接方式。

4. 区域报警控制主机

对于一些相对规模较大的工程系统，要求防范区域较大，设置的入侵探测器较多（如高层写字楼、高级住宅小区、大型仓库、货场等），这时应采用区域入侵报警控制主机。区域报警控制主机具有小型控制主机的所有功能，结构原理也相似，只是输入、输出端口更多，通信能力更强。区域报警控制主机与入侵探测器的接口一般采用总线制，即控制主机采用串行通信方式访问每个探测器，所有的入侵探测器均根据安置的地点实行统一编址，控制主机不停地巡检各探测器的状态。图8-14所示是一个区域报警控制主机结构图。

5. 报警中心接收机和报警中心软件

在大型和特大型的报警系统中，由报警中心接收机把多个区域控制主机联系在一起。报

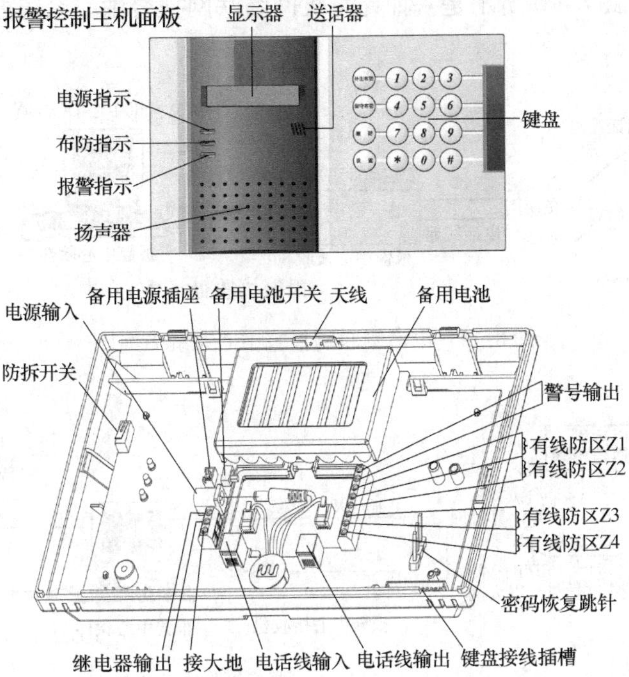

图 8-13　小型入侵报警控制器

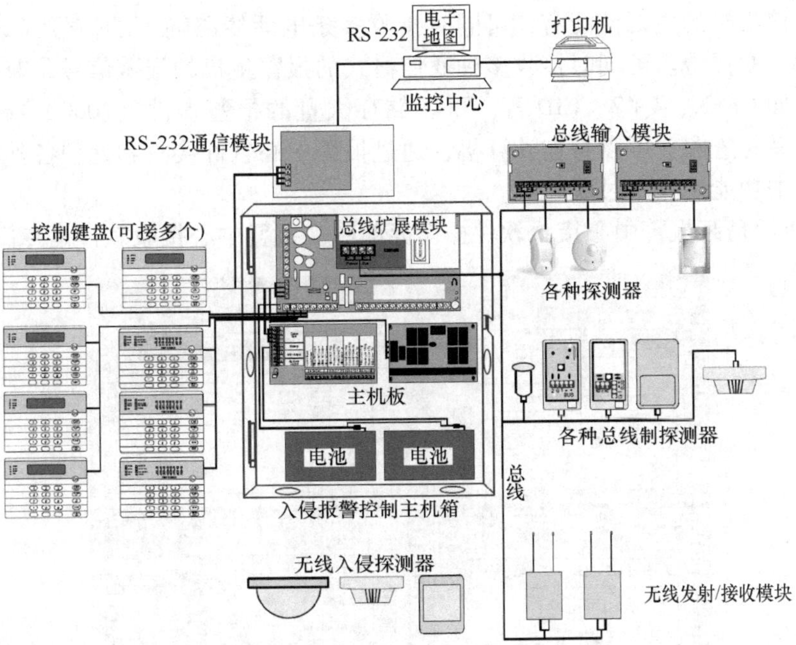

图 8-14　区域报警控制主机系统结构图

警中心接收机能接收各个区域控制器送来的报警信息，同时也能向各区域控制主机发送控制指令，直接监控各区域控制器的防范区域。图 8-15 所示是目前常用的一种通过电话网联网报警中心系统方案。图8-16所示是一种计算机网络联网报警中心系统方案。

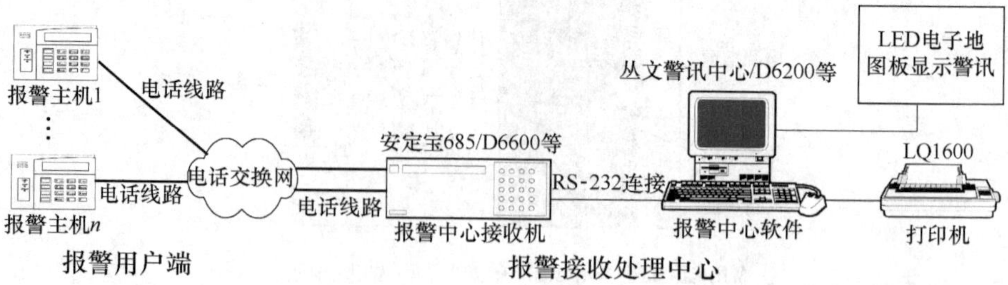

图8-15 电话网联网报警中心系统方案图

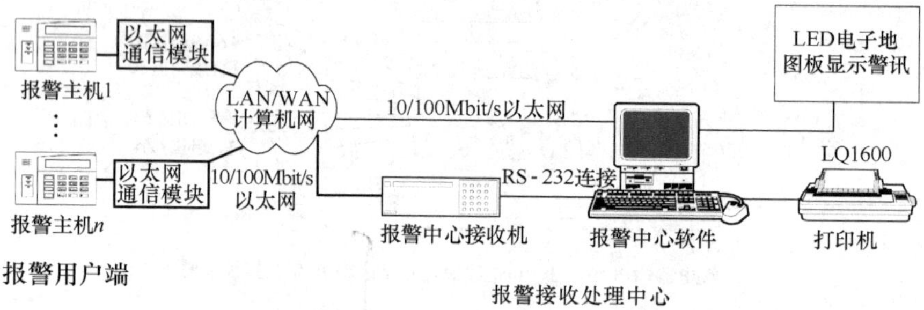

图8-16 计算机网络联网报警中心系统方案图

报警中心接收机的主要性能有：可同时接收多条电话线路输入的信号（2~32路），同时处理多个用户的报警。可同时接收多种通信格式的报警主机的报警信号，兼容大多数品牌的报警主机。如CFSK、4+2、CID等。可以储存大量的报警事件（20000~60000条），以备系统查询故障时查阅。可以直连计算机，通过报警中心软件接收和处理各种报警事件。内置完善的抗雷击功能及噪声过滤功能。

图8-17所示是某报警中心接收软件操作界面图。报警中心接收软件是专门配合报警接

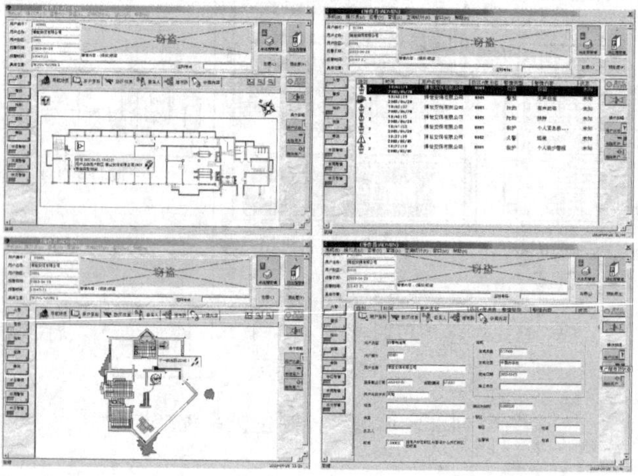

图8-17 某报警中心接收软件操作界面图

收机的报警处理管理软件，实现多种报警管理功能。软件系统通过串口/以太网连接报警接收机，在计算机屏幕实时跟踪，并可以电子地图与显示板的方式形象地显示警情以便处理。报警中心接收软件有如下功能特点：自动识别多种报警通信格式；多媒体操作、多级电子地图显示；灵活设置的监控界面；可自定义的打印、显示格式；分级自动报警处理；方便的数据备份、恢复功能；详尽的报警信息统计与分析；可以与其他系统（如110接处警系统等）集成；可以输出大型的LED地图；可以同时连接多种报警接收机满足从小型到大型报警中心的需要。

8.3.4　常用入侵探测器

1. 门磁开关

门磁开关由一个条形永久磁铁和一个常开触点的干簧管继电器组成，如图8-18所示。把门磁开关的干簧管装于被监视房门或窗门的门框边上，把永久磁铁装在门扇边上。关门后两者的距离应小于或等于1cm，这样就能保证干簧管能在磁铁作用下接通，当门打开后，干簧管会断开。由于磁场的穿透性，门磁开关可以隐蔽安装在非铁磁材质的门或窗的框边内，不易被入侵者发现和破解，所以在工程中被广泛应用于门或窗的开闭状态探测器。

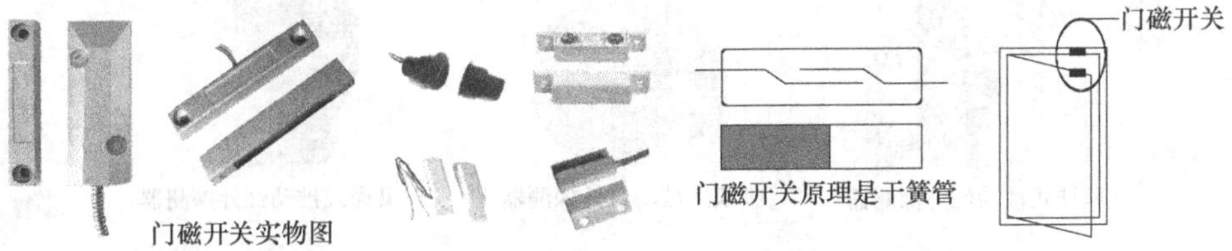

图8-18　门磁开关实物及原理图

2. 主动式红外线探测器

主动红外入侵探测器由红外发射机和红外接收机组成，当发射机与接收机之间的红外光束被完全遮断或按给定百分比遮断时产生报警信号。利用它可形成一条无形警戒线，由多束红外线可构成一个警戒面，如图8-19所示。

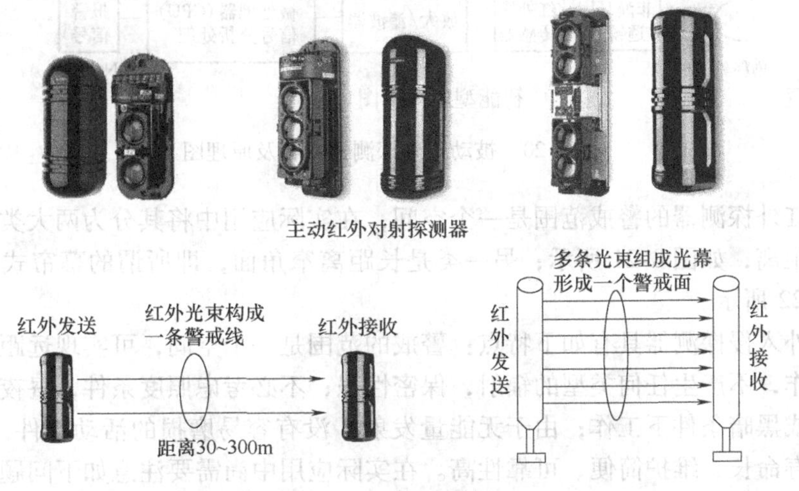

图8-19　主动红外探测器实物及原理图

主动红外入侵探测器最短遮光时间范围一般是 30～600ms。在实际应用中需要根据具体情况进行调定，以减少系统的误报警。除单光束主动红外入侵探测器外，还有双光束和 4 光束的。在室外使用时一定要选用多光束主动红外入侵探测器，以减少小鸟、落叶等引起系统的误报警。多雾地区、环境脏乱、风沙较大地区的室外不宜使用主动红外探测器。

主动红外入侵探测器受雾影响严重，室外使用时均应选择具有自动增益功能的设备（此类设备当气候变化时灵敏度会自动调节）；另外，所选设备的探测距离较实际警戒距离留出 20% 以上的余量，以减少气候变化引起系统的误报警。

3. 被动式红外线入侵探测器

被动式红外线入侵探测器的核心器件是热释红外线传感器，它对人体辐射的红外线非常敏感，配上一个菲涅耳透镜作为探头，探测中心波长为 9～10μm 由人体发射的红外线信号，经放大和滤波后由电平比较器把它与基准电平进行比较，当电信号辐值达到一定值时发出报警信号，如图 8-20 所示。被动式红外探测器不需要附加红外辐射光源，本身不向外界发射任何能量，而是由探测器直接探测来自目标的红外辐射，故有被动式之称。

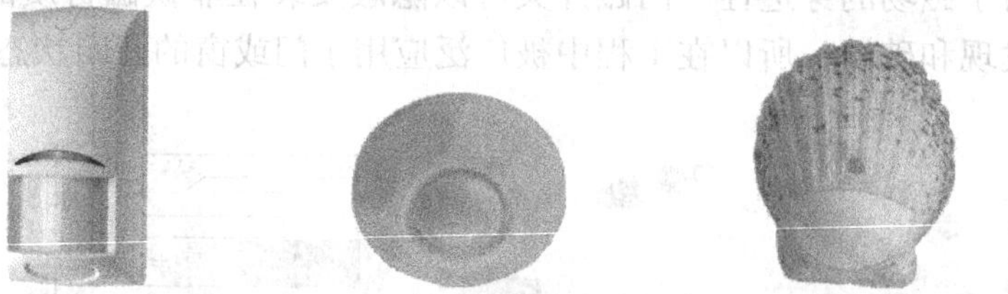

壁挂式被动红外探测器　　吸顶式被动红外探测器　　贝壳式被动红外探测器

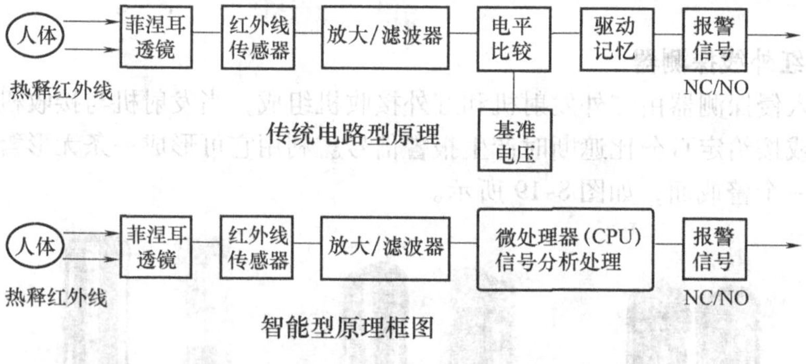

图 8-20　被动红外探测器实物及原理图

被动式红外探测器的警戒范围是一个空间，在实际应用中将其分为两大类：一类是广角面大范围短距离，如图 8-21 所示；另一类是长距离窄角面，即所谓的幕帘式被动红外探测器，如图 8-22 所示。

被动红外入侵探测器具有如下特点：警戒的范围是一个空间，可实现远距离控制；由于是被动式工作，不产生任何类型的辐射，保密性强；不必考虑照度条件，昼夜均可用，特别适宜在夜间或黑暗条件下工作；由于无能量发射，没有容易磨损的活动部件，因而功耗低、结构牢固、寿命长、维护简便、可靠性高。在实际应用中尚需要注意如下问题：①不宜面对玻璃门窗；②不宜正对冷热通风口或冷热源；③注意非法入侵路线。

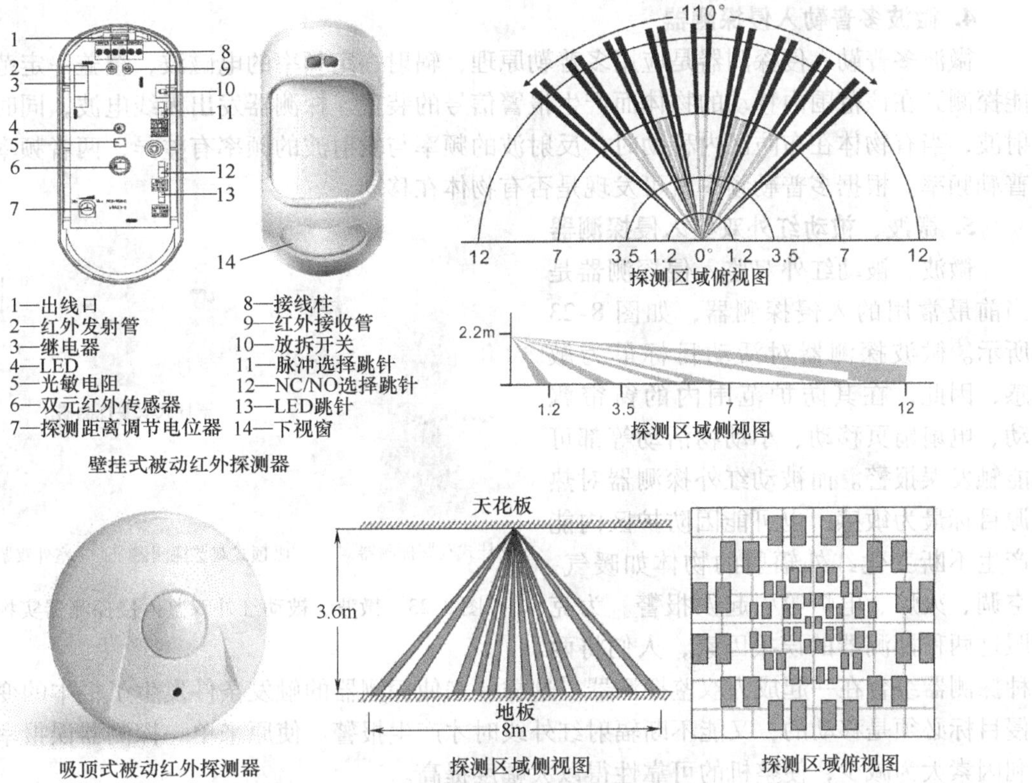

图 8-21　被动红外探测器的警戒区域

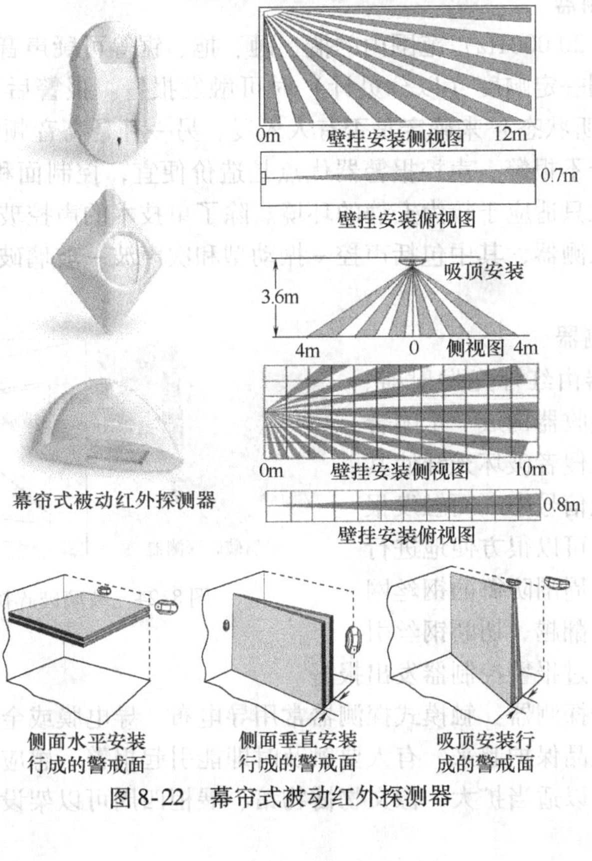

图 8-22　幕帘式被动红外探测器

4. 微波多普勒入侵探测器

微波多普勒入侵探测器是应用多普勒原理，辐射一定频率的电磁波，覆盖一定范围，并能探测到在该范围内移动的物体而产生报警信号的装置。探测器发出无线电波，同时接收反射波，当有物体在布防区内移动时，反射波的频率与发射波的频率有差异，两者频率差称多普勒频率。根据多普勒频率就可发现是否有物体在移动。

5. 微波、被动红外双鉴入侵探测器

微波、被动红外双鉴入侵探测器是当前最常用的入侵探测器，如图8-23所示。微波探测器对活动目标最为敏感，因此，在其防护范围内的窗帘飘动、电扇扇页移动、小动物活动等都可能触发误报警。而被动红外探测器对热源目标最为敏感，也可能因防护区内能产生不断变化红外辐射的物体如暖气、空调、火炉、电炉等引起误报警。为克服这两种探测器的误报因素，人们将两种探测器组合在一起成为双鉴探测器。这样一来使探测器的触发条件发生了根本的变化，入侵目标必须是移动的，又能不断辐射红外线时才产生报警。使原来单一探测器误报率高的不利因素大为减少，使整机的可靠性得以大幅度提高。

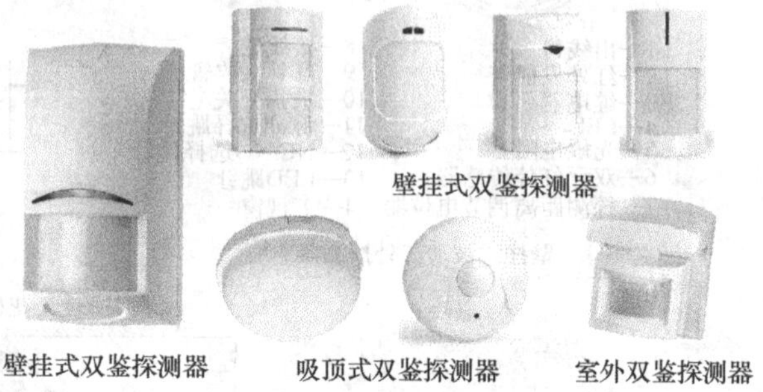

图8-23 微波、被动红外双鉴入侵探测器实物图

6. 声控入侵探测器

在可闻声（20～20 000Hz）范围内的撬、砸、拖、锯等可疑声音都会被安在保护现场的拾音器拾取。当达到一定响度（以分贝计）时可触发报警。报警后可对现场进行声音复核（自动或手动转入监听状态）来确定是否有人入侵。另一种是高音频的玻璃破碎声才会引起报警，其他可听声音不报警。声控报警器优点是造价便宜，控制面积大（大于$200m^2$）；缺点是误报率高，因此只适应于较为安静的环境。除了单技术的声控玻璃破碎探测器，另一类是双技术玻璃破碎探测器，其中包括声控-振动型和次声波-玻璃破碎高频声响型，如图8-24所示。

7. 其他入侵探测器

光纤周界报警器由红外光发射器、光导纤维、红外光接收器构成一个闭合的光通路系统。当入侵者破坏光纤使其断裂，这时就会因光信号中断而触发报警。由于光纤极细，可以很方便地进行隐蔽安装，如安装在周围防御的钢丝网上，当发生因攀登、翻越、切断钢丝引起的光纤断裂时，通过报警控制器发出报警。

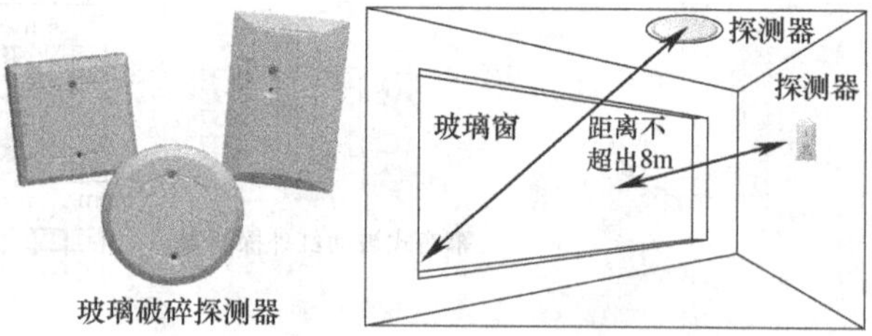

图8-24 玻璃破碎探测器实物图

触摸感应式入侵探测器：触摸式探测器常用导电布、导电膜或金属线将保险柜、文物柜或其他贵重物品、展品保护起来。有人要触及时即能引起报警。感应式探测器主要用金属导线布防，警戒范围可以适当扩大，像文物博物馆、展柜四周可以架设警戒线，不让人们靠近

和触摸文物展品。此种产品的优点是布防机动灵活，范围可大可小，缺点是由于受环境湿度、温度影响较大，灵敏度要经常进行调整。

压力垫：把文物展品放在压力垫上，一旦被取走就发出报警。在地毯下放上压力垫，有人走动也会产生报警。

8. 入侵探测器的选用

在各种入侵报警系统中，主要差别在于探测器的应用，而探测器的选用主要根据是：

1）保护对象的重要程度，例如对于保护对象特别重要的应加多重保护等。

2）保护范围的大小，例如，小范围可采用感应式报警装置或反射式红外线报警装置，要防止人从窗门进入可采用电磁式探测报警装置，大范围可采用遮断式红外报警器等。

3）防预对象的特点和性质，例如，主要是防人进入某区域的活动，则可采用移动探测防盗装置，可考虑微波防盗报警装置或被动式红外线报警装置，或者同时采用两者作用兼有的混合式探测防盗报警装置（常称双鉴器或三鉴器）等。

没有入侵行为时发出的报警称作误报。入侵探测器误报可能由于元件故障或受环境因素的影响而引起。误报所产生的后果是严重的，它大大降低了报警器的可信度，增加了无效的现场介入。所以，对于风险等级和防护级别较高的场合，报警系统必须采用多种不同探测技术组成入侵探测系统来克服或减小由于某些意外情况或受环境因素影响而发生的误报警，同时加装音频和视频复核装置，当系统报警时，启动音频和视频复核装置工作，对报警防区进行声音和视频图像的复核。

8.3.5 大学校园入侵报警系统案例

在大学校园的重点监管区域安装入侵报警系统，教学楼、实验楼等各个弱电机房安装报警探头，对重要监视区域及机房设备进行保护。

通过系统集成，实现报警系统与视频监控系统的联动。在布防状态下，入侵者一旦进入布防区内，就会立即触发报警，系统可联动视频监控系统，将报警现场附近的摄像机画面切换到主监视器画面上，同时在工作站上能以图形化方式形象地显示报警的位置，报警时在工作站上有明显的声光信号，提醒操作人员注意，及时对报警情况进行处理。

入侵报警系统具有控制中心和现场IC卡布防撤防的功能，各区值班室和中央控制室具有独立布防、撤防功能。当撤防时，不产生报警信息和报警报告。只有当布防时才能产生报警。

1. 大学校园入侵报警系统方案

系统主要由报警主机、防区扩展模块、现场防盗报警探测器、通信网络、报警控制中心管理平台以及后台管理软件等部分组成，其系统结构图如图8-25所示。通过大学城安防专网来连接各个建筑物内的报警主机，将各个报警子系统（防区）集成为一体。

1）前端防盗报警探测器包括：三鉴探测器若干个、150m红外对射探测器若干对。

2）报警主机：系统总计有8台报警主机，分散安装在各个建筑物内，采用总线型结构，便于系统扩充，降低布线。

3）监控中心管理平台：由一台PC及监控中心管理软件组成。

2. 报警系统功能

1）系统能按时间、区域部位任意编程布防或撤防。系统能进行不同防区的布防、撤

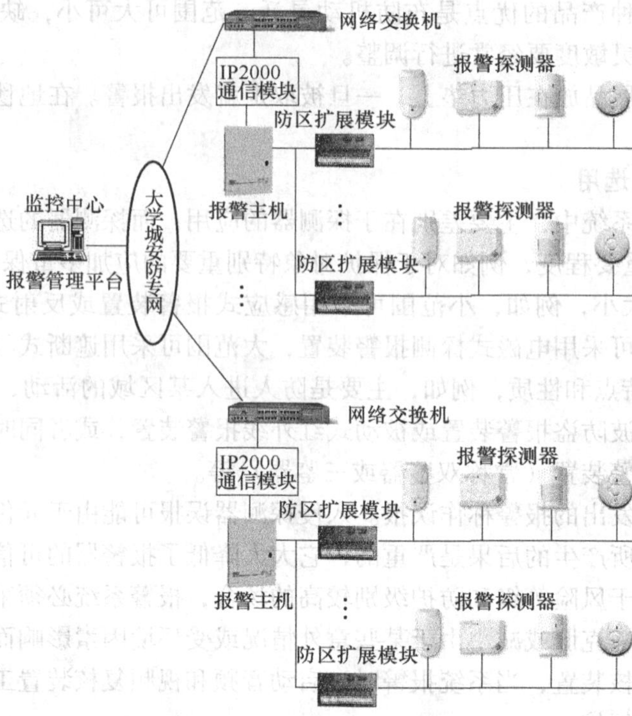

图 8-25 大学校园入侵报警系统结构图

防，进行人工布防撤防相结合的方式，保证系统在应进行警戒时能进行合理的警戒。

2）当报警发生时，系统在控制中心防盗报警工作站上进行声光报警，在工作站上弹出报警处的平面图，明确显示出发生报警处的位置，让工作人员在最短的时间内明确发生报警的位置，同时联动闭路电视监控系统，将报警处的图像切换到主监视器上。以便工作人员能及时监控现场的情况，进行处理。

3）系统能显示报警部位和有关报警数据，并能记录和提供联动控制接口信号。

4）系统与闭路电视监控系统等相关系统联动。

5）系统能与 BMS 联网，并通过计算机网络系统对入侵报警系统应进行集中管理和监控。

6）管理服务器可对警情进行各种统计处理。

8.4 视频安防监控系统

视频安防监控系统（Video Surveillance & Control System，VSCS）是智能楼宇的安全防范系统中的最后防线，它是为追溯和破案留下证据。也是构建“千里眼”的技术手段。视频安防监控系统涉及视频信息的获取、传输、显示、存储等方面的技术。视频监控系统已经有三代的发展历史，目前正向数字化、网络化、智能化的方向发展。

第一代是模拟视频监控系统（Analog Video Surveillance System），这是一种在视频信息的获取、传输、显示、存储等环节完全采用模拟信号方式的监控系统。主要由摄像机、视频矩阵、监视器、磁带录像机组成。这种技术现在已经被淘汰。

第二代是基于数字硬盘录像机（Digital Video Recorder，DVR）技术的模拟+数字混合监控系统。与第一代模拟技术相比，它主要是在后端的图像处理、存储方式上的改进，采用了数字频视压缩处理技术。前端摄像机采集的视频信号采用模拟方式传输，通过相应的线路（同轴电缆、光缆）连接到监控中心的 DVR 终端上，DVR 监控终端完成对图像的多画面显示、压缩、数码录像、网络传输等功能。

第三代是数字视频监控系统（Digital Video Surveillance System）。这是一种在视频信息的获取、传输、显示、存储等环节采用数字信号处理方式的监控系统。由于使用数字网络传输，所以又称网络视频监控系统。它的主要原理是：摄像机采集的视频信号数字化后由高效压缩芯片进行压缩，然后通过内部处理后传送到网络或服务器上。网络上的用户可以通过专用软件或者直接用浏览器观看 Web 服务器上的摄像机图像，授权用户还可以控制摄像机云台镜头的动作或对系统进行设置。网络视频监控的代表产品就是网络视频服务器和网络摄像机。

ONVIF 协议和 GB/T 28181 标准是主要的视频监控行业标准。ONVIF（Open Network Video Interface Forum）是由安讯士、博世、索尼等三家公司在 2008 年共同成立的一个国际性开放型网络视频产品标准网络接口的开发论坛，以公开、开放的原则共同制定开放性行业标准。即 ONVIF 网络视频标准规范，简称为 ONVIF 协议，ONVIF 2.4 是当前的最新版本。

视频安防监控系统设计的功能要求如下：

1）应根据各类建筑物安全防范管理的需要，对建筑物内（外）的主要公共活动场所、通道、电梯及重要部位和场所等进行视频探测、图像实时监视和有效记录、回放。对高风险的防护对象，显示、记录、回放的图像质量及信息保存时间应满足管理要求。

2）系统的画面显示应能任意编程，能自动或手动切换，画面上应有摄像机的编号、部位、地址和时间、日期显示。

3）系统应能独立运行。应能与入侵报警系统、出入口控制系统等联动。当与报警系统联动时，能自动对报警现场进行图像复核，能将现场图像自动切换到指定的监示器上显示并自动录像。

4）集成式安全防范系统的视频安防监控系统应能与安全防范系统的安全管理系统联网，实现安全管理系统对视频安防监控系统的自动化管理与控制。组合式安全防范系统的视频安防监控系统应能与安全防范系统的安全管理系统连接，实现安全管理系统对视频安防监控系统的联动管理与控制。分散式安全防范系统的视频安防监控系统，应能向管理部门提供决策所需的主要信息。

8.4.1　视频安防监控系统的组成与结构

视频安防监控系统包括前端设备、传输设备、处理/控制设备和记录/显示设备 4 部分，其组成原理如图 8-26 所示。前端设备包括摄像机、镜头、防护罩、支架和电动云台，其作用是对被摄体摄像并转换成电信号。传输设备包括线缆、调制与解调设备、线路驱动设备，其作用是把摄像机发出的电信号传送到控制中心。记录/显示设备包括监视器、画面处理器和录像机等，其作用是把从现场传来的电信号转换成图像在监视设备上显示并录像。处理/控制设备则负责所有设备的控制和图像信号的处理。

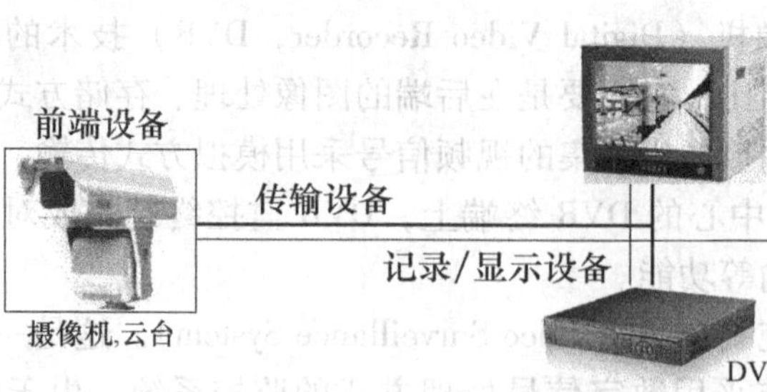

图 8-26 视频安防监控系统的组成原理

根据对视频图像信号处理/控制方式的不同，视频安防监控系统结构分为以下模式：

1）简单对应模式：监视器和摄像机简单对应（见图 8-26）。

2）时序切换模式：视频输出中至少有一路可进行视频图像的时序切换（见图 8-27）。

3）矩阵切换模式：可以通过任一控制键盘，将任意一路前端视频输入信号切换到任意一路输出的监视器上，并可编制各种时序切换程序（见图 8-28）。

4）数字视频网络虚拟交换/切换模式：模拟摄像机增加数字编码功能，被称作网络摄像机，数字视频前端也可以是别的数字摄像机。数字交换传输网络可以是以太网和 DDN、SDH 等传输网络。数字编码设备可采用具有记录功能的 DVR 或视频服务器，数字视频的处理、控制和记录措施可以在前端、传输和显示的任何环节实施（见图 8-29）。

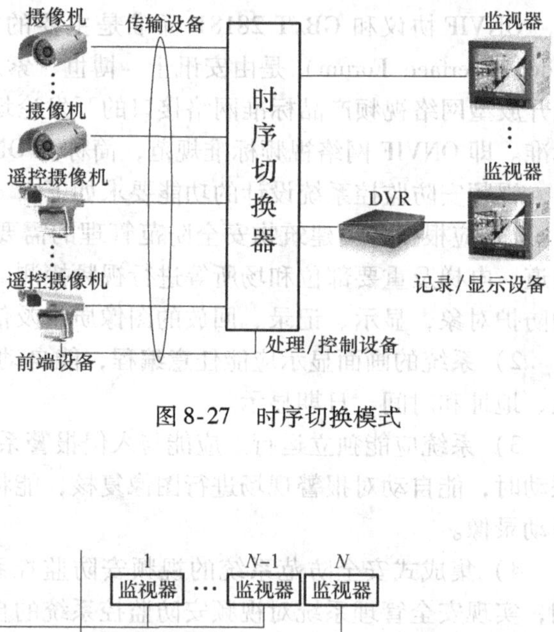

图 8-27 时序切换模式

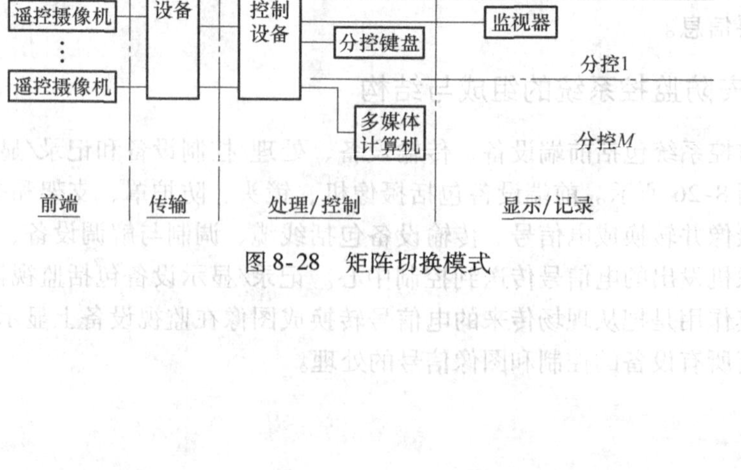

图 8-28 矩阵切换模式

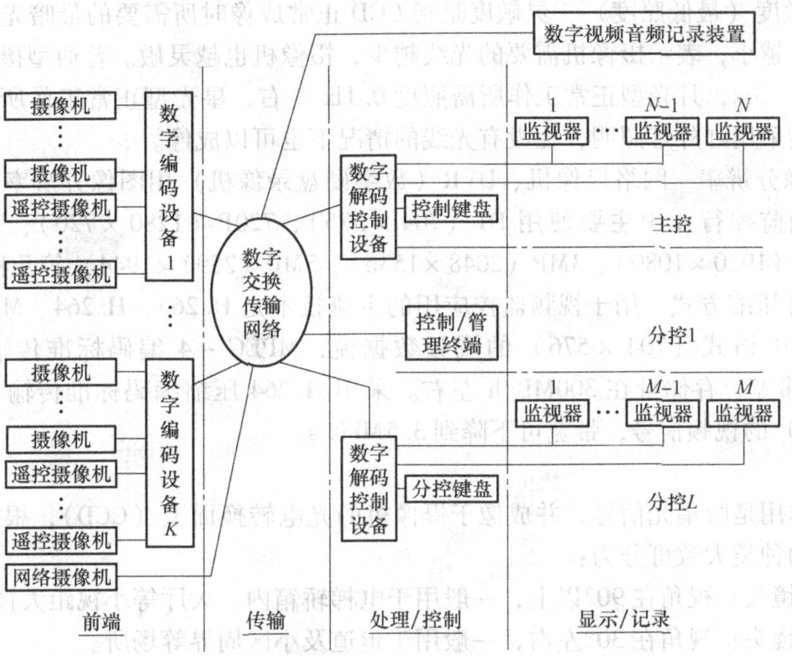

图 8-29 数字视频网络虚拟交换/切换模式

8.4.2 前端设备

1. 摄像机

在闭路监控系统中，摄像机是采集图像信号的设备。从应用角度分为枪式摄像机、一体化高速球机、红外日夜型摄像机、一体化摄像机、半球式摄像机、烟感式摄像机等，如图 8-30 所示。摄像机的主要技术参数有灵敏度、分辨率和压缩方式等。

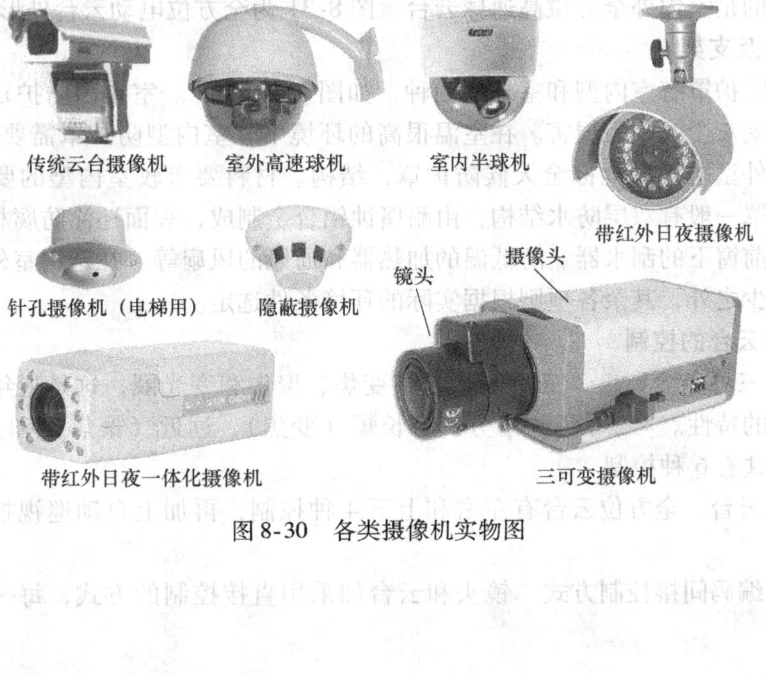

图 8-30 各类摄像机实物图

（1）灵敏度（最低照度） 灵敏度是指CCD正常成像时所需要的最暗光线，用照度表示。照度数值越小，表示摄像机需要的光线越少，摄像机也越灵敏。普通型摄像机正常工作所需照度为1～3lx，月光型正常工作所需照度0.1lx左右，星光型正常工作所需照度0.01lx以下，红外型采用红外灯照明，在没有光线的情况下也可以成像。

（2）图像分辨率 网络摄像机、DVR（数字硬盘录像机）用图像分辨率来表示图像的清晰度。目前监控行业中主要使用D1（704×576）、720P（1280×720）、960P（1280×960）、1080P（1920×1080）、3MP（2048×1536）、5MP（2592×1944）等几种分辨率标准。

（3）图像压缩方式 用于视频监控应用的主流技术是H.263、H.264、MPEG-4标准。每传输一路D1格式（704×576）的视频数据流，MPEG-4编码标准传输速率大约需1.8Mbit/s的带宽，存储量在300MB/h左右。采用H.264压缩编码标准传输一路HD1080P（1920×1080）的视频信号，带宽可下降到3.5Mbit/s。

2. 镜头

镜头的作用是收集光信号，并成像于摄像机的光电转换面上（CCD），根据摄像机的应用场合镜头的种类大致可分为：

1）广角镜头：视角在90°以上，一般用于电梯轿箱内、大厅等小视距大视角场所。

2）标准镜头：视角在30°左右，一般用于走道及小区周界等场所。

3）长焦镜头：视角在20°以内，焦距的范围从几十毫米到上百毫米，用于远距离监视。

4）变焦镜头：镜头的焦距可从广角变到长焦，用于景深大，视角范围广的区域。

5）变焦镜头：用于隐蔽监控。

3. 云台

云台是监视系统中不可缺少的摄像机支撑配件，它与摄像机配合使用能达到扩大监视范围的目的。云台按用途分类，可分为通用型云台和特殊型云台。通用型云台又可分为：遥控电动云台和手动固定云台两类。还可按使用环境的不同分室内型和室外型云台。在电动型云台中又可分为左右摆动的水平云台和左右上下均能摆动的全方位云台。在智能楼宇的监视系统中，最常用的是室内外全方位高速球云台。图8-31为全方位电动云台外形。

4. 防护罩及支架

摄像机的防护罩有室内型和室外型两种，如图8-32所示。室内型防护罩的作用主要是保护摄像机免受灰尘及人为损害。在室温很高的环境下，室内型防护罩需要配置轴流风扇、帮助散热。室外型防护罩也称全天候防护罩，结构、材料要求较室内型的要复杂和严格得多。首先，外罩一般有双层防水结构，由耐腐蚀铝合金制成，表面还涂防腐材料。其次，要有防雨水积在前窗下的刮水器、防低温的加热器和通风的风扇等。在选用室外防护罩时除了防雨是必不可少之外，其余各项则根据实际的环境条件选定。

5. 镜头和云台的控制

（1）控制三可变镜头 “三可变”是指变焦、聚焦和变光圈，这是近年来生产的变焦镜头同时具有的特性。“三可变”中分别有长短（变焦）、远近（聚焦）和开闭（变光圈）两种控制，总共有6种控制。

（2）控制云台 全方位云台有左右和上下4种控制，再加上自动巡视控制，共有6种控制。

（3）通信编码间接控制方式 镜头和云台如采用直接控制的方式，每一个监控点大约

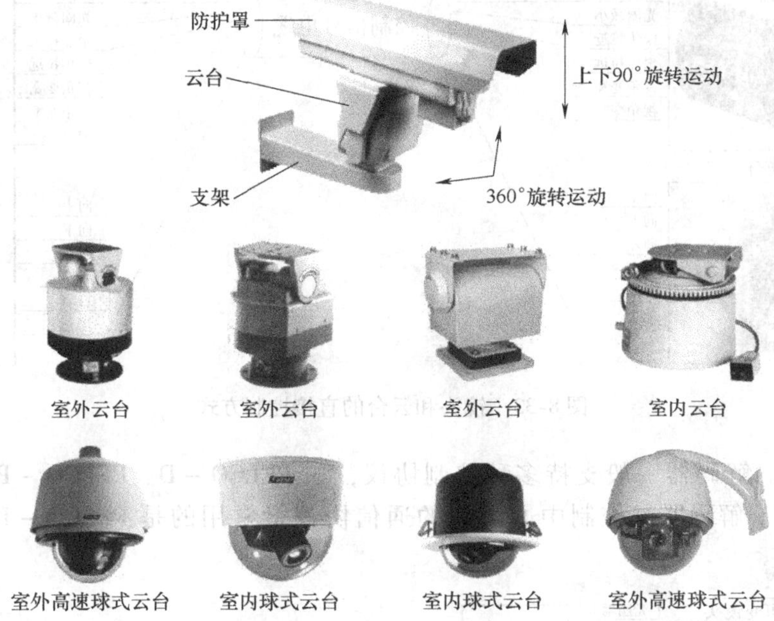

图 8-31　全方位电动云台外形

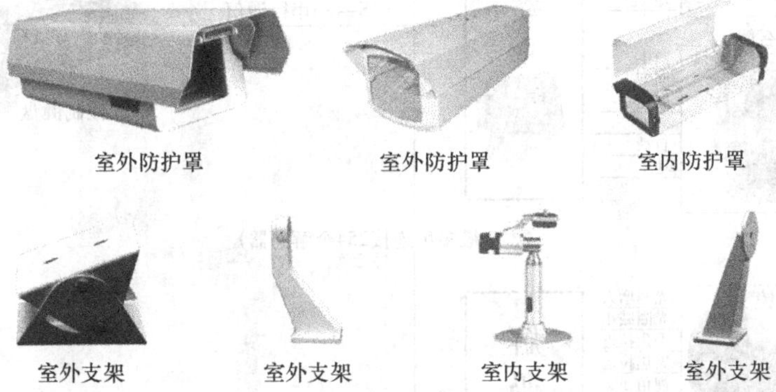

图 8-32　防护罩及支架外形图

需要 13～17 根控制线，如图 8-33 所示。由于镜头和云台远离控制中心，长距离直接传输控制信号不仅不经济，而且系统的操作可靠性降低。所以在智能楼宇监控系统应用最多的是通信编码间接控制方式，采用 RS－485 串行通信，用单根双绞线就可以传送多路编码控制信号，到现场后解码驱动控制，如图 8-34 所示。

（4）解码器　解码器是视频监控系统中控制云台、镜头、电源、雨刷、灯光的一种前端控制设备，控制键盘、矩阵或计算机系统通过解码器可实现对云台、镜头、辅助功能的控制。采用 RS－485 通信控制方式。分室内型和室外型解码器。

解码器一般支持多种控制协议、多种通信波特率选择。提供对云台的上、下、左、右、自动运动的驱动信号（云台电压 AC220V 和 AC24V 可选择）。控制镜头的光圈、焦距、变倍。镜头电压可通过电路板上的电位器调整，调整范围 DC6～12V，镜头电压越高，镜头的

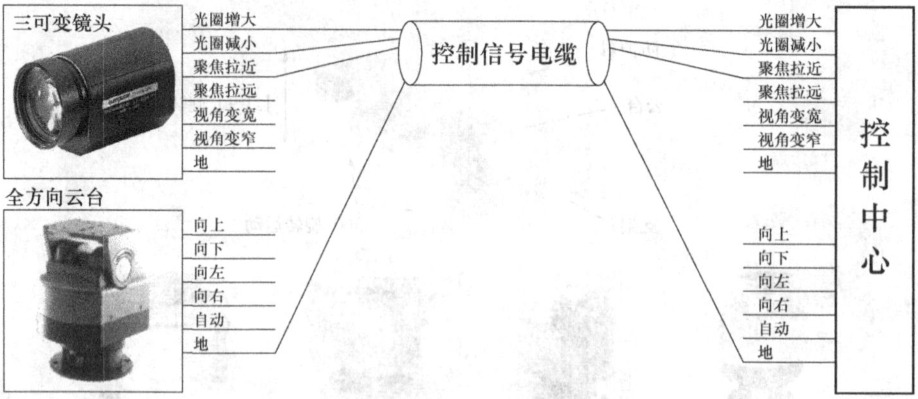

图 8-33 镜头和云台的直接控制方式

动作速度越快。解码器一般支持多种控制协议，如 PELCO - D、PELCO - P、SAMSUNG、PANASONIC 等。解码器与控制中心之间的通信协议最常用的是 PELCO - D、PELCO - P 协议。

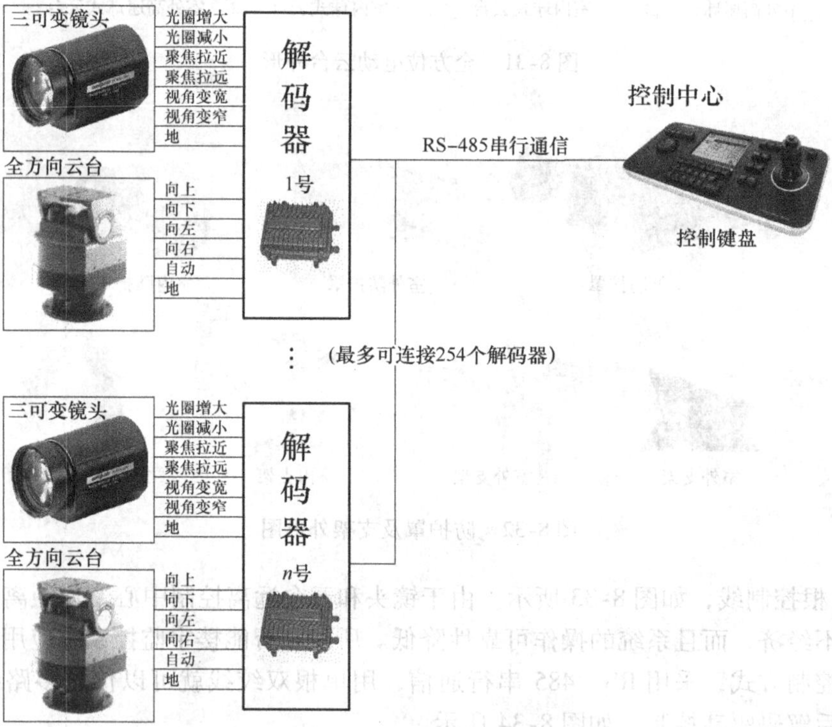

图 8-34 镜头和云台的间接控制方式

6. 网络摄像机

网络摄像机（IP Camera，IPC），是一种结合传统摄像机与网络技术所产生的新一代摄像机。除了具备一般传统摄像机所有的图像捕捉功能外，机内还内置了数字化压缩控制器和基于 Web 的操作系统，使得视频数据经压缩加密后，通过局域网、Internet 或无线网络送至终端用户。网络摄像机内置一个嵌入式芯片，采用嵌入式实时操作系统，完成图像采集、数字化、编码压缩、IP网络传输、就地录像存储、智能分析、Web服务等任务。网络用户可以直接用浏览器观看图像，授权用户还可以控制摄像机云台镜头的动作或对系统配置进行操作。另外，IPC支持WiFi无线接入、3G接入、POE供电（网络供电）和光纤接入。IPC已成为前端摄像机的市场主力军，它的主要应用特点包括以下几个方面。

1）高清晰度。就图像分辨率而言，网络摄像机的发展可以说是一日千里，除了市场已经普及的百万像素外，200万像素、300万像素、500万像素、800万像素的网络摄像机产品已经在市场上出现，甚至千万及千万以上像素的产品也开始在监控行业中露出端倪。

2）采用嵌入式系统，有独立的IP地址，可通过LAN、DSL连接或无线网络适配器直接与以太网连接。

3）支持多种网络通信协议，如TCP/IP、ICMP、HTTP、HTTPS、FTP、DHCP、DNS、DDNS、RTP、RTSP、RTCP等。

4）支持多种接入协议，如ONVIF、PSIA、GB2818等。

5）支持对镜头、云台的控制，对目标进行全方位的监控。

6）采用了新的视频压缩技术，如MPEG-4、H.264、H.265、MJPEG等。提供32Kbit/s~8Mbit/s压缩输出码率。支持本地录像存储/回放，支持标准的128G Micro SD/SDHC/SDXC卡存储。

7）支持WiFi无线接入、3G接入、POE供电（网络供电）和光纤接入，支持多种访问方式：手机APP、便携式计算机、PC等。

8）在IPC中实现的智能分析功能有：视频遮挡与视频丢失侦测、视频变换侦测、视频模糊侦测、视频移动侦测、人脸侦测、音频异常侦测、出入口人数统计、人群运动及拥堵识别、物品遗留识别、网线断、存储器满错、越界侦测和区域入侵侦测等。

视频遮挡：在一个大型的安防监控系统中，监控中心的值班人员所能顾及或者查看的最大可能是几十路视频图像。如果系统中某一路视频图像被遮挡或丢失时，大多是这一路摄像机被人为遮挡或破坏或本身故障等，而值班人员很难在第一时间发现，这有可能会带来重大的安全隐患。但当IPC具有视频遮挡与视频丢失侦测的智能识别与预/报警功能时，值班人员则能第一时间根据声光报警去进行查看与处理，从而可消除视频图像被遮挡或丢失所造成的安全隐患。

视频变换：在一般的网络安防监控系统中，当其中某一路视频图像变换了（即不是原设定的设防点的视频图像范围）时，这多半是罪犯想对原设防点实施犯罪而移动了摄像机或摄像机受到较大的振动而移动等，值班人员在第一时间也很难发现。但当系统具有视频变换侦测感知的识别与预/报警的智能功能时，值班人员则能在第一时间根据声光报警进行查看与处理，从而可消除视频变换所造成的安全隐患。

视频模糊：在智能安防监控系统中，当侦测到其中某一路视频图像模糊，即可能是摄像机镜头被移动（即焦距丢失），而引起的原设定的视频图像模糊不清等时，即可自动启动录像、定点显示预/报警。这样，值班人员就能第一时间去进行查看与处理，以消除安全隐患。

8.4.3 传输设备

前端设备和控制中心之间有两类信号需要传输：一类是由现场把视频信号传输到控制中

心；另一类是由控制中心把控制信号传输到现场前端设备，控制镜头和云台的运动。

1. 模拟视频监控系统视频信号的传输

模拟视频监控系统视频信号的传输方式分为有线和无线方式，表8-5列出了视频信号的有线传输方式，如图8-35所示。在智能楼宇中每路视频传输的距离多为几百米，一般采用同轴电缆传输，同轴电缆应穿金属管，且应远离强电线路。同轴电缆的屏蔽网应该是高编织密度的（例如大于90%），市面上劣质的CATV同轴电缆不宜用在监视系统中。针对室外的监视点，宜采用光端机加光缆的传输方式，可提高系统的抗电磁干扰（雷电）能力。

表8-5 闭路电视系统视频信号的有线传输方式

分类	传送距离/km	传输介质	特点
视频基带	0~0.5	一般同轴电缆	比较经济，易受外界电磁干扰
视频基带	0.5~1.5	平衡对电缆	不易受外界干扰，易实现多级中继补偿放大传输，具有自动增益控制功能
视频信号调制（模拟）	0.5~20	电缆电报用同轴电缆	可实现单线多路传输，用普通电视即可接收，设备复杂
视频信号调制（模拟）	0.5以上	光缆	不受电气干扰，无中继可传10km以上

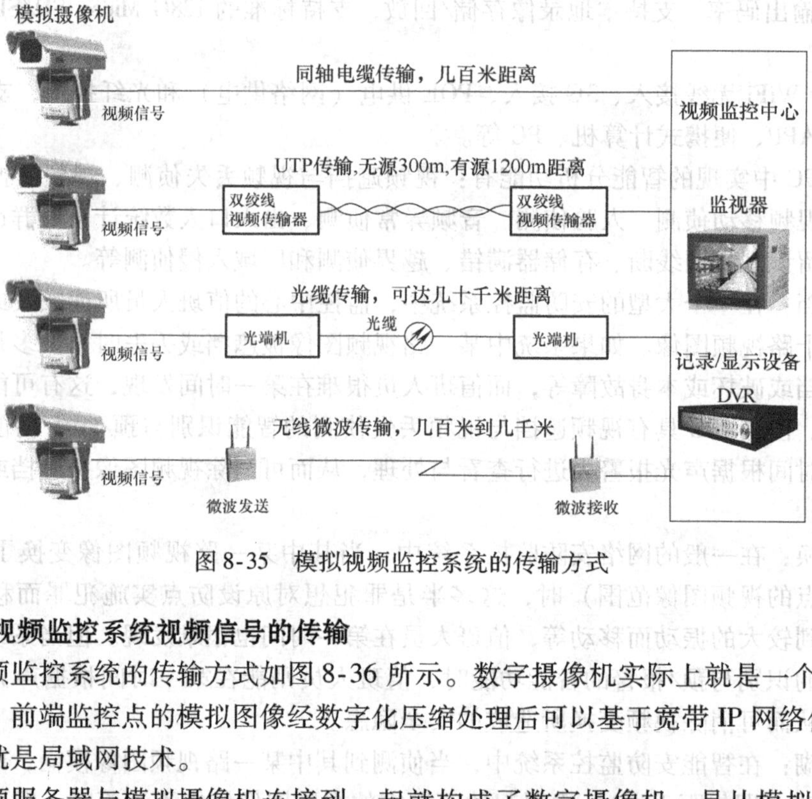

图8-35 模拟视频监控系统的传输方式

2. 数字视频监控系统视频信号的传输

数字视频监控系统的传输方式如图8-36所示。数字摄像机实际上就是一个计算机网络的终端设备，前端监控点的模拟图像经数字化压缩处理后可以基于宽带IP网络传输，因此，其传输技术就是局域网技术。

网络视频服务器与模拟摄像机连接到一起就构成了数字摄像机，是从模拟摄像机向IP摄像机过渡的一种中间产品。有些网络视频服务器带有存储功能，此类产品与带有网络功能的硬盘录像机（DVR）在功能上已经十分接近了，有逐渐融合的趋势。

3. 控制信号的传输

对数字视频监控系统而言，控制信号与视频信号是在同一个IP网传输，只是方向不同。

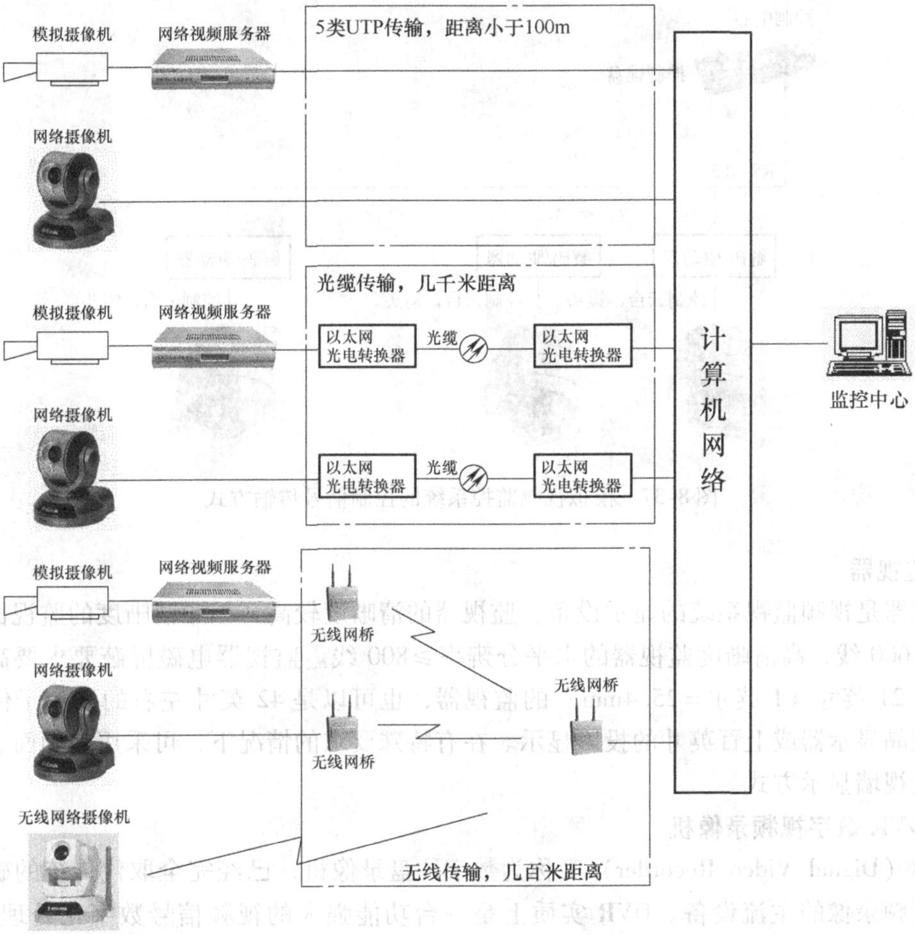

图 8-36 数字视频监控系统的传输方式

在模拟视频监控系统中，控制信号的传输一般采用如下两种方式：

(1) 通信编码间接控制 采用 RS－485 串行通信编码控制方式，用单根双绞线就可以传送多路编码控制信号，到现场后再行解码，这种方式可以传送 1km 以上，从而大大节约了线路费用。这是目前智能楼宇视频监控系统应用最多的方式，如图 8-37 所示。

(2) 同轴视控 控制信号和视频信号复用一条同轴电缆。其原理是把控制信号调制在与视频信号不同的频率范围内，然后与视频信号复合在一起传送，到现场后再分解开。这种一线多传方式随着技术的进一步发展和设备成本的降低，也是方向之一。

8.4.4 显示与记录设备

视频监视系统的显示与记录设备完成图像的显示和记录功能，以便取得证据和分析案情。显示与记录设备通常与报警系统联动，即当报警系统发现哪里出现警讯时，联动装置使显示与记录设备立即跟踪显示并记录事故现场情况。显示与记录设备主要有监视器、DVR 数字视频录像机等。

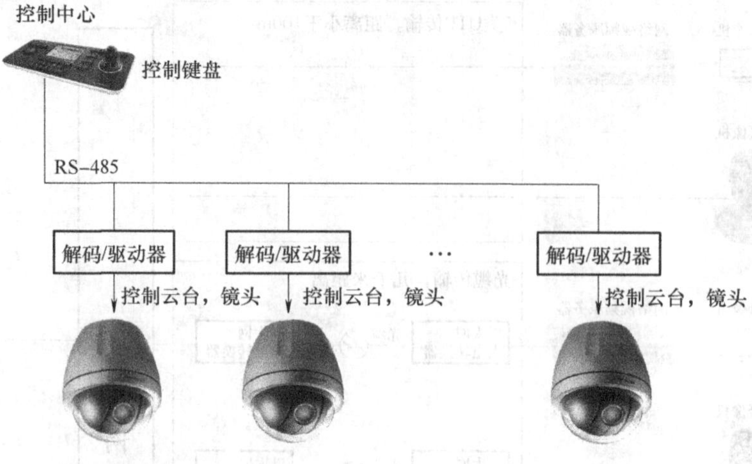

图 8-37 模拟视频监控系统的控制信号传输方式

1. 监视器

监视器是视频监视系统的显示设备，监视器的清晰度较高，如中清晰度的监视器的水平分辨率≥600 线，高清晰度监视器的水平分辨率≥800 线。监视器电磁屏蔽要求要高。一般采用 17 ~21 英寸（1 英寸 =25. 4mm）的监视器，也可以是 42 英寸左右的等离子体平板显示器、液晶显示器或上百英寸的投影显示。在有特殊要求的情况下，可采用多画面、大屏幕投影或电视墙显示方式。

2. DVR 数字视频录像机

DVR（Digital Video Recorder）又称为数字硬盘录像机，已经完全取代传统的磁带录像机成为视频录像的主流设备。DVR 实质上是一台功能强大的视频信号数字化处理计算机，如图 8-38 所示。

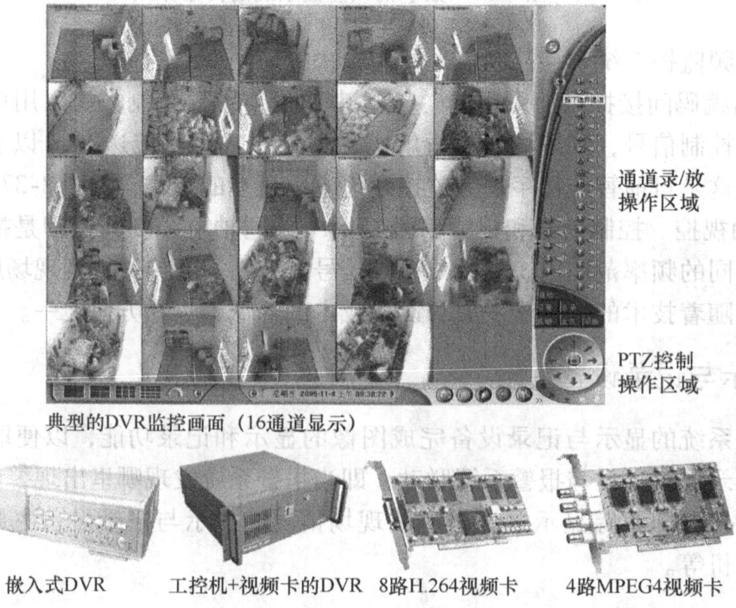

图 8-38 DVR 数字视频录像机系统

DVR 从组成结构上可划分为基于工控机加视频卡的 DVR、基于 PC 架构的嵌入式 DVR、脱离 PC 架构的嵌入式 DVR。DVR 从实现监控的路数上划分有 4~8 路的低路数 DVR、8~16 路的中路数 DVR、16~24 路及以上高路数 DVR。DVR 的功能有：

1）高速高画质录像：单主机可支持 4~24 路摄像机音视频同步高画质录像（D1，704×576，25 帧/s）。

2）图像压缩方式：采用 MPEG-4，H.264 等高压缩比算法，同时兼容多种压缩格式。录像压缩比大，数据量在 60~290MB/h。例如 500GB 硬盘容量下，16 路摄像机同时激活录像，CIF 格式的图像平均可存储 20 天。

3）智能型动态侦测、报警功能：每支摄像机均可独立设定警戒区域，对区域内的图像做数字对比，一旦有变动即触发录像和警报、播放警告音，同时自动拍照存证，并可自动远程报警、拍照图像可立即传输至远程计算机等。

4）PTZ 功能：PTZ 是 Pan/Tilt/Zoom 的简写，代表云台全方位（上下、左右）移动及镜头变倍、变焦控制。DVR 可在系统软件中直接操作摄像机云台（云台可上、下、左、右控制摄影机转动）、镜头放大缩小、焦距及光圈调整（即把图像拉近拉远，放大缩小）。控制信号通过 RS-485 传输到前端设备。

5）图像搜寻功能：回放智能检索、快进/快退/快放/慢放功能，文件列表搜寻模式、警报记录搜寻模式、指定时间搜寻模式等。自定义界面，1/4/9/16/25 路全实时显示、录像、回放。

6）多任务功能：监视、录像、回放、传输、备份可同时工作。

7）网络功能：支持局域网、互联网、电话网等方式传输实时预览，远程实时监看、远程控制录像、回放功能。

3. NVR（Net Video Recorder）网络视频录像机

NVR 是针对网络摄像机时代的需求发展起来的新一代数字视频录像机，相对于 DVR 而言，其核心优势主要体现在网络化。NVR 系统中，中心部署 NVR，监控点部署网络摄像机，监控点设备与中心 NVR 之间通过任意 IP 网络相连。监控点视频、音频以及告警信号经网络摄像机或网络视频服务器数字化处理后，以 IP 码流形式上传到 NVR，由 NVR 进行集中录像存储和管理，如图 8-39 所示。

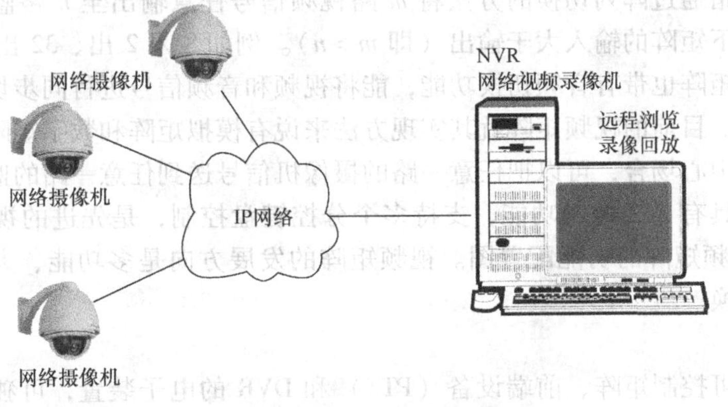

图 8-39　NVR 网络视频录像机系统

传统嵌入式 DVR 系统为模拟前端，监控点与中心 DVR 之间采用模拟方式互联，因受到传输距离以及模拟信号损失的影响，监控点的位置也存在很大的局限性，无法实现远程部署。而NVR作为全网络化架构的视频监控系统，监控点设备与NVR之间可以通过任意IP网络互联，并可在任意时间、任意地点对任意目标进行实时监控和管理。NVR在部署、应用以及管理等各个方面提供了全数字、网络化的解决方案。

NVR典型功能特性：

（1）功能集成　集成存储、解码显示、拼接控制、智能分析等多种功能于一体，一机多用，部署简单，功能齐全。

（2）稳定可靠　嵌入式软硬件设计、冗余电源、全插拔模块化设计，支持硬盘热插拔，支持RAID0、RAID1、RAID5和RAID10，充分保障系统运行稳定、维护的便捷可靠。

（3）全面高清　可支持800万像素高清网络视频的预览、存储与回放；支持640/400Mbit/s输入带宽，可接入256/128路高清网络视频。

（4）支持接驳符合ONVIF、PSIA及众多主流厂商的网络摄像机。

（5）支持多个HDMI、VGA口同时输出，且可分别预览或回放不同通道的图像。

（6）可支持多个SATA接口，每个接口单盘最大支持6TB硬盘，可选配miniSAS高速扩展接口，充分满足高清存储所需硬盘空间。

（7）多个千兆以太网口，多个千兆光口，可配置多网络IP，充分满足网络预览、回放以及备份应用。

（8）智能联动　支持IPC越界、进入区域、离开区域、区域入侵、徘徊、人员聚焦、快速移动、非法停车、物品遗留、物品拿取、音频输入异常、声强突变、虚焦以及场景变更等多种智能侦测接入与联动。

（9）应用灵活　支持IPC集中管理，包括IPC参数配置、信息的导入/导出、信息的实时获取、语音对讲和升级等功能。

8.4.5 处理与控制设备

视频安防监控系统的处理与控制设备主要有视频矩阵、控制键盘等。

1. 视频矩阵

视频矩阵是指通过阵列切换的方法将 m 路视频信号任意输出至 n 路监视设备上的电子装置，一般情况下矩阵的输入大于输出（即 $m>n$）。例如8入2出、32出4出、64入8出等。有一些视频矩阵也带有音频切换功能，能将视频和音频信号进行同步切换，这种矩阵也叫作视音频矩阵。目前的视频矩阵就其实现方法来说有模拟矩阵和数字矩阵两大类。视频矩阵一般用于监控中心场合，可以把任意一路的摄像机信号送到任意一路的监视器上显示。此外，视频矩阵还具有PTZ控制功能，支持多个分控键盘控制，是先进的视频切换器。图8-40所示是某一视频矩阵的功能配置图。视频矩阵的发展方向是多功能、大容量、可联网以及可进行远程切换。

2. 控制键盘

控制键盘是可控制矩阵、前端设备（PTZ）和DVR的电子装置，可独立使用，通常是与视频矩阵配合使用，能够进行系统控制和编程操作。它配有集成式变速摇摄/俯仰/变焦（云台）控制杆，并且采用了防泼溅设计，如图8-41所示。

控制键盘可进行用户密码输入、云台镜头控制、变速操纵杆控制变速球型摄像机、监视

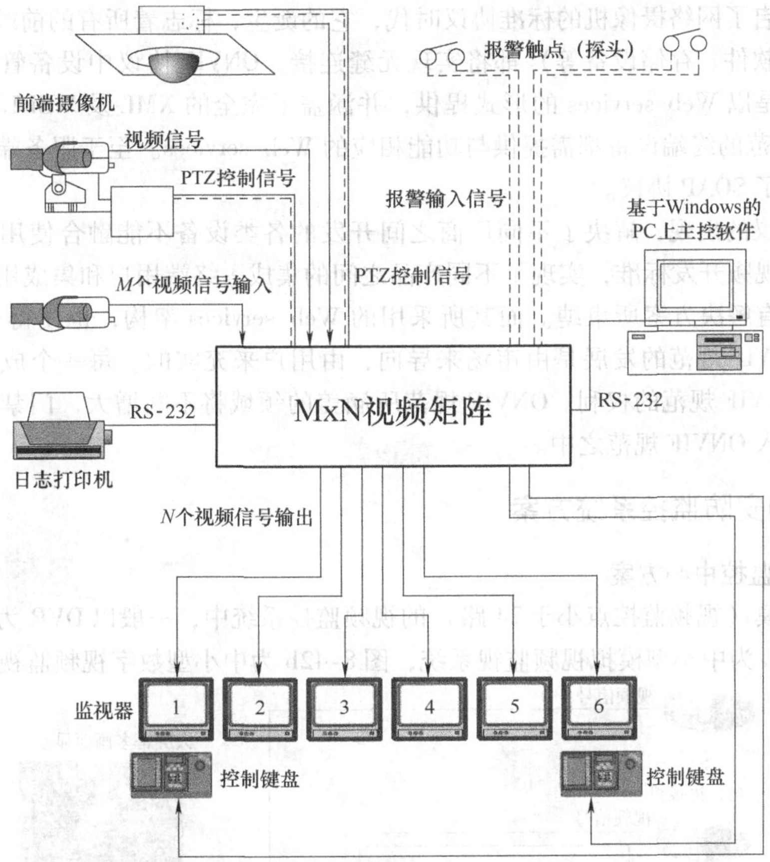

图 8-40　某一视频矩阵的功能配置图

/摄像机选择、控制 DVR、报警布防撤防报警联动设置、通过编程设定系统规模和控制范围等操作。

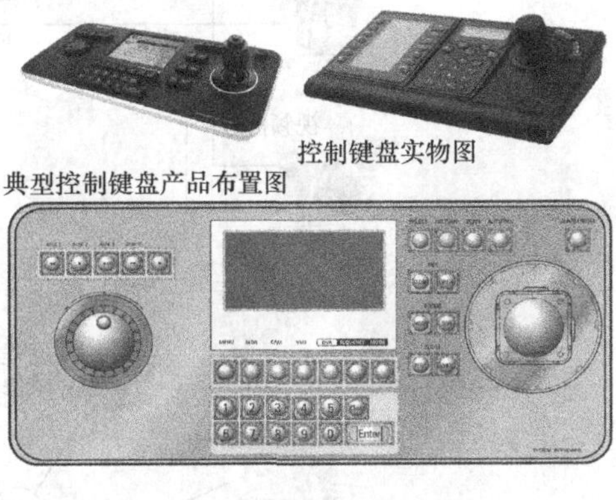

图 8-41　控制键盘实物图

8.4.6　IP 视频监控的标准 ONVIF

随着数字视频监控市场的发展，数字视频监控系统中产品与产品之间的兼容性问题越来越严峻，为视频监控系统的应用带来了严重的阻碍，因此，标准化和开放性已经成为 IP 视频监控技术的核心问题。关于 IP 视频监控的标准，国际上主要有 ONVIF、PSIA、HDCCTV 三大标准，国内则主要是 GB/T28181 标准。早于 ONVIF 成立的 PSIA，现在已基本销声匿迹，监控摄像机中，难觅其身影。而 HDCCTV 的成员相对于 ONVIF 协议成员来说少之又少，难以与之抗衡。目前 ONVIF 组织的成员占据市场 3/4的份额，已在北美、欧洲和亚洲地区拥有众多会员企业。除了三家发起公司外（安讯士、博世及索尼），佳能、松下、三星、思科、TI、海康威视、浙江大华、佳信捷、天地伟业、GE、Honeywell、Pelco、Pravis、中兴等有影响力的企业都参与到这个标准组织中。

ONVIF 开启了网络摄像机的标准协议时代，它的诞生，标志着所有的前端 IPC 设备和后端设备（平台软件、存储设备等）都将实现无缝连接。ONVIF 协议中设备管理和控制部分定义的接口均是以 Web services 的形式提供，并涵盖了完全的 XML 及 WSDL 的定义。每个支持 ONVIF 规范的终端设备都需提供与功能相应的 Web services。至于服务端与客户端的数据交互则采用了 SOAP 协议。

ONVIF 协议的出现，解决了不同厂商之间开发的各类设备不能融合使用的难题，提供了统一的网络视频开发标准，实现了不同产品之间的集成。终端用户和集成用户也不需要被某些设备的固有解决方案所束缚。而其所采用的 Web services 架构，也使得 ONVIF 协议更容易扩展。ONVIF 规范的发展是由市场来导向，由用户来充实的。每一个成员企业都拥有加强、扩充 ONVIF 规范的权利。ONVIF 规范所涵盖的领域将不断增大，门禁系统的相关内容也即将被纳入 ONVIF 规范之中。

8.4.7 视频安防监控系统方案

1. 中小型监控中心方案

在中小规模（视频监控点小于24路）的视频监控系统中，一般以 DVR 为核心来构建系统，如图 8-42a 为中小型模拟视频监视系统，图 8-42b 为中小型数字视频监视系统。

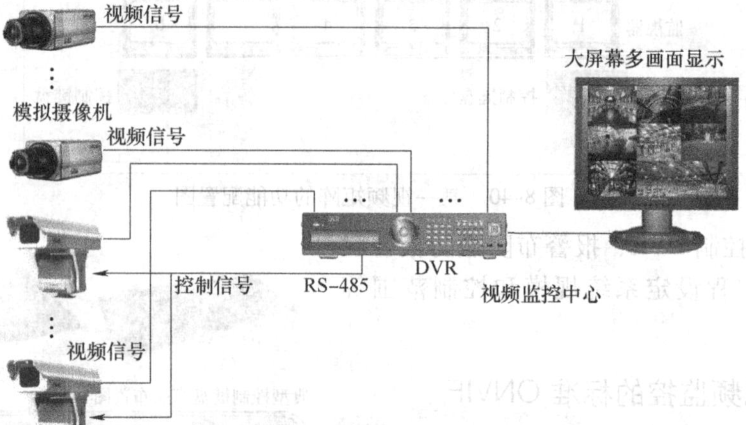

a)

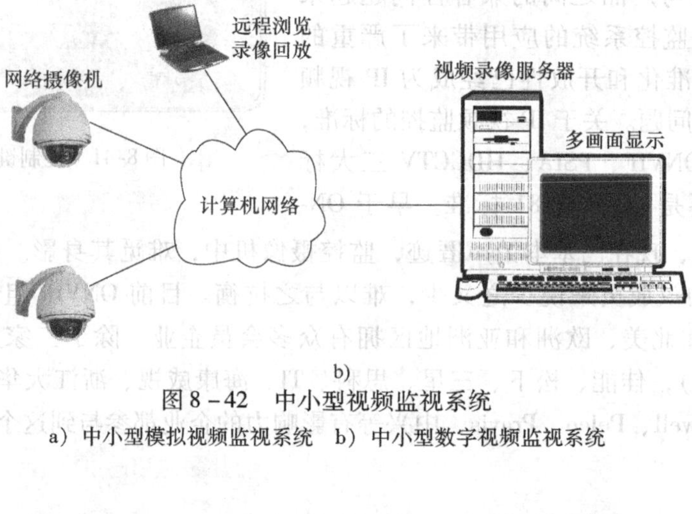

b)

图 8-42 中小型视频监视系统

a）中小型模拟视频监视系统 b）中小型数字视频监视系统

2. 大型监控中心方案

大型模拟视频监视系统如图 8-43 所示。大型数字视频监视系统如图 8-44 所示。

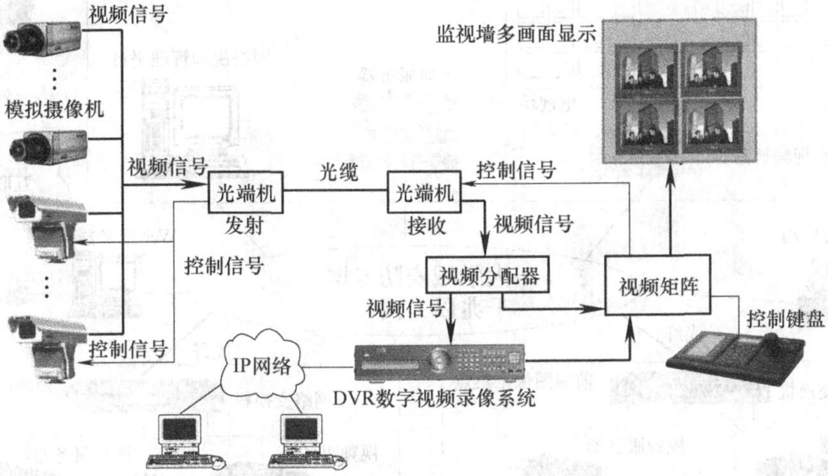

图 8-43　大型模拟视频监视系统

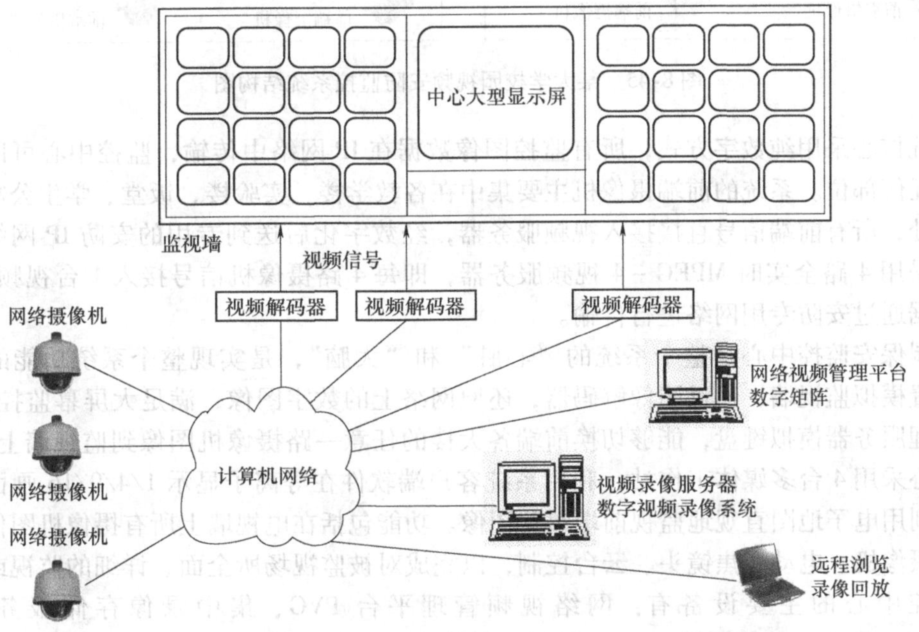

图 8-44　大型数字视频监视系统

8.4.8　大学校园视频安防监控系统案例

图 8-45 所示是某大学校园视频安防监控系统结构图。主要监视各个教学楼、实验楼、工学馆、饭堂、学生公寓、教师公寓主要出入口和走廊等。系统由前端设备（包括：摄像机、镜头、防护罩、云台等辅件辅材）、传输器材/设备、视频服器、网络交换机、视频解码器、存储服务器、中央控制管理 PC、监视墙视频显示设备、相关软件和其他辅助设备

组成。

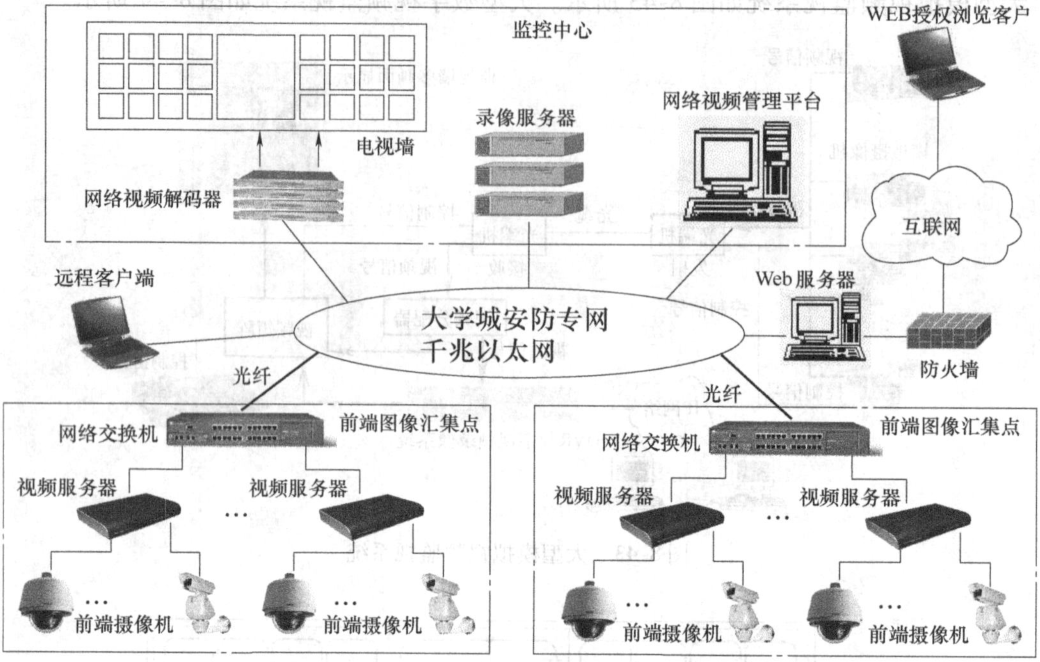

图8-45 某大学校园视频安防监控系统结构图

系统核心采用纯数字方式，所有监控图像数据在IP网络中传输，监控中心可以设置在网络的任何部位。系统的前端摄像机主要集中在各教学楼、实验楼、饭堂、学生公寓、教师公寓等处，所有前端信号直接接入视频服务器，经数字化后送到专用的安防IP网络；在本方案中采用4路全实时MPEG-4视频服务器，即每4路摄像机信号接入1台视频服务器，图像数据通过安防专用网络进行传输。

校园保安监控中心是整个系统的“心脏”和“大脑”，是实现整个系统功能的指挥中心。设置模拟监视墙，通过图像解码器，还原网络上的数字图像，满足大屏幕监控的要求，通过管理服务器模拟键盘，能够切换前端各大楼的任意一路摄像机图像到监视墙上。另外，监控中心采用4台多媒体工作站，利用系统客户端软件在等离子显示1/4/9/16画面，也可以直接利用电子地图直观地监视前端每路图像。功能包括在电视墙上所有摄像机图像信号的切换、摄像机、电动变焦镜头、云台控制，以完成对被监视场所全面、详细的监视或跟踪监视。监控中心的主要设备有：网络视频管理平台PVG、集中录像存储服务器（共5000Gbit）、Web访问服务器、24台视频解码器、24台监视器、4台42英寸等离子显示器、客户端工作站、客户端管理中心、核心交换机等。本系统也通过计算机网络与入侵报警系统实现联动控制，以形成完整的安全防范系统。

8.4.9 城市视频监控系统案例

城市视频监控系统是一个能将分散、独立的视频监控信息进行联网处理，实现跨区域的统一监控、统一管理及分级存储，满足远程监控、管理和信息传递需求的网络化视频监控业务平台。

1. 设计目标

本系统充分运用数字视频技术、模拟视频技术、通信技术、网络技术和相关系统及设备，采用实时动态监控、记录查询、分级控制、授权访问、资源共享等方式，实现对重要目标、重点单位、城际出入口、城区主干线、城区的繁华街道及重点路段、大型集贸市场、治安复杂区域、旅游点等重要部位的治安动态进行监控。并能根据地域管辖和需求，将监控图像实时传输到监控室和指挥中心，通过图像资源整合、共享，实时、清晰、直观地了解和掌握监控区域的三防、交通、社会治安动态，充分发挥电子监控和指挥网络系统在打击、预防犯罪，处置突发性事件，创建平安城市工作中的作用。

2. 系统方案

系统采用三级组网方式，以城市公安指挥中心为一级平台，公安分局、交警大队、区三防监控中心为二级平台，各派出所、街道监控中心为三级平台。留有与市应急指挥中心互联的接口，为市政府的“平安城市”提供服务。

系统信息（视频、控制信号）传输是整个系统建设的重要环节，本系统覆盖范围广，前端设备与监控中心距离长，为满足信号稳定有效地长距离传输、抗环境干扰的要求，本系统信号传输选用光纤网络。前端摄像机视频信号和控制信号分别通过视频电缆和通信控制电缆接入安装于立柱的电源箱内光端机后，通过光纤网络传输到各派出所、街道监控中心。监控点和监控中心的光缆链路采用点对点直接的方式，监控中心与指挥中心采用视频矩阵和IP网络联网的形式。

建成后的城市视频监控系统能进行多层分级联网，所有接入系统的单位都可以根据其管理权限进行远程图像的浏览、录像回放和云台镜头等的控制。

(1) 派出所监控中心　派出所监控中心方案图如图8-46所示。本监控中心除了实现对

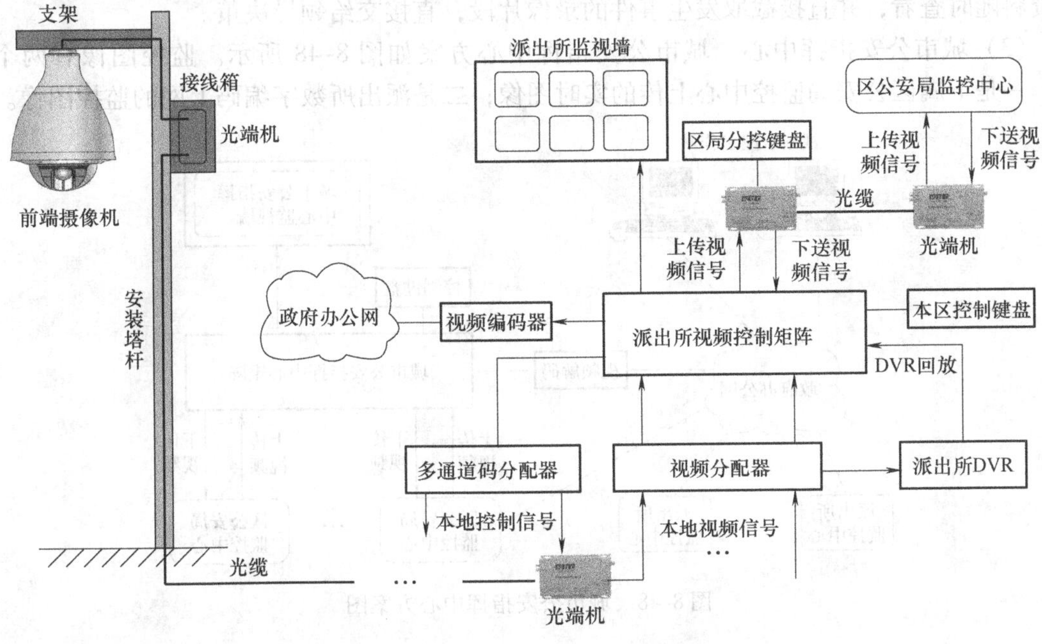

图8-46 派出所监控中心方案图

本辖区的监控外，还可通过区公安分局矩阵主机实现与边防、交警、三防、其他派出所之间的摄像机视频图像的相互调控，达到资源共享、协同作战的目的。

（2）区公安局监控中心　区公安局监控中心方案图如图8-47所示。区公安局监控中心给下属派出所、应急指挥中心、边防、交警的监控中心矩阵提供视频图像及其控制信号，各单位的授权用户通过本中心矩阵的协调监控到其他单位辖区的视频图像。视频数字编码可将接入区公安局矩阵的视频编码接入政府办公网。

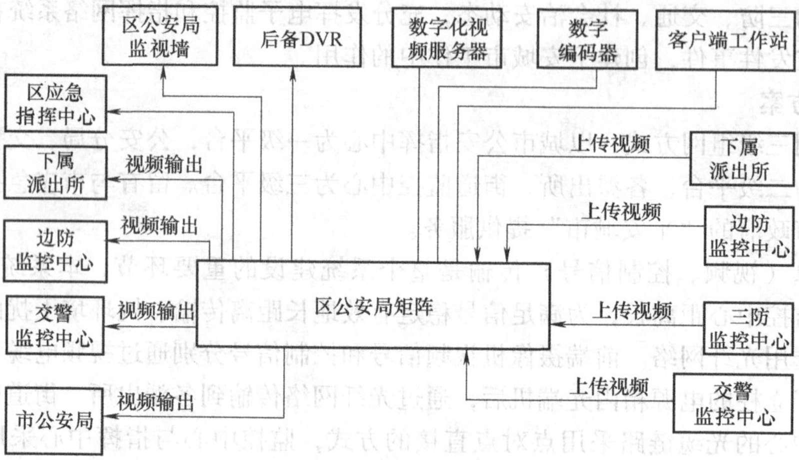

图8-47　区公安局监控中心方案图

本中心的图像均由下属派出所、边防、交警传送，而这些图像在各单位都有全天候的实时录像，所以不再重复录像，但利用DVR的网络功能，通过客户端软件可对其他单位的录像资料随时查看，并直接截取发生事件的录像片段，直接交给领导决策。

（3）城市公安指挥中心　城市公安指挥中心方案如图8-48所示。监控图像有两个来源：一是下属区公安局监控中心上传的实时图像；二是派出所数字编码上网的监控图像。

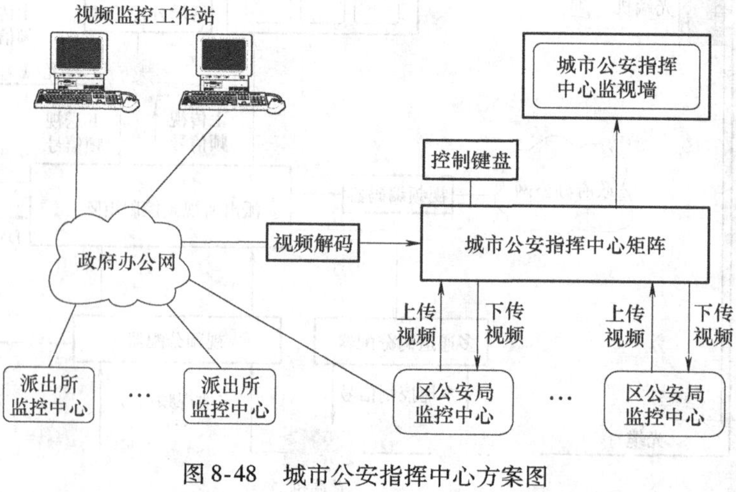

图8-48　城市公安指挥中心方案图

指挥中心配置一个控制键盘，可任意调控下属区公安局监控中心上传的实时图像输出到监视墙显视。指挥中心的监控客户端软件，通过政府办公网可以观看到每个派出所、三防、交警共享部分、边防数字编码上传的任一路摄像机的图像。

设置网络视频解码器可接入政府办公网将数字视频硬解码，输出显示到监视墙上，在紧急指挥情况下，可将其安装到现场，组成数字视频指挥平台。

复习题与思考题

1. 智能楼宇对安全防范系统有哪些具体要求？通常安全防范系统包含哪些内容？
2. 如何理解智能楼宇的安防系统是一个有功能分层的体系？
3. 门禁系统的功能是什么？有哪些组成部分？
4. 门禁系统有哪些辨识装置？它们是如何工作的？特点如何？
5. 试述停车场管理系统的工作原理。
6. 试述楼宇可视对讲系统的工作原理。
7. 通道管制系统是如何通过计算机进行管理的？
8. 防盗报警系统的功能是什么？有哪些组成部分？
9. 试述入侵探测器的种类和特点。
10. 何谓点控制入侵探测器？并举例说明。
11. 何谓线控制入侵探测器？并举例说明。
12. 何谓面控制入侵探测器？并举例说明。
13. 何谓空间控制入侵探测器？并举例说明。
14. 试述入侵探测器的选用原则。
15. 试述楼宇巡更系统的构成类型和选用原则。
16. 试述视频监控系统的组成原理及各部分的作用。
17. 第三代全数字化的网络监控方式有哪些特点？
18. 摄像机有哪些主要技术参数？如何选用？
19. 镜头有哪些主要技术参数？如何根据用途选配摄像机的镜头？
20. 云台的功能是什么？有哪些主要技术参数？
21. 镜头和云台的控制方式有哪些？有何协议标准？
22. 在视频监控系统中，有哪些常用的记录和显示装置？
23. 视频信号有哪些传输方式？特点如何？
24. 试通过一个典型的案例理解视频监控系统的功能以及它是如何实现这些功能的？
25. 试用全数字化的网络监控方式组成一个中型（有50支摄像枪输入，其中20支摄像枪为带云台的）视频监控系统。

第9章 智能楼宇的消防及联动控制技术

本章导读

对智能楼宇的安全构成最大威胁的就是火灾，建筑物一旦发生火灾，后果将不堪设想。人的生命在火灾面前是极其脆弱的，所以，在进行智能楼宇的消防系统设计时，应该将留给人们逃生的时间和逃生的环境条件放在首位。如何能做到这一点？需要更加先进的火灾探测技术，更准确可靠的早期火灾报警，更有效的能延缓火势蔓延的自动化灭火装置。

本章着重讨论如何构建智能消防系统、火灾探测技术、自动化灭火技术及与其他系统的联动控制技术。

9.1 概述

火灾是失去控制的燃烧，对人们的生命和财产的危害是巨大的。由于各种物质燃烧的机理非常复杂，客观而论就当前的消防技术而言，人类在与火灾的斗争中尚处于下风。

人们首要面对的事实是：火灾大量消耗氧气会使人窒息；许多物质燃烧时所产生的烟雾和有毒有害气体对人体有窒息、麻醉、中毒等作用；燃烧产生的大量烟雾会大大影响人的视线，使人睁不开眼，给人们逃生、救援带来困难；燃烧产生的高温通过对流、辐射会对人体灼烫伤等。

因此，在考虑消防系统设计时，必须坚持以人为本的原则。应该将留给人们逃生的时间和逃生的环境条件放在首位，智能化的消防系统应给建筑物内的人们多一些逃生的时间以及更好的逃生环境。如何能做到这一点？需要更准确可靠的早期火灾探测和报警、更有效的能延缓火势蔓延的自动灭火装置。

对智能化建筑的消防系统设计应立足于防范于未然，在尽量选用阻燃型的建筑装修材料的同时，其照明与配电系统、机电设备的控制系统等强电系统必须符合消防要求。再有就是建立起一个能准确探测各类火情，快速报警，并迅速将火势扑灭在起始状态的智能消防系统。当然，这一切要建立在该建筑物大量采用优良的防火建材基础之上。

9.1.1 智能楼宇对消防系统的要求

智能楼宇多以高层和超高层建筑为主，且多为高级宾馆和高级办公大楼，对消防系统的要求很高。智能楼宇应具有对火灾事故的应急及长效的安全技术保障体系，即火灾自动报警系统和应急联动系统。

本章所叙述的内容偏向于智能消防系统中火灾检测和应急联动控制部分，它综合应用了自动检测技术、现代电子工程技术及计算机技术等高新技术。火灾检测技术可以准确可靠地探测到火险所处的位置，自动发出警报，计算机接收到火情信息后自动进行火情信息处理，并据此对整个建筑内的消防设备、配电、照明、广播以及电梯等装置进行联动控制。火灾自动报警系统应符合下列要求：

1）建筑物内的主要场所宜选择智能型火灾探测器；在单一型火灾探测器不能有效探测火灾的场所，可采用复合型火灾探测器；在一些特殊部位及高大空间场所宜选用具有预警功能的线型光纤感温探测器或空气采样烟雾探测器等。

2）对于重要的建筑物，火灾自动报警系统的主机宜设有热备份，当系统的主用主机出现故障时，备份主机能及时投入运行，以提高系统的安全性、可靠性。

3）应配置带有汉化操作的界面，操作软件的配置应简单易操作。

4）应预留与 BAS 的数据通信接口，接口界面的各项技术指标均应符合相关要求。

5）应与安全技术防范系统实现互联，可实现安全技术防范系统作为火灾自动报警系统有效的辅助手段。在发生火灾情况下，视频安防监控系统可自动将显示内容切换成火警现场图像供消防监控中心室控制机房确认并记录，在线式电子巡查系统的巡查点可作为火灾手动报警的备份。

6）消防监控中心机房宜单独设置，当与 BAS 和安全技术防范系统等合用控制室时，各系统设备应占有独立的工作区，且相互间不会产生干扰。火灾自动报警系统的主机及与消防联动控制系统设备均应设在其中相对独立的空间内。

7）应符合现行国家标准《火灾自动报警系统设计规范》GB 50116 等的有关规定。

8）因火灾自动报警系统的特殊性要求，BAS 应能对火灾自动报警系统进行监视，但不作控制。

火灾自动报警系统的设计工作应遵循安全第一、预防为主的原则，应严格保证系统及设备的可靠性，避免误报。同时系统应具有先进性和适用性。

9.1.2 智能楼宇消防系统的构成

一个完整的消防体系构成如图 9-1 所示，由火灾自动报警设备、灭火设备及避难诱导设备组成。消防体系中的核心应该是火灾自动报警系统，由火灾探测、报警控制和联动控制三部分组成，如图 9-2 所示。

（1）火灾探测与报警系统　它主要由火灾探测器和报警控制器等组成。火灾探测器是火灾自动报警系统的核心技术，传统火灾自动报警系统与智能型火灾报警系统之间的区别就在于探测器本身的性能。

（2）报警、疏散与监视系统　由紧急广播系统（平时为背景音乐系统）、事故照明系统以及避难诱导灯等组成。

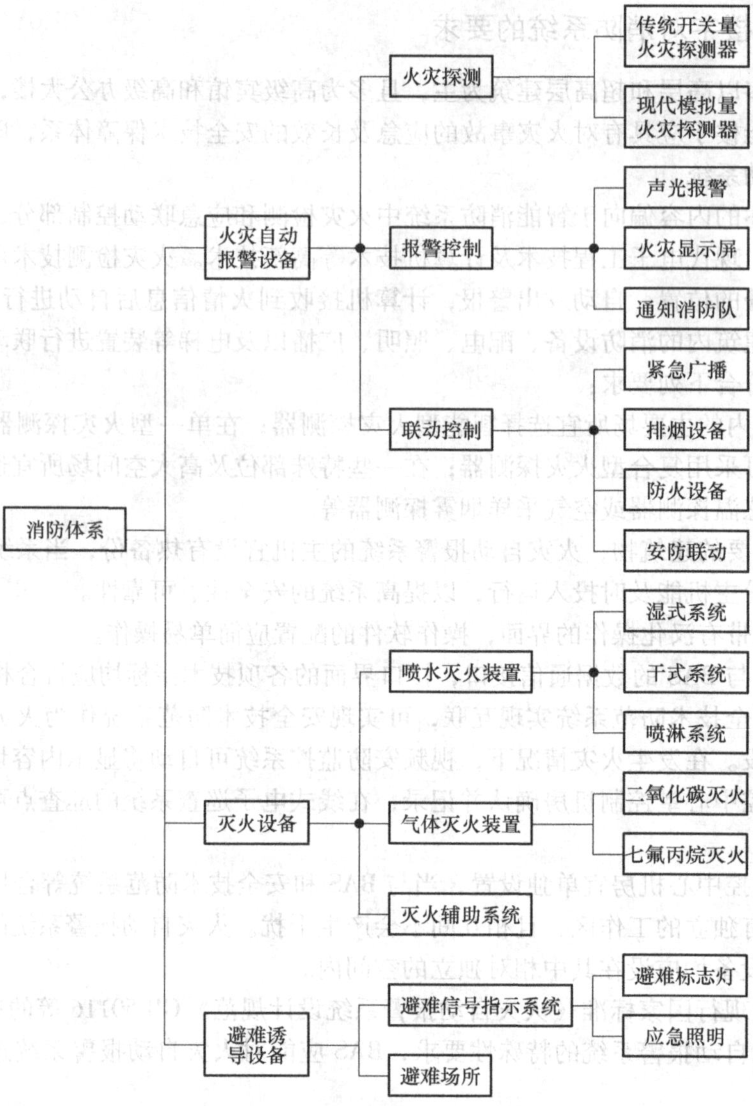

图9-1 消防体系构成

（3）灭火控制系统　由自动喷洒装置，气体灭火控制装置、喷水灭火控制装置等构成。

（4）防排烟控制系统　主要实现对防火门、防火阀、排烟口、防火卷帘、排烟风机、防烟垂壁等设备的控制。

需要特别指出的是，消防系统的供电属于一级用电负荷，消防供电应确保是高可靠性的不间断供电。为做到万无一失，还应有一组备用电源作为消防供电的保障。

9.1.3 智能楼宇消防系统的基本工作原理

智能楼宇消防系统的基本工作原理是：当某区域出火灾时，该区域的火灾探测器探测到火灾信号，输入到区域报警控制器，再由集中报警控制器送到消防控制中心，控制中心判断了火灾的位置后立即向当地消防部队发出119火警，同时打开自动喷洒装置、气体或液体灭

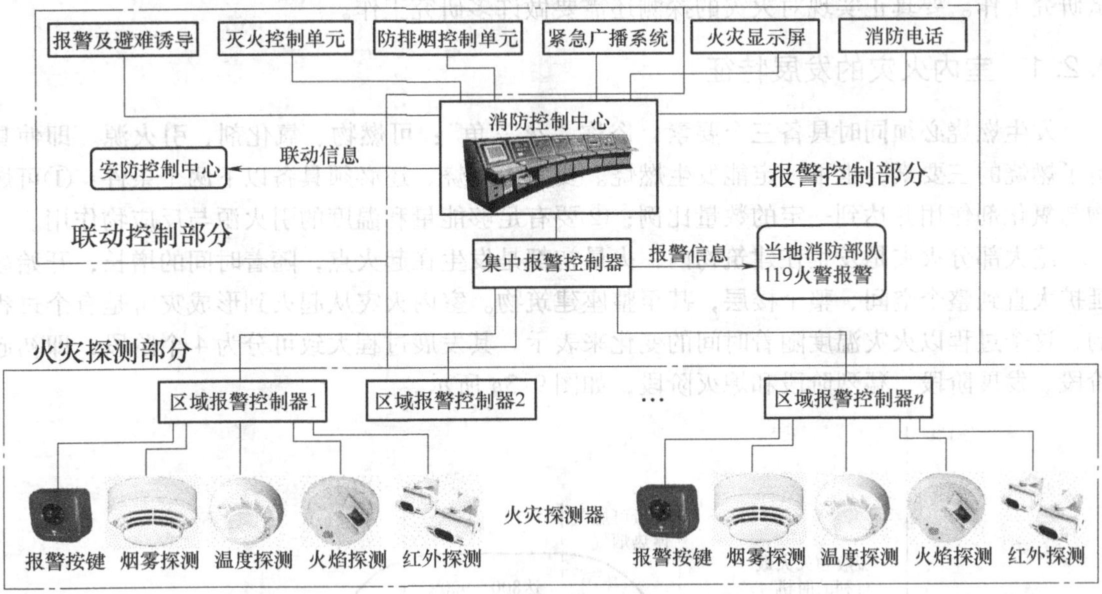

图 9-2　火灾自动报警系统的构成

火器进行自动灭火。与此同时，紧急广播发出火灾报警广播，照明和避难诱导灯亮，引导人员疏散。此外，还可起动防火门、防火阀、排烟门、卷闸、排烟风机等进行隔离和排烟等。

9.2　火灾探测器

火灾探测器是能感知火灾发生时物质燃烧过程中所产生的各种理化现象，并据此判别火灾而发出警报信号的器件。严格意义上的火灾探测器是具有人工智能的，因为判别正常的燃烧与火灾是相对于人的控制能力而言的。在人的控制范围内的燃烧是有用的火，超出人的控制范围内的燃烧才是火灾。目前的火灾探测器实际上是“燃烧探测器”，是通过检测燃烧过程中所产生的种种物理或化学现象来探测燃烧现象。

正是由于上述原因，当前的火灾探测器在实际应用中存在漏报、误报和迟报的现象，把火灾当成了火就发生漏报，把火当成了火灾就发生误报，火灾发生已经到了发展阶段才报警就是迟报。这三种现象直接反映了火灾探测器的可靠性。火灾自动报警系统的漏报、误报和迟报都会造成不可预计的严重后果。因此，增强火灾探测器的可靠性是现代火灾探测报警技术的根本目标。

人们对于火灾探测器期望在于：首先要求能早期发现火灾，其次是消除误报和降低成本。智能型火灾探测器是一个发展方向。与传统的阈值型火灾探测器不同，智能型火灾探测器从火灾不同现象采集大量的火灾过程数据，再运用各类人工智能数据处理方法，从这些数据中寻出多样的报警和诊断判据，辨别虚假或真实火警，判断其发展程度。这种火灾探测器意味着具有较高“智能”，可望能大幅度提高其可靠性。

应当指出，要真正实现火灾探测器研究的突破，需要人们对真正的火灾过程有深入的掌握，因为火灾不同于火，不同于受控的燃烧。需要建立一个能模拟火灾的实验室来验证和测试研究工作。要真正实现对火灾的探测还需要做许多研究工作。

9.2.1 室内火灾的发展特征

发生燃烧必须同时具备三个要素，俗称“火三角”：可燃物、氧化剂、引火源。即使具备了燃烧的三要素，也不一定能发生燃烧。要发生燃烧，还必须具备以下两个条件：①可燃物与氧化剂作用并达到一定的数量比例；②要有足够能量和温度的引火源与反应物作用。

绝大部分火灾是发生在建筑物内，火最初都是发生在起火点，随着时间的增长，开始蔓延扩大直到整个空间、整个楼层，甚至整座建筑物。室内火灾从起火到形成灾害是有个过程的，这个过程以火灾温度随着时间的变化来表示。其发展过程大致可分为4个阶段，即初起阶段、发展阶段、猛烈阶段和熄灭阶段，如图9-3a所示。

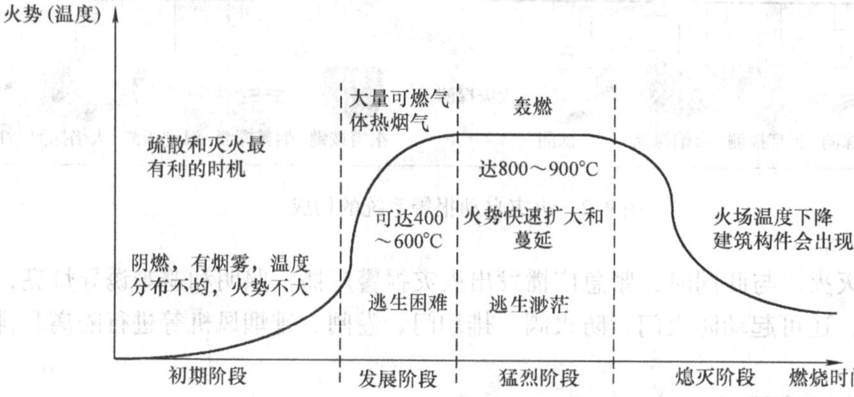

a) 室内火灾发展特征曲线

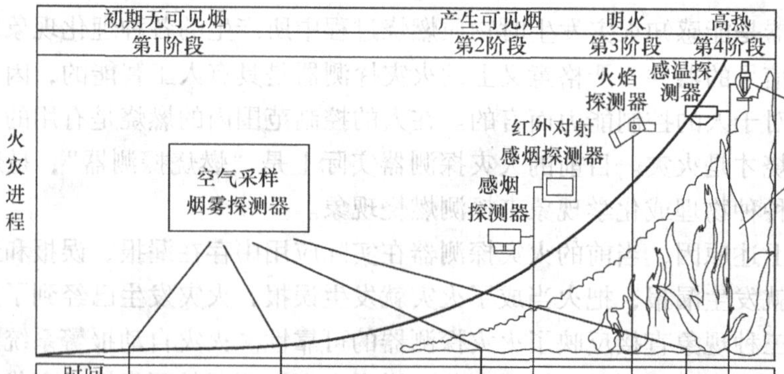

b) 各种火灾探测器发应时间示意图

图9-3 室内火灾发展特征和火灾探测器发应时间示意图

1. 初起阶段

火灾初起阶段是从某一点或某件物品开始的，着火范围很小，燃烧产生的热量较小，烟气较少且流动速度很慢，火焰不大，辐射出的热量也不多，靠近火点的物品开始受热，气体对流，温度开始上升。此阶段的持续时间长短不同：如果起火物是易燃物质（如汽油、棉花类）则初起阶段持续时间短，约为几分钟；如果是烟头在沙发上阴燃到有火焰燃烧，则持续时间长，可达几十分钟。

火灾初起阶段如果能及时发现，是人员安全疏散和灭火最有利的时机，用较少的人力和简易灭火器材就能将火扑灭。此阶段的任何失策都会导致不良后果。比如，漏报警、灭火方法不当、不及时提醒和组织在场人员撤离等，都会错过有利的短暂时机，使火势得以扩大到发展阶段。因此，智能楼宇消防系统的火灾探测和报警装置的重点应在此阶段，在初起阶段准确探测到火灾发生，不能漏报警，以利将火灾事故消灭在初起阶段。

2. 发展阶段

发展阶段是指从起火点引燃周围可燃物到轰燃之间的过程。火焰由局部向周围物质蔓延、燃烧面积不断扩大，周围物品受热分解出大量可燃气体，从而加剧火势，热气对流加强，辐射热流强度也增大。热烟载热又很快传给周围物品，房间内温度上升很快，可达400～600℃。这个阶段持续时间长短主要取决于可燃物的数量、燃烧性能以及通风条件。如果可燃物数量多、物质燃烧速度快，且通风良好，则持续时间较短，约5～10min。发生轰燃后就进入猛烈阶段。

在此阶段，载温达500℃的热烟气不仅加速了火灾的蔓延，而且很不利于人员疏散，直接威胁人员的生命安全，必须投入较多的人力、物力才能扑灭火灾。此阶段如果公安消防队赶不到火场，火势将很快转入猛烈燃烧阶段。

3. 猛烈阶段

猛烈阶段是指从轰燃发生后到火灾衰减之前的过程。所谓轰燃现象是指房间内的所有可燃物几乎瞬间全部起火燃烧，火灾面积扩大到整个房间，火焰辐射热量最多，房间温度上升并达到最高点，整体温度可达800～900℃。火焰和热烟气通过开口和受到破坏的结构开裂处向走廊或其他房间蔓延。建筑物的不燃材料和结构的机械强度大大下降，甚至发生变形和倒塌。此阶段的重要特点之一是火势快速向外扩大和蔓延。持续的时间取决于建筑结构和可燃物的数量。

这个阶段，如果火场有被困人员，则救人的难度非常大，不仅需要很多的人力和器材扑救火灾，而且还需要用相当多的力量堵截控制火势以保护起火房间周围的建筑物，防止火势进一步扩大蔓延。

4. 熄灭阶段

熄灭阶段是指从火灾衰减到燃烧熄灭的过程。该阶段的前期，火灾仍然猛烈。火势被控制以后，可燃物数量逐渐减少，火场温度开始下降。由于燃烧时间长，建筑构件会出现变形或倒塌破坏现象。

由上述火灾发展阶段来看，初起阶段的火灾由于燃烧速度慢，火焰小，燃烧面积小，易于扑灭和控制。因此，尽早发现起火，立即采取措施扑灭，同时报警，组织在场人员迅速疏散是消防安全的关键。

目前，工程中应用的火灾探测器实际上是“燃烧探测器”，是通过检测燃烧过程中所产生的种种物理或化学现象来探测燃烧现象。正是由于上述原因，当前的各种火灾探测器在实际应用中均有一个“发应时间”，如图9-3b所示。早期火灾探测的主要手段是空气采样探测和烟雾探测。

9.2.2 火灾探测器的分类

火灾发生时，会产生出烟雾、高温、火光以及可燃性气体等理化现象，火灾探测器按其探测火灾不同的理化现象可分为：感烟探测器、感温探测器、感光探测器、可燃性气体探测器等，如图9-4所示。按探测器结构可分为点型和线型。按探测器输出信号类型可分为阈值开关量和参数模拟量两类。火灾探测器应用分类表如表9-1所示。

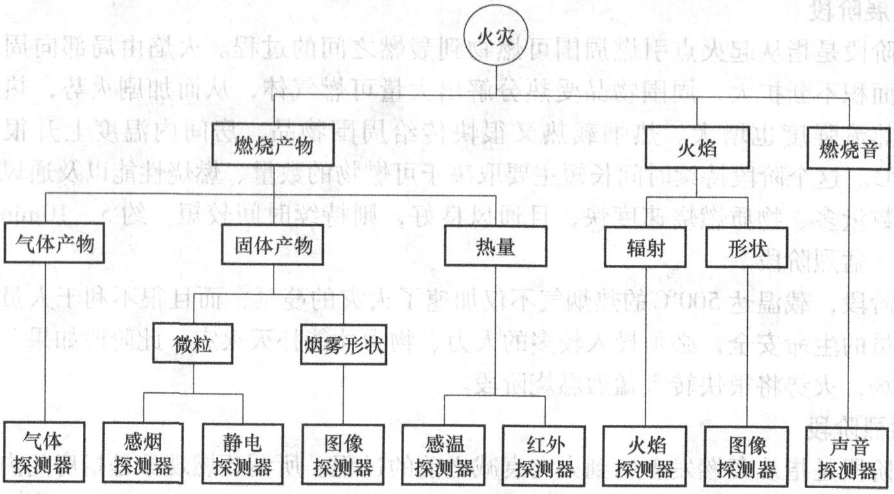

图9-4 火灾探测器的原理分类

（1）线型火灾探测器 这是一种响应某一连续线路周围的火灾参数的火灾探测器，其连续线路可以是“硬”的，也可以是“软”的。如空气管线型差温火灾探测器，是由一条细长的铜管或不锈钢管构成“硬”的连续线路。又如红外光束线型感烟火灾探测器，是由发射器和接受器二者中间的红外光束构成“软”的连续线路。

（2）点型探测器 这是一种响应某一点周围的火灾参数的火灾探测器。大多数火灾探测器，属于点型火灾探测器。

（3）感温火灾探测器 这是一种响应异常温度、温升速率和温差的火灾探测器。

（4）感烟火灾探测器 这是一种响应燃烧或热解产生的固体或液体微粒的火灾探测器。

（5）感光火灾探测器 感光火灾探测器又称为火焰探测器。这是一种响应火焰辐射出的红外、紫外、可见光的火灾探测器，主要有红外火焰型和紫外火焰型两种。

（6）气体火灾探测器 这是一种响应燃烧或热解产生的气体的火灾探测器。

（7）复合式火灾探测器 这是一种响应两种以上火灾参数的火灾探测器。主要有感温感烟火灾探测器、感光感烟火灾探测器、感光感温火灾探测器等。

（8）火灾探测器的发展 有通过图像识辨技术的机器人视觉型火灾探测器；有通过对温度变化的模式与火灾特征的比对等处理的智能型火灾探测器；还有应用人工智能原理和数据融合技术对多种数据进行分析处理的新型智能火灾探测器。

表 9-1 火灾探测器应用分类表

感烟探测器	离子感烟型		
	光电感烟型	线型	红外光束型
			激光型
		点型	散射型
			逆光型
感温探测器	线型	差温 定温	管型
			电缆型
			半导体型
	点型	差温 定温 差定温	双金属型
			膜盒型
			易熔金属型
			半导体型
感光探测器型	紫外光型		
	红外光型		
可燃性气体探测器型	催化型		
	半导体型		
复合式火灾探测器型	感温感烟、感光感烟、感光感温等		

9.2.3 火灾探测器的系统组成方式

往往需要在一个区域安装多个火灾探测器来组成一个无盲区的探测网，这就涉及众多火灾探测器如何连接到火灾控制器组成一个火灾探测系统的组成方式问题。火灾探测器与控制器的接线方式有多线制和总线制两种方式。

1. 多线制系统的结构

多线制系统的特点是火灾控制器采用信号巡检且火灾探测器和火灾控制器之间采用硬线对应连接关系，如图 9-5 所示。多线制系统由于设计、施工和维护复杂，已逐步被淘汰。

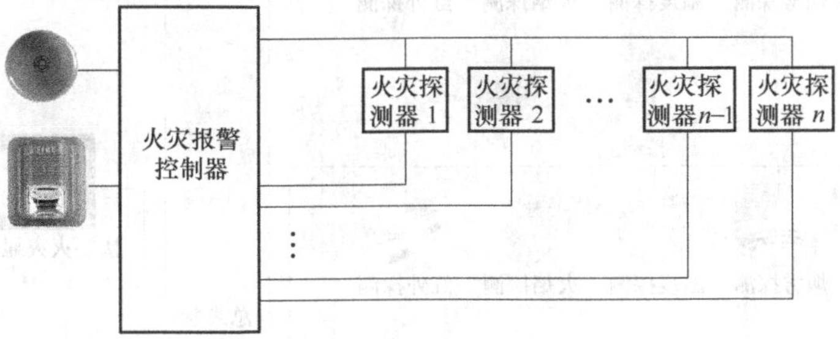

图 9-5 多线制系统的结构

2. 总线制系统的结构

总线制方式使用数字脉冲信号巡检和信息压缩传输，采用编码及译码逻辑电路来实现探测器与控制器的协议通信，大大减少了总线数，工程布线变得非常灵活，并形成支状和环状两种典型布线结构。二总线制和四总线制是常用的两种总线制，如图9-6所示。探测器与控制器、功能模块与控制器之间都采用总线连接，称为全总线制，可模块联动或硬线联动消防设备，抗干扰能力强，误报率低，系统总功耗小。

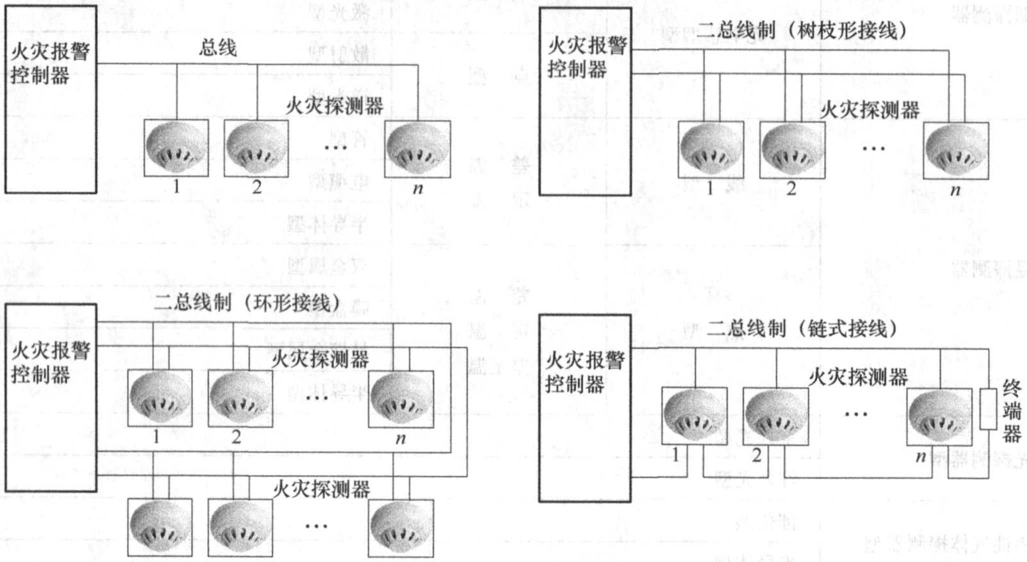

图9-6 总线制系统的结构

3. 区域火灾自动报警系统的结构

区域火灾自动报警系统的结构一般采用总线制和通用控制器，如图9-7所示。特点是火灾探测器仅完成火灾参数的有效采集、变换和传输，控制器采用计算机技术实现火灾信号识别、数据集中处理储存、系统巡检、报警灵敏度调整、火灾判定和消防设备联动等功能，并配以区域显示器完成分区声光报警，可以满足智能楼宇的分区火灾自动报警需求。

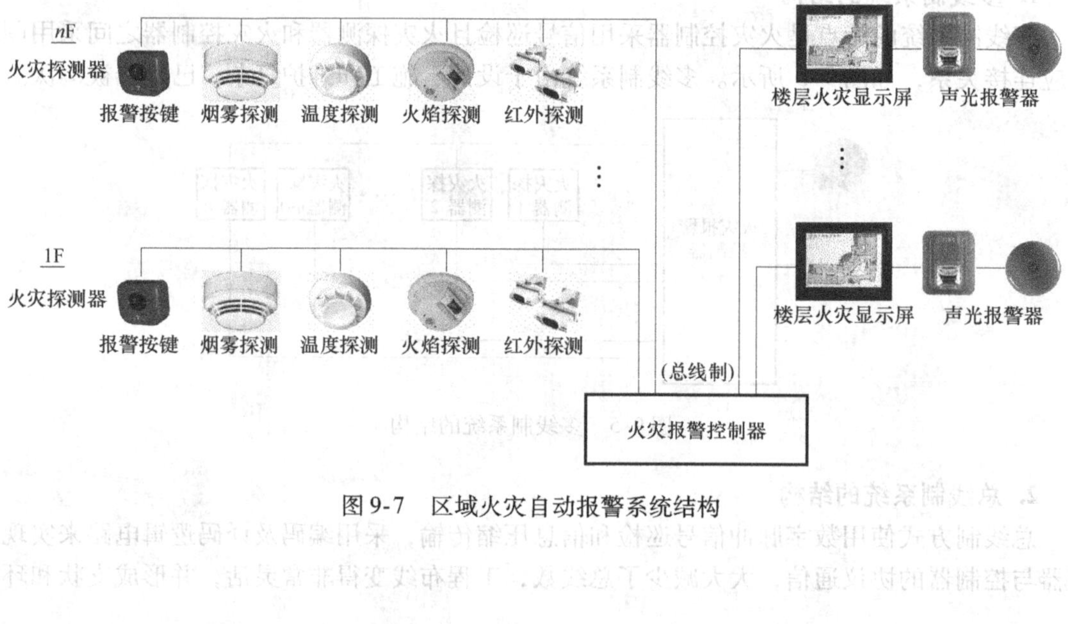

图9-7 区域火灾自动报警系统结构

9.2.4　常用火灾探测器

1. 感烟式探测器

这是一种能探测物质燃烧所产生的气溶胶或烟雾粒子浓度的探测器。可分为根据散射光、透射光原理工作的光电感烟探测器和电离原理工作的离子感烟探测器，是一种点型火灾探测器。图9-8所示是一些感烟式探测器实物图。

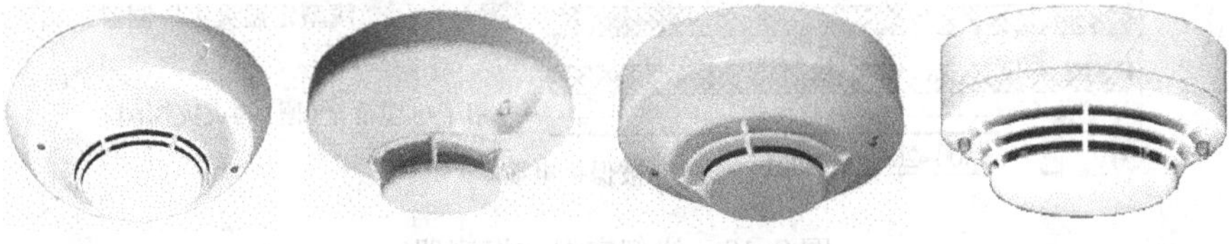

图9-8　感烟式探测器实物图

在火灾的初期，由于温度较低，物质多处于阴燃阶段，所以在起火点的附近会产生大量的烟雾和少量的热，很少或没有火焰辐射。所以大多数的场所都选用感烟火灾探测器，为“早期发现”探测器。

2. 感温式探测器

物质在燃烧过程中释放出大量的热，使环境温度升高，通过检测环境温度及其变化量可以探测火灾发生。与感烟及其他类型探测器相比，其可靠性高但灵敏度略低，反应时间滞后，不太适宜早期火灾的探测。由于热敏元件种类繁多，因而按其感热效果和结构型式可分为点型、线型两大类。点型又分成定温、差温、差定温三种。线型又分为缆式定温和空气管差温两种。将差温和定温火灾探测器有机组合的差定温探测器是一种常用的复合型火灾探测器。而采用热敏电阻作温度检测元件的电子式差定温探测器是目前的主流，如图9-9所示。

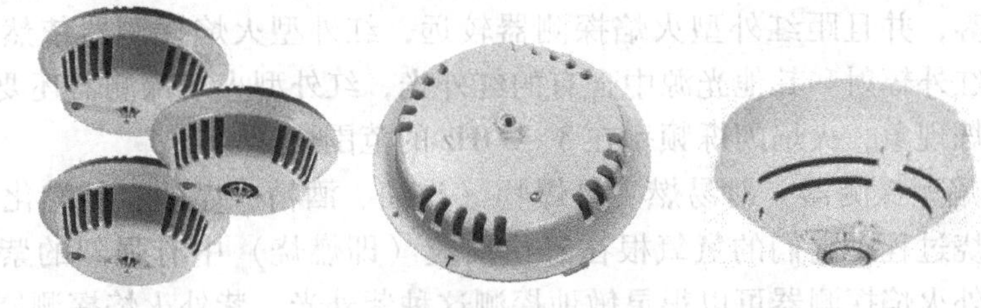

图9-9　感温式探测器实物图

（1）点型定温式探测器　定温式探测器是在规定时间内，火灾引起的环境温度达到或超过预定值时便产生报警信号。可利用双金属片、易熔金属、热电偶、热敏电阻等热敏元件。

（2）线型定温式探测器　线型定温火灾探测器的温度检测元件是感温电缆，如图9-10所示，其导线外层覆盖负温度系数热敏绝缘材料，相互绞合后外加护套形成线缆，能够对沿着其安装长度范围内任意一点的温度变化进行探测。

线型感温电缆探测范围大，灵敏性高，具有优越的环境干扰抵御能力，在湿度大、粉尘大、腐蚀性强的环境下仍能可靠地工作，广泛应用在各种工业环境中。适宜保护电缆隧道等工业建筑或特殊的应用场所。

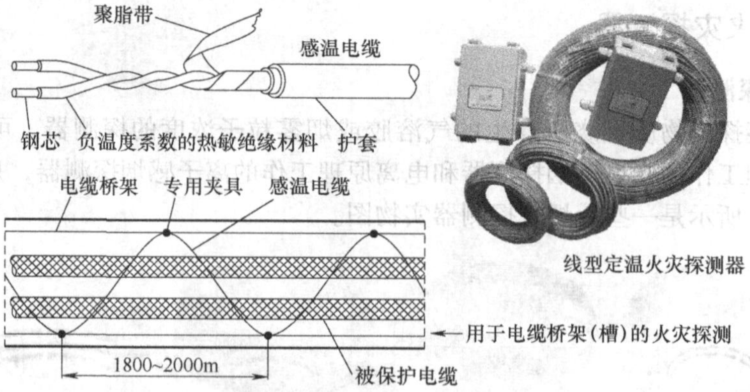

图9-10 线型定温式探测器

（3）差温式探测器 差温式探测器是在规定时间内，环境温度上升速率超过预定值时报警响应。它也有线型和点型两种结构。线型是根据广泛的热效应而动作的，主要感温器件有按探测面积蛇形连续布置的空气管、分布式连接的热电偶、热敏电阻等。点型则是根据局部的热效应而动作的，主要感温器件是空气膜盒、热敏电阻等。

（4）差定温式探测器 顾名思义，这种探测器结合了定温和差温两种工作原理，并将两者组合在一起。差定温式探测器一般多为膜盒式或热敏电阻等点型的组合式感温探测器。

3. 感光式火灾探测器

感光式火灾探测器又称火焰探测器，主要对火焰辐射出的红外、紫外、可见光予以响应。常用的有红外火焰型和紫外火焰型。

（1）红外火焰型探测器 红外火焰型探测器是利用火焰的红外辐射和闪烁现象来探测火灾。红外光的波长较长，烟雾粒子对其吸收和衰减远比紫外光及可见光弱。所以，即使火灾现场有大量烟雾，并且距红外型火焰探测器较远，红外型火焰探测器依然能接收到红外光。为区别背景红外辐射和其他光源中含有的红外光，红外型火焰探测器还要能够识别火焰所特有的明暗闪烁现象，火焰闪烁频率在3～30Hz的范围。

（2）紫外火焰型探测器 对易燃、易爆物（汽油、酒精、煤油、易燃化工原料等）引发的燃烧，在燃烧过程中它们的氢氧根在氧化反应（即燃烧）中有强烈的紫外光辐射。在这种场合下，紫外火焰探测器可以很灵敏地探测这种紫外光。紫外火焰探测器的检测元件是紫外光敏管。

（3）红外紫外复合式火焰探测器 这是结合了红外和紫外两种火焰探测原理，并将两者复合在一起的组合探测器。

4. 可燃气体探测器

可燃气体探测器是对单一或多种可燃气体浓度响应的探测器。对可燃性气体可能泄漏的危险场所应安装可燃气体探测器，这样可以更好地杜绝一些重大火灾的发生。可燃气体探测器有催化型和半导体型两种。

催化型可燃气体探测器是利用难熔金属铂丝加热后的电阻变化来测定可燃气体浓度。当可燃气体进入探测器时，在铂丝表面引起氧化反应（无焰燃烧），其产生的热量使铂丝的温度升高，铂丝的电阻率便发生变化。

半导体可燃气体探测器采用灵敏度较高的气敏半导体元件，它在工作状态时，遇到可燃气体，半导体电阻下降，下降值与可燃气体浓度有对应关系。

5. 火灾探测器的发展

（1）多参量多判据复合探测技术　现代火灾探测器发展的一个方向是多参量多判据技术，多个传感器从火灾不同现象获得多个信号，并从这些信号寻出多样的报警和诊断判据。例如，探测器中装有3只传感器：光学、热敏和化学传感器。所有传感器信号均通过内部评估电子元件进行连续地分析，并相互链接。传感器之间的链接意味着此组合型探测器可适用于正常工作会产生薄烟、蒸汽或灰尘的环境中。只有当信号组合与在编程期间选定的安装位置特征图相对应时，报警才会被自动触发。这可防止误报，进一步提升了安防级别。此外，还具有火灾的时间曲线分析和传感器故障检测功能，从而提高了每个传感器检测的可靠性，如图9-11a所示。

光学/热敏/化学多传感器探测器　　四合一智能探测器（集语音/闪灯）

a) 新型智能化火灾探测器

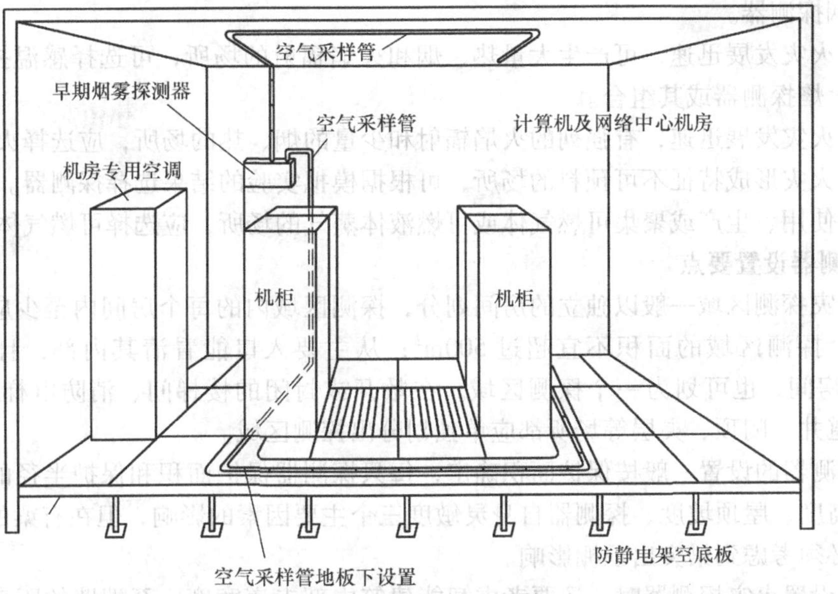

b) 空气采样感烟探测技术应用于机房早期火灾探测

图9-11　火灾探测器的发展

（2）空气采样感烟探测技术　这是一种通过管道抽取被保护空间的空气样本到中心检测室，以监视被保护空间内烟雾存在与否的火灾探测器。该技术在探测方式上，突破被动式感知火灾烟气、温度和火焰等参数特性的传统，跳跃到主动进行空气采样，快速、动态地识别和判断可燃物质受热分解或燃烧释放到空气中的各种聚合物分子和烟粒子，具有很高的灵敏度，用于早期火灾智能预警，如图9-11b所示。

由于火灾发生时空气中的CO含量变化早于烟雾和火焰的生成，如增加对空气样本CO含量的检测，其灵敏度更高，并能提供甚早期火灾探测。

（3）多功能复合探测器　将多种探测与报警功能复合在一体，内置CPU分析数据，真正分布智能，是一个发展趋势。例如四合一智能探测器包括：双光电烟温复合探测器带声音、语音及闪灯报警。内置CPU分析数据，将报警摘要、探测器参数及受污染程度等信息存储在探测器数据库中，以便随时查阅。主机瘫痪时，探测器仍能准确报警，每个探测器可选择探测、闪灯、发声和语音4种功能形式的不同组合，同时还具备同步发送警报的功能，语音报警支持多国语言，如普通话、英语等，适合不同地区以及各种场所使用，每一个探测器的各种警报功能均可独立设置，而且共用一个地址。如图9-11a所示。

（4）多探测器协同探测　每一只探测器在进行其模拟量报警判定时，要参照其相邻探测器的读数，可用于抑制某些误报现象，并对真实的火灾做出较快的响应。

9.2.5　火灾探测器的选用及设置

1. 火灾探测器的选用

火灾探测器的选择应符合下列要求：

1）对火灾初期有阴燃阶段，产生大量的烟和少量的热，很少或没有火陷辐射的场所，应选择感烟探测器。

2）对火灾发展迅速，可产生大量热、烟和火焰辐射的场所，可选择感温探测器、感烟探测器、火焰探测器或其组合。

3）对火灾发展迅速，有强列的火焰辐射和少量的烟、热的场所，应选择火焰探测器。

4）对火灾形成特征不可预料的场所，可根据模拟实验的结果选择探测器。

5）对使用、生产或聚集可燃气体或可燃液体蒸气的场所，应选择可燃气体探测器。

2. 探测器设置要点

1）火灾探测区域一般以独立的房间划分，探测区域内的每个房间内至少应设置一只探测器。一个探测区域的面积不宜超过500m^2；从主要入口能看清其内部，且面积不超过1000m^{2}的房间，也可划为一个探测区域。在敞开或封闭的楼梯间、消防电梯前室、走道、坡道、管道井、闷顶、夹层等场所都应单独划分出探测区域。

2）探测器的设置一般按保护面积确定，每只探测器保护面积和保护半径的确定，要考虑到房间高度、屋顶坡度、探测器自身灵敏度三个主要因素的影响，但在有梁的顶棚上设置探测器时必须考虑到梁突出顶棚影响。

3）在设置火灾探测器时，还要考虑智能建筑内部走道宽度、至端墙的距离、至墙壁梁边距离、空调通风口距离以及房间隔情况等的影响。

3. 探测器的定期试验和清洗维护

火灾自动报警系统经过一段时间的运行后，火灾探测器可能会由于各种环境因素如空气污染或积累灰尘的影响而出现漏报和误报现象，有的甚至导致整个系统运行混乱，不能发挥其应有的作用。所以需要对火灾自动报警系统进行定期检查和试验，火灾探测器投入使用两年后，应每隔三年全部清洗一遍，并作响应阈值及其他必要的功能试验，合格者方可继续使用。

火灾探测器要由符合一定条件的专业机构清洗，以免损伤探测器部件和降低灵敏度。目前，国内采用的清洗方法主要有超声含氟溶剂清洗方式、超声汽相清洗方式和超声纯水溶剂清洗方式等三类。这三种方法都是采用超声波清洗工艺，但因第三种方法以纯水溶剂代替含氟溶剂，符合国际上限制和停止氟里昂生产和应用公约，故是较先进的清洗方式。

9.3 火灾报警控制器及火灾报警系统

9.3.1 作用与类型

火灾自动报警控制器给火灾探测器供电，接收来自探测器的火灾信号，声光报警并将火灾信息传送到上一级监控中心，同时能自动输出控制指令到其他联动设备，控制它们作出相应动作。火灾报警控制器的功能包括：火灾报警功能、火灾报警控制功能、故障报警功能、屏蔽功能、监管功能、自检功能、信息显示与查询功能、系统兼容功能、电源功能、软件控制功能等。

根据工程规模的大小，火灾自动报警系统分为区域报警系统、集中报警系统和控制中心报警系统三种基本形式，如图9-12所示。

区域报警系统（Local Alarm System）应用于小区域的火灾报警（几十个报警点），由区域火灾报警控制器和火灾探测器等组成，或由火灾报警控制器和火灾探测器等组成，是功能简单的火灾自动报警系统。

集中报警系统（Remote Alarm System）应用于中等区域的火灾报警（几百个报警点），由集中火灾报警控制器、区域火灾报警控制器和火灾探测器组成，或由火灾报警控制器、区域显示器和火灾探测器等组成，是功能较复杂的火灾自动报警系统。

控制中心报警系统（Control Center Alarm System）应用于大区域的火灾报警（成千上万个报警点），由消防控制室的消防控制设备、集中火灾报警控制器、区域火灾报警控制器和火灾探测器等组成，或由消防控制室的消防控制设备、火灾报警控制器、区域显示器和火灾探测器等组成，是功能复杂的火灾自动报警系统。

相应的火灾报警控制器也有三种类型：区域报警控制器、集中报警控制器和通用报警控制器。区域报警控制器是接收火灾探测器发来报警信号的多路火灾报警控制器。集中报警控制器是接收区域报警控制器发来的报警信号的多路火灾报警控制器。通用报警控制器是既可作区域报警控制器又可作集中报警控制器的多路火灾报警控制器。

火灾报警控制器性能的好坏直接关系到火灾的早期发现和扑救的成功与否，对于能否将火灾带来的损失限制在最小范围起着决定性作用。它的主要技术性能包括以下一些内容：确保不漏报；减少误报率；自检和巡检，确保线路完好，信号可靠传输；火警优先于故障报警；电源监测及自动切换，主电源断电时能自动切换到备用电源上，同时具备电源状态监测电路；控制功能，能驱动外控继电器，以便联动所需控制的消防设备；兼容性强，调试及维

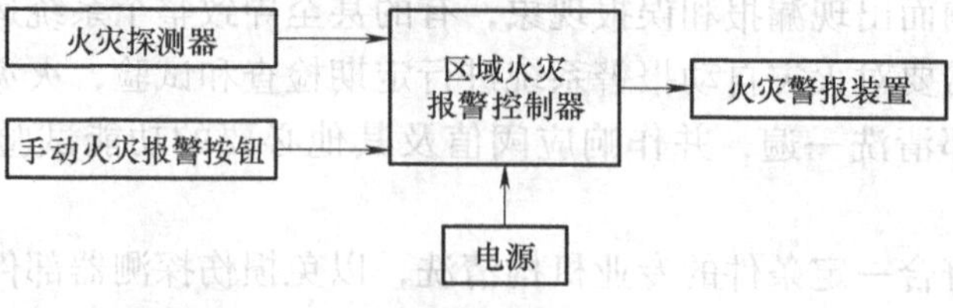

a) 区域报警系统

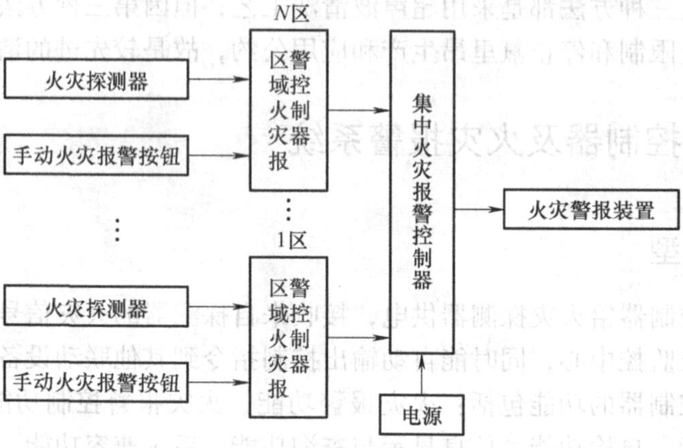

b) 集中报警系统

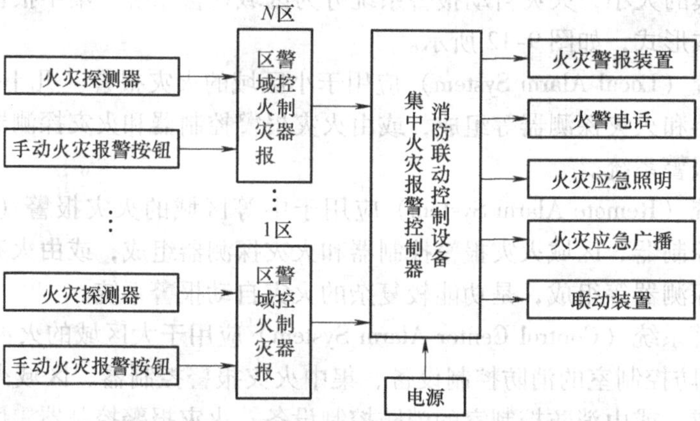

c) 控制中心报警系统

图 9-12 火灾自动报警系统结构

护方便；工程布线简单、灵活。

9.3.2 火灾报警控制系统结构

1. 区域火灾报警系统

区域火灾报警系统应用于小区域的火灾报警，如住宅、营业所等。其系统结构图如图 9-13 所示。无线火灾探测器应用在难以布线的场合，如大理石墙面的建筑、文化遗产、博物馆、图书馆等，如图 9-14 所示。

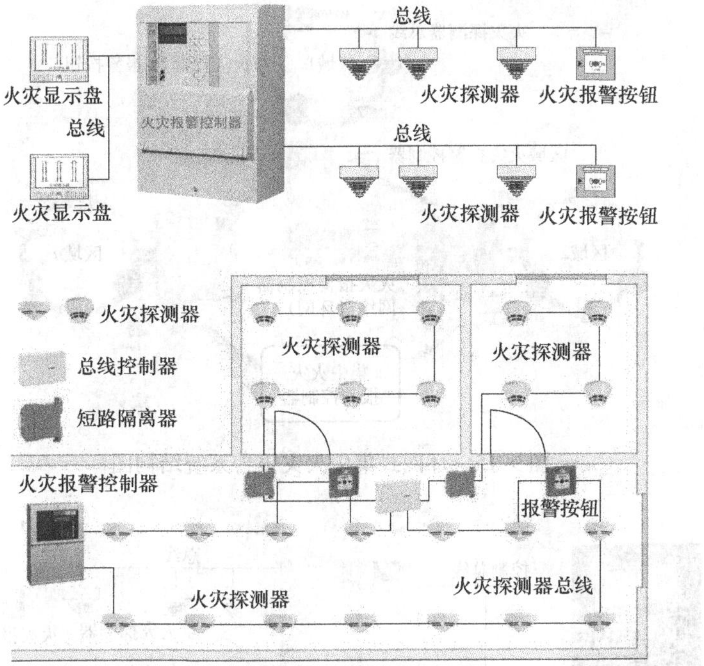

图 9-13　区域火灾报警系统结构图

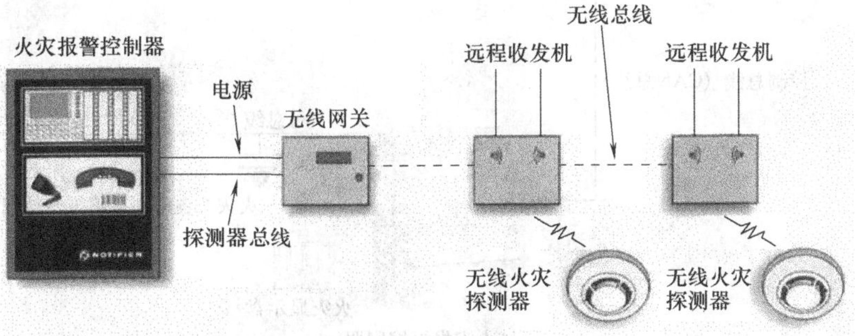

图 9-14　无线火灾报警系统结构图

2. 集中火灾报警系统

将若干个区域报警控制器连成一体，组成一个更大规模的火灾自动报警系统。集中火灾报警系统应用于中大型区域的火灾报警，如校园、住宅小区等。其系统结构图如图 9-15 和图 9-16 所示。

集中火灾报警控制系统除了具有声光报警、自检及巡检、计时和电源等主要功能外，还具有扩展了的外控功能，如消防设备联动控制、火警广播、火警电话、火灾事故照明等。

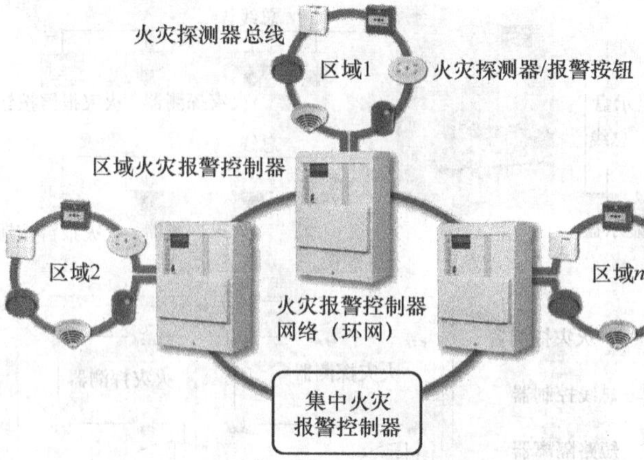

图 9-15 环网式集中火灾报警系统结构图

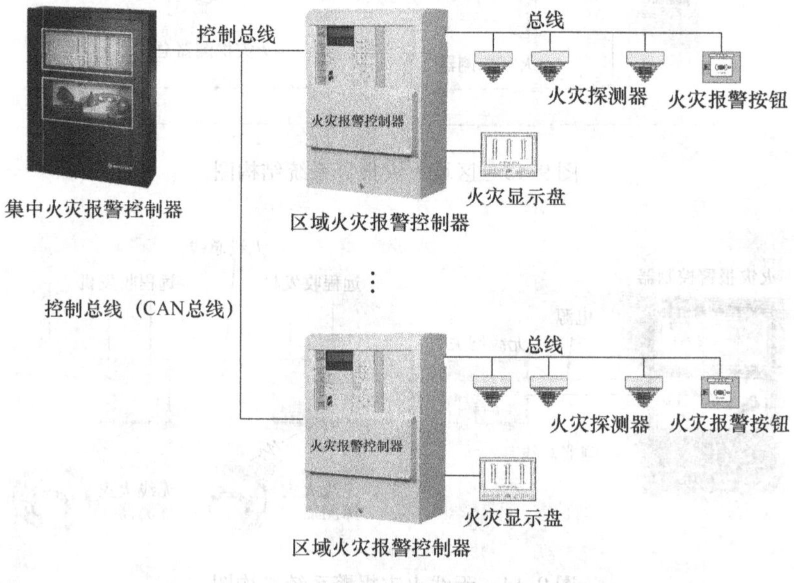

图 9-16 总线式集中火灾报警系统结构图

9.4 自动灭火系统

灭火的基本原理就是破坏燃烧必须具备的条件。不管采用哪一种方法，只要能去掉一个燃烧条件，火就可被扑灭。智能楼宇的消防系统中常用自动喷水灭火系统和气体灭火系统。

9.4.1 自动喷水灭火系统

凡发生火灾时可以用水灭火的场所，均可采用自动喷水灭火系统。而不能用水灭火的场所，包括遇水产生可燃气体或氧气，并导致加剧燃烧或引起爆炸，以及遇水产生有毒有害物质时，则不适用。

自动喷水灭火系统已有一百多年的历史，是当今世界上公认的最为有效的自救灭火系统，也是应用最广泛、用量最大的自动灭火系统。国内外应用实践证明：该系统具有安全可靠、经济实用、灭火成功率高等优点。

自动喷水灭火系统类型包括湿式系统、干式系统、预作用系统及雨淋自动喷水灭火系统和水幕系统等。用的最多的是湿式系统，占已安装的自动喷水灭火系统总数的70%以上。

湿式系统由闭式洒水喷头、水流指示器、湿式报警阀组以及管道和供水设施等组成，由于该系统在报警阀的前后管道内始终充满着压力水，故称湿式喷水灭火系统。湿式系统必须安装在全年不结冰及不会出现过热危险的场所内，该系统在喷头动作后立即喷水，其灭火成功率高于干式系统。

干式自动喷水灭火系统处于戒备状态时配水管道内充有压气体，因此使用场所不受环境温度的限制。与湿式系统的区别在于：采用干式报警阀组，并设置保持配水管道内气压的充气设施。该系统适用于有冰冻危险与环境温度有可能超过70℃并使管道内的充水汽化升压的场所。干式系统的缺点是：发生火灾时，配水管道必须经过排气充水过程，因此推迟了开始喷水的时间，对于可能发生蔓延速度较快火灾的场所，不适宜采用此系统。

预作用系统采用预作用报警阀组，并由火灾自动报警系统启动。系统的配水管道内平时不充水，发生火灾时，由比闭式喷头更灵敏的火灾报警系统联动雨淋阀和供水泵，在闭式喷头开放前完成管道充水过程，转换为湿式系统，使喷头能在开放后立即喷水。预作用系统既兼有湿式、干式系统的优点，又避免了湿式、干式系统的缺点，在不允许出现误喷或管道漏水的重要场所，可替代湿式系统使用；在低温或高温场所中替代干式系统使用，可避免喷头开启后延迟喷水的缺点。

雨淋系统的特点是采用开式洒水喷头和雨淋报警阀组，并由火灾报警系统或传动管联动雨淋阀和供水泵，使与雨淋阀连接的开式喷头同时喷水。雨淋系统应安装在发生火灾时火势发展迅猛、蔓延迅速的场所，如舞台等。

水幕系统用于挡烟阻火和冷却分隔物。系统组成的特点是采用开式洒水喷头或水幕喷头，控制供水通断的阀门。可根据防火需要采用雨淋报警阀组或人工操作的通用阀门，小型水幕可用感温雨淋阀控制。水幕系统包括防火分隔水幕和防护冷却水幕两种类型。利用密集喷洒形成的水墙或水帘阻火挡烟、起防火分隔作用，称为防火分隔水幕；防护冷却水幕则利用水的冷却作用，配合防火卷帘等分隔物进行防火分隔。

1. 湿式自动喷水灭火系统

湿式自动喷水灭火系统应用于环境温度不低于4℃、不高于70℃的建筑物或场所。其灭火系统原理图如图9-17所示。发生火灾时，火焰或高温气体使闭式喷头的热敏元件动作，喷头开启喷水灭火。此时管网中的水由静止变为流动使水流指示器动作，并通过报警总线将状态信号送至火灾报警控制器，在火灾报警控制器上指示某一区域已在喷水。由于喷头持续喷水泄压造成湿式报警阀的上部水压低于下部水压，在压力差的作用下，原来处于关闭状态的湿式报警阀就自动开启，压力水通过湿式报警阀流向灭火管网，同时通向水力警铃和压力开关的通道也被打开，水流冲击水力警铃和压力开关，压力开关动作。信号直接作用于启动喷淋泵，并通过报警总线将状态信号送至火灾报警控制器。为了保证可靠启泵，通常在报警阀前的管道上设置低压压力开关，这样在报警阀开启后，系统管网压力降低，低压压力开关动作，即可直接启动给水泵。

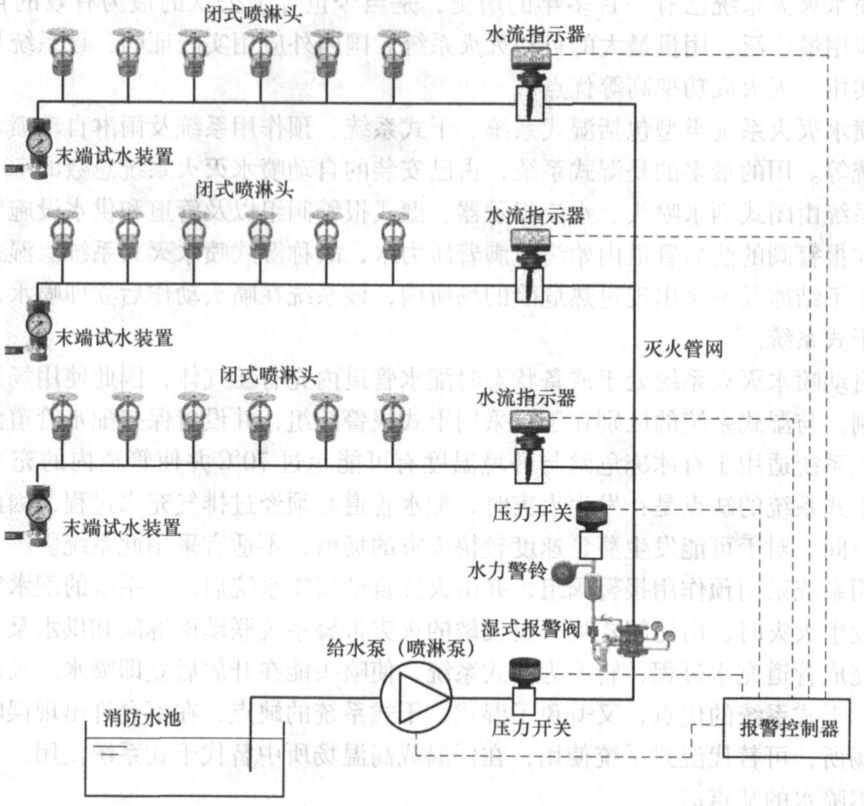

图 9-17 湿式自动喷水灭火系统原理图

闭式喷头是自动喷水灭火系统的主要部件。闭式喷头实际上是一种由感温元件控制开启的常闭喷头，由喷头本体、感温元件、溅水盘等组成，如图 9-18 所示。当环境温度上升到足以引起感温元件动作而破裂时，管网里的压力水冲开喷口的密封片，水束冲击到溅水盘上，形成抛物面状均匀洒水、灭火。闭式喷头一经开启便不能恢复原状（保持常开）。喷头的开启温度（公称动作温度）用感温工作液色标表示。最常用的是 68℃ 喷头，其他温度等级的喷头数据如表 9-2 所示。

表 9-2 常用闭式喷头色标和公称动作温度值

工作液色标	喷头公称动作温度/℃	使用环境最高温度/℃
橙色	57	27
红色	68	38
黄色	79	49
绿色	93	63
蓝色	141	111

2. 干式自动喷水灭火系统

干式自动喷水灭火系统由闭式喷头、管道系统、干式报警阀、报警装置、充气设备、排气设备和供水设备等组成。其管路和喷头内平时没有水，只处于充气状态，故称之为干式系

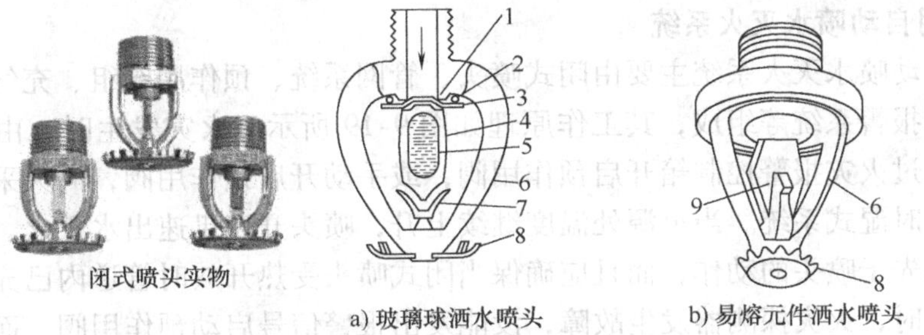

图9-18 闭式喷淋头原理图

统。其主要特点是在报警阀后管路内无水，不怕冻结，不怕环境温度高。因此，该系统适用于环境温度低于4℃和高于70℃的建筑物和场所，如不采暖的地下停车场、冷库等。

干式自动喷水灭火系统原理图如图9-19所示。火灾发生时，火源处温度上升，使火源上方喷头开启，首先排出管网中的压缩空气，灭火管网压力下降，干式报警阀阀前压力大于阀后压力，干式报警阀开启，水流向配水管网，并通过已开启的喷头喷水灭火。

干式系统平时报警阀上下阀板压力保持平衡，当系统管网有轻微漏气时，由空压机进行补气，安装在供气管道上的压力开关监视系统管网的气压变化状况。

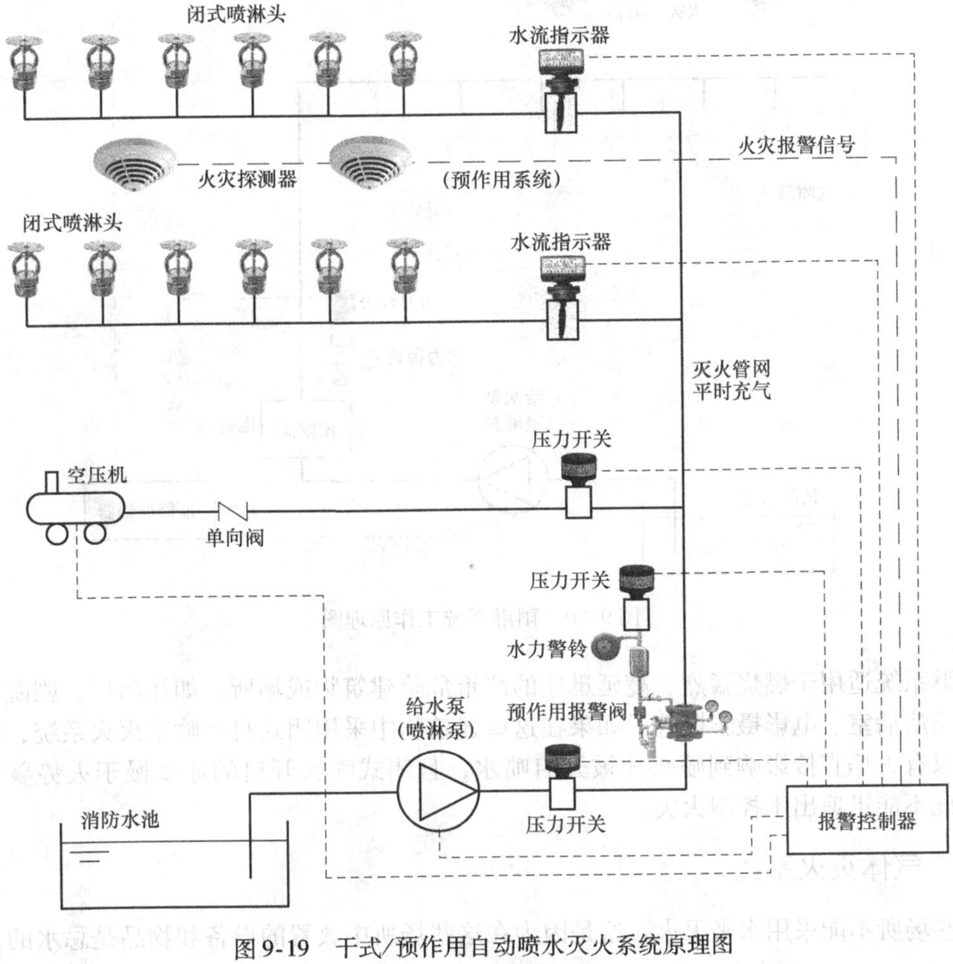

图9-19 干式/预作用自动喷水灭火系统原理图

3. 预作用自动喷水灭火系统

预作用自动喷水灭火系统主要由闭式喷头、管网系统、预作用阀组、充气设备、供水设备、火灾探测报警系统等组成，其工作原理如图9-19所示。火灾发生时，由火灾探测器探测到火灾，通过火灾报警控制箱开启预作用阀，或手动开启预作用阀，向灭采管网充水，使管道充水呈临时湿式系统。当火源处温度继续上升，喷头开启迅速出水灭火。因此要求火灾探测器的动作先于喷头的动作，而且应确保当闭式喷头受热开放时管道内已充满了压力水。

发生火灾时，火灾探测器发生故障，没能发出报警信号启动预作用阀，而火源处温度继续上升，使得喷头开启，于是管网中的压缩空气气压迅速下降，由压力开关探测到管网压力骤降的情况，压力开关发出报警信号，通过火灾报警控制箱可以启动预作用阀，供水灭火。因此，即使火灾探测器发生故障，预作用系统仍能正常工作。

4. 雨淋系统

雨淋系统为开式自动喷水灭火系统的一种，系统所使用的喷头为开式喷头。其工作原理如图9-20所示。雨淋系统反应迅速，它是由火灾探测报警控制系统来开启的。雨淋系统灭火控制面积大，用水量大。雨淋系统采用的是开式喷头，发生火灾时，系统保护区域上的所有喷头一起出水灭火，能有效地控制住火灾，防止火灾蔓延。

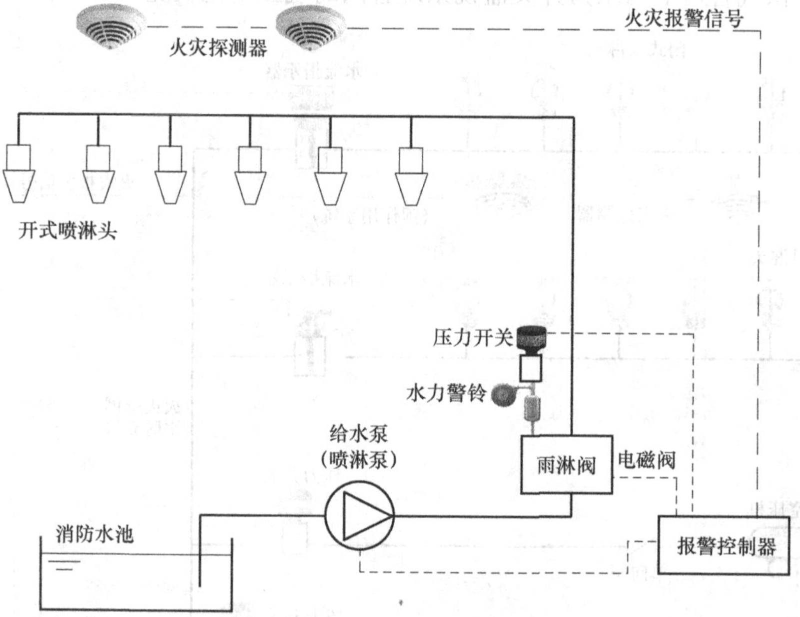

图9-20 雨淋系统工作原理图

雨淋系统适用于燃烧猛烈、蔓延迅速的严重危险建筑物或场所，如炸药厂、剧院舞台上部、大型演播室、电影摄影棚等。如果在这些建筑物中采用闭式自动喷水灭火系统，发生火灾时，只有火焰直接影响到喷头才被开启喷水，且闭式喷头开启的速度慢于火势蔓延的速度，因此不能迅速出水控制火灾。

9.4.2 气体灭火系统

有些场所不能采用水来灭火，这是因为在这些场所中放置的设备和物品是忌水的。如大型计算机房、通信机房、图书资料档案库、博物馆文物保管库等。此时就只能改用其他更合适的灭火系统，如气体灭火系统。而气体灭火系统都是采用一些特定的气体，如 CO_2 气体、七氟丙烷气体、烟烙尽气体等作为灭火介质。气体灭火系统所采用的气体不含水分，有良好的绝缘性，不会导电，也不会残留在所保护的对象的表面或内部，因而不会在灭火的同时对所保护的对象造成更大的损失。因此，绝大多数不适宜用水来灭火的场所，都可以改用气体灭火系统。图9-21所示是气体灭火系统的结构，图9-22所示是其工作原理图。

当气体自动灭火系统的火灾探测器探测到火情时，即向火灾报警控制器发出报警信号，同时灭火控制器自动关闭防火门、窗，停止通风空调系统等，然后起动压力容器的电磁阀，放出灭火气体至喷嘴释放。与此同时，管道上压力继电器动作，通过控制器显示气体放出信号，警告人们切勿入内。气体自动灭火系统在报警和喷射阶段，应有相应的声光信号，并能手动切除声响信号。

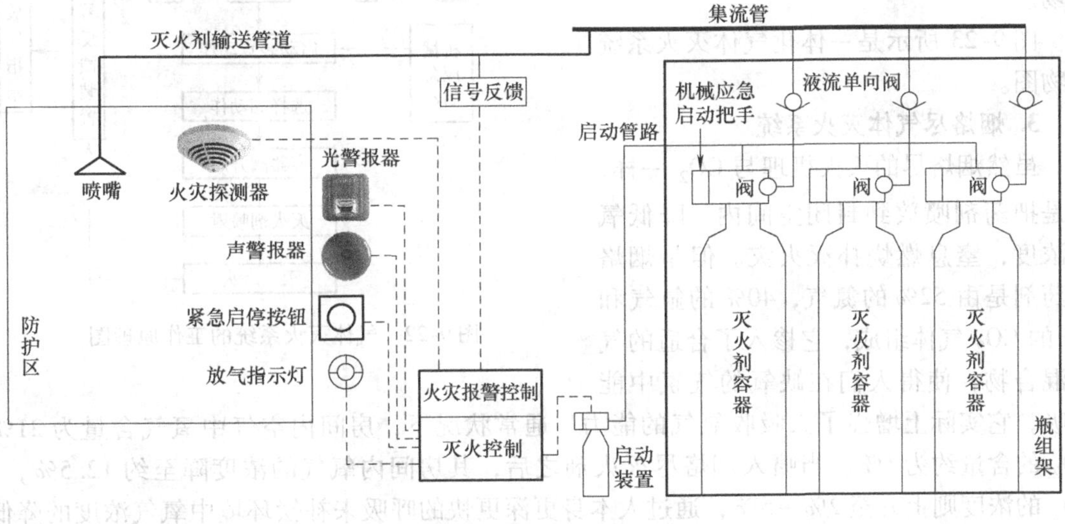

图9-21　气体灭火系统的结构

气体灭火系统根据其所使用的灭火剂的不同来区分，常用的灭火剂有 CO_2、七氟丙烷、烟烙尽 IG541 等。禁止使用卤代烷灭火剂，因为会破坏臭氧层。

1. CO_2 气体灭火系统

CO_2 的灭火机理是通过向一个封闭空间喷入大量的 CO_2 气体后，将空气中氧的含量由正常的21%降低到15%以下，从而达到窒息中止燃烧的目的。然而，CO_2 的这种窒息作用对人体有致命危害，其最小设计灭火浓度（34%）大大超过了人的致死浓度，危险性极大，故在经常有人的场所不宜使用。如要使用，在气体释放前，人员必须迅速撤离现场。

2. 七氟丙烷气体灭火系统

七氟丙烷在常温常压下为无色、几乎无味、不导电的气体，其密度大约是空气的6倍。在其自身压力下为无色透明的液体，无毒不燃，无腐蚀性，具有良好的热稳定性和化学稳定性。七氟丙烷灭火剂灭火后无固体和液体的残留物，灭火效能高，设计灭火浓度低，喷射到防护区内能立即闪发成蒸气态，并在封闭空间内各向分布迅速均匀。作为全淹没灭火剂，属于可液化储存的气体，是一种清洁气体灭火剂。

七氟丙烷的灭火机理主要为冷却灭火和化学灭火共同作用。七氟丙烷在气化过程中要吸收大量的热量；同时它由大分子组成，在火焰高温中一些化学键断裂，需要能量，导致冷却。因此，七氟丙烷对未及时撤离的人来说是没有危害的。但是七氟丙烷灭火剂在高温中会分解而产生有毒物质，灭火装置动作前，所有工作人员必须在延时期内撤离现场，灭火完毕后，必须首先启动风机，将七氟丙烷气体排出后，工作人员才能进入现场。

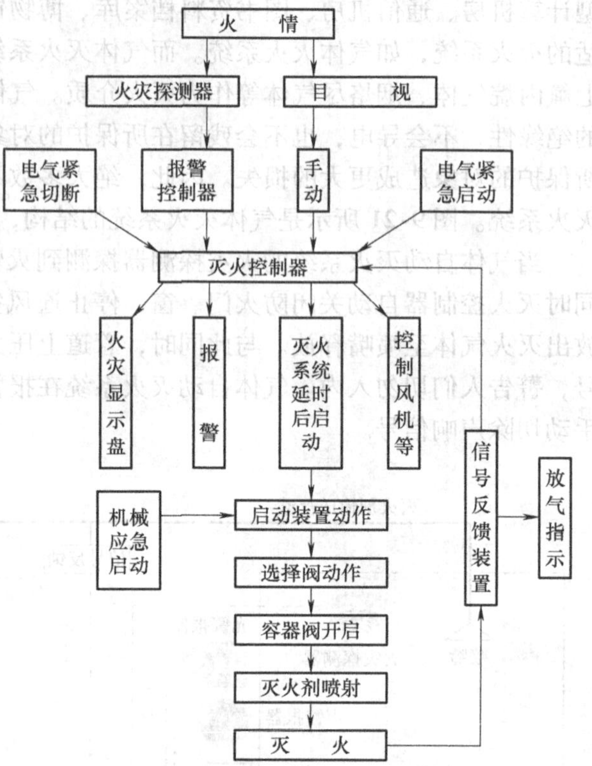

图 9-22 气体灭火系统的工作原理图

图 9-23 所示是一体化气体灭火系统实物图。

3. 烟烙尽气体灭火系统

虽然烟烙尽的灭火机理与 CO_2 一样，也是把药剂喷放到封闭空间内，降低氧的浓度，窒息燃烧扑灭火灾。但是烟烙尽药剂是由 52% 的氮气，40% 的氩气和 8% 的 CO_2 气体组成，它掺入了合适的气体混合物，使得人们在缺氧的气氛中能呼吸，它实际上增强了人吸收氧气的能力。通常状况下，房间内空气中氧气含量为 21%，CO_2 的含量约为 1%。当喷入烟烙尽灭火剂之后，其房间内氧气的浓度降至约 12.5%，而 CO_2 的浓度则上升至 2% ~5%，通过人本身更深更快的呼吸来补偿环境中氧气浓度的降低，对未及时撤离的人来说是没有危害的。

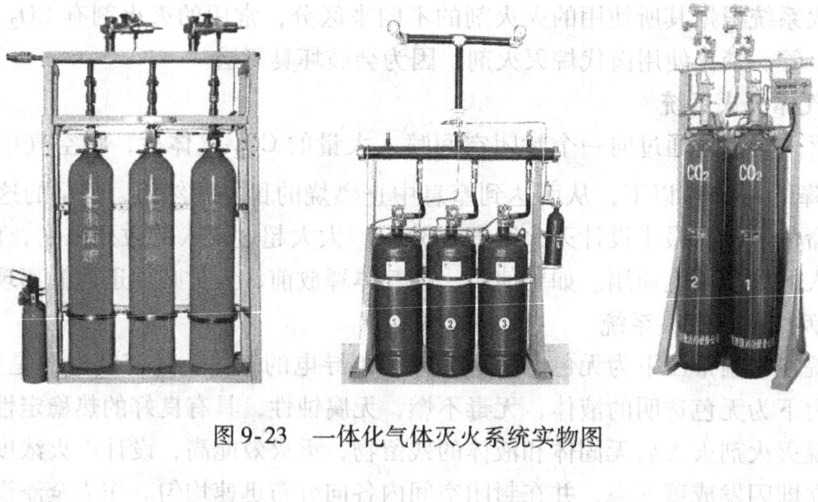
图 9-23 一体化气体灭火系统实物图

9.5 智能楼宇的消防联动控制

9.5.1 消防联动控制

不具备消防设备联动的火灾报警系统远不能满足智能消防的需要。在智能楼宇的消防控制中心均设有消防设备联动控制装置，它接收来自火灾报警控制器的报警点数据，根据已输入的控制逻辑数据及火灾发生、发展的情况，完成对相应消防设备发送消防联动控制指令。

消防联动控制应包括：联动开启报警区域的应急照明；联动开启相关区域的应急广播；视频监控系统将报警区域画面切换到主监视器，火灾所在分区的其他画面同时切换到副监视器；门禁系统将疏散通道上的门禁联动解锁，供人员紧急疏散；车库管理系统将提示并禁止车辆驶入，抬起出入口的自动档车道栏杆，供车辆疏散等。

大多数消防控制中心由两种组成方式（见图9-24）：一是由火灾探测器与报警控制器单独构成火灾自动报警系统，然后再配以单独的联动控制系统，形成消防控制中心。系统中的火灾自动报警系统和联动控制系统之间，可以在现场设备或部件之间相互联系，也可以在消防控制中心组成联动。这种方式组成灵活，工程适用性强，便于不同厂家的火灾报警系统和联动控制系统之间互配；二是以带联动控制功能的火灾报警系统为控制中心，既联系火灾探测器，又联系现场消防设备，联动关系是在报警控制器内部实现的，系统构建简单，联动功能强大。

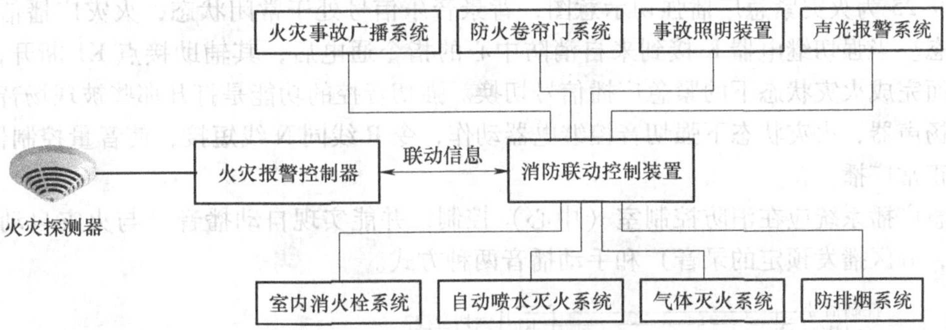

a) 方式一

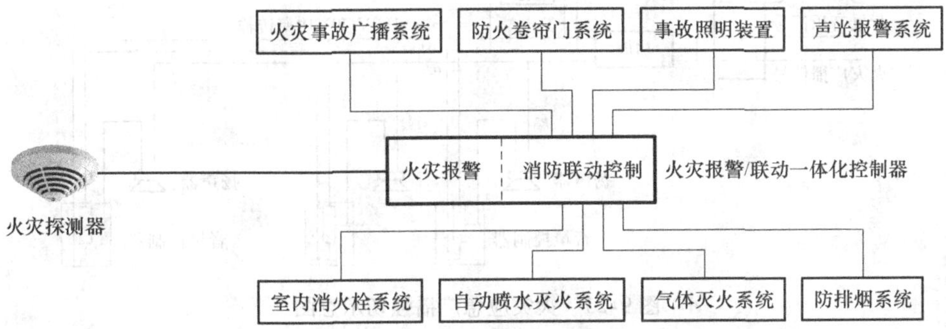

b) 方式二

图9-24 消防联动控制中心组成方式

智能消防系统作为BA系统的一部分，通过网络实现远端报警和信息传送，向当地消防指挥中心及有关方面通报火灾情况，并可通过城市信息网络与城市管理中心、城市电力供配调度中心、城市供水管理中心等共享数据和信息。在火灾报警之后，综合协调城市供水、供电和道路交通等方面的运作状况，为有效灭火提供充足的供水和供电，为消防人员及消防车的及时到场提供交通畅通的保障，确保及时有效地扑灭火灾，最大限度地减小火灾的损失，其重要性不言而喻。

9.5.2 消防应急广播系统

集中报警系统和控制中心报警系统应设置消防应急广播，在消防控制室应能手动或按预设控制程序联动控制选择广播分区、启动或停止应急广播系统，并应能监听消防应急广播，在通过传声器进行应急广播时，应自动对广播内容进行录音。紧急广播应优先于业务广播、背景广播。

1. 消防应急广播系统简介

消防应急广播系统又称火灾应急广播系统，主要在发生火灾及其他灾难事故时，用于发布警报、指导人群的疏散、事故警报的解释、警报解除和统一指挥等。紧急广播系统通常由公共广播系统兼任，通过自动切换装置和紧急广播控制系统实现正常广播与火灾紧急广播之间的相互切换。火灾紧急广播能自动或人工播放。自动时能报出火灾楼层、地点等信息。紧急广播应能用汉语、英语播放，火灾广播录音由广播系统完成。

2. 火灾应急广播强切控制

图9-25为火灾紧急广播强切示意图，背景音乐信号处于常闭状态，火灾广播信号处于常开状态。当强切继电器K接到来自消防中心的指令通电后，其辅助接点K1断开，K2合上，从而完成火灾状态下的紧急广播信号切换。强切音控的功能是打开那些被现场音控器关闭了的扬声器，火灾状态下强切音控继电器动作，令R线同N线短接，使音量控制器旁通，扬声器正常广播。

紧急广播系统应在消防控制室（中心）控制，并能实现自动播音（与火灾自动报警系统联动，分区播发预定的录音）和手动播音两种方式。

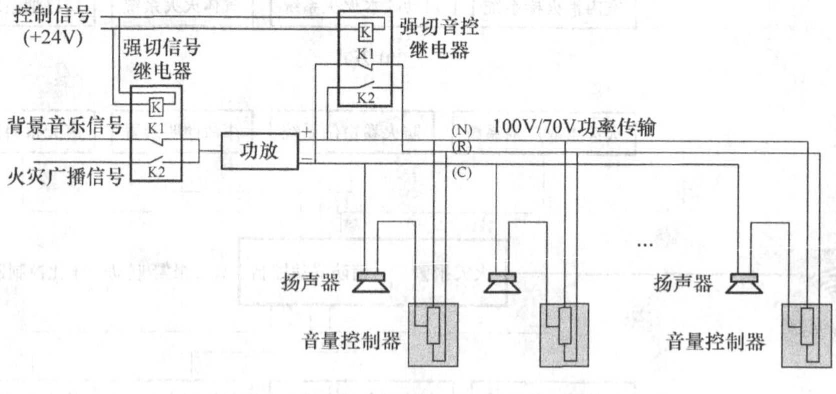

图9-25 火灾应急广播强切示意图

3. 紧急广播的电源

紧急广播设备的用电，一类建筑应按一级负荷要求供电；二类建筑应按二级负荷的要求供电。此外还应设有直流备用电源（蓄电池），备用电源的容量应能保证网络在最大负荷下紧急广播 10 ~ 20min。

9.5.3 智能消防应急照明系统

智能消防应急照明系统又称智能消防疏散指示系统，主要用于各类建筑物，在发生火灾等灾难性突发事件时，以外部信息为依据，根据预设的避烟避险疏散方案，进行局部疏散路径优化调整，为建筑内的人员疏散提供更安全、准确、迅速的疏散指引，使现场人员能够在最短时间内沿最短路线尽快逃离至安全地带，是避免造成群死群伤的重要安全措施，如图 9-26 所示。

建筑的大型化、多功能化以及地下空间的开发利用对疏散应急指示提出了更高的要求。近年来，大型购物场所、大型博物馆、科技馆、展览馆等场所的规模大量增加，而这些场所疏散路径较长、内部路径较复杂，对人员疏散行动带来一定的难度；当疏散时间过长，而火灾烟气在大空间区域蔓延较快，导致火灾危险性增大，给人员安全疏散带来了很大威胁。

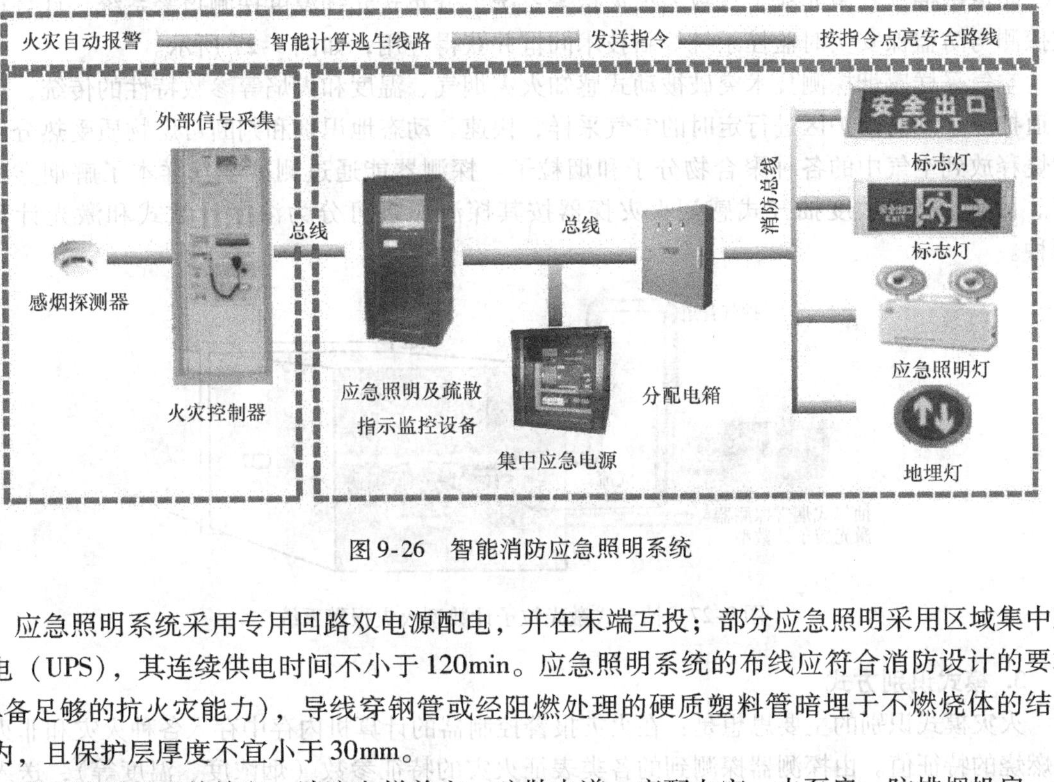

图 9-26 智能消防应急照明系统

应急照明系统采用专用回路双电源配电，并在末端互投；部分应急照明采用区域集中式供电（UPS），其连续供电时间不小于 120min。应急照明系统的布线应符合消防设计的要求（具备足够的抗火灾能力），导线穿钢管或经阻燃处理的硬质塑料管暗埋于不燃烧体的结构层内，且保护层厚度不宜小于 30mm。

所有楼梯间及其前室、消防电梯前室、疏散走道、变配电室、水泵房、防排烟机房、消防控制室、通信机房、多功能厅、大堂等场所设置备用照明。变配电室、水泵房、防排烟机房、消防控制室、通信机房的备用照明照度值按不低于正常照明照度值设置。多功能厅、大堂等场所的备用照明按不低于正常照明照度值的 50% 设置。

在大空间用房、走道、安全出口、楼梯间及其前室、电梯间及其前室、主要出入口等场所设置疏散指示照明。保证疏散通道的地面最低水平照度不应低于0.5lx，人员密集场所内的地面最低水平照度不应低于1.0lx，楼梯间内的地面最低水平照度不应低于5.0lx。

应急照明平时采用就地控制或由建筑设备监控系统统一管理，火灾时由消防控制室自动控制强制点亮全部应急照明灯。

9.5.4 消防系统的智能化

消防系统智能化的关键是早期火灾检测技术以及火灾自动报警/联动系统的数字网络化和标准化。同时也要关注智能消防系统与BAS的系统集成技术。将人工智能、模式识别、图像处理、微弱信号分析、数据融合、化学分析检测等新的科技成果应用于早期火灾探测是当前的一个研究热点。可望能更加可靠地发现早期火灾，既不能漏报和迟报，也必须减少误报。

1. 复合火灾探测技术

火灾探测智能化发展的另一方面是应用多传感器/多判据探测器技术的复合探测器。多个传感器从火灾不同现象获得信号，并从这些信号寻出多样的报警和诊断判据。

2. 新型火灾探测技术

高灵敏抽气式激光粒子计数型火灾报警系统、分布式光纤温度探测报警系统、计算机火灾探测与防盗保安实时监控系统等新技术问世并获得应用，如图9-27所示。

空气采样感烟探测技术突破被动式感知火灾烟气、温度和火焰等参数特性的传统，通过管道抽取主动对防护区进行定时的空气采样，快速、动态地识别和判断可燃物质受热分解或燃烧释放到空气中的各种聚合物分子和烟粒子。探测器能通过测试空气样本了解烟雾的浓度。目前，高灵敏度抽气式感烟火灾探器按其探测原理可分为浓度计数式和激光计数式两种。

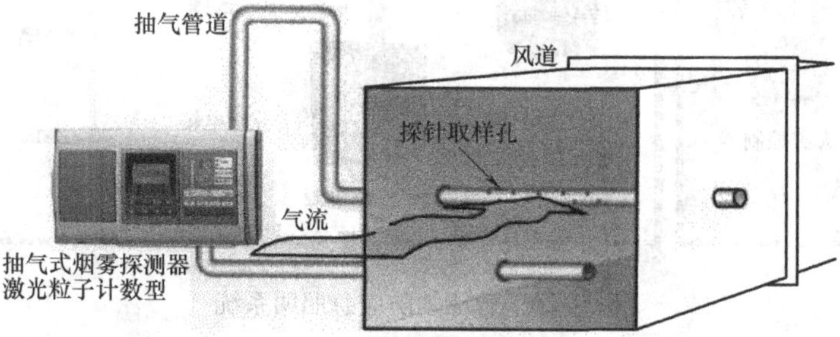

图9-27 抽气式激光粒子计数型火灾报警系统

3. 模式识别方式

火灾模式识别的主要思想是：在火灾报警控制器的计算机内存中存入各种火灾和非火灾性燃烧的特征值。由探测器探测到的各类表征火灾的特征参数（烟浓度、温度等），送入火灾报警控制器或在智能探测器中进行初级智能处理。把火灾探测器的测量值与计算机内存储的火灾特征值进行多级比较分析，对火灾的真实性做出正确判断。

复习题与思考题

1. 智能楼宇的消防系统是由哪些部分组成的？它是如何工作的？
2. 通常火灾探测器有哪几种？各有哪些主要参数？
3. 如何理解消防系统设计时必须坚持以人为本的方针？
4. 室内火灾有哪些发展过程？特点是什么？
5. 什么是火灾探测器的迟报、漏报和误报？
6. 如何合理选用和维护火灾探测器？
7. 目前的火灾探测器存在哪些问题？有何解决思路？
8. 简述早期火灾探测的意义和主要技术手段。
9. 简述灭火的基本方法。
10. 气体灭火系统有何特点？有哪些种类？
11. 智能消防的自动灭火系统有哪些种类？有何特点？
12. 火灾报警控制器有何作用？常用的有哪几种类型？
13. 试述总线制火警报警控制器的工作原理。
14. 试述微机火警报警控制器的工作原理。
15. 试述消防联动控制的必要性和工作原理。

第 3 篇

楼宇智能化综合应用与系统集成技术

第10章 智能楼宇的声频应用技术

本章导读

智能楼宇中的背景音乐广播、火灾紧急广播、各种会议和娱乐设施都用到声频系统，合理设置这些系统，就成了实现智能楼宇“安全、健康、舒适宜人和能提高工作效率的办公环境”必不可少的条件。

本章着重叙述声音响度的扩大、声音的加工美化以及应用于室内的扩声系统、公共广播系统和会议系统。

10.1 扩声系统

10.1.1 扩声系统的组成和主要技术指标

1. 扩声系统的组成

扩声系统的作用是把自然声源（如唱歌、演奏、演讲等）的声音信号加以增强，提高听众区的声压级，使远离声源的听众也能清晰地听到声源发出的声音，如图10-1所示。扩声系统包括音源及声学环境、调音台、功率放大器、扬声器及其声学环境等4部分。

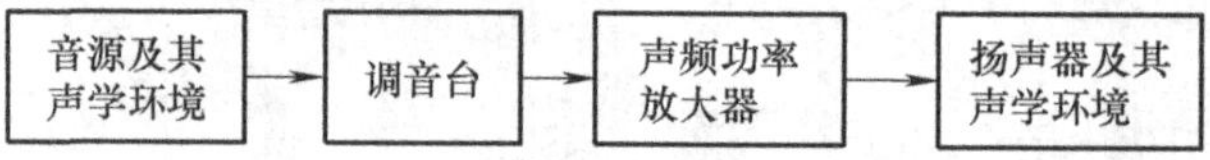

图10-1 扩声系统的基本组成

声源部分包括传声器、录音卡座、激光唱机等节目源设备，调音台包括前置放大、混合、编组、均衡（一般为每路均衡）、调音和监听等的组合。此外，还根据实际需要在上述的基本结构中插入压缩/限幅器、声反馈抑制器、声音激励器、延迟器、均衡器、分频器等周边设备。

应该指出这里指的扩声系统不单是指扩声设备，而是包括设备所处的声学环境在内，例如：声源的声学环境影响了声源的特性，扬声器的声学环境实际上是扬声器的声负载，对声场特性影响甚大。同时，绝大多数扩声系统的扬声器与传声器处于同一空间，因而扩声系统本身就是一个通过声反馈的闭环系统。

2. 扩声系统的主要技术指标

扩声系统最终是给人听的，因而衡量一个扩声系统的质量应该从“听得到”和“听得好”两方面考虑。实现前者的技术指标主要有最大声压级、传声增益和声场不均匀度；实现后者的技术指标主要有传输频率特性、失真、总噪声和语言清晰度等。现分述如下：

（1）最大声压级 L_m 扩声系统的最大声压级是指在观众区产生的最高稳态准峰值声压级，单位为 dB。扩声系统的最大声压级是个重要的声学指标，没有达到需要的声压级，扩声系统将失去意义，扩声系统的最大声压级与频率有关，因此，在表示最大声压级时应有频率条件。如表示为：80 ~ 8000Hz 范围内平均声压级≥100dB 等。

（2）传声增益 G 传声增益 G 是指扩声系统达到最高可用增益时，厅堂内各测点处稳态声压级平均值与扩声系统传声器处声压级的差值。所谓最高可用增益是指扩声系统中由于扬声器输出的声能的一部分反馈到传声器而引起啸叫（反馈自激）的临界状态增益减去 6dB 的值。传声增益表征了扩声系统的工作稳定性能。通常扩声系统的传声增益最高只能做到 -2dB左右，一般要求范围为 -10 ~ -6dB。

扩声系统的传声增益与频率有关，因此，在表示传声增益时，应有频率条件，如表示为：100Hz ~ 10kHz 传声增益为 8dB 等。在实际使用中，当传声器的数量增加时，系统的传声增益会相应地降低。

3. 声场不均匀度

声场不均匀度是指有扩声时，厅堂内各测点得到的稳态声压级的极大值和极小值的差值，以 dB 表示，一般要求 3 ~ 10dB。声场不均匀度与频率有关，因此，在表示声场不均匀度时，应有频率条件，如表示为：80Hz：≤10dB 等。

4. 传输频率特性

传输频率特性是指厅堂内各测试点处稳态声压的平均值相对扩声系统传声器处声压或扩声设备输入端电压的幅频响应。扩声系统的传输频率特性与频率有关，因此，在表示传输频率特性时应有频率条件，如表示为：以 80 ~ 8000Hz 的平均声压级为 0dB，在此频带内允许范围为 ±4dB；有时还用频响曲线来表示。

5. 系统噪声

系统噪声是指当扩声系统工作在最高可用增益状态下，关闭场内所有噪声源并将传声器的输入口短路时，所测得的总噪声。噪声是用≤NR_{XX}表示的，NR（Noise Rating）是噪声评价曲线的意思。一般室内扩声系统要求：≤NR30 ~ NR20。

6. 总噪声

总噪声是指扩声系统达到最高可用增益，且无有用声信号输入时，各测点处噪声声压级的平均值。一般室内扩声系统要求：≤NR35 ~ NR20

7. 系统失真

系统失真是指扩声系统由输入声信号到输出声信号全过程中产生的非线性畸变。一般室内扩声系统要求：≤3% ~ 8%。

8. 语言传输指数（ST1）和快速语言传输指数（RAST1）

ST1 是表示与可懂度有关的语言传输质量的物理量。RAST1 是用语言传输指数法（ST1）在某些条件下的一种简化形式测得的与可懂度有关的语言传输质量数据。这是一种客观评价厅堂扩声语言可懂度的方法。具体方法参阅 GB/T14476—1993。

9. 汉语清晰度

扩声系统的汉语清晰度是指正确地接收被传递的，相互无联系的汉语单字或其他音节等语言单元的百分数。即：汉语清晰度 = 100 ×（听众正确听到的单音节（字音）的数目）/（测定用的全部单音字（字音）的数目），一般要求汉语清晰度 > 80%。

10.1.2 扩声系统的主要设备

1. 扬声器及扬声器系统

这里说的扬声器是指扬声器单元，扬声器系统是指音箱。在智能大厦的音响系统中除了天花扬声器和客房中的床头柜是使用扬声器单元之外，其余几乎都是使用扬声器系统。为简便起见，在以后的叙述中把单元和系统均称为扬声器。

（1）扬声器的技术特性　扬声器是一个电声换能器，其主要特性有灵敏度、额定功率、频率响应、阻抗、指向性、非线性畸变和瞬态畸变等。

（2）扬声器的类型和应用　从使用的角度出发，扬声器主要分为组合扬声器、低音和超低音扬声器、号角高音扬声器。此外，还有数字扬声器、同轴扬声器、平板扬声器等。

2. 传声器

（1）传声器的技术特性　传声器俗称话筒、麦克风等，会议发言所用传声器又称为送话器，它是声 - 电转换器件。传声器的技术特性主要有灵敏度、频率响应、指向性、等效噪声和输出阻抗等。

（2）传声器的类型与应用　传声器的类型有动圈式传声器、电容式传声器、无线传声器。选用传声器的原则是根据用途和使用环境与条件而定：在要求高的情况下宜考虑采用电容式传声器；除了演奏大型节目和特殊用途采用无方向传声器外，一般宜采用心形或超心形的指向性传声器，在作话剧演出或新闻采访等用途时则往往需要超指向性传声器；为了减少传声器连线拾取的噪声，一般宜使用低阻输出传声器。

3. 调音台

在智能楼宇中的扩声系统，除了少数简单的系统外，一般在传声器与功率放大器之间均接入调音台，调音台是一个一体化的设备，它内部包括多路（通道）基本相同的电路（每路包含前置混音放大器、频率均衡与滤波器）和输出网络等基本部分。

图 10-2 是基本调音台组成框图。实际的调音台通常还设有声像方位调节、哑音开关、独听开关和各部门的电平指示等一整套齐全的监视（听）、控制和处理电路，可对每通道的输入信号做细致的调整。复杂的调音台还有输出矩阵编组、自动调音和智能化等功能。

4. 功率放大器

功率放大器是扩声系统的重要部分。功率放大器的主要参数有额定输出功率、频率响应特性图、失真、输出阻抗、信噪比等。

5. 声频信号处理设备

通常，在声频系统中加入声频信号处理设备有两种作用：一是对声频信号进行修饰，使音色得以美化或取得某些特殊效果；二是改进传输通道质量，减少失真和噪声等。

最常用的声频信号处理设备有压限器、频率均衡器、延时器与混响器、声音激励器、反馈抑制器和电子分频器等。

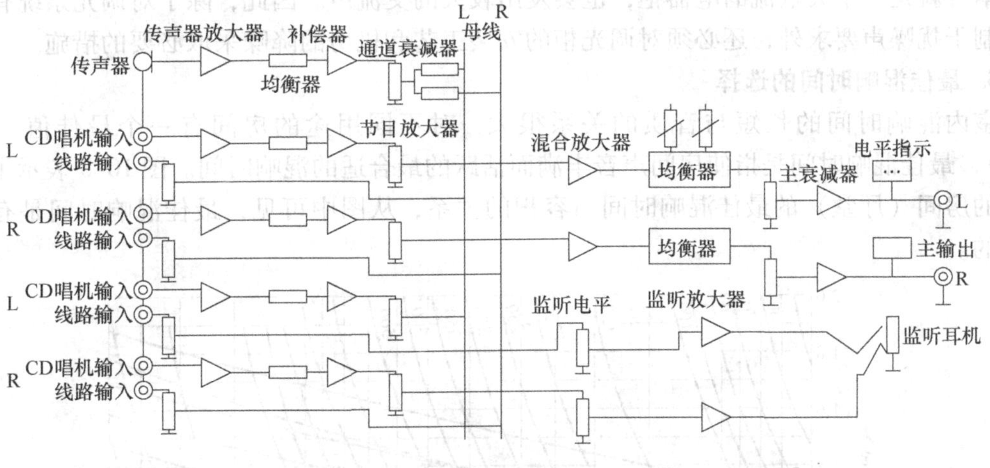

图 10-2 基本调音台组成框图

10.1.3 智能楼宇扩声系统设计

1. 确定扩声系统的声学特性参数指标

各种建筑音响系统几乎都需要设计扩声系统。扩声系统的质量主要表现在它的声学特性指标。目前扩声系统的声学特性指标仍无国家标准。但有 CYJ25—1986《厅堂扩声系统声学特性指标》、WH0301—1993《歌舞厅扩声系统的声学特性指标与测量方法》和 WH/T18—2003《演出场所扩声系统的声学特性指标》等行业标准。在做扩声系统设计时，应充分了解这些标准，根据用户需求和投资预算，确定规模及指标要求。

2. 降噪处理

对需要设计音响系统的室内厅堂，室内噪声对音质的影响是很大的。可以想象，当噪声很大时，听众可能根本听不清音响系统发出的声音。即使噪声较小，但只要人耳能听到，也会使听众的听觉受到很大干扰，人们也就无法听得好。因此，可以说，小的背景噪声是使音响系统获得良好音响效果的基本条件。

众所周知，噪声是普遍存在的，而且把噪声完全消除和隔绝也是不可能的，只能加以控制。通常用国标标准组织（ISO）推荐的噪声评价曲线（NR 曲线）来表征噪声标准。

（1）建筑物内噪声的来源　建筑物内噪声基本上来源于如下几个方面：通风、空气调节系统、室内机电设备、室外环境噪声。

（2）噪声控制原理及措施　控制噪声的原理及措施主要是：降低声源噪声、控制噪声传播途径。在需要设计音响系统的室内厅堂，最主要的噪声来源于通风管道、通风设备和灯光系统。

通风管道可以把设备的噪声传进室内，可在通风管道中插入消声器以降低噪声；低频噪声可通过通风管道管壁沿着管道传入室内，应在通风管道壁外加隔声处理；为了减小气流的再生噪声，应尽量控制管道中的气流速度（风速）和减小风道系统的阻力。一般当把风速控制在 6m/s 以内时，再生噪声可得到有效的降低。

在灯光系统中，晶闸管调光器是噪声的主要来源，它是通过交流供电电源、感应和辐射三个途径对扩声系统引入噪声干扰的。此外，在实际工程中对大型的晶闸管调光系统，其调光柜本身就是一个大电流的电器柜，也会发出较大的交流声。因此，除了对调光系统有严格的限制干扰噪声要求外，还必须对调光柜的安装工艺和机房的降噪采取必要的措施。

3. 最佳混响时间的选择

室内混响时间的长短与音质的关系很大，对不同用途的房间有一个最佳值（见表10-1），最佳混响时间是指使房间声音丰满而活跃的最合适的混响时间。图10-3表示了各类用途的房间（厅堂）的最佳混响时间与容积的关系，从图中可见，最佳混响时间是有一定范围的。

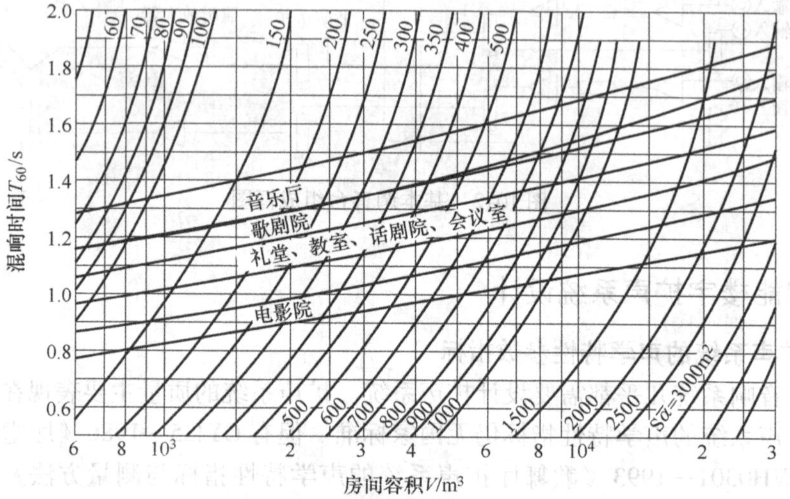

图10-3 最佳混响时间

表10-1 最佳混响时间推荐值（500Hz）

厅堂用途	混响时间/s	厅堂用途	混响时间/s
电影院、会议厅	1.0~1.2	电视演播厅	0.8~0.9
电影院	0.8~1.2	语言录音（播音）	0.4~0.5
演讲、戏剧、话剧	1.0~1.4	音乐录音（播音）	1.2~1.5
歌剧、音乐厅	1.5~1.8	电话会议	0.3~0.4
多功能厅堂	1.3~1.5	多功能体育馆	小于2

掌握各种用途房间的最佳混响时间，对音响系统的设计有重要意义。如混响时间过长，可适当增加吸声量。增加吸声量的方式基本上有两种：第一种是用吸声材料敷设在墙面，吸收部分入射波的声能；第二种是在空间悬吊吸声体，吸声体由穿孔板材做成各种几何体，内填充矿棉、玻璃棉等多孔性吸声材料。

4. 各类室内扩声系统扬声器的布置

1）正确选择扬声器和确定扬声器的安装位置是扩声系统设计最关键的步骤。扬声器的布置原则是：根据厅堂的体形，应用几何声学方法使辐射的声能覆盖整个听众席，使听众席有足够的直达声和前期反射声，并尽可能使声压级均匀。同时，扬声器的布置应有利于提高系统的传声增益和节省功率。

2）在大中型的多功能会议厅、剧院等场所应采用集中－分散式布置扬声器。即以集中为主、分散为辅的布置，也称集中+辅助扬声器方式。把主扬声器集中放置于舞台上方或台口两侧，而把功率较小的辅助扬声器置于后座、楼座、天花板和（或）侧墙适当位置作补音。为了使后座不致产生回音和多重声。辅助系统应该适当加入延时。这是目前广为流行的方式。

3）对于天花板矮、体型狭长的场所，在天花板上分散布置较小型功率的扬声器，但应考虑对中、后场扬声器的信号适当加以延时。

4）为了提高系统的传声增益，建议舞台上方和台口两侧的扬声器与传声器的相对位置，在厅堂的纵向垂直距离不小于1m（见图10-4）。

5）兼有迪斯科舞池的歌舞厅在舞池上方应设置指向舞池的扬声器组。室内扬声器布置方式如图10-5所示。

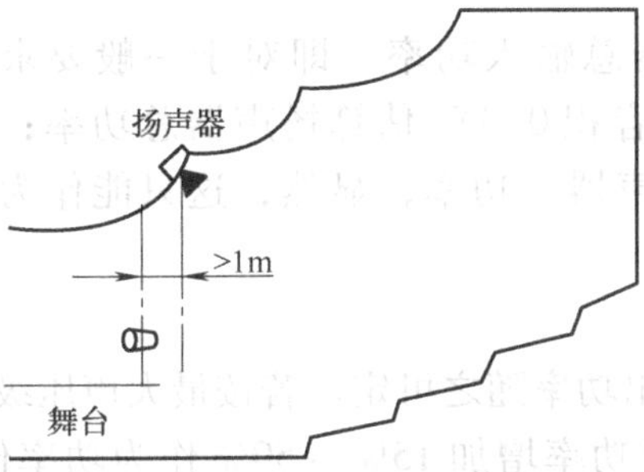

图10-4　扬声器与传声器的相对位置

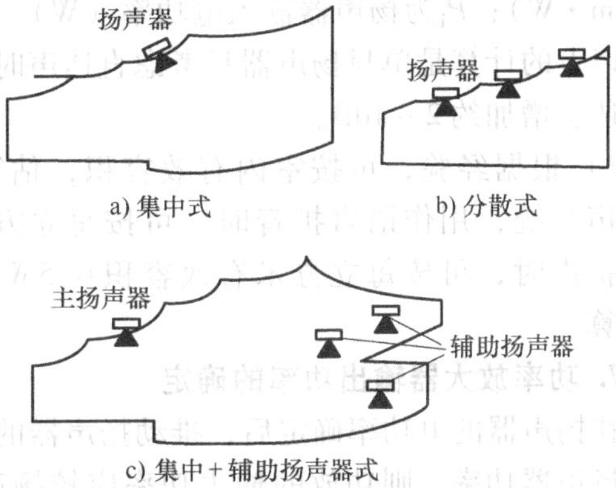

图10-5　室内扬声器布置方式

5. 选定扩声系统设备方案

图10-6为典型扩声系统设备组成框图，这是一套较为完整的扩声系统设备。它包括音源、调音台、听众席扩声设备、舞台监听设备和控制室监听设备等五大部分。

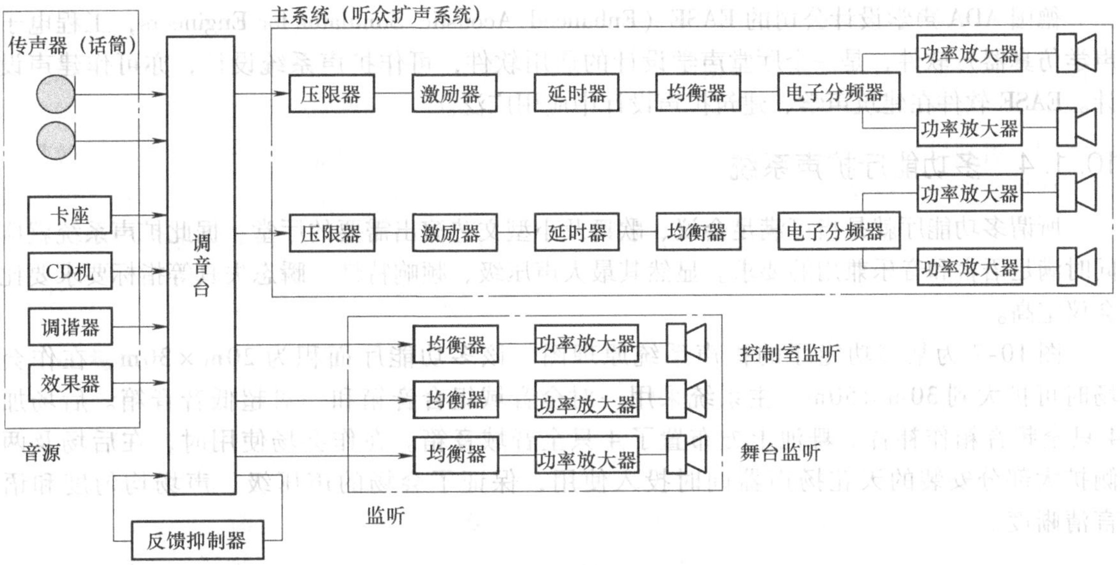

图10-6　典型扩声系统组成框图

播，服务性广播范围是背景音乐和客房节目广播，目的是为人们提供欣赏性音乐类广播节目，以服务为主要宗旨。服务性广播节目内容安排应根据服务对象和工程级别情况而定。

（3）消防应急广播系统　主要用于火灾发生时，在消防控制室的消防人员通过消防应急广播引导人们迅速撤离危险场所。

2. 公共广播系统类型

公共广播系统有传统的模拟网络广播系统和现代的数字网络广播系统。所谓的模拟与数字之分是在于音频信号的传输方式不同，模拟网络广播系统采用模拟信号的传输方式（高电平传输方式、低电平传输方式），数字网络广播系统采用IP网络的数字传输方式。图10-8所示为传统的模拟网络广播系统方案。

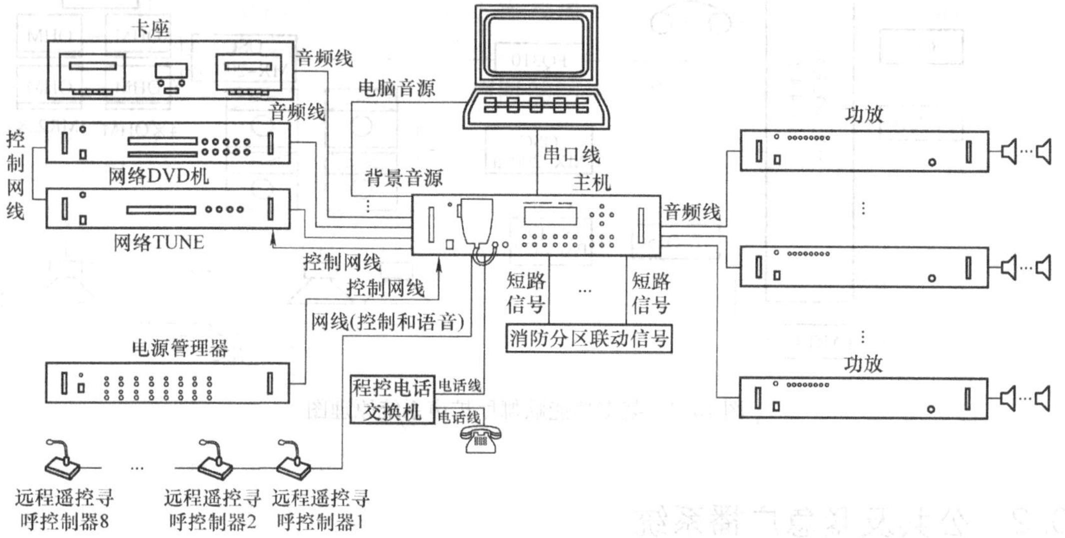

图10-8　模拟网络公共广播系统方案

（1）高电平传输方式　即机房的功率放大器到扬声器是采用高电平传输的。一般为100V或70V，其优点是线路损耗少、负载连接方便，只是把带变压器的扬声器并接在线路上即可。在这种情况下，当所接扬声器的阻抗相同时，其分配到的功率也相同。高电平传输也称定压传输，由于其输出电压较高，故电流较小，在线路上的损耗也较小，是智能楼宇中广为采用的传输方式。

（2）低电平传输方式　在这种方式中，传输线路只向终端（含一组扬声器）传送约等于1V的线路信号到扬声器组附近的功率放大器（分机柜），经功放后再以低电平方式送到扬声器组。这种方式可避免大功率音频电流的远距离传输。它只适用于控制室距终端远、而终端各个区域的扬声器又相对集中的情况。这实际上是声信号的传输而不是功率的传输，通常主机房把声频信号通过总线方式控制，实现把信号（含模拟及数字信号）传输到指定的分区扬声器组的目的。

（3）IP网络数字传输方式　将音频信号数字化、压缩编码、以标准IP包形式在局域网和广域网上进行传送，是一套纯数字网络传输的音频扩声系统。

10.2.2　公共及紧急广播系统的数字化技术

公共广播系统数字化技术有两个方面的内容：其一是音频信号处理和管理的计算机化，把整个公共广播系统全盘置于计算机管理之下；其二是传输的数字化和网络化，最终构建一个新型的智能化公共广播系统。

IP 网络广播系统是一套基于 TCP/IP 协议的公共广播系统，将音频信号以标准 IP 包形式在局域网和广域网上进行传送，是一套纯数字网络传输的音频扩声系统。解决了传统广播系统存在的音质不佳、维护管理复杂、内容局限、空间局限和缺乏互动性等问题。在传播内容方面，模拟音频广播系统只能使用和传送由卡座、CD 机、传声器等设备输出的模拟信号，对于大量的、以数字格式存储于网络服务器和各种载体上的音频资源无法直接应用。网络广播系统支持各种模拟音源的数字化转换，同时作为数字化的音频广播系统，直接应用数字格式的音频资源和网络上的音频资源。

由于采用了数字网络传输技术，使音频信号无传输干扰及失真。采用了 MP3 压缩算法占用网络带宽低（8～128Kbit/s）又能保证音质保真度，经测试采用 44.1kHz/16bit 采样 128Kbit/s 速率压缩通频带（线路输出）20Hz～16kHz，失真度≤3%。

图 10-9 为校园 IP 网络广播系统的组成方案，在终端分区采用了模拟方式。

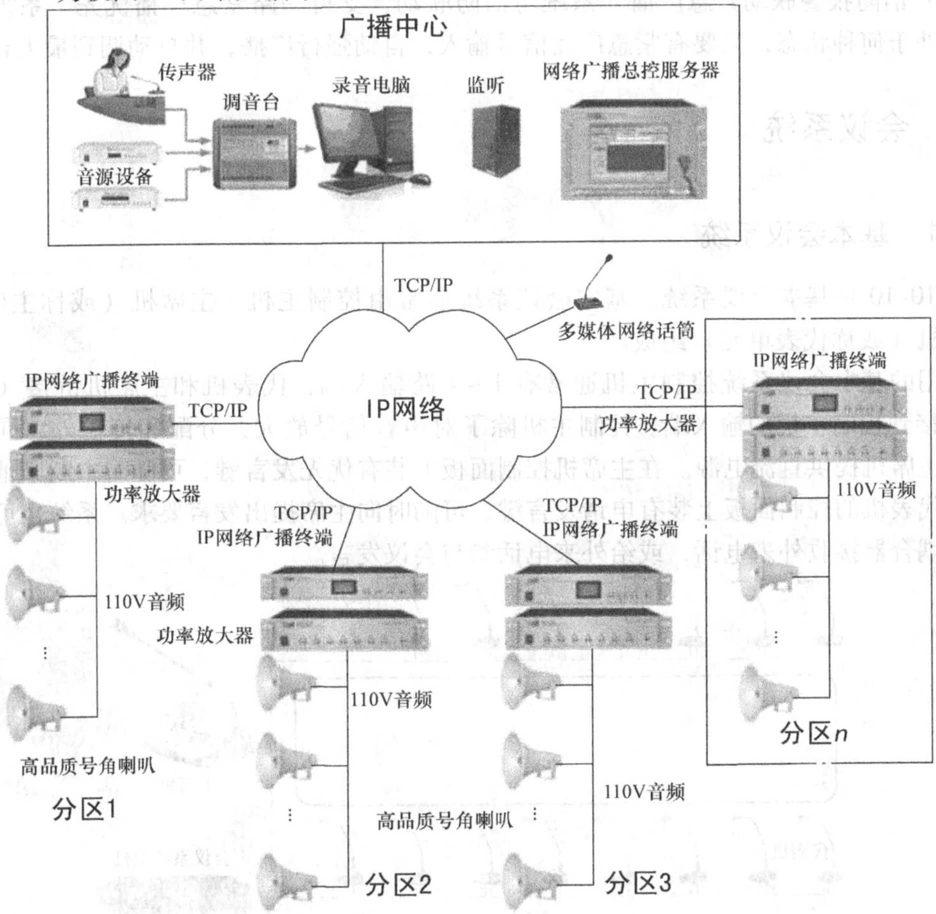

图 10-9　校园 IP 网络广播系统的组成方案

功能与特点：

（1）涵盖传统广播系统所有功能 包括自动打铃、课间音乐播放、领导讲话、播送通知和转播电台节目等。

（2）自由点播 教师通过遥控器控制分布在每个教室的数字广播终端完成音频服务器中资料库的任意点播。

（3）实时采播 将外接音频（卡座、CD、收音机、传声器等）接入音频服务器软件实时压缩成高音质数据流，并通过计算机网络发送广播数据，数字广播终端可实时接收并通过自带音箱进行播放。

（4）定时播音 数字广播终端具有独立IP地址，可以单独接收服务器的个性化定时播放节目。教师将需要使用的教材或课件存储在服务器硬盘上，并使用专门软件编制播放计划，系统将按任务计划实现全自动播出。

（5）多路分区播音 系统可设定任意多个组播放指定的音频节目，或对任意指定的区域进行广播讲话；服务软件可远程控制每台终端的播放内容（划定区域播放）和音量等。

（6）领导网上讲话 领导通过网络上的任意一台计算机，接上话筒，即能实现广播讲话，可指定全体广播或局部广播，支持通过Internet远程广播。

（7）消防报警联动紧急广播 系统与消防联动，支持一路紧急广播优先。系统内的设备无论处于何种状态，只要有紧急广播信号输入，自动强行广播，并自动调到最大音量。

10.3 会议系统

10.3.1 基本会议系统

图10-10是基本会议系统。基本会议系统通常由控制主机、主席机（或称主席单元）和代表机（或称代表单元）组成。

常用的基本会议系统控制主机通常有1～4路输入端，代表机和主席机链接（手拉手式）后接到控制主机的输入端。控制主机除了对声音信号放大、分配和传输外，同时给代表机和主席机提供直流电源。在主席机控制面板上装有优先发言键，可随时中断其他代表发言。在代表机的控制面板上装有申请发言键，可随时向主席提出发言要求。系统也可以通过传声器耦合器接收外来电话，或给外来电话参与会议发言。

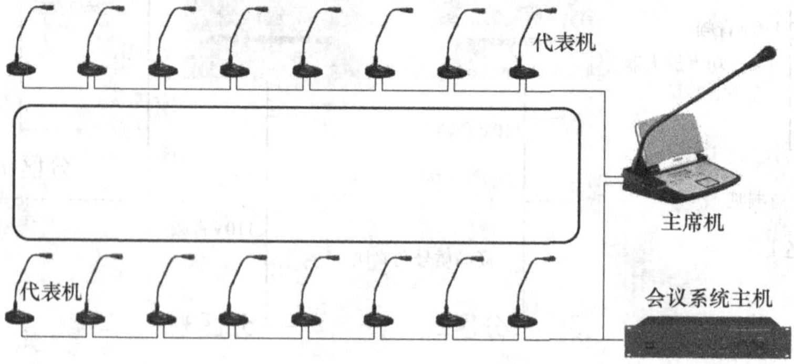

图10-10 基本会议系统

基本会议系统有两种电路模式：一种是声音信号是模拟的，控制信号是数字的；另一种声音信号和控制信号都是数字的，在这种系统中，发言者的声音信号经传声器转换成电信号后即通过模-数转换为数字信号，再采用时分复用传输，因此在线路上传输的都是数字信号。在这两种模式中前者为模拟式会议系统或称数字控制模拟会议系统，后者则称为数字式会议系统。

显然，数字式会议系统具有数字音频的失真小、抗干扰能力强、无串音、声音清晰、易于控制且控制主机容量大（带代表机数量多）等一系列优点，但造价稍高，在要求较高、容量大（如代表人数超过100人等）时，宜用数字式会议系统。

10.3.2　同声传译系统

在需要将一种语言同时翻译成两种或两种以上语言的会议厅，应设置同声传译系统。在这种情况下，同声传译系统是会议系统的一个组成部分，通常从信号输送方式考虑可分为有线和无线两种，从语言和传译方式考虑又可分为直接和二次传译两种。

1. 有线同声传译系统

图10-11为三种语言的有线同声传译系统框图。图中，有三个译音员译成三种语言、分别经放大单元和分配网络同时送到每个听众的座位上。每个听众可以通过在座位上的通道选择开关，选听不同的语种。

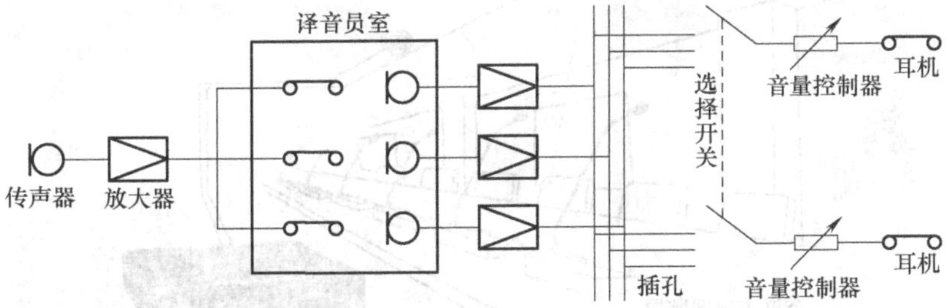

图10-11　三种语言的有线同声传译系统框图

图10-11所示系统要求译音员精通的语种要多，即要精通4种语言，若通道再多，那么对译音员的要求就更高，译音员难以适应。为此，可采用二次翻译的方法，即先翻译成一种通用的语言（例如英语），然后再由各译音员译成另一种语言，这样就只要求译音员精通两种语言即可。图10-12是采用二次翻译的同声传译系统框图。由图中可见，首先由译音员1翻译成一种较为通用的语言，然后再分别由译音员2、译音员3和译音员4根据这种较通用

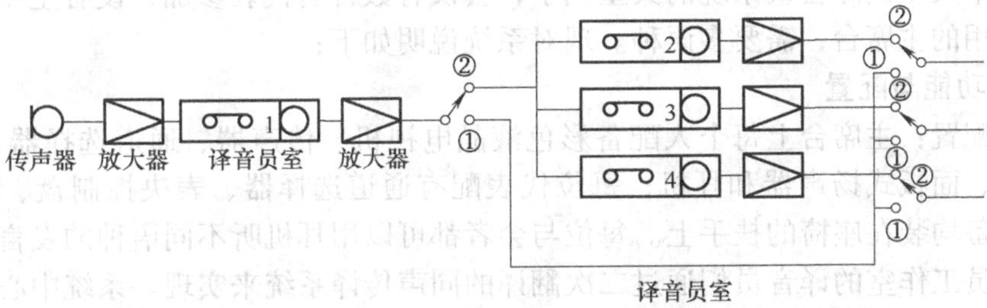

图10-12　二次翻译的同声传译系统框图

的语种翻译成三种需要的语种。图中，当开关处于位置①时，只由译音员1翻译一种语种，当开关处于②时，则翻译成三种语种。

2. 红外线同声传译系统

红外线同声传译系统是无线输送方式之一。图10-13为红外线同声传译系统图。各通道译出的语言信号经放大后，由多通道红外发射机送到红外辐射器，选择适当的红外辐射器，并藏在天花板或墙上，使辐射的红外线均匀布满会场。参会者可在会场任何位置通过红外接收机和耳机，选择任一通道（语种）收听会议的报告。

红外线同声传译系统音质好，保密性强，接收稳定，安装方便，是目前无线同声传译最为常用的系统。

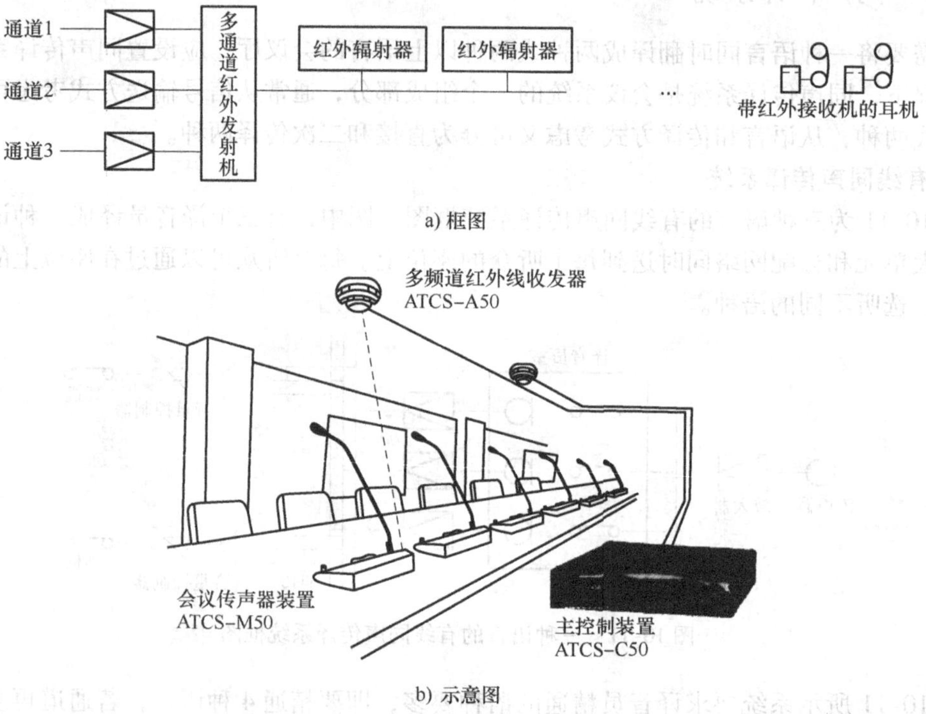

图10-13 红外线同声传译系统图

10.3.3 智能会议系统

作为一个大型国际会议系统的典型例子，会议有数百名代表参加，设有主席、主席团和特邀演讲人用的主席台，需要多语种。现对系统说明如下：

1. 系统功能与配置

系统的配置：主席台上每个人配备彩色液晶电视机、传声器、通道选择器、带LCD的表决显示盘、面板式扬声器和耳机；每位代表配有通道选择器、表决控制盘、耳机和传声器。这些设备均装在座椅的扶手上。每位与会者都可以用耳机听不同语种的发言。翻译工作由多个译音员工作室的译音员们通过二次翻译的同声传译系统来实现。系统中心控制器可以全自动控制多达240台发言设备，实现传声器管理、同声传译和电子表决等功能，可以通过增加辅助控制器扩展。还可以通过在PC上运行的软件实施先进的同声传译和传声器管理、资料产生和视频显示、三种表决方式、内部通话、建立代表资料数据库、出席登记、资料分配和音频处理等强大功能。

主席机、译员台和部分代表机上装备了LCD屏，用以显示代表资料、表决时间、公用和个人资料、传声器的状态以及多种语言的使用说明等。

会场还安装了若干支半球形且固定的摄像机，半球形摄像机的运转由传声器管理软件模块产生的控制信号加以控制，当它运转到预定位置时捕捉发言代表的图像，并在电视墙、监视器或投影电视上显示出来。固定摄像枪则拍摄会议的会景。

2. 数字会议网

本系统的声频设备都是数字式的，信号的传送和处理应用了数字声频技术，在传输过程中，信号的质量和幅度都不会衰减，从而保证了优美的音质。系统由数字会议网（DCN）构成。图10-14是DCN的构成框图。图中，由协议转换器芯片构成的声频通信网（ACN）直接与载送数字信号的电缆线路相连接，发言设备与中央控制设备用的是双向协议转换器。通道选择器只要单向协议转换器作分配用。

专业声频编码解码集成电路Praedic是将模－数、数－模转换器结合为一体的芯片。它将DCN的数字信号转为音频信号，并把传声器的声频信号转换成数字信号。

目前，国内外均有不同性能的成套会议系统产品供应，人们可根据功能要求与价格加以选用。有些产品是功能模块式的，可以方便地组成各种规模和要求的系统。

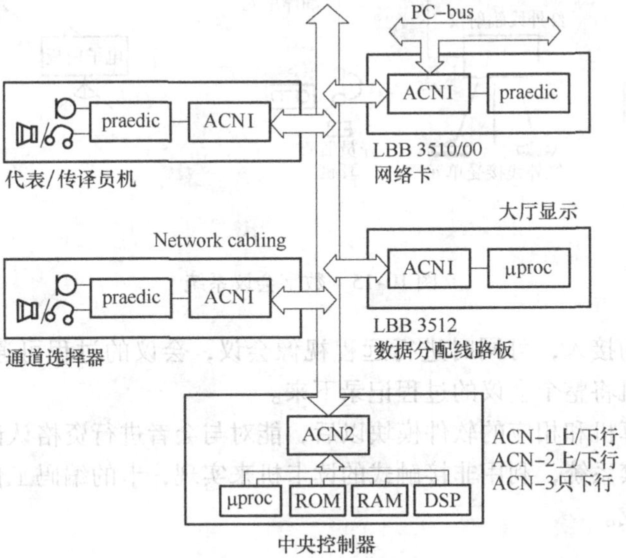

图10-14　DCN的构成框图

图10-15是一个数字会议系统。图中所采用的设备包括：发言系统、红外线同声传译系统、投票表决系统、视像会议系统、会场扩声系统及门禁系统，所有配置的设备可以满足一个大型的国际性会议顺利有序地进行。

会场可以是一个礼堂的形式，在主席台上配置的是集发言和投票表决于一体的设备，可为每一位在主席台就座的人员配置一台个人用的彩色液晶显示器，代表席配置的是投票表决系统。软件的运作可由操作员在会议控制计算机中操作，所有投票表决的过程连接到会议演示投影设备显示出来，也可连接到每一位在主席台就座的人员的个人用彩色液晶显示器。每一次会议的结果都可以打印以硬件形式保存起来。表决后的结果都不能修改，绝对确保它的权威性。每一位代表配置一台红外线同声传译接收单元。可以通过红外辐射板发射的信号同时进行多达6种语种的通道选择。可以事先将每一位翻译人员所负责翻译的语种通道通过软件中的同声传译模块显示给每一位与会代表知道，发言系统主机具有的音频输出可通过连接一套扩声系统，对发言者的讲话进行放大及均匀分布。

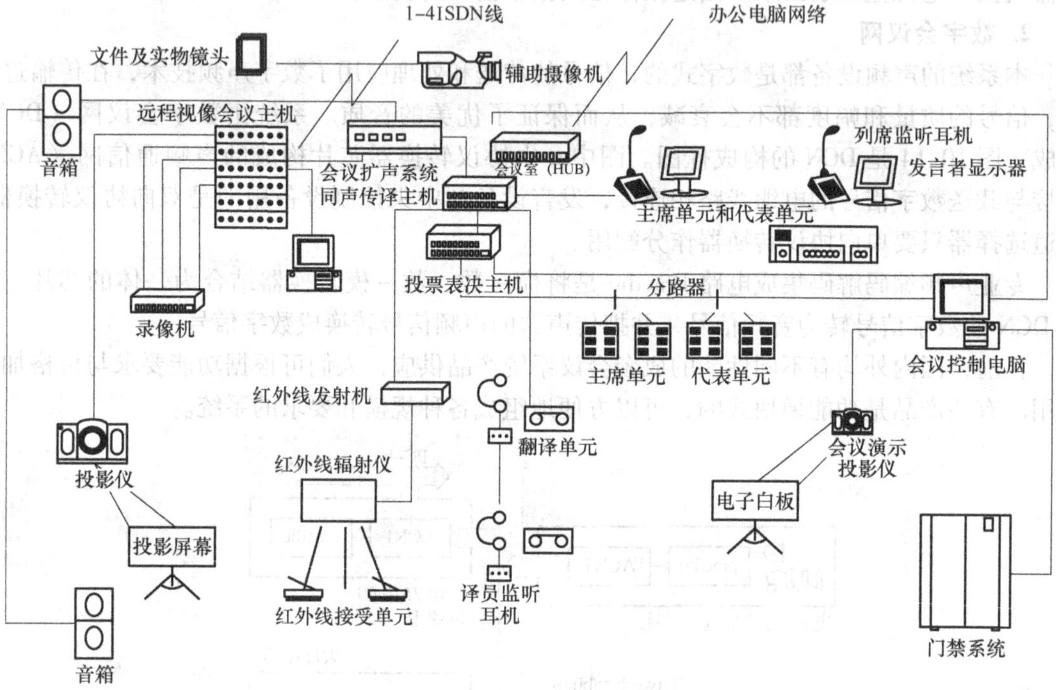

图10-15 数字会议系统

利用网络信息的接入，可同时进行远程视像会议，会议的过程可通过视像设备显示出来。也可连接录像机将整个会议的过程记录下来。

会场采用了计算机和相应的软件模块以后，能对与会者进行资格认证，这就需要在会场入口处装置一套门禁系统，利用非接触式的读卡机来实现，卡的编码工作可由代表发卡软件模块配合发卡机完成。

10.4 某省人大会堂扩声系统设计

10.4.1 系统要求

某省人大会堂是兼顾会议和演出的大型场所，有座位1554席，其中池座1046席，楼座508席，池座第1～14排为带书写桌席位，观众席面积达900多平方米。按国际会议标准设计，可举办国际会议和大型演出；按甲方需求，关键设备必须是国际名牌产品，且在国内大型扩声系统中已被采用并证明是性能可靠的、有高性价比的产品。扩声系统要求达到GYJ

25—1986《厅堂扩声系统声学特性指标》中“语言与音乐兼用的扩声系统一级指标”。

10.4.2 扬声器系统布局

扩声系统扬声器的布局，采用集中式并采用目前先进的空间成像系统 SIS™（Spatial Image System）方式，这种扬声器分布方式与传统的单声道、双声道、三声道方式比较有较高的语言可懂度、更加清晰准确的声像定位，声像可随舞台上视觉提示而移动，具有三维空间声像效果，即有左、中、右声像移动效果，又有良好的声像深度感，这一技术的使用，特别是对某省人大会堂的扩声质量和音响效果带来崭新的概念和良好的效果。

扬声器的具体布局是在传统的台口两侧布置扬声器组的情况下，在舞台口正上方设置中央扬声器组，形成左、中、右扬声器组方式，三组扬声器是由具有 SIS™输出的调音台提供三组各自分立的声音通道实现。左、右扬声器组分别包括上、下各一组扬声器，上组扬声器保证全场声场的均匀，下组扬声器用于声像定位，保证观众厅前后场有准确的定位和均匀的声压。

为克服前排观众声像太宽和直达声不足的缺陷，在台唇设置了 8 个性能优越的小口径扬声器，现场使用效果主观感觉非常良好。扬声器的布置图如图 10-16 所示。

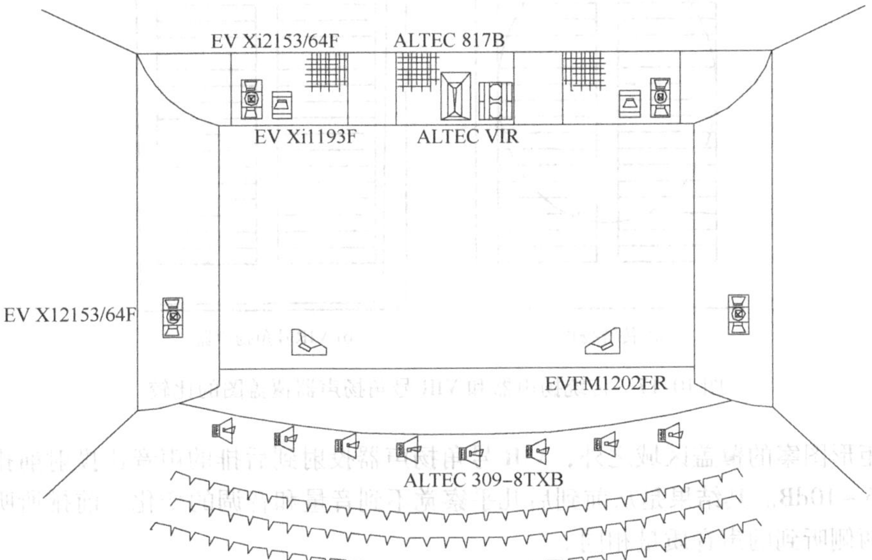

图 10-16 扬声器的布置图

10.4.3 扬声器选型

为保证扩声系统音色一致，左、右主扬声器采用相同型号的扬声器，选用 EV Xi 系列的 Xi 2153/64F 三分频音箱和 Xi1191F 超低音音箱组成 4 分频扩声系统，是整个扩声系统的主扬声器系统；中央扬声器为可变强度号角扬声器 ALTEC VIR 和 299 - 16A 高音驱动器、低音 ALTEC 817B 和 515 - 8GHP 低音驱动器，中央扬声器的选型，突出了 ALTEC 这种品牌的优点：人声和乐器均有高的清晰度，这也正是 SIS™扩声系统所要求的。Xi2153/64F 音箱长时间功率为高音 75W，中音为 300W，低音为 1200W，灵敏度高音/中音/低音分别为：

（4）功放 本次设计所选用的功放为 DYNACORD 的 L 系列，该系列功放具有推动力强、音色优美、过载能力强及质量稳定的特点。该功放是为提供最高性能和满足即使是最挑剔的要求而设计的。这些功放的峰值余量是通过使用全面处理的电源系统而获得的，这种电源装有低干扰的环形变压器，确保大幅度输入信号的动态不失真还原。所有集成的零件都保证具有卓越的音频质量和可靠性。整个 L 系列功放产品都采用扩展的保护电路（音频限幅器，高温、直流、高频、反电动势、峰值电流、浪涌电流限制器、开机延时等），即使在过载和削波情况下，也能可靠地保护连接着的扬声器系统。ALTEC1415A 作为前场扩声系统的功放。

（5）其他设备 音响系统还配置了顶级 TASCAM CD 机、MD 机、DAT 录音机及卡座；4 套 VAGE 2020BP/H7U 段无线传声器；各种有线传声器（包括人声、乐器、合唱、会议传声器）；YAMAHA SPX990 效果器、SABINE FBX902 反馈抑制器、EV EQ131 图示均衡器、ALTEC1631A 电子分频器、SYMETRIX402 数字延迟器以及 EV SENTRY 100EL 监听扬声器等。

复习题与思考题

1. 为什么在所有声频系统中，扩声系统是最基本的？
2. 扩声系统由哪些基本部分组成？
3. 扩声系统有哪些主要技术指标？它们有何实际意义？
4. 为何对音响系统除了测试其技术指标外，还要进行主观评价？主观评价有哪些主要术语？其具体含义是什么？
5. 试述在扩声系统中有哪些主要设备？它们在系统中起何种作用？如何理解和掌握其主要技术指标？
6. 如何根据室内厅堂的体型和声学条件以及用户的需求拟定扩声系统的工程方案？
7. 如何根据室内厅堂的体型和声学条件以及用户的需求正确选定扩声系统扬声系统的类型和功率以及其安装位置？
8. 如何合理配置扩声系统的各种设备？
9. 如何理解会议室扩声系统的设计原则？
10. 公共广播系统有哪些特点？它由哪些部分组成？
11. 紧急广播系统有哪些特点？它由哪些部分组成？
12. 如何组成一个多功能的公共广播系统？
13. 如何实现火灾应急广播的强切控制？
14. 如何理解数字化技术是公共广播系统发展的必然趋势？
15. 试述会议系统及同声传译系统的构成和工作原理。
16. 试述全数字会议系统的构成和工作原理。

第11章 智能楼宇的视频应用技术

本章导读

视频技术越来越多的应用于现代智能楼宇中，智能楼宇视频技术应用较为集中的表现为有线电视系统应用、视频会议系统应用，特殊用途的大型显示系统应用系统等具有电视特征的视频应用。视频技术的应用与现代智能楼宇密切相关，在很大程度上表现了楼宇的智能化程度。本章基于有线电视技术、视频会议技术以及大型显示技术的基本原理，以实际应用为重点，就智能楼宇中的有线电视系统和视频会议系统的技术特性、功能特性、应用特性进行讨论。

11.1 概述

电磁波传播的原理告诉我们，电视信号在空中是以视距传播的。基于这一基本特性，在电视信号的无线传输中，要满足对不同地形、不同空间位置的信号覆盖是困难的。特别是对趋于大型化、复杂化的现代建筑中的任意位置进行有效地电视覆盖更是不可能的。有线电视的出现很好地解决了这个难题。因此，有线电视系统作为一种电视信号的传输手段渗透到现代建筑中，成为智能建筑的重要组成部分。

随着科技的迅速发展，智能建筑中的有线电视系统的功能也进一步拓展，电视技术从模拟发展到数字，系统也从单向传输向双向传输发展。采用双向传输技术使系统可以成为交互式信息网络，进而实现视频点播（VOD）、视频会议、远程教育、网上购物以及与互联网相连的、更加富于智能化功能的网络系统。同时，也为现代建筑增加了更丰富的智能色彩。

11.1.1 智能楼宇对有线电视系统的要求

现代建筑智能系统中的有线电视系统通常为接入系统，即城市或区域性有线电视网络的继续和延伸。同时兼顾建筑自身的特殊要求，即要求具有能够独立接收来自卫星的电视信号和独立自办视频节目的功能。因此要求系统能够将接入信号、卫星直收信号、自办节目信号等混合在一起，利用建筑内的传输、分配网络，为终端提供多种类电视节目源信号。

为此，各种信号的标准必须统一到有线电视的相关国家标准上，传输分配网络也应适应双向传输要求，以便满足视频点播（VOD）、视频会议、远程教育、网上购物以及与互联网相连的要求。

11.1.2 有线电视系统的一般构成

图 11-1 给出了有线电视系统基本组成示意图。主要分为接收天线、前端设备、干线以及分配网络。

接收天线的性能好坏对于接收微弱的无线电视信号而言，其作用是非常重要的。根据不同的无线传输类型，电视信号将采用不同类型的天线接收系统。对 VHF、UHF 电视信号和调频信号采用八木天线，对于微波电视信号及卫星电视信号采用抛物面天线。

前端设备主要由天线放大器、频道放大器、信号处理器、解调器、调制器、混合器和导频信号发生器等组成。也可以把自办节目制作设备归类到前端设备中去。

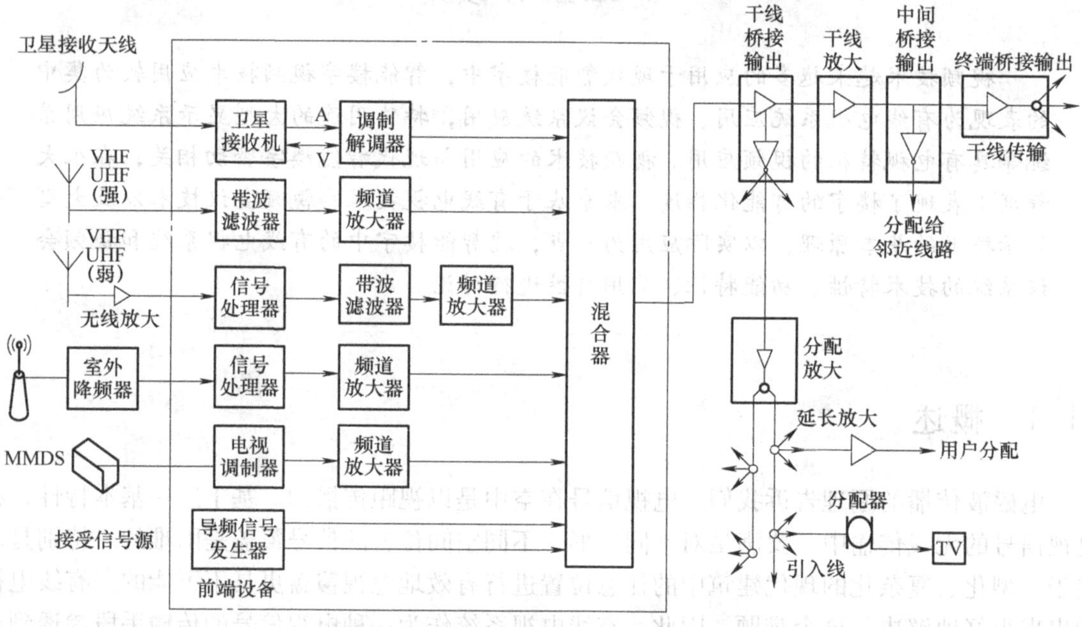

图 11-1 有线电视系统基本组成示意图

自办节目制作设备应具备三种功能：播放录像带和视盘；进行现场实况转播；自己编辑制作的节目。它包括：高质量的录放像机、高质量的影碟机、切换器、监视器、编辑器、同步器、摄像机、特技切换器、字幕机、时基校正器和导演控制台等。

较大规模的有线电视系统中配置有导频信号发生器，它可以为系统提供自动电平控制和自动频率控制的基准信号。

11.2 楼宇有线电视接收系统

11.2.1 卫星电视信号接入

卫星电视接收是建筑智能化系统中的重要组成部分，它为系统提供电视信号源。卫星电视接收的功能是在系统的前端，将来自卫星的电视信号经过适当的处理，使之与其他电视信号一起进入系统的传输通道。

卫星电视接收可以分为模拟信号接收和数字信号接收，可分别使用模拟接收设备和数字接收设备进行卫星电视信号的接收。就信号接收方式和传输方式而言，模拟信号和数字信号基本相同，都采用抛物面天线，主要的差别在于模拟信号和数字信号的处理过程不同。

有线电视系统中的卫星电视信号的接入如图11-2所示。抛物面天线接收来自卫星的3.7~4.2GHz（C波段）的电视信号（数字接收机为Ku波段11~14GHz），经高频头变为950~1450MHz的信号，然后送入卫星电视接收机。经过卫星电视接收机的处理，送出的是标准视频信号和音频信号。再经过调制器将其调制成系统中某个频道的射频信号。进入混合器后，与其他频道电视节目一起被送到传输干线上，最后，经分配网络送到各个终端电视用户。

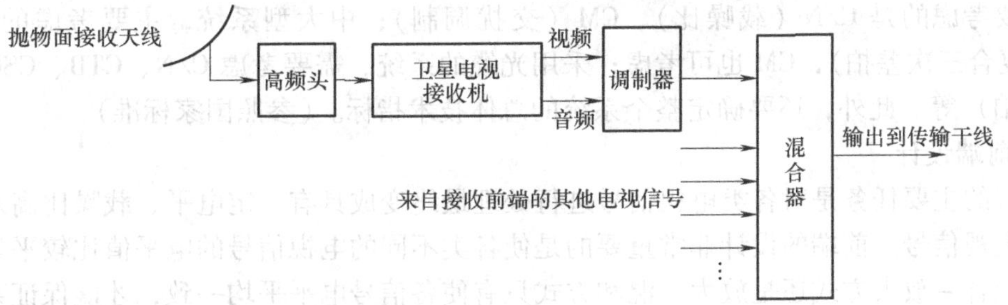

图11-2 有线电视系统中的卫星电视信号的接入

11.2.2 有线电视接收系统

智能楼宇中的有线电视接收系统一般与外部有线电视系统相连接，另外，考虑到一些特殊要求，还可直接接收卫星电视信号、直接接入自办节目信号及录像放送信号等。系统由信号处理前端和传输分配两部分组成。信号处理前端的作用是将来自卫星接收、外部有线电视接入的电视信号、自办节目电视信号以及调频广播信号等进行适当的信号处理（包括频率变换、电平处理等），然后经统一混合后以一个输出端口的形式输出信号；传输分配系统的作用是将前端送来的信号进行传输和分配，向终端提供信号。在信号传输过程中，若传输距离过长，可在传输线路中加干线放大器以延长传输距离。

在智能楼宇中，有线电视接收系统还应考虑构建双向传输系统，与外部有线电视系统接轨，以满足视频点播、视频会议、电子商务等各种功能的要求。

11.2.3 有线电视系统的设计方法

智能楼宇有线电视系统设计的内容包括：技术方案设计、设备选型、系统前端设计、传输线路设计和分支分配系统设计等。

1. 技术方案设计

（1）方案制定的依据　电视系统必须严格按国家现行规范所规定的各项技术指标来进行设计，如现行的国家广播电视标准有《GY/T 106—1999 有线电视广播系统技术规范》、《GY/T 121—1995 有线电视系统测量方法》以及与系统相关的其他各种标准，并考虑与其他系统的关联因素等。

（2）确定系统模式和信号接入模式　根据系统的规模、功能、用户的经济承受能力等因素，首先要确定采用什么模式的系统。是采用450MHz系统，还是采用550MHz或750MHz系统。对于单位内部或宾馆类的小型系统，是采用全频道系统，还是标准VHF邻频传输系统等。或直接引入城市有线电视信号以及卫星电视信号接入，自办节目信号接入和其他信号接入。

（3）确定系统的网络结构和传输方式　目前，电视系统的传输方式主要有：同轴电缆传输、同轴电缆—光缆—同轴电缆传输、同轴电缆—AML（放大链路）—同轴电缆传输等方式。同轴电缆传输等方式一般为“树枝状”网络结构。其余的传输方式常为“星—树状”或“星”形网络结构。当传输距离小于3km时，按目前的性能价格比，大多采用同轴电缆传输方式。此外还要根据系统的长远规划，确定是采用单向传输还是双向传输。

（4）系统技术指标的设计与分配　根据系统的规模大小，合理地设计技术指标。如小系统主要考虑的是C/N（载噪比）、CM（交扰调制）；中大型系统，主要考虑的是C/N、CTB（复合三次差拍），CM也可考虑；采用光缆的系统，需要考虑C/N、CTB、CSO（复合二次差拍）等。此外，还要确定整个系统的总体技术指标。（参照国家标准）

2. 前端设计

前端的主要任务是对各类电视信号进行处理最终变成具有一定电平、载噪比高及交调小的射频电视信号。前端的设计非常重要的是使各类不同的电视信号的电平值比较平均，无论是采用混合-放大方式还是放大-混和方式只有使各信号电平平均一致，才能保证系统的交扰调制指标满足要求。其次，前端输出电平的设计要适当。一般，前端系统输出电平为100~120dBμV。

3. 传输线路设计

多路电视信号的传输占用很宽的频率，信号在传输中会产生一定的损耗，特别是在传输频率高端信号损耗会更大。因此，传输线路设计特别要考虑信号传输过程中的损耗进行补偿。如选择适当的干线放大器、均衡器串接于传输线路中，用于对信号损耗的补偿以及对高端频响的补偿。

4. 分支、分配系统的设计

分支、分配系统的设计主要考虑合理应用分支、分配器，为终端提供适当的信号电平。同时还要特别考虑要使整个系统各个终端电平基本相同。

5. 绘制系统图、设备选型

设备选型要根据系统的技术要求选择性价比优的设备和部件。绘制系统图包括前端、干线和分支分配部分所有器件的配接方式，设备型号指标要求，各放大器的输入、输出电平，各分支点、分配点的电平，放大器、电缆等的型号等。还应有最远端的用户电平的计算值。其他图样还包括前端机房平面布置图；干线平面布置及路线图；干线上器件的平面位置；重要的建筑场所、线路的走线方式、距离等；施工平面图。布线管线的暗敷方式、走向、预留箱体；施工说明；设备材料表；技术计算书；图例等。

11.2.4　有线电视系统的设计案例

1. 基本要求

正在建设中的某住宅楼群已完工三幢，楼之间相隔距离为50m，需要在这三幢楼中安装有线电视系统。每幢楼需要96个终端；要求直收卫星电视节目；影碟节目；录相节目；城市有线电视公共网络的多路电视节目。

2. 设计方案

楼宇有线电视接入系统设计图如图11-3所示。

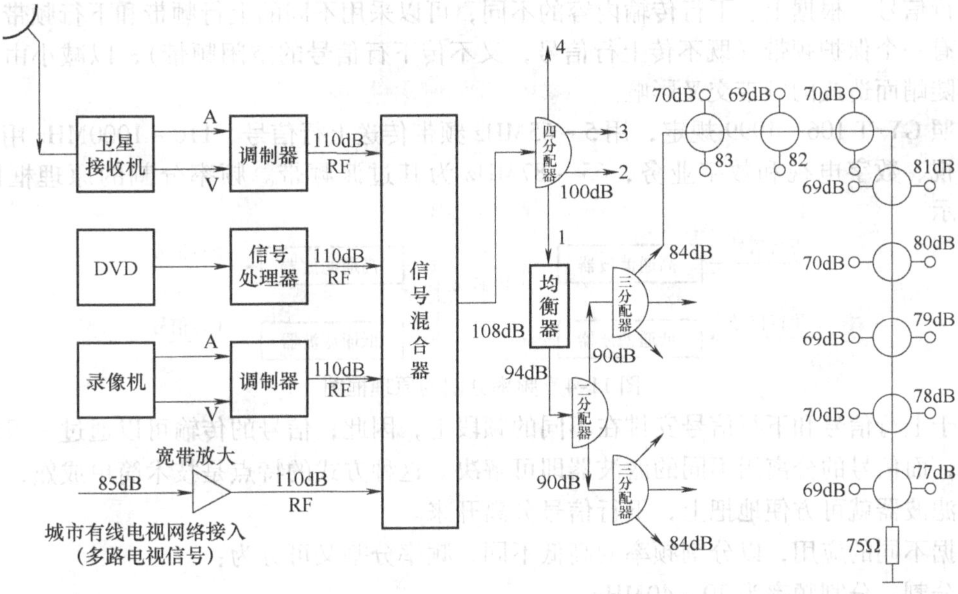

图11-3 楼宇有线电视接入系统设计图

(1) 前端设计 设置卫星电视直接接收装置，为了确保信号质量，采用卫星接收机A(音频)V(视频)输出信号加调制的方式构成卫星信号接收通道，调制器输出电平为110dB；DVD信号的射频(RF)经过信号处理器输出电平为110dB；录像机输出信号经调制器输出，电平为110dB；城市有线电视网络的多路信号由于端口电平只有85dB，所以在线路中接入了宽带放大器，使得其电平也达到110dB。几路信号都以相同的电平进入信号混合器，信号混合器输出电平为108dB。

(2) 传输分配 根据有线电视的相关国家标准本系统的工作频率范围可设计为50～750MHz即可满足要求。鉴于楼间相隔距离50m，可采用SYV－75－12型同轴电缆作传输介质。终端电平设计值为70dB。信号通过四分配器分为4路。1、2、3为已完工的三幢楼提供信号，第4路信号为扩展系统预留。查阅SYV－75－12型同轴电缆的技术数据可知，50m电缆在50MHz时衰减为1dB，在750MHz时衰减为6dB，因此在传输线路中接入－6dB均衡器使全频带的频率响应保持平坦，以利于信号分配。设计电平标示在设计图上。设计图上只画出了其中一路信号的具体分配，其他路与此完全相同。

(3) 器件电平值 四分配器分配衰减8dB；三分配器分配衰减6dB；二分配器分配衰减4dB；均衡器均衡衰减6dB；二分支串接单元插入损耗－1dB；分支端衰减(214衰减14dB；212衰减12dB；210衰减10dB；208衰减8dB)。

11.3 楼宇有线电视网络的双向传输技术

11.3.1 双向传输

双向传输技术是构建VOD系统、视讯宽带网系统、视频会议系统的信息传输基础。所谓双向传输，指的是系统既可以从前端向用户发送信息（即下行传输），又可以实现用户向前端发送信息（即上行传输）。实现双向传输的主要有以下三种方式：

（1）频率分割双向传输方式 频率分割双向传输方式是用不同的载波频率分别传送上行和下行信号。根据上、下行传输内容的不同，可以采用不同的上行频带和下行频带，但中间必须有一个保护频带（既不传上行信号，又不传下行信号的空闲频带），以减小由于滤波特性不陡峭而造成的频带交叉影响。

按照GY/T 106—1999规定，用5～65MHz频带传送上行信号，110～1000MHz用于传输模拟电视、数字电视和数字业务，65～87MHz为其过渡频带。频率分割的原理框图如图11-4所示。

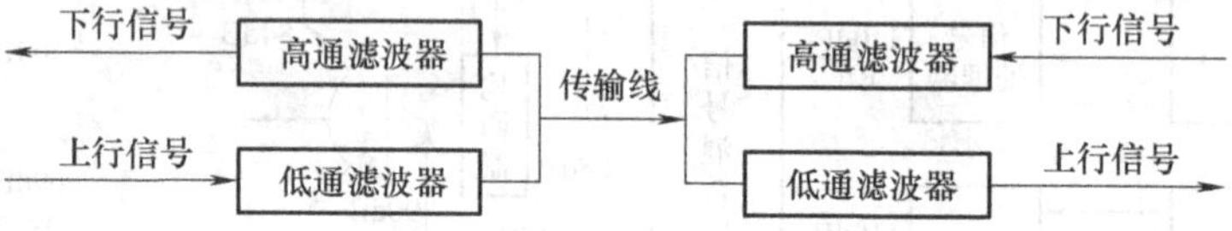

图11-4 频率分割的原理框图

由于上行信号和下行信号安排在不同的频段上，因此，信号的传输可以通过一根传输线来传输，而信号的分离用不同的滤波器即可解决。这种方式的特点是技术简单成熟，只要用一般的滤波器就可方便地把上、下行信号分离开来。

根据不同的应用，以分割频率的高低不同，频率分割又可分为：

低分割：分割频率为30～40MHz；

中分割：分割频率为100MHz左右；

高分割：分割频率为200MHz左右。

高、中、低三种分割方式的选取主要取决于传输的信息量。一般情况下，对于结点规模较小、上行信息量较少的应用系统（如点播电视、Internet接入、数据检索等）可采用低分割方式。对结点规模较大、上行信息较多的应用（如可视电话、会议电视等）系统则采用中、高分割方式。

（2）空间分割双向传输方式 空间分割是采用不同的线路分别传输上行和下行信号。在光纤传输系统中，大多采用这种方式，利用两芯光纤分别来传输上行和下行信号。但在电缆传输系统中，通常不采用这种方式，因为成本太高。这种方法的优点是技术简单，上行信号和下行信号之间不存在干扰问题，但空间分割传输实际上是采用两套单向传输系统，是两个单向传输系统的组合，不能真正称为双向系统。

（3）时间分割双向传输方式 时间分割双向传输方式则是利用时分复用技术来分离上、下行信号，即把系统传输信号分为若干个时间段，分时交替传送上、下行信号。

数字通信系统中用这种方式，即传输上行或下行信号的时间由一个脉冲开关进行控制，在一个脉冲周期内传送下行信号，在紧接的另一个脉冲周期内传送上行信号。这种方法的优点是上、下行信号交叉传输，不产生相互干扰，但要求信号的发送端和接收端的开关准确同步，信号的处理比较复杂。

11.3.2 双向传输电缆电视系统

1. 双向传输的两种组成方式

第一种方式：一套电缆、一套放大器的频率分割双向传输系统，如图11-5所示。这种方式的优点是放大器数量少，成本低。但在设计中，仍存在不少问题，主要有：①上、下回路分别调整放大器增益不方便，对自动电平控制则更困难；②线路均衡的调整困难，而自动斜率控制则更困难；③需要倍程较大的宽带放大器；④放大器较难满足交扰调制、相互调制的要求。

由于上述原因，这种方式在有线电视中很少采用，但在电话线路中应用较多。

第二种方式：一套电缆、两套放大器的频率分割双向传输系统，如图 11-6 所示。由于采用两套放大器，因而该系统就克服了第一种方式的缺点，该方式在有线电视中应用较多。在频率分割方式中，除了用到放大器以外，还用到滤波器。该滤波器称为频率分割多路传输滤波器（即 FDM 滤波器）。在 FDM 滤波器的公共端，整个频谱（上、下行频率范围内的信号）都能通过。高频端是高通滤波器的输出端口，由于高通滤波器对低频信号具有高阻特性，出现在公共端的低频信号由于高通滤波器的阻止而不能到达高频端；同样，公共端的高频信号由于受到低通滤波器的阻止而不能到达低频端。高频信号可自由地通过高通滤波器，低频信号可自由地通过低通滤波器，因而 FDM 滤波器也称为双向滤波器。

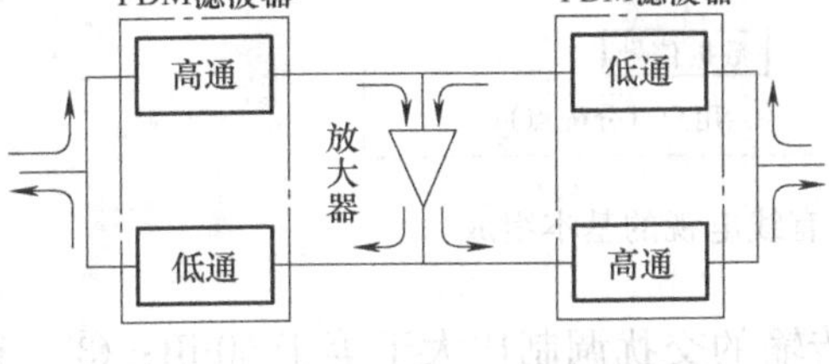

图 11-5　一套电缆、一套放大器的频率分割双向传输系统

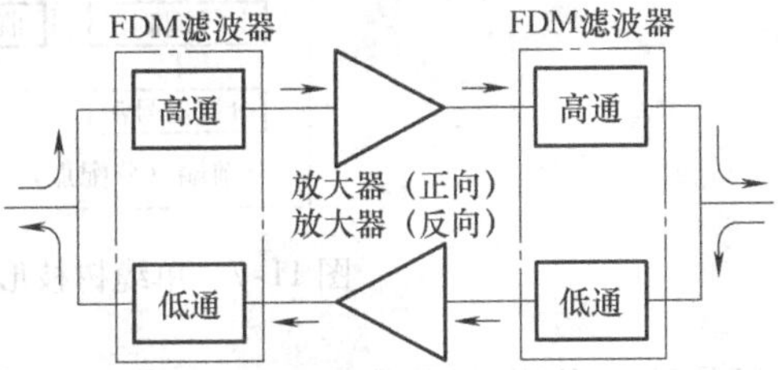

图 11-6　一套电缆、两套放大器的频率分割双向传输系统

由图 11-6 可知，高频分量在双向滤波器的公共端出现，经第一个高通滤波器后送入高频放大器放大，然后再进入第二个双向滤波器的高频端，被放大了的高频信号由与双向滤波器公共端相连的同轴电缆送到下一级设备；低频信号以同样的方式在低频信号通道的单元中自由地通过并放大。所以，双向放大器被插入到单线同轴电缆中，对两个同时传送的、不同频谱的双向信号进行放大。由此可见，下行传输正向信号，上行传输反向信号。

双向滤波器除了具有上、下行通道的作用外，还具有隔离上、下行通道的作用。

2. 双向传输电视系统的组成

（1）双向电视系统的组成　双向电视系统的拓补结构通常有环形、树枝形及星形 3 种。在楼宇视频系统中常用树枝形网络结构。图 11-7 给出了单缆树枝形双向有线电视的基本组成。对下行信号的处理与一般有线电视的处理基本一样，而对上行信号的处理则比较复杂。

在系统的输出端口，上行信号的加入是靠上行调制器把上行信号调制到某一上行频道由双向滤波器送入用户端，经支线、干线传回前端，经前端处理后再传给用户。

前端对上行信号的处理主要是将其变换到某一选定频道上，并与前端其他信号相混合，作为下行信号传输给用户。

（2）双向传输系统的指标要求　下行传输系统的指标要求与传统的单向传输的情况基本相同，主要是对上行传输系统的指标要求有所不同。上行信号传输的指标有载噪比、交调失真、互调失真、微分增益、微分相位及输出口射频信号电平等，具体指标的要求有：①上

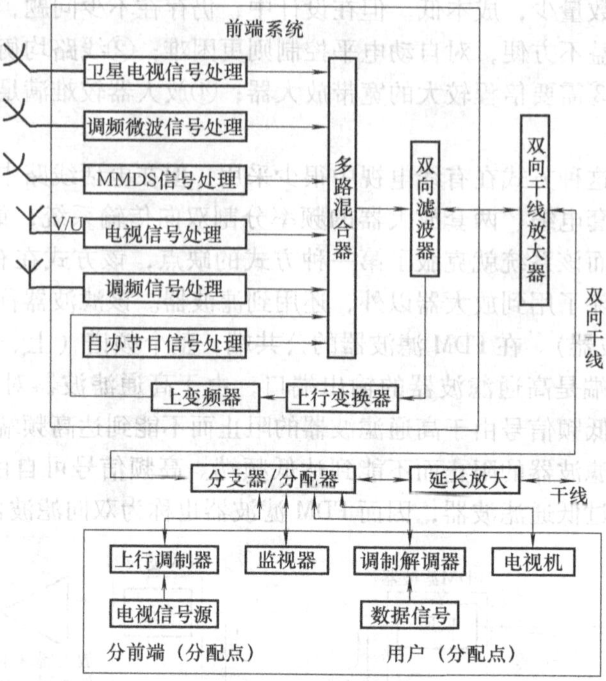

图 11-7 单缆树枝形双向有线电视的基本组成

行信号传输的载噪比不低于 52dB；②上行信号传输的交扰调制比大于等于 60dB；③上行信号传输的互调比大于 66dB；④输出口射频信号电平小于 80dB；⑤微分增益应小于等于 5%；⑥微分相位应小于等于 6°。

11.3.3 视频点播系统

双向传输系统建立以后，使视频点播成为可能。所谓视频点播（Video on Demand，VOD）就是按照用户的要求，随时提供视频服务的业务。视频点播是一种受用户控制的视频分配业务。它使每一个用户可以通过它随时看到自己最喜欢的影视节目。也就是说，在家里即可随时点播自己想看的系统前端服务器储存的各种节目，实现人与电视系统的直接对话。视频点播是建立在双向传输技术基础上的。视频点播按照其交互性的程度，可分为真视频点播（TVOD）、准视频点播（NVOD）和利用 Internet 进行视频点播等。

真视频点播（TVOD）系统具有双向对称的传输容量，人们能够完全实现独立收视，实时地控制节目播放，并在收视过程中像使用录像机那样控制节目的快进、快退、暂停等。但它对前端、网络及终端都有严格的要求。为了保证足够的频道和传输质量，必须采用数字压缩方式传输节目，网络要有双向传输功能，在终端要加机顶盒以解决数字信号的还原及用户指令的回传等问题。

图 11-8 是视频点播的原理示意图。在前端部分需要增加用户管理计算机系统、视频服务器、数字信号处理系统、播出系统、加扰调制系统等。在用户端需要增加一个机顶盒，负责进行点播和点播节目的解压、解码、解扰与播出。

用户根据电视机屏幕上的选单提示，利用机顶盒选择出自己所喜爱的节目，并向前端发

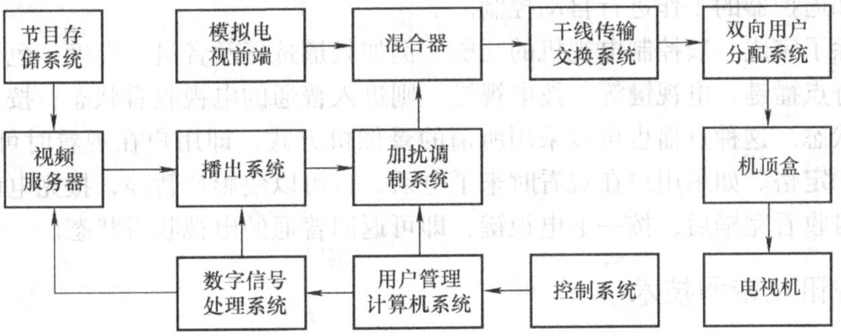

图 11-8　视频点播的原理示意图

出点播请求指令。在具有双向传输功能的有线电视系统中，利用频率分割方式将用户点播的请求信息通过系统的上行通道传输到前端子系统的控制系统。控制系统将点播的节目和主系统的电视信号混合后，由有线电视系统的下行通道传输到用户终端，经机顶盒解调后观看。

（1）前端部分　视频服务器本质上是一台高质量的计算机，负责点播节目的存储、备份和检索。它可以提供对电影、音乐等的随机、即时的访问，并能将其中的资料分配到适当的存储设备和物理介质上。它要求传送的数据流非常平稳，并有较好的交互性、可靠性和可扩展性。除了存储必要的节目以外，它的主要任务是进行节目检索和服务，提供快速的传输通道。有的视频服务器能同时传送1000多个独立的视频流，上千人可以同时观看单一复制的电影。

播出系统管理点播节目的播出和用户计费数据的产生。一般采用计算机进行自动管理。加扰调制系统的任务是把点播节目的基带数字信号加扰，并调制到一定频率的高频载波上，变为高频调制信号，送入有线电视台前端的混合器，与其他高频模拟信号混合输出。

用户管理计算机系统负责用户的开户、点播、自动计费以及用户信息的查询、统计等控制系统对前端各个部分的工作进行控制。

混合器把视频点播的数字信号与普通模拟电视节目混合，一起送入干线传输交换系统传输。

（2）干线传输交换系统　干线传输交换系统是由SDH干线网、HFC用户网和ATM交换系统组成的双向有线电视系统，主要负责传输、交换用户点播节目的信息和控制信息。

（3）机顶盒　机顶盒一般用遥控器操作。机顶盒要向有线电视前端发出点播请求和帐户密码等信息。当有线电视台收到用户的请求后，先要进行用户资格的认证，向用户发送密钥，再将用户点播节目的数字信号加密，沿有线电视网下传。机顶盒识别该信号的地址，若与本机地址相一致，就把它接收下来；然后进行解调、解扰、解压缩、解码和纠错，恢复成模拟信号，送往电视机显示。

机顶盒内一般包括上行数据通信模块、下行数据解调器。解扰器、解码器、D-A转换器和计算机控制模块。上行数据通信模块把用户点播的有关信息，转换成适合在反向通道中传输的数据，传送给有线电视前端的管理控制系统。下行数据解调器负责对下行的、调制有所需节目数字信号的高频载波进行解调，还原为数字信号。解扰器进行数字解扰。解码器对解扰后的数字信号进行解压缩和解码处理，恢复成原来的数字信号。D-A转换器把数字信号变为模拟信号，送入电视机，将用户点播的节目显示在荧光屏上。计算机控制模块用来对整个机顶盒和遥控器的工作进行自动控制。

遥控器除了完成一般控制电视机的功能，例如频道选择及音量、亮度、色彩、对比度的调整外，还有点播键、电视键等。按电视键，则进入普通的电视收看状态；按点播键，则进入视频点播状态。这种点播也可以采用所谓的录像机方式，即用户在观看时可以随意快进、快退、倒带、定格。如果用户在观看时来了电话，也可以使影片暂停，接完电话后再继续观看。点播节目收看完毕后，按一下电视键，即可返回普通的电视收看状态。

11.3.4 视讯宽带网技术

视讯宽带网是网络技术发展的必然趋势，它设想的目标是集通信、电视、控制管理以及其他服务功能于一网，以共同的传输介质传输各种不同的信息，向终端用户提供综合性的信息服务。它相对于传统的窄带的电信网以及电视传输网络有更快的传输速度和更多的功能。因此，各种网络都在向宽带多功能方面发展，智能建筑也对网络带宽和功能不断地提出新的要求。在这种背景下，视讯宽带网技术为满足智能建筑的新要求提供了有力的技术支持。视讯宽带网技术在楼宇中的应用关键是宽带网接入技术。宽带接入主要有以下几种接入方式：ADSL、CableModem 和以太网技术。有关 ADSL、以太网技术在本书前面的内容中已有介绍，下面介绍 CableModem 接入技术。

CableModem（电缆调制解调器，又称线缆调制解调器），它是利用普通家用闭路电视铜轴电缆进行宽带接入的技术。

CableModem 允许用户通过有线电视网（CATV）进行高速数据接入（如接入因特网），它最大的优势在于速度快、占用资源少：通常下行速率最高可达 36Mbit/s，上行速率也可高达 10Mbit/s；在实际运用中，CableModem 只占用有线电视系统可用频谱中的一小部分，因而上网时不影响收看电视和使用电话。计算机可以每天 24h 停留在网上，不发送或接收数据时不占用任何网络和系统资源。CableModem 本身不单纯是调制解调器，它集 Modem、调谐器、加/解密设备、桥接器、网络接口卡、SNMP 代理和以太网集线器的功能于一身，无须拨号上网，不占用电话线，只需对某个传输频带进行调制解调，这一点与普通的拨号上网是不同的（普通的 Modem 的传输介质在用户与交换机之间是独立的，即用户独享通信介质）。利用 CableModem 和 HFC 进行组网在稳定性、可靠性、供电以及运行维护体制上都存在一些问题。此外，由于其网络线路带宽是共享的，在用户达到一定规模后实际上无法提供宽带数据业务，用户分享到的带宽受到用户数量的影响。CableModem 具有如下特点：

1）传输速率高；其速率可达 10Mbit/s。

2）属于共享介质系统，空闲频段可用于有线电视信号的传输。

3）其传输数据的 HFC 网（混合光纤铜轴网）连接用户端的传输频宽可高达 750MHz。

4）由于 CATV 是一个树状网络，因此极容易造成单点故障，如电缆的损坏、放大器故障、传送器故障都会造成整个节点上的用户服务的中断。

5）CableModem 的前期用户一定可以享受到非常优质的服务，这是因为在用户数量很少的情况下线路的带宽以及频带都是非常充裕的。但是，每一个 CableModem 用户的加入都会增加噪声、占用频道、减少可靠性以及影响线路上已有的用户服务质量。这将是 CableModem 迫切需要解决的一大难题。

HFC 网是 CableModem 接入方式的典型应用之一。图 11-9 所示为 HFC 宽带网构成原理示意图。主干线分别采用两根光纤（共缆分纤方式）拉到路边的综合光网络单元和光结点。其中一根光纤用来传输交互式数字业务（如数字电视、语音和数据信号），将这些信息传送到光网络单元；另一根光纤用来传输单向模拟电视信号，将信号送到光节点，由光接收机将光信号变为电信号，然后此信号通过同轴电缆与供电电源一起，经分配器分配给各综合光网络单元。综合光网络单元不同于普通的光网络单元，它的功能更多，不仅可以将FTTC的光信号转换为电信号，还可复合来自单向HFC中的模拟电视信号，然后分解出模拟电视信号、语音、数据和交互式数字视频信号分别送入同轴电缆、双绞线和机顶盒。其中，模拟电视信号直接送往用户的模拟电视机即可收看；而交互式数字视频信号需要经过机顶盒（或解码器）处理，变为模拟电视信号后，方可为模拟电视机所接收。

利用这些网络还可实现如个人计算机接入、电视购物、远程业务、视频监控等多种功能。

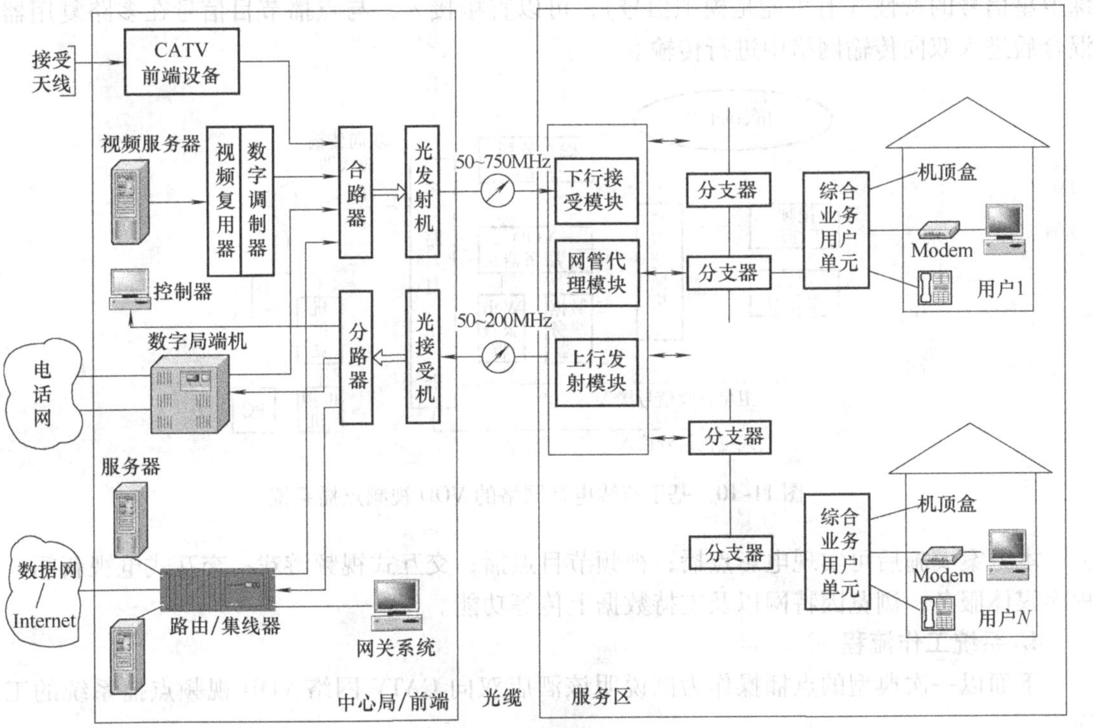

图 11-9 HFC 宽带网构成原理示意图

11.3.5 基于有线电视网络双向传输技术的实际应用

某酒店VOD视频点播系统解决方案如下。

1. 功能要求

在酒店客房以及会议室、办公室使用PC或TV等终端设备收看有线电视系统传输的节目，实现电影点播；视频节目点播；交互式视频游戏；交互式电视新闻；远程多媒体服务；浏览因特网等功能。

2. 系统组成及设备

系统由视频工作站、视频服务器、网络交换机、VOD服务器、数据服务器、Web服务器、存储器、多路复用器、双向传输放大器、机顶盒以及播放管理软件组成（见图11-10）。

VOD服务器：负责输出影片，能播放VCD、SVCD、DVD、EVD、MPEG-4及FLASH等各种类型的影片及系统管理。

视频服务器：经常更换的热门影片或视频节目，存储在服务器硬盘中。影片的输入、编辑、编排在此服务器进行，必要时可接多个视频服务器。

3. 工程方案

本技术方案基于酒店原有的有线电视系统网络，在此基础上实施如图11-10所示的VOD视频点播系统。对原有的网络进行必要的改造，不需重新布线，只需要将原网络中放大、分配环节更换具有双向功能的设备和部件即可。考虑到城市有线电视和酒店自行接收特殊卫星信号的特性（有可能是模拟信号），可以直接接入，与点播节目信号在多路复用器中混合后进入双向传输网络中进行传输。

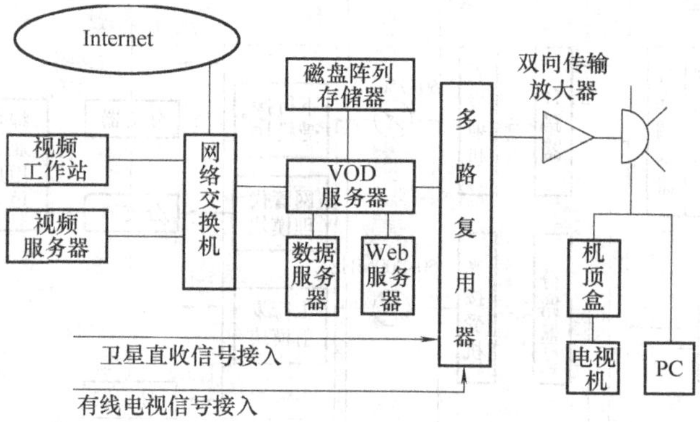

图11-10 基于有线电视网络的VOD视频点播系统

本方案实施后可实现电影点播；视频节目点播；交互式视频游戏；交互式电视新闻；远程多媒体服务；浏览因特网以及支持数据上传等功能。

4. 系统工作流程

下面以一次典型的点播操作为例说明该酒店双向CATV网络VOD视频点播系统的工作流程。

1）进入VOD系统。打开机顶盒或PC，通过机顶盒遥控器键盘或PC键盘发出请求。

2）系统进行用户登记。系统通过查询用户管理数据库，确认用户身份、级别；登记用户进入的信息。

3）系统检查资源状态，分配信道。系统查询信道占用情况，并分配给用户一个信道。

4）系统提供视频服务选择。系统通知用户机顶盒，分配给它使用的信道；机顶盒根据系统命令转向所分配信道；系统将提供服务选择的菜单的最高层传送给用户。

5）用户同系统交互动作，选择服务。用户的选择通过上行信道传给系统；根据用户的选择，系统提供下层菜单。

6）用户确认视频服务内容。用户确认选定的节目，系统则按用户请求将其内容传送给用户；系统开始计费。

7）中途暂停、快进等操作。用户可以通知系统暂时中断节目，也可以进行快进及声道切换等操作；暂时中断节目操作后，当前使用的信道要被系统收回；用户再回到节目中时，要再次申请信道。

8）用户退出 VOD 系统。用户机顶盒或 PC 通知系统，要退出系统，系统进行登记，通知计费系统，让出信道；节目播出完毕，系统通知机顶盒或 PC 退出，得到响应后即收回分配给用户的信道，退出 VOD 点播系统。

若不选择 VOD 功能，还可选择上网浏览进入因特网进行网上的各种活动，或切换到有线电视收视状态。

11.4 视频会议技术

视频会议系统也称为会议电视系统或电视会议系统，是利用现代音视频技术和通信技术在两个或多个地点的用户之间举行会议，实时传送声音、图像的通信方式。它同时还可以附加静止图像、文件、传真等信号的传送。参加电视会议的人，可以通过电视发表意见，同时观察对方的形象、动作、表情等，并能出示实物、图样、文件等实拍的电视图像或者显示在黑板、白板上写的字和画的图，使在远地点参加会议的人感到如同和对方进行“面对面”地交谈，在效果上可以代替现场举行的会议。

视频会议的各种交互信息的传输媒介是各种通信网络，如电信网、Internet 网、有线电视网等。在这些网络中，视频会议能够顺利进行，不仅要依赖于网络和会议电视系统的硬件设备，还要依赖于各种网络通信协议以及与这些协议相适应的视频会议标准，即软件。为此，国际电信联盟（ITU－T）制订了一系列的会议电视标准，适用于不同的网络。

H.261 建议奠定了以混合编码为核心的视频编码的基础，以后制定的一系列的视频编码标准无不是在这种混合编码的基础上加以改进而成的，如 ITU－T 的 H.262、H.263，ISO 的 MPEG－1、MPEG－2 等。H.320 系列标准，规范了 ISDN 网上的会议电视系统的主要技术环节，为会议电视的国际互通以及不同公司产品之间的互联提供了技术保证。H.321 系列标准用于 ATM 网络的视频会议；H.322 和 H.323 系列标准用于计算机局域网上的会议电视标准；H.324 系列标准用于公共电话网和无线网络上的会议电视标准。这一系列标准基本覆盖了目前常用的通信网络，为会议电视在各种通信网上全方位的推进打下了良好的基础。在每一套 H.3XX 标准中都包括一系列各种不同用途的标准，具体规范了图像、语音编码，网络接口，多点联网，数据传输，码流复用，通信控制等方面的技术要求。就目前的发展趋势来看，基于 IP 的 H.323 会议电视系统必将随着计算机通信和 Internet 的迅猛发展而得到普遍的应用。

电视会议系统主要由会议终端、多点控制单元（MultiPoint Control Unit，MCU）和通信网络组成，如图 11-11 所示。除此之外还应有相应的软件支持，才能使整个系统有效地运行起来。

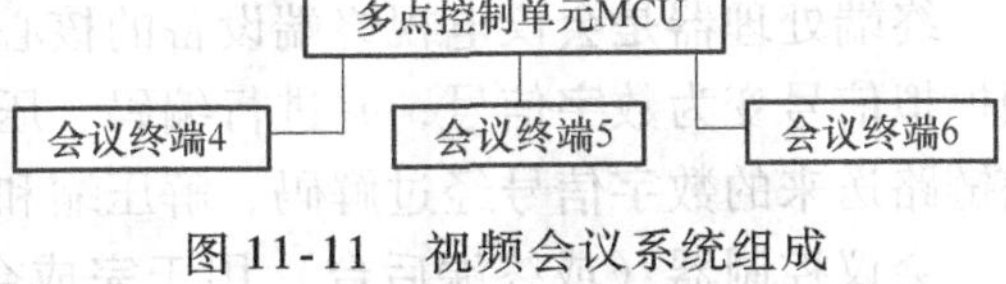

图 11-11 视频会议系统组成

11.4.1 视频会议系统的设备

在视频会议系统中通信网络提供了一个连接各种设备并使各设备之间建立联系的平台。各种设备主要表现在会议终端及中心控制部分。

1. 终端

（1）终端功能 会议电视终端属于用户数字通信设备，在会议电视系统中处在用户的视听、数据输入/输出设备和网络之间。如图11-12所示的会议电视终端，它的主要作用就是将终端处会议点的实况图像信号、语音信号及用户的数据信号进行采集、压缩编码、多路复用后送到传输信道上去。同时把从信道接收到的会议电视信号进行多路分解、视音频解码，还原成对方会场的图像、语音及数据信号输出给用户的视听数据设备。与此同时，会议电视终端还将本点的会议控制信号（如建立通信、申请发言、申请主席控权等）送到MCU，同时接收MCU送来的控制信号，执行MCU对本点的控制指令。

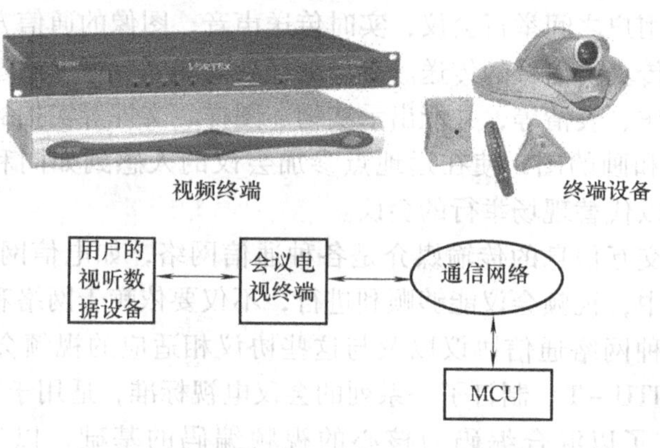

图11-12 终端设备在系统中的位置

（2）终端设备 终端设备包括摄像机、传声器、监视器、扬声器、回波抵消器、终端处理器、会议控制器（或终端后台）和一些必要的附属设备等。

摄像机、传声器是会议电视系统的输入设备，把会场的图像与声音转换成电信号，送入终端处理器进行处理。

监视器和扬声器是系统的输出设备，用来显示会场的声音和图像。

回波抵消器用来抑制回声。因为在第一会场中输入传声器的声音信号除了有本会场发言人A的声音外，还会有其他会场（例如第二会场）发言人B通过第一会场的扬声器发出的声音，它经过终端处理器和通信链路传到第二会场后，就会在第二会场形成发言人B的回声。接入回波抵消器使第一会场中由扬声器进入传声器的电信号与原来输入扬声器的电信号反相叠加，使第一会场送入通信线路的信号中发言人B的声音信号被抵消，即消除了回声。

终端处理器是会议电视终端设备的核心，它把本会场由摄像机和传声器输入的视频、音频模拟信号变为数字信号，并进行编码、压缩和复接，送往通信链路；又把其他会场经过通信链路送来的数字信号经过解码、解压缩和分接，送往监视器和扬声器，变成声音和图像。

会议控制器（或终端后台）用于完成会议过程中对终端的操作、控制和管理。例如摄像机的转动和切换，传声器音量的调整，主席会场对其他会场的控制，以及系统的设置、管理和维护等。

除了上述必要的终端设备外，有时在会场上还需要放置计算机、传真机、扫描仪、录像机、幻灯机等附属设备，向参会人员提供录像、幻灯和其他资料。有时还需要电子白板、书写机、打印机等，供与会人员讨论问题时写字、画图，形成会议文件时使用。

2. 多点控制单元

多点控制单元（MCU）是电视会议系统中的中心控制部分，其作用类似于电话通信系统中的程控交换机。它把3个以上会场的终端设备连接起来，实现音频信号的混合和视频信号的切换，完成多个终端设备信号的汇接和处理。

每个多点控制单元可以有4、8、12、16、32个端口，即最多可控制32个会场。一个MCU同时可控制几个独立的分组会议，只要参加会议的总点数不超过这个MCU的最大端口容量。若采用两级16端口的多点控制单元互联，最多可控制 $15\times15+1=226$ 个会场；若采用三级多点控制单元互联，则可控制数千个会场。

在每个电视会议系统中，必须设置一个唯一的主MCU，作为系统的时钟标准，其他MCU和各终端设备的时钟必须与它同步，才能使各终端设备全部同步，所传输的数字信号能够被有效地接收。多点控制单元由计算机工作站进行管理，实现对多点控制单元的配置和测试，安排会议日程、统计和记录计费信息等。

由于MCU最大端口数是有一定限制的，因此，在遇到会议点特别多的情况时，可以将多个MCU级连使用，这样就可以增加会议电视系统的场点容量，如图11-13所示。一般情况下级连的层数不超过二层。即一个终端最多只能经过一个从MCU转接到主MCU，而不能历经两个或更多的MCU再转接到主MCU上。对8端口的MCU在2级级连的情况下，最多可支持 $7\times8=56$ 个点的会议电视网络。最近一些新投入市场的MCU产品的级连层数已经超过二层，进行3级级连使用，以便组成更大规模的会议电视网。

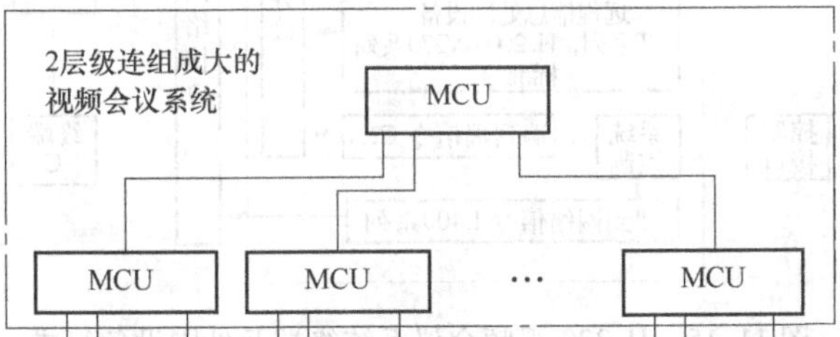

图11-13　多个MCU级连使用

在MCU的简单连接方式中，相连接的两台MCU是对等的，仅把对方看成是另一个编解码器，这种方式宜采用导演控制；在具有多台MCU的网络中，MCU之间则必须另按H.243定义的主从关系连接，其中一台为主MCU，其余皆为从MCU，此时宜采用主席控制方式或语音控制方式。

11.4.2　视频会议系统的组成

视频会议系统是在已有通信网络的基础上进行信号传输，并在网络中接入特定功能的终端设备和控制设备来实现电视会议的功能。在具备了这些条件之后，支持会议系统的各种标准、协议成为十分关键的环节，标准、协议为各种会议设备提供了运行的平台。因此，会议系统都会冠以某个标准或协议作为系统的标志，如 H. 320 视频会议系统、H. 323 会议系统等。即便是用其他分类方式描述会议系统，标准和协议也会被十分强调。

1. H. 320 视频会议系统

H. 320 视频会议系统是基于 PSTN/ISDN 网络的多媒体会议系统，如图 11-14 所示，其终端及外围设备结构如图 11-15 所示。H. 320 视频会议系统的终端设备由以下几部分组成：

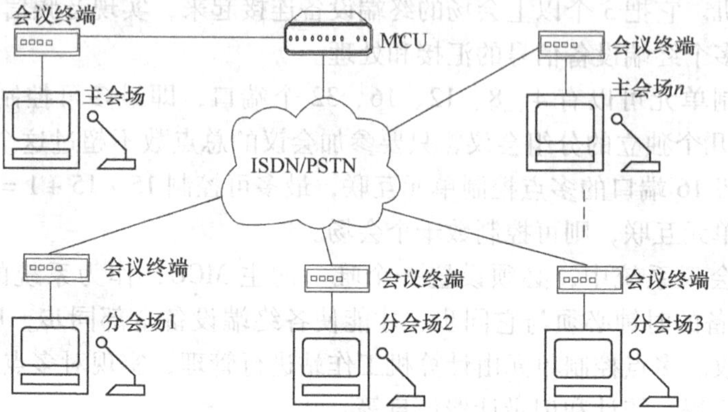

图 11-14　H. 320 视频会议系统

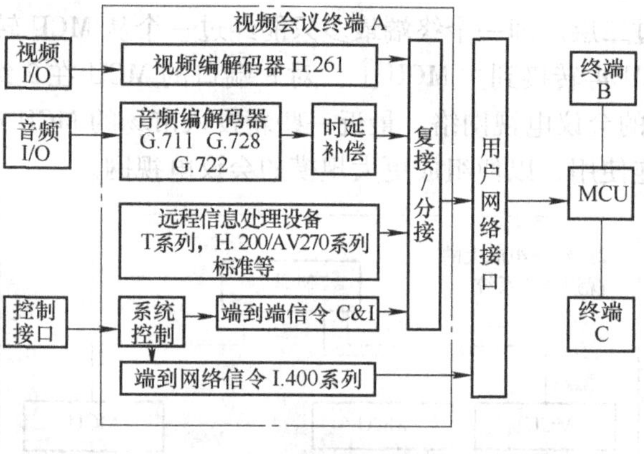

图 11-15　H. 320 视频会议系统终端及外围设备组成

（1）视、音频输入/输出模块　这一模块负责完成对视、音频信号的数字化处理。对于来自摄像机的视频信号，经过 A－D 转换、亮色分离后形成一路 CIF 格式的数字视频送入 H. 261 视频编码电路进行编码；对于来自传声器的语音信号，经过低通滤波、A－D 转换后送入音频编码电路编码。

（2）视音频编、解码模块　这一部分是视频会议终端设备的核心，它完成对视、音频信号的压缩编码和解码。对视频信号采取带有运动补偿的帧间 DPCM＋二维 DCT 变换编码＋熵编码。对语音信号进行 G. 711、G. 722 或 G. 728 标准的压缩编码。

（3）复用单元　在视频复用单元中，由于压缩后的视频数据（DCT 系数）及相应的辅助信息采用了变长编码（VLC）技术，因而输出的数据为不均匀的数据流。为了能在通信网中以恒定速率传输，需要采用缓冲器对输出视频数据的速率进行平滑处理。对于音频信号，压缩后的语音信号在复用前要经过一定的延时以保证语音同步。完成上述处理后，视音频信号、数据信号和控制信息按照行 H. 221 规定的时隙合成一路数字信号，再经过接口电路形成标准的传输码送入信道传输。

2. H. 323 视频会议系统

H. 323 视频会议系统是基于计算机网络的，它具有功能多、控制灵活、可以很好地和其他媒体在计算机中进行融合，其网络拓扑结构如图 11-16 所示。

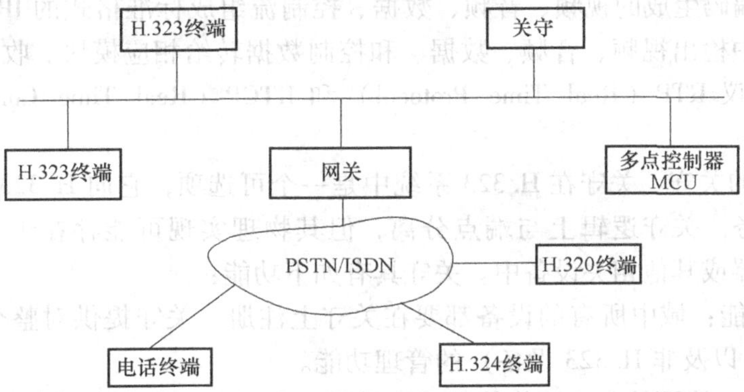

图 11-16　H. 323 的网络拓扑结构

（1）H. 323 的终端设备　图 11-17 给出了 H. 323 终端设备及接口框图。H. 323 标准规定了终端采用的编码标准、包格式、流量控制等内容，包含了视频、音频、数据控制等模块。

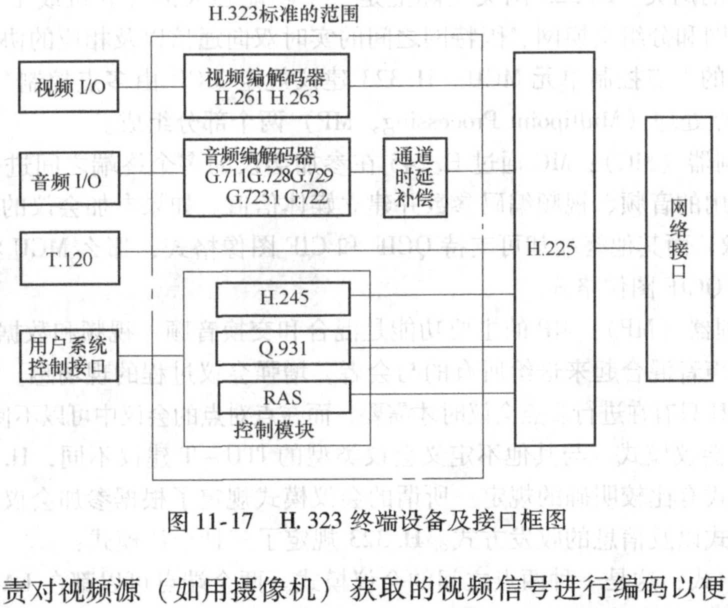

图 11-17　H. 323 终端设备及接口框图

视频模块负责对视频源（如用摄像机）获取的视频信号进行编码以便于传输，同时对接收到的数据进行解码，将其还原成视频信号以便显示。视频通道至少应支持 H. 261QCIF 标准，它可以提供分辨率为 176×144 的画面。该通道还可以支持其他质量更高的编码标准（如 H. 263）和高清画面尺寸（如 1080P）。

音频模块负责对音频源（如传声器）获取的音频信号进行编码以便于传输，同时对接收到的数据进行解码，将其还原成音频信号以便播放。音频通道至少应支持 G. 711 标准

(64Kbit/s)，它还可以支持其他编码标准，如 G. 722、G. 724. 1 等。由于 G. 711 标准的传输速率较高，不适合在低速线路上使用，此时应使用传输速率较低的标准，如 G. 723. 1 (5. 3Kbit/s 或 6. 4Kbit/s)。数据通道支持的服务有电子白板、文件交换、数据库访问等。控制模块为终端设备的操作提供信令和流量控制。用 H. 245 标准来完成终端设备的功能交换、通道协商等。

H. 225 层将编码生成的视频、音频、数据、控制流组成标准格式的 IP 包发送出去，同时从接收的信包中检出视频、音频、数据、和控制数据转给相应模块。收发 IP 包均使用标准的实时传输协议 RTP（Real Time Protocol）和 RTCP（Real Time Control Protocol）来进行。

（2）H. 323 的关守　关守在 H. 323 系统中是一个可选项，它向 H. 323 终端和网关单元提供呼叫控制服务。关守逻辑上与端点分离，但其物理实现可能存在于一个终端、MCU、网关单元、服务器或其他相关设备中。关守具有如下功能：

1）域管理功能：域中所有的设备都要在关守上注册，关守提供对整个域（包括终端、网关、MCU、MC 以及非 H. 323 设备）的管理功能。

2）许可控制：许可控制为网络管理员提供了一种控制网络视频借频流量的体制，终端必须获得关守的允许才能发送或接收一次呼叫。

3）地址翻译：关守也提供地址翻译服务，这项功能是将外部地址（如电话号码）和别名地址（如姓名）翻译成网络地址。

4）带宽控制：根据带宽管理的原则对域中带宽使用情况进行控制。

（3）H. 323 的网关　H. 323 网关实际上是一个功能强大的计算机或工作站，它负责电路交换网如电话网和分组交换网、因特网之间的实时双向通信以及相应的协议转换。

（4）H. 323 的多点控制单元 MCU　H. 323 建议规定 MCU 由多点控制（Multipoint Control，MC）和多点处理（Multipoint Processing，MP）两个部分组成。

1）多点控制器（MC）：MC 通过 H. 245 在参加会议的多个终端之间进行通信能力的协商，确定会议采用的音频、视频编码参数并建立媒体信道。如果参加会议的某个终端只支持 QCIF 格式的图像，而其他终端却可支持 QCIF 和 CIF 图像格式，那么 MCU 将要求参加会议的所有终端采用 QCIF 图像格式。

2）多点处理器（MP）：MP 的主要功能是混合和交换音频、视频和数据流。比如 MP 可将多个与会者的声音混合起来送给所有的与会者，增强会议过程的现场感。

事实上，MCU 只有在进行多点会议时才需要，而在点对点的会议中可以不使用 MCU 设备。

（5）H. 323 会议模式　与其他不定义会议类型的 ITU－T 建议不同，H. 323 标准对其可以支持的会议模式有比较明确的规定。所谓的会议模式规定了根据参加会议的终端数目而确定的会议开始方式以及信息的收发方式。H. 323 规定了三种会议模式：

1）点到点模式：这是一种两点之间的会议模式。两个端点可以都在 LAN 上，也可以一个在 LAN 上，另一个在电路交换网上，会议开始时为点到点模式，会议开始后可以随时加入多个点，从而实现多点会议。

2）多点模式：这是三个或三个以上端点之间的会议模式。在这种模式中必须要有 MC 设备对各端点的通信能力进行协商，以便选择公共的参数启动会议。

3）广播模式：这是一种一点对多点的会议模式。在会议过程中一个端点向其他端点发送信息，而其他端点只能接收，不能发送。

此外，H. 323 还规定了三种不同的会议类型：

a）集中型：所有参加会议的端点均以点对点模式与一个 MCU 通信。各个端点向 MCU 传送其数据流（控制、音频、视频和数据）。MC 通过 H. 245 集中管理会议，而 MP 负责处理和分配来自各端点的音频、视频和数据流。若 MCU 中的 MP 具有强大的变换功能，那么不同的端点可以用不同的音频、视频和数据格式及比特率参加会议。

b）分散型：在分散型会议中，参加会议的端点将其音频和视频信号以多点传送方式传送到所有其他的端点而无须使用 MCU。此时 MC 位于参加会议的某个端点之中，其他端点通过其 H. 245 信道与 MC 进行功能交换，MC 也提供会议管理功能，例如主席控制、视频广播及视频选择。由于会议中没有 MP 设备，所以各端点必须自己完成音频流的混合工作，并需要选择一种或多种收到的视频流以便显示。

c）混合型：顾名思义，在混合型会议中，一些端点参加集中型会议，而另一些端点则参加分散型会议。一个端点仅知道它自己所参加的会议类型，而不了解整个会议的混合性质。一个混合的多点会议可包括：集中式音频端点将音频信号单地址广播给 MP，以便进行混频和输出（并将视频信号以单地址广播给其他端点）；集中式视频端点将视频信号单地址广播给 MP，以便进行混频、选择和输出（并将音频信号以单地址广播给其他端点）。

从 H. 323 规定的会议模式和会议类型来看，只有集中型的会议才需要 MP，而一个 MCU 可以包含一个 MC 和一个或多个 MP，当然也可以没有 MP。

3. 桌面交互式会议电视系统

桌面型视频会议系统将视频会议与个人计算机融为一体，一般由一台个人计算机配备相应的软硬件构成（摄像头、传声器、用于编解码的硬件或软件），在多个地点进行多方会议时还应设置一台多点控制设备进行对图像语音的切换、控制。这样的系统可在公共交换电话网（PSTN）、综合业务数字网（ISDN）、局域网（LAN）上实现其功能。与会者在办公室桌前或家中就可以通过自己的终端设备或计算机参与电视会议，他们可以发表意见，观察对方的形象和有关信息，同时双方（多方）还可以共享应用程序，利用电子白板（软件）进行书面交流。

基于 H. 323 标准的桌面会议系统，将多媒体计算机与通信网络技术相结合，使用灵活、广泛，在局域网上运行非常方便，其系统框图如图 11-18 所示。

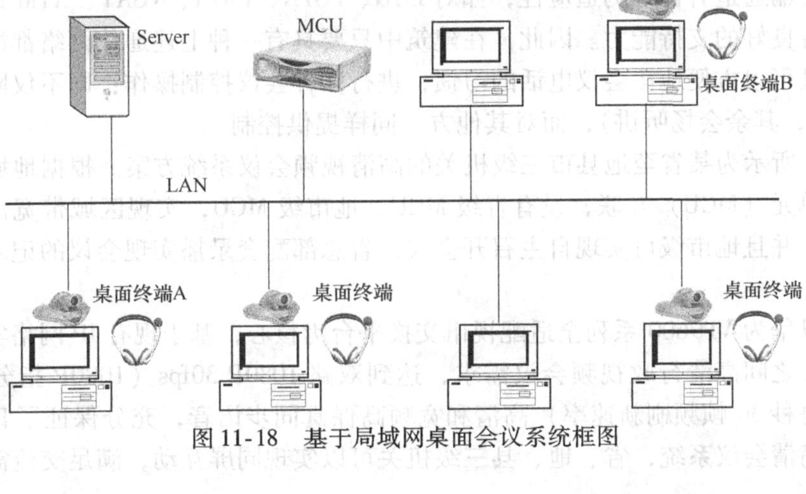

图 11-18　基于局域网桌面会议系统框图

当计算机终端A要与计算机终端B开会，可由终端A直接呼叫终端B的IP地址，当B应答后视频会议就可开通。如需要查询终端B的IP地址，可向服务器内的数据库查询。在该系统中需采集和重现每个与会者的图像和声音，桌面会议终端的配置如图11-19所示。

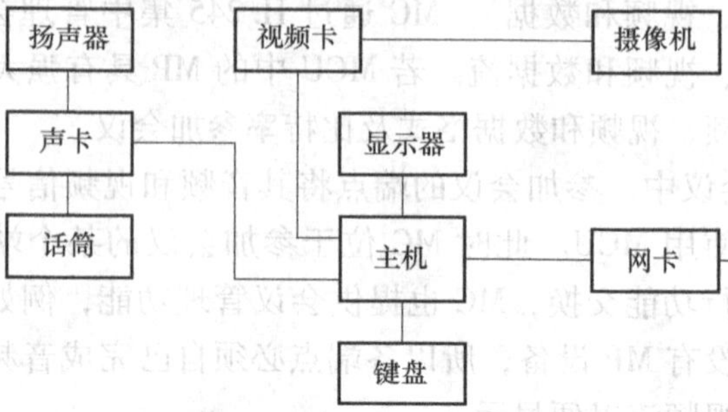

图11-19 桌面会议终端的配置

4. 广播式视频会议系统

广播式视频会议系统是一种主会场控制方式的会议系统。一般用于组织较大规模的会议。根据会议规模需要将多点控制单元（MCU）互联，以形成更大规模的会议系统，其系统框图如图11-20所示。

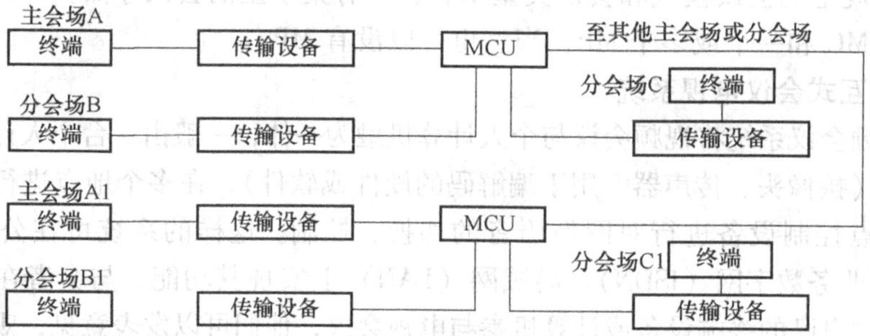

图11-20 广播方式视频会议系统框图

广播式视频会议系统是集电视、数字压缩、数字传输、数字通信等相关技术的应用于一体，对各种传输通道有良好的适应性，如对LAN、PSTN、ISDN、VSAT、ATM以至有线电视网络等都具有良好的支持能力。因此，在建筑中只要具有一种上述通信网络都能方便地应用此系统，并且可以方便地按会议电话的习惯，进行多种会议控制操作：即不仅限于广播方式（主会场发言，其余会场听讲），而对其他方式同样提供控制。

图11-21所示为某省至地县市三级机关的高清视频会议系统方案。根据地域分布规模采用多点控制单元（MCU）互联，设有省级MCU、地市级MCU，实现区域带宽汇聚，有效节约网络资源，并且地市级可实现自主召开会议，省总部配套录播实现会议的记录和直播点播功能。

该方案以华为VP9600系列全适配视讯交换平台为核心，基于现有IP网络实现了省至地县市三级机关之间高清行政视频会议需求，达到双路1080P 30fps（1080P指分辨率，30fps是帧频，即每秒30帧频刷新速率）高清和宽频高保真同步语音，充分保证了日常行政会议需求。通过高清会议系统，省、地、县三级机关可以实现同屏互动，满足交流需要。

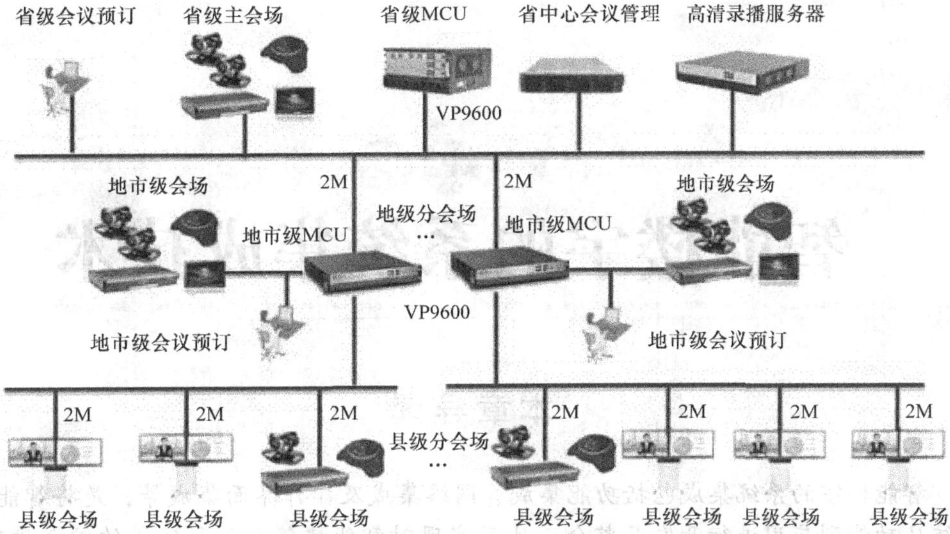

图 11-21 某省至地县市三级高清视频会议系统方案

复习题与思考题

1. 对智能楼宇共用天线电视系统的技术要求有哪些?
2. 智能楼宇电视系统的信号源有哪些?
3. 采用机顶盒技术的楼宇电视系统还能实现其他什么功能?
4. 试述 ADSL 宽带网与 HFC 宽带网的区别。
5. 怎样理解数字卫星电视接收和模拟卫星电视接收?
6. 试述双向放大器在系统中的作用以及其工作原理。
7. 试述双向传输系统中的频率分割双向传输方式，举例说明。
8. 比较宽带网的接入方法，考虑怎样将一个实际楼宇接入宽带网。
9. 视频点播是否还有其他途径? 试说明其原理。
10. 视频会议系统中 MCU 单元的功能是什么? 怎样用 MCU 组织视频会议系统?
11. 哪些传输网络可以满足视频会议系统的要求?

第12章 智能楼宇的系统集成技术

本章导读

智能楼宇的系统集成包括功能集成、网络集成及操作界面集成等，是将智能化系统从功能到应用进行开发及整合，从而实现对智能建筑全面和完善的综合管理。本章的重点是深刻理解系统集成技术的必要性、系统性和技术内涵，对当前的主要集成方法和技术路线进行了介绍。通过几个典型的案例来帮助读者加深对楼宇智能化系统集成以及工程设计的理解。

12.1 智能楼宇系统集成的基本概念

12.1.1 系统集成的功能要求

智能楼宇系统集成技术是构建楼宇智能化集成系统（Intelligented Integration System，IIS）的相关技术。在《智能建筑设计标准》GB 50314—2015 中，对智能化集成系统（IIS）给出如下定义："为实现建筑物的运营及管理目标，基于统一的信息平台，以多种类智能化信息集成方式，形成的具有信息汇聚、资源共享、协同运行、优化管理等综合应用功能的系统"。楼宇智能化集成系统的功能需符合下列要求：以实现绿色建筑为目标，应满足建筑的业务功能、物业运营及管理模式的应用需求；采用智能化信息资源共享和协同运行的架构形式；具有实用、规范和高效的监管功能；适应信息化综合应用功能的延伸及增强；顺应物联网、云计算、大数据、智慧城市等信息交互多元化和新应用的发展需求。

系统集成通俗地理解就是把构成智能化建筑的各个主要子系统从各自分离的设备、功能、信息等集成在一个互联互通互操作的、统一的和协调的系统之中，使资源达到充分共享，来实现智能楼宇的总体目标。

系统集成是一个涉及多学科、多技术的综合性应用领域，它从设计到实施是一个复杂的应用系统工程观点的全过程。在工程建设规划开始就要明确系统集成的目标、平台和技术，在工程建设的各个阶段必须贯彻执行，各个子系统的功能和技术方案必须满足系统集成的要求，只有这样，才能水到渠成，才能达到总体目标。在实施方法上，应该是"总体规划，优先设计，从上向下，分步实施"。

可以这样认为，没有系统集成的建筑不是真正意义上的智能化建筑，因此对其应有全面和深刻的认识，并将这种观点运用到智能化建筑设计的各个环节之中。

12.1.2　智能楼宇系统集成的必要性

1. 系统集成是楼宇智能化学科的关键

系统集成就是解决各应用子系统的信息互通共享和互操作性，说它是楼宇智能化学科的关键技术，是因为只有在楼宇智能化工程中才会遇到这一复杂问题，如图12-1所示。

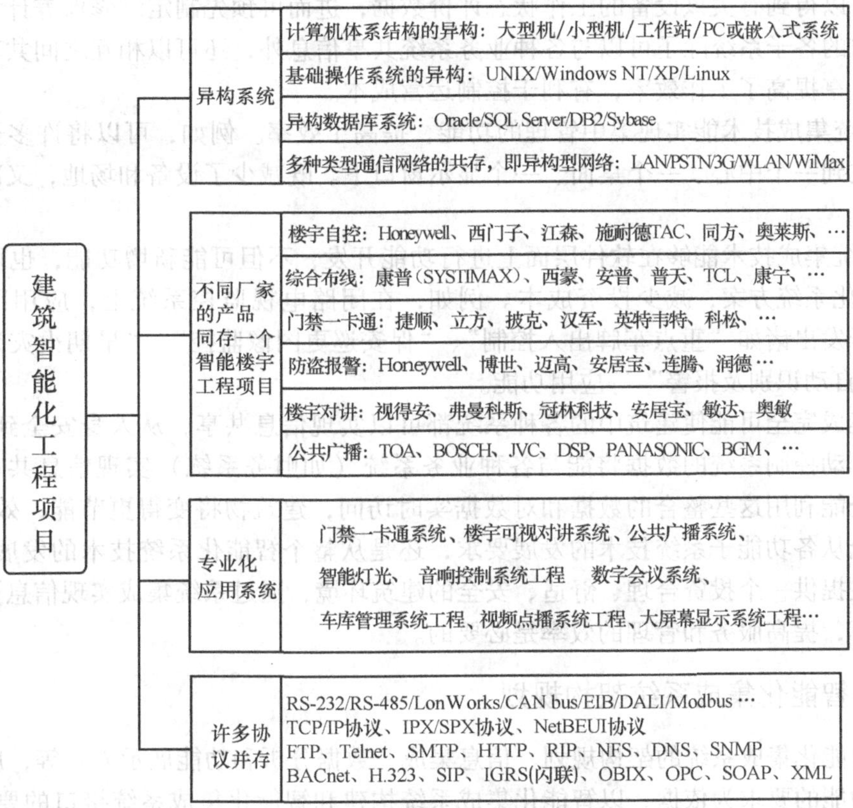

图12-1　楼宇智能化工程中面对的复杂局面

楼宇智能化工程的复杂局面表现为：

1）楼宇智能化工程中存在许多异构系统。

2）楼宇智能化工程中存在许多不同厂家的产品所构建的应用系统。

3）楼宇智能化工程中存在许多为适应不同建筑使用功能的专业（私有）化应用系统。

4）楼宇智能化工程中存在许多协议并存的局面。

这些问题的出现导至智能化建筑的子系统相互各自操作分离、信息不通的局面，当然就谈不上子系统间的互联互通互操作。因此，需要系统集成技术来解决各应用子系统的信息互通共享和互操作性。

2. 系统集成是实现智能化功能的首要技术

智能楼宇系统集成的必要性体现在：它是实现建筑的“智能化功能”的唯一技术手段，

或者说，不应用系统集成技术，就不能实现“智能化功能”。可以从以下几个方面来理解：

1）系统集成技术能实现许多的联动功能。例如，在多伦多皮尔森国际机场，把航班信息数据库与每个登机通道的供热、灯光和空调系统集成起来，如果某个通道没有使用，无谓的能源消耗将减少到最小。对智能化学校教室的用电管理与课程表及作休时间的联动控制；防盗探测器动作后联动灯光和闭路电视摄像机控制等。系统集成技术实现的许多联动功能使建筑对环境、应用等的响应具备智能化的特征。

2）系统集成技术能实现许多的测控管一体化的功能。例如，对设备运行的数据进行统计分析，可以得到有关该设备的工作状态评价数据，进而可预先制定维修保养计划。系统集成使得楼内的各子系统除了可以与各种业务系统共享信息外，还可以相互之间共享信息。这种信息的共享提高了工作效率，有利于控制运营成本。

3）系统集成技术能实现集中管理的功能，提高了效率。例如，可以将许多子系统的操作管理集成到一个中心、一个桌面、一个显示窗口下。既减少了设备和场地，又减少了管理人员。

4）系统集成技术能够在软件层面上进行功能开发，不但可能新增功能，也可以“硬件软化”，优化系统方案，减少投资成本。例如，在闭路电视监控系统上，应用图像识别技术，可以开发出诸如“重点车牌出入控制”、“保安巡更图像监控”、“早期火灾识别报警”、“可疑人员自动识别及报警”等应用功能。

系统集成完全可能使建筑中的各种系统都可以实现信息共享，从人身安全到电梯控制。来自楼宇自动控制系统的数据将能与各种业务系统（如财务系统）实现信息共享。一旦开发出的系统能利用这些整合的数据和对数据实时访问，建筑物将变得更节能，效率也更高。因此，无论从各功能子系统技术的发展要求，还是从整个智能化系统技术的发展要求来看，为了向业主提供一个投资合理、舒适、安全的建筑环境，通过系统集成实现信息资源和任务的综合共享，提高服务和管理的效率是必要的。

12.1.3 智能化集成系统架构规划

关于智能化集成系统的架构规划、信息集成、数据分析和功能展示方式等，应以智能化集成系统功能的要求为依据，以智能化集成系统构建和智能化集成系统接口的要求为基础，确定技术架构、应用功能和性能指标规定，实现智能化系统信息集成平台和信息化应用程序的具体目标。智能化集成系统架构规划如图12-2所示。它是一个层次化结构的工程建设架构，包括集成系统平台和集成信息应用系统。各层配置相应的应用软件模块，实现智能化系统信息集成平台和信息化应用程序运行的建设目标。在具体的工程设计中应根据项目实际状况采用合理的架构形式和配置相应的应用程序及应用软件模块。

（1）集成系统平台　集成系统平台包括设施层、通信层、支撑层。

1）设施层：包括各纳入集成管理的智能系统设施及相应运行程序等。

2）通信层：包括采取标准化、非标准化、专用协议的数据库接口，用于与基础设施或集成系统的数据通信。

3）支撑层：提供应用支撑框架和底层通用服务，包括：数据管理基础设施（实时数据库、历史数据库、资产数据库）、数据服务（统一资源管理服务、访问控制服务、应用服务）、基础应用服务（数据访问服务、报警事件服务、信息访问门户服务等）和基础应用

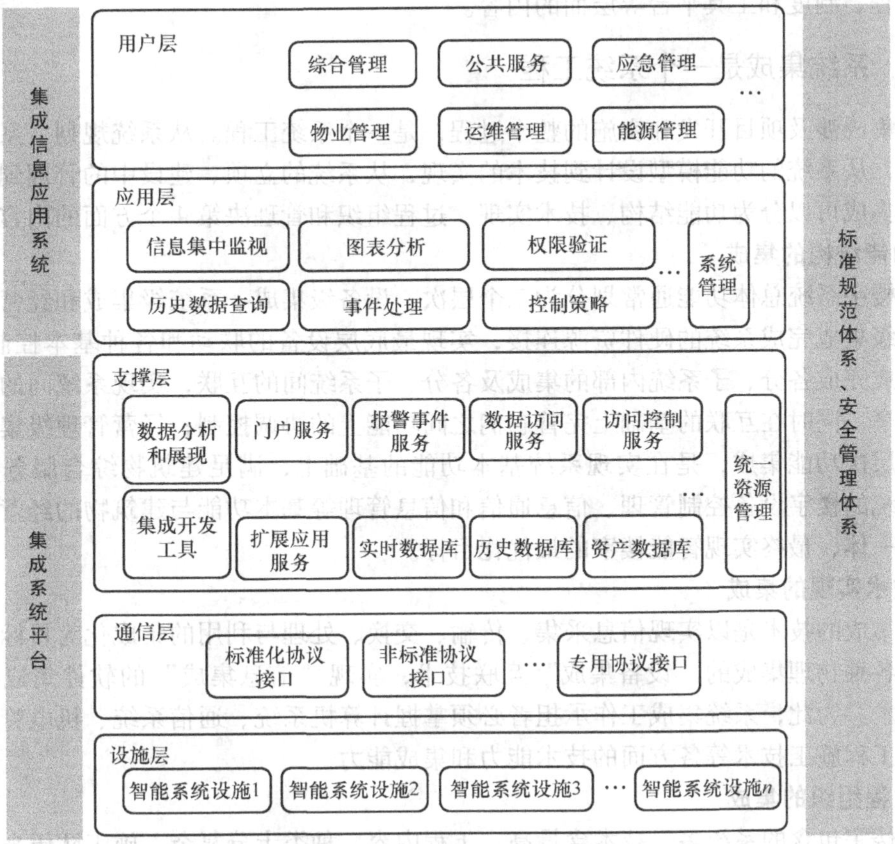

图 12-2　智能化集成系统架构规划

(集成开发工具、数据分析和展现等)。

(2) 集成信息应用系统　集成信息应用系统包括应用层、用户层。

1) 应用层：是以应用支撑平台和基础应用构件为基础，向最终用户提供通用业务处理功能的基础应用系统，包括信息集中监视、事件处理、控制策略、数据集中存储、图表查询分析、权限验证、统一管理等。管理模块具有通用性、标准化的统一监测、存储、统计、分析及优化等应用功能，例如，电子地图（可按系统类型、地理空间细分）、报警管理、事件管理、联动管理、信息管理、安全管理、短信报警管理和系统资源管理等。

2) 用户层：以应用支撑平台和通用业务应用构件为基础，具有满足建筑主体业务专业需求功能及符合规范化运营及管理应用功能，一般包括：综合管理、公共服务、应急管理、设备管理、物业管理、运维管理和能源管理等，例如，面向公共安全的安防综合管理系统、面向运维的设备管理系统、面向办公服务的信息发布系统、决策分析系统等，面向企业经营的 ERP 业务监管系统等。

(3) 系统整体标准规范和服务保障体系，包括标准规范体系、安全管理体系。

1) 标准规范体系：是整个系统建设的技术依据。

2) 安全管理体系：是整个系统建设的重要支柱，贯穿于整个体系架构各层的建设过程中，该体系包含权限、应用、数据、设备、网络、环境和制度等。运维管理系统包含组织/

人员、流程、制度和工具平台等层面的内容。

12.1.4 系统集成是一个系统工程

系统集成涉及项目开发和实施的整个过程，是一个系统工程。从系统规划、系统生成到系统维护，从系统的功能模型设计到技术的实现，从系统的立项、建设中的管理到系统的验收，系统集成可以分为功能结构、技术实现、过程组织和管理决策 4 个方面的内容。

1. 功能结构的集成

智能楼宇系统总体功能通常划分为三个层次：设备级集成、系统级集成和经营管理级集成。设备级集成完成系统的硬件资源连接，实现最底层设备的联动和各种基本控制功能等；系统级集成完成各分、子系统内部的集成及各分、子系统间的互联，实现系统间的数据通信和资源共享，同时在互联的基础上完善它们之间功能上的协调控制；经营管理级集成是面向用户的高层次功能集成，是在实现系统基本功能的基础上，满足建筑物综合服务管理的需要，使系统的楼宇设备控制管理、信息通信和信息管理等基本功能与建筑物的经营管理有机地融合为一体，最终实现智能楼宇的最优化目标。

2. 技术实现的集成

系统集成的技术是以实现信息采集、传输、交换、处理与利用的集成化为目标，相应发展的实现各种物理集成的“设备集成”互联技术，实现“信息集成”的软件集成技术和数据集成技术。为此，系统集成工作承担者必须掌握计算机系统、通信系统、机电管理自动化系统以及工程施工技术等各方面的技术能力和集成能力。

3. 过程组织的集成

智能楼宇包含的系统多、技术含量高，工程内容、种类十分复杂，施工队伍来自不同单位，各子系统、各工种的工程进度互有先后、并迭，工作内容互为条件、基础。这就要运用系统工程的思想和观点，合理地组合和规范智能楼宇系统开发的各个阶段先后次序和进度安排。过程组织的集成包括系统集成分析、系统集成设计、集成系统实施、集成系统评价 4 个阶段。

4. 管理决策的集成

在系统集成的工程实施中有两个并行的内容：一个是工程技术；另一个是工程技术的控制过程。工程技术的控制过程包括：系统立项、系统规划与组织、工程进度与质量的控制，以及前后期对方案的分析、比较、决策和评价，统称为管理决策。管理决策在系统集成中体现了综合管理的作用，对目标系统的按期保质完成有着十分重要的意义。

目前，智能楼宇的核心系统包括：楼宇自动化系统（BA）、火灾报警系统（FA）、综合安防系统（SA）、通信自动化系统（CA）、办公自动化系统（BA）、综合布线系统（GCS）、综合管理系统（IBMS）。系统集成技术就是要在以上的各个子系统中，搭建起横向的桥梁，在各个子系统中完成功能上、技术上、过程上、管理上的集成，使得各个子系统的各种软硬件平台、网络平台、数据库平台等按照业主的要求组织成为一个满足业主功能需要的完整的智能楼宇系统，如图 12-3 所示。

12.1.5 智能楼宇系统集成的技术

系统集成实现的关键在于解决系统之间的互联性和互操作性问题，这是一个多厂商、多

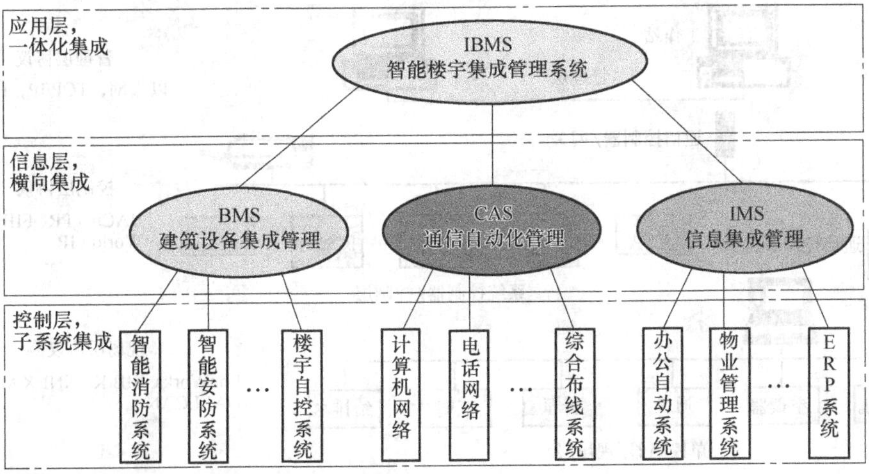

图 12-3 智能楼宇是一个分层的集成系统

协议和面向各种应用的体系结构。系统集成是一个涉及多学科、多技术的综合性应用领域，它从设计到实施是一个复杂的应用系统工程观点的全过程。

1. 通信的集成技术是标准化

通信的集成是智能楼宇系统集成的基础。通信的集成目标是实现多种设备业务相互能交换数据，有通路而不能通信就谈不上数据的共享和子系统之间的联动。通信集成所面临的主要问题是各类设备、子系统之间的接口、协议。通信的集成技术主要采用面向协议的集成，通过各类通信控制器、网关等实现互通，如图 12-4 所示。

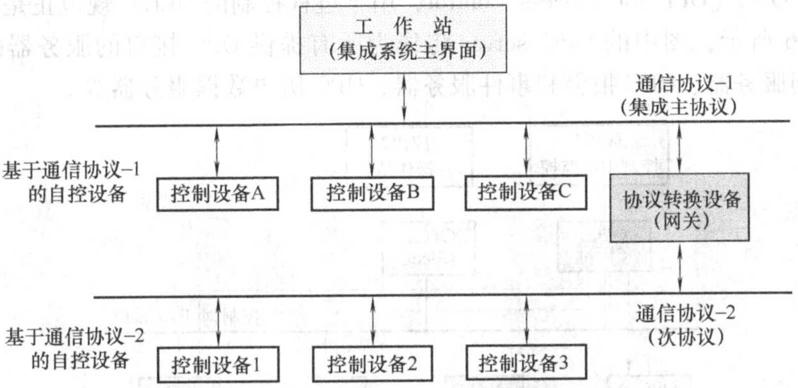

图 12-4 面向协议的通信集成技术

楼宇自控系统应采用开放协议（如 LonWorks 和 BACnet），来实现设备级的通信。现场控制层采用现场总线，但以太网和 TCP/IP 在控制系统的应用正在逐步增多。有些系统，如楼宇安全系统，已经支持端到端的 IP 应用。管理信息层网络采用以太网和 TCP/IP，而 Web 服务不仅为楼宇系统之间的集成提供了极大的方便，而且也为它们与应用系统之间的集成打下了基础，如图 12-5 所示。

2. 控制系统的集成技术

控制系统的集成目标是希望将所有的监控单元纳入一个系统框架内。目前还不可能将所

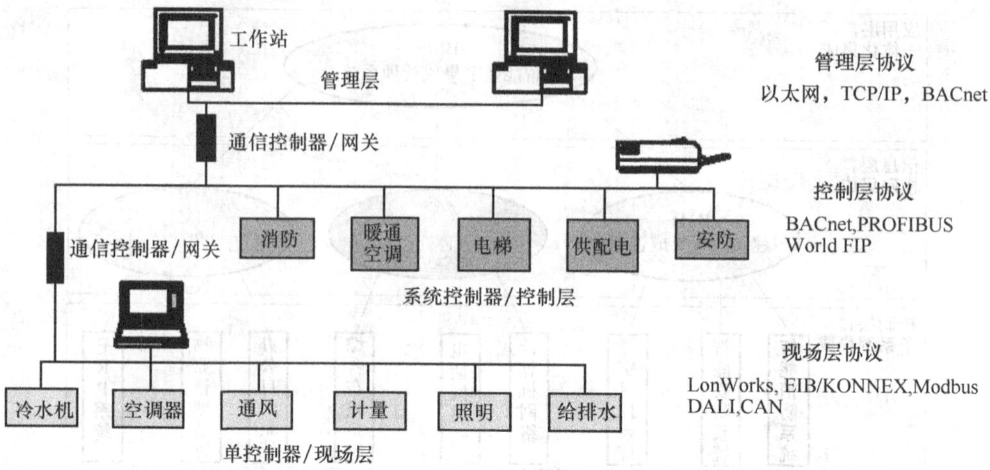

图 12-5 智能楼宇的通信标准化

有的子系统综合设计成一个大型的集散控制系统，究其原因，其一是各子系统的功能有其个性特点（如供配电监控、智能消防系统、智能安防系统及智能照明系统等）导致其解决方案之间的差异，其二是几乎没有一个品牌的产品能包纳所有的系统。

现实的情况是系统往往由分散的各子系统构成，并且各子系统往往采用不同厂家的设备和方案。控制的集成就是要解决子系统之间的互通和联动，构建统一的实时监控系统。这样的实时监控系统需要解决分散子系统间的数据共享，各子系统需要统一协调相应控制指令。考虑到实时监控系统往往需要升级和调整。就需要各子系统具备统一的开放接口。目前有一种解决方案：OPC（OLE for Process Control，用于过程控制的 OLE）规范正是这一思维的产物，如图 12-6 所示，图中的 OPC server 将作为所有提供 OPC 接口的服务器的同义词，如 OPC 数据访问服务器、OPC 报警和事件服务器、OPC 历史数据服务器等。

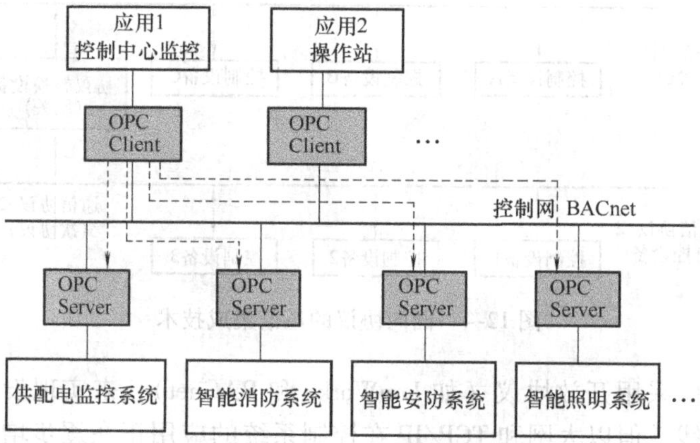

图 12-6 控制系统集成的 OPC 技术

OPC 是一个工业标准，它是许多世界领先的自动化和软、硬件公司与微软公司合作的结晶。这个标准定义了应用 Microsoft 操作系统在基于 PC 的客户机之间交换自动化实时数据的方法。

OPC 按照面向对象的原则，将一个应用程序（OPC 服务器）作为一个对象封装起来，只将接口方法暴露在外面，客户以统一的方式去调用这个方法，从而保证软件对客户的透明性。基于 OPC 技术的集成系统由提供数据服务的 OPC 服务器（OPC Servor）、OPC 服务器与相关子系统的接口、接受服务的 OPC 应用程序（OPC Client）所构成。OPC 服务器是按照各个供应厂商的硬件所开发的，使之可以屏蔽各个供应厂商硬件和系统的差异，从而实现不依存于硬件的系统构成。同时利用一种叫作 Variant 的数据类型，可以不依存于硬件中固有数据类型，按照应用程序的要求提供数据格式。

OPC 实现了远程调用，使得应用程序的分布与系统硬件的分布无关，便于系统硬件配置。OPC 规范了接口函数，不管现场设备以何种形式存在，客户都以统一的方式去访问，从而实现系统的开放性，易于实现与其他系统的接口。采用 OPC 规范，便于系统的组态，将系统复杂性大大简化，可以大大缩短软件开发周期，提高软件运行的可靠性和稳定性，便于系统的升级与维护。

OPC 服务器对象提供了对数据源进行存取（读/写）或通信的方法，而数据源可以是现场的 I/O 设备，也可以是其他的应用程序。通过接口，OPC 客户应用程序可以同时连到由一个或多个厂商提供的 OPC 服务器上，如图 12-6 所示。OPC 服务器封装了与 I/O 控制设备进行通信和访问数据的类型与名字及进行设备操作的代码。

可以使用 VisualBasic、Delphi、PowerBuilder 等编程语言开发 OPC 服务器的客户应用。OPC server 可以使用 VisualBasic、C + + 等编程语言开发。OPC 现已成为工业界系统互联的默认方案。优秀的自动化系统解决方案供应商都能全方位地支持 OPC 技术。

现在，将控制系统融入 IP 网络的呼声很高。通常，BAS 包括一个传感器网络、与控制器相连的其他设备、大厦或者校园的主控制器、监控建筑内各种系统的 Web 服务器前台、存储历史数据的后台数据库。但是，随着执行器、冷却器、监控摄像头、传感器和建筑物的其他设备越来越智能，这些设备正在作为一个节点通过 Web 服务进行通信，从而使 BAS 可以更灵活、也可以更好地与其他系统进行集成。

3. 管理信息的集成技术

随着建筑系统变得更加集成化和复杂化，控制算法则可以用外部的数据优化它们的目标，例如其他建筑子系统、历史数据、天气预报，以及实时地能源报价等。管理信息的集成目标是在实现各类数据共享的基础上构建智能楼宇的信息管理系统和信息发布系统，最终实现数字城市、数字国家、数字地球。

管理信息的集成技术以数据库为核心，C/S 和 B/S 计算模式为功能实现手段，其集成方案如图 12-7 所示。

设备实时数据库的建立，要在通信集成和控制集成的支撑下，将各个设备及子系统的运行数据以设定的时间间隔不断地送入实时数据库中。以数据库作为信息集成的核心，可以有效地解决异构的各个子系统进行信息集成和协同工作的问题。

（1）ODBC 数据接口　ODBC（Open DataBase Connectivity，开放式数据库互联）是一种用来在相关或不相关的数据库管理系统中存取数据的标准应用程序接口（API）。ODBC 为应用程序提供了一套高层调用接口规范和基于动态链接库的运行支持环境。目前，常用的 C/S 应用开发的前端工具如 Power Builder、Delphi 等都通过 ODBC 接口来连接各种数据库系统，如图 12-8 所示。而多数数据库管理系统（如 Oracle、Sybase、SQL Server 等）都提供了

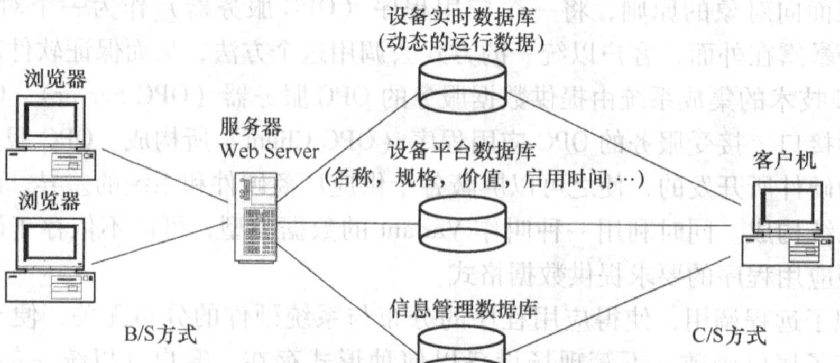

图 12-7　以数据库为核心的管理信息的集成方案

相应的 ODBC 驱动程序，使数据库系统具有很好的开放性。ODBC 解决了异构数据库相互访问的问题，以统一的方式处理所有数据库。一个基于 ODBC 的应用程序对数据库的操作不依赖任何 DBMS，不直接与 DBMS 打交道，所有的数据库操作由对应的 DBMS 的 ODBC 驱动程序完成。也就是说，使用 ODBC 开发数据库应用程序时，应用程序调用的是标准的 ODBC 函数和 SQL 语句，然后由各个数据库的驱动程序执行底层操作，这样即使是针对不直接支持 SQL 语言的数据库，用户仍然可以发出 SQL 语句。因此，基于 ODBC 的应用程序具有很好的适应性和可移植性，并且具备同时访问多种数据库系统的能力，从而克服了传统数据库应用程序的缺陷。

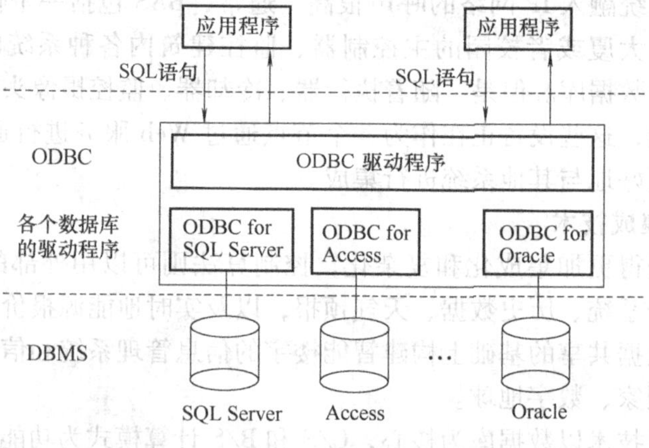

图 12-8　ODBC 实现数据库互联

（2）B/S 与 C/S 的混合结构　B/S 与 C/S 的混合结构如图 12-9 所示。满足大多数访问者请求的功能界面（如信息发布查询界面）采用 B/S 结构。后台只需少数人使用的功能应用（如数据库管理维护界面）采用 C/S 结构。组件位于 Web 应用程序中，客户端发出 HTTP 请求到 Web Server。Web Server 将请求传送给 Web 应用程序。Web 应用程序将数据请求传送给数据库服务器，数据库服务器将数据返回 Web 应用程序，然后再由 Web Server 将数据传送给客户端。对于一些实现起来困难的功能或一些需要丰富的 HTML 页面，通过在页面中嵌入 ActiveX 组件来实现。

B/S 应用的开发技术主要有两类：微软构架下的用于开发 B/S 应用的技术是 ASP（Active Server Pages，活动服务器页面），Linux/UNIX 构架下的用于开发 B/S 应用的技术是 J2EE（Java 2 Enterprise Edition，Java 2 企业版），J2EE 是使用 Java 技术开发企业级应用程序的一种事实上的工业标准。

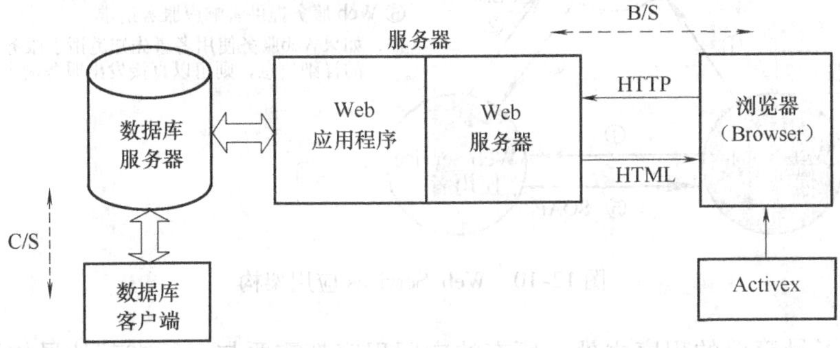

图 12-9　B/S 与 C/S 的混合结构

采用这种结构的优点在于：①充分发挥了 B/S 与 C/S 体系结构的优势，弥补了二者的不足。充分考虑用户利益，保证浏览查询者方便操作的同时也使得系统更新简单，维护简单灵活，易于操作；②信息发布采用 B/S 结构，保持了“瘦客户端”的优点。装入客户机的软件可以采用统一的 www 浏览器，而且由于 www 浏览器和网络综合服务器都是基于工业标准，可以在所有的平台上运行；③数据库端采用 C/S 结构，通过 ODBC/JDBC 连接；④对于原有基于 C/S 体系结构的应用，只需开发用于发布的 www 界面，可以保留原有的 C/S 结构的某些子系统，充分地利用现有系统的资源，使得现有系统或资源无需大的改造就可以连接使用，保护了用户以往的投资；⑤通过在浏览器中嵌入 ActiveX 组件可以实现在浏览器中不能实现或实现起来比较困难的功能；⑥将服务器端划分为 Web 服务器和 Web 应用程序两部分。Web 应用程序采用组件技术实现三层体系结构中的商业逻辑部分，达到封装源代码，保护知识产权的目的。

（3）OBIX 标准　OBIX（Open Building Information eXchange，开放式建筑信息交换）标准是基于 XML/Web Services 技术的系统集成和互操作应用方案，OBIX 的目标是发展一个 Web 服务界面规范，从而简单而安全地从 HVAC、出入口控制、公用设施和其他楼宇自动化系统中获得数据。OBIX 还具备能与机械系统、电力系统等进行信息交换的能力。

OBIX 是一种面向服务的体系结构（Service - Oriented Architecture，SOA），它将应用程序的不同功能单元（称为服务）通过这些功能单元之间定义良好的接口和契约联系起来。接口是采用中立的方式进行定义的，它独立于实现服务的硬件平台、操作系统和编程语言。通过使用 XML（Extensible Markup Language，可扩展标记语言）语言来描述接口。OBIX 是应用层的一种集成技术，这种具有中立的接口定义是服务（应用程序）之间的松耦合。因此它有两个特点：其一是它的灵活性（没有强制绑定到特定的实现上）；其二是当组成整个应用系统的每个服务程序的内部结构和实现发生改变时，应用系统能够继续存在。

Web 服务（Web Service）是基于 XML 和 HTTPS 的一种服务，其通信协议主要基于 SOAP（简单对象访问协议），服务的描述通过 WSDL（ Web 服务描述语言）来描述，使用者应用 UDDI（统一描述、发现和集成协议）来发现和获得服务的元数据。Web Services 应用架构如图 12-10 所示。

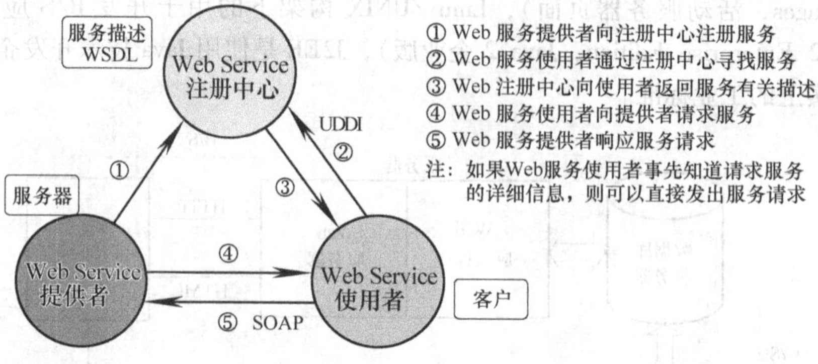

图 12-10 Web Services 应用架构

现在，除了最简单的程序之外，所有的应用程序都需要与运行在其他异构平台上的应用程序集成并进行数据交换。这样的任务通常都是由特殊的方法，如文件传输和分析、消息队列以及仅适用于某些应用的 API 等来完成的。在以前，没有一个应用程序通信标准，是独立于平台、组建模型和编程语言的。只有通过 Web Service、客户端和服务器才能够自由地用 HTTP 进行通信，不论两个程序的平台和编程语言是什么。从功能上看，Web Service 就是一个应用程序，它向外界暴露出一个能够通过 Web 进行调用的 API。Web Service 平台是一套标准，它定义了应用程序如何在 Web 上实现互操作性。可以用任何语言在任何平台上开发 Web Service，可以通过 Web Service 标准对这些服务进行查询和访问。

XML/Web Services 技术体系结构如图 12-11 所示，有三种主要的用于 Web 服务的 XML 标准：SOAP、WSDL、UDDI。

图 12-11 XML/Web Services 技术体系结构图

SOAP（Simple Object Access Protocol，简单对象访问协议）是一种简单的、基于 XML 的标准消息传递协议，通常是 Web Service 的事实标准。SOAP 消息格式是由 XML Schema 模式定义，通过 XML 命名空间使 SOAP 具有很强的扩展性。用一个简单的例子来说明 SOAP 使用过程：一个 SOAP 消息可以发送到一个具有 Web Service 功能的 Web 站点，例如，一个含有天气预报信息的数据库，消息的参数中标明这是一个查询消息，此站点将返回一个 XML 格式的信息，其中包含了天气预报查询结果。由于数据是用一种标准化的可分析的结构来传递的，所以可以直接被第三方站点所利用。

WSDL（Web Services Description Language，Web 服务描述语言）是一个用来描述 Web 服务和说明如何与 Web 服务通信的 XML 语言。WSDL 文件中的信息描述了 Web 服务的名称、它的方法的名称、这些方法的参数和其他详细信息等。

UDDI（Universal Description Discovery and Integration，统一描述、发现和集成）协议，提供了一组基于标准的规范用于查询注册中心和发现 Web 服务及其 WSDL 文件，将 Web 服务描述添加至注册中心。

图 12-12 所示是 OBIX 标准的体系结构。信息模型是以对象和合同为基础的对象模型，互操作方式是在对象模型之上的，以 Read/Write/Invoke 为基础的 REST 方式，网络传输采用 SOAP 绑定或 HTTP 绑定。

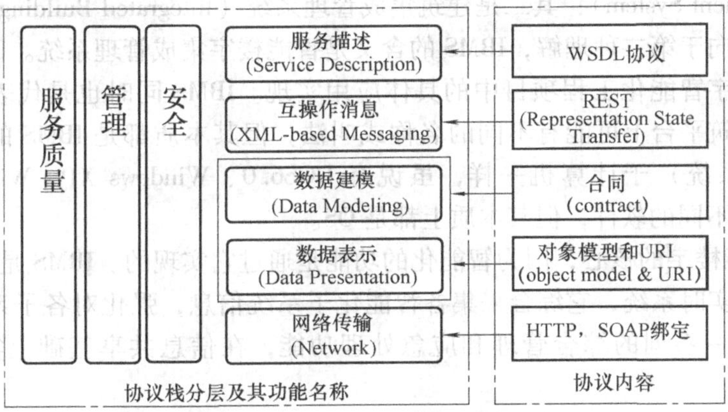

图 12-12 OBIX 标准体系结构图

OBIX 标准利用 XML/Web Services 技术，成为了不兼容系统间共享数据、响应远程指令的优选方案，并且成为商务信息结构的一个组成部分。

4. 系统集成的方法学

系统集成要遵循科学的方法来进行，就是“总体规划，优先设计，从上向下，分步实施”。

总体规划，优先设计，是指必须是在工程建设规划开始就要明确系统集成的目标、平台和技术，作为工程建设的各个阶段的目标和设计指导。

从上向下，分步实施，是指各个子系统的功能和技术方案必须要满足系统集成的目标和设计指导，先完成子系统的集成，只有这样，才能够达到总体目标。

12.1.6 智能建筑系统集成与绿色城市管理联成一体

智能建筑是现代城市的基础，是绿色城市的“信息岛”或“信息单元”，智能建筑系统集成与绿色城市管理有机地联系起来，将会给城市管理带来真正的信息化和智能化。例如，将智能建筑的安防和消防应急响应系统与城市的应急响应指挥中心联成一体，可形成一个全城市的数字化安全保障体系，对于突发案情的响应和处置会更加快速有效。

随着信息化建设的不断推进，公共安全事件应急响应指挥系统作为重要的公共安全业务应用系统，将在与各地区域信息平台互联，实现与上一级信息系统、监督信息系统、人防信息系统的互联互通和信息共享等方面发挥重要的作用。因此，应急响应系统是对消防、安防等建筑智能化系统基础信息关联、资源整合共享、功能互动合成，形成更有效的提升各类建筑安全防范功效和强化系统化安全管理的技术方式之一，已被具有高安全性环境要求和实施高标准运营及管理模式的智能建筑中采用。以统一的指挥方式和采用专业化预案（丰富的相关数据资源支撑）的应急指挥系统，是目前在大中城市和大型公共建筑建设中需建立的项目。

12.2 智能楼宇集成管理系统（IBMS）

对智能楼宇集成管理系统（IBMS）有两种理解：其一是智能楼宇管理系统（Intelligent Building Management System）；其二是建筑集成管理系统（Integrated Building Management System）。本书中倾向于第二种理解，IBMS 的含义是智能楼宇集成管理系统。IBMS 是系统集成技术在每一个楼宇智能化工程项目中的具体应用实现。IBMS 同时也是代表一种技术产品，在不同功用的建筑平台上可能有不同的名称或叫法，但其本质都是 IBMS 的一类应用系统，就如 OS（操作系统）于计算机一样，虽说有 DOS6.0、Windows XP、Windows NT、红旗 Linux、HPUX 等不同的软件，但其本质上都是 OS。

IBMS 是智能楼宇的核心，因为智能化的功能是通过它实现的。IBMS 是一个一体化的集成监控和管理的实时系统，它综合采集各智能化子系统信息，强化对各子系统的综合监控，构建跨子系统的一系列的综合管理和应急处理功能，在信息共享基础上实现信息的综合利用。

IBMS 又是一个强大的开发平台，可以与企业资源计划系统 ERP 集成，完成管理控制一体化工作。IBMS 更多突出的是管理方面的功能，即如何全面实现优化控制和管理、节能降耗、高效、舒适、环境安全。IBMS 正使建筑成为一种 IT 基础设施，特别是当它把 Web 服务等技术吸纳进来以后，IBMS 把设备管理人员作为客户，为他们提供服务。

IBMS 具有内部管理和外部延伸的特性，即在建筑物内部可实现对整个建筑物各个子系统的管理和控制，对外部可提供与其他系统进行扩展的接口。

IBMS 是以系统一体化、功能一体化、网络一体化和软件界面一体化等多种集成技术为基础，运用标准化、模块化以及系列化的开放性设计，实现集中监视、控制和管理。

12.2.1 IBMS 的结构和功能

1. IBMS 系统集成层次模型

IBMS 系统集成层次模型如图 12-13 所示。IBMS 是在 BMS（Building Management System，建筑设备管理系统）、CAS（Communication Automation System，通信自动化系统）、IMS（Information Management System，信息管理系统）集成的基础上构建的。

最低层是控制层面的子系统的集成，主要采用如 OPC、BACnet、ODBC 和分布式数据库等技术，实现子系统的集成。在此基础上，IBMS 依托于楼内 Intranet（提供高达千兆的内部

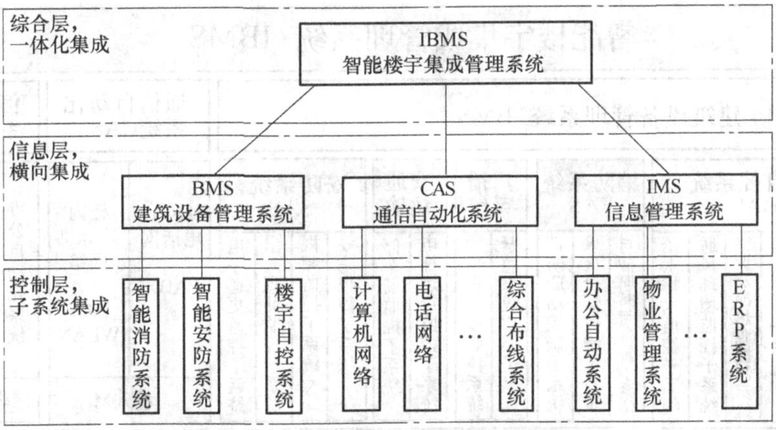

图 12-13　IBMS 是一个分层的集成系统

传输带宽）使整个建筑（群）中的各子系统实现互联，最终运行在同一个计算机网络支撑平台上，并采用统一的运行操作界面的综合管理系统，通过开放的 Internet 接口实现远程的授权监控和管理。因此，IBMS 的实质是智能楼宇的一体化集成，即在横向集成的基础上，实现网络集成、功能集成、软件界面集成。

从技术层面而论，IBMS 基于子系统平等模式进行系统集成是一种先进的解决方案。这种系统集成方式的核心是：将各子系统视为下层现场控制网并以平等模式集成；系统集成管理网络运行系统集成高性能实时数据库（系统集成数据库），各子系统的实时数据通过开放的工业标准接口转换成统一的格式，存储在系统集成数据库中；系统集成管理网络通过 IBMS 系统核心调度程序对各子系统实现统一管理、监控及信息交换。图 12-14 所示是基于 OPC 和 ODBC 的集成技术模型。

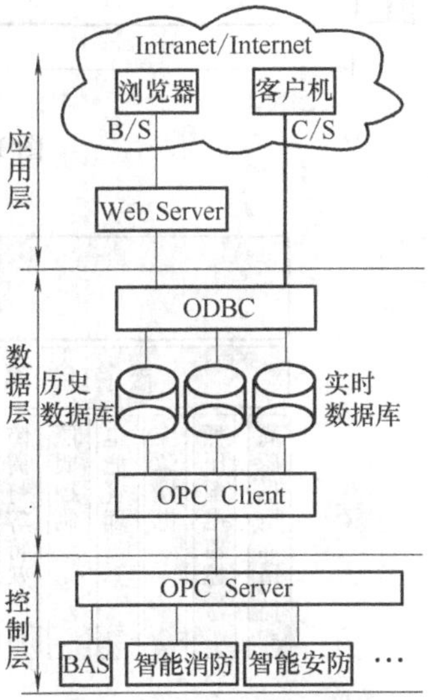

图 12-14　基于 OPC 和 ODBC 的集成技术模型

从工程技术层面而论，IBMS 是建筑在众多分项目和专业应用系统之上的综合管理系统，如图 12-15 所示。

2. 建筑设备管理系统

建筑设备管理系统（Building Management System，BMS）是对建筑设备监控系统和公共安全系统等实施综合管理的系统，也被称为弱电系统集成。BMS 主要包括下列子系统：建筑设备监控系统、火灾自动报警系统、安全防范系统、车库管理系统、公共广播系统等，如图 12-16 所示。

BMS 系统是以 BAS 为核心的一种实时域系统集成，它最大的特点就是将原来独立的 SAS（安全防范系统）和 FAS（火灾自动报警系统）与 BAS 系统有机的集成起来，实现了系统联动控制和整个建筑的全局响应能力。整个建筑的设备和安全防范、火警等实时信息都反馈到 BMS 工作站便于集中监视和控制。为了实现 BMS 的高效率和可靠集成，各子系统之

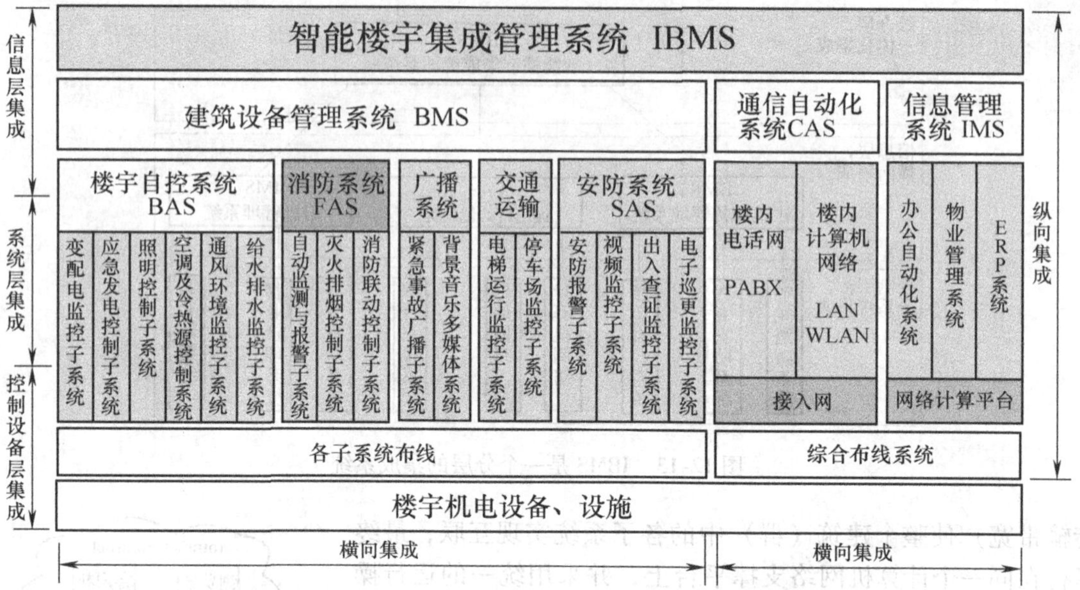

图 12-15 IBMS 工程技术层面系统结构示意图

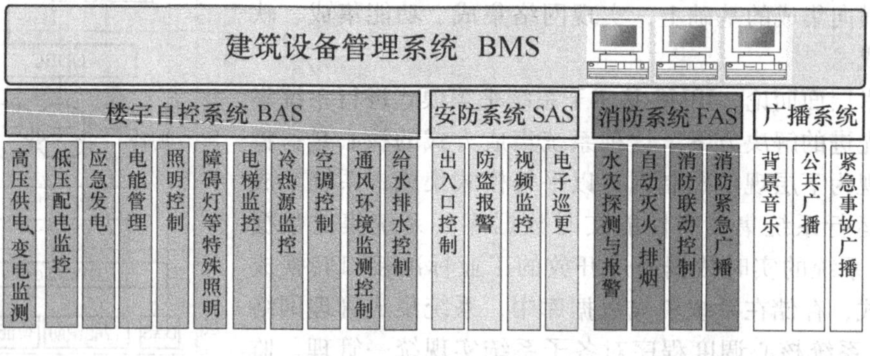

图 12-16 BMS 集成构架图

间还包含一些的横向关系，即实时域的联动响应并不完全依靠 BMS 的网络交换设备。如火警的报警带来的电气设备自动断电（空调、照明等），安全防范报警和照明系统的联动等（见图 12-17）。正是有了这些有机的纵横交织的功能管理使建筑具备了较高智能化的集成度。

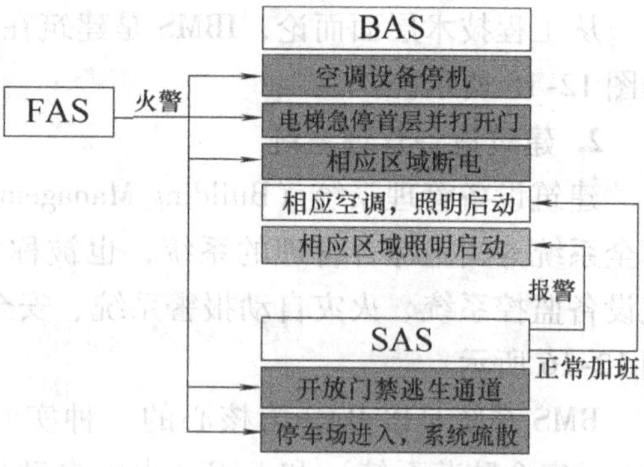

图 12-17 BMS 系统横向联动示意图

BMS 集成系统应按层次分步进行，首先实现每个纵向子系统信息及功能的集成（例如，BAS 集成系统包括机电设备自动化、安防自动化、火灾报警与联动控制、停车场管理等子系统）；再实现上述各子系统之间的信息共享与功能集成，最终实现功能集成的目标。

3. BMS 应具备的功能

1）应用服务软件应能实现实时对象管理，将采集的实时数据传输到相应的工作站，使用户能监视设备状态，也可监控设备的起动、停止，还可设定各种参数值等。

2）建筑设备监控系统（BAS）之基本运行参数，包括室内室外温、湿度设定值和实际值，主要设备运行状态（空调、供电、给排水、电梯等），能耗统计数据等。

3）火灾自动报警系统（FAS）之基本运行参数，包括报警及灭火系统工作状态，到点报警信息，重要联动设备状态（泵、电梯、空调设施、广播设施等）。

4）通道控制系统之基本运行参数，包括系统工作状态，各通道启、闭状态，工作时间片段的设置状态、出入人员统计，非法闯入企图的记录，非正常方式通过（如电磁门锁失效）记录。

5）集成系统 BMS 网络作为 Intranet 的组成部分，为内部企业管理提供信息服务。

6）各子系统必须都是开放的，必须遵循国际标准并具备使系统升级和兼容的能力，以保证该集成系统今后能不断扩容、升级和可持续发展。

7）建筑自动化系统（BAS），通常包括建筑设备监控管理系统、消防报警与联动控制系统、安全防范与联动控制系统及停车场管理等系统，其中安全防范与联动控制系统又由入侵报警、电视监控、出入口控制、巡更、周界防范等子系统组成。BMS 集成管理系统的重点是包括上述火灾自动报警系统、安全防范系统及建筑机电设备监控系统在内的所有建筑机电设备跨子系统之间的信息共享、联动与协调控制和优化管理，其最终目的是提供安全、舒适、健康、高效的生活与工作环境。

8）按我国管理体制的特点，建筑机电设备监控系统包括冷水机组、空调机、新风机、变配电装置、停车场、公共广播系统与电梯等机电设备的自动化。而消防报警与联动控制系统、安全防范与联动控制系统另立为独立系统，不包括在建筑设备监控系统中。BMS 集成系统通过网关或网桥及相关软件，与建筑中的机电设备进行直接联网通信，并提供集成软件，以实现与诸如冷水机组、空调机、新风机、变配电装置、停车场与电梯等机电设备的直接数字通信，并在此基础上实现节能优化等集成功能。

12.2.2　IBMS 的系统设计

1. IBMS 系统集成功能设计

IBMS 系统集成设计与它的实现功能要求有关，IBMS 集成系统主要实现智能楼宇的两个共享和 5 项管理的功能。

1）信息的共享。信息包括内部产生的实时监控信息、业务应用和办公自动化用的各类信息（数据和图文、声像等），还有来自外部各类信息。这种信息的共享提高了工作的效率，也有利于控制运营成本。可以预期，今后的智能建筑技术可以使多种建筑物自动响应恶劣天气情况、能源短缺、附近的火灾或当地刑事案件。

2）设备资源共享。它包括内部网络设备的共享，对外通信设施的共享以及许多公共设备的共享等。

3）集中监视、联动和控制的管理。它包括 BAS、安防系统、火灾自动报警系统、一卡通系统、车库管理等系统的集中监控与管理、系统间的联动控制等。

4）通过信息的采集、处理、查询和建库的管理，实现 IBMS 的信息共享。

5）全局事件的决策管理。在建筑内发生影响全局的事件如火灾等，如何进行救灾决策等，对这些全局事件决策管理。

6）各个虚拟专网配置、安全管理。对集成在IBMS上的各个子网的管理系统，如宾馆管理系统、商场管理系统、物业管理系统、办公自动化系统等，除了共享信息和资源外，还要对建立的各个虚拟专网进行配置和安全管理。

7）系统的运行、维护和流程自动化管理。例如，空调机和冷、热源设备的最佳起停和节能运行控制；电梯、照明回路的时间控制等，这些流程的自动化控制和管理，不但可以简化人员的手动操作，而且可以使建筑机电设备运行处于最佳状态，达到节省能源和人工成本的目的。

2. IBMS系统的运行管理模式设计

IBMS按照集中管理分散控制的基本思想来构造，在中央管理控制室的各个管理控制席位上，通过IBMS系统对整个智能建筑进行管理控制。所以中央控制室各个席位的具体功能和作用，与确定的IBMS系统运行管理模式、席位配置多少和系统的规模以及功能设计有关。

（1）运行管理“一体化”思路 “一体化”是指在一个统一的软件平台上使用统一的操作界面实现对各智能化子系统的监控管理。这样就把原来分散在建筑物内各个地方的监控管理工作集中在一个地方完成，不但可以减少管理人员的工作量，提高管理效率，而且可以对智能化设备的故障和报警进行及时处理，从而提高工作效率，降低运行成本。

（2）运行管理“用户化”应用 “用户化”应用主要是指在操作上，根据不同用户的实际工作内容来设置其相应的工作菜单和页面，使得不同用户均可以按照自己的操作习惯来管理系统。

在一般大中规模的系统中，设置两个席位：一个为综合监控席；另一个为分监控席。综合监控席主要负责全局事件的处理，整个网络的运行监控，并兼任数据库管理责任，负责信息的共享的管理。分监控席主要负责建筑内实时系统监控管理如BAS、FAS、停车场系统、一卡通门禁系统等实时信息及联动和监视。

3. IBMS设计原则

（1）开放性 集成系统是一个完全开放性的系统，通过编制各个子系统的接口软件解决不同系统和产品间接口协议的“标准化”问题，以使它们之间具备“互操作性”。集成系统可以通过建筑物局域网以浏览器方式实行监控和管理，在数据接口上能提供多种与第三方系统衔接的工具，如OPC、DDE等。

（2）可扩展性 IBMS的总体结构是结构化和模块化。IBMS具有很好的兼容性和可扩充性，既使不同厂商的系统可以集成到一个管理平台中，又使系统在日后得以方便地扩充。

（3）安全性 为了确保系统硬件和信息的高安全性，采用系统安全措施，设立系统密码，设立防火墙，使系统受到非法攻击时对系统的破坏性降到最低。

（4）可靠性 集成系统是一个可靠性和容错性极高的系统，系统能不间断正常运行并且有足够的延时来处理系统的故障，确保在发生意外故障和突发事件时，系统都能保持正常运行。

（5）人机界面的友好性 系统采用图形方式来显示信息点的状态，设备选型时操作简单，维护方便。

IBMS 是更深层次的信息共享和优化管理策略。所管理的主要目标不是对设备，而是对整个建筑经营体系的物流、人流、资金流和信息流的统一管理。它不是一成不变的，对不同的用户有不同的配置和相应的解决方案。IBMS 不是技术的简单堆砌，而是技术服务于管理的应用。

12.3 基于物联网的应用系统集成技术

12.3.1 物联网原理

1. 物联网的定义和内涵

物联网（The Internet of Things）又名传感网：把所有物品通过射频识别等信息传感设备与互联网连接起来，实现智能化识别和管理。国际电信联盟曾描绘“物联网”时代的图景：当司机出现操作失误时汽车会自动报警；公文包会提醒主人忘带了什么东西；衣服会“告诉”洗衣机对颜色和水温的要求等。

物联网的通常定义：物联网是通过射频识别（RFID）、红外感应器、全球定位系统、激光扫描器等信息传感设备，按约定的协议，把任何物体与互联网相连接，进行信息交换和通信，以实现对物体的智能化识别、定位、跟踪、监控和管理的一种网络。

欧盟的定义：物联网是一个动态的全球网络基础设施，它具有基于标准和互操作通信协议的自组织能力，其中物理的和虚拟的“物”具有身份标识、物理属性、虚拟的特性和智能的接口，并与信息网络无缝整合。物联网将与媒体互联网、服务互联网和企业互联网一道，构成未来互联网。

“中国式”定义：物联网指的是将无处不在的末端设备和设施，包括具备“内在智能”的传感器、移动终端、工业系统、楼控系统、家庭智能设施、视频监控系统等，“外在使能”的，如贴上 RFID 的各种资产、携带无线终端的个人与车辆等“智能化物件或动物”或“智能尘埃”，通过各种无线和/或有线的长距离和/或短距离通信网络实现互联互通，应用大集成、以及基于云计算的营运等模式，在内网、专网和/或互联网环境下，采用适当的信息安全保障机制，提供安全可控乃至个性化的实时在线监测、定位追溯、报警联动、调度指挥、预案管理、远程控制、安全防范、远程维保、在线升级、统计报表、决策支持、领导桌面等管理和服务功能，实现对“万物”的“高效、节能、安全、环保”的“管、控、营”一体化。

与其说物联网是网络，不如说物联网是业务和应用，物联网也被视为互联网的应用拓展。物联网具有三个重要特征：

（1）全面感知　利用 RFID、传感器、二维码等随时随地获取物体的信息。

（2）可靠传输　通过各种电信网络与互联网的融合，将物体的信息实时准确地传递出去。

（3）智能处理　利用云计算，模糊识别等各种智能计算技术，对海量的数据和信息进行分析和处理，对物体实施智能化的控制。

2. 物联网的基础

物联网的前提是必须为物品赋以独一无二的地址或编码，物联网的基础是 EPC（Electronic Product Code）产品电子代码和 IPv6。

IPv6 支持 2^{128}（约 3.4×10^{38}）个地址，这等价于在地球上每平方英寸有 4.3×10^{20} 个地址（6.7×10^{17} 地址/mm^2），丰富的地址资源使得物联网成为可能。

EPC（Electronic Product Code）产品电子代码，载体是 RFID 电子标签，并借助互联网来实现信息的传递。EPC 可对每个单品都赋予一个全球唯一编码。96 位的 EPC 码，可以为 2.68 亿公司赋码，每个公司可以有 1600 万产品分类，每类产品有 680 亿的独立产品编码，形象地说可以为地球上的每一粒大米赋一个唯一的编码。

通过 EPC 和 IPv6 可以给物品一个唯一的编码：人工制造物品赋予一个 EPC（RFID 标签、二维码）；自然物品通过密集的传感器网络感知，传感器网络的每一个节点赋予一个 IPv6 地址。由于 EPC 和 IPv6 海量的编码空间使得物联网的应用有了坚实的基础。

3. 无线射频识别技术（Radio Frequency Identification，RFID）

RFID 作为构建“物联网”的关键技术，是一种无线通信技术，可以通过无线电信号识别特定目标并读写相关数据，而无须识别系统与特定目标之间建立机械或者光学接触，如图 12-18 所示。RFID 进入电磁场后，接收阅读器发出的射频信号，凭借感应电流所获得的能量发送出存储在芯片中的产品信息（Passive Tag，无源标签或被动标签），或者主动发送某一频率的信号（Active Tag，有源标签或主动标签）；解读器读取信息并解码后，送至中央信息系统进行有关数据处理。标签包含了电子存储的信息，数米之内都可以识别。

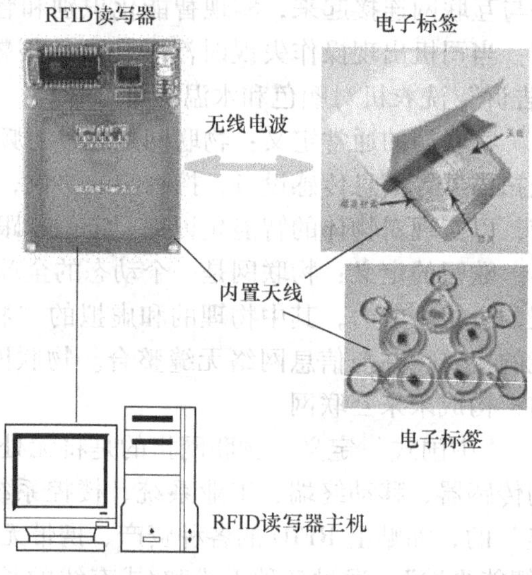

图 12-18 RFID 无线射频识别技术

电子标签是 RFID 的俗称，是产品电子代码（EPC）的物理载体，附着于可跟踪的物品上，可全球流通，物联网对其进行识别和读写。许多行业都运用了射频识别技术。美国食品与药品管理局（FDA）建议制药商利用 RFID 跟踪常造假的药品。将标签附着在一辆正在生产中的汽车，可以追踪此车在生产线上的进度。仓库可以追踪货物的所在。射频标签也可以附于牲畜与宠物上，方便对牲畜与宠物的识别。射频识别的身份识别卡可以使员工得以进入锁住的建筑部分，汽车上的射频应答器也可以用来征收收费路段与停车场的费用。RFID 技术应用分布在身份证件和门禁控制/电子门票、供应链、物流和供应管理、汽车收费、文档追踪/图书馆管理、生产制造和装配、运动计时、道路自动收费等众多领域。

某些射频标签附在衣物、个人财物上，甚至于植入人体之内。由于这项技术可能会在未经本人许可的情况下读取个人信息，故这项技术也会有侵犯个人隐私的忧患。

4. 云计算

云计算（Cloud Computing）是分布式处理（Distributed Computing）、并行处理（Parallel Computing）和网格计算（Grid Computing）的发展，或者说是这些计算机科学概念的商业实现。云计算的实质是信息服务模式的重大创新：以公共服务的方式（类似城市的水、电服务方式）提供高质量的信息服务。云计算 + 网络 = 信息服务。云计算服务的设施是数据中心，提供三种服务方式：①基础设施作为服务（IaaS），提供按需使用的虚拟服务器，例如 Amazon 的 EC2；②Web 服务或称“平台作为服务”（PaaS），提供 API 或开发平台供客户在云中创建自己的应用，例如八百客 CRM；③软件作为服务（SaaS），例如 Salesforce. com 的 CRM 软件。

云计算是物联网应用的关键技术，因为在一个全球范围内识别、定位、跟踪、监控的应用必须构建在能向全球范围内用户提供数据服务的基础上，如图 12-19 所示。

5. 物联网与楼宇智能化

物联网技术早就在楼宇智能化工程中得到应用：如门禁一卡通系统等。楼宇自控、视频监控、防盗报警、智能消防、门禁、智能家居等系统中无不涉及传感器、传输网络以及控制（物联网技术），而在数字城市、智能交通等领域也广为应用。

物联网对智能建筑总体构架产生影响，但基础构架不会发生变迁。应用了物联网架构，智能建筑与数字城市进一步融合，物联网技术会在不同的智能建筑内（家居/医院/体育/文博…）产生新的功能/服务。在建筑内环境下，物联网应该成为一个服务网，由各个行业的应用驱动，能提供创新的应用/功能。这种应用可能是新技术解决了老问题，也可能是新技术产生了新功能。

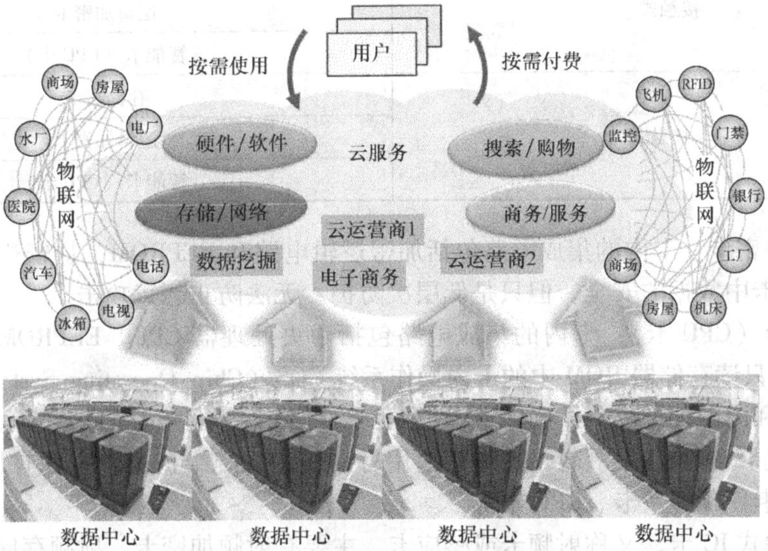

图 12-19 云计算是物联网应用的关键技术

12. 3. 2 IC 卡基础原理

IC 卡“一卡通”是一种典型的物联网集成应用，同时实现门禁管理、巡更管理、停车管理、身份管理、考勤管理、电子消费（银行信用卡）等多项功能，具备身份认证、节点认证、交易数据认证、加密传输、数据鉴别等系列作用。

IC 卡（Integrated Circuit Card）又称“集成电路卡”、智能卡。它是将具有存储、加密和数据处理能力的微处理器及大容量存储器的集成电路芯片嵌入到一块与信用卡同样大小的不易折叠的塑料基片上，能够相对独立地进行信息处理和信息交换的一种卡片式的现代化信息负载工具。图 12-20 是常见的 IC 卡及读写器。

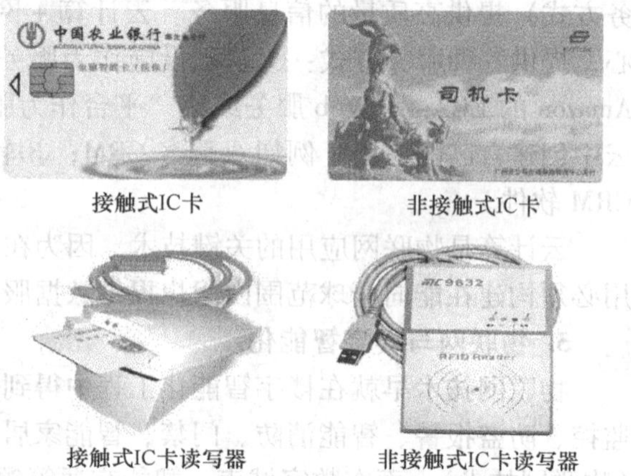
接触式IC卡　非接触式IC卡
接触式IC卡读写器　非接触式IC卡读写器
图 12-20　常见的 IC 卡及读写器

1. IC 卡的分类

IC 卡的分类如表 12-1 所示。按是否与读卡器接触来区分有接触式和非接触式 IC 卡，按卡内所嵌芯片类型区分有存储器卡、逻辑加密卡、智能卡（CPU 卡）三类。

1）存储器卡：卡内的集成电路是电可擦除的可编程只读存储器 EEPROM，仅具有数据存储功能，没有数据处理能力；存储卡本身无硬件加密功能，只在文件上加密，很容易被破解。

表 12-1　IC 卡分类

按是否与读卡器接触区分	按卡内所嵌芯片类型区分
接触式	存储器卡
	逻辑加密卡
	智能卡（CPU 卡）
非接触式	存储器卡
	逻辑加密卡
	智能卡（CPU 卡）

2）逻辑加密卡：卡内的集成电路包括加密逻辑电路和 EEPROM，加密逻辑电路可在一定程度上保护卡中数据的安全，但只是低层次防护，无法防止恶意攻击。

3）智能卡（CPU 卡）：卡内的集成电路包括中央处理器 CPU、EEPROM、随机存储器 RAM 和固化在只读存储器 ROM 中的卡内操作系统 COS（Chip Operating System）。卡中数据分为外部读取和内部处理部分，确保卡中数据安全可靠。

4）接触式 IC 卡虽然发展较早，但其使用寿命短，系统维护难，主要有加密存储器卡、非加密存储器卡、预付费卡、CPU 卡等。

5）非接触式 IC 卡，又称射频卡或感应卡，主要有射频加密卡、射频存储卡、射频 CPU 卡。它成功地将射频识别技术和 IC 卡技术结合起来，将 IC 芯片和感应天线封装在一个标准的 PVC 卡片内，解决了无源（卡中无电源）和免接触这一难题。非接触式 IC 卡具有使用寿命长、可靠性高、使用方便快捷、安全防冲突、加密性能好的优点。非接触式 IC 卡读卡器采用兆频段和磁感应技术，通过无线方式对卡中的信息进行读写，有效读写距离一般为 100～200mm，最远读写距离可达数米（应用在停车场管理系统）。

2. IC 卡的读写器

为了使用 IC 卡，还需要有与 IC 卡配合工作的读写设备。接触式 IC 卡的读写器可以是一个由微处理器、显示器与 I/O 接口组成的独立系统。读写器通过 IC 卡上的 8 个触点向 IC 卡提供电源并与 IC 卡相互交换信息。读写器也可以是一个简单的接口电路，IC 卡通过该电路与通用计算机连接。无论是磁卡或者是 IC 卡，在卡上能存储的信息总是有限的，因此大部分信息需要存放在读写器或计算机中。

非接触式 IC 卡与读写器之间通过无线电波来完成读写操作，两者之间的通信频率为 13.56MHz。非接触式 IC 卡本身是无源卡，当读写器对卡进行读写操作时，读写器发出的信号由两部分叠加组成：一部分是电源信号，该信号由卡接收后，与本身的 L/C 产生一个瞬间能量来供给芯片工作；另一部分则是指令和数据信号，指挥芯片完成数据的读取、修改、储存等，并返回信号给读写器。

3. IC 卡的特点

1）可靠性高：IC 卡是用硅片来存储信息的，由于硅片体积小，并且里面有环氧层的保护，外面有 PCB 和基片的双重保护，因此抗机械和抗化学破坏能力很强。IC 卡的读写次数高达 100000 次以上，一张 IC 卡的使用寿命至少在十年以上。

2）安全性好：IC 卡使用信息验证码（MAC），在识别卡时，由卡号、有效日期等重要数据与一个密钥按一定的算法进行计算验证。IC 卡可提供密钥个人识别（PIN）码，用户输入密码后，与该 PIN 码进行比较，防止非法用户。

3）灵活性强：IC 卡本身可以进行安全认证、操作权限认证；IC 卡可以进行脱机操作，简化了网络要求；IC 卡可以一卡多用；IC 卡可为用户提供方便，例如为用户修改 PIN 码、个人数据资料、消费权限，以及查询余额等。

4. 应用 IC 卡的设备

除了通用的 IC 卡读写器之外，应用 IC 卡的设备目前已遍及各个应用领域，如图 12-21 所示。这为构建所谓的“一卡通”系统提供了硬件基础。

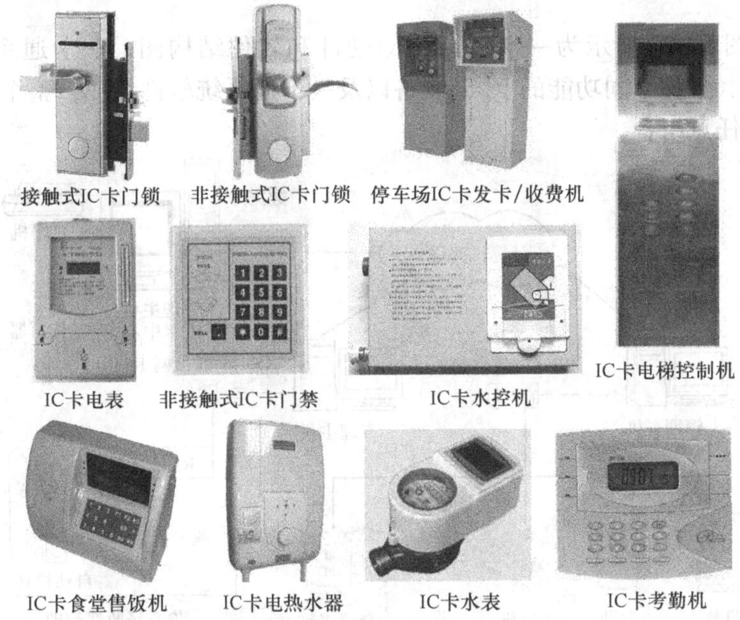

图 12-21　常见的 IC 卡应用产品

1）用于门禁管理：IC 卡门锁、IC 卡门禁等。

2）用于考勤管理：IC 卡考勤机。

3）用于消费管理：IC卡售饭机、IC卡水控机、IC卡热水器、IC卡电能表等。

4）用于巡更管理：IC卡巡更机。

5）用于停车场管理：IC卡自动出卡机以及IC卡进出收费机。

6）用于电梯控制管理：IC卡电梯门控机。

12.3.3 一卡通系统

一卡通系统是通过一张卡实现多种不同功能的集成管理。一张卡通行很多的设备，而不是不同功能有不同的卡，不同的卡在不同的设备上使用。多种不同的设备都挂在一条数据线上，通过一条数据线跟管理计算机通信，在同一套系统软件，同一台计算机上，同一个数据库内，进行不同数据的信息交换。实现卡的发行、取消、报失、卡的资料查询等。广泛应用于城市公共交通、高速公路自动收费、智能大厦、各种公共收费、智能小区物业管理、考勤门禁管理、校园和厂区一卡通系统中。

1. 一卡通系统结构及组成

真正意义上的一卡通系统可用三个“一”来概括：

1）一卡多用：同一张卡可用于门禁、考勤、消费、巡更、停车、电梯控制、通道门控制、图书借阅、医疗保健、会议签到等。

2）一个数据库：各子系统的数据采用同一个数据库管理，统一的管理界面、统一的资料录入、统一的卡片授权、统一的数据报表，使各子系统数据达到共享。

3）一个发卡中心：基于TCP/IP协议和Socket通信方式，使得所有IC卡在管理中心授权（发卡、挂失）后，无须再到各子系统进行任何授权操作便可使用，真正实现“一卡在手，通行无阻”。

图12-22、图12-23所示为一卡通系统的硬件和软件结构图。一卡通系统由主控计算机、网络通信卡、多种不同功能的IC卡设备以及一卡通系统软件组成，整个系统配置灵活，可根据实际需求任意组合。

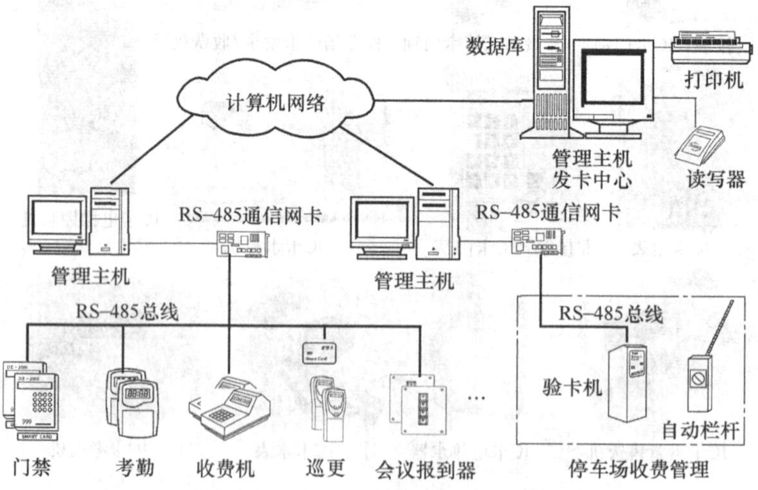

图12-22 一卡通系统硬件结构图

一卡通系统的通信网络结构由低速、实时控制网和高速的信息管理网两部分组成。低

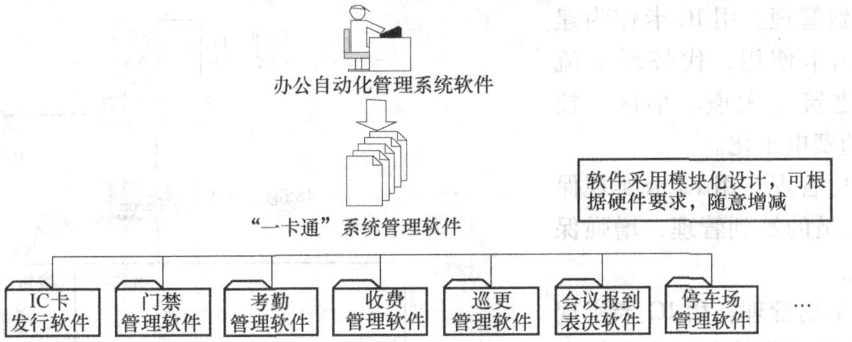

图 12-23　一卡通系统软件结构图

速、实时控制网络采用 RS 485 或 LonWorks 现场总线，作为分散的多种不同功能的 IC 卡设备之间的通信连接。各智能卡分系统的工作站和管理主机则采用高速的以太网互联。

一卡通系统的数据处理方式为：读卡器读取用户卡的信息，应用程序执行相应语句完成对服务器端数据库的访问，对数据进行转换和操作，然后将执行结果返回客户端，完成相应的管理或控制。

考勤子系统由非接触式 IC 卡、发卡机、考勤机（也可由指定门禁实现）、考勤管理软件等组成。一卡通考勤子系统框图如图 12-24 所示。

门禁子系统由非接触式 IC 卡、发卡机（又称读写器）、感应器（又称感应天线、感应头）、控制器、电控锁、网络通信卡、门禁管理软件等组成。一个网络通信卡可带 64 个门禁控制器，门禁控制器可采用凭卡进门、按按钮出门的控制方式，也可采用凭卡双向出入控制方式，此时可在门内侧增加一个感应器代替出门按钮。一卡通门禁子系统框图如图 12-25 所示。

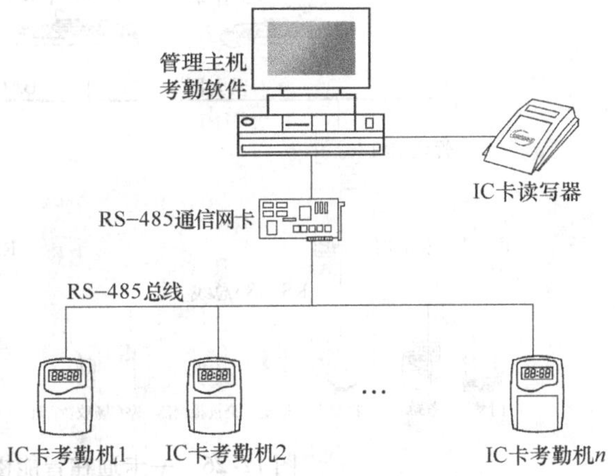

图 12-24　一卡通考勤子系统框图

2. 一卡通系统在智能楼宇中的应用

一卡通系统在智能楼宇中的应用十分广泛，尤其在“智能校园”、“大学城”等建筑的系统集成中更是首选手段。如图 12-26 所示。非接触式一卡通是一种典型的系统集成应用，同时实现门禁管理、巡更管理、停车管理、身份管理、考勤管理、电子消费（银行信用卡）等多项功能，具备身份认证、节点认证、交易数据认证、加密传输、数据鉴别等系列作用。一个人只需持有一张 IC 卡，就可以在智能楼宇中方便地进行各种活动。

目前，智能楼宇“一卡通”系统的功能主要有：

1）IC 卡发行。对 IC 卡进行登录、授权、挂失、激活、退卡、换卡、密码权限修改等。

2）门禁管理。用 IC 卡实现出入口控制、进出信息记录、报警输出等。

3）考勤管理。用 IC 卡实现建筑内部人员的出勤记录、统计、查询。

4）消费管理。用IC卡作为建筑内部信用卡使用，代替现金流通，实现建筑（大厦、小区、校园）内部消费电子化。

5）巡更管理。用IC卡实现保安、巡逻人员的签到管理，增强保安防范措施。

6）停车场管理。用IC卡实现停车场的车辆进出控制、收费等自动化管理。

7）电梯控制管理。用IC卡实现电梯门、楼层自动化控制管理。

8）图书管理。用IC卡实现图书借阅和收费管理。

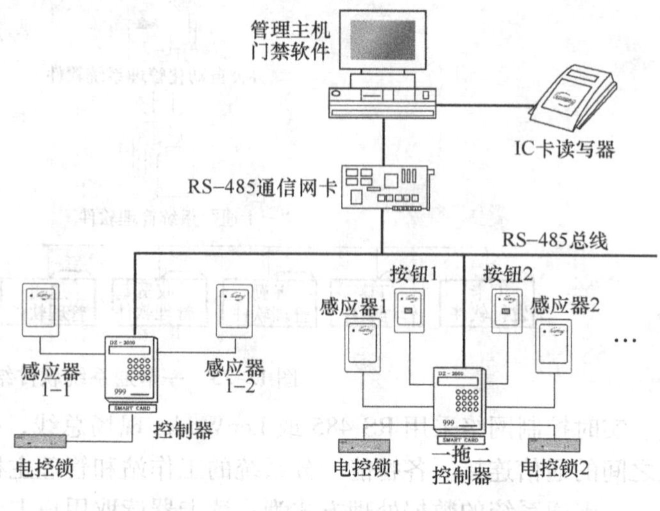

图12-25　一卡通门禁子系统框图

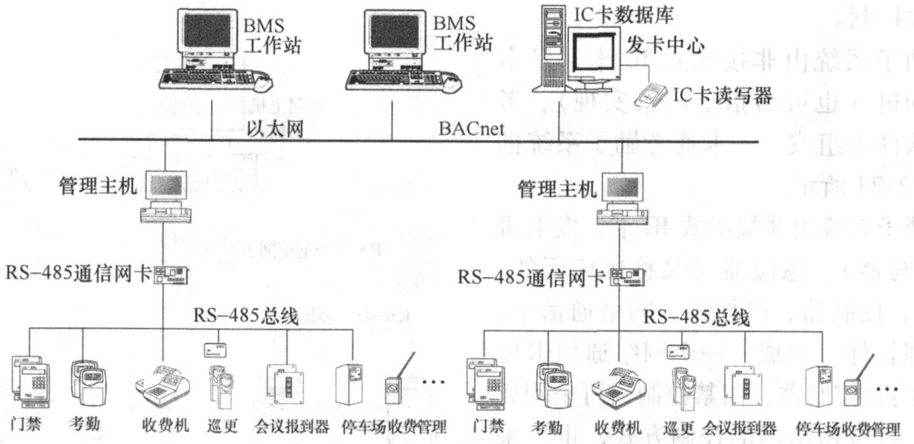

图12-26　一卡通在智能楼宇中的集成应用结构

9）医疗保健管理。用IC卡实现医疗收费和药品管理。

10）会议报道。用IC卡实现实时统计出席人数、出席比率等。

有了“一卡通”系统，在智能化建筑内可以实现“一卡在手，全楼通行”。“一卡通”系统随时随地都在为持卡人提供便利，提高管理人员的工作效率。

12.4 智能化居住区系统集成方案

智能化居住区是指配备有智能化系统的居住区，达到建筑结构与智能化系统有机结合，并能通过高效的管理与服务，为住户提供一个安全、舒适与便利的居住环境。

12.4.1 居住区智能化系统

居住区智能化系统是将现代高科技领域中的产品与技术集成到居住区的一种系统。它由安全防范子系统、管理与监控子系统和通信网络子系统组成。

1. 居住区智能化系统结构

居住区智能化是以信息传输通道（可采用宽带接入网、现场总线、有线电视网、电话网与家庭网等）为物理平台，连接各个智能化子系统，为物业管理和住户提供多种功能的服务。居住区内可以采用多种网络拓扑结构（如树形结构、星形结构或混合结构）。图12-27所示为居住区智能化系统总体框图。

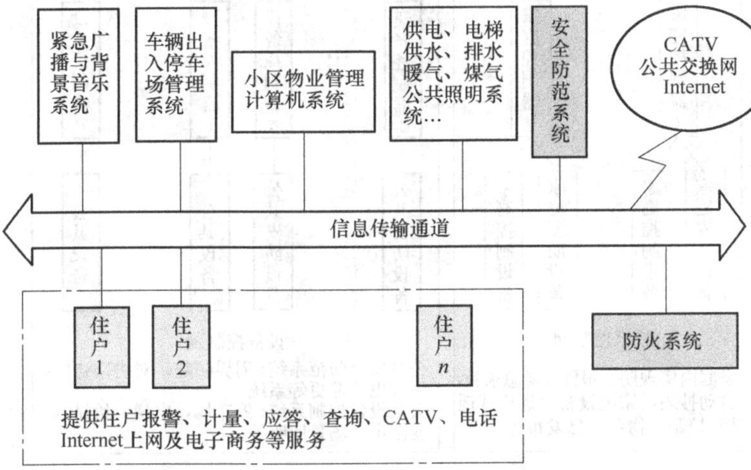

图 12-27 居住区智能化系统总体框图

2. 居住区智能化系统功能

居住区智能化系统由安全防范子系统、管理与监控子系统和通信网络子系统组成，系统功能框图如图 12-28 所示。

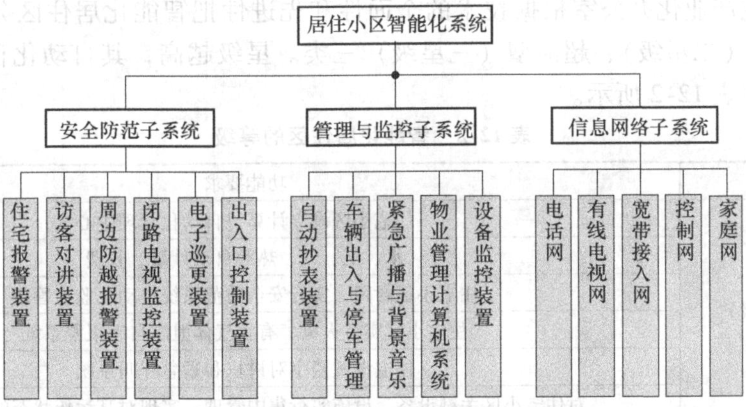

图 12-28 居住区智能化系统功能框图

3. 居住区控制网

居住区控制网把各个分散在不同位置的控制设备、传感器及执行装置用通信线路联络在一起，以实现实时的信息交互、管理和控制。居住区智能化系统控制网络的架构如图 12-29 所示。

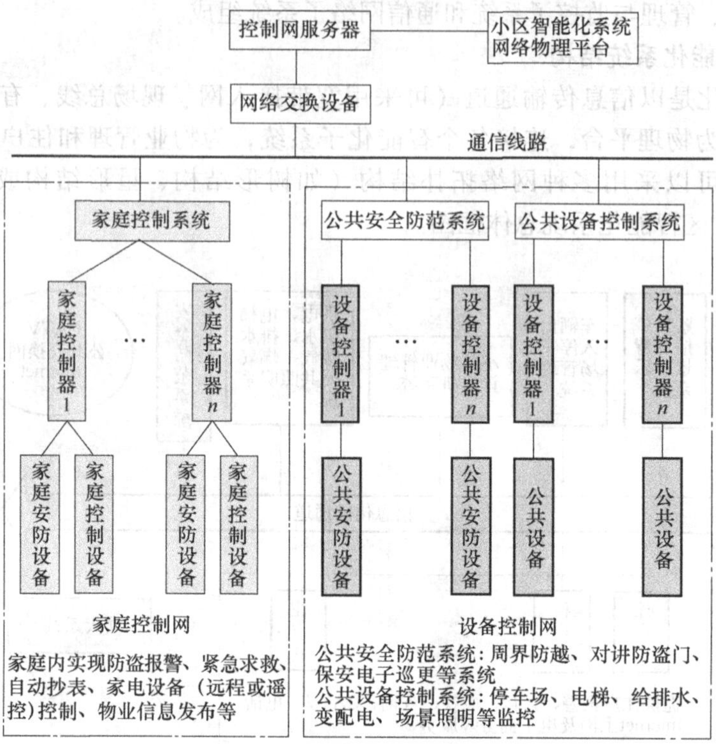

图 12-29 居住区智能化系统控制网络的架构

12.4.2 智能居住区系统集成设计

1. 智能化居住区功能需求

建设部住宅产业化办公室根据技术的全面性和先进性把智能化居住区分为普及型（一星级）、先进型（二星级）、超前型（三星级）三类。星级越高，其自动化程度越高，功能也更加完善，如表12-2所示。

表 12-2 智能化居住区的等级

等级	功能要求
普及型（一星级）	住宅小区设立计算机自动化管理中心
	水、电、气、热等自动计量、收费
	住宅小区封闭，实行安全防范系统自动化监控管理
	住宅小区实行火灾、有害气体泄漏自动报警系统
	住宅设置楼宇对讲机和紧急呼叫系统
	对住宅小区关键设备、设施实行集中管理，实现对其运作状态的远程监控
先进型	实现普及型的全部功能要求
	实现住宅小区与城市区域联网，互通信息、资源共享
	住户通过网络端实现医疗、文娱、商业等公共服务和费用自动结算（或具备实施条件）
	住户通过家庭计算机实现阅读电子书籍和出版物等（或具备实施条件）
超前型	实现先进型的全部功能要求
	实施住宅小区的现代信息集成系统（HI CIMS）

2. 智能化居住区安全防范子系统

（1）出入口管理及周界防越报警系统　建立封闭式小区，加强出入口管理，防止区外闲杂人员非法进入；建立周界防越报警系统，在小区内安装探测器，防止非法翻越围墙或栅栏。当发生非法翻越时，探测器可立即将警情传送到管理中心，中心将在电子地图上显示出翻越区域，以便保安人员及时准确地处理。夜间与周界探照灯联动，报警时，警情发生区域的探照灯自动开启；与闭路电视监控系统联动，报警时，警情发生区域的图像自动在监控中心的监视器上显示。

（2）闭路电视监控系统　闭路电视监控系统对小区的主要出入口、主干道、周界围墙或栅栏、停车场出入口及其他重要区域进行监视，前端摄像机图像传送到管理中心，中心对整个小区进行实时监控和记录，使中心管理人员充分了解小区的动态；与周界防越报警系统联动，进行图像跟踪及记录，当监控中心接到报警时，监控中心的监视器上立即显示与报警相关的摄像机图像信号。

（3）对讲与防盗门系统　对讲与防盗门系统是在各单元入口安装防盗门和对讲装置，以实现访客与住户对讲/可视对讲。住户可遥控开启防盗门，有效地防止非法人员进入住宅楼内；可以利用密码、钥匙或感应卡开启防盗门锁；高层住宅在火灾报警时可自动开启楼梯门锁；高层住宅具有群呼功能，一旦发生灾情，可向所有住户发出报警信号。

（4）住户报警系统　通过在住宅内安装各种探测器进行监测。主要有红外探测、门磁窗磁、火灾和煤气泄露探测等。当监测到警情时，通过住宅内的报警主机传输到管理中心的报警接收机，接收机将准确显示发生警情的住户名称、地址和所遭受的入侵方式等，提示保安人员迅速确认警情，及时赶赴现场，以确保住户人身和财产安全。同时住户也可以通过固定式紧急呼救报警系统或便携式报警装置，在住宅内发生抢劫案件和病人突发疾病时，向管理中心呼救报警，中心可根据情况迅速处警。

（5）巡更管理系统　巡更管理系统是在小区内各重要区域制定保安人员巡更路线，并安装巡更站点。保安人员携带巡更记录机按指定的路线和时间到达巡更点并进行记录，将记录信息传送到智能化管理中心。管理人员可调阅、打印各保安人员的工作情况，加强保安人员的管理，从而实现人防和技防的结合。

3. 智能化居住区信息管理子系统

（1）远程自动抄表系统　远程自动抄表系统是通过采集、抄收各种类型的耗能表（包括水、电、煤气表）数据，实时传输到物业管理中心，实现住户各耗能表数据的录入、费用的计算以及收费账单的打印，并及时将相关数据传送到相应的职能部门，避免入户抄表扰民和人为读数误差。

（2）公用机电设备监控管理系统　对小区内变配电、给排水、电梯等主要设备进行工作状态的实时监控，从而实现公共设备的最优化管理并降低故障率。同时，利用传感器技术和网络通信控制技术，根据自然光亮度和使用要求，采用智能开关方式和定时自动控制方式实现公共照明和环境灯光的自动控制，从而达到优化整个小区灯光照明、延长灯具寿命和节约能源的目的。

家电远程控制系统，尤其是家庭集中供冷供热系统的远程控制，是将来智能化住宅的发展方向之一。但目前对单体空调、电饭煲、窗帘、洗衣机等家电进行远程控制的需求还不十分明确。

(3) 停车场管理系统 通过对小区停车场出入口的控制，完成对车辆进出及收费的有效管理。功能要求如下：车辆进出及停放时间的记录、查询；外来车辆收费的管理；区内车辆停放的管理。

(4) 广播与背景音乐系统 在小区广场、道路交汇等处设置音箱、音柱等放音设备，由管理中心集中控制，平时播放音乐节目，在特定分区可插入业务广播、会议广播和通知等。也可以播放一些公共通知、科普知识、娱乐节目等。当发生火灾或其他紧急事件时，可切换至火灾报警广播或紧急广播。

(5) 物业管理系统 通过对物业管理中的房产、住户、服务、公共设施、工程档案、各项费用及维修信息等资料进行数据采集、传递、加工、存储、计算等操作，反映物业管理的各种运行状况。

4. 智能化居住区信息网络子系统

网络是智能化居住区实现各种功能的传输通道和进行系统集成的基础。因此，网络的选择和建设是智能化居住区建设的关键。传统住宅小区的通信网络通常分为计算机网、电话网和有线电视网三种，智能住宅小区的网络系统还要成倍增加。如果这些网络由不同的管理部门分别组网，互不干涉，势必造成管线设备多、工程量大、造价高。而“多网合一”无论是经济性、开放性还是扩展性都是“多网并存”所无法比拟的。

12.4.3 居住小区安防和智能化系统方案实例

1. 系统结构

居住小区安防和智能化系统结构如图12-30所示，它是以LonWorks控制网为基础而建立的一个多参量协同配合的统一平台，在控制中心形成以总控主机为中心的智能网络。LonWorks系统的开放性又使得本系统可以与不同厂家的设备连接，更加强化了系统的兼容性。

总控主机通过LonWorks总线与小区家庭智控节点等设备联网，可实现用户告警信息接收与处理、计量表具数据采集和统计收费、用户信息（通知）发布等管理；总控主机与现场控制器结合，可以对小区内的道路照明及环境灯光、给排水、变配电、电梯、绿化灌溉等实行集中管理与监控，设备的运行状态可以在总控主机上监测，控制命令可以发给相关设备，系统维护也都有记录。还可以对单元门口机、停车场管理设备、大屏显示设备等进行统一管理，实现小区智能化各子系统的高度集成。系统在统一平台上将小区各子系统融为一体进行管理与控制，方便物业管理的统计等数据处理功能，提高物业管理效率，也为联网管理共享数据提供了保证，真正实现在软硬件层面上的高度集成化。

2. 家庭智能化系统联网功能

家庭智能化系统结构框图如图12-31所示，通过家庭智控箱，对整个家居设备及家电设备进行控制管理。小区保安人员根据电子地图与报警信息指示的住户地址出警，及时与住户联系。并可实现报警与电视监控联动功能。通过中心对讲主机，与单元数字主机或住户通话，遥控开门。通过小区总控主机将从住户处采集的有关数据传送至管理中心，经计算机将传送的数据进行统计、换算、记录、打印，供查阅和付费使用。

小区总控主机可以发布短信息如天气预报、通知等到各家各户数字信息键盘。住户可以向中心机发送信息代码，实现住户与中心的信息交换功能。同时接收数字信息键盘发出的紧急求救信号。

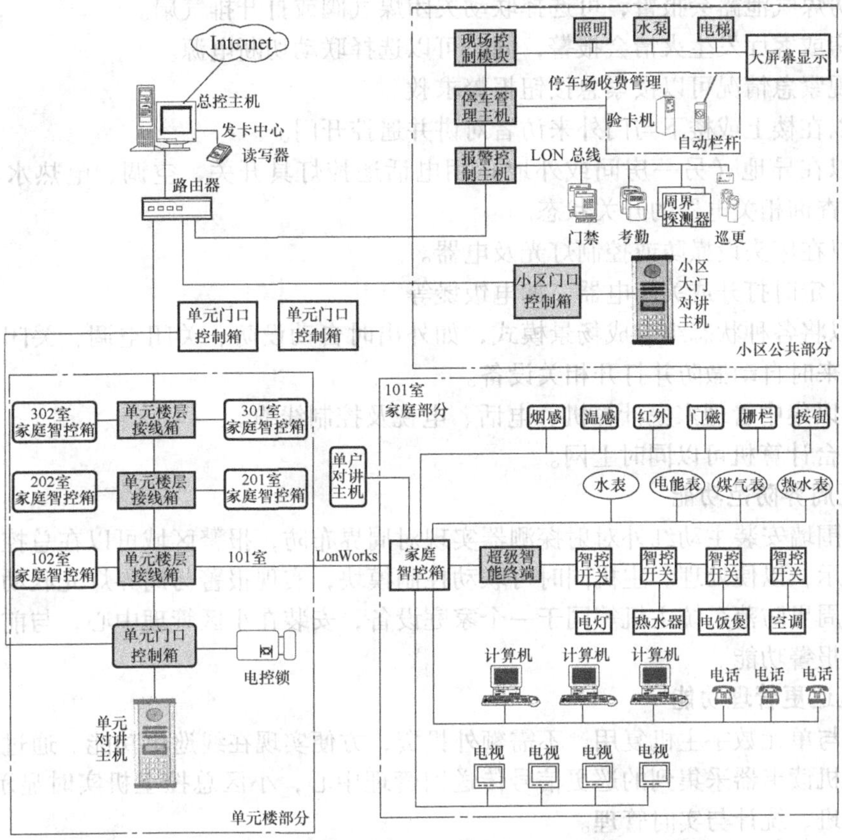

图12-30　居住小区安防和智能化系统结构

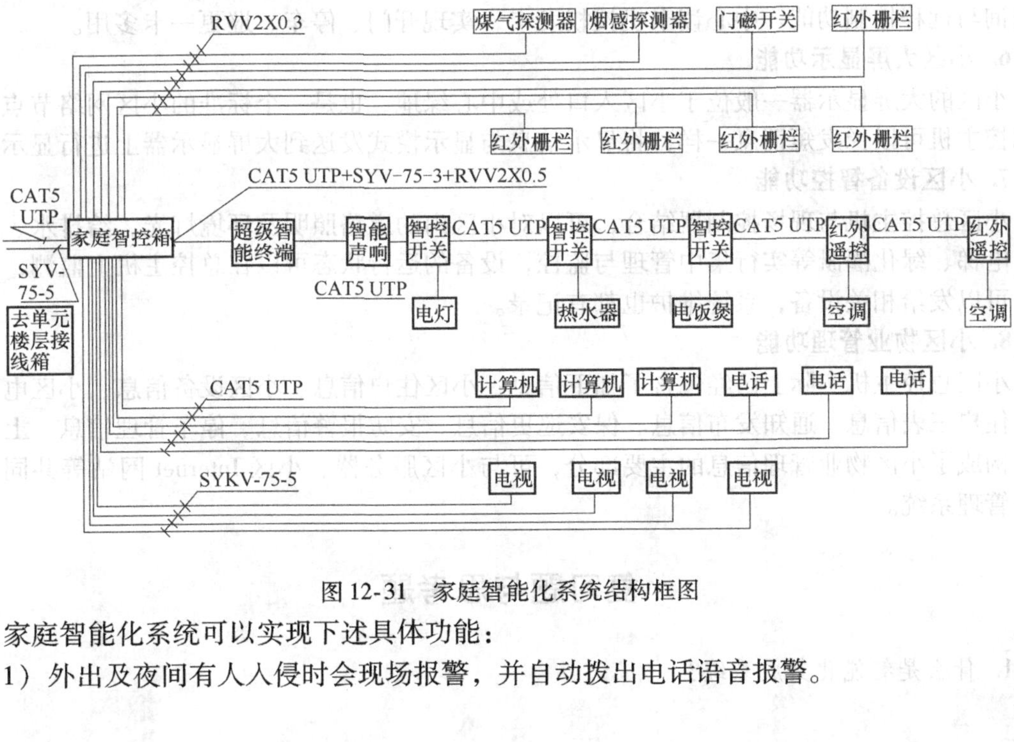

图12-31　家庭智能化系统结构框图

家庭智能化系统可以实现下述具体功能：

1）外出及夜间有人入侵时会现场报警，并自动拨出电话语音报警。

2）厨房煤气泄露会报警，可选择联动关闭煤气阀或打开排气扇。

3）厨房或客厅发生火情会报警，同时可以选择联动切断电源。

4）出现紧急情况可以按紧急按钮报警求救。

5）可以在楼上或楼下与门外来访者对讲并遥控开门。

6）可以在异地（另一房间或外地）用电话遥控灯具开关、空调、电热水器等家用电器，并可以查询相关电器的开关状态。

7）可以在床头设撤防或控制灯光及电器。

8）可以定时打开或关闭电器，如电饭煲等。

9）可以将各种状态组合成场景模式，如外出时自动设防、关闭空调、关闭电源、关闭阀门等，回来时自动撤防并打开相关设备。

10）可以集中管理家庭计算机、电话、电视及控制线缆。

11）多台计算机可以同时上网。

3. 小区周界防范功能

住宅区围墙安装主动红外对射探测器实现对周界布防，报警区域可以在总控主机软件电子地图上显示，以便处理。主机同时可联动控制模块，实现报警与周界灯光联动或保安监控系统联动。周界防范系统主机等同于一个家庭设备，安装在小区管理中心，与前端周界探测器一起实现报警功能。

4. 小区巡更管理功能

本系统与单元数字主机复用，不需额外投资，方便实现在线巡更功能。通过现场总线方式将各门口机读卡器采集到的巡更信号传送回管理中心，小区总控主机实时显示巡更信息，并可进行排班、统计与实时管理。

5. 小区停车管理功能

由于停车场管理主机是一个小区网络节点，可以与小区总控主机进行数据交换，实现数据查询与远程控制功能。中心读卡机授权发卡，实现开门、停车、巡更一卡多用。

6. 小区大屏显示功能

小区的大屏显示器一般位于小区入口处或中心绿地，也是一个标准的小区网络节点，中心总控主机可以像发短消息一样，将显示信息与显示模式发送到大屏显示器上进行显示。

7. 小区设备智控功能

小区总控主机与现场控制器结合，可以对小区内的道路照明及环境灯光、给排水、变配电、电梯、绿化灌溉等实行集中管理与监控，设备的运行状态可以在总控主机上监测，控制命令可以发给相关设备，系统维护也都有记录。

8. 小区物业管理功能

小区总控主机实际上已经包含了如下信息：小区住户信息、小区设备信息、小区电子地图、住户三表信息、通知发布信息、保安巡更信息、安防报警信息、停车管理信息。上述信息即构成了小区物业管理信息的主要部分，可与小区服务器、小区 Internet 网站等共同组成物业管理系统。

复习题与思考题

1. 什么是智能化集成系统？

2. 如何理解系统集成是楼宇智能化学科的关键技术？
3. 简述智能楼宇系统集成的必要性。
4. 如何理解系统集成是一个系统工程？
5. 简述智能楼宇系统集成的技术路线。
6. 简述控制系统集成的 OPC 技术。
7. 简述 OBIX 标准的应用意义。
8. 什么是 BMS？简述 BMS 应具备的功能。
9. 什么是智能楼宇综合管理系统？
10. 简述 IBMS 的结构。
11. 简述面向设备和面向客户的综合管理系统的区别。
12. 简述基于 BAS 系统集成的两种主要技术。
13. 简述 IC 卡在系统集成中的应用。
14. 简述“一卡通”的系统结构及组成。
15. 简述三表自动抄表的系统结构及组成。
16. 简述智能化小区主要的功能特征。

参 考 文 献

[1] 章云，许锦标．建筑智能化系统［M］．北京：清华大学出版社，2007.
[2] 许锦标，张振昭．楼宇智能化技术［M］．3 版．北京：机械工业出版社，2010.
[3] 程大章．智能建筑楼宇自控系统［M］．北京：中国建筑工业出版社，2005.
[4] 董春桥．智能建筑自控网络［M］．北京：清华大学出版社，2008.
[5] 戴瑜兴．建筑智能化系统工程设计［M］．北京：中国建筑工业出版社，2005.
[6] 张振昭，谷刚，曾珞亚．建筑影音应用系统［M］．北京：机械工业出版社，2004.
[7] 张九根，丁玉林．智能建筑工程设计［M］．北京：中国电力出版社，2007.
[8] 陆伟良．实用楼宇管理自动化控制工程［M］．南京：东南大学出版社，2008.
[9] 陈在平，岳有军．工业控制网络与现场总线技术［M］．北京：机械工业出版社，2006.
[10] 孙晓豪．智能建筑系统集成［M］．北京：中国电力出版社，2005.
[11] 中元国际工程设计研究院．电气设计 50［M］．北京：机械工业出版社，2005.
[12] 中元国际工程设计研究院．暖通空调设计 50［M］．北京：机械工业出版社，2005.
[13] 秦兆海，周鑫华．智能楼宇技术设计与施工［M］．北京：清华大学出版社，2003.
[14] 万建武．空气调节［M］．北京：科学出版社，2006.
[15] 刘泽祥．现场总线技术［M］．北京：机械工业出版社，2005.
[16] 刘军明．弱电系统集成［M］．北京：科学出版社，2005.
[17] 张勇．智能建筑设备自动化原理与技术［M］．北京：中国电力出版社，2006.
[18] 冯冬芹，黄文君，等．工业通信网络与系统集成［M］．北京：机械工业出版社，2005.
[19] 韩江洪，等．智能家居系统与技术［M］．合肥：合肥工业大学出版社，2005.
[20] 沈晔．楼宇自动化技术与工程［M］．北京：机械工业出版社，2005.
[21] 郎禄平．建筑自动消防工程［M］．北京：中国建筑工业出版社，2006.
[22] 董春利．建筑智能化系统［M］．北京：机械工业出版社，2006.
[23] 杨连武．火灾报警及联动控制系统施工［M］．北京：电子工业出版社，2006.
[24] 戴绍基．建筑供配电技术［M］．北京：机械工业出版社，2005.
[25] 段振刚．智能建筑安保与消防［M］．北京：中国电力出版社，2005.
[26] 潘瑜青，孙晓荣．智能建筑综合布线［M］．北京：中国电力出版社，2005.